国家科学技术学术著作出版基金资助出版

海岸与海洋工程中的计算水动力学

林鹏智　薛米安　赵西增　何　方　著

科 学 出 版 社

北　京

内 容 简 介

本书首先介绍了水动力学基础理论和数值计算方法，两者奠定了计算水动力学数值模型的基础。本书从海岸与海洋工程实际问题出发，以模型应用的空间尺度为划分标准，分别介绍了大尺度、中尺度和小尺度计算水动力学模型，并结合案例对模型的应用范围和场景进行了深入探讨，帮助读者理解和选取正确的模型来解决特定的工程问题。尤其是针对小尺度工程问题，本书通过大量的标准案例模拟分析，为读者提供了可以参考和对比的算例与数据。最后，本书对计算水动力学模型的未来发展前景和挑战进行了总结。

本书适合海岸与海洋工程专业的高校师生参考使用，也能为相关专业的设计人员或工程师提供水动力学模型选取和模拟分析的建议。

图书在版编目（CIP）数据

海岸与海洋工程中的计算水动力学 / 林鹏智等著. —北京：科学出版社，2023.6

ISBN 978-7-03-074253-7

Ⅰ. ①海… Ⅱ. ①林… Ⅲ. ①海岸工程–水动力学–水力计算②海洋工程–水动力学–水力计算 Ⅳ. ①P75

中国版本图书馆 CIP 数据核字（2022）第 241459 号

责任编辑：朱 瑾 习慧丽 / 责任校对：郑金红
责任印制：吴兆东 / 封面设计：无极书装

科学出版社出版
北京东黄城根北街 16 号
邮政编码：100717
http://www.sciencep.com
北京建宏印刷有限公司印刷

科学出版社发行 各地新华书店经销

*

2023 年 6 月第 一 版 开本：787×1092 1/16
2024 年 1 月第二次印刷 印张：21
字数：500 000

定价：268.00 元

（如有印装质量问题，我社负责调换）

序　言

海岸与海洋工程是拓展蓝色经济空间、支撑海洋强国建设的重要学科。计算水动力学在海岸与海洋工程领域发挥着极为重要的作用。借助高性能计算机，计算水动力学模型可以高效、精确地分析预测各种复杂的海洋波流及其与周边（如海工结构、基础、船舶、海床、大气等）的相互作用过程，为科学合理地开发利用海洋资源提供科学依据。计算水动力学模型在工程问题中的正确应用需要专业人员系统掌握计算水动力学的基本知识和应用技巧。遗憾的是，由于种种原因，相关的高水平中英文专著在过去并不多见。

林鹏智教授长期从事计算水动力学及其在海岸与海洋工程中的理论和应用研究，在国内外同行中享有良好的学术声誉。我和他认识时，他在新加坡国立大学工作，正在从事三维数值波浪水池的研发。他和合作者所著的《海岸与海洋工程中的计算水动力学》从计算水动力学基本数学理论和数值计算方法出发，依据实际工程问题的不同空间规模，将海岸与海洋工程中的典型水动力模拟分为大尺度、中尺度和小尺度三类，结合具体的工程实例，详细介绍了三类不同尺度的数值模型的理论、算法及适用范围。合著者薛米安教授、赵西增教授、何方教授均为海洋水动力学领域的优秀青年学者，在各自的专业方向成果丰硕。汇集四位学者之力所成之书，理论完整，结构清晰，内容新颖，尤其是书中大量的数值模拟案例可以帮助初学者跨越理论障碍，快速掌握各类水动力学模型的合理选取和使用方法。相信该书的出版可以有力地促进海岸与海洋工程学科的繁荣发展。

随着海洋资源开发利用需求的持续增长和工程技术的深化发展，海岸与海洋工程的内涵与外延也在不断变化，从传统的港口建设、海岸保护、近海油气开采等拓展到海洋空间和资源的综合开发、利用和保护，具体如岛礁建设、生态保护、跨海交通、海上风电、海洋牧场、海洋碳汇、深海油气、深海采矿等。随着工程规模变得更庞大，技术系统变得更复杂，工程环境变得更严酷，实践对海洋工程领域的模拟分析工具也提出了更高的要求。这样的综合模拟分析工具一般包含水动力学、结构力学、岩土力学、机电控制等模拟计算和分析模块，其中计算水动力学的建模与仿真是评估真实海洋环境对工程影响的重要一环。

海洋工程的深化发展主要包括海洋工程建造技术提升和海洋装备制造产业升级两个主体方向，而对海工和装备的数字建模与仿真则是推动发展的重要工具。当前人类社会正在经历的第四次工业革命的基本特征之一是数字科技与物理世界的深度融合。我国的海洋工程建造与海洋装备制造要实现高质量创新发展，成为全球引领者，就必须进行数字化转型，以此支撑包含勘察、设计、施工、运维全寿命周期的海洋工程建造仿真和验证的核心能力；就必须研发并依托数字孪生平台，同步研发施工作业装备，最终实现“**虚拟世界多次迭代，物理世界一次成功**”的愿景。该书提供的计算水动力建模理论、仿真软件及多个海洋工程模拟案例可以为海洋工程领域的数字化转型提供理论基础和有益的帮助。相信该书的出版将对我国海洋工程建造与海洋装备制造的研发体系数字化转型产生重要的影响。

李华军
中国工程院院士、中国海洋大学教授
2023 年 5 月

前　言

本书的构思起源于六七年前。2008 年，我通过 Taylor & Francis Co.出版了我的第一本英文专著 *Numerical Modeling of Water Waves*。这本书的部分内容总结了我自博士以来的关于水波数值模拟的研究成果；同时，为了内容的完整性，书中也对水波理论和不同学者开发的各种其他数值模型进行了较为系统的介绍。我从 2005 年开始编写这本书，当时我在新加坡国立大学担任副教授，当书正式出版时我已经从新加坡国立大学回到四川大学任教，在研究生教学中将此书作为参考书推荐给学生使用。部分学生反映这本英文书阅读和学习起来有一定难度，如果有中文版本，他们学习起来会更加便利。虽然当时萌生了将这本书翻译成中文的念头，但因为工作量太大，一直未能实施。

2016 年秋，浙江海洋大学的谷汉斌教授和我在一次闲聊中谈到我的这本英文专著，他表示有兴趣和我一起把这本书翻译出来。谷汉斌教授毕业于天津大学，博士生导师是天津大学港口系的李炎保教授。谷汉斌教授在博士期间的研究工作之一是拓展我开发的二维数值波浪水槽 NEWFLUME，并将该模型应用到港口与海岸工程问题中。谷汉斌教授在获得博士学位后前往新加坡国立大学做了一年博士后研究，参与改进我们课题组正在开发的三维数值波浪水池 NEWTANK，因此他对我英文专著中的二维模型 NEWFLUME 与三维模型 NEWTANK 均很熟悉。他愿意和我一起翻译这本书，给了我很大的信心，于是决定开始这项可能十分耗时的工作。但遗憾的是，因为我们两人的工作都很忙，翻译工作进展缓慢，乃至于停顿，而且经过咨询国内出版社，发现出版翻译书籍有很多版权使用方面的限制。诸多原因使得这个计划还没有真正开始就停了下来。

2018 年春我再次访问舟山，也许是在沈家门大排档一次酒酣耳热之际，心血来潮，决定和浙江大学的两位青年教师赵西增教授和何方教授合作，再次开始书籍翻译和撰写的工作，同时也邀请了河海大学的薛米安教授参与合著。薛米安教授是我回到四川大学后指导毕业的第一个博士生，一直从事液舱晃荡理论和应用研究，取得了很好的成绩；赵西增教授毕业于大连理工大学，主要从事计算流体动力学研究，近年来在机器学习与计算水动力学的融合方面颇有建树；何方教授毕业于南洋理工大学，专业领域是海洋水动力学与波浪能利用，在同龄人中学术成果突出。有了这样的作者团队，我信心倍增。经过反复讨论，我们觉得自从我的上一本英文专著出版以来，经过十年发展，海洋工程领域的各类数值方法和数值模型又有了很大的进步，与其翻译英文书，不如在原书基础上进一步拓展，写一本内容更加丰富和实用性更强的新书，这样也避免了翻译书籍的版权转移问题。

有了这个共识以后，我们开始确定新书的内容和提纲，并对各章节的写作分工进行了安排。和原来的英文著作相比，我们做了以下两个重要调整。其一，原来的英文专著重点介绍不同水波模型的理论框架和数值实现方案，对模型的分类更多是出于不同的理论假设和相应的计算方法，层层递进，由简入繁，通过阅读专著可以看出不同模型之间的内在联系和演化脉络，而中文书以海岸与海洋工程的实际问题为纲组织全书的内容，我们将它们划分为大尺度、中尺度和小尺度问题，数值模型的介绍紧密围绕模型可以解决的科学和工程问题展开，读者更容易理解特定工程问题和计算水动力学模型之间的关系。其二，中文书省略了一些在其他教材和专著中已有详细介绍的内容，如水波理论和基于势流理论的数值模型等，但大幅增加了数值模型的应用案例介绍，尤其是小尺度模型在工程中的应用案例。从这些案例中，读者不仅可以了解一个特定的计算水动力学模型可以解决哪些相关的工程问题，进而举一反三，将该模型应用到更广泛的模拟研究与工程设计优化中，还可以直接利用案例中提供的数据检验读者自己开发或使用的新模型。

中文书因为由不同的人撰写，从内容到形式都不易统一，撰写进度也不一致。我后来发现合著其实比独著更加困难。虽然薛米安教授负责总体的写作进度协调，但实际写作进度仍然远远落后于预期，在此期间我也产生过放弃的念头。但就在这时（2019 年底），我们获知我们申请的“国家科学技术学术著作出版基金”获得批准。这个基金的申请得到了中国海洋大学李华军院士和清华大学余锡平教授的大力支持和推荐。虽然资助金额不大，但却是一份难得的信任和肯定，我们唯有继续坚持，完成书稿，才不辜负所有人的初心。在书稿撰写过程中，又遭遇了长达三年的疫情，种种原因导致此书最终的完稿时间比当初乐观的估计晚了两三年。但无论如何，当把审定的初稿交给科学出版社时，我们都长舒了一口气。

在这里，我希望借此机会对帮助完成书稿的所有人表示由衷的感谢。他们的名字虽然没有出现在本书的著者名单中，但却对本书的完成至关重要。第一个我希望感谢的人是唐恋博士。唐恋是我的硕士毕业生，后来在香港理工大学完成了她的博士学业，主要从事自由面湍流掺气数值模拟研究。作为应用案例之一，她博士论文中的破碎波掺气数值模拟工作也部分被收录在本书的第 7 章。她同时也负责本书的稿件汇总与整理，因为稿件来自不同的作者，其中的格式、符号不尽相同，她组织其他几位研究生帮助统一书中的文字和格式，检查数学公式和符号的正确性，核对和补充各个章节的参考文献，诸如此类的工作，需要花费大量的时间和精力，但她的耐心和细致使得这项工作完成得近乎完美。

其他在本书成书过程中做过各种案例演算、文字补充、公式编辑、文献检索等工作的人员还包括我的已毕业和在读的研究生，与我长期合作的研究人员，以及薛米安教授、赵西增教授、何方教授的在读研究生，他们是天津大学的刘东明副教授，浙江海洋大学的刘焕文教授，浙江大学的罗敏教授，四川大学的韩迅博士，中国空气动力研究与发展中心的程林博士，成都理工大学的金鑫博士，深圳大学的张小霞博士，中国海洋大学的刘晓博士，四川大学的研究生唐小春、陶园园、任雅茹、刘汇燃、龚泽林、米硕、吴雨思、文艺、何为、刘贺、谢润瑜、刘涛、王婷婷、刘子瑞、刘燕林、柳鹏程，河海大学的研究生窦朋，大连理工大学的研究生王超，以及浙江大学的研究生宗逸洋、郑凯源、潘佳鹏、张逸凡、姜浩男等。在此我代表所有作者对他们的努力表示衷心的感谢。

另外，需要感谢的人是科学出版社的朱瑾女士。此书撰写过程长达 5 年，在此期间朱瑾女士一直对我们尽心帮助。书稿交付后，她又组织了非常专业的编辑团队对书稿的内容认真审核和编排，提出了很多很好的改进意见。在此我也代表全部作者对科学出版社参与编辑出版此书的所有幕后工作人员表示由衷的谢意！

李华军院士除了在百忙中为本书撰写序言，也对本书在最后阶段的进一步完善提出了宝贵的意见。为了确保序言中对本书的内容总结恰当和文字描述精确，他曾多次在电话中和我交流商讨并反复推敲。在此对李华军院士严谨认真的科学态度表示感谢和敬意！

林鹏智

2023 年春

目　　录

第1章　简　介

计算流体力学是流体力学、计算数学和计算机科学相互融合的产物，是一门具有强大生命力的交叉学科，其中侧重于模拟非恒定水流运动的学科分支即为计算水动力学。它以电子计算机及其编程语言为工具，应用各种离散化的数值方法求解水流运动控制方程，为解决各类工程中的水动力学问题提供有效的数值模拟技术，是水动力学分析与研究的重要手段。

早期研究水动力学问题的主要方法是理论分析，它通过合理的理论假设建立可以描述水流运动的简化数理方程，并采用巧妙的数学方法获取这些方程的解析解，由此产生了许多经典的理论和解析解形式，如势流理论、水波理论、波浪边界层理论及其在特定初始与边界条件下的解析解等。但是，因为水体流动现象十分复杂，传统理论分析方法往往只能针对特定的问题提供解析分析，对于一般的复杂流动问题则往往束手无策。

物理模型实验是研究水流运动特性的另一个强大工具，可以帮助我们弥补理论分析的不足，揭示水体流动过程中的流场特征，进而帮助我们了解驱动流场时空变化的内在物理机制。但遗憾的是，物理模型方法往往受到模型比尺效应、测量误差等的限制和影响，实验结果与原型问题仍可能存在一定的差距，且耗时耗力，实施成本高。

随着计算机技术的快速发展，以数值计算理论为基础的数值模拟方法和技术在过去几十年得到了快速的提升，几乎每个领域都发生了采用数值模拟替代或至少部分替代物理模型实验的革新。在水动力学研究领域，数值水槽（池）和数值波浪槽（池）是两个典型的运用数值模型替代物理实验场地的例子，而计算水动力学则是这些数值模型运行的理论基础。计算水动力学以数学控制方程为理论基础，以数值方法为实现手段，可以很好地克服传统理论分析在解决复杂流动问题中的局限性，和物理模型实验相比则省钱省时，同时又可以摆脱物理模型尺度效应的限制，拓宽实验研究的范围，获得流场内各物理量的时空变化细节，如流速分布、涡旋与湍动能分布等，进而更深刻地揭示水体的运动规律。

计算水动力学目前已广泛应用到水利工程、环境工程、海洋工程、海岸工程等领域，如泄洪水流掺气、地下水渗流、水中污染物扩散、洪水波演进、波浪与海洋结构物相互作用、波浪传播变形与海岸演化及风暴潮导致的海岸淹没等。近年来，计算水动力学也在进一步与其他学科交叉融合，如与数据驱动模型结合进行数据同化可以更准确高效地实现大尺度海浪与风暴潮预报，与各种非线性优化模型结合可以优化不同工程结构的设计方案，与人工智能和深度学习算法结合可以探索湍流发生与发展的内在驱动机制等。

本书将重点介绍计算水动力学在海岸与海洋工程中的应用。海洋中的两种主要水动力现象分别是波浪和海流，两者相互作用，相互影响，有时甚至相互融合，难分难解。但一般来讲，波浪是一种周期相对较短的非恒定水流现象，而海流则是时间尺度远远大于海洋风浪的水流现象，没有确定的周期性，在波浪的时间尺度上观察可近似认为海流是一种恒定流动。海洋中的潮流具有明显的周期性，所以既可以认为它是超长周期的波浪，又可将它处理为时间尺度很大的非恒定水流。

波浪是我们生活中常见的自然现象。古诗词中，无论是“风乍起，吹皱一池春水”，还是“白毛浮绿水，红掌拨清波”，描述的都是不同的外界扰动所引起的波浪现象。实际上，根据不同的分类标准，可以将波浪分为不同的类别：根据自由水面的几何形状是否规则，可以分为规则波和不规则波；根据扰动的来源不同，可以分为风生波、船行波、海啸（扰动源为海洋地质变动，如水下地震、滑坡、火山爆发）、潮汐（扰动源为天体引力）等；根据传播形式的不同，可以分为入射波、折射波、绕射（衍射）波、反射波等；根据恢复力的不同，可以分为重力波和表面张力波等。这些不同类别的波浪需要采用不同的波浪理论和数学模型来描述，我们会在本书中详述。

与波浪类似，海流的产生因素同样分为很多类别。例如，大洋中的海流一般是由温差和盐度差导致的海水密度变化推动的海洋水体运动，一般情况下流速较小，但运动范围和时间尺度均很大，如在大洋中循环流动的大洋环流。潮汐的影响范围同样覆盖了全球海平面，但因为其推动因素为天体运行导致的引力变化，所以主周期约为半日或一日。近岸海流的产生因素很多，除了上述的大洋环流和潮汐，热带风暴推动的风暴潮流是近岸防灾时需要考虑的主要因素。另外，近岸波浪因为地形变化会发生波浪高度和传播方向的改变，进而诱发不同类别的波生流（如离岸底流、沿岸流、裂流等），这些水体流动使得近岸水动力特性变得异常复杂。在河口海岸附近，入海水流和淡-咸水相互掺混也是需要考虑的水体流动因素。

海岸与海洋工程通常是通过建造不同的海洋建筑物来抵御海洋环境荷载（风、浪、流等），进而实现特定的工程目标。海洋工程一般是指在海洋中较深水域的工程结构物的建造与（或）运行行为，其中的工程结构物包括浮式海洋采油平台、海洋能利用装置、海底管线等，如图 1.1 所示，涉及的主要水动力学问题有波流对锚固结构（如海洋平台）与运动结构（如船舶）的作用、结构物的水动力响应与安全性评估、附属结构（如海洋立管、系泊缆）在波流作用下的涡激振荡和疲劳破坏等。而在水下，管道是海洋油气输送的主要设备，电缆是电力传输的主要载体，在波流作用下管道与缆线周边海床的局部冲刷是威胁工程长寿命运行的主要因素。

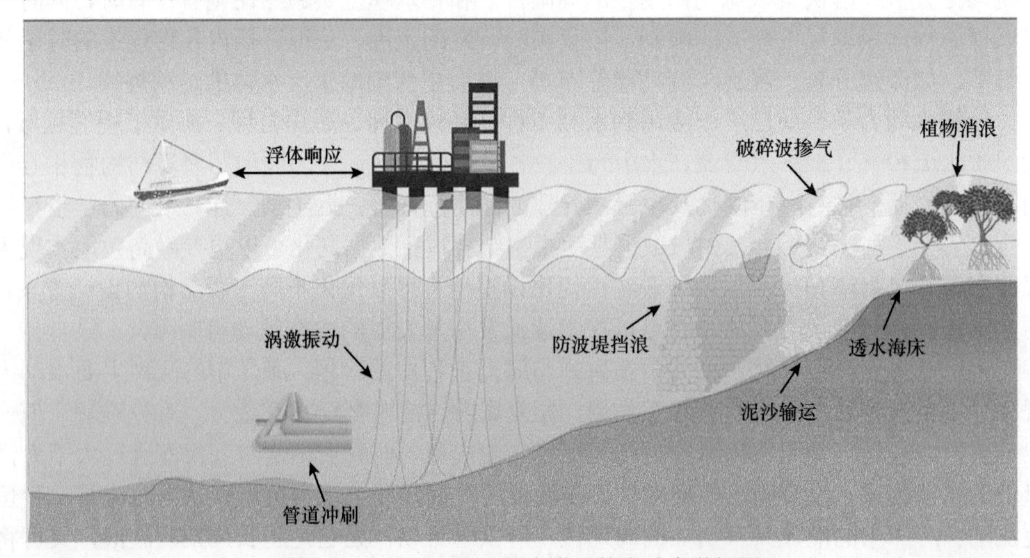

图 1.1　海岸与海洋工程中常见的水动力学问题

海岸工程一般是指在河口和近海岸区域实施的各类工程建设，如近海固定式采油平台、港口防波堤、海岸丁坝、海堤和各类海岸防护结构物等。受地形变化和各种结构物的作用，波浪在近岸地区会发生明显的折射、绕射、破碎、反射等演化。例如，当波浪传入港口后，若入射波的频率与港池水体的固有频率接近，则可能诱发港口共振现象；对于斜坡式防波堤、海堤、土石坝等水工建筑物，波浪在斜坡上发生破碎后，水体将沿斜坡面上涌、爬升，而波浪爬高和越浪量是这类斜坡式防浪水工建筑物顶部高程的重要设计参数。

在海岸区域波浪与水流通常是共存的，波流的相互作用增加了近岸水动力特性的复杂性，使得河口与海岸地区的泥沙输运、地形变化及污染物迁移均表现出多源影响的特征。近岸因波流运动导致的各类物质交换（如水气交换、床面物质交换、泥沙颗粒和海岸植物对污染物的吸附与释放等）均需要我们对波流相互作用机制、波浪破碎掺气特性、波流边界层特性与泥沙运动、海岸植物-波流耦合作用机制等做更深入的探索。

随着海洋资源与空间的开发利用，海洋工程防灾减灾研究变得日益重要。在此过程中，我们一方面需要最大限度地减少海洋自然灾害对人类活动和工程安全的影响，另一方面又要尽量避免人类活动对海洋环境造成不可逆转的负面影响。目前世界各国均在探索海岸带生态修复和灾害防治的有机结合，通过与气象预报和气候变化预测、大数据融合、海岸湿地生物学等学科交叉融合，计算水动力学在未来可以有力地推动基于自然解决方案的生态海岸可以更好地发挥生态保护和海岸减灾的综合功能。

可以看到，海岸与海洋工程涉及的问题跨越了不同的空间尺度，既有全球尺度的洋流与潮流运行、海啸波跨洋传播等超大尺度问题，又有风暴潮形成与演化等区域性大尺度问题；在讨论港口设计、河口海岸长期演化、海岸防灾减灾、海岸生态修复与水污染控制等问题时，关注的则是中尺度海岸带问题；而当需要解决的问题是工程结构物自身安全时，聚焦的则是小尺度工程问题。为了解决不同尺度的工程问题，我们需要使用不同的数值模型，这是本书的主要目的，即为读者提供不同波流模型的理论基础和应用案例，方便读者熟悉和了解不同的模型，并在解决实际工程问题时能够选取最为适合的模型工具。

本书分为三部分，第一部分介绍计算水动力学基础理论，包括水动力学理论的数学基础（第 2 章）和偏微分方程的数值求解方法（第 3 章）；第二部分介绍适用于不同问题尺度的水动力学模型（第 4 章至第 6 章）；第三部分则是水动力学模型的工程应用案例讨论和总结（第 7 章和第 8 章）。通过对这些章节的学习，读者可以了解不同的波浪和波流模型的理论基础、基本假设及适用范围，从而可以根据实际需要正确地选用数值模型或者模型组合来开展研究和设计。

在本书中，我们将可以模拟大规模波流问题（如海啸、风暴潮、海洋环流等，尺度大于 10 000m）的模型归为大尺度水动力学模型，包括三维静压模型、浅水方程模型、能谱方程模型、风浪流耦合模型，这些模型的理论基础和数值方法将在第 4 章中详述。对于近海岸区域的波浪传播与变形问题，缓坡方程模型和布西内斯克（Boussinesq）方程模型是两大主流模型，可以模拟波浪在中尺度范围（100m 与 10 000m 之间）的复杂变化特征，我们将在第 5 章中详细介绍模型的理论假设和应用场景。在第 6 章中，我们将重点介绍基于纳维-斯托克斯（Navier-Stokes，N-S）方程的可揭示波流场细节的小尺度（小于 100m）水动力学模型，如以 NEWFLUME 模型（2D）为基础建立的 NEWTANK 模型（3D）、CIP 模型（2D）、粒子模型（2D）、OpenFOAM 模型（3D）、LBM 模型。这类模型能准确模拟波浪破碎掺气、波流边界层结构等复杂自由面湍流问题，并能为海岸与海洋工程中关心的波浪砰击结构物、结构物动力响应、液舱晃荡、涡激振动等问题提供准确的数值模拟结果。

第 7 章集中介绍计算水动力学模型的工程应用。我们选取的模型应用均为近岸小尺度波流精细模拟的案例，主要原因是对于中尺度模型和大尺度模型其他相关专著中已经有较多的介绍，而小尺度案例与工程问题关系密切，但以往的案例介绍较少。通过这些案例介绍，读者可以了解对于相关工程问题应该如何找到准确的切入点，并运用数值模型开展模拟研究。我们将提供基准测试算例和模型设置细节，有兴趣的读者可以据此构建自己的水动力数值模型，并根据提供的基准算例结果检验自己所开发模型的准确性。在第 8 章，我们将对各类波流数值模型在模拟不同的波流问题时的适用性与计算效率进行总结，并展望计算水动力学模型在海岸与海洋工程领域的未来发展前景。

第2章　水动力学基本数学理论

本章将回顾水动力学理论：从描述粘性流体运动的N-S方程出发，推导出基于无粘和无旋假定的势流理论，而势流理论是水波理论的基础。在特定的环境条件下，如强风作用下的海浪，水面会变得不稳定甚至破碎，该过程可能伴随强烈的湍流现象；另外，波流与结构物相互作用过程中会产生复杂的湍流，要对这类问题进行准确的数值模拟通常需要引入适当的湍流模型。本章还将介绍几种常用的湍流模型，并讨论其优点、局限性和适用范围。

2.1　粘性流理论

海岸和海洋工程流体运动须遵循质量和动量守恒准则，这些准则一般是以描述流体速度与压强时空变化规律的偏微分控制方程的形式出现，有时也会以描述涡度或流函数变化规律的偏微分控制方程的形式出现。本书主要介绍第一类控制方程。

2.1.1　控制方程

1. 动量方程

最初的牛顿第二定律是建立在拉格朗日坐标系统上的，它指出施加在物体上的合力等于物体的质量与运动加速度的乘积。该定律是包括流体力学在内的经典力学的基础。流体力学动量方程本质上是牛顿第二定律在欧拉坐标系统中的重构。利用雷诺输运定理、拉格朗日体系与欧拉体系之间的数学变换，欧拉坐标系统中的牛顿第二定律可写成如下形式：

$$\frac{\partial u_i}{\partial t}+u_j\frac{\partial u_i}{\partial x_j}=\frac{Du_i}{Dt}=f_i \tag{2.1}$$

式中，d/dt 是全导数（也称为物质导数或拉格朗日导数），代表物理量随时间的变化率；i=1、2、3，分别代表 x、y、z 三个方向的分量；u_i 是流体质点在 i 方向上的分速度；f_i 代表作用在流体质点上的力在 i 方向上的分量。方程（2.1）左端第一项是当地加速度，第二项是对流加速度或迁移加速度。流体力通常由压力、重力和粘性应力三部分组成：

$$f_i=-\frac{1}{\rho}\frac{\partial p}{\partial x_i}+g_i+\frac{1}{\rho}\frac{\partial \tau_{ij}}{\partial x_j} \tag{2.2}$$

式中，ρ是流体密度；p 是压强；g_i 是重力加速度在 i 方向上的分量；τ_i 是二阶粘性应力张量。对于牛顿流体，其应力与流体粒子的应变速率 σ_{ij} 呈线性关系，即：

$$\tau_{ij}=2\mu\sigma_{ij} \tag{2.3}$$

式中，μ是流体动力粘滞系数，σ_{ij}定义为

$$\sigma_{ij}=\frac{1}{2}\left(\frac{\partial u_i}{\partial x_j}+\frac{\partial u_j}{\partial x_i}\right) \tag{2.4}$$

这里需要注意的是，上述公式是建立在连续介质的假设下。这种假设对于大多数平均自由程（流体分子在碰撞之间行进的平均距离）远小于流动特征长度的流体来说都是合理的。

2. 连续性方程

基于雷诺输运定理，流体在运动过程中质量保持不变（即质量守恒），可用以下数学方程来表述：

$$\frac{\partial \rho}{\partial t}+\frac{\partial(\rho u_i)}{\partial x_i}=0 \tag{2.5}$$

该方程被称为连续性方程，它能确保流体系统的质量守恒。方程（2.1）是我们熟悉的描述流体动态行为的N-S方程，因为该方程一般需要与连续性方程（2.5）联立求解，所以方程（2.1）与方程（2.5）常被通称为N-S方程组或简称为N-S方程。当忽略方程中的粘性项时，N-S方程则退化为欧拉方程。

为了使方程（2.1）和方程（2.5）完备，我们需要补充关联局部压强p和密度ρ的状态方程。以液体为例，通用的状态方程为

$$\frac{p}{p_0}=(B+1)\left(\frac{\rho}{\rho_0}\right)^{\gamma}-B \tag{2.6}$$

式中，p_0和ρ_0分别是基准压强和基准密度；B和γ是与流体特性和热力学特性相关的参数。关于以上雷诺输运定理的解释和N-S方程的详细推导可在许多流体力学书籍中找到，如*Fluid Mechanics*（Streeter et al.，1998）。

真实的流体都是可压缩的。这意味着，当对流体质点施加外力时，质点的形状或体积将发生改变。如果施加的力与流体质点表面垂直，流体将被拉伸或压缩。流体的可压缩性是指流体质点承受法向力时产生的膨胀或压缩特性，可采用弹性模量来量化。当流体流速U远小于压力波速度C（即马赫数$Ma=U/C\ll 1$）时，可以忽略流体的可压缩性。这意味着，无论对流体质点施加多大的力，流体质点的体积均保持不变，因而流体的密度也保持不变，此类假想流体被称为不可压缩流体。在数学上，这意味着流体密度在运动过程中的全导数为零，即：

$$\frac{D\rho}{Dt}=\frac{\partial \rho}{\partial t}+u_i\frac{\partial \rho}{\partial x_i}=0 \tag{2.7}$$

将方程（2.7）代入方程（2.5），可得不可压缩流体的连续性方程：

$$\frac{\partial u_i}{\partial x_i}=0 \tag{2.8}$$

该方程大大简化了最初与时间相关的连续性方程（2.5）。

如果流体具有恒定的密度（即流体密度在时间和空间上都没有变化），就可以推导出同样形式的简化方程（2.8），这经常导致初学者对不可压缩流体与恒定密度流体的概念混淆。不可压缩流体和恒定密度流体其实存在着本质上的区别，后者对密度变化有更强的限制，要求密度相对于时间和空间的导数均为零，即$\partial/\partial t=\partial/\partial x_i=0$，前者只限制$\partial/\partial t+u_i\partial/\partial x_i=0$，而

$\partial/\partial t=-u_i\partial/\partial x_i\neq 0$。这意味着，不可压缩流体密度可分层，即在时间和空间上是可变化的。这在海洋波浪理论中有着特殊的意义，因为尽管海水在很多情况下是分层的，但仍可被认为是不可压缩的。

不可压缩流体和恒定密度流体的连续性方程和动量方程可总结如下：

$$\frac{\partial u_i}{\partial x_i}=0 \tag{2.9}$$

$$\frac{\partial u_i}{\partial t}+u_j\frac{\partial u_i}{\partial x_j}=-\frac{1}{\rho}\frac{\partial p}{\partial x_i}+g_i+\frac{1}{\rho}\frac{\partial \tau_{ij}}{\partial x_j} \tag{2.10}$$

在粘度为常数的情况下，具有二阶张量的扩散项 $\frac{1}{\rho}\frac{\partial \tau_{ij}}{\partial x_j}$ 可以简化为 $\nu\partial^2 u_i/\partial x^2_j$，其中 $\nu=\mu/\rho$ 为运动粘滞系数。则动量方程可变为

$$\frac{\partial u_i}{\partial t}+u_j\frac{\partial u_i}{\partial x_j}=-\frac{1}{\rho}\frac{\partial p}{\partial x_i}+g_i+\nu\frac{\partial^2 u_i}{\partial x_j^2} \tag{2.11}$$

方程（2.9）和方程（2.11）分别被称为爱因斯坦张量形式的连续性方程和动量方程。此时方程中所有的变量均为标量或矢量，因此我们可以使用矢量运算符以等同的形式来表达 N-S 方程：

$$\nabla\cdot\vec{u}=0 \tag{2.12}$$

$$\frac{\partial \vec{u}}{\partial t}+\vec{u}\cdot\nabla\vec{u}=-\frac{1}{\rho}\nabla p+\vec{g}+\nu\nabla^2\vec{u} \tag{2.13}$$

式中，运算符 $\nabla\cdot$、∇ 和 $\nabla^2=\nabla\cdot\nabla$ 分别表示散度、梯度和拉普拉斯算子，而矢量则用变量上方的箭头表示。

值得注意的是，上面介绍的 N-S 方程是建立在惯性笛卡儿坐标系上的。有时，我们为了便于解决问题，也可在非惯性坐标系上建立控制方程与模型，这时可通过在动量方程中引入非惯性力（如运动球体表面的科氏力或运动箱体的非惯性力，后者详见本书第 7.4 节）的方式来实现。当方程建立在非笛卡儿坐标系（如柱坐标、球坐标等）上时，我们只需把原来建立在笛卡儿坐标系上的控制方程进行数学变换即可实现（见附录 I ）。

2.1.2　涡度-速度公式

1. 涡度 $\vec{\omega}$ 的定义

涡度是流体质点局部旋转速率的量度（旋度），计算公式如下：

$$\vec{\omega}=\nabla\times\vec{u}=\begin{vmatrix}\vec{i} & \vec{j} & \vec{k}\\ \frac{\partial}{\partial x} & \frac{\partial}{\partial y} & \frac{\partial}{\partial z}\\ u & v & w\end{vmatrix}=\left(\frac{\partial w}{\partial y}-\frac{\partial v}{\partial z}\right)\vec{i}+\left(\frac{\partial u}{\partial z}-\frac{\partial w}{\partial x}\right)\vec{j}+\left(\frac{\partial v}{\partial x}-\frac{\partial u}{\partial y}\right)\vec{k} \tag{2.14}$$

式中，$\vec{i}$、$\vec{j}$ 和 $\vec{k}$ 分别代表 x、y 和 z 方向的单位矢量。

对方程（2.13）两端同时取旋度，得到涡量形式的动量方程：

$$\frac{\partial \vec{\omega}}{\partial t}+\vec{u}\cdot\nabla\vec{\omega}=\vec{\omega}\cdot\nabla\vec{u}+\nu\nabla^2\vec{\omega} \tag{2.15}$$

这是描述涡量输运的方程。在以上方程推导中，我们假定了流体密度为常量，并且使用了矢量乘积的恒等式定理$\nabla\times(\nabla\varphi)=0$（$\varphi$ 可以是任意标量）。对于二维问题，方程（2.15）右边第一项恒为零，因此可以删除。

2. 连续性方程

对恒等式$\vec{\omega}=\nabla\times\vec{u}$两端取旋度并引入连续性方程（2.12），则有

$$\nabla^2\vec{u}=-\nabla\times\vec{\omega} \tag{2.16}$$

该方程描述了连续性方程约束下速度与涡量之间的关系。该方程推导过程中使用了拉格朗日向量叉积恒等式$\nabla\times(\nabla\times\vec{u})=\nabla(\nabla\cdot\vec{u})-\nabla^2\vec{u}$（完整的向量运算过程参见附录II）。方程（2.15）和方程（2.16）分别等价于采用原始变量（速度和压强）表达的方程（2.13）和方程（2.12）。与N-S方程相比，上述方程组在数值计算时更易于处理产生涡的固体边界条件。

在流场中获得了速度和涡度后，对原动量方程两侧求散度可以得到压力泊松方程（PPE），通过求解压力泊松方程即可获得压力：

$$Tr(\nabla\vec{u}\otimes\nabla\vec{u})=-\nabla\cdot\left(\frac{1}{\rho}\nabla p\right) \tag{2.17}$$

式中，$Tr(\,)$是矩阵的迹；$\otimes$代表两个张量叉乘。

2.1.3 二维问题的流函数-速度公式

1. 连续性方程

考虑到任何矢量场均满足矢量乘积恒等式$\nabla\cdot(\nabla\times\vec{\psi})=0$，对于不可压缩流体流动时的无发散速度场，我们可以引入由$\vec{u}=\nabla\times\vec{\psi}$定义的矢量势$\vec{\psi}$。对该定义两端取旋度，可得

$$\nabla^2\vec{\psi}=\nabla(\nabla\cdot\vec{\psi})-\vec{\omega} \tag{2.18}$$

该方程与涡量输运方程（2.15）一起构成了另一对与N-S方程等效的矢量势-涡量方程组。

然而方程（2.18）的表达形式与原始变量表达式相比，几乎没有任何直接优势，除非将其简化为以下二维问题的形式：

$$\nabla^2\psi=-\omega \tag{2.19}$$

在二维情况下，Ψ和ω变成标量，由于在z方向的梯度为零，因此$\nabla(\nabla\cdot\psi)$恒等于0。

2. 动量方程

同样地，对于二维问题，涡量方程可简化为对流扩散方程：

$$\frac{\partial\omega}{\partial t}+\vec{u}\cdot\nabla\omega=\nu\nabla^2\omega \tag{2.20}$$

式中，速度和ψ有如下关系：

$$u=\frac{\partial\psi}{\partial y},\quad v=-\frac{\partial\psi}{\partial x} \tag{2.21}$$

标量ψ通常被称为流函数，该函数的等值线即为流线，其切线方向为当地流体速度方向。使用流函数-涡量公式的优点是，不需要处理矢量传输方程，而是直接处理两个标量控制

方程。此外，沿着固体表面的流函数是一个常数，使得固体边界条件的实现变得简单直接。读者可从 Quartapelle（1993）的介绍中找到更多关于 N-S 方程的替代形式及其数值解的信息。

2.1.4　可压缩流体-状态方程

所有真实流体都是可压缩的。当所研究的问题需要考虑流体的可压缩性时，密度 ρ 不仅会随温度 T 的变化而改变，还与压力 p 的变化相关，这就不可避免地要用到热力学的基本概念和方程。下面仅略述状态方程，更详细的介绍可参阅热力学及分子物理学相关书籍。

流体的 p、ρ 和 T 之间的函数关系式称为流体的状态方程，可表示为

$$F(p, \rho, T)=0 \tag{2.22}$$

对于不同的流体，如理想气体、均质液体等，方程（2.22）对应着不同的表达式。

玻意耳定律：当一定质量的气体保持温度不变时，它的压强和体积成反比：

$$pV=C \tag{2.23}$$

式中，常数 C 在不同的温度下对应着不同的值。方程（2.23）由玻意耳和马里奥特分别独立发现，亦称为玻意耳-马里奥特定律。实验表明，气体压强越低，该定律的精确度越高。

阿伏伽德罗定律：在相同的温度和压强下，相同体积的任何气体都具有相同的分子数。

根据玻意耳定律和阿伏伽德罗定律，对于理想气体而言，状态方程可写为

$$pV=nR_0T=\frac{m}{M}R_0T \tag{2.24}$$

式中，n 为气体的物质的量；m 为气体的质量；M 为摩尔质量；R_0 是普适气体常量，它是与气体种类及所处条件无关的普适常数，R_0=0.082atm·L/(mol·K)，其中 1atm 代表一个标准大气压强。

对于单位质量的理想气体，状态方程的形式为

$$pV_0=RT \tag{2.25}$$

或

$$p=\rho RT \tag{2.26}$$

式中，V_0 表示单位质量气体的体积，$R=R_0/M$。

应当注意的是，上述状态方程仅适用于密度不太大、分子间的相互作用力和分子所占体积可忽略的情况。对于高度压缩的气体，还须考虑分子间的作用力和分子所占体积的影响，这里不加讨论。

对于均质液体而言，一般正常条件下，密度几乎不随压力和温度的变化而改变，此时的状态方程为

$$\rho=C \tag{2.27}$$

式中，C 为常数。

当压力达到几百个大气压甚至更大时，则需要考虑密度随压力的微小变化，通常可采用液体状态方程（2.6），或其等效形式：

$$\frac{p/p_0+B}{1+B}=\left(\frac{\rho}{\rho_0}\right)^{\gamma} \tag{2.28}$$

式中，p_0 与 ρ_0 分别是标准大气压和液体在一个标准大气压下的密度。

2.2 势流理论

2.2.1 基本假设

理想流体：所有的流体都是有粘性的，就像它们都具有可压缩性一样。然而，与其他流动要素相比，粘性效应可能是重要的，也可能是微不足道的。如果流动中的粘性效应可忽略不计，这样的流体就称为理想流体。方程（2.2）中的3种外力中只有粘性应力的剪切分量可以作用于流体质点的切线方向，正是该剪切力改变了流体质点的旋转状态。因此，在理想流体中，涡量既不会被创造，也不会被耗散。

无旋流：结构物周围的流体流动时会在结构表面附近产生边界层，其中粘性效应具有重要的作用。在边界层外，粘性效应逐渐减小。这意味着，在远离结构物的位置，流体旋度逐渐失去驱动机制，因而其涡量状态保持不变。如果流体流动最初是无旋的，即 $\vec{\omega}=0$，这种无旋状态就会一直保持，该流动称为无旋流。

势流函数：如果流动是无旋的，速度势函数 ϕ 可表示为

$$\vec{u}=-\nabla\phi=-\frac{\partial\phi}{\partial x}\vec{i}-\frac{\partial\phi}{\partial y}\vec{j}-\frac{\partial\phi}{\partial z}\vec{k} \tag{2.29}$$

将式（2.29）代入式（2.14），不难证明存在势函数是流体无旋的充分必要条件。

2.2.2 势流及拉普拉斯（Laplace）方程

如果存在势函数，将式（2.29）代入方程（2.12），可将不可压缩流体的连续性方程转换为新的形式：

$$\nabla\cdot\vec{u}=\nabla\cdot\left(-\nabla\phi\right)=-\nabla^2\phi=0 \tag{2.30}$$

上式称为拉普拉斯方程。虽然拉普拉斯方程是连续性方程推导的结果，它的目的是确保质量守恒，但在推导过程中又添加了其他强制条件，即流体不可压缩性和流动无旋性。拉普拉斯方程描述的流动称为势流。与求解方程（2.12）相比，求解方程（2.30）只需处理一个标量，而不需要求解速度的三个分量。

伯努利方程：如何将速度势函数 ϕ 与压力 p 建立联系是需要考虑的问题。通过将式（2.29）代入方程（2.13）并忽略粘性项，对方程进行空间积分可得（见附录III）：

$$-\frac{\partial\phi}{\partial t}+\frac{1}{2}\left[\left(\frac{\partial\phi}{\partial x}\right)^2+\left(\frac{\partial\phi}{\partial y}\right)^2+\left(\frac{\partial\phi}{\theta z}\right)^2\right]+\frac{p}{\rho}+gz=C\left(t\right) \tag{2.31}$$

式中，$C(t)$是空间上均匀但随时间变化的积分常数，它的值可根据边界条件来确定。为了获得上述方程，还需要假定重力加速度处于垂直方向，即 $g_x=g_y=0$ 且 $g_z=-g$。该方程称为伯努利方程，它将空间中任意两个位置之间的流体压强与流体速度势关联起来，是势流假设下的简化动量方程。将方程（2.30）和方程（2.31）联立求解就可得到随时间和空间变化的速度与压力。值得注意的是，对于粘性流体，沿着流线方向（不是整个空间）还存在另一个形式的伯努利方程，许多流体力学书籍已详细阐述，在此不再赘述。

2.2.3　基于流函数的二维问题

对于二维无旋流，因为涡度在整个过程中为零[参见方程（2.19）]，流函数同样满足拉普拉斯方程：

$$\nabla^2 \psi = -\omega = 0 \tag{2.32}$$

分别通过式（2.21）和式（2.29）定义的ψ和ϕ，可证明：

$$\nabla \psi \cdot \nabla \phi = 0 \tag{2.33}$$

这意味着，流线总是垂直于速度势函数的等值线，并有以下关系：

$$\frac{\partial \phi}{\partial x} = \frac{\partial \psi}{\partial z}, \quad \frac{\partial \phi}{\partial z} = -\frac{\partial \psi}{\partial x} \tag{2.34}$$

这一对公式被称为柯西-黎曼（Cauchy-Riemann）条件。

2.3　湍流与湍流数学模型

2.3.1　湍流的定义

对于真实的流体，粘性效应在平衡流体的惯性和耗散流体的能量方面起着重要作用。当粘性效应相对重要时，流动趋向于层流。随着流体惯性的增加，湍动特性加强，流动趋向于湍流。通常用于表征从层流到湍流的流动趋势的无量纲参数称为雷诺数（Re）：

$$Re = \frac{UL}{\nu} \tag{2.35}$$

式中，U 和 L 分别是流体的特征速度和特征长度。

当流动变得紊乱时，流动可分解为平均流动和随机扰动两部分。因此，湍流的瞬时速度可表示为这两方面贡献的和：

$$\vec{u}(\vec{x}, t) = \langle \vec{u}(\vec{x}, t) \rangle + \vec{u}'(\vec{x}, t) \tag{2.36}$$

式中，$\langle \ \rangle$ 指样本平均，$\langle \vec{u}(\vec{x}, t) \rangle$ 称为样本平均速度，也称雷诺平均速度；$\vec{u}'(\vec{x}, t)$ 是脉动速度。

通常，$\langle \vec{u}(\vec{x}, t) \rangle$ 涵盖了大尺度平均流动，而 $\vec{u}'(\vec{x}, t)$ 跨越的尺度范围则更宽广，既包含了平均流运动尺度，又包含了能量耗散的科尔莫戈罗夫（Kolmogorov）尺度（Tennekes and Lumley，1972）。在大尺度平均流动与最小的湍流耗散尺度之间存在不同尺度的涡流形式。这一流动范围被称为惯性次区，它是将平均流动的能量传递给最小湍流涡旋的桥梁。随着惯性次区内涡旋尺寸的不断减小，湍流特征变得越来越各向同性和彼此相似。因此，即使平均流动是二维的，湍流最终也会演化为三维结构。

与层流相比，湍流具有更强的随机流动性、更宽广的流动尺度、更强的动量传递能力及更大的能量耗散率。尽管有上述事实，但原来推导的 N-S 方程仍然适用于描述各种湍流运动，而各种湍流模型的出现其实更多的是为了满足工程计算的需求。下面讨论不同湍流模型的理论基础。

2.3.2　直接数值模拟

直接数值模拟（DNS）的逻辑简单直接，由于所有类型的流体流动（层流和湍流）都可以用 N-S 方程来描述，因此对湍流的数值求解方案不需要特殊的处理，只需要准确地求解原始的 N-S 方程。但为了充分捕捉湍流的所有尺度，DNS 需要满足以下要求。

（1）所有湍流结构，包括最小的 Kolmogorov 湍流尺度，必须通过数值方法完整解析。

（2）数值解必须足够精确，从而能正确模拟能量耗散率，即数值误差或数值耗散不应超过实际能量耗散。

（3）需要采用适当的统计方法对数值结果进行分析，以提取湍流信息。

基于 Kolmogorov（1962）的研究，最小湍流尺度可以估算为

$$\eta \sim \left(\frac{\nu^3}{\varepsilon}\right)^{1/4} \tag{2.37}$$

通过上式可以估计湍流的耗散率：

$$\varepsilon \sim \frac{U^3}{L} \tag{2.38}$$

则平均流尺度和 Kolmogorov 尺度的比值为

$$\frac{L}{\eta} \sim \left(\frac{L^3 U^3}{\nu^3}\right)^{1/4} = Re^{3/4} \tag{2.39}$$

这个比率同时也是计算湍流在一个方向上所需的最小网格数。因此，三维空间中的网格总数为

$$\left(\frac{L}{\eta}\right)^3 \sim Re^{9/4} \tag{2.40}$$

对于 $Re=10^4$ 的问题，网格总数几乎是现阶段大部分计算机功能的上限。这就解释了为什么 DNS 一般只适用于雷诺数相对较小的问题。

DNS 为建模者提供了获得湍流瞬时流场的可能性。DNS 结果类似于高精度实验数据，基于此实验可提取各种湍流信息。我们可采用样本平均值（对于非恒定流）或时间平均值（对于准恒定流）来分离平均量和随机脉动。为了获得湍流流动的统计特性，经常会使用蒙特卡罗方法，即在流动计算中引入随机初始扰动或边界扰动来触发模拟过程中的湍流。有关 DNS 的更多信息，读者可参阅相关参考文献（Pope，2000）。

2.3.3 大涡模拟

对于大多数高雷诺数流动来说，在当前计算能力下 DNS 不是一个合适的选择。对于多数工程问题，我们对平均流动和大尺度湍流特性更感兴趣，不太关心小尺度湍流的流动细节，但希望了解能量转移与耗散特性。大涡模拟（LES）的基本原理是：只计算大尺度流动结构，对小尺度湍流进行合理的模化处理。

DNS 能提供瞬时流场的信息，包括平均流动信息和全部的湍流信息，而 LES 会在一定空间尺度上截断湍流的计算。在 LES 计算中，可进行以下划分：

$$\vec{u}(\vec{x},t) = \langle \vec{u}(\vec{x},t) \rangle + \vec{u}'(\vec{x},t) = \langle \vec{u}(\vec{x},t) \rangle + \vec{u}'_{\text{res}}(\vec{x},t) + \vec{u}'_{\text{non-res}}(\vec{x},t) \tag{2.41}$$

式中，$\vec{u}'_{\text{res}}(\vec{x},t)$ 指能够被计算网格解析的湍流脉动速度；$\vec{u}'_{\text{non-res}}(\vec{x},t)$ 指不能被计算网格解析的湍流脉动速度。LES 只能获得 $\langle \vec{u}(\vec{x},t) \rangle$ 和 $\vec{u}'_{\text{res}}(\vec{x},t)$ 这两部分的结果。

显然，$\vec{u}'_{\text{res}}(\vec{x},t)$ 和 $\vec{u}'_{\text{non-res}}(\vec{x},t)$ 都随截断尺度的变化而变化。通常情况下，截断尺度与

网格分辨率相同。随着湍流尺度变小，湍流在惯性次区变得更加各向同性和自相似。这意味着，只要截断的湍流结构足够小，就可能存在适用于小尺度湍流模拟的闭合模型通用形式。Smagorinsky（1963）最早提出亚格子尺度（SGS）模型。在他的方法中，首先通过采用与网格大小相当的空间平均滤波器将原始的 N-S 方程转换为以下形式：

$$\frac{\partial \overline{u}_i}{\partial x_i}=0 \tag{2.42}$$

$$\frac{\partial \overline{u}_i}{\partial t}+\overline{u}_j\frac{\partial \overline{u}_i}{\partial x_j}=-\frac{1}{\rho}\frac{\partial \overline{p}}{\partial x_i}+\frac{1}{\rho}\frac{\partial}{\partial x_j}\left(\overline{\tau}_{ij}+R_{ij}\right) \tag{2.43}$$

式中，$\overline{u}_i=\langle u_i\rangle+u'_{i\ \mathrm{res}}$，$\overline{p}=\langle p\rangle+p'_{\mathrm{res}}$，$\overline{\tau}_{ij}=2\mu S_{ij}$，其中 $S_{ij}=\left(\partial\overline{u}_i/\partial x_j+\partial\overline{u}_j/\partial x_i\right)/2$，上画线代表空间上的平均；$R_{ij}=-\rho\overline{u'_{i\ \text{non-res}}u'_{j\ \text{non-res}}}$ 是由未解析的湍流扰动引起的附加应力，在 SGS 模型中，该附加应力的封闭模型如下：

$$R_{ij}=2\rho\nu_{\mathrm{t}}S_{ij}=2\rho(L_{\mathrm{S}}^2\sqrt{2S_{ij}S_{ij}})S_{ij} \tag{2.44}$$

式中，ν_{t} 为湍动涡粘系数；L_{S} 是 Smagorinsky 系数，等价于特征长度 $C_{\mathrm{S}}\varDelta$，其中 $C_{\mathrm{s}}\approx0.17$（Lilly，1967），$\varDelta$ 的平均尺寸与三维问题中的网格尺寸相关，可采用 $\varDelta=(\varDelta_1\varDelta_2\varDelta_3)^{1/3}$ 计算，其中 $\varDelta_1$、$\varDelta_2$ 和 $\varDelta_3$ 分别是空间 3 个方向上的网格尺寸。但在实际模拟中应该注意，3 个方向上的网格尺寸应尽量保持接近。

当 $\varDelta$ 趋于零时，R_{ij} 的值也接近零。这意味着，此时 LES 退化为 DNS。与此相反，随着 $\varDelta$ 的增大，则需要模拟更多的湍流，这导致难以找到通用的闭合模型来描述特性各异的大尺度湍流，因为较大尺度的湍流各向异性且与平均流动相关，所以需要更复杂的闭合模型。

当网格大小不在湍流惯性次区内时，简单封闭模型式（2.44）将不再准确。为了解决这个问题，有学者提出了动态 SGS 模型（Lilly，1992），该模型将局部流动信息纳入式（2.44）的系数中，以便封闭模型能更好地适应各种湍流。与简单的 SGS 模型相比，动态 SGS 模型通常可提供更精确的模拟结果。

需要注意的是，由于 $\overline{u}_i=\langle u_i\rangle+u'_{i\ \mathrm{res}}$ 包含的 $u'_{i\ \mathrm{res}}$ 通常为三维湍流，因此需要在三维框架下运行 LES 模型。

2.3.4　雷诺应力模型

首先让我们思考以下问题：在 LES 中，$\varDelta$ 接近最大湍流尺度（亦即平均流长度尺度）时会发生什么？在这种情况下，所有的湍流效应将集中到 $u'_{i\ \text{non-res}}$，而 $u'_{i\ \mathrm{res}}=0$，因此有 $\overline{u}_i=\langle u_i\rangle$ 和 $u'_i=u'_{i\ \text{non-res}}$。这时，$R_{ij}$ 项将包含所有影响平均流的湍流效应。在这种情况下，R_{ij} 称为雷诺应力，它可以通过对最初的 N-S 方程进行样本平均（或雷诺平均，采用符号 $\langle\ \rangle$ 表示）推导得出：

$$\frac{\partial\langle u_i\rangle}{\partial x_i}=0 \tag{2.45}$$

$$\frac{\partial\langle u_i\rangle}{\partial t}+\langle u_j\rangle\frac{\partial\langle u_i\rangle}{\partial x_j}=-\frac{1}{\rho}\frac{\partial\langle p\rangle}{\partial x_i}+\frac{1}{\rho}\frac{\partial}{\partial x_j}\left(\langle\tau_{ij}\rangle+R_{ij}\right) \tag{2.46}$$

式中，$R_{ij}=-\rho\left\langle u_i'u_j'\right\rangle$。上述方程被称为雷诺平均的 N-S 方程（RANS）或雷诺方程。接下来我们将介绍针对 R_{ij} 的各种建模方法。

1. 雷诺应力输运模型

从最初的 N-S 方程[方程（2.12）和方程（2.13）]开始，可以推导出雷诺应力的输运方程（Launder et al.，1975）：

$$\begin{aligned}\frac{\partial\left\langle u_i'u_j'\right\rangle}{\partial t}+\left\langle u_k\right\rangle\frac{\partial\left\langle u_i'u_j'\right\rangle}{\partial x_k}=&-\frac{1}{\rho}\frac{\partial}{\partial x_k}\left(\left\langle u_i'p'\right\rangle\delta_{jk}+\left\langle u_j'p'\right\rangle\delta_{ik}\right)\\&-\frac{\partial}{\partial x_k}\left(\left\langle u_i'u_j'u_k'\right\rangle-\nu\frac{\partial\left\langle u_i'u_j'\right\rangle}{\partial x_k}\right)\\&-\left(\left\langle u_i'u_k'\right\rangle\frac{\partial\left\langle u_j\right\rangle}{\partial x_k}+\left\langle u_j'u_k'\right\rangle\frac{\partial\left\langle u_i\right\rangle}{\partial x_k}\right)\\&+\left\langle\frac{p'}{\rho}\left(\frac{\partial u_i'}{\partial x_j}+\frac{\partial u_j'}{\partial x_i}\right)\right\rangle-2\nu\left\langle\frac{\partial u_i'}{\partial x_k}\frac{\partial u_j'}{\partial x_k}\right\rangle\end{aligned}\tag{2.47}$$

式中，δ_{ij}（式中为 δ_{jk} 和 δ_{ik}）是克罗内克（Kronecker）符号。等式的左边表示雷诺应力随平均流场的变化率。等式右边的前两行表示雷诺应力通过湍流压强、湍流通量和分子粘性应力作用的总体扩散。等式右边的第三行表示由雷诺应力对平均流梯度做功产生的雷诺应力。等式右边第四行的第一项代表压力扰动与湍流应变率之间的相互作用，它不会对湍流总能量的变化作出贡献，但会在不同方向上重新分配湍流能量，第四行第二项是由粘性效应引起的湍流能量耗散。

上述雷诺应力输运方程包含一些高阶相关项，即湍流扩散项、压力应变率相关项和耗散项，这些项需要通过某些模型来闭合。湍流扩散项可以用梯度扩散模型来模拟。然而，根据不同的近似水平，扩散系数可以是各向异性的（Daly and Harlow，1970；Hanjalic and Launder，1972）或各向同性的（Mellor and Herring，1973）。压力应变率相关项有助于湍流能量的重新分配，因此它对于描述湍流各向异性十分重要。准确地模拟这项贡献是很困难的，通常可采用慢压力效应的 Rotta 线性回归各向同性模型（Rotta，1951；Tennekes and Lumley，1972）和快速压力效应的非线性模型的组合来实现。根据不同的假设，学者们至少提出了 5 种不同的封闭模型。Demuren 和 Sarkar（1993）使用不同的扩散模型和压力应变率相关模型进行数值实验并得出了结论，与实验数据和直接数值模拟（DNS）数据相比，没有任何模型可以完全令人满意地预测湍流特性。进一步改进这些封闭模型对将来的研究仍然是必要的，特别是对于复杂流动。

关于耗散项，大多数方法是通过求解输运方程而获得的。首先，假定各向同性耗散 $\varepsilon_{ij}=\frac{2}{3}\varepsilon\delta_{ij}$，这里 $\varepsilon=\nu\left\langle\left(\partial u_i'/\partial x_k\right)^2\right\rangle$，$\varepsilon$ 的输运方程可从具有高阶相关项的 N-S 方程得出：

$$\frac{\partial \varepsilon}{\partial t}+\langle u_j\rangle\frac{\partial \varepsilon}{\partial x_j}=-2\nu\left\langle\frac{\partial u_i'}{\partial x_k}\frac{\partial u_i'}{\partial x_j}\frac{\partial u_k'}{\partial x_j}\right\rangle-2\left\langle\nu\left(\frac{\partial^2 u_i'}{\partial x_j\partial x_k}\right)^2\right\rangle$$
$$-\frac{1}{\rho}\frac{\partial}{\partial x_k}\left[\rho\nu\left\langle u_k'\left(\frac{\partial u_i'}{\partial x_j}\right)^2\right\rangle+2\nu\left\langle\frac{\partial u_k'}{\partial x_i}\frac{\partial p'}{\partial x_i}\right\rangle-\rho\nu\frac{\partial \varepsilon}{\partial x_k}\right] \tag{2.48}$$
$$-2\nu\left(\left\langle\frac{\partial u_i'}{\partial x_j}\frac{\partial u_k'}{\partial x_j}\right\rangle+\left\langle\frac{\partial u_j'}{\partial x_i}\frac{\partial u_j'}{\partial x_k}\right\rangle\right)\frac{\partial\langle u_i\rangle}{\partial x_k}-2\nu\left\langle u_k'\frac{\partial u_i'}{\partial x_j}\right\rangle\frac{\partial^2\langle u_i\rangle}{\partial x_j\partial x_k}$$

等式右边第一项表示由于湍动涡拉伸形成的制造项，而第二项表示由于湍流涡度的空间梯度引起的粘性耗散项，第三项是分子和湍流扩散项，最后两项表示由于湍动关联项与平均速度梯度项相互作用形成的制造项。

为了封闭这个问题，对方程（2.48）右边项进行模化得到最终的输运方程：

$$\frac{\partial \varepsilon}{\partial t}+\langle u_j\rangle\frac{\partial \varepsilon}{\partial x_j}=\frac{\partial}{\partial x_j}\left[\left(\nu+\frac{\nu_t}{\sigma_\varepsilon}\right)\frac{\partial \varepsilon}{\partial x_j}\right]+C_{1\varepsilon}\frac{\varepsilon}{k}2\nu_t S_{ij}\frac{\partial\langle u_i\rangle}{\partial x_j}-C_{2\varepsilon}\frac{\varepsilon^2}{k} \tag{2.49}$$

式中，σ_ε、$C_{1\varepsilon}$和 $C_{2\varepsilon}$为经验系数；$k=\frac{1}{2}\langle u_i'u_i'\rangle$为湍流动能。

方程（2.47）和方程（2.49）组成正常闭合且可数值求解的方程组。然而，由于对雷诺应力输运模型进行数值求解所耗费的时间较长，且压力应变率相关的闭合模型可能包含较大的不确定性，因此通常使用更简单且鲁棒性更强的湍流模型。

2. 代数应力模型

有一种简化方法使用代数方程而不是输运方程来描述 3D 湍流中的 6 个雷诺应力，基于这种方法的模型被称为代数应力模型（ASM）（Rodi，1972）。该模型的优点是代数表达式简单。但在模拟复杂的湍流时可能会遗漏正确的物理现象。出于这个原因，一般工程计算中并不普遍采用该模型。

另一种被广泛用于模拟雷诺应力的方法结合了代数应力模型和简化输运方程。代数应力模型利用涡流粘度的概念，其中雷诺应力与平均流速的局部应变率和有效（涡流）粘度有关，如下所示：

$$R_{ij}=-\rho\langle u_i'u_j'\rangle=2\rho\nu_t S_{ij}-\frac{2}{3}\rho k\delta_{ij} \tag{2.50}$$

式中，ν_t 包括了所有的湍流尺度效应，因此它的值总是大于 LES 模型式（2.44）中的ν_t。为了确定与平均流相关的 ν_t，下面介绍几种常用的双方程闭合模型。

3. k-ε 模型

k-ε 模型是最著名的湍流模型。在这个模型中，ν_t 与 k 和 ε 相关：

$$\nu_t=C_d\frac{k^2}{\varepsilon} \tag{2.51}$$

式中，C_d是一个经验系数，有

$$C_d=0.09 \tag{2.52}$$

为了获得 k，我们需要求解 k 的输运方程，这个方程可以通过将描述 3 个正应力的雷诺应力输运方程进行相加后得到：

$$\frac{\partial k}{\partial t}+\left\langle u_j\right\rangle\frac{\partial k}{\partial x_j}=-\frac{1}{\rho}\frac{\partial}{\partial x_j}\left(\left\langle u_j'p'\right\rangle+\rho\left\langle u_j'k\right\rangle-\mu\frac{\partial k}{\partial x_j}\right)-\left\langle u_i'u_j'\right\rangle\frac{\partial\left\langle u_i\right\rangle}{\partial x_j}-\varepsilon \tag{2.53}$$

方程（2.53）比方程（2.47）简单，压力应变率相关项消失了，且耗散项成为标量，而扩散项可以再次采用梯度扩散模型来模拟（Rodi，1980）。最终的方程如下：

$$\frac{\partial k}{\partial t}+\left\langle u_j\right\rangle\frac{\partial k}{\partial x_j}=\frac{\partial}{\partial x_j}\left[\left(\frac{v_{\mathrm{t}}}{\sigma_k}+v\right)\frac{\partial k}{\partial x_j}\right]-\left\langle u_i'u_j'\right\rangle\frac{\partial\left\langle u_i\right\rangle}{\partial x_j}-\varepsilon \tag{2.54}$$

式中，σ_k是一个经验系数。

变量ε与之前定义的物理意义相同，因此这里仍然可以使用同雷诺应力输运方程相同的输运方程（2.49）。k和ε输运方程中的系数已通过许多简单的实验确定，它们的推荐值（Rodi，1980）是

$$C_{1\varepsilon}=1.44,\ C_{2\varepsilon}=1.92,\ \sigma_\varepsilon=1.3,\ \sigma_k=1.0 \tag{2.55}$$

在上述传统的k-ε模型中，雷诺应力与应变速率呈线性关系，与牛顿流体类似。这种处理的直接效果是，雷诺应力和平均流速应变率的乘积产生的湍流总是正值，这意味着湍流总是从平均流中提取能量，但在实际中可能并不总是如此。此外，这种线性关系可能不足以代表复杂湍流中各向异性湍流的物理特性。为了解决这个问题，Pope（1975）提出了一个更普遍适用的非线性雷诺应力模型。在这个模型中，雷诺应力不仅是平均流应变率线性项的函数，还是高阶项的函数。Shih 等（1996）为这类模型的所有二阶项提出了一组系数，并通过阶梯湍流来校准：

$$\begin{aligned}\left\langle u_i'u_j'\right\rangle=&\frac{2}{3}k\delta_{ij}-C_{\mathrm{d}}\frac{k^2}{\varepsilon}\left(\frac{\partial\left\langle u_i\right\rangle}{\partial x_j}+\frac{\partial\left\langle u_j\right\rangle}{\partial x_i}\right)\\&-\frac{k^3}{\varepsilon^2}\left[C_1\left(\frac{\partial\left\langle u_i\right\rangle}{\partial x_l}\frac{\partial\left\langle u_l\right\rangle}{\partial x_j}+\frac{\partial\left\langle u_j\right\rangle}{\partial x_l}\frac{\partial\left\langle u_l\right\rangle}{\partial x_i}-\frac{2}{3}\frac{\partial\left\langle u_l\right\rangle}{\partial x_k}\frac{\partial\left\langle u_k\right\rangle}{\partial x_l}\delta_{ij}\right)\right]\\&-\frac{k^3}{\varepsilon^2}\left[C_2\left(\frac{\partial\left\langle u_i\right\rangle}{\partial x_k}\frac{\partial\left\langle u_j\right\rangle}{\partial x_k}-\frac{1}{3}\frac{\partial\left\langle u_l\right\rangle}{\partial x_k}\frac{\partial\left\langle u_l\right\rangle}{\partial x_k}\delta_{ij}\right)\right]\\&-\frac{k^3}{\varepsilon^2}\left[C_3\left(\frac{\partial\left\langle u_k\right\rangle}{\partial x_i}\frac{\partial\left\langle u_k\right\rangle}{\partial x_j}-\frac{1}{3}\frac{\partial\left\langle u_l\right\rangle}{\partial x_k}\frac{\partial\left\langle u_l\right\rangle}{\partial x_k}\delta_{ij}\right)\right]\end{aligned} \tag{2.56}$$

式中，C_1、C_2和C_3是经验系数。当$C_1=C_2=C_3=0$时，上述模型将回到传统的线性涡粘模型。Lin 和 Liu（1998）基于库埃特（Couette）流实验结果对这些系数的值进行了进一步校正，并应用于破碎波研究：

$$C_1=0.6054,\ C_2=-0.0171,\ C_3=0.0027 \tag{2.57}$$

在极端流动条件下，方程（2.56）可能计算出不符合物理实际的数值，如某个方向的负值湍流速度或超限的雷诺应力分量。为了保证模型在计算过程中能还原正确的物理过程，Lin 和 Liu（1998）将C_{d}和式（2.57）中的系数进一步修正为

$$C_{\mathrm{d}}=\frac{2}{3}\left(\frac{1}{7.4+S_{\max}}\right),\ C_1=\frac{1}{185.2+D_{\max}^2},\ C_2=-\frac{1}{58.5+D_{\max}^2},\ C_3=-\frac{1}{370.4+D_{\max}^2} \tag{2.58}$$

式中，$S_{\max}=\frac{k}{\varepsilon}\max\left(\left|\frac{\partial\langle u_i\rangle}{\partial x_i}\right|\right)$，$D_{\max}=\frac{k}{\varepsilon}\max\left(\left|\frac{\partial\langle u_i\rangle}{\partial x_j}\right|\right)$。通过上述修正，将确保湍流速度始终保持正值和雷诺应力的有界性。值得注意的是，当 $S_{\max}$ 和 $D_{\max}$ 接近零时，所有的系数都将退回到式（2.52）和式（2.57）中最初建议的值。

根据 Apsley 等（1998）的研究，采用非线性雷诺应力模型可以大大提高数值结果的准确性，因为它满足了更多的物理约束。非线性涡粘模型捕捉了雷诺应力输运模型描述的大部分物理过程，但使用了更简单的 k-ε模型。在实际计算时，许多非线性模型仅包含了代表湍流最重要的非线性各向异性特征的二阶项（Shih et al.，1996；Lin and Liu，1998）。

4. k-ω模型

k-ω模型是一个适用于模拟湍流边界层的模型。变量ω与 k 和 ε 相关，关系式为 $\omega=\varepsilon/(C_{\mathrm{d}}k)$。该$\omega$方程最初由 Kolmogorov（1942）提出，他使用了一种与推导 ε 方程相似的物理推理和多维论证法。Wilcox（1988）进一步发展了该方法，并提出了目前普遍使用的 k-ω 模型。在该模型中，涡粘系数由下式确定：

$$\nu_{\mathrm{t}}=\frac{k}{\omega} \tag{2.59}$$

湍动能的输运方程表示如下：

$$\frac{\partial k}{\partial t}+\langle u_j\rangle\frac{\partial k}{\partial x_j}=\frac{\partial}{\partial x_j}\left[\left(\sigma^*\nu_{\mathrm{t}}+\nu\right)\frac{\partial k}{\partial x_j}\right]+\nu_{\mathrm{t}}\left(\frac{\partial\langle u_i\rangle}{\partial x_j}+\frac{\partial\langle u_j\rangle}{\partial x_i}\right)\frac{\partial\langle u_i\rangle}{\partial x_j}-\beta^*k\omega \tag{2.60}$$

ω的控制方程为

$$\frac{\partial\omega}{\partial t}+\langle u_j\rangle\frac{\partial\omega}{\partial x_j}=\frac{\partial}{\partial x_j}\left[\left(\sigma\nu_{\mathrm{t}}+\nu\right)\frac{\partial\omega}{\partial x_j}\right]+\alpha\frac{\omega}{k}\nu_{\mathrm{t}}\left(\frac{\partial\langle u_i\rangle}{\partial x_j}+\frac{\partial\langle u_j\rangle}{\partial x_i}\right)\frac{\partial\langle u_i\rangle}{\partial x_j}-\beta\omega^2 \tag{2.61}$$

式中，$\alpha=\frac{5}{9}$，$\beta=\frac{3}{40}$，$\beta^*=C_{\mathrm{d}}=\frac{9}{100}$，$\sigma=\frac{1}{2}$，$\sigma^*=\frac{1}{2}$。在此之后，Speziale 等（1992）和 Wilcox（2004）进一步修改了 k-ω模型。

5. k-kl 模型

除 k-ε模型和 k-ω模型外，k-kl 模型是另一种在工程计算中使用的双方程模型。该模型采纳了湍动能 k 和湍流尺度 l 乘积的 kl 输运方程（Rotta，1951）。在 k-kl 模型中，涡粘系数由下式确定：

$$\nu_{\mathrm{t}}=k^{1/2}l \tag{2.62}$$

虽然 k-kl 模型中的 k 方程与 k-ε模型中的相同，但湍流长度尺度通过下式求解：

$$\begin{aligned}\frac{\partial(kl)}{\partial t}+\langle u_j\rangle\frac{\partial(kl)}{\partial x_j}=&\frac{\partial}{\partial x_j}\left[\nu\frac{\partial}{\partial x_j}(kl)+\left(\nu_{\mathrm{t}}/\sigma_{L1}\right)l\frac{\partial k}{\partial x_j}+\left(\nu_{\mathrm{t}}/\sigma_{L2}\right)k\frac{\partial l}{\partial x_j}\right]\\&-C_{L1}l\langle u_i'u_j'\rangle\frac{\partial\langle u_i\rangle}{\partial x_j}-C_{L2}k^{3/2}\end{aligned} \tag{2.63}$$

式中，C_{L1}=0.98，C_{L2}=0.059+702$(l/y)^6$。尽管湍流长度尺度具有明确的物理意义，但几乎不可能对它进行直接测量。出于这个原因，k-kl 模型比 k-ε模型和 k-ω模型受到的关注更少。一般来说，该模型对简单定压流的预测能力与 k-ε模型和 k-ω模型相当，但该模型没有得到更大程度的发展。

此外，还存在其他类型的双方程模型，如 k-ω^2 模型（Saffman，1970）和 k-τ 模型（Speziale et al.，1992）。这些模型的使用相对较少，因此本书不作进一步的详细讨论。

6. 单方程模型（k 方程模型）

在 k-ε 双方程模型中，k 方程是可以从雷诺方程严格推导出来的，只有其中的湍流扩散项需要通过简单的梯度扩散模型来模化。与 k 方程相比，ε方程在闭合模型中则包含了许多假设。同样的缺陷也存在于其他双方程模型的第二个方程。可以说，k-ε 模型的准确性主要受到ε的不完美建模的影响。出于这个原因，人们提出了单方程模型，其中只对 k 使用输运方程来求解，而另一个物理量（ε、l 或 ω），则通过一些更简单的（但可靠的）代数湍流模型来闭合（Spalart and Allmaras，1992）。

7. 零方程模型（混合长度假设）

当特征湍流尺度可以明确地与物理条件相关时，求解输运方程可能就不再必要。在这种情况下，可以应用所谓的零方程模型。最早的零方程模型是用于求解湍流边界层的普朗特（Prandtl）混合长度模型。该模型为推导平板上方湍流边界层的对数速度剖面奠定了理论基础。在这个方法中，ν_t通过湍流速度 U_t 和特征长度尺度 L_t 的乘积来表征，这两个量是局部平均流量梯度 $\mathrm{d}\langle u\rangle/\mathrm{d}z$ 及其到壁面垂直距离 z 的函数：

$$\nu_t = L_t \cdot U_t = L_t \cdot \left(L_t \frac{\mathrm{d}\langle u\rangle}{\mathrm{d}z} \right) = (\kappa z)\left(\kappa z \frac{\mathrm{d}\langle u\rangle}{\mathrm{d}z} \right) = \kappa^2 z^2 \frac{\mathrm{d}\langle u\rangle}{\mathrm{d}z} \tag{2.64}$$

式中，κ 是卡门常数。

由于零方程模型无法解释湍流的历史效应（如扩散和对流），因此该模型不适用于一般的瞬态湍流。然而，当空间分辨率不足以充分解析固壁附近的湍流边界层时，它可以与 k-ε 模型一起使用，是一种很好的固壁（墙函数）湍流模型。在局部平衡的假设下，湍流固壁的边界条件为

$$k = \frac{u_*^2}{\sqrt{C_\mathrm{d}}},\ \varepsilon = \frac{u_*^3}{\kappa z},\ \nu_t = \kappa u_* z \tag{2.65}$$

式中，u_* 是摩阻流速，它与壁面剪切应力 $\tau_w = \rho u_*^2$ 有关。摩阻流速可以通过在边界层中给定一个点的速度，求解对数公式来获得：

$$\langle u\rangle = \frac{u_*}{\kappa} \ln \frac{z}{z_0} \tag{2.66}$$

式中，z_0 是与墙面粗糙度和 Re 有关的系数。

2.3.5 重整化群理论

重整化群（RNG）是理论物理中的一个术语，它是指与观测尺度及物理变化有关的概念。RNG 理论主要用于研究尺度不变性现象。一个很好的 RNG 理论应用范例便是湍流，尽管其实际分子粘度保持恒定，但其有效（涡）粘度似乎在平均流的范围内增加了。当将 RNG 理论应用于湍流建模时，可使用简单的迭代来消除最高波数模式（即最小湍流尺度），并通过有效粘度的小幅增加来替代它们对剩余流动的影响。对所得到的方程重新标定（重

整化）以使其与原方程“等效”。迭代持续进行，直到两个连续迭代之间重整化的方程是相同的。

这个想法与 LES 有许多相似之处，只是在 RNG 中使用了迭代过程来更好地表现对剩余流动的小尺度湍流效应。Yakhot 和 Orszag（1986）开创了研究水动力学湍流的动态 RNG 方法，并将该方法应用于 LES 中的 SGS 湍流模型。RNG 理论的主要优点之一是通过尺度扩展，重要的湍流系数可以在理论上确定而不是通过实验调整。当然，这样做的代价是增加迭代过程中的计算时间。后来，Yakhot 等（1992）将 RNG 扩展到广义 k-ε湍流模型和雷诺应力输运模型。RNG 分析得到相同的 k 方程和修正后的ε方程：

$$\frac{\partial \varepsilon}{\partial t}+\left\langle u_j\right\rangle\frac{\partial \varepsilon}{\partial x_j}=\frac{\partial}{\partial x_j}\left[\left(v+\frac{v_{\mathrm{t}}}{\sigma_\varepsilon}\right)\frac{\partial \varepsilon}{\partial x_j}\right]+C_{1\varepsilon}\frac{\varepsilon}{k}2v_{\mathrm{t}}S_{ij}\frac{\partial\left\langle u_i\right\rangle}{\partial x_j}-R-C_{2\varepsilon}\frac{\varepsilon^2}{k} \tag{2.67}$$

式中，R 为修正模型，在湍流模型中起着重要作用。结合一些早期的研究，Orszag 等（1996）提出了如下湍流输运系数：

$$C_{\mathrm{d}}=0.0845,\ C_{1\varepsilon}=1.4,\ C_{2\varepsilon}=1.68,\ \sigma_\varepsilon=0.72,\ \sigma_k=0.72 \tag{2.68}$$

2.3.6　分离涡模型

随着流体靠近固体边界（如墙边界），湍流长度尺度将逐渐减小。当使用 LES 模型时，网格尺寸必须足够小以求解代表性的湍流长度尺度，因此计算成本也将增加。为了减少计算工作量，可以将用于近壁区域的壁面墙函数模型与 LES 模型结合，使 LES 模型仅用于远离壁面的流体内部区域。在实际计算中，也可以在固体边界附近采用 RANS 模型与壁面模型来模拟湍流尺度小于网格尺寸的湍流流动，而在湍流尺度大于网格尺寸的远离壁面的区域，则将 RANS 模型平滑切换到 LES 模型。这种模型被称为分离涡模型（DES），即单个速度场平滑地穿过 RANS 模型和 LES 模型的求解域（Strelets，2001）。

参 考 文 献

Apsley D, Chen W L, Leschziner M, et al. 1998. Non-linear eddy-viscosity modeling of separated flows. Journal of Hydraulic Research, 35: 723-748.

Daly B J, Harlow F H. 1970. Transport equations of turbulence. Physics of Fluids, 8: 2634-2649.

Demuren A O, Sarkar S. 1993. Perspective: systematic study of Reynolds stress closure models in the computations of plane channel flows. Journal of Fluids Engineering, 115: 5-12.

Hanjalic K, Launder B E. 1972. A Reynolds stress model of turbulence and its application to thin shear flows. Journal of Fluid Mechanics, 52: 609-638.

Kolmogorov A N. 1942. Equations of turbulent motion of an incompressible fluid. Izv. Akad. Nauk SSSR, Seria fizicheska Ⅵ, 1-2: 56-58.

Kolmogorov A N. 1962. A refinement of previous hypotheses concerning the local structure of turbulence in a viscous incompressible fluid at high Reynolds number. Journal of Fluid Mechanics, 13: 82-85.

Launder B E, Reece G T, Rodi W. 1975. Progress in development of a Reynolds stress turbulence closure. Journal of Fluid Mechanics, 68: 537-566.

Lilly D K. 1967. The representation of small-scale turbulence in numerical simulation experiments. Proceedings of the IBM Scientific Computing Symposium on Environmental Sciences: 195-210.

Lilly D K. 1992. A proposed modification of the Germano subgrid-scale closure method. Physics of Fluids, A4: 633-635.

Lin P Z, Liu P L F. 1998. A numerical study of breaking waves in the surf zone. Journal of Fluid Mechanics, 359: 239-264.

Mellor G L, Herring H J. 1973. A survey of mean turbulent field closure. AIAA Journal, 11: 590-599.

Orszag S A, Staroselsky I, Flannery W S, et al. 1996. Introduction to renormalization group modeling of turbulence. Simulation and Modelling of Turbulent Flows: 155-183.

Pope S B. 1975. A more general effective-viscosity hypothesis. Journal of Fluid Mechanics, 72: 331-340.

Pope S B. 2000. Turbulent Flows. Cambridge: Cambridge University Press.

Quartapelle L. 1993. Numerical Solution of the Incompressible Navier-Stokes Equations. Basel: Birkhäuser.

Rodi W. 1972. The prediction of free turbulent boundary layers using a two-equation model of turbulence. London: Imperial College.

Rodi W. 1980. Turbulence Models and Their Application in Hydraulics: A State of the Art Review. Madrid: IAHR publication.

Rotta J C. 1951. Statistische theorie nichthomogener turbulenz. Zeitschrift für Physik, 129(6): 547-572.

Saffman P G. 1970. A model for inhomogeneous turbulent flow. Proceedings of the Royal Society A: Mathematical, 317(1529): 417-433.

Shih T H, Zhu J, Lumley J L. 1996. Calculation of wall-bounded complex flows and free shear flows. International Journal for Numerical Methods in Fluids, 23: 1133-1144.

Smagorinsky J. 1963. General circulation experiments with the primitive equations: I. The basic equations. Monthly Weather Review, 91: 99-164.

Spalart P R, Allmaras S R. 1992. A one-equation turbulence model for aerodynamic flows. AIAA Paper: 1992-0439.

Speziale C G, Abid R, Anderson E C. 1992. Critical evaluation of two-equation models for near-wall turbulence. AIAA Journal, 30(2): 324-331.

Streeter V L, Wylie E B, Bedford K W. 1998. Fluid Mechanics. New York: McGraw-Hill.

Strelets M. 2001. Detached eddy simulation of massively separated flows. AIAA Paper 2001-0879.

Tennekes H, Lumley J L. 1972. A First Course in Turbulence. Cambridge: MIT Press.

Wilcox D C. 1988. Multiscale model for turbulent flows. AIAA Journal, 26: 1414-1421.

Wilcox D C. 2004. Turbulence Modeling for CFD. La Cañada: DCW Industries, Inc.

Yakhot V, Orszag S A. 1986. Renormalization group analysis of turbulence: I. Basic theory. Journal of Scientific Computing, 1(1): 3-51.

Yakhot V, Orszag S A, Thangam S, et al. 1992. Development of turbulence models for shear flows by a double expansion technique. Physics of Fluids A: Fluid Dynamics, 4(7): 1510-1520.

第3章　数值计算方法

3.1　数值计算方法简介

3.1.1　数值计算方法背景介绍

应用计算机进行数值计算所采用的方法称为数值计算方法，也称数值方法。传统的数值方法大多用来求解描述物理问题的各类数学方程。近年来，也有学者提出了直接面向问题的数值方法，即直接求解物理问题而非求解其数学控制方程。数值计算的效率及精度不仅受到数值算法本身的影响，还依赖于当前所使用的计算工具。因此，数值方法是应用数学和计算机技术耦合的产物。

1. 基于方程的数值求解方法

强方式和弱方式求解方法：流体流动或水波运动的控制方程大部分是偏微分方程（PDE）或偏微分方程组，如描述粘性流体运动的 N-S 方程和描述势流运动的拉普拉斯（Laplace）方程。迄今为止，已经有多种数值方法可用来求解偏微分方程。如果是通过近似原始偏微分方程中的各阶导数来实现数值求解，则称其为强方式求解方法；如果是通过逼近未知的方程的解来实现数值求解，则称其为弱方式求解方法。有限差分法（FDM）是前者的代表性例子，而有限元法（FEM）则是后者的代表性例子。

网格法和无网格法：属于另一种对数值方法进行分类的方法，通过判断算法是基于网格（或单元）还是基于粒子（或点）进行构建。前一种方法涵盖了传统的数值方法，包括有限差分法（FDM）、有限体积法（FVM）、有限元法（FEM）和边界元法（BEM）等，其中计算节点通过网格连接的方式形成单元进行计算。后一种方法称为无网格（或拉格朗日粒子）方法，该方法是通过分散的粒子进行计算，常用的无网格法有广义有限差分法（GFDM）[也称为有限点法（FPM）]、光滑粒子水动力学（SPH）法、再生核粒子法（RKPM）和无网格 Galerkin 法（EFGM）。GFDM 是一种强方式求解方法，通过近似导数来求解原始偏微分方程，而 SPH 法、PKPM 和 EFGM 是基于各种核函数或伽辽金（Galerkin）方法的弱方式求解方法。

基于传统网格的方法通常较难处理复杂边界的问题。例如，由于边界曲率难以量化表示，有限差分法（FDM）在计算复杂边界附近位置时往往难以保持较高精度。而有限元法（FEM）或有限体积法（FVM）虽然能够用非结构化网格来处理不规则的边界形状，但网格生成过程较为烦琐和耗时。

无网格法可以有效地克服上述这些困难，因为该方法可以用分散的粒子来描画边界形状。不同于网格法需要建立强连通性的信息（即必须使用特定的线来连接相邻节点），无网格法中的弱连通性信息具有松散、灵活和隐含等特点，因此更易求解具有不规则边界的问题。

2. 基于问题的数值求解方法

以问题为基础，也可以直接建立数值方法。问题可以根据基本的物理定律以离散的形式描述出来，从而不再需要用偏微分方程形式的控制方程进行描述。代表性例子是格子玻尔兹曼方法（LBM），它在分子运动论的基础上构建微观尺度的粒子运动，通过对大量离散粒子的统计分析得出流体运动的宏观特征，并以此来模拟流体的宏观行为。对于固体，其等效方法称为离散元法（DEM）。

3. 数值离散

所有的数值方法，无论是无网格法还是网格法，都需要对时间和空间进行离散与近似。在用拉格朗日法对粒子进行追踪时，无网格法对粒子的排布要求较低，而网格法则需要预先确定好网格或网格系统的位置，网格的质量对数值精度和稳定性非常重要，特别是流动剧烈时或在不规则边界附近。

4. 小结

由于大多数数值方法是基于数学方程的（更具体地来说是基于偏微分方程），因此我们将首先简单地讨论在水动力学问题建模中可能遇到的各种偏微分方程。在引入偏微分方程之后，我们将介绍有限差分法（FDM），因为它是计算流体动力学（CFD）中最常用的数值方法。在对差分格式的介绍中，我们将对不同差分格式的构造及数值一致性、数值精度、数值稳定性等概念进行详述。本章也会对有限体积法、无网格粒子法、格子玻尔兹曼方法作简要介绍。

有限元法（FEM）的主要应用领域是固体力学而非流体力学，且已有很多专著介绍其基本理论和方法，本书不再重复，有兴趣的读者可参考相关专著（Zienkiewicz et al.，2005；Reddy，2019；Hughes，2012）。边界元法（BEM）是求解 Laplace 方程的重要数值方法，基于各类边界元法开发的二维和三维数值模型是解决波浪运动和波浪-大型结构物相互作用问题的主要工具，但因为该方法不能解决近岸波浪破碎、流固耦合中的涡流等复杂湍流问题，且已有不少关于该类模型的专著，本书对这部分内容也不再介绍，有兴趣的读者可参考相关文献（李玉成和滕斌，2002；Aliabadi，2002；Partridge and Brebbia，2012）。

3.1.2 流体流动和波动的基本方程

我们从一维偏微分方程开始讨论：

$$\frac{\partial \phi}{\partial t}+\sum_{n=1}^{i} C_n \frac{\partial^n \phi}{\partial x^n}=C_0 \tag{3.1}$$

式中，$\phi(x,t)$ 是一个通用变量；C_n 是与 n 阶空间导数相关的系数；C_0 是源/汇项。方程（3.1）左边第一项表示变量随时间的变化率，它由变量在 x 方向的变化率（左边第二项）及源和汇贡献的总和（右边项）来平衡。在适当的初始条件和边界条件下，方程（3.1）存在唯一的解。当 i 和 C_n 等于不同的数值时，该方程可以描述不同的物理现象。例如，当 $i=1$ 时，这是一个对流方程，表示变量从一个地方传送到另一个地方。当 C_1 为常数且 $C_0=0$ 时，方程成为一维波动方程，其解给出了形状不变匀速前进的波；当 C_1 是 x 或 $\phi(x,t)$ 的函数时，

$C_1(\partial\phi/\partial x)$ 项成为非线性对流项，在这种情况下，波在传播过程中形状会发生改变。当 $i=2$ 时，二阶空间导数表示扩散过程，该方程称为对流扩散方程，在 $C_1=0$ 的情况下，方程简化为瞬态扩散方程。类似于多项式的分类，扩散方程又被称为抛物型偏微分方程。随着 i 增加到 3，出现了一个三阶导数项，这一项代表“色散”过程，在这个过程中不同波长的波将以不同的速度传播，从而彼此分离。一般来说，n 为奇数代表波传播（$n=1$）和色散（$n=3, 5,\cdots, 2m+1$，其中 m 是正整数），在此期间，总能量（ϕ^2）是守恒的；当 n 为偶数则表示扩散过程，在该过程中，总能量可以减少[正扩散 $(-1)^{n/2}C_n>0$]，也可以增加（负扩散 $(-1)^{n/2}C_n<0$）。

当考虑二阶时间导数时，偏微分方程将具有不同的特性。下面以二维二阶偏微分方程为例：

$$a\frac{\partial^2\phi}{\partial t^2}-b\frac{\partial^2\phi}{\partial x^2}-c\frac{\partial^2\phi}{\partial y^2}=d \tag{3.2}$$

当 $a, b, c>0$ 时，方程被称为双曲型偏微分方程，它可以被分裂成两个一阶对流方程，分别表示在两个相反方向上传播的波。当 $a=0$ 且 $b\times c>0$ 时，方程被称为椭圆型偏微分方程。当 $d=0$ 时，该方程为拉普拉斯方程，当 $d\neq 0$ 时该方程为泊松方程。以上这些方程构成了基本类型的偏微分方程。在水动力建模中遇到的大多数偏微分方程都是这些基本方程中的一种或它们的组合形式。

下面我们将着重介绍波动力学中常见的非线性偏微分方程。

非线性波动方程：该方程描述非线性波的运动，在该过程中，由于波的非线性，在传播过程中会产生激波前锋。方程的形式是

$$\frac{\partial\phi}{\partial t}+\phi\frac{\partial\phi}{\partial x}=0 \tag{3.3}$$

Burgers 方程：该方程是以 Johannes Martinus Burgers（1895—1981）的名字命名的，它是一个非线性对流扩散方程，该方程已应用于波浪传播、空气动力学、交通流等多个领域。方程的形式是

$$\frac{\partial\phi}{\partial t}+\phi\frac{\partial\phi}{\partial x}=\nu\frac{\partial^2\phi}{\partial x^2} \tag{3.4}$$

当 $\nu=0$ 时，上述方程可简化为非线性波动方程，有时又称为无粘 Burgers 方程。

Korteweg-de Vries（KdV）方程：该方程用于描述在一个方向上传播的非线性色散浅水波，它是以 Diederik Korteweg 和 Gustav de Vries 的名字命名的。方程的形式是

$$\frac{\partial\phi}{\partial t}+6\phi\frac{\partial\phi}{\partial x}+\frac{\partial^3\phi}{\partial x^3}=0 \tag{3.5}$$

KdV 方程允许恒正波形沿着正 x 方向传播，这样的解描述了所谓的孤子，在孤子中，波的非线性被色散所平衡。

Boussinesq 方程：Boussinesq 方程是 KdV 方程的推广，用于描述非线性色散波在两个相反方向上的传播（Zwillinger，1997）。方程的形式是

$$\frac{\partial^2\phi}{\partial t^2}-\frac{\partial^2\phi}{\partial x^2}+3\frac{\partial^2(\phi^2)}{\partial x^2}-\frac{\partial^4\phi}{\partial x^4}=0 \tag{3.6}$$

对于 2D 情形，Boussinesq 方程通常表示为一阶时间导数的两个偏微分方程。

Kadomtsev-Petviashvili（KP）方程：该方程也称 Kadomtsev-Petviashvili-Boussinesq 方

程，它是 KdV 方程在 2D 情形下的推广（Kadomtsev and Petviashvili，1970），主要描述具有较小横向扩展角的非线性传播。它有以下形式：

$$\frac{\partial}{\partial x}\left(\frac{\partial \phi}{\partial t}+\phi\frac{\partial \phi}{\partial x}+\varepsilon^2\frac{\partial^3 \phi}{\partial x^3}\right)\pm\frac{\partial^2 \phi}{\partial y^2}=0 \tag{3.7}$$

KP 方程已用于描述多孔介质、铁磁介质和玻色-爱因斯坦凝聚体中的物质波脉冲。

非线性薛定谔（NLS）方程：该方程被广泛应用于光学、水波理论和理论物理学中，如可描述衍波的二次量子化-玻色子理论描述衍射波。它有以下形式：

$$i\frac{\partial \phi}{\partial t}+\frac{1}{2}\frac{\partial^2 \phi}{\partial x^2}-\kappa|\phi|^2\phi=0 \tag{3.8}$$

式中，ϕ 是复函数。

3.1.3 初始条件及边界条件

对于有限域中的瞬态问题，必须指定初始条件和边界条件，使问题具有良好的适定性和唯一解，这类问题称为初边值问题。

在无限域中求解瞬态问题时，由于不需要边界条件，可以将问题简化为初值问题。如果在有限域内求解稳定问题，则该问题变为边值问题，只需要给定边界条件。所需边界条件的数目等于每个坐标空间的控制方程中的最高空间导数的阶数。例如，对于一维（1D）扩散问题，空间导数的最高阶数是 2，因此需要两个空间边界条件。通常，可以指定 3 种边界条件，即给出变量值的狄利克雷（Dirichlet）类型、提供变量在边界的法向梯度值的诺伊曼（Neumann）类型及定义变量和它的法向梯度关系的混合（mixed）类型：

$$\begin{aligned}&\phi=f_1 && \text{Dirichlet}\\&\frac{\partial \phi}{\partial n}=f_2 && \text{Neumann}\\&a\phi+b\frac{\partial \phi}{\partial n}=f_3 && \text{mixed}\end{aligned} \tag{3.9}$$

值得注意的是，对于高阶导数，存在混合型边界条件的其他组合形式。

3.2 有限差分法

3.2.1 有限差分法的构造

有限差分法（FDM）是以近似方式求解偏微分方程的最直接的方法。有限差分法的思想是将连续的时间和空间离散成有限数量的离散网格点，然后用有限差分格式逼近这些网格点上的导数。

以函数 $\phi(x)=x^2$ 为例说明 $\partial\phi/\partial x$ 和 $\partial^2\phi/\partial x^2$ 的有限差分格式是如何导出的。为了用离散点表示这条曲线，我们可以使用精细的、均匀的网格（如图 3.1 中左曲线上的方框）或粗的、非均匀的网格（如图 3.1 中右曲线上的圆圈）。这意味着，离散化过程不是唯一的。然而，一个“充分的”离散化应该能够捕捉变量函数的主要特征，如最大值、最小值及局部拐点。

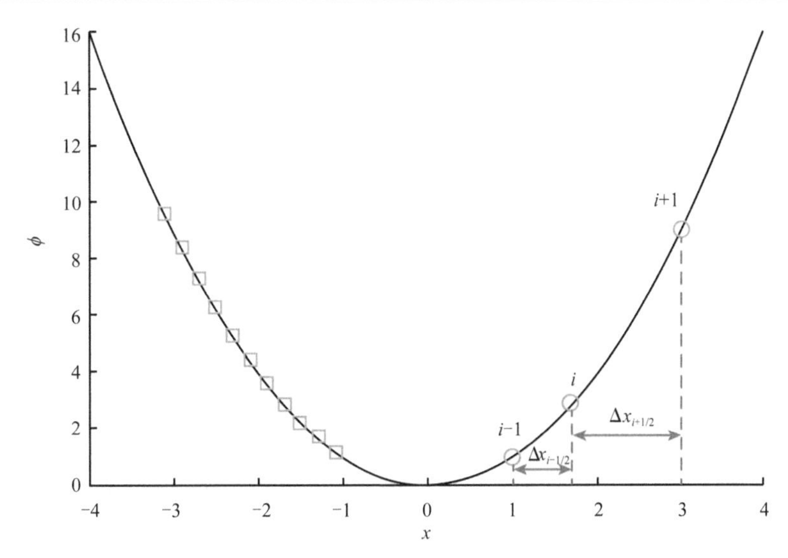

图 3.1　由离散点表示连续函数的有限差分法

一旦确定离散化方式，就可以建立适合的有限差分格式。在不失一般性的情况下，我们将在曲线的右侧使用 3 个点来说明如何采用一个有限差分格式来近似计算 $\partial\phi/\partial x$ 和 $\partial^2\phi/\partial x^2$。首先定义以下符号：$\phi_{i-1}$、$\phi_i$ 和 ϕ_{i+1} 分别代表函数在节点 $i-1$、i 和 $i+1$ 上的值。定义节点 $i-1$ 和 i 之间的距离为 $\Delta x_{i-1/2}$，i 和 $i+1$ 之间的距离为 $\Delta x_{i+1/2}$。虽然还有其他有限差分格式，如用多项式表示（Jaluria and Torrance，2003），但最常见的方法还是基于泰勒展开方法：

$$\begin{aligned}\phi_{i-1} = \phi_i &+ (-\Delta x_{i-1/2})\left(\frac{\partial\phi}{\partial x}\right)_i + \frac{(-\Delta x_{i-1/2})^2}{2!}\left(\frac{\partial^2\phi}{\partial x^2}\right)_i \\ &+ \frac{(-\Delta x_{i-1/2})^3}{3!}\left(\frac{\partial^3\phi}{\partial x^3}\right)_i + \frac{(-\Delta x_{i-1/2})^4}{4!}\left(\frac{\partial^4\phi}{\partial x^4}\right)_i + \cdots + \frac{(-\Delta x_{i-1/2})^m}{m!}\left(\frac{\partial^m\phi}{\partial x^m}\right)_i + \cdots\end{aligned} \tag{3.10}$$

$$\begin{aligned}\phi_{i+1} = \phi_i &+ (\Delta x_{i+1/2})\left(\frac{\partial\phi}{\partial x}\right)_i + \frac{(\Delta x_{i+1/2})^2}{2!}\left(\frac{\partial^2\phi}{\partial x^2}\right)_i \\ &+ \frac{(\Delta x_{i+1/2})^3}{3!}\left(\frac{\partial^3\phi}{\partial x^3}\right)_i + \frac{(\Delta x_{i+1/2})^4}{4!}\left(\frac{\partial^4\phi}{\partial x^4}\right)_i + \cdots + \frac{(\Delta x_{i+1/2})^m}{m!}\left(\frac{\partial^m\phi}{\partial x^m}\right)_i + \cdots\end{aligned} \tag{3.11}$$

只要函数是光滑的，上述展开就是有效的，当 $m\to\infty$ 时，它就是精确解。而在实际计算中，我们一般只保留有限项数。如果截断至第 $m-1$ 项，则用符号 $O[(\Delta x)^m]$ 来表示逼近误差的阶数。显然，m 越大，近似解越精确。

现在我们来看从上面的泰勒级数展开可以得出哪些有限差分格式。假设只使用两个点如 ϕ_{i-1} 和 ϕ_i 来近似 $(\partial\phi/\partial x)_i$。这里我们可以使用 ϕ_{i-1} 和 ϕ_i 的线性组合来计算：

$$\begin{aligned}&(\partial\phi/\partial x)_i = a\phi_{i-1} + b\phi_i \\ &a\left[\phi_i + (-\Delta x_{i-1/2})\left(\frac{\partial\phi}{\partial x}\right)_i + \frac{(-\Delta x_{i-1/2})^2}{2!}\left(\frac{\partial^2\phi}{\partial x^2}\right)_i + \cdots + \frac{(-\Delta x_{i-1/2})^m}{m!}\left(\frac{\partial^m\phi}{\partial x^m}\right)_i\right] + b\phi_i \\ &= (a+b)\,\phi_i + (-a\Delta x_{i-1/2})\left(\frac{\partial\phi}{\partial x}\right)_i + \frac{a(-\Delta x_{i-1/2})^2}{2!}\left(\frac{\partial^2\phi}{\partial x^2}\right)_i + \cdots + \frac{a(-\Delta x_{i-1/2})^m}{m!}\left(\frac{\partial^m\phi}{\partial x^m}\right)_i\end{aligned} \tag{3.12}$$

保证等式两端的各项系数相等，则有

$$\begin{cases} a+b=0 \\ -a\Delta x_{i-1/2}=1 \\ \dfrac{a(-\Delta x_{i-1/2})^2}{2!}=0 \\ \cdots \\ \dfrac{a(-\Delta x_{i-1/2})^m}{m!}=0 \end{cases} \tag{3.13}$$

上述方程组有无穷多个方程，但只有两个未知数。因此，方程组的约束超出了需要的范围，可以移除相对次要的约束（如高阶项），直到系统平衡为止（注：如果选择保留有限个数的次要约束，对超限方程组进行误差最小化求解，则是通称的广义有限差分格式，该方法一般和粒子法结合，将在后面的章节详述）。在这个问题中，只保留前两个方程来求解系数 a 和 b，可得

$$a=-\frac{1}{\Delta x_{i-1/2}}, b=\frac{1}{\Delta x_{i-1/2}} \tag{3.14}$$

这样就给出了有限差分格式的最终形式：

$$(\partial\phi/\partial x)_i=\frac{\phi_i-\phi_{i-1}}{\Delta x_{i-1/2}}+O(\Delta x_{i-1/2}) \tag{3.15}$$

式中，最后一项是这个特定有限差分格式的主导误差，因此该差分格式具备一阶精度。由于该格式是基于局部节点 i 及其向后节点 i–1 建立的，因此该格式被称为向后差分。虽然我们也可以根据直觉得出上面的计算形式，然而泰勒展开的使用不仅为误差的阶次提供了理论上的解释，还为构造更为复杂的差分格式提供了方法论基础。

3.2.2 截断误差和精度

方程（3.15）中 $O(\Delta x_{i-1/2})$ 的精确表达式可以通过在差分方程中用泰勒级数代替每个项来获得，这一项被称为截断误差（TE），用于量化误差的特性。例如，对于向后差分格式，可以通过以下方法找到截断误差：

$$\begin{aligned}
\mathrm{TE}&=\left(\frac{\partial\phi}{\partial x}\right)_i-\frac{\phi_i-\phi_{i-1}}{\Delta x_{i-1/2}} \\
&=\left(\frac{\partial\phi}{\partial x}\right)_i-\frac{1}{\Delta x_{i-1/2}}\left\{\phi_i-\left[\begin{aligned}&\phi_i+(-\Delta x_{i-1/2})\left(\frac{\partial\phi}{\partial x}\right)_i+\frac{(-\Delta x_{i-1/2})^2}{2!}\left(\frac{\partial^2\phi}{\partial x^2}\right)_i+\frac{(-\Delta x_{i-1/2})^3}{3!}\left(\frac{\partial^3\phi}{\partial x^3}\right)_i \\ &+\frac{(-\Delta x_{i-1/2})^4}{4!}\left(\frac{\partial^4\phi}{\partial x^4}\right)_i+\cdots+\frac{(-\Delta x_{i-1/2})^m}{m!}\left(\frac{\partial^m\phi}{\partial x^m}\right)_i+\cdots\end{aligned}\right]\right\} \\
&=\frac{\Delta x_{i-1/2}}{2!}\left(\frac{\partial^2\phi}{\partial x^2}\right)_i-\frac{(\Delta x_{i-1/2})^2}{3!}\left(\frac{\partial^3\phi}{\partial x^3}\right)_i+\frac{(\Delta x_{i-1/2})^3}{4!}\left(\frac{\partial^4\phi}{\partial x^4}\right)_i+\cdots
\end{aligned} \tag{3.16}$$

显然，截断误差是差分格式（如 $(\phi_i-\phi_{i-1})/\Delta x_{i-1/2}$ ）和精确导数（如 $(\partial\phi/\partial x)_i$ ）之间的差异。对于上面这个差分格式，主导误差与 $\Delta x_{i-1/2}$ 成正比。

在相同的过程中，当节点 i 和 $i+1$ 被用来近似 $(\partial\phi/\partial x)_i$ 时，可以得到相应的差分形式和截断误差：

$$(\partial\phi/\partial x)_i = \frac{\phi_{i+1}-\phi_i}{\Delta x_{i+1/2}} + \mathrm{TE} \tag{3.17}$$

$$\begin{aligned}\mathrm{TE} &= \left(\frac{\partial\phi}{\partial x}\right)_i - \frac{\phi_{i+1}-\phi_i}{\Delta x_{i+1/2}} \\ &= -\frac{\Delta x_{i+1/2}}{2!}\left(\frac{\partial^2\phi}{\partial x^2}\right)_i - \frac{(\Delta x_{i+1/2})^2}{3!}\left(\frac{\partial^3\phi}{\partial x^3}\right)_i - \frac{(\Delta x_{i+1/2})^3}{4!}\left(\frac{\partial^4\phi}{\partial x^4}\right)_i - \cdots\end{aligned} \tag{3.18}$$

因为差分格式使用局部节点 i 和它的向前节点 $i+1$，所以该格式称为向前差分。与向后差分相比，向前差分的截断误差在所有偶数阶导数（扩散）的前面有不同的正负号。尽管两种格式的精度相同，但正负号的差异改变了两个差分格式的数值特性。

当使用节点 $i-1$ 和 $i+1$ 来近似一阶导数时，该格式被称为中心差分，该差分格式和截断误差为

$$\left(\partial\phi/\partial x\right)_i = \frac{\phi_{i+1}-\phi_{i-1}}{\Delta x_{i-1/2}+\Delta x_{i+1/2}} + \mathrm{TE} \tag{3.19}$$

$$\begin{aligned}\mathrm{TE} &= \left(\frac{\partial\phi}{\partial x}\right)_i - \frac{\phi_{i+1}-\phi_{i-1}}{\Delta x_{i-1/2}+\Delta x_{i+1/2}} \\ &= -\frac{\Delta x_{i+1/2}-\Delta x_{i-1/2}}{2!}\left(\frac{\partial^2\phi}{\partial x^2}\right)_i - \left[\frac{(\Delta x_{i+1/2})^3+(\Delta x_{i-1/2})^3}{3!(\Delta x_{i-1/2}+\Delta x_{i+1/2})}\right]\left(\frac{\partial^3\phi}{\partial x^3}\right)_i \\ &\quad - \left[\frac{(\Delta x_{i+1/2})^4-(\Delta x_{i-1/2})^4}{4!(\Delta x_{i-1/2}+\Delta x_{i+1/2})}\right]\left(\frac{\partial^4\phi}{\partial x^4}\right)_i - \cdots\end{aligned} \tag{3.20}$$

当采用非均匀网格，即 $\Delta x_{i+1/2} \neq \Delta x_{i-1/2}$ 时，该格式为一阶精度。然而，当采用均匀网格，即 $\Delta x_{i+1/2} = \Delta x_{i-1/2}$ 时，该格式变为二阶精度。

为了在非均匀网格系统中构建 $(\partial\phi/\partial x)_i$ 的二阶精度差分格式，需要至少 3 个网格点。如果使用节点 $i-1$、i 和 $i+1$，将有以下差分格式和截断误差：

$$\begin{aligned}(\partial\phi/\partial x)_i &= a\phi_{i-1} + b\phi_i + c\phi_{i+1} \\ &= a\left[\phi_i + (-\Delta x_{i-1/2})\left(\frac{\partial\phi}{\partial x}\right)_i + \frac{(-\Delta x_{i-1/2})^2}{2!}\left(\frac{\partial^2\phi}{\partial x^2}\right)_i + \frac{(-\Delta x_{i-1/2})^3}{3!}\left(\frac{\partial^3\phi}{\partial x^3}\right)_i + \cdots\right] + b\phi_i \\ &\quad + c\left[\phi_i + (\Delta x_{i+1/2})\left(\frac{\partial\phi}{\partial x}\right)_i + \frac{(\Delta x_{i+1/2})^2}{2!}\left(\frac{\partial^2\phi}{\partial x^2}\right)_i + \frac{(\Delta x_{i+1/2})^3}{3!}\left(\frac{\partial^3\phi}{\partial x^3}\right)_i + \cdots\right] \\ &= (a+b+c)\phi_i + \left(-a\Delta x_{i-1/2} + c\Delta x_{i+1/2}\right)\left(\frac{\partial\phi}{\partial x}\right)_i \\ &\quad + \frac{a(-\Delta x_{i-1/2})^2 + c(\Delta x_{i+1/2})^2}{2!}\left(\frac{\partial^2\phi}{\partial x^2}\right)_i + O\left[(\Delta x)^3\right]\end{aligned} \tag{3.21}$$

要获得二阶精度的格式，需要满足：

$$
\begin{aligned}
&a+b+c=0 \\
&-a\Delta x_{i-1/2}+c\Delta x_{i+1/2}=1 \\
&\frac{a(-\Delta x_{i-1/2})^2+c(\Delta x_{i+1/2})^2}{2!}=0
\end{aligned}
\tag{3.22}
$$

可得

$$
\begin{cases}
a=-\dfrac{\Delta x_{i+1/2}}{\Delta x_{i-1/2}(\Delta x_{i-1/2}+\Delta x_{i+1/2})} \\
b=\dfrac{\Delta x_{i+1/2}-\Delta x_{i-1/2}}{\Delta x_{i-1/2}\Delta x_{i+1/2}} \\
c=\dfrac{\Delta x_{i-1/2}}{\Delta x_{i+1/2}(\Delta x_{i-1/2}+\Delta x_{i+1/2})}
\end{cases}
\tag{3.23}
$$

将 a、b 和 c 的上述表达式代入式（3.21），得到对应的差分格式：

$$
(\partial\phi/\partial x)_i \approx \frac{\Delta x_{i+1/2}}{\Delta x_{i-1/2}+\Delta x_{i+1/2}}\left(\frac{\phi_i-\phi_{i-1}}{\Delta x_{i-1/2}}\right)+\frac{\Delta x_{i-1/2}}{\Delta x_{i-1/2}+\Delta x_{i+1/2}}\left(\frac{\phi_{i+1}-\phi_i}{\Delta x_{i+1/2}}\right)
\tag{3.24}
$$

上述差分格式还可以理解为有限差分 $(\partial\phi/\partial x)_{i-1/2}$ 和 $(\partial\phi/\partial x)_{i+1/2}$ 的线性组合，其加权系数与对应两个网格点之间的长度成反比。当 $\Delta x_{i+1/2}=\Delta x_{i-1/2}$ 时，我们不再需要节点 i，上述格式可简化为传统的中心差分格式。可以推论，只要采用足够数量的网格点，原则上可以建立任意精度的差分格式。对于一般的非均匀网格，可以发现：①推导 n 阶导数的差分格式，至少需要 $m=n+1$ 个网格点；②差分格式的精度等于网格点数 m 减去需要近似的导数 n；③当要求差分格式的精度等于 $m-n$ 时，差分格式是唯一的；④当要求差分格式的精度小于 $m-n$ 时，将存在无穷多个可能的有限差分。例如，如果使用节点 $i-1$、i 和 $i+1$ 来构建基于式（3.21）的 $\partial\phi/\partial x$ 的一阶精度差分格式，由于我们只需要满足方程（3.22）中的前两个方程，因此存在无数个 a、b、c 的可能组合，而前面讨论的向后差分、向前差分或中心差分仅是无数可能的解中的特例。

3.2.3 一致性和收敛性

在前两个小节中，我们介绍了有限差分的概念及基于精度要求和给定网格点来建立差分格式的方法。现在我们考虑包含多个导数项的偏微分方程。最简单但常用的偏微分方程是一维对流方程：

$$
\frac{\partial\phi}{\partial t}+C\frac{\partial\phi}{\partial x}=0
\tag{3.25}
$$

一致性的定义与差分方程是否真实地代表偏微分方程有关。在上一小节的讨论中，我们通过具有可控精度的差分格式来近似空间导数项，其截断误差与网格大小的某次幂成正比，同样的方法也可应用于时间导数。当 Δx 和 Δt 趋于 0 时，如果总截断误差也趋于 0，该差分格式就是一致的。不难看出，如果偏微分方程中的每个导数的差分格式至少是一阶精度，则差分方程将与偏微分方程一致。

如果说一致性是保证有限差分格式逼近偏微分方程，收敛性则是用来判断差分方程的数值解是否能够逼近偏微分方程的真解。如果一个偏微分方程具有良好的初始条件和边界条件，则它存在一个特定的解 $\phi(t, x)$，尽管这个解大部分时候不能被表示为封闭形式的解析解。求解差分方程可以获得一个数值解，如果数值解逼近真解，则该差分格式是收敛的。一般来说，收敛性是比一致性更强的条件。收敛的差分格式总是一致的，而由于内在的不稳定性，一致的差分格式可能不收敛。尽管数学上可以“创建”这样一个一致但不收敛的格式，然而在大多数实际应用中数值格式的收敛性和一致性往往是同步的，即随着网格和时间的不断细化，在有限的截断误差下，数值解终将收敛于真解。

3.2.4　稳定性

1. 数值稳定性的启发式分析方法

有意思的是，偏微分方程所对应的一个一致且收敛的有限差分格式并不一定会产生可接受的数值解。经典的例子是对流方程的显式格式“时间前差-空间中心差分格式”(FTCS)。在一个均匀网格系统下，该差分方程可写为

$$\frac{\phi_i^{n+1}-\phi_i^n}{\Delta t}+C\frac{\phi_{i+1}^n-\phi_{i-1}^n}{2\Delta x}=0\Rightarrow\phi_i^{n+1}=\phi_i^n-\frac{C\Delta t}{2\Delta x}\left(\phi_{i+1}^n-\phi_{i-1}^n\right)\tag{3.26}$$

基于上述差分格式，利用在时间步 n 上的已知信息，任何节点上的变量值可以从当前时间步 n 传递到下一个时间步 n+1。“显式”是指节点信息可以基于前一时间步的信息独立更新，而无须使用当前时间步邻域的节点信息。

这是一个简单的格式，但遗憾的是，无论空间步长和时间步长多么小，都会导致数值结果不稳定。图 3.2 展示了采用上述格式计算的以恒定速度 C 向右前进的台阶波形的数值模拟结果。为了不失一般性，取 C=0.5、Δx=0.3、Δt=0.2，在这种情况下，解析解是台阶波形不改变形状地向右平移。然而，数值模拟的结果中出现了振荡，而且随着时间的推移，振荡会迅速增大，即使减小空间步长和时间步长，上述振荡也不会消失。这一特征被称为数值格式的不稳定性，它促使我们进一步探索差分格式的稳定特性。

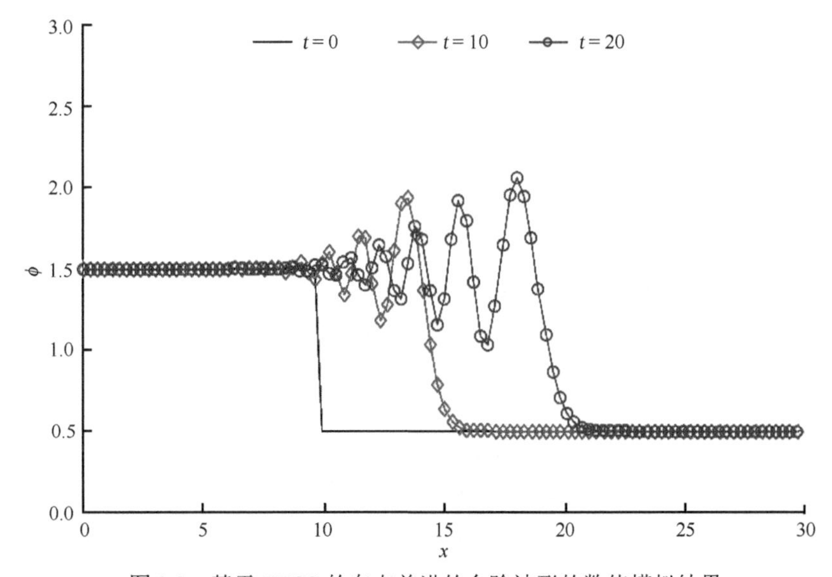

图 3.2　基于 FTCS 的向右前进的台阶波形的数值模拟结果

首先要找出导致差分格式不稳定的原因。基于前面的介绍，差分方程是对原始偏微分方程的近似。对于不同的差分近似来说，截断误差是不同的。对于 FTCS，有

$$\frac{\phi_i^{n+1}-\phi_i^n}{\Delta t}+C\frac{\phi_{i+1}^n-\phi_{i-1}^n}{2\Delta x}=0$$

$$\xleftrightarrow{\text{等同于}}\left(\frac{\partial\phi}{\partial t}\right)_i^n+C\left(\frac{\partial\phi}{\partial x}\right)_i^n=\mathrm{TE}=-\frac{\Delta tC^2}{2}\left(\frac{\partial^2\phi}{\partial x^2}\right)_i^n-\frac{\Delta x^2C}{3}\left(\frac{\partial^3\phi}{\partial x^3}\right)_i^n+O\left[(\Delta x)^3\right] \tag{3.27}$$

在上述分析中，用近似法$\left(\partial^2\phi/\partial t^2\right)_i^n\approx C^2\left(\partial^2\phi/\partial x^2\right)_i^n$将时间二阶导数转换为等价的空间二阶导数。可以看出，该差分格式相当于在节点 i 处求解原始偏微分方程，并在方程的右端增加截断误差。式（3.27）中的截断误差包含二阶空间导数（扩散）和三阶空间导数（色散）。值得注意的是，二阶导数前面的数值“扩散系数”恒为负，这意味着在这种情况下截断误差表现为负扩散。与正扩散相反，负扩散增强了由截断误差和机器舍入误差产生的振荡，最终导致数值格式不稳定，即随着时间的推移，再小的误差也可以被持续放大。由于这个原因，数值稳定性特指瞬态问题，而收敛性则同时适用于稳态和瞬态问题。

上述分析技术可应用于所有的差分格式。通过检查差分格式的截断误差特性，不仅能够检查格式的精度，还可以判断格式是否可能变得不稳定。这种稳定性分析方法称为数值稳定性的启发式分析方法。

2. 冯·诺依曼数值稳定性分析

另一种更严谨的稳定性分析方法是著名的冯·诺依曼稳定性分析法，它基于傅里叶级数展开，但仅适用于分析求解线性偏微分方程的差分格式。该方法在节点 i 的时间步 n 上引入一个误差扰动，且该误差采取傅里叶级数的分量形式，即：

$$E_i^n=A^n\mathrm{e}^{Ik_x(i\Delta x)} \tag{3.28}$$

式中，$I=\sqrt{-1}$；k_x 是 x 方向上的波数；A^n 是与该分量相关的振幅。虽然这里我们只考虑一维空间，但它可以扩展到多个维度。

为了检查某个差分格式是否稳定，我们假设误差传播特性与差分格式一致，并通过$|G|=|A^{n+1}/A^n|\leqslant1$ 来判断（G 称为放大因子）误差是否有界。我们仍然以前面讨论的 FTCS 为例来说明这种稳定性分析方法，用 E 代替 ϕ 并将式（3.28）代入式（3.26），可得

$$\begin{aligned}A^{n+1}\mathrm{e}^{Ik_x(i\Delta x)}&=A^n\mathrm{e}^{Ik_x(i\Delta x)}-\frac{C\Delta t}{2\Delta x}\left(A^n\mathrm{e}^{Ik_x[(i+1)\Delta x]}-A^n\mathrm{e}^{Ik_x[(i-1)\Delta x]}\right)\\&=A^n\mathrm{e}^{Iik_x\Delta x}\left(1-\frac{C\Delta t}{2\Delta x}\mathrm{e}^{Ik_x\Delta x}+\frac{C\Delta t}{2\Delta x}\mathrm{e}^{-Ik_x\Delta x}\right)\end{aligned} \tag{3.29}$$

从这个方程中，我们能够找到放大因子的表达式：

$$G=\frac{A^{n+1}}{A^n}=1-\frac{C\Delta t}{2\Delta x}\mathrm{e}^{Ik_x\Delta x}+\frac{C\Delta t}{2\Delta x}\mathrm{e}^{-Ik_x\Delta x}=1-I\frac{C\Delta t}{\Delta x}\sin\left(k_x\Delta x\right) \tag{3.30}$$

从而得到

$$|G|=\sqrt{1^2+\left(\frac{C\Delta t}{\Delta x}\right)^2\sin^2\left(k_x\Delta x\right)}>1 \tag{3.31}$$

可以看出，放大因子总是大于 1，这意味着这个格式是无条件不稳定的。

3.2.5 对流项的有限差分格式

前人提出了许多不同的差分格式来求解对流方程。本小节我们将基于均匀网格和线性

对流方程来介绍一些重要的差分格式。

1. 隐式方法（Laasonen 方法、Crank-Nicolson 方法和 ADI 方法）

由于 FTCS 是纯对流问题的无条件不稳定差分格式，直接的替代方案是对时间步 n 和 n+1 的对流差分进行加权平均：

$$\frac{\phi_i^{n+1}-\phi_i^n}{\Delta t}+C\left[(1-\gamma)\left(\frac{\phi_{i+1}^n-\phi_{i-1}^n}{2\Delta x}\right)+\gamma\left(\frac{\phi_{i+1}^{n+1}-\phi_{i-1}^{n+1}}{2\Delta x}\right)\right]=0 \tag{3.32}$$

式中，加权系数 γ 在 0 到 1 之间。当 $\gamma=0$ 时，退化为 FTCS；而当 $\gamma\neq 0$ 时，在求解过程中需要 n+1 步的信息。该方法被称为隐式方法，因为在变量更新时需要求解矩阵。

Laasonen 方法和 Crank-Nicolson 方法：当 $\gamma=1$ 时，该方案等价于向后时间差分，称为 Laasonen 方法；当 $\gamma=1/2$ 时，差分格式在时间和空间上都是二阶精度，且具备无条件稳定性，该差分格式被称为 Crank-Nicolson 方法。虽然 Crank-Nicolson 方法在精度和稳定性方面都有优势，但它有两个缺点：一个缺点是用该方案解决具有锋面的对流问题时，色散形式的截断误差会导致前锋附近出现伪振荡；另一个缺点是该差分是隐式的，因此必须求解矩阵以获得问题的解，当考虑 2D 和 3D 问题时，矩阵将变得非常大，需要引入稀疏矩阵求解器，或使用一些其他的替代方案，如交替方向隐式（ADI）方法。

交替方向隐式（ADI）方法：ADI 是时间分裂隐式方法在多维问题中的应用。为了避免对一个大稀疏矩阵进行直接数值求解，可以将其分解成几个子步骤求解，在每个子步骤中，只对一个维度的对流求解，在一个时间步长内对各个方向交替应用 ADI 算法，从而得到最终解。

2. 显式中心空间法（Lax 方法和 Lax-Wendroff 法）

与隐式方法相比，显式方法更具吸引力，因为它们更易于计算。然而，显式的 FTCS 已被证明是无条件不稳定的。因此，人们开发出了其他稳定的显式空间中心差分格式来求解对流方程。

Lax 方法：最简单的构造显式中心差分格式的方法是通过用左、右相邻节点的平均值替换先前的中心点变量来修正 FTCS，有

$$\phi_i^{n+1}=\frac{1}{2}\left(\phi_{i+1}^n+\phi_{i-1}^n\right)-C\frac{\Delta t}{2\Delta x}\left(\phi_{i+1}^n-\phi_{i-1}^n\right) \tag{3.33}$$

该格式的截断误差 TE 为 $O(\Delta t,(\Delta x)^2)$，且当 $C_r=C\Delta t/\Delta x\leqslant 1$，即库朗数小于等于 1 时，该差分格式是稳定的。上述条件也被称为 CFL（Courant-Friedrichs-Lewy）条件，该稳定性条件实际上适用于大多数显式差分格式。CFL 条件的数学含义很简单：时间步长必须足够小，使得信息不能在一个时间步长内传播超过两个网格点。Lax 方法的主要缺点是时间上的一阶截断误差会导致过大的数值耗散。

Lax-Wendroff 方法：由于 FTCS 具有导致负扩散的截断误差，为了使其稳定，可以引入人工正扩散来平衡这一项：

$$\frac{\phi_i^{n+1}-\phi_i^n}{\Delta t}+C\frac{\phi_{i+1}^n-\phi_{i-1}^n}{2\Delta x}=\frac{C^2\Delta t}{2\Delta x^2}\left(\phi_{i+1}^n-2\phi_i^n+\phi_{i-1}^n\right) \tag{3.34}$$

该方案在时间和空间上都是二阶的，并且在 $C_r\leqslant 1$ 时是稳定的。Lax-Wendroff 方法的误差项具有三阶色散形式，这意味着在计算中激波前沿附近将会出现数值振荡，和前述的

Crank-Nicolson 方法类似。

3. 迎风格式（一阶迎风、QUICK、QUICKEST 及特征格式）

一阶迎风格式：我们常通过引入数值阻尼来抑制数值振荡，一阶迎风格式是最常用的格式之一，有

$$\frac{\phi_i^{n+1}-\phi_i^n}{\Delta t}+C\left[(1-\gamma)\left(\frac{\phi_{i+1}^n-\phi_i^n}{\Delta x}\right)+\gamma\left(\frac{\phi_i^n-\phi_{i-1}^n}{\Delta x}\right)\right]=0 \tag{3.35}$$

式中，当 $C\geqslant 0$ 时，$\gamma=1$；而当 $C<0$ 时，$\gamma=0$。也就是说，当 C 为正时，使用向后差分，而当 C 为负时，则使用向前差分。该方案是显式的，虽然只有一阶精度，但可以有效地抑制锋面附近的数值振荡。该方案在 $C_r\leqslant 1$ 条件下是稳定的。

QUICK 格式：由于一阶迎风格式在时间和空间上仅为一阶精度，为了提高数值精度，人们提出了更高阶的迎风格式，并且保留了该格式在抑制数值振荡方面的优势。QUICK（对流二次迎风插值）格式便是这样的格式之一（Leonard，1979；Hayse et al.，1992）。该格式是基于对流项的局部迎风加权二次插值，通常用于对流扩散方程的求解，其中扩散项采用二阶中心差分。对于对流项，该格式在空间上是三阶精度，时间上是一阶精度，因此有时也称为三阶迎风格式。由于时间上仅为一阶截断误差，QUICK 格式适合求解稳态或准稳态的强对流流动。

QUICKEST 格式：为了提高时间项的数值精度，Leonard（1988）提出了 QUICKEST 格式，通过估计对流项和扩散项（如有）的时间特性，可以在求解过程中进行更精确的加权平均。QUICKEST 格式在时间和空间上均为三阶精度。

特征线格式：特征线格式是一种与迎风格式概念相似，但数值处理方法不同的特殊差分格式。在该方法中，数值解遵循特征线来描述波的传播路径。前一个时间步的两个网格点之间的变量信息通过数值插值获得。该方法通常用于求解描述两个在相反方向上传播的波的对流方程组，如水波方程和压力波方程（如管流中的水锤问题）。根据插值过程中使用的网格点数量，该格式可以具有不同阶的精度。

4. 振荡控制方法（通量限制器方法、ENO 方法和其他界面追踪方法）

我们迄今所介绍的所有高阶（二阶及以上）数值格式在求解激波前锋对流过程时，都会不可避免地产生数值振荡。这个问题可以通过采用低阶格式（如一阶迎风或 Lax 方法）或在前锋附近引入人工粘度来改善。前者降低了总体的数值精度，而后者人工粘度的选取是基于各个工况的，导致其在实施中有一定的难度。因此，一些更稳定、更精确的求解激波前锋对流方程的方法被提出。

使用通量限制器的 TDV 方法：引入各种通量限制器是为了消除振荡以达到总变差减小（TDV）的目的（Harten，1984）。通过使用特定的限制器，可以消除不连续波面附近的数值振荡。限制器仅作用于锋面附近，其局部数值精度可能退化为一阶，但不会影响其余计算域的数值精度。一些常见的限制器包括 van Lee 限制器、ULTIMATE（universal limiter for transport interpolation modelling of the advective transport equation）、Chakravarthy-Osher 限制器等。这些限制器通常结合高精度的数值格式来进行数值计算，使得计算精确且无振荡，如 ULTIMATE-QUICKEST 格式（Leonard，1991）。

ENO（essentially non-oscillatory）方法：如式（3.21）所示，差分格式本质上是一种逼近光滑函数局部导数的插值方法。使用泰勒展开法可以精确地分析精度，并通过使用更多的节点来导出高阶精度格式。而在函数不连续的激波前沿，上述方法是不成立的。事实上，计算前锋导数时包含的节点越多，产生的数值振荡就越大。ENO格式（Harten et al.，1987）本质上是针对分段光滑函数的自相似且一致高阶格式，根据函数的局部光滑性自动确定插值过程中需要包含的节点数。因此，该方法特别适用于既有激波面，又有光滑流区域的问题，数值计算将求出几乎无伪振荡的激波前锋解，但保持其余区域的高阶数值精度。该方法后来被许多人扩展应用，以进一步提高稳定性和精度，如Liu等（1994）的WENO（加权ENO）方案。

其他界面追踪方法：激波前锋本质上是函数不连续的界面。很多时候，建模者关注的重点就是交界面的运动，例如，通过求解密度方程来捕获两种不互溶流体之间的界面。在这种情况下，可以在界面附近采用一些特殊的处理方法，以便在对流方程的求解过程中保持界面清晰。在许多情况下，界面方向信息有助于开发高阶非振荡的界面捕获方案，这就需要在求解对流方程之前进行界面重建。典型的例子包括追踪自由表面的流体体积（VOF）方法和追踪界面的水平集（level set）方法。

5. 时间分裂方法（MacCormack方法和其他预估校正方法）

MacCormack 方法：该方法是最简单的时间分裂方法，它将求解过程分解成两个子步骤，有

$$
\begin{aligned}
\overline{\phi}_i^{n+1} &= \phi_i^n - C\frac{\Delta t}{\Delta x}\left(\phi_{i+1}^n - \phi_i^n\right) \\
\phi_i^{n+1} &= \phi_i^n - C\frac{\Delta t}{2\Delta x}\left(\phi_{i+1}^n - \phi_i^n + \overline{\phi}_i^{n+1} - \overline{\phi}_{i-1}^{n+1}\right)
\end{aligned}
\tag{3.36}
$$

在预测步中，首先获得变量的暂定值。在修正步中，空间导数由时间 t^n 的前差分和时间 t^{n+1} 暂定值的后差分的平均值来近似。该方案实施简单且精度高（空间和时间的二阶精度）。然而，与其他二阶中心差分格式（如Lax-Wendroff方法和Crank-Nicolson方法）类似，它在激波计算时可能出现伪振荡。

Adams-Bashforth-Moulton 方法：该方法最初是基于对已知节点信息进行插值的多项式积分来逼近附近的导数。只要给定足够的网格点，该方法就可达到任意精度。这种方法通常用于求解常微分方程，但也可以扩展到偏微分方程。该方法多利用两级或多级时间分裂预测校正方法来开发高精度差分格式。

多维问题的时间分裂方法：对于多维问题，对流过程发生在各个方向。在数值解中，从时间步长 n 到 n+1 的差分格式可以分裂成 m 个子步骤，其中 m 是方程的维数。然后在每个子步骤中，只求解一个维度的对流。考虑到不同方向的对流可以用相同的方法来解决，可以大大简化编程工作。在隐式方法中，它还可以通过减小矩阵来提高数值效率（如ADI方法）。

多变量问题的时间分裂法（蛙跳法）：时间分裂法也可应用于多变量问题。例如，所谓的蛙跳法其实是一种时间分裂法，用于求解两个或三个偏微分方程，其中一个方程描述标量的时间导数，另外的方程描述矢量的时间导数（如浅水方程）。通过定义交错网格系统上的标量和矢量（在单元的中心定义标量，而在单元边界上定义矢量），对对流项在空间上进行中心差分，在 n 和 n+1/2 时间步可分别对标量和矢量进行求解。这种方法在时间

和空间上都具有二阶精度。

6. CIP 方法

三次插值伪粒子（cubic interpolated pseudo-particle，CIP）方法最早由 Yabe 和 Takewaki 等在 1985 年提出（Takewaki et al.，1985；Takewaki and Yabe 1987；Yabe and Aoki，1991；Yabe et al.，1991），是一种用于求解双曲型偏微分方程的半拉格朗日方法。其原理是基于空间网格点的变量值及其一阶空间导数值，建立三次多项式进行插值近似，反演出网格内部变量的真实信息，进而得到时间和空间上都是三阶精度的显式差分格式。CIP 方法自提出后被用来求解许多复杂流体问题，包括可压缩流体与不可压缩流体问题，如激光熔融、激波生成、弹塑性流及空泡溃灭等（Yabe et al.，1998，2001b）。

由于半拉格朗日方法求解时仅给出网格点上数值随时间的演变，因此 CIP 方法属于非守恒型数值方法。许多实际问题的求解需要保证严格的守恒性，如求解 Burgers 方程时，非守恒性会导致激波面的错位。因此，建立守恒型的 CIP 方法十分必要。在这样的背景下，Yabe 等提出了两种守恒型的半拉格朗日方法，分别是 CIP-CSL2 及 CIP-CSL4 方法（Nakamura and Yabe，1999；Tanaka et al.，2000；Yabe et al.，2001b），并重命名为紧致插值曲线（constrained interpolation profile，CIP）方法，保留了 CIP 这个缩写。与传统 CIP 方法的不同之处在于，CIP-CSL 方法加入质量作为附加变量，通过每一步修改插值函数的形状来修正守恒性的误差，以此来保证总质量的守恒。

此后，Nakamura 等将 CIP-CSL2 与 CIP-CSL4 方法分别扩展到多维格式（Nakamura，2001；Nakamura et al.，2001；Xiao and Yabe，2001），并提出了一种具有单调性保持及无振荡特性的 R-CIP-CSL2 方法。Xiao 和 Yabe（2001）提出了 CIP-CSL3 方法，该方法是一种完全无振荡的数值格式。

为了更好地解释 CIP 方法，考虑简单的常系数一维对流方程：

$$\frac{\partial f}{\partial t}+u\frac{\partial f}{\partial x}=0 \tag{3.37}$$

式中，f 为初始函数曲线；u 为大于 0 的常数；x 为矩形波传播方向。下面将阐述 CIP 方法的原理。图 3.3 给出了 CIP 方法的基本原理，对于一阶差分格式，它利用直线方式传递相邻节点的信息，因而忽略了网格内部的信息，导致了较大的数值耗散。为了真实再现网格内部的信息，需要用高阶差分方法，而构建常规的高阶差分需要联立多网格点的信息。CIP

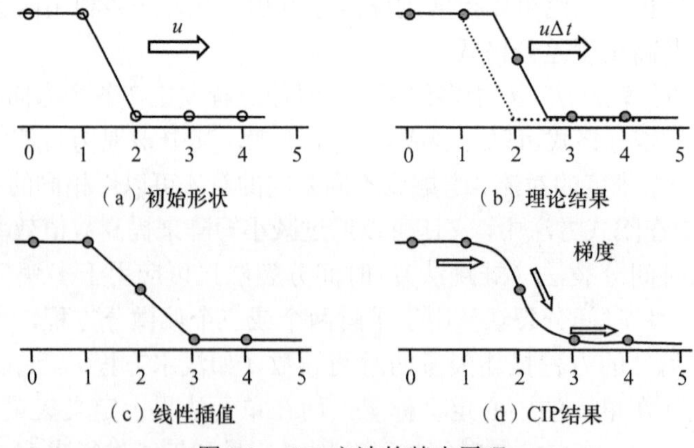

图 3.3 CIP 方法的基本原理

方法采用一种独特的方式，利用空间网格点的变量值及其空间导数值，在一个网格内建立了高阶差分格式，从而描述网格内的信息。

对方程（3.37）求关于 x 的偏导，可得到如下的空间导数方程：

$$\frac{\partial g}{\partial t}+u\frac{\partial g}{\partial x}=-g\frac{\partial u}{\partial x} \tag{3.38}$$

式中，$g=\partial f/\partial x$。因为假设对流速度 u 为常数，方程（3.38）右边项为 0。所以，方程（3.38）与方程（3.37）具有相同的形式。

对于 $u>0$ 的情况，在迎风向网格单元$[x_{i-1}, x_i]$内 n 时刻的剖面函数 f^n 可用三次函数 $F_i^n(x)$ 可近似表示为

$$F_i^n(x)=a_i(x-x_i)^3+b_i(x-x_i)^2+c_i(x-x_i)+d_i \tag{3.39}$$

式中，a_i、b_i、c_i、d_i 为待确定系数。

如图 3.4 所示，在 n+1 时刻的单元格剖面函数 f^{n+1} 可通过将 n 时刻的剖面函数 f^n 平移 $-u\Delta t$ 得到，函数 f 和 g 的时间演变可通过拉格朗日变换得到：

$$f_i^{n+1}=F_i^n(x_i-u\Delta t),\ g_i^{n+1}=\mathrm{d}F_i^n(x_i-u\Delta t)/\mathrm{d}x \tag{3.40}$$

a_i、b_i、c_i、d_i 4 个未知系数可由已知量 f_i^n、f_{i-1}^n、g_i^n 和 g_{i-1}^n 通过下式来确定：

$$\begin{aligned}a_i&=\frac{g_i^n+g_{i-1}^n}{(\Delta x)^2}-\frac{2(f_i^n-f_{i-1}^n)}{(\Delta x)^3},\ c_i=g_i^n\\ b_i&=\frac{2g_i^n+g_{i-1}^n}{\Delta x}-\frac{3(f_i^n-f_{i-1}^n)}{(\Delta x)^2},d_i=f_i^n\end{aligned} \tag{3.41}$$

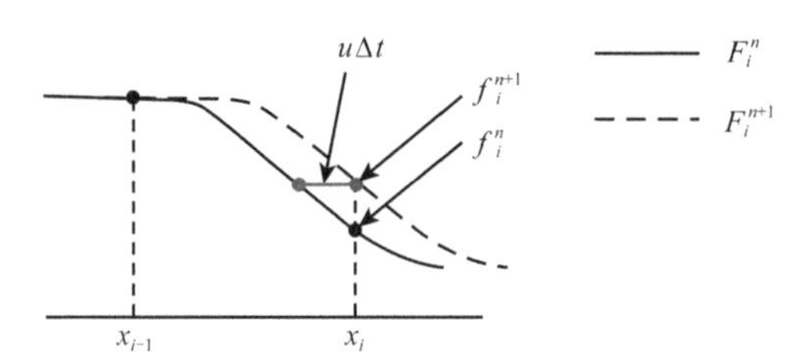

图 3.4　半拉格朗日 CIP 格式

为保证守恒性，Yabe 等（2001b）提出了守恒格式的 CIP-CSL2 方法，推导过程如下。守恒格式的一维对流方程为

$$\frac{\partial f}{\partial t}+\frac{\partial(uf)}{\partial x}=0 \tag{3.42}$$

式中，u 为对流速度，此处为变量（非常数项）。在 CIP 方法中仅需要用到一个网格内网格点的变量值和空间导数值，而在 CIP-CSL2 方法中需要用到相邻网格点的积分值，n 时刻具体形式如下：

$$\psi_i^n=\int_{x_i}^{x_i+1}f(x,t)\mathrm{d}x \tag{3.43}$$

CIP-CSL2 方法中用网格点积分值来代替网格点的变量值。考虑以下对流方程：

$$\frac{\partial D}{\partial t}+\mu\frac{\partial D}{\partial x}=0 \tag{3.44}$$

对方程（3.44）求关于 x 的偏导，并令 $D'=\partial D/\partial x$，得到以下守恒格式的方程：

$$\frac{\partial D'}{\partial t}+\frac{\partial(\mu D')}{\partial x}=0 \tag{3.45}$$

方程（3.45）和方程（3.42）具有相同的形式，令方程（3.45）中 $D'=f$，则方程（3.44）中 $D=\int f\mathrm{d}x$ 。

以此类推，引入如下函数：

$$D_i^n(x)=\int_{x_i}^{x} f(x',t)\mathrm{d}x' \tag{3.46}$$

式中，$D_i^n(x)$ 代表从 x_i 到 x 的质量和，可用如下多项式构造剖面函数：

$$D_i^n(x)=\phi_i X^3+\eta_i X^2+f_i^n X \tag{3.47}$$

式中，$X=x-x_i$。原始 CIP 方法中的空间导数 g 由 D 的空间导数 f 代替，通过对式（3.47）求关于 x 的偏导，可得网格 x_i 和 x_{i+1} 之间的剖面函数：

$$F_i^n(x)=\frac{\partial D_i^n(x)}{\partial x}=3\phi_i X^2+2\eta_i X+f_i^n \tag{3.48}$$

从式（3.46）中 D 的定义可知：

$$D_i^n(x_i)=0,\ D_i^n(x_{i+1})=\psi_i^n \tag{3.49}$$

由 $\partial D/\partial x$ 可得 f 的函数值，因此

$$\frac{\partial D_i^n(x_i)}{\partial x}=f_i^n,\ \frac{\partial D_i^n(x_{i+1})}{\partial x}=f_{i+1}^n \tag{3.50}$$

至此，ϕ_i 和 η_i 可通过满足式（3.49）和式（3.50）求得，有

$$\phi_i=\frac{f_i^n+f_{i+1}^n}{(\Delta x_i)^2}-\frac{2\psi_i^n}{(\Delta x_i)^3} \tag{3.51}$$

$$\eta_i=-\frac{2f_i^n+f_{i+1}^n}{\Delta x_i}+\frac{3\psi_i^n}{(\Delta x_i)^2} \tag{3.52}$$

式中，$\Delta x_i=x_{i+1}-x_i$。由式（3.49）可知，$D_i^n(x_i)-D_i^n(x_{i+1})=-\psi_i^n$ 。

时间演变由迎流方向出发的两个网格点组成的区域的体积决定（图 3.5），可由下式计算：

$$\psi_i^{n+1}=\int_{x_i}^{x_{i+1}} f(x,t+\Delta t)\mathrm{d}x=\int_{x_{p_i}}^{x_{p_{i+1}}} f(x,t)\mathrm{d}x \tag{3.53}$$

式中，x_{p_i} 是迎流方向出发点的粒子位置，由下式计算：

$$x_{p_i}=x_i+\int_{t+\Delta t}^{t} u\mathrm{d}t \tag{3.54}$$

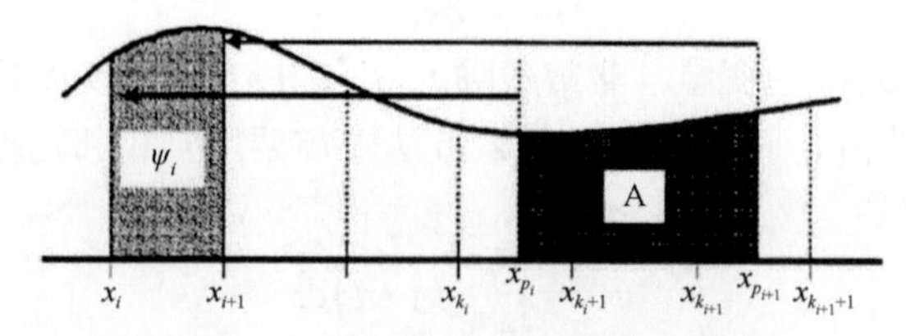

图 3.5 ψ 的时间演变映射过程

A 表示[x_{p_i} ，$x_{p_{i+1}}$]区间内的体积，即上一时刻的体积

剖面 f 的函数值已由式（3.48）、式（3.51）和式（3.52）插值得到，因此，对式（3.53）

积分可得下式：

$$\psi_i^{n+1}=\int_{x_{p_i}}^{x_{k_i+1}}F_{k_i}^n(x)\mathrm{d}x+\sum_{m=k_i+1}^{k_{i+1}-1}\int_{x_m}^{x_{m+1}}F_m^n(x)\mathrm{d}x+\int_{x_{k_{i+1}}}^{x_{p_{i+1}}}F_l^n(x)\mathrm{d}x \tag{3.55}$$

式中，k_i表示包含迎流出发点x_{p_i}的网格单元，且满足下式：

$$x_{k_i}<x_{p_i}<x_{k_i+1}+1 \tag{3.56}$$

结合$\int_{x_i}^{x}F_i^n(x)\mathrm{d}x=\int_{x_i}^{x}(\partial D_i^n/\partial x)\mathrm{d}x=D_i^n(x)$，式（3.54）可转化为

$$\begin{aligned}\psi_i^{n+1}&=\psi_{k_i}^n-\int_{x_{k_i}}^{x_{p_i}}F_{k_i}^n(x)\mathrm{d}x+\sum_{m=k_i+1}^{k_{i+1}-1}\int_{x_m}^{x_{m+1}}F_m^n(x)\mathrm{d}x+\int_{x_{k_{i+1}}}^{x_{p_i+1}}F_l^n(x)\mathrm{d}x\\&=\left(D_{k_{i+1}}^n x_{p_i+1}-D_{k_i}^n x_{p_i}\right)+\sum_{m=k_i}^{k_{i+1}-1}\psi_n^m\end{aligned} \tag{3.57}$$

式中，假定 $k_{i+1}-1\geqslant k_i$。当 $k_{i+1}=k_i$时，上式右端的最后一项为 0。式（3.57）中ψ的时间演变由$D_{k_i}^n(x_{p_i})$的差分形式来表示，因此整个计算域内的$D_{k_i}^n(x_{p_i})$相加为 0，通过将式（3.57）求和可得ψ_i^{n+1}和ψ_i^n之间的精确守恒关系：

$$\sum_i\psi_i^{n+1}=\sum_i\psi_i^n \tag{3.58}$$

式（3.58）通过对式（3.43）定义的积分求和，保证了守恒性。

下面求f的时间演变。f函数值的计算方式和原始 CIP 方法相同。方程（3.42）可转化为

$$\frac{\partial f}{\partial t}+u\frac{\partial f}{\partial x}=G \tag{3.59}$$

式中，$G=-f\partial u/\partial x$。采用和原始 CIP 方法中同样的分步算法，方程（3.59）的求解可分为以下两步。

对流项：

$$\frac{\partial f}{\partial t}+u\frac{\partial f}{\partial x}=0 \tag{3.60}$$

非对流项：

$$\frac{\partial f}{\partial t}=G \tag{3.61}$$

先计算对流项，根据对流项的结果再计算非对流项。在对流项计算中仍然采用和原始 CIP 方法一样的拉格朗日常量解法：

$$f(x_i,t+\Delta t)=f(x_{p_i},t) \tag{3.62}$$

由于x_{k_i}和$x_{k_{i+1}}$之间的$f(x,t)$剖面函数已由式（3.48）求得，因此对流项的解可由下式计算：

$$f_i^*=F_{k_i}^n x_{p_i}=3\phi_{k_i}\langle\xi\rangle^2+2\eta_{k_i}\langle\xi\rangle+f_{k_i}^n \tag{3.63}$$

式中，$\langle\xi\rangle$为两点之间的距离：

$$\langle\xi\rangle=x_{p_i}-x_{k_i} \tag{3.64}$$

此处$\langle\xi\rangle$既不是$-u_i\Delta t$，也不是$\int_{t+\Delta t}^{t}u\mathrm{d}t$。将式（3.51）和式（3.52）中的$i$由$k_i$代替，可得到式（3.63）中的$\phi_{k_i}$和$\eta_{k_i}$。

对流项由式（3.60）计算后，计算结果f^*被用到下一时间步非对流项f^{n+1}的求解，非对流项可由向前差分格式获得：

$$f_i^{n+1} = f_i^* + G\Delta t \tag{3.65}$$

式中，$G=-f_i^*[\partial u(x_i, t)/\partial x]$，速度的空间导数$\partial u/\partial x$可由中心差分计算。虽然$f$由非守恒格式的式（3.60）和式（3.61）计算，但在构造f的空间剖面时重建了质量守恒以满足式（3.43）。

3.2.6 扩散方程与色散方程的有限差分格式

到目前为止，我们还没有讨论其他项如扩散项和色散项的差分近似。这些项通常由不同阶数的中心差分来离散。如果方程是线性的，则可以通过冯·诺依曼分析法获得相应的稳定性条件。因为从这些项的近似得到的主导截断误差只与高阶导数项相关，所以扩散项和色散项的增加通常只改变稳定性条件，而不改变主导截断误差的特征。对于扩散项，显式中心差分法的典型稳定性准则$\nu\Delta t/\left(\Delta x\right)^2 < O(1)$类似于对流显式解所施加的 CFL 条件，即一个时间步通过扩散传递的信息也不能超过一个网格。当用有限差分格式求解具有低阶和高阶导数的偏微分方程时，必须注意由低阶导数引起的截断误差不应超过真实的高阶导数。考虑一维对流扩散方程，若采用一阶迎风格式离散对流项，用中心差分格式离散扩散项，则主导截断误差如下：

$$\frac{\partial \phi}{\partial t} + C\frac{\partial \phi}{\partial x} - D\frac{\partial^2 \phi}{\partial x^2} = \text{TE} = D_N\left(\Delta t, \Delta x\right)\frac{\partial^2 \phi}{\partial x^2} + O\left[\left(\Delta t\right)^2, \left(\Delta x\right)^2\right] \tag{3.66}$$

式中，D_N是由迎风格式导致的数值扩散，用来稳定数值格式。如果扩散过程比较重要，就必须满足$D_N \ll D$来保证由该差分格式模拟的物理现象是正确的，否则我们实际上是在求解一个扩散系数更大的问题。这样的分析也适用于其他方程，如对流-色散方程（如 Boussinesq 方程）。在这种情况下，差分格式中的色散误差项与真实色散项相比必须足够小，才能保证数值模拟结果的真实性。

3.3 有限体积法

有限体积法（FVM）可被看作在网格点周围小空间内有限差分的积分公式。与基于泰勒展开在节点上用有限差分来近似局部导数不同，有限体积法建立在控制体上，在该控制体内，不仅在数学上还在数值上保证了变量的守恒。因此，有限体积法也被称为控制体法。

考虑以下对流方程：

$$\frac{\partial \phi}{\partial t} + \frac{\partial \left(F_X\right)}{\partial x} + \frac{\partial \left(F_Y\right)}{\partial y} = 0 \Rightarrow \frac{\partial \phi}{\partial t} + \nabla \cdot \vec{F} = 0 \tag{3.67}$$

式中，$\vec{F} = \left(F_X, F_Y\right) = \left(u\phi, v\phi\right)$。与较早研究的对流方程如方程（3.25）相比，上述方程的不同之处在于，对流项以通量导数的形式表示。上述方程的物理意义是明确的：变量的时间变化率由空间中的可变通量平衡。当在控制体上积分时，可以更清楚地看到：

$$\frac{\partial}{\partial t}\int_V \phi \mathrm{d}V + \int_S \vec{F} \cdot \vec{n} \mathrm{d}S = 0 \tag{3.68}$$

式中，V是控制体积；S是控制表面积；$\vec{n}$为表面上的单位外法线向量。积分时利用高斯散度定理，可实现体积积分与表面积分的转换。

为了用有限体积法近似上述方程，我们首先将物理域划分成一组不重叠的小控制体。对物理域进行离散化的方法有很多，但最简单的方法之一是使用交错网格，如图 3.6 所示，一个矩形网格就是一个控制体。在每个控制体中，标量定义在单元中心，比如 (i, j)，而矢量 F_X 和 F_Y 则定义在单元边界上。式（3.68）离散后可得

$$\frac{\partial}{\partial t}\int_{\Delta x \Delta y}\phi \mathrm{d}x\mathrm{d}y - \int_{i-1/2} F_X \mathrm{d}y + \int_{i+1/2} F_X \mathrm{d}y - \int_{j-1/2} F_Y \mathrm{d}x + \int_{j+1/2} F_Y \mathrm{d}x = 0 \tag{3.69}$$

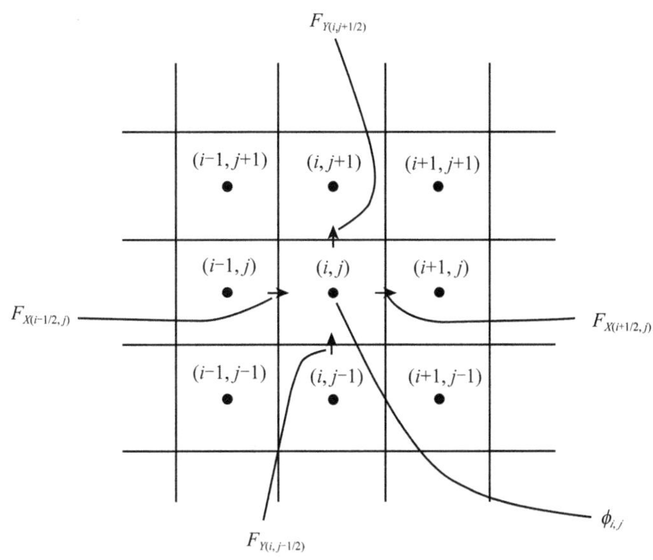

图 3.6　有限体积法中结构化交错网格示意图

利用上述方案不难证明，局部控制体上将严格满足守恒定律。如果我们进一步假设 ϕ 是在控制体内均匀分布的，f 是沿边界均匀分布的，则上述方程可以简化为类似于差分的形式：

$$\begin{aligned}&\frac{\partial \phi}{\partial t}\Delta x \Delta y - F_{X(i-1/2,j)}\Delta y + F_{X(i+1/2,j)}\Delta y - F_{Y(i,j-1/2)}\Delta x + F_{Y(i,j+1/2)}\Delta x = 0\\ \Leftrightarrow &\frac{\phi_{i,j}^{n+1}-\phi_{i,j}^{n}}{\Delta t} + \frac{-F_{X(i-1/2,j)} + F_{X(i+1/2,j)}}{\Delta x} + \frac{-F_{Y(i,j-1/2)} + F_{Y(i,j+1/2)}}{\Delta y} = 0\end{aligned} \tag{3.70}$$

由于通量是在单元边界上定义的，它们的信息将由任何两个相邻单元共享。因此，不仅在局部单元，还在整个计算域都自动满足了守恒定律。这种全局守恒是控制体积之间输运守恒的结果，可以确保任意连接的控制体都满足守恒定律。

有限体积法可看作控制方程积分（非微分）形式的等效差分表达式。从上面的分析可以看出，式（3.70）中的控制体积法类似 FTCS。事实上，在结构化网格系统中，几乎所有的有限差分格式（如 Lax-Wendroff、QUICK、QUICKEST）都可以在有限体积法中的结构化网格系统找到对应的表达式。在这种情况下，类似差分格式中使用的分析方法，对有限体积法也可通过泰勒级数展开来分析主导截断误差，或者采用冯·诺依曼稳定性分析法来分析数值稳定性。构造有限体积法主要是为了实现具有完全守恒性的方案，而基于控制方程的微分形式的差分方法则没有明确地实现这一点。

有限体积法的另一个主要特点是它允许使用非结构化网格，这些非结构化网格因为形状灵活，可以很好地贴近任意形状的边界。在实际应用中，最常采用的是三角形网格。然而，对建立在非结构化网格上的有限体积法进行精度和稳定性分析则相对困难。

3.4 无网格粒子方法

无网格法主要用于解决有网格法较难处理的复杂曲面边界问题。光滑粒子水动力学（SPH）法是最早的无网格法，在20世纪70年代被提出，基于拉格朗日粒子研究天体物理。广义有限差分法（GFDM）是另一种无网格法，于1980年初期基于粒子信息被提出。无网格法的实质性发展和改进始于20世纪90年代中期。在此之后，无网格法在计算物理和力学中蓬勃发展。目前，SPH法是流体计算中主要的无网格法，在水波建模和界面流体流动计算方面有许多成功的应用。

在无网格法中，粒子主要用于离散整个区域，可以有规律或随机分布。一旦确定了特定粒子的影响范围，就可以建立这些粒子之间的相对位置关系。许多相邻粒子的集体行为可用于近似函数及其导数。为了解析问题，计算中需要使用一定数量的粒子，这与网格法中需要一定的网格分辨率类似。因此，无网格法并不意味着计算量的减小。事实上，由于无网格法在近似导数时往往需要更多的粒子信息，它可能比传统网格法的计算量还大，但它在不规则边界上具有更好的灵活性和适应性。

3.4.1 无网格导数逼近法

广义有限差分法（GFDM）是近似偏微分方程中函数导数的一种无网格法（Liszka and Orkisz，1980）。以二维扩散方程为例：

$$\frac{\partial \phi}{\partial t}=\frac{\partial^2 \phi}{\partial x^2}+\frac{\partial^2 \phi}{\partial y^2} \tag{3.71}$$

将其写成差分形式，有

$$\frac{\phi_i^{n+1}-\phi_i^n}{\Delta t}=\left(\frac{\partial^2 \phi}{\partial x^2}\right)_i^n+\left(\frac{\partial^2 \phi}{\partial y^2}\right)_i^n, i=0,\ 1,\ 2,\ \cdots, M \tag{3.72}$$

式中，M是计算域中的粒子总数。此时，GFDM与FDM相同。此时的关键问题是如何基于相邻粒子的信息来估算所有粒子的$\partial^2\phi/\partial x^2$和$\partial^2\phi/\partial y^2$。为解决这一问题，首先必须确定粒子的影响范围。一般来说，该区域必须足够大以包含足够数量的相邻粒子用于精确估算局部导数。然而，该区域也要足够小才能代表其局部导数。虽然对该影响范围的大小没有硬性规定，但通常搜索域半径r约为两个粒子之间平均距离h的2倍，即$r\approx 2h$（图3.7）。

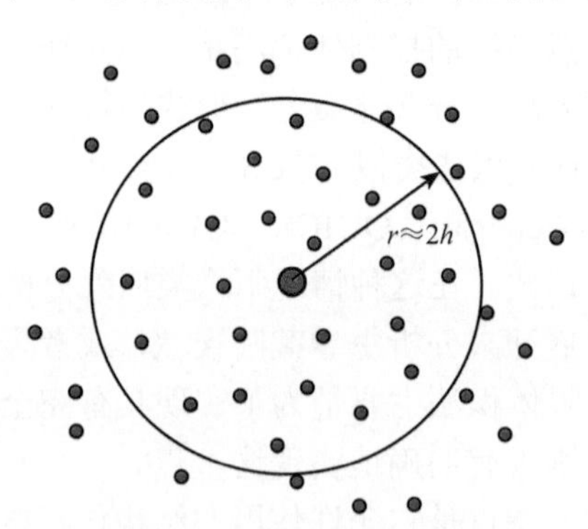

图3.7 广义有限差分法

圆圈区域代表中心粒子的影响范围

一旦确定了特定节点(x_0, y_0)的影响半径，就可以通过搜索该区域来确定其影响范围内的所有节点（i=1～N）。基于泰勒级数展开式，可以写出各节点函数值ϕ_i在中心节点ϕ_0处展开的表达式：

$$\begin{aligned}\phi_i &= \phi_0 + (x_i - x_0)\left(\frac{\partial\phi}{\partial x}\right)_0 + (y_i - y_0)\left(\frac{\partial\phi}{\partial y}\right)_0 + \frac{(x_i - x_0)^2}{2}\left(\frac{\partial^2\phi}{\partial x^2}\right)_0 \\ &+ \frac{(y_i - y_0)^2}{2}\left(\frac{\partial^2\phi}{\partial y^2}\right)_0 + (x_i - x_0)(y_i - y_0)\left(\frac{\partial^2\phi}{\partial x\partial y}\right)_0 + O(\varDelta^3),\ i=1,\ 2,\ \cdots,\ N\end{aligned} \tag{3.73}$$

从而能够建立一个包含 5 个未知量、N个方程的线性方程组：

$$\boldsymbol{Ax}=\boldsymbol{b} \tag{3.74}$$

式中，$\boldsymbol{A}$为

$$\boldsymbol{A} = \begin{bmatrix} (x_1 - x_0) & (y_1 - y_0) & \dfrac{(x_1 - x_0)^2}{2} & \dfrac{(y_1 - y_0)^2}{2} & (x_1 - x_0)(y_1 - y_0) \\ (x_2 - x_0) & (y_2 - y_0) & \dfrac{(x_2 - x_0)^2}{2} & \dfrac{(y_2 - y_0)^2}{2} & (x_2 - x_0)(y_2 - y_0) \\ & & \cdots\cdots & & \\ (x_M - x_0) & (y_M - y_0) & \dfrac{(x_M - x_0)^2}{2} & \dfrac{(y_M - y_0)^2}{2} & (x_M - x_0)(y_M - y_0) \end{bmatrix} \tag{3.75}$$

$$\boldsymbol{x}^{\mathrm{T}} = \left[\left(\frac{\partial\phi}{\partial x}\right)_0 \quad \left(\frac{\partial\phi}{\partial y}\right)_0 \quad \left(\frac{\partial^2\phi}{\partial x^2}\right)_0 \quad \left(\frac{\partial^2\phi}{\partial y^2}\right)_0 \quad \left(\frac{\partial^2\phi}{\partial x\partial y}\right)_0\right] \tag{3.76}$$

$$\boldsymbol{b}^{\mathrm{T}} = [\phi_1 - \phi_0 \quad \phi_2 - \phi_0 \quad \cdots \quad \phi_M - \phi_0] \tag{3.77}$$

可以看出，只要在影响半径内至少有 5 个其他节点，就可以通过线性方程组的误差最小化来求出这 5 个导数值（如利用最小二乘法）。可以证明，在相同的影响范围下，当粒子处于对称情况时，GFDM 与 FDM 的结果具有相同的精度。虽然较好的粒子对称性可以减小数值误差，但 GFDM 并不要求对称的粒子排布。事实上，GFDM 更适用于粒子排布不规则的情况，因而可以模拟复杂的边界。

3.4.2　无网格函数逼近法

与使用粒子集体信息来近似导数的 GFDM 相比，无网格函数逼近法是利用粒子直接近似求解函数本身。下面将根据函数逼近方式的分类来讨论各种类型的无网格法。

1. 移动最小二乘法

移动最小二乘（MLS）法可用于函数近似。在过去的 10 年里，学者们提出了以下几种使用 MLS 法的函数近似方法。

漫射元法：该方法是 Nayroles 等（1992）首次提出的无网格配点法。在该方法中，逼近给定粒子集的函数用到了一种“扩散近似法”。所谓 MLS 法，即通过计算逼近点周围的加权最小二乘数来重建任意一组粒子的连续函数，主要用于获得局部的逼近导数。在不规则表面附近，MLS 法通常比基于网格的数值方法更精确。该方法可以解一般的偏微分方程，并已应用于固体力学和流体力学问题中。

无单元伽辽金（EFG）法：EFG 法是针对连续问题所开发的无网格拉格朗日方法（Belytschko et al.，1994）。该方法是对漫射元法的改进，数值计算结果更稳定、更精确。该方法与 SPH 法有一些相似之处，但它计算量更大。虽然 EFG 法发展时间不长，但已迅速被广泛应用于许多工程分析中，是目前工程计算中最成熟的无网格法之一。EFG 法最常用于涉及局部应变和断裂的固体力学中，其材料性质往往存在较大变形和空间梯度。

2. 基于内核函数的方法

光滑粒子水动力学（SPH）法：SPH 法于 20 世纪 70 年代被提出（Lucy，1977；Gingold and Monaghan，1977），并被用于天体物理学的研究。SPH 法是一种拉格朗日无网格法，其解由核函数近似。Monaghan（1992）详细介绍了 SPH 法。该方法已被成功应用于包括破碎波的许多流体流动问题的研究中。在日本，类似的方法称为移动粒子半隐式（MPS）法（Koshizuka et al.，1998）。常规的 SPH 法可能在边界附近存在数值不稳定性问题，因此该方法中引入了各种类型的数值阻尼，以保证数值计算的稳定。

再生核粒子法（RKPM）：SPH 法往往会在没有强加一致性条件的边界附近产生不稳定或不够准确的解。为了克服这一困难，Liu 等（1995）开发了 RKPM。作为一种基于内核的方法，RKPM 通过在边界上构造形函数及其导数以满足一致性条件，从而提高了数值精度。因此，该方法特别适用于大变形的问题，而常规的 SPH 法在处理大变形问题时则容易出现拉伸失稳。

3. 单位分解法和其他无网格法

Belytschko 等（1996）证明了对于任何核函数方法，若其父核与 MLS 法近似的加权函数相同，则此核函数方法与 MLS 法相同。Babuska 和 Melenk（1997）提出了单位分解法，认为 MLS 法和基于内核的方法都可以看成单位分解法的特例。单位分解法下的一些其他流行的无网格法有 *h-p* Clouds 方法（Duarte and Oden，1996）和广义有限元法（GFEM）（Strouboulis et al.，2000）。

另外，还有许多其他的无网格函数近似方法，如自由网格法（Yagawa and Yamada，1996）、自然元法（NEM）（Sukumar et al.，1998）、无网格局部 Petrov-Galerkin（MLPG）法（Atluri and Zhu，1998）等。这些方法具有共同的特征，即都是基于各种弱方式求解，而不是像广义有限差分法那样采用强方式求解。

无网格法在过去 20 年中发展非常迅速，而且新的更好的函数及其导数近似方法仍在不断涌现，这是一个非常活跃的计算力学领域。有兴趣的读者可参考一些专门讨论无网格法的书籍（Liu，2002；Liu G R and Liu M B，2003；Li and Liu，2004；Belytschko and Chen，2007）。

3.5 格子玻尔兹曼方法

之前介绍的所有数值方法都是为近似求解偏微分方程而开发的。其实我们也可以对所要求解的问题直接建立数值方法，此方法通常建立在基本物理准则上，如质量守恒和动量守恒。

与传统数值方法相比，LBM 解决流体问题的方式不同。众所周知，流体运动可以描述为三个层次：运动是可逆的分子层次（微观）；运动是不可逆的动力学层次（介观），可用玻尔兹曼近似来表示；适用于连续介质近似的层次（宏观）。已经证明，流体动力学的宏观特征可以通过使用有限数量的速度矢量的玻尔兹曼模型来获得。大多数玻尔兹曼模型基于概率假设，它们在时间和空间上是连续的，但速度是离散的。

20 世纪 80 年代，格子气（LG）方法成为具有吸引力的流体计算替代方法，其主要思路是用离散点来解决流体问题（Frisch et al.，1986）。LG 方法可以认为是一种简化的虚构分子动力学，其空间、时间和粒子速度都是离散的。LG 方法采用简化了的动力学方程来描述微观粒子，微观粒子的集体行为表现为流体动力学的宏观现象。在 LG 方法计算中，格子方向上移动的格子节点上可以有 1 个或 0 个粒子。在下一时间步中，每个粒子将按其方向移动到相邻节点上，这个过程称为传播。当有多个粒子从不同的方向到达同一个节点时，它们将根据碰撞定律碰撞并改变方向。碰撞规则为碰撞前后的粒子数量（质量）、动量和能量都满足守恒。因为 LG 方法是建立在离散粒子简单线性动力学方程上的，所以它在实现复杂边界条件和并行计算方面具有优势，但由于使用了由布林变数定义的粒子占用变量，因此即使对于平滑流体也会产生统计噪声。此外，伽利略不变性认为物理学的基本定律在所有惯性系中都是相同的，但在 LG 方法中这个定律可能不能严格满足。

格子玻尔兹曼方法被设计用来克服原始 LG 方法的缺点，即用其整体平均值（即所谓的密度分布函数）替换格子方向上的布林粒子数。这样，可以忽略单个粒子的运动，而只需考虑大量粒子的平均运动。以动力学方程的离散形式表示的表征粒子分布函数的格子玻尔兹曼方程（LBE）为

$$f_i\left(\vec{x}+\vec{c}_i\Delta x, t+\Delta t\right)=f_i\left(\vec{x},t\right)+\Omega_i\left[f_i\left(\vec{x},t\right)\right], i=1,\ 2,\ \cdots, M \tag{3.78}$$

式中，f_i 是第 i 个方向上的粒子分布函数；$\Omega_i\left[f_i\left(\vec{x},t\right)\right]$ 是碰撞函数；Δx 和 Δt 分别是空间间隔和时间间隔；$\vec{c}_i$ 是局部速度；M 是粒子在速度离散方向的数量，由建模者基于精度要求确定（图 3.8）。

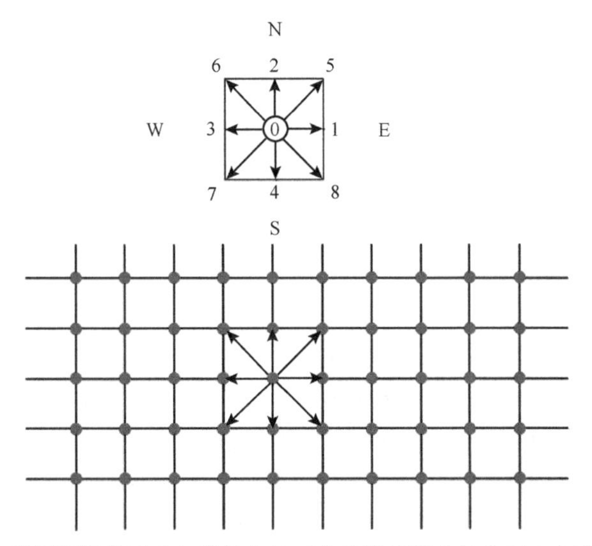

图 3.8　二维问题的格子玻尔兹曼方法（方晶格元素中包含有 9 个速度分量）

宏观流体的流动性质如密度 ρ 和动量 $\rho\vec{u}$ 分别定义为粒子分布函数的一阶矩和二阶矩：

$$\rho = \sum_{i=0}^{M} f_i, \rho\vec{u} = \sum_{i=0}^{M} f_i \vec{c}_i \tag{3.79}$$

LG 方法计算中的离散碰撞规则可修改为连续碰撞算子。最常见的方法之一是使用 Bhatnagar-Gross-Krook 模型（Bhatnagar et al.，1954）来近似碰撞算子：

$$\Omega_i\left(f_i\left(\vec{x},t\right)\right) = \frac{1}{\tau}\left[f_i\left(\vec{x},t\right) - f_i^{\mathrm{eq}}\left(\vec{x},t\right)\right] \tag{3.80}$$

式中，τ 是松弛时间，在该时间内，局部粒子分布将根据平衡粒子分布函数 $f_i^{\mathrm{eq}}\left(\vec{x},t\right)$ 恢复到其平衡态。上述碰撞模型是用简化了的线性算子来近似非线性碰撞过程。

仔细研究格子玻尔兹曼方程会发现，这个简单的动力学方程在时间和空间上的分布函数看起来与前面讨论的差分近似非常相似。其不同之处在于，在差分近似中偏微分方程是确定的，而在格子玻尔兹曼方法中事先并不知道动力学方程代表的是哪个偏微分方程。从而便有了以下问题：如果 Δx 和 Δt 足够小，格子玻尔兹曼方程是否可以简化为我们熟悉的偏微分方程？答案是肯定的！事实上，通过使用多尺度的 Chapman-Enskog 扩展（Frisch et al.，1986），格子玻尔兹曼方程可以转化为精确到二阶的偏微分方程组：

$$\frac{\partial \rho}{\partial t} + \nabla \cdot \left(\rho\vec{u}\right) = 0 \tag{3.81}$$

$$\frac{\partial\left(\rho\vec{u}\right)}{\partial t} + \nabla \cdot \mathit{\Pi} = 0 \tag{3.82}$$

式中，$\mathit{\Pi}$ 为动量张量，可以表示为

$$\mathit{\Pi}_{jk} = \sum_{i=0}^{M} \left(\vec{c}_i\right)_j \left(\vec{c}_i\right)_k \left[f_i^{\mathrm{eq}} + \left(1 - \frac{1}{2\tau}\right) f_i^{(1)}\right] \tag{3.83}$$

式中，$f_i^{(1)}$是一阶非平衡分布函数，满足：

$$f_i = f_i^{\mathrm{eq}} + \varepsilon f_i^{(1)} + O\left(\varepsilon^2\right) \tag{3.84}$$

方程（3.81）和方程（3.82）看起来分别与 N-S 方程中的质量守恒方程和动量守恒方程相似。事实上，如果格子具有足够的对称性（离散速度方向也具有对称性），并且选择合适的局部平衡分布函数 $f_i^{\mathrm{eq}}\left(\vec{x},t\right)$，则能够证明，不可压缩流体的 N-S 方程可作为其在小密度变化时的极限情况。小马赫数的 $f_i^{\mathrm{eq}}\left(\vec{x},t\right)$ 一般形式为

$$f_i^{\mathrm{eq}} = \rho\left[A + B\vec{c}_i \cdot \vec{u} + C\left(\vec{c}_i \cdot \vec{u}\right)^2 + D\vec{u} \cdot \vec{u}\right] \tag{3.85}$$

式中，A、B、C 和 D 是格子常数，可根据特定格子结构的 $\rho = \sum_{i=0}^{M} f_i^{\mathrm{eq}}$ 和 $\rho\vec{u} = \sum_{i=0}^{M} f_i^{\mathrm{eq}} \vec{c}_i$ 的约束条件来分析确定。类似地，可以导出不同的状态方程，从而将局部压力 p 与局部密度、声速联系起来，将运动粘滞系数 v 与松弛时间 τ 联系起来。

LBM 既具有微观统计特征，又具有宏观动态特征，因此在现有知识无法准确描述的新物理问题的建模中具有很好的发展前景，如波浪破碎时的空气卷入、泥沙随机起动和悬浮及其他复杂的多相流问题。

有关 LBM 的更多讨论，可以参阅 Benzi 等（1992）、Qian 等（1995）、He 和 Luo（1997）、郭照立和郑楚光（2009）、Kuznik 等（2010）及张建民和何小泷（2017）的研究。

参 考 文 献

郭照立, 郑楚光. 2009. 格子 Boltzmann 方法的原理及应用. 北京: 科学出版社.

李玉成, 滕斌. 2002. 波浪对海上建筑物的作用. 北京: 海洋出版社.

张建民, 何小泷. 2017. 格子玻尔兹曼方法在多相流中的应用. 水动力学研究与进展(A 辑), 32(5): 531-541.

Aliabadi M H. 2002. The Boundary Element Method: Volume 2: Applications in Solids and Structures. Chichester: John Wiley & Sons, Ltd.

Atluri S N, Zhu T. 1998. A new meshless local Petrov-Galerkin (MLPG) approach in computational mechanics. Computational Mechanics, 22(2): 117-127.

Babuska I, Melenk J M. 1997. The partition of unity method. International Journal for Numerical Methods in Engineering, 40: 727-758.

Belytschko T, Chen J S. 2007. Meshfree and Particle Methods. Chichester: John Wiley & Sons, Ltd.

Belytschko T, Krongauz Y, Organ D, et al. 1996. Meshless methods: an overview and recent developments. Computer Methods in Applied Mechanics and Engineering, 119: 3-47.

Belytschko T, Lu Y Y, Gu L. 1994. Element-free Galerkin methods. International Journal for Numerical Methods in Fluids, 37: 229-256.

Benzi R, Succi S, Vergassola M. 1992. The lattice Boltzmann equation theory and applications. Physics Report, 222: 145-197.

Bhatnagar P L, Gross E P, Krook M. 1954. A model for collision processes in gases. I. small amplitude processes in charged and neutral one-component system. Physical Review Journals Archive, 94: 511-525.

Duarte C A, Oden J T. 1996. An *h-p* adaptive method using clouds. Computer Methods in Applied Mechanics and Engineering, 139: 237-262.

Frisch U, Hasslacher B, Pomeau Y. 1986. Lattice gas automata for the Navier-Stokes equations. Physical Review Letters, 56: 1505-1508.

Gingold R, Monaghan J. 1977. Smoothed particle hydrodynamics-theory and application to non-spherical stars. Monthly Notices of the Royal Astronomical Society, 181: 375-389.

Harten A. 1984. On a class of high resolution total-variation stable finite difference schemes. Siam Journal on Numerical Analysis, 21: 1-21.

Harten A, Engquist B, Osher S, et al. 1987. Uniformly high order essentially non-oscillatory schemes. Journal of Computational Physics, 71: 231-303.

Hayse T, Humphery J A C, Grief R. 1992. A consistently formulated QUICK scheme for fast and stable convergence using finite-volume iterative calculation procedures. Journal of Computational Physics, 93: 108-118.

He X Y, Luo L S. 1997. Theory of the lattice Boltzmann method: from the Boltzmann equation to the Lattice Boltzmann equation. Physical Review Journal, 56: 6811-6817.

Hughes T J R. 2012. The Finite Element Method: Linear Static and Dynamic Finite Element Analysis. New York: Dover Publications, Inc.

Jaluria Y, Torrance K E. 2003. Computational Heat Transfer. 2nd ed. London: Taylor & Francis.

Kadomtsev B B, Petviashvili V I. 1970. On the stability of solitary waves in weakly dispersive media. Soviet Physics Doklady, 15: 539-541.

Koshizuka S, Nobe A, Oka Y. 1998. Numerical analysis of breaking waves using the moving particle semi-implicit method. International Journal for Numerical Methods in Fluids, 26(7): 751-769.

Kuznik F, Obrecht C, Rusaouën G, et al. 2010. LBM based flow simulation using GPU computing processor. Computers & Mathematics with Applications, 59(7): 2380-2392.

Leonard B P. 1979. A stable and accurate convective modeling procedure based on quadratic upstream interpolation. Computer Methods in Applied Mechanics and Engineering, 19: 59-98.

Leonard B P. 1988. Elliptic systems: finite-difference method IV//Minkowycz W J, Sparrow E M, Murthy J Y. Handbook of Numerical Heat Transfer. Hoboken: John Wiley & Sons, Inc.: 347-378.

Leonard B P. 1991. The ULTIMATE conservative difference scheme applied to unsteady one-dimensional advection. Computer Methods in Applied Mechanics and Engineering, 88: 17-74.

Li S, Liu W K. 2004. Meshfree Particle Methods. Berlin: Springer Verlag.

Liszka T, Orkisz J. 1980. The finite-difference method at arbitrary irregular grids and its application in applied mechanics. Computers & Structures, 11: 83-95.

Liu G R. 2002. Mesh Free Methods-Moving Beyond the Finite Element Method. Boca Raton: CRC Press.

Liu G R, Liu M B. 2003. Smoothed Particle Hydrodynamics: A Meshfree Particle Method. Singapore: World Scientific.

Liu W K, Jun S F, Adee J, et al. 1995. Reproducing kernel particle methods for structural dynamics. International Journal for Numerical Methods in Engineering, 38(10): 1655-1679.

Liu X D, Osher S, Chan T. 1994. Weighted essentially non-oscillatory schemes. Journal of Computational Physics, 115: 200-212.

Lucy L. 1977. A numerical approach to the testing of the Fission Hypothesis. Astronomical Journal, 82: 1013-1024.

Monaghan J J. 1992. Smoothed particle hydrodynamics. Annual Review of Astronomy and Astrophysics, 30: 543-574.

Nakamura T. 2001. Multi-dimensional conservative scheme in non-conservative form. CFD J., 9: 437-453.

Nakamura T, Tanaka R, Yabe T, et al. 2001. Exactly conservative semi-Lagrangian scheme for multi-dimensional hyperbolic equations with directional splitting technique. Journal of computational physics, 174(1): 171-207.

Nakamura T, Yabe T. 1999. Cubic interpolated propagation scheme for solving the hyper-dimensional Vlasov-Poisson equation in phase space. Computer Physics Communications, 120(2-3): 122-154.

Nayroles B, Touzot G, Villon P. 1992. Generalizing the finite element method: diffuse approximation and diffuse elements. Computational Mechanics, 10: 301-318.

Partridge P W, Brebbia C A. 2012. Dual Reciprocity Boundary Element Method. Berlin: Springer Science & Business Media.

Qian Y H, Succi S, Orszag S A. 1995. Recent advances in lattice Boltzmann computing. Annual Reviews of Computational Physics, 3: 195-242.

Reddy J N. 2019. Introduction to the finite element method. 4th ed. New York: McGraw-Hill Education.

Strouboulis T, Babuska I, Copps K. 2000. The design and analysis of the generalized finite element method. Computer Methods in Applied Mechanics and Engineering, 181(I-3): 43-69.

Sukumar N, Moran B, Belytschko T. 1998. The natural element method in solid mechanics. International Journal for Numerical Methods in Engineering, 43(5): 839-887.

Takewaki H, Nishiguchi A, Yabe T. 1985. Cubic interpolated pseudo-particle method (CIP) for solving hyperbolic-type equations. Journal of computational physics, 61(2): 261-268.

Takewaki H, Yabe T. 1987. The cubic-interpolated pseudo particle (CIP) method: application to nonlinear and multi-dimensional hyperbolic equations. Journal of Computational Physics, 70(2): 355-372.

Tanaka R, Nakamura T, Yabe T. 2000. Constructing exactly conservative scheme in a non-conservative form. Computer Physics Communications, 126(3): 232-243.

Xiao F, Yabe T. 2001. Completely conservative and oscillationless semi-Lagrangian schemes for advection transportation. Journal of Computational Physics, 170(2): 498-522.

Yabe T, Aoki T. 1991. A universal solver for hyperbolic equations by cubic-polynomial interpolation I. One-dimensional solver. Computer Physics Communications, 66(2-3): 219-232.

Yabe T, Aoki T, Sakaguchi G, et al. 1991. The compact CIP (Cubic-Interpolated Pseudo-particle) method as a general hyperbolic solver. Computers & Fluids, 19(3-4): 421-431.

Yabe T, Tanaka R, Nakamura T, et al. 2001a. An exactly conservative semi-Lagrangian scheme (CIP-CSL) in one dimension. Monthly Weather Review, 129(2): 332-344.

Yabe T, Xiao F, Utsumi T. 2001b. The constrained interpolation profile method for multiphase analysis. Journal of Computational physics, 169(2): 556-593.

Yabe T, Zhang Y, Xiao F. 1998. A numerical procedure—CIP—to solve all phases of matter together//Bruneau C H. Sixteenth International Conference on Numerical Methods in Fluid Dynamics. Berlin, Heidelberg: Springer: 439-457.

Yagawa G, Yamada T. 1996. Free mesh method: a new meshless finite element method. Computational Mechanics, 18(5): 383-386.

Zienkiewicz O C, Taylor R L, Zhu J Z. 2005. The Finite Element Method: Its Basis and Fundamentals. 6th ed. Oxford: Elsevier.

Zwillinger D. 1997. Handbook of Differential Equations. 3rd ed. Boston: Academic Press.

第 4 章 大尺度水动力学模型

波浪在海洋尤其是近岸传播时会经历一系列复杂的变化，如波浪的产生、传播、色散、折射、绕射、变形、破碎、近岸爬坡与冲高，近岸波生流与波流相互作用，以及波流与结构物相互作用等，这些均属于海洋水动力学理论范畴。关于这方面的理论虽然是水波数值模拟的基础和必备知识，但在以往的水波动力学、海岸水动力学、物理海洋学、海洋结构设计等专著中都有较为详尽的介绍（余锡平，2017；Lin，2008；陶建华，2005；Chakrabarti，1994；Dean and Dalrymple，1991；Mei，1989），本书不再单独介绍。

海洋中的波流运动存在不同尺度。为了方便讨论，本书根据波流运动的尺度和拟解决问题的类别，对波流水动力学模型进行了如下分类。①大尺度波流模型：该类模型主要用于模拟大尺度（L>10 000m，L 为典型计算域长度）或超大尺度（L>100 000m）的波流运动。②中尺度（100m<L<10 000m）波流模型：该类模型主要用于模拟中尺度波流运动与相互作用。③小尺度（L<100m）波流模型：该类模型主要用于模拟波流和波浪-结构物相互作用的精细流场。

本章将对大尺度水动力学模型进行详细介绍。大尺度水动力学模型能够有效地模拟大尺度波流问题，如海啸、风暴潮、海洋环流、风浪产生与传播等。这类模型包括三维静压模型、浅水方程模型、能谱方程模型和风浪流耦合模型。基于完整 N-S 方程的数值模型需要通过迭代计算求解压力，因此该类模型计算成本较高，不适用于大尺度问题的计算。为了有效地模拟大尺度波流问题，可对该模型进行简化，假定计算域的压力为静水压力，将模型简化为准三维模型，无须迭代求解压力。三维静压模型通常用于模拟大尺度的潮流或长波问题，如潮汐和海啸。

对于大尺度流动问题，通过沿水深平均求解方程，可以达到降维与降低计算成本的目的。在垂向流运动较弱的情况下，只需要计算沿深度平均的水平速度。如果进一步假设水平速度在竖直方向是均匀分布的，就可以获得著名的浅水方程（SWE）。上述准三维模型能够处理的潮流和长波问题，浅水方程模型同样也能处理。浅水方程模型可以比准三维模型更高效地运行，所以它可以应用于更大尺度的计算域。

在模拟非常大尺度的波浪问题（如全球波浪气候）时，能谱方程模型具有很大的优势。该模型通过仅保留波高（或波能密度）信息来过滤波相位信息，从而能够模拟大尺度波浪问题。然而，波相位信息的缺失使得这类模型不能模拟与相位相关的波动现象，如波浪绕射。因此，一般的做法是利用能谱方程模型模拟大尺度波浪传播，并耦合近场波浪模型对海岸地区进行模拟。

波流运动中会相互作用，典型的例子是风暴潮期间的风浪与风致流及潮流的相互影响，为了准确模拟这类大尺度波流问题，我们需要耦合上面介绍的波浪（如能谱方程模型）和海流（如浅水方程模型）的数值模型，在计算过程中动态交换波浪与海流的信息，从而获得更真实的海况模拟结果。本章将依次对上述大尺度模型进行详细介绍，包括模型的控制方程、边界条件、求解过程及模型的应用，并结合具体算例对模型的应用范围与局限性作相关介绍。

4.1　三维静压模型

N-S 方程是包括波、流在内的一般流体流动的控制方程。假定流体不可压缩，可得到以下 N-S 方程：

$$\frac{\partial u_i}{\partial x_i}=0 \tag{4.1}$$

$$\frac{\partial u_i}{\partial t}+u_j\frac{\partial u_i}{\partial x_j}=-\frac{1}{\rho}\frac{\partial p}{\partial x_i}+g_i+\frac{1}{\rho}\frac{\partial}{\partial x_j}\left(\mu\frac{\partial u_i}{\partial x_j}\right) \tag{4.2}$$

式中，i=1, 2 为二维问题；i=1, 2, 3 则为三维问题。

4.1.1　静水压力假定

对于水平特征长度远大于局部水深的流体运动，如长波、风暴潮、潮汐、海洋环流、洋流，静水压力的假设一般是合理的：

$$p=\rho g(\eta-z) \tag{4.3}$$

上述表达式是忽略加速度项和粘性项后原始 N-S 方程中垂直动量方程的解。静水压力的假设意味着自由表面是平面的单一函数（水面不翻卷），即 $\eta=\eta(x,y)$。

考虑一个三维例子，其中 $g_1=g_2=0$，$g_3=-g$。将式（4.3）代入 N-S 方程中的水平动量方程，得

$$\frac{\partial u}{\partial t}+u\frac{\partial u}{\partial x}+v\frac{\partial u}{\partial y}+w\frac{\partial u}{\partial z}=-g\frac{\partial \eta}{\partial x}+\frac{1}{\rho}\frac{\partial \tau_{xx}}{\partial x}+\frac{1}{\rho}\frac{\partial \tau_{xy}}{\partial y}+\frac{1}{\rho}\frac{\partial \tau_{xz}}{\partial z} \tag{4.4}$$

$$\frac{\partial v}{\partial t}+u\frac{\partial v}{\partial x}+v\frac{\partial v}{\partial y}+w\frac{\partial v}{\partial z}=-g\frac{\partial \eta}{\partial y}+\frac{1}{\rho}\frac{\partial \tau_{yx}}{\partial x}+\frac{1}{\rho}\frac{\partial \tau_{yy}}{\partial y}+\frac{1}{\rho}\frac{\partial \tau_{yz}}{\partial z} \tag{4.5}$$

连续性方程与原始 N-S 方程中的形式相同：

$$\frac{\partial u}{\partial x}+\frac{\partial v}{\partial y}+\frac{\partial w}{\partial z}=0 \tag{4.6}$$

如果对连续性方程从底部到自由表面进行垂向积分，并应用运动自由表面边界条件和底部边界条件，就可以得到自由面高程函数输运方程：

$$\frac{\partial \eta}{\partial t}+\frac{\partial}{\partial x}\int_{-h}^{\eta}u\mathrm{d}z+\frac{\partial}{\partial y}\int_{-h}^{\eta}v\mathrm{d}z=0 \tag{4.7}$$

只要自由表面不翻卷，上述方程就可用于跟踪水波自由表面运动的位移。

与原始 N-S 方程相比，假定静水压力的控制方程变得更简单，不再需要迭代求解压力。数值计算时首先求解动量方程的水平速度，然后再根据连续性方程求解垂向速度。求解上述偏微分方程组的数值模型通常被称为准三维模型，它通常用于模拟大尺度的潮流或长波，如潮汐和海啸。

Johns 和 Jefferson（1980）是这一方法的早期探索者，虽然他们的模型只是二维的。

Blumberg 和 Mellor（1987）开发了一个三维海洋环流模型来研究各种海洋环流和混合问题。Casulli 和 Cheng（1992）也提出了这种类型的三维模型，并用于模拟潮汐导致的海岸洪水。这种类型的模型也可以应用于研究各种明渠湍流（Li and Yu，1996）。

这些准三维模型大多建立在σ坐标上，它们将波浪自由表面和不平床面之间的物理空间映射到一个规则空间上：

$$\sigma = \frac{z+h}{H} \tag{4.8}$$

式中，$H=h+\eta$；σ 是在垂向上的新坐标，大小为 0（当 $z=-h$）到 1（当 $z=\eta$）。由于引入了 σ 坐标变换，边界条件在计算时可以准确地施加到自由面和底部。

σ坐标变换的引入将原始 N-S 方程修正为

$$\frac{\partial u}{\partial x} + \frac{\partial u}{\partial \sigma}\frac{\partial \sigma}{\partial x^*} + \frac{\partial v}{\partial y} + \frac{\partial v}{\partial \sigma}\frac{\partial \sigma}{\partial y^*} + \frac{\partial w}{\partial \sigma}\frac{\partial \sigma}{\partial z^*} = 0 \tag{4.9}$$

$$\begin{aligned}\frac{\partial u}{\partial t} + u\frac{\partial u}{\partial x} + v\frac{\partial u}{\partial y} + \omega\frac{\partial u}{\partial \sigma} = &-g\frac{\partial \eta}{\partial x} + \frac{1}{\rho}\frac{\partial \tau_{xx}}{\partial x} + \frac{1}{\rho}\frac{\partial \tau_{xx}}{\partial \sigma}\frac{\partial \sigma}{\partial x^*} + \frac{1}{\rho}\frac{\partial \tau_{xy}}{\partial y} \\ &+ \frac{1}{\rho}\frac{\partial \tau_{xy}}{\partial \sigma}\frac{\partial \sigma}{\partial y^*} + \frac{1}{\rho}\frac{\partial \tau_{xz}}{\partial \sigma}\frac{\partial \sigma}{\partial z^*}\end{aligned} \tag{4.10}$$

$$\begin{aligned}\frac{\partial v}{\partial t} + u\frac{\partial v}{\partial x} + v\frac{\partial v}{\partial y} + \omega\frac{\partial v}{\partial \sigma} = &-g\frac{\partial \eta}{\partial y} + \frac{1}{\rho}\frac{\partial \tau_{yx}}{\partial x} + \frac{1}{\rho}\frac{\partial \tau_{yx}}{\partial \sigma}\frac{\partial \sigma}{\partial x^*} + \frac{1}{\rho}\frac{\partial \tau_{yy}}{\partial y} \\ &+ \frac{1}{\rho}\frac{\partial \tau_{yy}}{\partial \sigma}\frac{\partial \sigma}{\partial y^*} + \frac{1}{\rho}\frac{\partial \tau_{yz}}{\partial \sigma}\frac{\partial \sigma}{\partial z^*}\end{aligned} \tag{4.11}$$

其中，

$$\omega = \frac{D\sigma}{Dt^*} = \frac{\partial \sigma}{\partial t^*} + u\frac{\partial \sigma}{\partial x^*} + v\frac{\partial \sigma}{\partial y^*} + w\frac{\partial \sigma}{\partial z^*}$$

以及，

$$\frac{\partial \sigma}{\partial t^*} = -\frac{\sigma}{D}\frac{\partial D}{\partial t}, \quad \frac{\partial \sigma}{\partial x^*} = \frac{1}{D}\frac{\partial h}{\partial x} - \frac{\sigma}{D}\frac{\partial D}{\partial x}, \quad \frac{\partial \sigma}{\partial y^*} = \frac{1}{D}\frac{\partial h}{\partial y} - \frac{\sigma}{D}\frac{\partial D}{\partial y}, \quad \frac{\partial \sigma}{\partial z^*} = \frac{1}{D}$$

上述方程设定 $x=x^*$ 及 $y=y^*$。自由面高程方程则变为

$$\frac{\partial \eta}{\partial t} + \frac{\partial}{\partial x}\left[(\eta+h)\int_0^1 u\mathrm{d}\sigma\right] + \frac{\partial}{\partial y}\left[(\eta+h)\int_0^1 v\mathrm{d}\sigma\right] = 0 \tag{4.12}$$

4.1.2 水动力学模型：开源程序

Blumberg 和 Mellor（1987）的开创性工作推动了普林斯顿海洋模型（Princeton ocean model，POM）的成功应用，诸如大尺度的海洋环流和海洋混合过程的模拟，以及风暴潮（Minato，1998）和潮流（Liu et al.，2005）问题的模拟。Oey 等（2005）基于 POM 开发了海面高程（SSH）和海流的实时预报系统，可用于飓风引起的沿海水域风暴潮的预测。

另一个开源代码是由欧盟海洋科学与技术计划（MAST-III）赞助开发的 COHERENS（coupled hydrodynamical ecological model for regional shelf seas）。COHERENS 是应用于海岸和陆架海的三维水动力多用途模型，它耦合有生物、悬移质和溶解污染物输运模型，可以解析中尺度空间和季节尺度时间的海洋过程（Marinov et al.，2006）。

美国麻省大学达特茅斯分校和伍兹霍尔海洋研究所（UMASD-WHOI）联合开发了 FVCOM（the unstructured grid finite volume community ocean model）。该模型基于非结构化网格，采用有限体积法模拟包含自由表面的三维海洋水体流动（Chen et al.，2011）。模型包含动量方程、连续性方程、温度方程、盐度方程及状态方程，并采用 Mellor-Yamada 2.5 阶垂向湍流闭合模型及 Smagorinsky 水平湍流闭合模型对湍流运动进行闭合。和前面介绍的 POM 与 COHERENS 一样，FVCOM 通过坐标变换将不平整的海床映射到规则的垂向计算域，在水平方向则采用三角形网格贴近复杂的海岸线。该模型已经成功应用在全球多个区域（如萨利什海和加利福尼亚湾等），包括渤海、黄海及南海区域（Yang et al.，2021；Gao et al.，2019；Mejia-Olivares et al.，2018）。

静压模型也适用于河流、河口、水库与湖泊中的水体流动。在这种情况下，考虑到流动被两个侧边限制，还可以进行横向平均，进一步减少计算工作量。由美国陆军工程兵团（USACE）开发的 CE-QUAL-W2 是一个二维侧向平均的有限差分模型，该模型可用来模拟河流、湖泊、水库和河口的流量及水质的垂向变化。

4.1.3　水动力学模型：商业软件

目前，基于σ坐标变换和静水压力假设的商用三维代码主要有两种：一种是由丹麦水利研究所（DHI）开发的 MIKE3。MIKE3 适用于模拟三维效应比较重要的问题，如水动力、水质和带有泥沙输运的水体（沿海和内陆）。另一种是由代尔夫特（Delft）水力研究所开发的 Delft3D。Delft3D 提供了流体动力学、波浪、泥沙输运、地貌形态、水质和生态的集成建模环境。

4.2　浅水方程模型

对于大尺度问题，即使假设了静水压强，沿深度求解模型的计算成本仍然很高。为了进一步降低计算成本，我们可以基于对垂向流动的合理假设，对方程进行深度平均，从而降低问题的维度。如果水平速度在垂向的分布是均匀的，积分后我们会得到著名的浅水方程（SWE）。4.1 节中准三维模型可以模拟的长波问题，浅水方程模型一般也能处理。因为维度的降低，浅水方程模型可以被应用到更大尺度的计算域。

4.2.1　浅水方程的推导

不可压缩流体的 N-S 方程为

$$\frac{\partial u_i}{\partial x_i}=0 \tag{4.13}$$

$$\frac{\partial u_i}{\partial t}+u_j\frac{\partial u_i}{\partial x_j}=-\frac{1}{\rho}\frac{\partial p}{\partial x_i}+g_i+\frac{1}{\rho}\frac{\partial \tau_{ij}}{\partial x_j} \tag{4.14}$$

将连续性方程从底部到自由表面进行垂向积分，可得

$$\int_{-h}^{\eta}\left(\frac{\partial u}{\partial x}+\frac{\partial v}{\partial y}+\frac{\partial w}{\partial z}\right)\mathrm{d}z=\int_{-h}^{\eta}\frac{\partial u}{\partial x}\mathrm{d}z+\int_{-h}^{\eta}\frac{\partial v}{\partial y}\mathrm{d}z+w(x,y,\eta)-w(x,y,-h)=0 \tag{4.15}$$

上述方程可以重新写为

$$\frac{\partial}{\partial x}\int_{-h}^{\eta}u\mathrm{d}z-u(x,y,\eta)\frac{\partial\eta}{\partial x}-u(x,y,-h)\frac{\partial h}{\partial x}+\frac{\partial}{\partial y}\int_{-h}^{\eta}v\mathrm{d}z-v(x,y,\eta)\frac{\partial\eta}{\partial y}-v(x,y,-h)\frac{\partial h}{\partial y}+w(x,y,\eta)-w(x,y,-h)=0 \tag{4.16}$$

上述表达式的推导中采用了莱布尼茨积分法则，如下所示：

$$\frac{\partial}{\partial x}\int_{\alpha(x)}^{\beta(x)}Q(x,y)\mathrm{d}y=\int_{\alpha(x)}^{\beta(x)}\frac{\partial}{\partial x}Q(x,y)\mathrm{d}y+Q(x,\beta(x))\frac{\partial\beta(x)}{\partial x}-Q(x,\alpha(x))\frac{\partial\alpha(x)}{\partial x} \tag{4.17}$$

引用运动自由表面边界条件：

$$\frac{\partial\eta}{\partial t}+u(x,y,\eta)\frac{\partial\eta}{\partial x}+v(x,y,\eta)\frac{\partial\eta}{\partial y}=w(x,y,\eta) \tag{4.18}$$

以及底部边界条件：

$$w(x,y,-h)=-\frac{\partial h}{\partial t}-u(x,y,-h)\frac{\partial h}{\partial x}-v(x,y,-h)\frac{\partial h}{\partial y} \tag{4.19}$$

将式（4.18）和式（4.19）代入式（4.16）并进行以下定义：

$$U=\frac{1}{H}\int_{-h}^{\eta}u\mathrm{d}z,\ V=\frac{1}{H}\int_{-h}^{\eta}v\mathrm{d}z \tag{4.20}$$

式中，$H=\eta+h$ 是总水深。由此可以得到连续性方程积分的最终形式：

$$\frac{\partial H}{\partial t}+\frac{\partial}{\partial x}(UH)+\frac{\partial}{\partial y}(VH)=0 \tag{4.21}$$

这个方程也称为自由面高程函数输运方程，可以用来跟踪自由表面的运动。上述等式可以重写为

$$\frac{\partial\eta}{\partial t}+\frac{\partial}{\partial x}(UH)+\frac{\partial}{\partial y}(VH)=-\frac{\partial h}{\partial t} \tag{4.22}$$

在静水深随时间变化的情况下（如水下地震、海底滑坡等），$-\partial h/\partial t$ 是波浪产生的来源。

为了导出垂向积分的动量方程，首先用连续性方程将 x 方向的动量方程写成守恒形式：

$$\frac{\partial u}{\partial t}+\frac{\partial(u^2)}{\partial x}+\frac{\partial(uv)}{\partial y}+\frac{\partial(uw)}{\partial z}=-\frac{1}{\rho}\frac{\partial p}{\partial x}+\frac{1}{\rho}\left(\frac{\partial\tau_{xx}}{\partial x}+\frac{\partial\tau_{xy}}{\partial y}+\frac{\partial\tau_{xz}}{\partial z}\right) \tag{4.23}$$

假设水压为静压且密度为常数，也就是 $p=p_{\mathrm{a}}+\rho g(z+\eta)$，可得

$$-\frac{1}{\rho}\frac{\partial p}{\partial x}=-\frac{1}{\rho}\frac{\partial p_{\mathrm{a}}}{\partial x}-g\frac{\partial\eta}{\partial x}-\frac{\eta g}{\rho}\frac{\partial\rho}{\partial x} \tag{4.24}$$

当大气压力差引起流和表面异常时（如飓风、台风期间），第一项的作用比较显著。对密度差驱动的大尺度海洋环流而言，第三项比较重要。将式（4.23）从底部到自由表面进行垂向积分，并应用运动自由表面边界条件、底部边界条件及莱布尼茨积分法则，可得

$$\begin{aligned}&\frac{\partial}{\partial t}(UH)+\frac{\partial}{\partial x}(U^2H)+\frac{\partial}{\partial y}(UVH)+\frac{\partial}{\partial x}\int_{-h}^{\eta}(u-U)^2\mathrm{d}z+\frac{\partial}{\partial y}\int_{-h}^{\eta}(u-U)(v-U)\mathrm{d}z\\&=-\frac{H}{\rho}\frac{\partial p_{\mathrm{a}}}{\partial x}-gH\frac{\partial\eta}{\partial x}-\frac{\eta Hg}{\rho}\frac{\partial\rho}{\partial x}+\frac{1}{\rho}\frac{\partial}{\partial x}\int_{-h}^{\eta}\tau_{xx}\mathrm{d}z+\frac{1}{\rho}\frac{\partial}{\partial y}\int_{-h}^{\eta}\tau_{xy}\mathrm{d}z\\&\quad+\frac{1}{\rho}\left[-\tau_{xx}(\eta)\frac{\partial\eta}{\partial x}-\tau_{xy}(\eta)\frac{\partial\eta}{\partial y}+\tau_{xz}(\eta)\right]-\frac{1}{\rho}\left[\tau_{xx}(-h)\frac{\partial h}{\partial x}+\tau_{xy}(-h)\frac{\partial h}{\partial y}+\tau_{xz}(-h)\right]\end{aligned} \tag{4.25}$$

根据不同的对流与压力项的假设，浅水方程有以下不同种类。

第一种浅水方程（速度与应力在垂向均匀分布）：如果我们假设流速均匀分布（$u=U$，$v=V$），以及 τ_{xx} 和 τ_{xy} 不随 z 变化，式（4.25）可以简化为

$$\begin{aligned}\frac{\partial}{\partial t}(UH)+\frac{\partial}{\partial x}\left(U^2H\right)+\frac{\partial}{\partial y}(UVH)=&-\frac{H}{\rho}\frac{\partial p_{\mathrm{a}}}{\partial x}-gH\frac{\partial\eta}{\partial x}-\frac{\eta Hg}{\rho}\frac{\partial\rho}{\partial x}\\&+\frac{H}{\rho}\frac{\partial\tau_{xx}}{\partial x}+\frac{H}{\rho}\frac{\partial\tau_{xy}}{\partial y}+\frac{1}{\rho}\tau_{xz}(\eta)-\frac{1}{\rho}\tau_{xz}(-h)\end{aligned}\tag{4.26}$$

式中，$\tau_{xz}(\eta)$与 $\tau_{xz}(-h)$分别是水面剪切力（如风剪切力）及底部剪切力，在方程中是源函数。

同样地，y 方向上的动量方程是

$$\begin{aligned}\frac{\partial}{\partial t}(VH)+\frac{\partial}{\partial x}(UVH)+\frac{\partial}{\partial y}\left(V^2H\right)=&-\frac{H}{\rho}\frac{\partial p_{\mathrm{a}}}{\partial y}-gH\frac{\partial\eta}{\partial y}-\frac{\eta Hg}{\rho}\frac{\partial\rho}{\partial y}\\&+\frac{H}{\rho}\frac{\partial\tau_{yx}}{\partial x}+\frac{H}{\rho}\frac{\partial\tau_{yy}}{\partial y}+\frac{1}{\rho}\tau_{yz}(\eta)-\frac{1}{\rho}\tau_{yz}(-h)\end{aligned}\tag{4.27}$$

上述方程已被 Dean 和 Dalrymple（1991）采用。

第二种浅水方程（应力在垂向变化）：如果没有假设 τ_{xx}、τ_{xy} 及 τ_{yy} 是常数，浅水方程将呈现另一种形式：

$$\begin{aligned}\frac{\partial}{\partial t}(UH)+\frac{\partial}{\partial x}\left(U^2H\right)+\frac{\partial}{\partial y}(UVH)=&-\frac{H}{\rho}\frac{\partial p_{\mathrm{a}}}{\partial x}-gH\frac{\partial\eta}{\partial x}-\frac{\eta Hg}{\rho}\frac{\partial\rho}{\partial x}+\frac{1}{\rho}\tau_{xz}(\eta)-\frac{1}{\rho}\tau_{xz}(-h)\\&+\frac{1}{\rho}\frac{\partial}{\partial x}\int_{-h}^{\eta}\tau_{xx}\mathrm{d}z+\frac{1}{\rho}\frac{\partial}{\partial y}\int_{-h}^{\eta}\tau_{xy}\mathrm{d}z-\frac{1}{\rho}\tau_{xx}(\eta)\frac{\partial\eta}{\partial x}-\frac{1}{\rho}\tau_{xy}(\eta)\frac{\partial\eta}{\partial y}\end{aligned}\tag{4.28}$$

$$\begin{aligned}\frac{\partial}{\partial t}(VH)+\frac{\partial}{\partial x}(UVH)+\frac{\partial}{\partial y}\left(V^2H\right)=&-\frac{H}{\rho}\frac{\partial p_{\mathrm{a}}}{\partial y}-gH\frac{\partial\eta}{\partial y}-\frac{\eta Hg}{\rho}\frac{\partial\rho}{\partial y}+\frac{1}{\rho}\tau_{yz}(\eta)-\frac{1}{\rho}\tau_{yz}(-h)\\&+\frac{1}{\rho}\frac{\partial}{\partial x}\int_{-h}^{\eta}\tau_{yx}\mathrm{d}z+\frac{1}{\rho}\frac{\partial}{\partial y}\int_{-h}^{\eta}\tau_{yy}\mathrm{d}z-\frac{1}{\rho}\tau_{yx}(\eta)\frac{\partial\eta}{\partial x}-\frac{1}{\rho}\tau_{yy}(\eta)\frac{\partial\eta}{\partial y}\end{aligned}\tag{4.29}$$

上述方程中，假设底部水平滑移速度为 0，所以 τ_{xx}、τ_{xy} 及 τ_{yy} 都是 0。

第三种浅水方程（倾斜自由表面和底部的切应力换算）：如果我们建立一个新的坐标系（x', y', z'），其中（x', y'）平面与自由表面的切线平面平行（如明渠流），并且垂直指向 z'自由表面，则可以在原始坐标和新坐标之间进行坐标变换，一般形式为

$$\begin{pmatrix}x'\\y'\\z'\end{pmatrix}=\begin{pmatrix}l_1&l_2&l_3\\m_1&m_2&m_3\\n_1&n_2&n_3\end{pmatrix}\begin{pmatrix}x\\y\\z\end{pmatrix}\tag{4.30}$$

式中，l、m 及 n 由新坐标系中的旋转角确定。由此可以得到两种坐标中应力张量之间的关系：

$$\begin{pmatrix}\tau_{xx}{}'&\tau_{xy}{}'&\tau_{xz}{}'\\\tau_{yx}{}'&\tau_{yy}{}'&\tau_{yz}{}'\\\tau_{zx}{}'&\tau_{zy}{}'&\tau_{zz}{}'\end{pmatrix}=\begin{pmatrix}l_1&l_2&l_3\\m_1&m_2&m_3\\n_1&n_2&n_3\end{pmatrix}\begin{pmatrix}\tau_{xx}&\tau_{xy}&\tau_{xz}\\\tau_{yx}&\tau_{yy}&\tau_{yz}\\\tau_{zx}&\tau_{zy}&\tau_{zz}\end{pmatrix}\tag{4.31}$$

为了使对应的数学公式更易于理解，我们将以（x, z）平面中的二维问题为例，其中新坐标（x', z'）随着自由面沿逆时针方向旋转角度 θ 以满足以下关系：

$$\begin{pmatrix} \tau_{xx}' & \tau_{xz}' \\ \tau_{zx}' & \tau_{zz}' \end{pmatrix} = \begin{pmatrix} \cos\theta & \sin\theta \\ -\sin\theta & \cos\theta \end{pmatrix} \begin{pmatrix} \tau_{xx} & \tau_{xz} \\ \tau_{zx} & \tau_{zz} \end{pmatrix} \tag{4.32}$$

从而有

$$\tau_{xz}' = \tau_{zx}' = \tau_{xz}\cos\theta + \tau_{zz}\sin\theta = -\tau_{xx}\sin\theta + \tau_{zx}\cos\theta \tag{4.33}$$

如果进一步假设自由面的坡度很小，可以得到$\sin\theta \approx \tan\theta = \partial\eta/\partial x$及$\cos\theta \approx 1$，从而有

$$\tau_{xz}'(\eta) = -\frac{\partial\eta}{\partial x}\tau_{xx}(\eta) + \tau_{xz}(\eta) \tag{4.34}$$

对于三维情况，同样使用小坡度自由面假设，可得

$$\tau_{xz}'(\eta) = -\frac{\partial\eta}{\partial x}\tau_{xx}(\eta) - \frac{\partial\eta}{\partial y}\tau_{xy}(\eta) + \tau_{xz}(\eta) \tag{4.35}$$

式中，τ_{xz}'可视为沿自由表面方向的应力，如风应力。类似地，如果底坡是平缓的，则有

$$\tau_{xz}'(-h) = \frac{\partial h}{\partial x}\tau_{xx}(-h) + \frac{\partial h}{\partial y}\tau_{xy}(-h) + \tau_{xz}(-h) \tag{4.36}$$

式中，$\tau_{xz}'(-h)$可视为沿倾斜自由表面的底部剪切应力。将以上等式代入浅水方程，可得

$$\begin{aligned} \frac{\partial}{\partial t}(UH) + \frac{\partial}{\partial x}(U^2H) + \frac{\partial}{\partial y}(UVH) = & -\frac{H}{\rho}\frac{\partial p_{\mathrm{a}}}{\partial x} - gH\frac{\partial\eta}{\partial x} - \frac{\eta Hg}{\rho}\frac{\partial\rho}{\partial x} \\ & + \frac{1}{\rho}\frac{\partial}{\partial x}\int_{-h}^{\eta}\tau_{xx}\mathrm{d}z + \frac{1}{\rho}\frac{\partial}{\partial y}\int_{-h}^{\eta}\tau_{xy}\mathrm{d}z + \frac{\tau_{xz}'(\eta)}{\rho} - \frac{\tau_{xz}'(-h)}{\rho} \end{aligned} \tag{4.37}$$

$$\begin{aligned} \frac{\partial}{\partial t}(VH) + \frac{\partial}{\partial x}(UVH) + \frac{\partial}{\partial y}(V^2H) = & -\frac{H}{\rho}\frac{\partial p_{\mathrm{a}}}{\partial y} - gH\frac{\partial\eta}{\partial y} - \frac{\eta Hg}{\rho}\frac{\partial\rho}{\partial y} \\ & + \frac{1}{\rho}\frac{\partial}{\partial x}\int_{-h}^{\eta}\tau_{yx}\mathrm{d}z + \frac{1}{\rho}\frac{\partial}{\partial y}\int_{-h}^{\eta}\tau_{yy}\mathrm{d}z + \frac{\tau_{yz}'(\eta)}{\rho} - \frac{\tau_{yz}'(-h)}{\rho} \end{aligned} \tag{4.38}$$

该方程已被 Kuipers 和 Vreugdenhil（1973）采用。

第四种浅水方程（有科里奥利力的球面坐标）：对于大尺度计算，浅水方程必须建立在包含科里奥利力的球面坐标上以正确反映地球自转的影响：

$$\frac{\partial H}{\partial t} + \frac{1}{R\cos\phi}\left[\frac{\partial}{\partial\lambda}(UH) + \frac{\partial}{\partial\phi}(\cos\phi VH)\right] = 0 \tag{4.39}$$

$$\frac{\partial}{\partial t}(UH) + \frac{1}{R\cos\phi}\frac{\partial}{\partial\lambda}(U^2H) + \frac{1}{R}\frac{\partial}{\partial\phi}(UVH) - fVH = -\frac{gH}{R\cos\phi}\frac{\partial\eta}{\partial\lambda} \tag{4.40}$$

$$\frac{\partial}{\partial t}(VH) + \frac{1}{R\cos\phi}\frac{\partial}{\partial\lambda}(UVH) + \frac{1}{R}\frac{\partial}{\partial\phi}(V^2H) + fUH = -\frac{gH}{R}\frac{\partial\eta}{\partial\phi} \tag{4.41}$$

式中，(λ,ϕ)代表地球的经度和纬度；R是地球的半径；f是由地球自转引起的科里奥利力参数。为了简单起见，这里忽略了应力项。由于科里奥利力的引入，除常规重力外，科里奥利效应是另一种波浪恢复力。科里奥利力将产生所谓的罗斯贝波（Rossby wave），这是一种惯性波，在大气和海洋中都存在。罗斯贝波也称为行星波，它与表面波浪不同，它的波能是通过流体内部而不是在表面上传播的。读者可以参考 Dickinson（1978）的文章来了解罗斯贝波的更多细节。

浅水方程除了以上不同的变形形式，还具有以下几种简化形式。

一维横向平均浅水方程（圣维南方程）：将浅水方程应用于河流时，可以假定水流以

纵向流为主，通过横向积分可以将方程简化为沿河流流向的一维方程，其中横截面信息和河流方向在横向积分时引入方程。忽略离心力的作用，可得到著名的矢量形式的圣维南方程：

$$\frac{\partial \vec{U}}{\partial t}+\frac{\partial \vec{F}}{\partial x}+\vec{S}=0 \tag{4.42}$$

式中，x 代表河流流向；$\vec{U}$、$\vec{F}$ 和 $\vec{S}$ 分别表示为

$$\vec{U}=\begin{pmatrix} A \\ VA \end{pmatrix}, \vec{F}=\begin{pmatrix} VA \\ V^2A+gA\overline{y} \end{pmatrix}, \vec{S}=\begin{pmatrix} -q_l \\ -gA\left(S_0-S_{\mathrm{f}}\right)-V_x q_1 \end{pmatrix} \tag{4.43}$$

式中，V 是平均速度；A 是横截面积；g 是重力加速度；$\overline{y}$ 是从水面到质心的距离；q_1 是侧向汇流；V_x 是侧向汇流速度在 x 方向的分量；S_0 和 S_{f} 分别是河床坡度和能量线的斜率。方程（4.42）与一维浅水方程的主要差异是包含了侧向汇流、横断面面积及平均水位空间变化引起的能量线坡度。不难证明，对于一个没有横向流动（q_1=0）的矩形渠道（对单位长度渠道有 $A=h+\eta$），由于 $S_0=\partial h/\partial x$，方程（4.42）可以简化为非线性的浅水方程（4.21）和方程（4.26）。另外，我们还假设了 $S_{\mathrm{f}}=-\tau_{xz}(-h)/\rho gH=-\tau_{\mathrm{b}}/\rho gH$，并忽略了方程（4.26）中的大气压力和 x 方向流体的密度变化及粘性效应。一维浅水方程模型经常用于模拟河流和水库水动力学特性，如由美国陆军工程兵团开发的 HEC-2。

无粘流体的守恒和非守恒形式的浅水方程：如果忽略粘性效应和表面张力，浅水方程动量方程可以简化如下：

$$\frac{\partial}{\partial t}(UH)+\frac{\partial}{\partial x}\left(U^2H\right)+\frac{\partial}{\partial y}(UVH)=-gH\frac{\partial \eta}{\partial x} \tag{4.44}$$

$$\frac{\partial}{\partial t}(VH)+\frac{\partial}{\partial x}(UVH)+\frac{\partial}{\partial y}\left(V^2H\right)=-gH\frac{\partial \eta}{\partial y} \tag{4.45}$$

在上述方程中，对流项是守恒的。利用连续性方程（4.21），可以获得非守恒形式的等效浅水方程：

$$\frac{\partial U}{\partial t}+U\frac{\partial U}{\partial x}+V\frac{\partial U}{\partial y}=-g\frac{\partial \eta}{\partial x} \tag{4.46}$$

$$\frac{\partial V}{\partial t}+U\frac{\partial V}{\partial x}+V\frac{\partial V}{\partial y}=-g\frac{\partial \eta}{\partial y} \tag{4.47}$$

线性长波方程和线性波动方程：当波的振幅较小，也就是波的非线性可以忽略时，守恒形式的浅水方程可以进一步简化为线性方程组：

$$\frac{\partial}{\partial t}(UH)\approx -gH\frac{\partial \eta}{\partial x}\approx -gh\frac{\partial \eta}{\partial x} \tag{4.48}$$

$$\frac{\partial}{\partial t}(VH)\approx -gH\frac{\partial \eta}{\partial y}\approx -gh\frac{\partial \eta}{\partial y} \tag{4.49}$$

对连续性方程取时间导数，并将上述动量方程代入其中，我们可以将三个方程合并成一个方程：

$$\frac{\partial^2 H}{\partial t^2}+\frac{\partial}{\partial x}\left(-gh\frac{\partial \eta}{\partial x}\right)+\frac{\partial}{\partial y}\left(-gh\frac{\partial \eta}{\partial y}\right)=0\text{或}\frac{\partial^2 H}{\partial t^2}-\nabla\cdot\left(c^2\nabla \eta\right)=0 \tag{4.50}$$

式中，$c=\sqrt{gh}$。假设底部不随时间变化，即 $\frac{\partial^2 H}{\partial t^2}=\frac{\partial^2 \eta}{\partial t^2}$，上述方程变为

$$\frac{\partial^2 \eta}{\partial t^2} - \nabla \cdot \left(c^2 \nabla \eta\right) = 0 \tag{4.51}$$

对于单色波列，可以定义$\eta(x, y, t) = F(x, y)\mathrm{e}^{-i\sigma t}$，其中$F(x, y)\mathrm{e}^{-i\sigma t}$是复波振幅，其模量代表真实的波幅值，幅角代表相位信息。把这个定义代入方程（4.51），可得亥姆霍兹方程描述的稳态波动方程：

$$\nabla \cdot \left(c^2 \nabla F\right) + \sigma^2 F = 0 \tag{4.52}$$

如果底部坡度小于自由面坡度，即$|\nabla h| \ll |\nabla \eta|$，与时间相关的方程（4.51）可以进一步简化为

$$\frac{\partial^2 \eta}{\partial t^2} = c^2 \nabla^2 \eta \tag{4.53}$$

这是描述二维平面上的波浪传播的线性波动方程。对于一维问题，该方程可分解为两个对流方程来描述两个传播方向相反的波：

$$\begin{aligned} \frac{\partial \eta}{\partial t} + c\frac{\partial \eta}{\partial x} = 0 \\ \frac{\partial \eta}{\partial t} - c\frac{\partial \eta}{\partial x} = 0 \end{aligned} \tag{4.54}$$

这两个方程很容易用特征线法求解（Erbes，1993）。对于二维浅水方程的数值求解方法，Vreugdenhil（1994）与 Durran（1999）进行了详细的讨论。

4.2.2 边界条件

由于浅水方程是深度积分方程，因此在计算中只需要侧边界条件。最常见的侧边界条件包括以下 4 种。

1. 反射边界条件

波能被完全反射回来。这种情况发生在光滑、刚性和不可穿透的垂直墙上。数学上，它被表示为镜面

$$U_n = 0 \text{和} \partial \eta / \partial n = 0 \tag{4.55}$$

2. 出流边界条件

允许波或流自由离开该区域。对于波，辐射边界条件可以定义为

$$\frac{\partial \phi}{\partial t} + c\frac{\partial \phi}{\partial n} = 0 \tag{4.56}$$

式中，ϕ是平均流的变量和自由面位移；n是朝外的单位法线向量。

对于亚临界（缓）流和超临界（急）流将采用不同的处理方法。对于亚临界流，必须指定下游水位；而对于超临界流，必须给出总水深的梯度。

3. 产生波或流的入流边界条件

为了从所有开放边界产生潮汐，必须提供水位上升的时间线。该信息可从潮汐表或波高仪记录中提取。

为了产生长波，需要提供基于波浪理论的通量和水位。

为了产生亚临界明渠流，需要提供流量和水位梯度。

为了产生超临界明渠流，需要提供通量和水位。

4. 波上升或流淹没期间的移动边界条件

在波上升或流淹没期间，水湿线随时间变化。在不同的浅水方程数值模型中，有不同的处理移动边界条件的方法，这些方法总结如下。

原则上，可以在每个计算步骤中动态生成海岸线拟合网格系统，以便只在流体域上进行计算。然而，由于计算成本较高，这样的技术在实际建模中很少使用。

Tao（1983）提出了一种窄缝技术，在可能的上升和下降区域的每个计算单元都有一个窄而深的缝以允许内部水向上和向下运动，从而模拟波浪在海滩上的上升和下降。这种方法就像用多孔的海滩来代替不透水的海滩，因此在计算过程中，每个网格上的水位可能会低于海滩表面。严格地说，这种方法并不对移动边界进行处理，因为所有的网格都被视为内部网格进行计算。窄缝技术的优点是不需要跟踪水湿线。然而，用于填充窄缝的质量可能会导致模拟结果低于实际波浪爬高。后来，Kennedy 等（2000）尝试在 Boussinesq 方程模型中改进该方法以寻找更好的质量守恒方法。

还有一种方法是在固定的网格系统上跟踪每个时间步长的水湿线，并采用相应的标准来判断水湿线是否移动到相邻小区域，如果是，那么将计算相应的质量通量。应用这种方法的有 Cho（1995）的浅水方程模型和 Lynett 等（2002）的 Boussinesq 方程模型。

4.2.3　波与流生成模拟

波浪可以通过各种方式产生。波和流产生的最直接方式是在入流边界指定平均流量和水位，具体参见 4.2.2 小节。通过在水面上施加不均匀的风切变应力，也可以产生长波和流。同样，在水面上施加压力梯度，可以生成和模拟大尺度的水面异常变化。波浪也可以通过海水深度的变化从海底产生，在浅水方程模型中，我们可以很容易地通过将水深作为时间函数来实现，也就是 $h=h(x, y, t)$。当 h 随时间变化时会产生波浪，这可以用来模拟水下地震和滑坡所产生的海啸（Heinrich et al.，2001）。

Larsen 和 Dancy（1983）提出了一种新的数值造波技术，即通过指定线源函数在计算域内部产生波。他们在 Boussinesq 方程模型中验证了这种造波方法，这种方法也同样可以应用于所有的浅水方程模型。将源函数加到连续性方程或动量方程中，通过域内质量或动量的变化来模拟波的生成过程。当质量发生变化时，将在连续性方程中加入质量源函数。这类似于浅水方程中 $h(x, y, t)$的变化所产生的海啸，见方程（4.22）。此外，当考虑动量（或能量）变化时，将在动量方程中加入动量（或能量）源函数。这类似于通过改变风速或压力来造波，在这期间，应力与压力梯度被作为外力项施加在动量方程中，见方程（4.25）。

在使用源函数技术时，反射波不会与造波区相互作用。通过在内部产生波，所有的侧边界可以变成仅处理出射波的开放边界。在计算域内部造波的想法也可以在其他类型的模型中实现，包括 N-S 方程求解器（Lin and Liu，1999）、边界元模型（Grilli and Horrillo，1997）、Boussinesq 方程模型（Lee et al.，2001）和缓坡方程模型（Madsen and Larsen，1987）。

4.2.4 湍流模拟

大多数浅水方程模型对求解深度平均的湍流引起的雷诺应力有相应的湍流闭合模型。这些湍流闭合模型包括从简单混合长度模型到更先进的 k-ε模型。现在让我们使用水深平均的 k-ε模型来说明水深积分的雷诺应力 $\int_{-h}^{\eta} R_{ij}\mathrm{d}z$ 是如何计算的。原始的 k-ε输运方程如下：

$$\frac{\partial k}{\partial t}+u_j\frac{\partial k}{\partial x_j}=\frac{\partial}{\partial x_j}\left(\frac{\nu_{\mathrm{t}}}{\sigma_k}\frac{\partial k}{\partial x_j}\right)+P-\varepsilon \tag{4.57}$$

$$\frac{\partial \varepsilon}{\partial t}+u_j\frac{\partial \varepsilon}{\partial x_j}=\frac{\partial}{\partial x_j}\left(\frac{\nu_{\mathrm{t}}}{\sigma_\varepsilon}\frac{\partial \varepsilon}{\partial x_j}\right)+C_{1\varepsilon}\frac{\varepsilon}{k}P-C_{2\varepsilon}\frac{\varepsilon^2}{k} \tag{4.58}$$

式中，$P=\nu_{\mathrm{t}}\left(\frac{\partial u_i}{\partial x_j}+\frac{\partial u_j}{\partial x_i}\right)\frac{\partial u_i}{\partial x_j}$，$\nu_{\mathrm{t}}=C_\mu\frac{k^2}{\varepsilon}$，$C_\mu$=0.09，$\sigma_k$=1.0，$\sigma_\varepsilon$=1.3，$C_{1\varepsilon}$=1.44，$C_{2\varepsilon}$=1.92。

对方程（4.57）和方程（4.58）在水深方向积分，可得

$$\frac{\partial(H\hat{k})}{\partial t}+\frac{\partial(HU\hat{k})}{\partial x}+\frac{\partial(HV\hat{k})}{\partial y}=\frac{\partial}{\partial x}\left[\frac{\hat{\nu}_{\mathrm{t}}}{\sigma_k}\frac{\partial(H\hat{k})}{\partial x}\right]+\frac{\partial}{\partial y}\left[\frac{\hat{\nu}_{\mathrm{t}}}{\sigma_k}\frac{\partial(H\hat{k})}{\partial y}\right]+P_h+P_{hV}-\hat{\varepsilon}H \tag{4.59}$$

$$\begin{aligned}\frac{\partial(H\hat{\varepsilon})}{\partial t}+\frac{\partial(HU\hat{\varepsilon})}{\partial x}+\frac{\partial(HV\hat{\varepsilon})}{\partial y}&=\frac{\partial}{\partial x}\left[\frac{\hat{\nu}_{\mathrm{t}}}{\sigma_\varepsilon}\frac{\partial(H\hat{\varepsilon})}{\partial x}\right]+\frac{\partial}{\partial y}\left[\frac{\hat{\nu}_{\mathrm{t}}}{\sigma_\varepsilon}\frac{\partial(H\hat{\varepsilon})}{\partial y}\right]\\&\quad+C_{1\varepsilon}\frac{\hat{\varepsilon}}{\hat{k}}P_h+P_{\varepsilon V}-C_{2\varepsilon}\frac{\hat{\varepsilon}^2}{\hat{k}}H\end{aligned} \tag{4.60}$$

式中，$\hat{k}$ 和 $\hat{\varepsilon}$ 分别是深度平均的湍动能和耗散率；$\hat{\nu}_{\mathrm{t}}$ 为

$$\hat{\nu}_{\mathrm{t}}=C_\mu\frac{\hat{k}^2}{\hat{\varepsilon}} \tag{4.61}$$

P_h 为

$$P_h=\frac{\hat{\nu}_{\mathrm{t}}}{H}\left\{2\left[\frac{\partial(HU)}{\partial x}\right]^2+2\left[\frac{\partial(HV)}{\partial y}\right]^2+\left[\frac{\partial(HU)}{\partial y}+\frac{\partial(HV)}{\partial x}\right]^2\right\} \tag{4.62}$$

上式表示平均水平速度梯度产生的湍流。另外，底部湍动边界层中制造的湍流为

$$P_{hV}=c_k u_*^3 \text{和} P_{\varepsilon V}=c_\varepsilon\frac{u_*^4}{H} \tag{4.63}$$

式中，u_*是摩阻流速（如 $\tau_{\mathrm{b}}=\rho u_*^2=\rho c_{\mathrm{f}}(U^2+V^2)$），$c_k=1/\sqrt{c_{\mathrm{f}}}$，$c_\varepsilon=3.6(C_{2\varepsilon}/c_{\mathrm{f}}^{3/4})\sqrt{C_\mu}$（Rastogi and Rodi，1978），其中 c_{f} 是摩阻系数，由曼宁公式或谢才公式确定。

水深积分湍流应力可以表述为（Rastogi and Rodi，1978）：

$$\int_{-z_{\mathrm{b}}}^{\eta} R_{ij}\mathrm{d}z=\rho H\hat{\nu}_{\mathrm{t}}\left(\frac{\partial U_i}{\partial x_j}+\frac{\partial U_j}{\partial x_i}\right)-\frac{2}{3}\rho H\hat{k}\delta_{ij} \tag{4.64}$$

4.2.5 数值方法

浅水方程的数值解可通过设定初始条件进行时间递推得到。大部分的浅水方程使用了有限差分法或有限体积法。近年来，无网格法也越来越多地被用于求解浅水方程。例如，

Hon 等（1999）提出了一个利用径向基函数（RBF）来求解浅水方程的无网格粒子方法，并将该模型用于台风生流的模拟；Ata 和 Soulaimani（2005）将 SPH 技术推广到解决浅水方程的问题中。

4.2.6　浅水方程模型及其应用

1. *潮汐*

潮汐应该是地球上最长的表面水波。根据地球自转、地球绕太阳公转与月球绕地球公转的信息，可以从三者的相对关系中计算出某一特定位置的潮汐。潮汐由许多频率（或者组分）不同的单色波组成。因此，潮汐的高度可以通过以下通式来表示（Schureman，1958）：

$$H_{\text{tide}} = H_0 + \sum H\cos(\sigma t - \kappa) \tag{4.65}$$

式中，H_0 表示在选定基准面上的平均水位；H 是在月球或者太阳等影响下特定潮汐分量的平均振幅；σ 是角频率；t 是从初始时刻 κ 开始计算的时间。

式（4.65）中每个分潮对应的常数可通过潮汐分析确定。最重要的分潮包括由月亮（M_2）和太阳（S_2）产生的半日潮，其周期分别为 12.42h 和 12h，以及全日潮，其周期分别是 24.48h 和 24h。此外，考虑到其他天文因素，还有许多别的组分（Kamphuis，2000）。

月球引起的分潮是影响潮汐高度最重要的因素。当月球绕地球公转时，地球表面的水一部分面向月球，一部分背对月球，水体将在引力作用下运动。在一个特定的位置，它会经历涨潮（在此期间水位从低水位上升到高水位）和落潮（在此期间水位从高水位降低到低水位），大约每天两次。最高水位称为高潮，最低水位称为低潮。考虑到太阳和月亮引力的联合作用，潮位在朔日（农历初一）和望日（农历十五）最高，因为这时太阳、月亮和地球几乎位于同一直线，这两日的潮称为大潮（spring tide）或朔望潮。而在两者之间（如农历初八或农历二十二），因太阳、地球和月亮成直角，潮位最低，称为小潮（neap tide）。

如果在特定的地理位置（一般在离岸较远的深水处）放置一个潮汐测量仪，就可以获得该处随时间变化的潮汐高度数据，对这些数据用最小二乘法或者傅里叶分析可以推导出式（4.65）中的常数。收集该地区长期的潮汐数据信息，就可以用来制作潮汐表。对于周期更长的谐波，可以用理论公式来估算相应的参数。潮汐表可以用来预测任何时间的潮汐高度。

浅水方程模型的主要应用之一就是模拟沿海区域的潮汐（Westerink et al.，1992）。潮汐流的建模可能是最古老的沿海海洋预测模型，同时也是最精确的（Parkar et al.，1999）。主要原因是，与其他海洋预测相比，潮汐的驱动力是确定的（如天文效应），潮汐流是严格的浅水流动。

为了利用浅水方程模型来模拟一个地区的潮汐流，通常需要在远离海岸线的开阔海域选择侧向边界。根据可用的潮汐表进行插值计算，可在所有侧向边界计算出潮汐高度的时程。计算域内的潮汐流则是由不同边界处潮汐高度的差异推动产生的（Shankar et al.，1997）。

2. *海啸*

海啸是一种特殊类型的水波，通常波长很大，是由海洋地质变动引起的，如水下地震或滑坡。海啸可能引发严重的沿岸洪水。2004 年 12 月 26 日，由印度尼西亚苏门答腊岛近海地震引起的印度洋海啸侵袭了 11 个印度洋国家，造成了 229 866 人死亡（根据联合国统计数据）；2011 年 3 月 11 日，日本东北的太平洋近海地震在约 500km 的日本东海岸地区引发了最大爬高 40m 的巨大海啸，造成了毁灭性的破坏，其中包括导致福岛核电站的破坏与泄漏。海啸建模是浅水方程模型的另一个重要应用。模拟海啸需要还原地震和海底滑坡诱发海啸、海啸在深海中传播及海啸在海岸区域冲高和淹没三个主要过程。

海啸的产生是一个相对短暂的过程，由于海底地震和海洋水面位移之间的关系很难精确确定，因此在模拟中具有很多不确定性。在大多数模拟中，一般是基于包含了由地震引起的海底地壳运动的体积规模和动量大小的经验公式，将初始位移的水体体积投射到自由表面上。根据断裂带的相对运动，水面会在瞬时形成上凸（正波）和下凹（负波）两个对应区域，进而形成两个在相反方向上传播的波。

海啸传播模拟往往覆盖了一个很大的区域，因此需要在式（4.39）～式（4.41）中的球坐标系上建立浅水方程模型。海啸在深海中传播时，波幅很小，一般只有几米。由于波幅小，波长很大，在长距离的传播中波浪能耗散少，因此线性浅水方程可以用于模拟海啸的传播。

当波群传播到陆地附近时，水深的减小会引起波的浅化、折射和绕射的联合效应，其中浅化现象将大大增大入射波高，而折射和绕射可以使波浪绕着岛屿海岸线传播。因此，岛屿的海岸线，即便是背向来波一侧，也可能面临毁灭性的波浪袭击。由于假潮（seiche）的影响，通过波浪共振还可能在部分封闭区域内形成能量集中，因此对港湾或海湾的破坏可能更加严重。事实上，海啸很容易在港湾中被激发，所以海啸在日语中的表述是“津波”（巨大的港湾波）。由于海啸波的波长很大，当它的前锋到达海滩时，将导致相当长一段时间（几分钟乃至十几分钟）内连续的海岸洪水（如果波前是负波的形式，则导致海岸线先后退，然后水位迅速增高）。这种情况使海啸看起来像潮汐，尽管海啸比潮汐传播快得多。在早期的时候，人们不知道海啸的起因，也将海啸称为“潮汐波”，但它与真正的潮汐没有任何关系。

实际的海岸淹没取决于许多因素，比如入射波的特征、近岸水深和海滩构造。为了准确估计海啸爬升和淹没，要考虑波浪非线性和岸线特征。虽然已经有一些分析最大波浪爬升的方法（Carrier and Yeh，2002；Pelinovsky and Mazova，1992；Carrier and Greenspan，1958），但针对实际地形的海啸淹没风险图只能从海啸爬升的数值模拟中获得。在数值模拟中，对非线性波的爬升过程进行模拟需要处理移动边界条件，这个在 4.2.2 小节已经讨论过。

目前，各海啸研究中心或研究机构都采用海啸模型来开展研究。例如，由太平洋海洋环境试验室的 Titov 和南加州大学的 Synolakis 开发的 MOST（Titov and Synolakis，1998）模型，被美国国家海洋与大气局（NOAA）采纳。该模型使用嵌套的计算网格加密局部高分辨率区域。它曾被用来研究 2004 年 12 月 26 日发生的印度洋海啸（Titov et al.，2005）。

另一个著名的模型是 TUNAMI-N2，由日本东北大学灾害控制研究中心开发。这种模型在时间和空间离散中使用了一种紧凑的蛙跳有限差分格式，能够有效和精确地模拟线性长波。该模型已被广泛应用于许多事件中海啸的传播和爬升模拟（Goto et al.，1997；Shuto et al.，1990）。

除了上述两种模型，其他机构也开发了相应的海啸模型。例如，康奈尔大学开发的海啸模型 COMCOT 已经被用于模拟孤立波在环形岛上的爬升（Liu et al.，1995）和真实海啸的爬升(Liu et al.，1994)。由Efim Pelinovsky、Andrey kukin、Andrey Zaytsev和Ahmet Yalciner开发的代码NAMI DANCE被用来模拟一些历史上发生的海啸事件。为了包含波的色散效应，Boussinesq方程模型(如FUNWAVE)也被用于模拟近岸海啸变化(Grilli et al.，2007)。为了更好地描述不规则海岸线，Myers和Baptista(1999)开发了一个基于有限元的海啸模型。此外，也有学者利用耦合了三维水动力模块的二维浅水方程模型来模拟海啸在近岸地区的演变和爬升。

海啸模拟中还有另一个有趣的问题，即所谓的反问题(inverse problem)。在许多情况下，尽管地震的震中和震级可以被探测到，但初始自由水面的位移往往是未知的。这引发了一个有趣的问题，即我们是否能够通过分析观测到的海啸波及其在不同海岸的爬升数据来确定地震时实际的海面与海底运动？这在数学上被称为反问题。自然地，我们会想这类问题是否可以通过反向模拟来解决，即求解相同的控制方程，但是用负的时间步长来追溯最初的物理过程。然而，除了很难收集足够数量的观测数据，在数值上这样的计算也是不稳定的。大多数情况下，反问题是不适定的，即它的未知数比方程数多，因此解不是唯一的。我们需要增加附加的约束条件以获得合理的解。读者可以参考Tanioka和Satake(2001)与Carl(1996)提到的海啸和海洋环流问题中的反问题。

3. 风暴潮和海洋环流

风不仅会产生波浪，还会产生流和海面水位异常。当风持续吹向岸边时，水面将沿着海岸线方向增高，这种现象被称为风致增水。如果风是往离岸方向吹，将会导致水面减水。如果风向平行于海岸线，则会产生沿岸流。此外，在大气压力较低的风暴眼下，因为低压抽吸效应，也会产生水面增水。当风暴向岸边移动时，波浪和风产生的增水可以进一步加强水面增水。由风暴的风应力和压力效应组合引起的水位上升被称为风暴潮。2005年8月Katrina飓风造成的风暴潮使得美国新奥尔良市中心被3m的洪水淹没。除此之外，还有许多由风暴潮引起的海岸洪灾。20世纪风暴潮造成的最大灾难发生在1970年11月的孟加拉国，风暴下的大风伴随着风暴潮和大雨，造成了30万～50万的人员死亡。

海面水位异常和洋流也可以由其他机制产生。例如，当由季风产生的潮汐流或洋流靠近弯曲海峡时，在水流方向改变的同时，水面可以被推到海峡的外侧。此外，水平面的平均密度差可以产生大尺度的海洋环流。以上所有的现象都可以用浅水方程模型来模拟。

4. 其他长波

还有其他水波也属于长波的范畴，如河口区的潮波、破波带和冲浪区的破碎波、浅水岸滩的边缘波及$kh<0.3$的所有长周期波。

Kobayashi和他的同事在特拉华大学开发了一个浅水方程模型，用于模拟破波带的各种波浪现象，如在潜堤上的波浪变形(Kobayashi and Wurjanto，1989)、波浪在斜坡上的反射和爬升(Kobayashi et al.，1990)及其在护岸上的越浪(Kobayashi and Raichle，1994)。一旦波浪在海岸上破碎，它们的行为就更像运动的涌波，和水跃相似，但会以浅水波的速度传播。涌波的运动可以很好地用包含适当能量耗散项的非线性浅水方程来描述。这个问题已有解析解(Hibberd and Peregrine，1979；Keller et al.，1960)和数值解(Madsen et al.，2005)。

边缘波是一种特殊类型的水波，它既可以在局部产生(如海岸滑坡)，又可以由斜向入射的风浪或涌浪的反射波产生，但其波能的进一步传播则被限制在近岸区。在这种情况下，由于近海区域损耗的波能可以忽略不计，波浪可以沿海岸长距离传播。Ursell（1952）提出了基于小振幅波理论的边缘波模式的解析解。与此同时，Eckart（1951）发现，利用线性浅水方程，在平面海滩上也能很好地预测边缘波。物理模型实验和浅水方程模型的模拟结果也进一步证实了这一点（Liu et al.，1998）。

5. 明渠流和河流

浅水方程模型的另一个重要应用是模拟明渠流和河流。不稳定的明渠流与长波的相似之处在于变化的自由表面和相似的静水压力。然而，对于明渠流而言，重力是流体运动的驱动力，而不是波浪的恢复力。根据弗劳德数（Fr）大于还是小于 1，流动被分类为超临界流或亚临界流。明渠流的特征和控制（通过各种上游和下游边界条件）与水流分类密切相关。利用浅水方程模型对各种类型的明渠流进行数值模拟的例子有很多。例如，Chapman 和 Kuo（1985）研究了浅水再循环流动，Younus 和 Chaudhry（1994）研究了分流河道的超临界流动和圆形水跃，Stelling 和 Duinmeijer（2003）研究了溃坝水流，Zhou 和 Stansby（1999）研究了水跃。读者可以参考 Chow（1973）和 Chaudhry（1993）关于明渠流的理论和计算。

商业软件和开源软件中都有利用浅水方程模型分析河流水动力学问题的模块。例如，DHI 开发的商业软件 MIKE11 可用于模拟非恒定河流动力学及湖泊/水库、灌溉渠和其他内陆水系统，该软件可与数据挖掘技术一起用于建模和实时预测（Babovic，1998）。此外，由 USACE 水文工程中心开发的 HEC-2 是一款开源软件，可用于河流中任一截面一维稳态和渐变流的模拟，该模型也可以用来模拟集水区的洪水（Greenbaum et al.，1998）。

4.3 能谱方程模型

4.3.1 波能谱背景介绍

1. 谱密度函数定义

海洋中的波浪包含许多随机分量。随机海浪由不同频率和相位且向不同方向传播的波浪组成。考虑一个由许多在时间和空间上变化缓慢的波列组成的海面，假设每个波列分量均属于线性波列，海面状态就可以通过波浪在频率和方向空间上的积分来表示：

$$
\begin{aligned}
\eta(x,y,t) &= \sum_{i=1}^{\infty}\sum_{j=1}^{\infty}\eta_{ij}\left(x,y,t,\sigma_i,\theta_j\right) = \int_0^{2\pi}\int_0^{\infty}\eta(x,y,t,\sigma,\theta)\mathrm{d}\sigma\mathrm{d}\theta \\
&= \int_0^{2\pi}\int_0^{\infty}a(\sigma,\theta,x,y,t)\cos[k(\sigma)\cos\theta x + k(\sigma)\sin\theta y - \sigma t + \delta(\sigma,\theta)]\mathrm{d}\sigma\mathrm{d}\theta
\end{aligned} \tag{4.66}
$$

式中，$\delta(\sigma,\ \theta)$是不影响平均波能的随机相位信息。每个波列分量都遵循线性色散关系，从而当地波数可以通过当地水深确定：

$$\sigma^2 = k(\sigma)g\tanh[k(\sigma)h] \tag{4.67}$$

对于每个波列分量，能量密度与波幅有关：

$$E(\sigma,\theta,x,y,t) = \frac{1}{2}\rho g a^2(\sigma,\theta,x,y,t) \tag{4.68}$$

根据式（4.68），我们可以做出如下定义：

$$E(\sigma,\theta,x,y,t)=\rho g\left(\frac{1}{2}a^2(\sigma,\theta,x,y,t)\right)=\rho gF(\sigma,\theta,x,y,t)\mathrm{d}\sigma\mathrm{d}\theta \tag{4.69}$$

式中，$F(\sigma, \theta, x, y, t)$被称为波能谱密度函数，它可以看作单位频率和单位方向扩展角的归一化（乘以ρg）波能密度。下面给出任意一个位置特定波列的波幅计算公式：

$$a(\sigma,\theta,x,y,t)=\sqrt{2F(\sigma,\theta,x,y,t)\mathrm{d}\sigma\mathrm{d}\theta} \tag{4.70}$$

波浪的频谱和方向谱可以通过对 $F(\sigma, \theta, x, y, t)$分别在方向和频率空间进行积分来获得，分别为

$$S(\sigma,x,y,t)=\int_0^{2\pi}F(\sigma,\theta,x,y,t)\mathrm{d}\theta \tag{4.71}$$

$$D(\theta,x,y,t)=\int_0^{\infty}F(\sigma,\theta,x,y,t)\mathrm{d}\sigma \tag{4.72}$$

同时，有

$$\begin{aligned}E_{\text{total}}(x,y,t)&=\int_0^{2\pi}\int_0^{\infty}E(\sigma,\theta,x,y,t)\mathrm{d}\sigma\mathrm{d}\theta\\&=\rho g\int_0^{2\pi}\int_0^{\infty}F(\sigma,\theta,x,y,t)\mathrm{d}\sigma\mathrm{d}\theta\\&=\rho g\int_0^{2\pi}D(\theta,x,y,t)\mathrm{d}\theta\\&=\rho g\int_0^{\infty}S(\sigma,x,y,t)\mathrm{d}\sigma\end{aligned} \tag{4.73}$$

式中，$E_{\text{total}}=\rho g a_{\text{rms}}^2/2$，其中 a_{rms}为均方根波幅。原则上波谱也可以用波数矢量（k_x，k_y）的函数表示，它可以通过使用线性色散方程和频率方向空间相互转换。然而，这种表示在波浪模型中不太常用。

2. 频谱

对于海洋中的风浪，波能在不同频率和方向上的分布取决于风区面积、风的强度及风区的相对位置。对于一个无限大的风浪区域，Phillips（1958）发现充分发展的海面波谱与风速、位置及时间无关。在此情形下，简化的频谱可以表示为

$$S_{\mathrm{p}}(\sigma)=\alpha g^2\sigma^{-5} \tag{4.74}$$

式中，α 称为 Phillips 常数。Phillips 谱代表了波浪能谱的上限。虽然它在任何实际计算中很少使用，但它是其他常用波谱模型的基础。

Pierson-Moskowitz（P-M）谱（Pierson and Moskowitz，1964）是一种在海洋工程中广泛使用的能谱，其本质上是在 Phillips 谱的基础上对充分发展的海域考虑了一个附加风速因子：

$$S_{\text{P-M}}(\sigma)=\alpha g^2\sigma^{-5}\exp\left[-0.74\left(\frac{\sigma U_{\mathrm{w}}}{g}\right)^{-4}\right] \tag{4.75}$$

式中，α=0.0081；U_{w}为风速。

另一种常用的频谱是在北海波浪联合计划（Joint North Sea Wave Project）期间开发的 JONSWAP 频谱（Hasselmann et al.，1973），该频谱基本上是进一步考虑风区长度后的改进 P-M 频谱：

$$S_{\mathrm{J}}(\sigma)=\alpha g^{2}\sigma^{-5}\exp\left[-1.25\left(\frac{\sigma}{\sigma_{0}}\right)^{-4}\right]\gamma^{\exp\left[-\frac{(\sigma-\sigma_{0})^{2}}{2\tau^{2}\sigma_{0}^{2}}\right]} \tag{4.76}$$

式中，γ 为峰值增强因子；τ 为形状参数；σ_0为峰值角频率。γ 、τ 和 σ_0的取值分别为

$$\gamma=3.3(1\sim7),\tau=\begin{cases}0.07(\sigma\leqslant\sigma_{0})\\0.09(\sigma>\sigma_{0})\end{cases},\sigma_{0}=\frac{2\pi g}{U_{\mathrm{w}}}\left(\frac{gX}{U_{\mathrm{w}}^{2}}\right)^{-0.33} \tag{4.77}$$

式中，X 是风区的长度。

在浅水中，可以使用 TMA 能谱（Bouws et al.，1985），它是通过原始 JONSWAP 频谱考虑了有限水深扩展而来的：

$$S_{\mathrm{TAM}}(\sigma)=S_{\mathrm{J}}(\sigma)\phi(\sigma,h) \tag{4.78}$$

式中，$\phi(\sigma,h)$ 取值为

$$\phi(\sigma,h)=\begin{cases}0.5\omega_{h}^{2}, & \omega_{h}\leqslant1\\1-0.5(2-\omega_{h})^{2}, & 1<\omega_{h}\leqslant2\\1, & \omega_{h}>2\end{cases} \tag{4.79}$$

式中，$\omega_h=2\pi f\sqrt{h/g}$ 。

此外，还有其他的频谱，如 Neumann 谱（Neumann，1953）、Bretschneider 谱（Bretschneider，1959）、ISSC 谱（ISSC，1964）、ITTC 谱（ITTC，1972）、Scott 谱（Scott，1965）、Liu 谱（Liu，1971）、Mitsuyasu 谱（Mitsuyasu，1972）、Ochi-Hubble 谱（Ochi and Hubble，1976）等。Chakrabarti（1987）比较了各种类型的频谱。

3. 方向波谱

与频谱相比，方向波谱种类较少。如下所述，两种最常用的模型包括余弦幂模型和包裹高斯模型（正向传播）。余弦幂模型最早由 Pierson 等（1955）提出，后来被 Goda（2000）简化为以下形式：

$$D(\theta)=G_{0}\cos^{2\beta}\left(\frac{\theta-\theta_{0}}{2}\right) \tag{4.80}$$

式中，θ_0为主要的传播方向；β 为方向分布狭窄系数；G_0 为归一化 $D(\theta)$的常数：

$$G_{0}=\left[\int_{-\pi}^{\pi}\cos^{2\beta}\left[(\theta-\theta_{0})/2\right]\mathrm{d}\theta\right]^{-1} \tag{4.81}$$

包裹高斯模型本质上是一种指数模型，最早由 Mardia（1972）提出并被 Briggs 等（1987）简化为以下形式：

$$D(\theta)=\frac{1}{2\pi}+\frac{1}{\pi}\sum_{n=1}^{N}\exp\left[-(n\sigma_{\mathrm{s}})^{2}/2\right]\cos\left[n(\theta-\theta_{0})\right] \tag{4.82}$$

式中，σ_{s} 是以弧度为单位的循环标准偏差，对于大多数近海工程应用可以设置为 0.6。与余弦幂模型不同，上述包裹高斯函数在 $\theta-\theta_0=\pm\pi$ 时不会变为零，Briggs 等（1987）建议采用 N=5。

此外，还有基于零阶修正 Bessel 函数的 von Mises 模型（Abramowitz and Stegun，1964）、双曲函数模型（Donelan et al.，1985）和双峰传播模型（Zakharov and Shrira，1990）。

4.3.2 能谱输运方程

1. 动力学方程

基于能量守恒的概念，方向波谱的一般动力学方程可以表示为

$$\frac{\mathrm{d}F}{\mathrm{d}t}=\frac{\partial F}{\partial t}+\frac{\mathrm{d}\xi}{\mathrm{d}t}\frac{\partial F}{\partial \xi}=Q \tag{4.83}$$

式中，$\xi=(\vec{x},\vec{k})$ 或 $\xi=(\vec{x},\omega,\theta)$ 为多维空间变量；Q 为导致局部波能耗散、波能输入或波浪作用下不同空间的波能交换的源函数。

在笛卡儿坐标系中，当时间导数的散度为零时，如 $\nabla_{\xi}\cdot(\mathrm{d}\xi/\mathrm{d}t)=0$，则有

$$\frac{\partial F}{\partial t}+\nabla_{\xi}\cdot\left(\frac{\mathrm{d}\xi}{\mathrm{d}t}F\right)=Q \tag{4.84}$$

如果使用波数的空间变量，则上式变为

$$\frac{\partial F}{\partial t}+\nabla_{\vec{x}}\cdot\left(\frac{\mathrm{d}\vec{x}}{\mathrm{d}t}F\right)+\nabla_{\vec{k}}\cdot\left(\frac{\mathrm{d}\vec{k}}{\mathrm{d}t}F\right)=Q \tag{4.85}$$

此外，如果使用波频率和方向变量，则方程具有以下形式：

$$\frac{\partial F}{\partial t}+\nabla_{\vec{x}}\cdot\left(\frac{\mathrm{d}\vec{x}}{\mathrm{d}t}F\right)+\nabla_{\omega}\cdot\left(\frac{\mathrm{d}\omega}{\mathrm{d}t}F\right)+\nabla_{\theta}\cdot\left(\frac{\mathrm{d}\theta}{\mathrm{d}t}F\right)=Q \tag{4.86}$$

为了在实际计算中应用上述方程，我们需要定义 $\frac{\mathrm{d}\vec{x}}{\mathrm{d}t}$ 和 $\frac{\mathrm{d}\vec{k}}{\mathrm{d}t}$（或 $\frac{\mathrm{d}\vec{x}}{\mathrm{d}t}$、$\frac{\mathrm{d}\omega}{\mathrm{d}t}$ 和 $\frac{\mathrm{d}\theta}{\mathrm{d}t}$）及 Q，其中前者可以通过应用波浪运动学理论精确地推导出来，而 Q 必须通过考虑各种物理过程后采用经验公式来闭合。

波浪运动学：考虑在变化地形及非均匀流 $\vec{U}$ 上传播的线性波列（图 4.1）。波浪的自由面位移可以用下面的表达式来描述：

$$\eta(x,y,t)=a(x,y)\mathrm{e}^{i\vec{S}(x,y,t)}=a(x,y)\mathrm{e}^{i(\vec{k}\cdot\vec{x}-\omega t)}=a(x,y)\mathrm{e}^{i(k_x x+k_y y-\omega t)} \tag{4.87}$$

式中，S 为相位函数；$k=\sqrt{k_x^{\ 2}+k_y^{\ 2}}$ 为带有局部波传播角 θ=tan^{-1}(k_y/k_x)的波数。

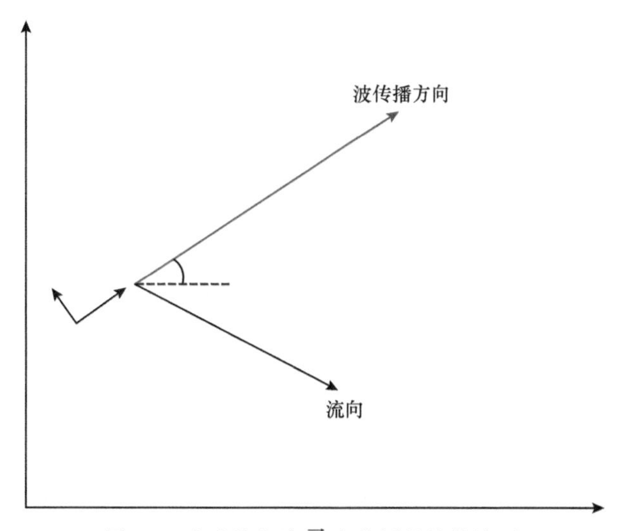

图 4.1 在非均匀流 $\vec{U}$ 上传播的线性波列

在波浪折射分析中，可以得到以下波数守恒方程：

$$\frac{\partial k_i}{\partial t}+\frac{\partial \omega}{\partial x_i}=0 \tag{4.88}$$

波数的无旋性如下：

$$\frac{\partial k_i}{\partial x_j}-\frac{\partial k_j}{\partial x_i}=0 \tag{4.89}$$

此外，关于波流相互作用的研究提供了表观角频率 ω 与固有角频率 σ 之间的关系：

$$\omega=\sigma(k,h)+\vec{k}\cdot\vec{U}=\sqrt{gk\tanh\left(kh\right)}+\vec{k}\cdot\vec{U} \tag{4.90}$$

观察式（4.88）和式（4.90），可以得出：①只有在波场存在时间变化的情况下表观角频率 ω 在空间上才会出现变化，换句话说，对于稳定波场，ω在空间上是均匀的；②当波在非恒定不均匀流上传播时，固有角频率 σ 可以随时间和空间而变化。

表达式 $\mathrm{d}x_i/\mathrm{d}t$：该项表示基于波能传播的速度矢量。这一项最直接地考虑了波和流的效应：

$$\frac{\mathrm{d}x_i}{\mathrm{d}t}=\frac{\partial \omega}{\partial k_i}=\frac{\partial \sigma}{\partial k_i}+\frac{\partial}{\partial k_i}\left(k_i U_i\right)=c_{gi}+U_i \tag{4.91}$$

为获得上述方程，我们使用了波群速度的定义 $c_{gi}=\partial\sigma/\partial k_i$ 。

表达式 $\mathrm{d}k_i/\mathrm{d}t$：全导数可以写为

$$\frac{\mathrm{d}k_i}{\mathrm{d}t}=\frac{\partial k_i}{\partial t}+\frac{\mathrm{d}x_j}{\mathrm{d}t}\frac{\partial k_i}{\partial x_j}=\frac{\partial k_i}{\partial t}+\left(c_{gj}+U_j\right)\frac{\partial k_i}{\partial x_j} \tag{4.92}$$

等式右端第一项可以通过式（4.88）和式（4.90）得到：

$$\begin{aligned}\frac{\partial k_i}{\partial t}&=-\frac{\partial \omega}{\partial x_i}=-\frac{\partial \sigma}{\partial h}\frac{\partial h}{\partial x_i}-\frac{\partial \sigma}{\partial k_j}\frac{\partial k_j}{\partial x_i}-U_j\frac{\partial k_j}{\partial x_i}-k_j\frac{\partial U_j}{\partial x_i}\\&=-\frac{\partial \sigma}{\partial h}\frac{\partial h}{\partial x_i}-\left(c_{gj}+U_j\right)\frac{\partial k_j}{\partial x_i}-k_j\frac{\partial U_j}{\partial x_i}\end{aligned} \tag{4.93}$$

考虑波数的无旋性，并将式（4.93）代入式（4.92），有

$$\frac{\mathrm{d}k_i}{\mathrm{d}t}=-\frac{\partial \sigma}{\partial h}\frac{\partial h}{\partial x_i}-k_j\frac{\partial U_j}{\partial x_i} \tag{4.94}$$

表达式 $\mathrm{d}\omega/\mathrm{d}t$：如前所述，波谱模型中更普遍地采用的是基于波频率和波向的等效公式，而不是波数矢量。结合式（4.88）和式（4.91），ω 的全导数可以写为

$$\frac{\mathrm{d}\omega}{\mathrm{d}t}=\frac{\partial \omega}{\partial t}+\frac{\mathrm{d}x_i}{\mathrm{d}t}\frac{\partial \omega}{\partial x_i}=\frac{\partial \omega}{\partial t}-\left(c_{gi}+U_i\right)\frac{\partial k_i}{\partial t} \tag{4.95}$$

等式右端第一项可以表示为

$$\frac{\partial \omega}{\partial t}=\frac{\partial \sigma}{\partial h}\frac{\partial h}{\partial t}+\frac{\partial \sigma}{\partial k_i}\frac{\partial k_i}{\partial t}+U_i\frac{\partial k_i}{\partial t}+k_i\frac{\partial U_i}{\partial t}=\frac{\partial \sigma}{\partial h}\frac{\partial h}{\partial t}+\left(c_{gi}+U_i\right)\frac{\partial k_i}{\partial t}+k_i\frac{\partial U_i}{\partial t} \tag{4.96}$$

把上述关系式代入式（4.95），则有

$$\frac{\mathrm{d}\omega}{\mathrm{d}t}=\frac{\partial \sigma}{\partial h}\frac{\partial h}{\partial t}+k_i\frac{\partial U_i}{\partial t} \tag{4.97}$$

该公式描述了沿着波向线的表观角频率的变化率。

表达式 $\mathrm{d}\theta/\mathrm{d}t$：波传播角$\theta$的运动学方程表示波浪折射过程，可以通过用来推导斯涅尔

定律的波数无旋性获得：

$$\frac{\partial(k\sin\theta)}{\partial x}-\frac{\partial(k\cos\theta)}{\partial y}=0 \tag{4.98}$$

从而可推出：

$$k\cos\theta\frac{\partial\theta}{\partial x}+k\sin\theta\frac{\partial\theta}{\partial y}=\cos\theta\frac{\partial k}{\partial y}-\sin\theta\frac{\partial k}{\partial x} \tag{4.99}$$

如果我们定义一个新的局部坐标（s, n），使得 s 处于波的传播方向，而 n 与它垂直，通过坐标变换可得到如下关系：

$$\begin{cases}\dfrac{\partial}{\partial s}=\dfrac{\partial x}{\partial s}\dfrac{\partial}{\partial x}+\dfrac{\partial y}{\partial s}\dfrac{\partial}{\partial y}=\cos\theta\dfrac{\partial}{\partial x}+\sin\theta\dfrac{\partial}{\partial y}\\ \dfrac{\partial}{\partial n}=\dfrac{\partial x}{\partial n}\dfrac{\partial}{\partial x}+\dfrac{\partial y}{\partial n}\dfrac{\partial}{\partial y}=-\sin\theta\dfrac{\partial}{\partial x}+\cos\theta\dfrac{\partial}{\partial y}\end{cases} \tag{4.100}$$

使用上述坐标转换，式（4.91）变为

$$k\frac{\partial\theta}{\partial s}=\frac{\partial k}{\partial n} \tag{4.101}$$

则有

$$\begin{aligned}\frac{\mathrm{d}\theta}{\mathrm{d}t}&=\frac{\partial\theta}{\partial t}+\frac{\mathrm{d}\vec{x}}{\mathrm{d}t}\frac{\partial\theta}{\partial\vec{x}}=\frac{\mathrm{d}s}{\mathrm{d}t}\frac{\partial\theta}{\partial s}+\frac{\mathrm{d}n}{\mathrm{d}t}\frac{\partial\theta}{\partial n}=\frac{\mathrm{d}s}{\mathrm{d}t}\frac{\partial\theta}{\partial s}=\frac{\mathrm{d}s}{\mathrm{d}t}\frac{1}{k}\frac{\partial k}{\partial n}=\frac{\mathrm{d}s}{\mathrm{d}t}\frac{1}{k}\frac{\partial(\omega/c)}{\partial n}\\&=\frac{\mathrm{d}s}{\mathrm{d}t}\frac{\omega}{k}\left(-\frac{1}{c^2}\right)\frac{\partial c}{\partial n}=\frac{\left(c_{\mathrm{g}}+U_x\cos\theta+U_y\sin\theta\right)}{c}\left(\sin\theta\frac{\partial c}{\partial x}-\cos\theta\frac{\partial c}{\partial y}\right)\end{aligned} \tag{4.102}$$

式中，假定表观角频率在 n 方向上是常数，即 $\partial\omega/\partial n=0$ 。

2. 笛卡儿坐标系下的输运方程

使用根据波浪运动学定义的 $\mathrm{d}\vec{x}/\mathrm{d}t$ 和 $\mathrm{d}\vec{k}/\mathrm{d}t$，动力学方程（4.86）变为

$$\begin{aligned}&\frac{\partial F}{\partial t}+\frac{\partial}{\partial x}\left[\left(c_{\mathrm{g}x}+U_x\right)F\right]+\frac{\partial}{\partial y}\left[\left(c_{\mathrm{g}y}+U_y\right)F\right]\\&+\frac{\partial}{\partial k_x}\left[\left(-\frac{\partial\sigma}{\partial h}\frac{\partial h}{\partial x}-k_x\frac{\partial U_x}{\partial x}-k_y\frac{\partial U_y}{\partial x}\right)F\right]\\&+\frac{\partial}{\partial k_y}\left[\left(-\frac{\partial\sigma}{\partial h}\frac{\partial h}{\partial y}-k_x\frac{\partial U_x}{\partial y}-k_y\frac{\partial U_y}{\partial y}\right)F\right]=Q\end{aligned} \tag{4.103}$$

此外，如果我们使用波频率和波向作为空间变量，则将 $\mathrm{d}\omega/\mathrm{d}t$ 和 $\mathrm{d}\theta/\mathrm{d}t$ 代入方程（4.103）后有

$$\begin{aligned}&\frac{\partial F}{\partial t}+\frac{\partial}{\partial x}\left[\left(c_{\mathrm{g}x}+U_x\right)F\right]+\frac{\partial}{\partial y}\left[\left(c_{\mathrm{g}y}+U_y\right)F\right]\\&+\frac{\partial}{\partial\omega}\left[\left(\frac{\partial\sigma}{\partial h}\frac{\partial h}{\partial t}+k_x\frac{\partial U_x}{\partial t}+k_y\frac{\partial U_y}{\partial t}\right)F\right]\\&+\frac{\partial}{\partial\theta}\left[\left(\frac{\left(c_{\mathrm{g}}+U_x\cos\theta+U_y\sin\theta\right)}{c}\left(\sin\theta\frac{\partial c}{\partial x}-\cos\theta\frac{\partial c}{\partial y}\right)F\right]=Q\end{aligned} \tag{4.104}$$

如果没有流且平均水深相对于时间的变化可以忽略不计，则上述方程可以进一步简化为笛卡儿坐标系下的常规波能谱方程（Hasselmann et al.，1988）：

$$\frac{\partial F}{\partial t}+\frac{\partial}{\partial x}\left(c_{\mathrm{g}}\cos\theta F\right)+\frac{\partial}{\partial y}\left(c_{\mathrm{g}}\sin\theta F\right)+\frac{\partial}{\partial\theta}\left[\frac{c_{\mathrm{g}}}{c}\left(\sin\theta\frac{\partial c}{\partial x}-\cos\theta\frac{\partial c}{\partial y}\right)F\right]=Q \tag{4.105}$$

3. 球面坐标系下的输运方程

方程（4.105）可以修改成包含地球球面效应的形式，其纬度和经度分别定义为ϕ和 λ。在该坐标系下，θ 从正北方向沿顺时针度量，因此纬度ϕ和经度 λ 分别对应于逆时针笛卡儿坐标系（x, y）中的 x 轴和 y 轴。修改后的方程为

$$\frac{\partial F}{\partial t}+(\cos\phi)^{-1}\frac{\partial}{\partial\phi}\left(\frac{\mathrm{d}\phi}{\mathrm{d}t}\cos\phi F\right)+\frac{\partial}{\partial\lambda}\left(\frac{\mathrm{d}\lambda}{\mathrm{d}t}F\right)+\frac{\partial}{\partial\theta}\left(\frac{\mathrm{d}\theta}{\mathrm{d}t}F\right)=Q \tag{4.106}$$

式中，$\frac{\mathrm{d}\phi}{\mathrm{d}t}=c_{\mathrm{g}}R^{-1}\cos\theta$，$\frac{\mathrm{d}\lambda}{\mathrm{d}t}=c_{\mathrm{g}}\left(R\cos\phi\right)^{-1}\sin\theta$，$\frac{\mathrm{d}\theta}{\mathrm{d}t}=c_{\mathrm{g}}\tan\phi R^{-1}\sin\theta+\frac{1}{R}\frac{c_{\mathrm{g}}}{c}\left(\sin\theta\frac{\partial C}{\partial\phi}-\frac{\cos\theta}{\cos\phi}\frac{\partial C}{\partial\lambda}\right)$。

源项：Hasselmann（1968）考虑了风浪的弱非线性相互作用，给出了源项 Q 的一般形式，其由九部分组成：

$$Q(\vec{k})=\sum_{i=1}^{9}Q_i \tag{4.107}$$

然而，在实际计算中，影响波能谱的主要源项贡献只有三部分。第一部分是风对波能的输入（Q_1 和 Q_2），可以表示为

$$Q_{\mathrm{wind}}=\begin{cases}Q_1=\dfrac{\pi\sigma F_{\mathrm{a}}}{\rho^2c^3c_{\mathrm{g}}}, & t<1/\mu\sigma\\ Q_2=\mu\sigma F, & t\geqslant 1/\mu\sigma\end{cases} \tag{4.108}$$

式中，F_{a} 是先验未知的参考波谱（常数）。幸运的是，表示线性增长波浪的 Q_1 仅对初始波浪增长起作用，而对未来海浪演变的影响可以忽略不计。持续的波浪发展主要由 Q_2 控制，其中μ称为耦合系数，Mitsuyasu 和 Honda（1982）给出了它的理论表达式：

$$\mu=\frac{0.16}{2\pi}\left(\frac{u_{\mathrm{w}*}}{c}\right)^2 \tag{4.109}$$

式中，$u_{\mathrm{w}*}$为风引起的海面摩阻速度。

第二部分是不同方向频谱分量之间的非线性能量输移（Q_5）。Hasselmann（1968）以三重积分的形式给出了 Q_5 的完整表达式。为了便于计算，Hasselmann S 和 Hasselmann K（1985）给出了基于非线性能量输移参数化的替代表达式：

$$Q_{\mathrm{nl}(i)}=Q_5=E_{\mathrm{nl}}+\sum_{j=1}^{5}C^{(i,j)}H_{\mathrm{nl}}^{(j)}\quad i=1,\ 2,\cdots,\ 18 \tag{4.110}$$

式中，E_{nl} 为 18 组精确计算结果的均值，这个结果包括增强因子 γ 从 1 到 7 的 JONSWAP 型频谱及各种不同的方向谱；$H_{\mathrm{nl}}^{(j)}$ 为由 Q_{nl} 确定的一组 5 个经验正交函数；$C^{(i,j)}$被称为膨胀系数。值得一提的是，因为对增进理解复杂地球物理系统的突破性贡献，克劳斯·哈塞尔

曼（K. Hasselmann）获得 2021 年诺贝尔物理学奖。

第三部分是由白沫（深水波破碎 Q_7）、底摩擦（Q_8）及各种浅水波破碎（Q_9）产生的能量耗散，其中后两项在深水区域可以忽略不计。Komen 等（1984）基于 P-M 谱给出了 Q_7 的表达式：

$$Q_{\text{wc}}=Q_7=-3.33\times10^{-5}\bar{\sigma}\left(\frac{\sigma}{\bar{\sigma}}\right)^2\left(\frac{\hat{\alpha}}{\hat{\alpha}_{\text{P-M}}}\right)^2F(\sigma,\theta) \tag{4.111}$$

式中，$\hat{\alpha}=\sigma_\eta^2\bar{\sigma}^4/g^2$，$\hat{\alpha}_{\text{P-M}}=4.57\times10^{-3}$，且 $\bar{\sigma}=\dfrac{1}{\sigma_\eta^2}\hat{\alpha}\iint F(\sigma,\theta)\sigma\mathrm{d}\sigma\mathrm{d}\theta$，其中 σ_η^2 为自由表面位移的变化，如果自由表面位移遵循正态分布，它就等于总波能 $\sigma_\eta^2=a_{\text{rms}}^2/2=E_{\text{total}}/(\rho g)=\iint F(\sigma,\theta)\mathrm{d}\sigma\mathrm{d}\theta$。

对于底摩擦，Bouws 和 Komen（1983）给出了如下形式：

$$Q_{\text{bt}}=Q_{8\text{a}}=-\frac{C_{\text{bt}}}{g^2}\frac{\sigma^2}{\sinh^2(kh)}F(\sigma,\theta) \tag{4.112}$$

式中，C_{bt} 的平均值为 $0.038\text{m}^2/\text{s}^3$。如果海底是可渗透的，可能会导致额外的波能耗散。如果多孔层具有无限厚度，则可以将其表达如下：

$$Q_{\text{pm}}=Q_{8\text{b}}=-\frac{2K}{\nu}\frac{\sigma^2}{\sinh(2kh)}F(\sigma,\theta) \tag{4.113}$$

式中，K 为多孔床的固有渗透率。

对于浅水中的波浪破碎，Booij 等（1999）给出了如下形式：

$$Q_{\text{sb}}=Q_9=-\frac{S_{\text{br}}}{E_{\text{total}}/(\rho g)}F(\sigma,\theta) \tag{4.114}$$

式中，S_{br} 是由波浪破碎引起的能量耗散的平均速率，可以表示为

$$S_{\text{br}}=-\frac{1}{4}q_{\text{br}}\left(\frac{\bar{\sigma}}{2\pi}\right)H_{\max}^2 \tag{4.115}$$

式中，q_{br} 由方程 $\dfrac{1-q_{\text{br}}}{\ln q_{\text{br}}}=-8\dfrac{E_{\text{total}}/(\rho g)}{H_{\max}^2}$ 确定；最大允许波高 $H_{\max}$ 与局部静水深 h 及海滩坡度 β 相关，即 $H_{\max}=[0.55+0.88\exp(-0.012\cot\beta)]h$。

4. 波浪作用下的输运方程

严格地说，上述所有方程都是根据弱流或无流条件推导出来的。当波在强非恒定不均匀流 $\vec{U}(\vec{x},t)$ 上传播时，表观波频率不再是常数。这从方程（4.88）和方程（4.90）可以明显看出，从中可以很容易地推断出非恒定流会导致 $\vec{k}$ 的不稳定性，从而导致 ω 的空间变化。在这种情况下，波能就不再守恒。

Bretherton 和 Garret（1969）指出，所谓的波浪作用（wave action）N（定义为 $N=F/\sigma$）在水流这样的运动介质中是守恒的。使用波动后，在频率和方向空间中表示的控制方程采取如下形式：

$$\frac{\partial N}{\partial t}+\nabla_{\vec{x}}\cdot\left(\frac{\mathrm{d}\vec{x}}{\mathrm{d}t}N\right)+\nabla_{\omega}\cdot\left(\frac{\mathrm{d}\omega}{\mathrm{d}t}N\right)+\nabla_{\theta}\cdot\left(\frac{\mathrm{d}\theta}{\mathrm{d}t}N\right)=\frac{Q}{\sigma} \tag{4.116}$$

该方程适用于水流效应很强且随时间和空间变化的深海和浅海水域。上述方程的二维形式

可以写为

$$\frac{\partial N}{\partial t}+\frac{\partial(c_x N)}{\partial x}+\frac{\partial(c_y N)}{\partial y}+\frac{\partial(c_\omega N)}{\partial \omega}+\frac{\partial(c_\theta N)}{\partial \theta}=\frac{Q}{\sigma} \tag{4.117}$$

式中，$c_x=\frac{\mathrm{d}x}{\mathrm{d}t}$，$c_y=\frac{\mathrm{d}y}{\mathrm{d}t}$，$c_\omega=\frac{\mathrm{d}\omega}{\mathrm{d}t}$，$c_\theta=\frac{\mathrm{d}\theta}{\mathrm{d}t}$，都可以通过本节前面介绍的相同方式得到。

4.3.3 能谱方程模型及其应用

波谱的输运方程描述了波浪在变化地形上传播时的波谱变化。通过引入适当的源项，该模型可用于模拟波浪的生成、传播、浅水变形和折射，以及不同波浪成分间的非线性波能输移和耗散。从第一代波浪模型（Pierson et al.，1966）开始，该模型被不断改进，进而能更好地表现非线性波能输移和耗散机制，由此产生了第二代波浪模型（Hasselmann et al.，1976）和第三代波浪模型（Hasselmann et al.，1988），其中第三代波浪模型是一个能模拟全球尺度波浪长期变化的强大工具。具有代表性的第三代深水波谱模型包括 WAM（Hasselmann et al.，1988）和 WaveWatch III（Tolman，1999），后者由美国国家海洋与大气局（NOAA）的国家环境预测中心（NCEP）开发，该模型可以覆盖非常大的区域（冲浪带外的全球海洋表面），网格大小从 1km 到 10km。

对于浅水波浪变形，代表性的波谱模型是 SWAN（Ris et al.，1999；Booij et al.，1999）。该模型中包括了水深对波浪的影响（如浅水变形）、折射、底摩擦、水深引起的波浪破碎及三相波相互作用等。有关波谱模型的更多细节，请参阅 Sobey（1986）和 Massel（1996）的研究。

4.3.4 能谱方程模型的局限性

波谱模型在模拟大尺度问题（如全球波浪气候）方面具有很大的优势。波谱模型可用于模拟大尺度波浪事件的原因是其仅保留了波高（或波能）信息而过滤了波相位信息。这是一个其他波浪模型都不具备的鲜明特性。大多数情况下，波高在时间和空间上变化缓慢，这意味着在求解波谱输运方程时，一个网格可以跨越多个波长。然而，波相位信息的省略表明了这样的模型将不能用于模拟与相位相关的波动现象，如波浪绕射，而当波浪在穿越急剧变化的地形（如岛屿或防波堤）时绕射现象非常重要。

绕射效应很容易被包含在解析相位的波浪模型中，但却无法直接从波谱能量平衡方程推导出来。目前还没有将绕射纳入方向谱模型的标准方法。Rivero 等（1997）提出了一种将绕射效应纳入传统波谱模型的方法，根据考虑了波浪绕射效应的 Eikonal 方程，推导出了波群速度和角能量输移率的新的表达式。此外，Booij 等（1997）提出了另一个模型，其中增加了一个人工扩散项来校正角能量输移率项，从而可以在一定程度上考虑绕射效应。之后，Holthuijsen 和 Booij（2003）进一步提出了一种相位解耦的折射、绕射近似方法。

Lin 等（2005）进一步探讨了缓坡方程及其抛物线近似，他们提出通过引入复数波高谱的方式可以将波浪绕射纳入波高谱模型中。使用复数波高谱，波相位信息可以被保留在复变量的参数中。假定在远离奇点处（如防波堤的尖端）波相位的变化足够缓慢，我们可以通过求解复数波高谱来模拟波浪绕射。

迄今为止，无论如何扩展波谱模型来包含波浪绕射，波谱模型通常都不能提供与局部尺度波浪模型一样精确的详细波浪绕射信息。因此，一般的做法是利用波谱模型进行大尺度波浪传播模拟，然后耦合近场波浪模型对近岸海域详细的波浪场进行精细模拟。

4.3.5 波浪统计与畸形波

波谱可以从随机波浪信号的时间历史数据中提取。数据提取过程中去除了波相位信息（波浪随机性的主要成分），但保留了波能信息。因此，波谱仅包含确定性信息。为了将其恢复成一个随机的海况，至少在统计上必须给波谱中的每个波模分量引入一个随机相位，即：

$$\eta(x,y,t)=\sum_{i=1}^{\infty}\sum_{j=1}^{\infty}a(\sigma,\theta,x,y,t)\cos\left[k(\sigma)\cos\theta x+k(\sigma)\sin\theta y-\sigma t+\delta(\sigma,\theta)\right] \quad (4.118)$$

这是实验室中生成不规则波来模拟随机海况的典型方式。根据 JONSWAP 谱，使用上述技术的典型波浪序列如图 4.2 所示，从中可以很容易地看到波高从一个波峰到另一个波峰的随机特性。$H_{\text{rms}}=\sqrt{\frac{1}{N}\sum_{n=1}^{N}H_n^{\,2}}$ 表示均方根波高，其中 N 为记录的时间序列中波的数量，均方根波高和波谱之间可以建立一个如下的简单关系：

$$\frac{1}{8}H_{\text{rms}}^2=E_{\text{total}}/(\rho g)=\int F(\sigma)\mathrm{d}\sigma \quad (4.119)$$

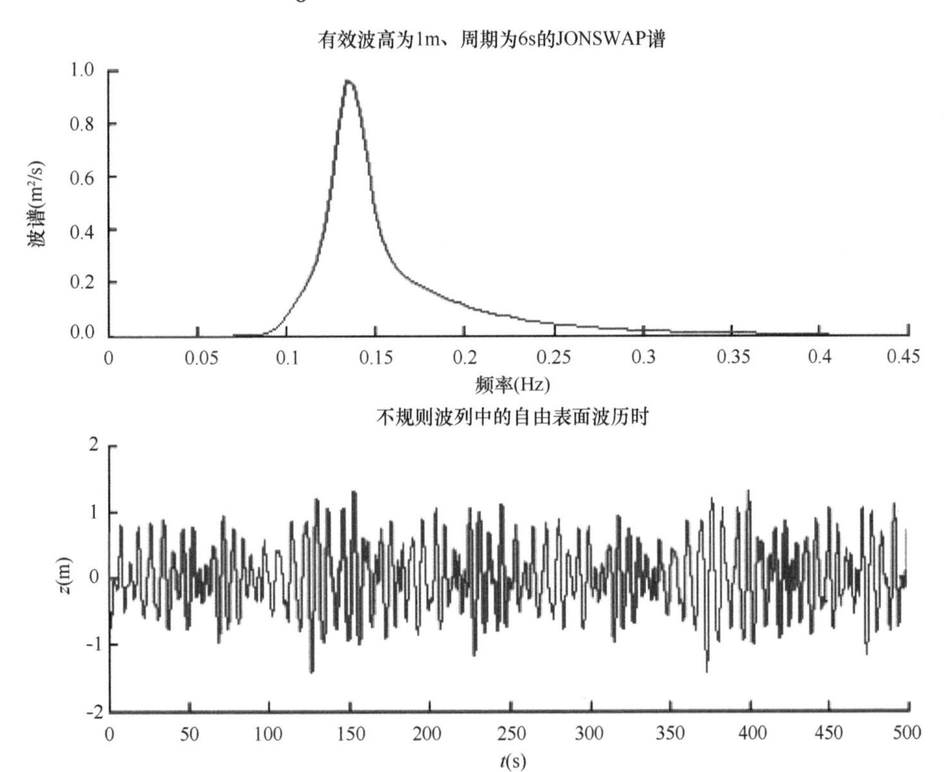

图 4.2　JONSWAP 谱中 $\gamma=3.3$ 时对应的不规则波列

我们好奇是，如果观测的时间延长，如 5000s、1d、1 个月乃至 1 年，可能出现的最大波高会是多少。这个问题的答案在设计沿海和近海结构时都具有重要的意义。当以下假设成立时，可以得到这个问题的理论答案：①波浪是窄带谱，例如，增大 JONSWAP 谱中 γ 的值以获得尖峰频谱，如涌浪；②观测期间波浪产生的条件保持不变；③采样量足够大，具有统计学意义。在上述条件下，可以证明波高的分布遵循 Rayleigh 分布（Dean and Dalrymple，1991）。相应的波高概率密度函数表示为

$$f(H)=\frac{2He^{-(H/H_{\mathrm{rms}})^2}}{H_{\mathrm{rms}}^2} \tag{4.120}$$

在整个波浪记录中至少有一个波可能超过的波高为

$$H_{\mathrm{exceed}}=\sqrt{\ln N}H_{\mathrm{rms}} \tag{4.121}$$

显然，随着观测持续时间的增加，波浪记录中包含的波数 N 也增加了，导致 H_{exceed} 的增加。原则上，当 $N\to\infty$，有 $H_{\mathrm{exceed}}\to\infty$。这意味着，在给定足够长时间的情况下，大量波浪的线性叠加可能会在特定位置处产生非常大的波高。

然而，这样的情况在现实中发生的频率比理论预测的要低。原因是，在真实的海洋中波浪产生条件不断变化，使得波浪场具有更宽能带的波谱。这使得 Rayleigh 分布的前两个基本假设无效。另外，当超过破碎条件时，白沫和水深限制将引起波浪破碎，进一步减小波高，从而大大减少极大振幅波的数量。

不过的确有报道称，观测到在平静的深水波场中突然出现了巨大的波浪，这种波被称为畸形波。畸形波可能在没有任何预警的情况下达到 10m 以上的波高，因此会对在海上航行的船只造成巨大的威胁。在近岸的浅水区域，也能观察到类似的现象，这种波称为蛇形波。

畸形波产生的真正原因仍然是有争议的。大多数对畸形波的报道与遭遇它们的船舶的失事有关，所以很少有准确的测量记录。少有的例外是 1995 年 1 月 1 日在挪威近海北部的 Draupner 石油平台上精确测量的所谓 Draupner 波。波浪记录证实有效波高为 12m，最大波高为 26m，发生概率约为 1/200 000。

目前，对于这些意想不到的巨浪的产生原因有各种各样的论断，包括不同来源的波浪波峰同时叠加在一起，或由特定的入射波条件及最适宜的水深和环境水流引起的波浪聚焦，抑或是非线性波动不稳定（Kharif and Pelinovsky，2003），以及强风作用等。可以预见，在未来对于科学家和工程师来说，自然界的这一神秘现象仍然会是一个极具挑战性的问题。

4.4 风浪流耦合模型

4.4.1 辐射应力

考虑一个含自由表面的垂向二维流动问题，忽略粘性和湍流的影响，其 x 方向的动量方程如下：

$$\frac{\partial u}{\partial t}+\frac{\partial\left(u^2\right)}{\partial x}+\frac{\partial(uw)}{\partial z}=-\frac{1}{\rho}\frac{\partial p}{\partial x} \tag{4.122}$$

将方程在垂直方向上从 $-h$ 到 η 积分，得

$$\frac{\partial}{\partial t}\int_{-h}^{\eta}u\mathrm{d}z+\frac{\partial}{\partial x}\int_{-h}^{\eta}u^2\mathrm{d}z=-\frac{1}{\rho}\frac{\partial}{\partial x}\int_{-h}^{\eta}p\mathrm{d}z-\frac{p_{-h}}{\rho}\frac{\partial h}{\partial x} \tag{4.123}$$

在得到上述简单形式时，使用了如下的莱布尼茨积分公式：

$$\int_{-h}^{\eta}\frac{\partial u}{\partial t}\mathrm{d}z=\frac{\partial}{\partial t}\int_{-h}^{\eta}u\mathrm{d}z-u(\eta)\frac{\partial\eta}{\partial t}+u(-h)\frac{\partial(-h)}{\partial t}\tag{4.124}$$

此外，底部边界条件 $w=-u\dfrac{\partial h}{\partial x}-\dfrac{\partial h}{\partial t}=0$ （z=$-h$）和运动学自由表面边界条件 $w=\dfrac{\partial\eta}{\partial t}+u\dfrac{\partial\eta}{\partial x}$ （z=$\eta(x, t)$）也用于消除左侧积分产生的附加项。另外，假定自由表面上的压强为零。

方程（4.122）中的压强 p 可以通过 z 方向上动量方程的垂向积分获得，即：

$$\begin{gathered}\int_{-h}^{\eta}\frac{\partial w}{\partial t}\mathrm{d}z+\int_{z}^{\eta}\frac{\partial(uw)}{\partial x}\mathrm{d}z+\int_{z}^{\eta}\frac{\partial(w^2)}{\partial z}\mathrm{d}z=-\frac{1}{\rho}\int_{z}^{\eta}\frac{\partial p}{\partial z}\mathrm{d}z-\int_{z}^{\eta}g\mathrm{d}z\\ \Rightarrow p=\rho g(\eta-z)-\rho w^2+\rho\left(\frac{\partial}{\partial t}\int_{-h}^{\eta}w\mathrm{d}z+\frac{\partial}{\partial x}\int_{-h}^{\eta}uw\mathrm{d}z\right)\end{gathered}\tag{4.125}$$

现在我们来考虑一个稳定的周期波列，它在底部不平坦的 x 方向传播（图 4.3）。在这种情况下，流动只包含波动，即：

$$u=\tilde{u},\ w=\tilde{w}\tag{4.126}$$

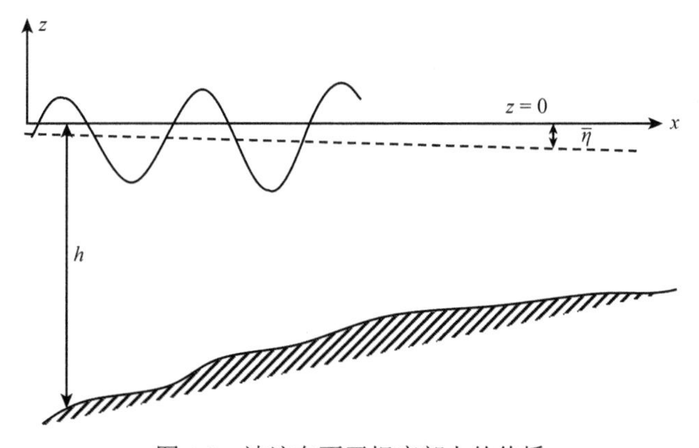

图 4.3　波浪在不平坦底部上的传播

当底坡平缓时，线性波浪理论仍然适用。但是，波高可能在空间上缓慢变化，平均水位也可能偏离静水位 z=0。自由表面位移可以表示为

$$\eta=\bar{\eta}+a\cos(kx-\sigma t)\tag{4.127}$$

式中，带上画线的变量表示波浪周期的时间平均值，即：

$$\bar{\eta}(x)=\int_{0}^{T}\eta(x,t)\mathrm{d}t\tag{4.128}$$

对深度积分动量方程 $\dfrac{\partial}{\partial t}\displaystyle\int_{-h}^{\eta}u\mathrm{d}z+\dfrac{\partial}{\partial x}\int_{-h}^{\eta}u^2\mathrm{d}z=-\dfrac{1}{\rho}\dfrac{\partial}{\partial x}\int_{-h}^{\eta}p\mathrm{d}z-\dfrac{p_{-h}}{\rho}\dfrac{\partial h}{\partial x}$ 取时间平均，有

$$\overline{\frac{\partial}{\partial t}\int_{-h}^{\eta}u\mathrm{d}z}+\frac{\partial}{\partial x}\overline{\int_{-h}^{\eta}u^2\mathrm{d}z}=-\frac{1}{\rho}\frac{\partial}{\partial x}\overline{\int_{-h}^{\eta}p\mathrm{d}z}-\overline{\frac{p_{-h}}{\rho}\frac{\partial h}{\partial x}}\tag{4.129}$$

应用动压和速度的周期性特性，上述方程可简化为

$$\frac{\partial}{\partial x}\overline{\int_{-h}^{\eta}u^2\mathrm{d}z}=-\frac{1}{\rho}\frac{\partial}{\partial x}\overline{\int_{-h}^{\eta}p\mathrm{d}z}-g(h+\bar{\eta})\frac{\partial h}{\partial x}\tag{4.130}$$

上式的最后一项是底部的平均反作用力。将方程（4.125）中 p 的定义代入方程（4.130），可得

$$\frac{\partial}{\partial x}\overline{\int_{-h}^{\eta}u^2\mathrm{d}z}=-\frac{1}{\rho}\frac{\partial}{\partial x}\overline{\int_{-h}^{\eta}\left[\rho g(\eta-z)-\rho w^2+\rho\left(\frac{\partial}{\partial t}\int_{-h}^{\eta}w\mathrm{d}z+\frac{\partial}{\partial x}\int_{-h}^{\eta}uw\mathrm{d}z\right)\right]\mathrm{d}z}-g(h+\overline{\eta})\frac{\partial h}{\partial x}$$
$$=-\overline{g(h+\eta)\frac{\partial(h+\eta)}{\partial x}}+\frac{\partial}{\partial x}\overline{\int_{-h}^{\eta}w^2\mathrm{d}z}-\frac{\partial}{\partial x}\overline{\int_{-h}^{\eta}\left(\frac{\partial}{\partial t}\int_{-h}^{\eta}w\mathrm{d}z+\frac{\partial}{\partial x}\int_{-h}^{\eta}uw\mathrm{d}z\right)\mathrm{d}z}-g(h+\overline{\eta})\frac{\partial h}{\partial x} \tag{4.131}$$

忽略等式右边的第三项，可得

$$-\rho g(h+\overline{\eta})\frac{\partial\overline{\eta}}{\partial x}=\frac{\partial}{\partial x}\overline{\int_{-h}^{\eta}\rho\left(u^2-w^2\right)\mathrm{d}z} \tag{4.132}$$

这个方程意味着，平均水位的变化会被波浪产生的时间平均应力的梯度平衡。然而，由于η是时间的函数，对此式的求解有点困难。

为了降低求解难度，我们可以采用另一种近似。从方程（4.130）开始，将垂向积分分成两部分，可得

$$\frac{\partial}{\partial x}\overline{\int_{-h}^{0}u^2\mathrm{d}z}+\frac{\partial}{\partial x}\overline{\int_{0}^{\eta}u^2\mathrm{d}z}=-\frac{1}{\rho}\frac{\partial}{\partial x}\overline{\int_{-h}^{0}p\mathrm{d}z}-\frac{1}{\rho}\frac{\partial}{\partial x}\overline{\int_{0}^{\eta}p\mathrm{d}z}-g(h+\overline{\eta})\frac{\partial h}{\partial x} \tag{4.133}$$

采取以下假设：①对于小振幅波，方程（4.133）左侧第二项的量级为$O(a^3)$（其中a代表波幅），因此可以忽略不计；②从静止水位到自由表面的压力分布可以用静水压力近似，即$p=\rho g(\eta-z)$。有了以上两个假设，可得

$$\frac{\partial}{\partial x}\overline{\int_{-h}^{0}u^2\mathrm{d}z}=-\frac{1}{\rho}\frac{\partial}{\partial x}\overline{\int_{-h}^{0}\left[\rho g(\eta-z)-\rho w^2\right]\mathrm{d}z}-g\frac{\partial}{\partial x}\overline{\int_{0}^{\eta}(\eta-z)\mathrm{d}z}$$
$$=-g(h+\overline{\eta})\frac{\partial\overline{\eta}}{\partial x}+\frac{g}{2}\frac{\partial\overline{\eta}^2}{\partial x}+\frac{\partial}{\partial x}\int_{-h}^{0}w^2\mathrm{d}z-g\frac{\partial}{\partial x}\left(\frac{1}{2}\overline{\eta^2}\right) \tag{4.134}$$

式中，右边的第二项是二阶项，可以忽略，方程可以重新写为以下形式：

$$-\rho g(h+\overline{\eta})\frac{\partial\overline{\eta}}{\partial x}=\frac{\partial}{\partial x}\left[\overline{\int_{-h}^{0}\rho u^2\mathrm{d}z}-\overline{\int_{-h}^{0}\rho w^2\mathrm{d}z}+\left(\frac{1}{2}\rho g\overline{\eta}^2\right)\right] \tag{4.135}$$

式中，右边的第一项被确定为波浪传播方向上过剩的深度积分动量通量，第二项和第三项是波动诱发的作用于所有方向的动压贡献量，这三项的总和称为辐射应力（Longuet-Higgins and Stewart，1964），可以很容易地得到：

$$S_{xx}=S_{xx}^{(1)}+S_{xx}^{(2)}+S_{xx}^{(3)}=\overline{\int_{-h}^{0}\rho u^2\mathrm{d}z}+\left(-\int_{-h}^{0}\rho w^2\mathrm{d}z\right)+\left(\frac{1}{2}\rho g\overline{\eta}^2\right)$$
$$=\left[\frac{kh}{\sinh(2kh)}+\frac{1}{2}\right]E+\left[\frac{kh}{\sinh(2kh)}-\frac{1}{2}\right]E+\frac{1}{2}E=\left[\frac{2kh}{\sinh(2kh)}+\frac{1}{2}\right]E \tag{4.136}$$

在与波传播正交的方向上，辐射应力仅包含压力贡献量：

$$S_{yy}=\left[\frac{kh}{\sinh(2kh)}-\frac{1}{2}\right]E+\frac{1}{2}E=\frac{khE}{\sinh(2kh)} \tag{4.137}$$

值得注意的是，压力对深度平均剪切辐射应力没有贡献，在这种情况下，由于横向速度v等于零，因此该值为零：

$$S_{xy}=0 \tag{4.138}$$

上面的定义可以扩展到波列以θ的角度传播到x轴的一般情况：

$$
\begin{aligned}
S_{xx} &= \left[\frac{kh}{\sinh(2kh)}+\frac{1}{2}\right]E\cos^2\theta+\left[\frac{kh}{\sinh(2kh)}-\frac{1}{2}\right]E+\frac{1}{2}E \\
&= \left[\left(1+\cos^2\theta\right)\frac{kh}{\sinh(2kh)}+\frac{1}{2}\cos^2\theta\right]E
\end{aligned} \tag{4.139}
$$

$$
\begin{aligned}
S_{yy} &= \left[\frac{kh}{\sinh(2kh)}+\frac{1}{2}\right]E\sin^2\theta+\left[\frac{kh}{\sinh(2kh)}-\frac{1}{2}\right]E+\frac{1}{2}E \\
&= \left[\left(1+\sin^2\theta\right)\frac{kh}{\sinh(2kh)}+\frac{1}{2}\sin^2\theta\right]E
\end{aligned} \tag{4.140}
$$

$$
S_{xy} = \left[\frac{kh}{\sinh(2kh)}+\frac{1}{2}\right]E\sin\theta\cos\theta=\left[\frac{kh}{2\sinh(2kh)}+\frac{1}{4}\right]E\sin 2\theta E \tag{4.141}
$$

在一个更简单的表达中，辐射应力可用张量形式表示为（Phillips，1977）：

$$
S_{ij} = E\frac{c_{\mathrm{g}}}{c}\frac{k_i k_j}{|k|^2}+\frac{E}{2}\left(\frac{2c_{\mathrm{g}}}{c}-1\right)\delta_{ij} \tag{4.142}
$$

式中，k_i、k_j 分别是第 i、j 方向的波数。

辐射应力概念对于理解海岸过程是非常重要的，如平均水位变化导致的海岸减水和增水、强迫次重力波的产生和沿岸流的产生等。有学者已经推导了 3D 辐射应力（Lin and Zhang，2004）。在本节中，将简要介绍推导深度相关辐射应力的总体思路。考虑一个波列在不平坦底部上沿 x 方向传播，在相同的水平动量方程（4.122）上直接进行时间平均（没有深度平均），可得

$$
\frac{\partial\overline{u}}{\partial t}+\frac{\overline{\partial(u^2)}}{\partial x}+\frac{\overline{\partial(uw)}}{\partial z}=-\frac{1}{\rho}\frac{\partial\overline{p}}{\partial x} \tag{4.143}
$$

将方程（4.125）中定义的 p 代入方程（4.143），并考虑波速 u 的周期性，可得

$$
\begin{aligned}
\frac{\overline{\partial(u^2)}}{\partial x}+\frac{\overline{\partial(uw)}}{\partial z} &= -\frac{1}{\rho}\frac{\partial}{\partial x}\overline{\left[\rho g(\eta-z)-\rho w^2+\rho\left(\frac{\partial}{\partial t}\int_{-h}^{\eta}w\mathrm{d}z+\frac{\partial}{\partial x}\int_{-h}^{\eta}uw\mathrm{d}z\right)\right]} \\
&\approx -g\frac{\partial\overline{\eta}}{\partial x}+\frac{\partial\overline{w^2}}{\partial x}\Rightarrow-\rho g\frac{\partial\overline{\eta}}{\partial x}=\frac{\partial\overline{\rho(u^2-w^2)}}{\partial x}+\frac{\partial\overline{\rho(uw)}}{\partial z}
\end{aligned} \tag{4.144}
$$

上述方程表明，局部波浪引起的辐射应力梯度必须由平均水位梯度平衡。基于线性波理论，我们能够获得与深度相关的波浪法向辐射应力：

$$
\begin{aligned}
W_{xx}^{(1)} &= -\rho\overline{\left(u^2-w^2\right)}=-\left(\rho\overline{u^2}-\rho\overline{w^2}\right) \\
&= -2kE\frac{\cosh^2\left[k(h+z)\right]}{\sinh(2kh)}+2kE\frac{\sinh^2\left[k(h+z)\right]}{\sinh(2kh)}=-\frac{2kE}{\sinh(2kh)}
\end{aligned} \tag{4.145}
$$

对应的无旋波的剪切辐射应力（Rivero and Arcilla，1995）为

$$
W_{xz} = -\rho\overline{(uw)}=\frac{2kE}{\sinh(2kh)}\frac{\partial h}{\partial x}+(z+h)\frac{\partial}{\partial x}\left[\frac{kE}{\sinh(2kh)}\right] \tag{4.146}
$$

当底部平坦且空间上波幅没有变化时，波浪引起的剪切应力为零。这样的结论也可以从线性波浪下 u 和 w 具有 90°相位差的事实中得出。

有趣的是，由于消去了$\overline{u^2}$和$\overline{w^2}$，波浪引起的法向应力在整个深度上是一个常数。将W_{xx}从底部积分到 z=0，可以重新得到式（4.136）中深度平均辐射应力的前两项，即$S_{xx}^{(1)}+S_{xx}^{(2)}$。然而，从 z=0 到自由表面的压力贡献项$S_{xx}^{(3)}$不能从上述表达式中重新得到。意识到$S_{xx}^{(3)}$基本考虑了波浪下绕流的平均压力效应，Lin 和 Zhang（2004）提出了由波浪下垂向流体粒子运动的拉格朗日均值引起的与深度相关的修正项。该方法与广义拉格朗日均值（GLM）（Andrews and McIntyre，1978）相似，可用于获得与深度相关的斯托克斯漂移，但此时它应用于计算平均压力贡献。修正项采用以下形式：

$$W_{xx}^{(2)}=-\frac{kE\sinh\left[2k\left(z+h\right)\right]}{2\sinh^2\left(kh\right)} \tag{4.147}$$

上述附加法向应力在浅水区域从水面到底部线性减小，但在深水区域则呈指数衰减。在这种修正下，式（4.136）中出现的辐射应力可以通过对$-W_{xx}^{(1)}-W_{xx}^{(2)}$从$-h$到 0 进行深度积分后得到。

因此，当时间平均流场计算只进行到平均水位，而不是自由表面的最大高度时，方程（4.144）将被重写为

$$-\rho g\frac{\partial\overline{\eta}}{\partial x}=-\frac{\partial}{\partial x}\left[W_{xx}^{(1)}+W_{xx}^{(2)}\right]-\frac{\partial W_{xz}}{\partial z}=\frac{\partial}{\partial x}\left\{\frac{kE}{\sinh\left(2kh\right)}+\frac{Ek\sinh\left[2k\left(z+h\right)\right]}{2\sinh^2\left(kh\right)}\right\} \tag{4.148}$$

4.4.2 风浪流耦合模型及其应用

波-流相互作用的耦合模拟必须在相同的区域中进行。在这种情况下，通常需要在同一个网格系统上分别从波浪和水流的模型中获取和交换变量信息。波浪和水流通过线性和非线性波-流相互作用彼此影响，这种相互作用会同时改变波浪和水流的特性。例如，水流可以偏转波浪的传播方向并改变波长，而波浪可以通过施加波浪辐射应力及改变水流受到的水面有效风应力和底部摩擦力来影响水流。

根据模拟的需要，可以将不同波浪和水流模型耦合在一起。通常采用的波浪模型是能够模拟时间和空间上大尺度变化的波浪谱模型，如 WAM、WaveWatch III或 SWAN，有时也可以采用相位分辨 MSE 模型和 Boussinesq 方程模型来模拟波浪（参见第 5 章）。用于模拟流动的流体动力学模型可以是深度平均的浅水方程模型或深度相关的准三维模型（如 POM、COHERENS 或 FVCOM）。

1. 波谱模型与二维浅水方程模型耦合

对于大尺度的波浪和海流耦合模拟，一个典型的例子是在大尺度热带风暴（飓风、台风或旋风都是热带风暴的别称，但根据其分别起源于大西洋、西太平洋或靠近印度和澳大利亚而拥有不同的称呼）影响下的风暴潮模拟。风眼处大气压力下降，导致海平面上升，而强风吹袭则产生暴风浪。当风暴接近海岸线时，暴风浪将与风暴潮结合，造成沿海洪灾。有时候，涨潮会使情况进一步恶化。

为了模拟这类事件，一般的做法是使用波谱模型来模拟深海中波浪的产生、传播和变形，同时使用浅水方程模型来模拟海流和海面的变化。例如，Zhang 和 Li（1996）将第三代波谱模型与二维浅水风暴潮模型相结合，模拟了风浪和风暴潮的相互作用。他们将从风暴潮模型中获得的海流速度和海平面输入波谱模型中，并将波谱模型计算的波高及其对应的辐射应力和修正的风应力返回风暴潮模型中。Ozer 等（2000）采用了一个耦合的 WAM

和浅水方程模型来模拟 MAST Ⅲ项目下的潮汐、涌浪和波浪，并利用该模型来研究北海和西班牙海岸。Choi 等（2003）采用耦合的波浪-潮汐-风暴潮模型（WAM 和浅水方程模型）来研究黄海和东海冬季季风的潮汐、风暴潮和风浪相互作用。

对于与浅水方程模型相结合的波谱模型，波浪信息可以通过求解波浪作用方程得到（见 4.3.2 小节）：

$$\frac{\partial N}{\partial t}+\frac{\partial\left(c_x N\right)}{\partial x}+\frac{\partial\left(c_y N\right)}{\partial y}+\frac{\partial\left(c_\sigma N\right)}{\partial \sigma}+\frac{\partial\left(c_\theta N\right)}{\partial \theta}=\frac{Q}{\sigma} \tag{4.149}$$

式中，c_x、c_y、c_σ和 c_θ是平均水深（即静水深 h 与水面波动 η 之和）、平均流速 U 和 V 的函数。风效应在源项 Q 中考虑。从波浪作用信息中，我们可以通过以下公式计算均方根波高、主波传播方向和平均波角频率：

$$H_{\mathrm{rms}}(x,y,t)=\sqrt{8E_{\mathrm{total}}(x,y,t)/(\rho g)}=\sqrt{8\int N(x,y,t,\sigma,\theta)\sigma\mathrm{d}\sigma\mathrm{d}\theta} \tag{4.150}$$

$$\bar{\theta}(x,y,t)=\tan^{-1}\left[\frac{\int_0^{2\pi}D(\theta)\sin\theta\mathrm{d}\theta}{\int_0^{2\pi}D(\theta)\cos\theta\mathrm{d}\theta}\right]，其中 D(x,y,t,\theta)=\int_0^{\infty}N(x,y,t,\sigma,\theta)\sigma\mathrm{d}\sigma \tag{4.151}$$

$$\bar{\sigma}(x,y,t)=\frac{\int_0^{\infty}S(x,y,t,\sigma)\sigma\mathrm{d}\sigma}{\int_0^{\infty}S(x,y,t,\sigma)\mathrm{d}\sigma}，其中 S(x,y,t,\sigma)=\int_0^{2\pi}N(x,y,t,\sigma,\theta)\sigma\mathrm{d}\theta \tag{4.152}$$

为了求解方程（4.149），需要依据平均水位 $h+\eta$ 和流速 U、V 去预测 c_x、c_y、c_σ及 c_θ，其中平均水位和流量信息可以通过求解浅水方程来获得：

$$\frac{\partial(h+\eta)}{\partial t}+\frac{\partial}{\partial x}\left[U(h+\eta)\right]+\frac{\partial}{\partial y}\left[V(h+\eta)\right]=0 \tag{4.153}$$

$$\begin{aligned}\frac{\partial}{\partial t}\left[U(h+\eta)\right]+\frac{\partial}{\partial x}\left[U^2(h+\eta)\right]+\frac{\partial}{\partial y}\left[UV(h+\eta)\right]-f(h+\eta)V=-\frac{(h+\eta)}{\rho}\frac{\partial p_{\mathrm{a}}}{\partial x}\\-g(h+\eta)\frac{\partial\eta}{\partial x}-\frac{\eta(h+\eta)g}{\rho}\frac{\partial\rho}{\partial x}+\frac{(h+\eta)}{\rho}\frac{\partial\tau_{xx}}{\partial x}+\frac{(h+\eta)}{\rho}\frac{\partial\tau_{xy}}{\partial y}\\+\frac{1}{\rho}\tau_{xz}(\eta)-\frac{1}{\rho}\tau_{xz}(-h)\end{aligned} \tag{4.154}$$

$$\begin{aligned}\frac{\partial}{\partial t}\left[V(h+\eta)\right]+\frac{\partial}{\partial x}\left[UV(h+\eta)\right]+\frac{\partial}{\partial y}\left[V^2(h+\eta)\right]+f(h+\eta)U=-\frac{(h+\eta)}{\rho}\frac{\partial p_{\mathrm{a}}}{\partial y}\\-g(h+\eta)\frac{\partial\eta}{\partial y}-\frac{\eta(h+\eta)g}{\rho}\frac{\partial\rho}{\partial x}+\frac{(h+\eta)}{\rho}\frac{\partial\tau_{yx}}{\partial x}+\frac{(h+\eta)}{\rho}\frac{\partial\tau_{yy}}{\partial y}\\+\frac{1}{\rho}\tau_{yz}(\eta)-\frac{1}{\rho}\tau_{yz}(-h)\end{aligned} \tag{4.155}$$

式中，f=1.0312×10^{-4}rad/s 是由地球的自转而产生的科里奥利力参数。这个方程包含了由移动的风暴眼引起的大气压力 p_{a} 的大尺度变化。产生平均海流的另一个作用力项是风引起的表面应力 $\tau_{xz}(\eta)$和 $\tau_{yz}(\eta)$，它受到表面波高度的影响（Janssen，1991）。在水体内部，总应力包括粘性效应、湍流效应和波浪引起的辐射应力：

$$\tau_{xx}=\tau_{\mathrm{M}xx}+\tau_{\mathrm{T}xx}+S_{xx}=2\rho\nu\frac{\partial U}{\partial x}+\left(2\rho\nu_{\mathrm{t}}\frac{\partial U}{\partial x}-\frac{2}{3}\rho k\right)+\left[\left(1+\cos^2\theta\right)\frac{kh}{\sinh\left(2kh\right)}+\frac{1}{2}\cos^2\theta\right]\frac{E_{\mathrm{total}}}{h+\eta} \tag{4.156}$$

$$\tau_{yy}=\tau_{\mathrm{M}yy}+\tau_{\mathrm{T}yy}+S_{yy}=2\rho\nu\frac{\partial V}{\partial y}+\left(2\rho\nu_{\mathrm{t}}\frac{\partial V}{\partial y}-\frac{2}{3}\rho k\right)+\left[\left(1+\sin^2\theta\right)\frac{kh}{\sinh\left(2kh\right)}+\frac{1}{2}\sin^2\theta\right]\frac{E_{\mathrm{total}}}{h+\eta} \tag{4.157}$$

$$\tau_{xy}=\tau_{yx}=\tau_{\mathrm{M}xy}+\tau_{\mathrm{T}xy}+S_{xy}=\rho\left(\nu+\nu_{\mathrm{t}}\right)\left(\frac{\partial U}{\partial y}+\frac{\partial V}{\partial x}\right)+\sin 2\theta\left[\frac{1}{4}+\frac{kh}{2\sinh\left(2kh\right)}\right]\frac{E_{\mathrm{total}}}{h+\eta} \tag{4.158}$$

式中，根据波谱模型计算 $E_{\mathrm{total}}=\rho g H_{\mathrm{rms}}^2/8$。波浪对海流的影响体现在总应力的变化上。波浪效应对海流的另一个影响因素是有效底部剪切应力的变化，即：

$$\tau_{xz}\left(-h\right)=\rho c_{\mathrm{wc}}U\sqrt{U^2+V^2},\ \tau_{yz}\left(-h\right)=\rho c_{\mathrm{wc}}V\sqrt{U^2+V^2} \tag{4.159}$$

式中，摩擦系数 c_{wc} 与波流作用下的湍流边界层特性相关，是波浪特性、海流速度和底床粗糙度的函数（Grant and Madsen，1986）。值得注意的是，当上述方法用于解决海洋中大尺度问题时，波谱输运方程和浅水方程都应该换成球面坐标系中的等价形式。

2. 波谱模型与准三维静压模型耦合

为了解决三维近岸环流问题，采用准三维流体动力学模型是必要的，它可以为我们提供近岸三维流场信息。例如，Xie 等（2001）将 WAM 与准三维 POM 结合起来研究，考虑表面和底部应力的三维波浪-海流相互作用。在他们的方法中，二维波浪信息首先被转换成二维波浪引起的辐射应力，随后通过在垂向上均匀地施加应力而将其包括在三维流体动力学模型中。由于波浪引起的辐射应力在深度上会有变化，且这种变化随波高增大而增大，因此该处理方法会在垂向计算时引入误差。Lin 和 Zhang（2004）提出了与深度相关的三维辐射应力的计算公式，并将它们耦合到 WAM-POM 模拟中，用于研究季风期间新加坡沿海水域的风力驱动的波浪和潮流。图 4.4 显示了某区域沿海水域表层、中层和底层的水流分布模拟结果示意图，从中可以很容易地看到沿海地区的竖直环流。

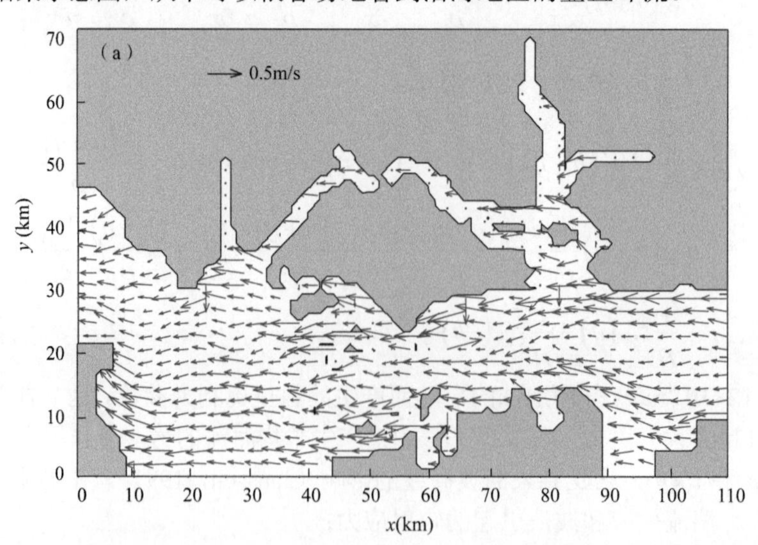

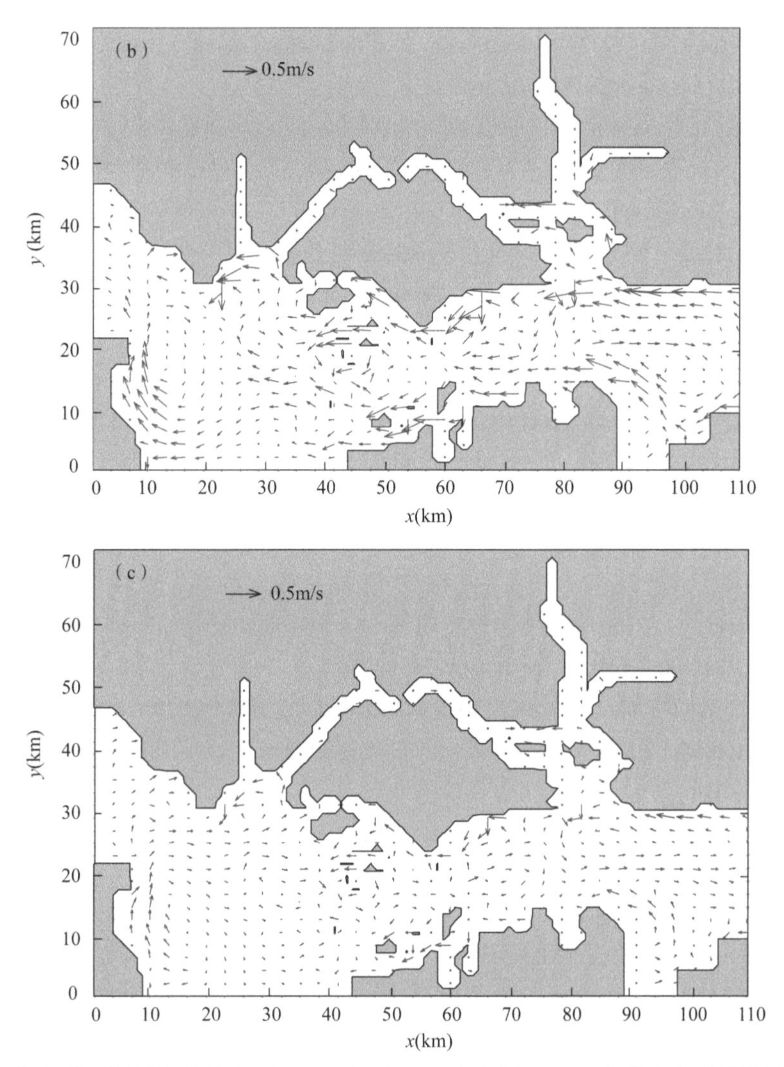

图 4.4　风暴潮期间某区域沿海水域表层（a）、中层（b）和底层（c）的水流分布模拟结果示意图（耦合的 WAM-POM，引入了三维辐射应力模拟）

参 考 文 献

陶建华. 2005. 水波的数值模拟. 天津: 天津大学出版社.

余锡平. 2017. 近岸水波的数值方法. 北京: 科学出版社.

Abramowitz M, Stegun I A. 1964. Handbook of Mathematical Functions with Formulas, Graphs, and Mathematical Tables. New York: Dover Publications, Inc.

Andrews D G, McIntyre M E. 1978. An exact theory of nonlinear waves on a Lagrangian mean flow. Journal of Fluid Mechanics, 89: 609-646.

Ata R, Soulaimani A. 2005. A stabilized SPH method for inviscid shallow water flows. International Journal for Numerical Methods in Fluids, 47: 139-159.

Babovic V. 1998. A data mining approach to time series modelling and forecasting. Proceedings of the Third International Conference on Hydroinformatics: 847-856.

Blumberg A F, Mellor G L. 1987. A description of a three-dimensional coastal ocean circulation model. Three-Dimensional Coastal Ocean Models, 4: 1-16.

Booij N, Holthuijsen L H, Doorn N, et al. 1997. Diffraction in a spectral wave model. Proceeding of 3rd International of Symposium on Ocean Wave Measurement and Analysis, WAVES'97: 243-255.

Booij N, Ris R C, Holthuijsen L H. 1999. A third-generation wave model for coastal regions 1. Model description and validation. Journal of Geophysical Research: Oceans, 104: 7649-7666.

Bouws E, Gunther H, Rosenthal W, et al. 1985. Similarity of the wind wave spectrum in finite depth water. Journal of Geophysical Research: Oceans, 90: 975-986.

Bouws E, Komen G J. 1983. On the balance between growth and dissipation in an extreme depth-limited wind-sea in the southern North Sea. Journal of Physical Oceanography, 13: 1653-1658.

Bretherton F P, Garret C J R. 1969. Wavetrains in inhomogeneous moving media. Proceedings of the Royal Society of London, A302: 529-554.

Bretschneider C L. 1959. Wave Variability and Wave Spectra for Wind-Generated Gravity Waves. Technical Memorandum, 118.

Briggs M J, Borgman L E, Outlaw D G. 1987. Generation and analysis of directional spectral waves in a laboratory basin. Houston: Offshore Technology Conference.

Carl W. 1996. The Ocean Circulation Inverse Problem. Cambridge: Cambridge University Press.

Carrier G F, Greenspan H P. 1958. Water waves of finite amplitude on a sloping beach. Journal of Fluid Mechanics, 4: 97-109.

Carrier G F, Yeh H. 2002. Exact long wave runup solution for arbitrary offshore disturbance. 27th General Assembly of European Geophysical Society (EGS), Nice France, EGS02-01939.

Casulli V, Cheng R T. 1992. Semi-implicit finite difference methods for three-dimensional shallow water flow. International Journal for Numerical Methods in Fluids, 15: 629-648.

Chakrabarti S K. 1987. Hydrodynamics of Offshore Structures. Southampton: WIT Press.

Chakrabarti S K. 1994. Offshore Structures Modeling. Singapore: World Scientific.

Chapman R S, Kuo C Y. 1985. Application of the two-equation k-ε turbulence model to a two-dimensional steady, free surface flow problem with separation. International Journal for Numerical Methods in Fluids, 5: 257-268.

Chaudhry M H. 1993. Open-Channel Flow. Englewood Cliffs: Prentice Hall.

Chen C S, Beardsley R C, Cowles G, et al. 2011. An unstructured-grid, finite-volume community ocean model: FVCOM user manual. Cambridge: Sea Grant College Program, Massachusetts Institute of Technology.

Cho Y S. 1995. Numerical Simulations of Tsunami Propagation and Run-up. Ithaca: Cornell University.

Choi B H, Eum H M, Woo S B. 2003. A synchronously coupled tide-wave-surge model of the Yellow Sea. Coastal Engineering, 47: 381-398.

Chow V T. 1973. Open-channel Hydraulics. New York: McGraw-Hill.

Dean R G, Dalrymple R A. 1991. Water Wave Mechanics for Engineers and Scientists. Singapore: World Scientific.

Dickinson R E. 1978. Rossby waves-long-period oscillations of oceans and atmospheres. Annual Review of Fluid Mechanics, 10: 195.

Donelan M A, Hamilton J, Hui W H. 1985. Directional spectra of wind-generated waves. Philosophical

Transactions of the Royal Society A-Mathematical Physical and Engineering Sciences, 315: 509-562.

Durran D R. 1999. Numerical Methods for Wave Equations in Geophysical Fluid Dynamics. New York: Springer.

Eckart C. 1951. Surface waves on water of variable depth. Wave Report NO. 100, SIO Reference 51-12.

Erbes G. 1993. A semi-Lagrangian method of characteristics for the shallow-water equations. Monthly Weather Review, 121: 3443-3452.

Gao J, Zhu D, Wu G, et al. 2019. Tidal and tidal current characteristics in the Guangxi Gulf of Tonkin, South China Sea. Ocean Dynamics, 69: 1037-1051.

Goda Y. 2000. Random Seas and Design of Maritime Structures. Singapore: World Scientific.

Goto C, Ogawa Y, Shuto N, et al. 1997. Numerical method of tsunami simulation with the leap-frog scheme. IUGG/IOC Time Project, IOC Manuals and Guides, UNESCO, No. 35.

Grant W D, Madsen O S. 1986. The continental shelf bottom boundary layer. Annual Review of Fluid Mechanics, 18: 265-305.

Greenbaum N, Margalit A, Schick A P, et al. 1998. A high magnitude storm and flood in a hyperarid catchment, Nahal Zin, Negev Desert, Israel. Hydrological Processes, 12: 1-23.

Grilli S T, Horrillo J. 1997. Numerical generation and absorption of fully nonlinear periodic waves. Journal of Engineering Mechanics-ASCE, 123: 1060-1069.

Grilli S T, Ioualalen M, Asavanant J, et al. 2007. Source constraints and model simulation of the December 26, 2004 Indian Ocean tsunami. Journal of Waterway, Port, Coastal, and Ocean Engineering, 133(6): 414-428.

Hasselmann K. 1968. Weak-interaction theory of ocean waves//Holt M. Basic Developments in Fluid Dynamics. New York, London: Academic Press: 117-182.

Hasselmann K, Barnett T P, Boyn E, et al. 1973. Measurements of wind-wave growth and swell decay during the Joint North Sea Project (JONSWAP). Deutches Hydrographisches Institute, 12: 1-95.

Hasselmann K, Ross D B, Muller O, et al. 1976. A parametric wave prediction model. Journal of Physical Oceanography, 6: 200-228.

Hasselmann S, Hasselmann K. 1985. Computations and parameterization of the nonlinear energy transfer in a gravity-wave spectrum. 1. A new method for efficient computations of the exact nonlinear transfer integral. Journal of Physical Oceanography, 15: 1369-1377.

Hasselmann S, Hasselmann K, Bauer E, et al. 1988. The WAM model-A third generation ocean wave prediction model. Journal of Physical Oceanography, 18: 1775-1810.

Heinrich P, Piatanesi A, Hebert H. 2001. Numerical modelling of tsunami generation and propagation from submarine slumps: The 1998 Papua New Guinea event. Geophysical Journal International, 145: 97-111.

Hibberd S, Peregrine D H. 1979. Surf and run-up on a beach: a uniform bore. Journal of Fluid Mechanics, 95: 323-345.

Holthuijsen L H, Booij N. 2003. Phase-decoupled refraction-diffraction for spectral wave models. Coastal Engineering, 49: 291-305.

Hon Y C, Cheung K F, Mao X Z, et al. 1999. Multiquadric solution for shallow water equations. Journal of Hydraulic Engineering, 125: 524-533.

ISSC. 1964. Proceedings of the Second International Ship Structures Congress, Delft, Netherlands.

ITTC. 1972. Technical decision and recommendation of the seakeeping committee. Berlin: 13th International

Towing Tank Conference.

Janssen P A E M. 1991. Quasi-linear theory of wind wave generation applied to wave forecasting. Journal of Physical Oceanography, 21: 1631-1642.

Johns B, Jefferson R J. 1980. The numerical modeling of surface wave propagation in the surf zone. Journal of Physical Oceanography, 10: 1061-1069.

Kamphuis J W. 2000. Introduction to Coastal Engineering and Management. Singapore: World Scientific.

Keller H B, Levine D A, Whitham G B. 1960. Motion of a bore over a sloping beach. Journal of Fluid Mechanics, 7: 302-316.

Kennedy A B, Chen Q, Kirby J T, et al. 2000. Boussinesq modeling of wave transformation, breaking and runup, I: 1D. Journal of Waterway, Port, Coastal, and Ocean Engineering, 126(1): 39-47.

Kharif C, Pelinovsky E. 2003. Physical mechanisms of the rogue wave phenomenon. European Journal, Mechanics/B-Fluid, 22: 603-634.

Kobayashi N, Cox D T, Wurjanto A. 1990. Irregular wave reflection and run-up on rough impermeable slopes. Journal of Waterway, Port, Coastal, and Ocean Engineering, 116(6): 708-726.

Kobayashi N, Raichle A. 1994. Irregular wave overtopping of revetments in surf zones. Journal of Waterway, Port, Coastal, and Ocean Engineering, 120(1): 56-73.

Kobayashi N, Wurjanto A. 1989. Wave transmission over submerged breakwater. Journal of Waterway, Port, Coastal, and Ocean Engineering, 115(5): 662-680.

Komen G J, Hasselmann S, Hasselmann K. 1984. On the existence of a fully developed wind-sea spectrum. Journal of Physical Oceanography, 14: 1271-1285.

Kuipers J, Vreugdenhil C B. 1973. Calculations of Two-Dimensional Horizontal Flows. Delft Hydraulics Laboratory, Delft, The Netherlands.

Larsen J, Dancy H. 1983. Open boundaries in short wave simulations-A new simulation. Coastal Engineering, 7: 285-297.

Lee C, Cho Y S, Yum K. 2001. Internal generation of waves for extended Boussinesq equations. Coastal Engineering, 42(2): 155-162.

Li C W, Yu T S. 1996. Numerical investigation of turbulent shallow recirculating flows by a quasi-three-dimensional k-ε model. International Journal for Numerical Methods in Fluids, 23: 485-501.

Lin P Z. 2008. Numerical Modeling of Water Waves. London: Taylor & Francis.

Lin P Z, Li C W, Liu H W. 2005. A wave height spectral model for simulation of wave diffraction and refraction. Journal of Coastal Research, SI 42: 448-459.

Lin P Z, Liu P L F. 1999. An internal wave-maker for Navier-Stokes equations models. Journal of Waterway, Port, Coastal, and Ocean Engineering, 125(4): 207-215.

Lin P Z, Zhang D. 2004. The depth-dependent radiation stresses and their effect on coastal currents. Proceedings of the 6th International Conference on Hydrodynamics: VI Theory and Applications: 247-253.

Liu H, Yin B S, Xu Y Q, et al. 2005. Numerical simulation of tides and tidal currents in Liaodong Bay with POM. Progress in Natural Science, 15(1): 47-55.

Liu P C. 1971. Normalized and equilibrium spectra of wind waves in Lake Michigan. Journal of Physical Oceanography, 1: 249-257.

Liu P L F, Cho Y S, Briggs M J, et al. 1995. Runup of solitary waves on a circular island. Journal of Fluid

Mechanics, 302: 259-285.

Liu P L F, Cho Y S, Yoon S B, et al. 1994. Numerical simulations of the 1960 Chilean tsunami propagation and inundation at Hilo, Hawaii//El-Sabh M I. Recent Developments in Tsunami Research. Dordrecht, Netherlands: Kluwer Academic Publishers.

Liu P L F, Yeh H H, Lin P, et al. 1998. Generation and evolution of edge-wave packet. Physics of Fluids, 10(7): 1635-1657.

Longuet-Higgins M S, Stewart R W. 1964. Radiation stresses in water waves: a physical discussion with applications. Deep-Sea Research and Oceanographic Abstracts, 11: 529-562.

Lynett P J, Wu T R, Liu P L F. 2002. Modeling wave runup with depth-integrated equations. Coastal Engineering, 46(2): 89-107.

Madsen P A, Larsen J. 1987. An efficient finite-difference approach to the mild-slope equation. Coastal Engineering, 11: 329-351.

Madsen P A, Simonsen H J, Pan C H. 2005. Numerical simulation of tidal bores and hydraulic jumps. Coastal Engineering, 52(5): 409-433.

Mardia K V. 1972. Statistics of Directional Data. London: Academic Press.

Marinov D, Norro A, Zaldivar J M. 2006. Application of COHERENS model for hydrodynamic investigation of Sacca di Goro coastal lagoon (Italian Adriatic Sea shore). Ecological Modelling, 193: 52-68.

Massel S R. 1996. Ocean Surface Waves: Their Physics and Prediction. Advanced Series on Ocean Engineering—Volume 11. Singapore: World Scientific.

Mei C C. 1989. The Applied Dynamics of Ocean Surface Waves. Singapore: World Scientific.

Mejia-Olivares C J, Haigh I D, Wells N C, et al. 2018. Tidal-stream energy resource characterization for the Gulf of California, México. Energy, 156: 481-491.

Minato S. 1998. Storm surge simulation using POM and a revisitation of dynamics of sea surface elevation short-term variation. Meteorology and Geophysics, 48(3): 79-88.

Mitsuyasu H. 1972. The one-dimensional wave spectra at limited fetch. Proceeding of 13th Coastal Engineering Conference, 1: 289-306.

Mitsuyasu H, Honda T. 1982. Wind-induced growth of water waves. Journal of Fluid Mechanics, 123: 425-442.

Myers E P, Baptista A M. 1999. Finite element modeling of potential Cascadia subduction zone tsunamis. Science of Tsunami Hazards, 17: 3-18.

Neumann G. 1953. On ocean wave spectra and a new method of forecasting wind-generated sea. Technical Memorandum, 43.

Ochi M, Hubble E. 1976. On six-parameter wave spectra. Proceeding of 15th International Conference of Coastal Engineering: 301-328.

Oey L Y, Ezer T, Forristall G, et al. 2005. An exercise in forecasting loop current and eddy frontal positions in the Gulf of Mexico. Geophysical Research Letters, 32: L12611.

Ozer J, Padilla-Hernandez R, Monbaliu J, et al. 2000. A coupling module for tides, surges and waves. Coastal Engineering, 41: 95-124.

Parkar B B, Davies A M, Xing J. 1999. Tidal Height and Current Prediction, Coastal Ocean Prediction. Washington D. C.: AGU Publications: 277-327.

Pelinovsky E N, Mazova R K H. 1992. Exact analytical solutions of nonlinear problems of tsunami wave runup on slopes with different profiles. Natural Hazards, 5: 227-249.

Phillips O M. 1958. The equilibrium range in the spectrum of wind-generated waves. Journal of Fluid Mechanics, 4(4): 426-434.

Phillips O M. 1977. The Dynamics of the Upper Ocean. 2nd ed. Cambridge: Cambridge University Press.

Pierson Jr W J, Moskowitz L. 1964. A proposed spectral form for fully developed wind seas based on the similarity theory of S. A. Kitaigorodskii. Journal of Geophysical Research, 69(24): 5181-5190.

Pierson Jr W J, Neumann G, James R W. 1955. Practical methods for observing and forecasting ocean waves by means of wave spectra and statistics. U.S. Navy Hydrographic Office, H. O. Pub. No. 603.

Pierson Jr W J, Tick L J, Bear L. 1966. Computer-based procedure for preparing global wave forecasts and wind field analyses capable of using wave data obtained from a spacecraft. Proceeding of 6th Symposium on Naval Hydrodynamics: 499-529.

Rastogi A K, Rodi W. 1978. Predictions of heat and mass transfer in open channels. Journal of the Hydraulics Division, ASCE, 104(HY3): 397-420.

Ris R C, Booij N, Holthuijsen L H. 1999. A third-generation wave model for coastal regions: 2. Verification. Journal of Geophysical Research, 104(C4): 7667-7681.

Rivero F J, Arcilla A S. 1995. On the vertical distribution of $\langle \tilde{u}\tilde{w} \rangle$. Coastal Engineering, 25(s 3-4): 137-152.

Rivero F J, Arcilla A S, Carci E. 1997. An analysis of diffraction in spectral wave models. Proceeding of 3rd International of Symposium on Ocean Wave Measurement and Analysis, WAVES'97, ASCE: 431-445.

Schureman P. 1958. Manual of harmonic analysis of tidal observations. Washington, D. C.: U. S. Department of Commerce.

Scott J R. 1965. A sea spectrum for model tests and long-term ship prediction. Journal of Ship Research, 9: 145-152.

Shankar J, Cheong H F, Chan C T. 1997. Boundary fitted grid models for tidal motions in Singapore coastal waters. Journal of Hydraulic Research, 35(1): 3-20.

Shuto N, Goto C, Imamura F. 1990. Numerical simulation as a means of warning for near-field tsunami. Coastal Engineering in Japan, 33(2): 173-193.

Sobey R J. 1986. Wind-wave prediction. Annual Review of Fluid Mechanics, 18: 149-172.

Stelling G S, Duinmeijer S P A. 2003. A staggered conservative scheme for every Froude number in rapidly varied shallow water flows. International Journal for Numerical Methods in Fluids, 43(12): 1329-1354.

Tanioka Y, Satake K. 2001. Detailed coseismic slip distribution of the 1944 Tonankai earthquake estimated from tsunami waveforms. Geophysical Research Letters, 28(6): 1075-1078.

Tao J H. 1983. Computation of wave run-up and wave breaking. Internal Report, Danish Hydraulic Institute.

Titov V V, Rabinovich A B, Mofjeld H O, et al. 2005. The global reach of the 26 December 2004 Sumatra Tsunami. Science, 309(5743): 2045-2048.

Titov V V, Synolakis C E. 1998. Numerical modeling of tidal wave runup. Journal of Waterway, Port, Coastal, and Ocean Engineering, 124(4): 157-171.

Tolman H L. 1999. User manual and system documentation of WAVEWATCH-III version 1.18. NOAA / NWS/ NCEP / OMB Technical Note 166.

Ursell F. 1952. Edge waves on a sloping beach. Proceedings of the royal society of London, Ser. A, 214: 79-97.

Vreugdenhil C B. 1994. Numerical Methods for Shallow-Water Flow. Dordrecht: Kluwer Academic Publishers.

Westerink J J, Luettich R A, Baptista A M, et al. 1992. Tide and storm surge predictions using a finite element model. Journal of Hydraulic Engineering, 118: 1373-1390.

Xie L, Wu K, Pietrafesa L, et al. 2001. A numerical study of wave-current interaction through surface and bottom stresses: wind driven circulation in the South Atlantic Bight under uniform winds. Journal of Geophysical Research, 106: 16841-16852.

Yang Z, Wang T, Branch R, et al. 2021. Tidal stream energy resource characterization in the Salish Sea. Renewable Energy, 172: 188-208.

Younus M, Chaudhry M H. 1994. A depth-averaged *k*-*ε* turbulence model for the computation of free-surface flow. Journal of Hydraulic Research, 32(3): 415-436.

Zakharov V E, Shrira V I. 1990. On the formation of the directional spectrum of wind waves. Soviet Physics-JETP, 71: 1091-1100.

Zhang M Y, Li Y S. 1996. The synchronous coupling of a third-generation wave model and a two-dimensional storm surge model. Ocean Engineering, 23(6): 533-543.

Zhou J G, Stansby P K. 1999. 2D shallow water flow model for the hydraulic jump. International Journal for Numerical Methods in Fluids, 29(4): 375-387.

第 5 章　中尺度水动力学模型

中尺度水动力学模型主要包括缓坡方程模型和 Boussinesq 方程模型。其中，缓坡方程模型严格满足波浪色散关系，能够在不受 kh 限制的情况下模拟各种水深条件下的线性波。根据不同的问题需求，我们可以使用瞬态缓坡方程模型、椭圆型缓坡方程模型、Eikonal 方程与能量方程模型、抛物线型缓坡方程模型等。Boussinesq 方程是基于微扰理论推导出来的水深平均方程，允许波浪的非线性和色散性在不同阶近似。虽然缓坡方程因直接使用了色散方程而具有准确表达波浪从深水到浅水变形的优势，但是在水深相对较浅且波浪具有强非线性的水域，Boussinesq 方程则更加适用。

对于中尺度流动模型，本书不设专门的章节介绍。一般情况下，中尺度流动问题既可以采用第 4 章介绍的简化流动模型（如准三维静压模型或平面二维浅水方程模型）处理，又可以采用第 6 章介绍的 N-S 方程模型处理。

5.1　缓坡方程与改进缓坡方程模型

5.1.1　瞬态缓坡方程

为了保证数学模型严格满足波浪的色散关系，学者们开发了与浅水方程模型不同的深度积分波浪模型，该模型基于线性波和缓坡假设，由势流理论导出，因此又称为线性缓坡方程（LMSE）模型（Berkhoff，1972；Eckart，1951；Smith and Sprinks，1975；Lozano and Meyer，1976）。线性缓坡方程严格满足线性色散关系，被广泛用于描述缓慢变化地形上波浪的传播与变形。随时间变化的缓坡方程（Dingemans，1997）可写为

$$\frac{\partial^2\eta}{\partial t^2}-\frac{\partial}{\partial x}\left(cc_{\mathrm{g}}\frac{\partial\eta}{\partial x}\right)-\frac{\partial}{\partial y}\left(cc_{\mathrm{g}}\frac{\partial\eta}{\partial y}\right)+\left(\sigma^2-k^2cc_{\mathrm{g}}\right)\eta=0 \tag{5.1}$$

式中，k、h 和σ之间的关系由线性色散方程确定：

$$\sigma^2=gk\tanh\left(kh\right) \tag{5.2}$$

方程（5.1）是一个二阶双曲型偏微分方程，在时间和空间上都有二阶导数。除了 Lin（2004）提出了一种紧致格式的有限差分方案来直接求解该方程，很少有人尝试直接求解。

为了使方程（5.1）具有与线性长波方程（4.50）相似的特性，许多学者试图将原始的二阶缓坡方程分解为一对一阶双曲型偏微分方程（Copeland，1985）。在方程中引入伪通量 P 和 Q（它们均为复数变量），可得

$$\frac{c_{\mathrm{g}}}{c}\frac{\partial\eta}{\partial t}+\frac{\partial P}{\partial x}+\frac{\partial Q}{\partial y}=0 \tag{5.3}$$

$$\frac{\partial P}{\partial t}+cc_{\mathrm{g}}\frac{\partial\eta}{\partial x}=0 \tag{5.4}$$

$$\frac{\partial Q}{\partial t}+cc_{\mathrm{g}}\frac{\partial \eta}{\partial y}=0 \tag{5.5}$$

该方程组与浅水方程类似，但是通量不具有明确的物理意义。此外，虽然方程式是瞬态的，但由于使用了伪通量，只有稳态解有物理意义。Madsen 和 Larsen（1987）通过提取时间谐波部分，并采用高效的 ADI 算法改进了求解过程。Lee 等（1998）通过引入时间变量的慢坐标，推导出了可适应快速变化地形的双曲型缓坡方程模型。Abohadima 和 Isobe（1999）提出了一种基于 Luke（1967）的变分原理方法的非线性缓坡方程模型，并用它来研究非线性波的衍射。Zheng 等（2001）采用了 Kirby 和 Dalrymple（1986）提出的缓坡方程非线性色散关系。Feng 和 Hong（2000）在缓坡方程中引入了海流和耗散项。

5.1.2　椭圆型缓坡方程

对于谐波列 $\eta=F(x,y)\mathrm{e}^{-i\sigma t}$，其中 $F(x,y)$是空间快速变化的复波幅函数，可以消除方程（5.1）中的时间导数项，这样就得到了稳态缓坡方程（Berkhoff，1972）：

$$\frac{\partial}{\partial x}cc_{\mathrm{g}}\frac{\partial F}{\partial x}+\frac{\partial}{\partial y}cc_{\mathrm{g}}\frac{\partial F}{\partial y}+k^2cc_{\mathrm{g}}F=0 \tag{5.6}$$

上述方程称为椭圆型缓坡方程（EMSE）。Radder（1979）提出，通过 $\Phi=F\sqrt{cc_{\mathrm{g}}}$ 和 $K^2=k^2-\left(\nabla^2\sqrt{cc_{\mathrm{g}}}\right)\big/\sqrt{cc_{\mathrm{g}}}$ 的变量变换，EMSE 可以简化为 Helmholtz 方程：

$$\frac{\partial^2\Phi}{\partial x^2}+\frac{\partial^2\Phi}{\partial y^2}+K^2F=0 \tag{5.7}$$

EMSE 的数值解通常需要迭代计算。Berkhoff（1972）试图用数值方法求解方程（5.6），但该方法仅限于一个小区域。后来，Panchan 等（1991）采用了预条件共轭梯度（CG）方法来加快收敛速度，从而将该模型应用到更大的区域。Li 和 Anastasiou（1992）利用多重网格技术提出了另一种加快收敛速度的求解方案。后来，学者们提出了各种基于共轭梯度法的 EMSE 求解器来提高数值解的效率（Zhao and Anastasiou，1996）。

在浅水中，如 $kh\ll1$，可以得到 $c=c_{\mathrm{g}}=\sqrt{gh}$，则 EMSE 可以简化为

$$\frac{\partial}{\partial x}\left(c^2\frac{\partial F}{\partial x}\right)+\frac{\partial}{\partial y}\left(c^2\frac{\partial F}{\partial y}\right)+\sigma^2F=0 \tag{5.8}$$

在深水中，如 $kh\gg1$ 或者是恒定水深，c_{g} 和 c 的空间梯度为 0，则 EMSE 可以简化为 Helmholtz 方程：

$$\frac{\partial^2F}{\partial x^2}+\frac{\partial^2F}{\partial y^2}+k^2F=0 \tag{5.9}$$

这个方程只描述波浪衍射，Penney 和 Price（1952）使用它来研究防波堤后波浪衍射的解析解。

5.1.3　Eikonal 方程与能量方程

如果我们通过进一步定义空间中的快速变化分量 $F(x,y)=a(x,y)\mathrm{e}^{iS(x,y)}$，其中 $a(x, y)$ 是慢速变化的实波幅函数，S 是实相位函数，将其代入 EMSE，可得

$$
\begin{aligned}
& i\left[a\frac{\partial}{\partial x}\left(cc_{\mathrm{g}}\frac{\partial S}{\partial x}\right)+2cc_{\mathrm{g}}\frac{\partial a}{\partial x}\frac{\partial S}{\partial x}+a\frac{\partial}{\partial y}\left(cc_{\mathrm{g}}\frac{\partial S}{\partial y}\right)+2cc_{\mathrm{g}}\frac{\partial a}{\partial y}\frac{\partial S}{\partial y}\right] \\
& +\frac{\partial}{\partial x}\left(cc_{\mathrm{g}}\frac{\partial a}{\partial x}\right)+\frac{\partial}{\partial y}\left(cc_{\mathrm{g}}\frac{\partial a}{\partial y}\right)-cc_{\mathrm{g}}\left[\left(\frac{\partial S}{\partial x}\right)^2+\left(\frac{\partial S}{\partial y}\right)^2-k^2\right]a=0
\end{aligned} \tag{5.10}
$$

式中，实部和虚部都需要为零。实部可简化为 Eikonal 方程：

$$
|\nabla S|^2=|\overrightarrow{K}|^2=\kappa^2=k^2+\frac{1}{acc_{\mathrm{g}}}\nabla\cdot\left(cc_{\mathrm{g}}\nabla a\right)=k^2+\frac{1}{a}\nabla^2 a+\frac{\nabla\left(cc_{\mathrm{g}}\right)}{cc_{\mathrm{g}}}\cdot\frac{\nabla a}{a} \tag{5.11}
$$

式中，右边第二项和第三项分别代表地形变化引起波浪衍射和波浪折射。值得注意的是，波浪衍射可以在没有波浪折射的情况下发生，但波浪折射总是伴随着波浪衍射而发生。一般而言，对于衍射/折射波场，由线性色散方程获得的波数 κ 总是和实际波数不同，我们可以由此确定波浪的局部传播方向。引入恒等式 $\nabla\times\overrightarrow{K}=\nabla\times(\nabla S)=0$（波数向量的无旋性），能够唯一确定 S 的值，从中可以追踪波浪的射线方向。

方程（5.10）的虚部可以简化为

$$
\nabla\cdot\left(cc_{\mathrm{g}}a^2\nabla S\right)=0 \tag{5.12}
$$

这是能量守恒方程。通过引入波浪能量密度 $E=\rho g a^2/2$ 和在不同地形上定义新的波群速度矢量 $\vec{v}_{\mathrm{g}}=c_{\mathrm{g}}\nabla S/k=c_{\mathrm{g}}\overrightarrow{K}/k$，可以将上式简化为基于波浪能量守恒的表达式：

$$
\nabla\cdot\left(\vec{v}_{\mathrm{g}}E\right)=0 \tag{5.13}
$$

它表明，波浪能量在 $\overrightarrow{K}=\nabla S$ 方向上传播，并以 $|\vec{v}_{\mathrm{g}}|$ 的速度正交于波峰线。

5.1.4 抛物线型缓坡方程

尽管相位函数 S 原则上可以是任何其他形式，但如果我们令它在全域内大部分时间有与远场表达式相同的形式，并且远场波在 x 方向上以波数 k_{x0} 传播，则复波幅函数可以重新表示为

$$
\begin{aligned}
F(x,y) &= a(x,y)\mathrm{e}^{iS(x,y)}=a(x,y)\mathrm{e}^{i(K_x x+K_y y)}=a(x,y)\mathrm{e}^{i\left[k_{x0}x+(K_x-k_{x0})x+K_y y\right]} \\
&= a(x,y)\mathrm{e}^{i\left[(K_x-k_{x0})x+K_y y\right]}\mathrm{e}^{ik_{x0}x}=A(x,y)\mathrm{e}^{ik_{x0}x}=A(x,y)\mathrm{e}^{iS'}
\end{aligned} \tag{5.14}
$$

在这种情况下，当波浪由于折射或衍射而改变传播方向时，上述缓慢变化的波幅函数 $A(x,y)=a(x,y)\mathrm{e}^{i\left[(K_x-k_{x0})x+K_y y\right]}$ 通常是复函数。通过将上述表达式代入原始 EMSE，就有以下等式：

$$
i\left[A\frac{\partial}{\partial x}\left(k_{x0}cc_{\mathrm{g}}\right)+2k_{x0}cc_{\mathrm{g}}\frac{\partial A}{\partial x}\right]+\frac{\partial}{\partial x}\left(cc_{\mathrm{g}}\frac{\partial A}{\partial x}\right)+\frac{\partial}{\partial y}\left(cc_{\mathrm{g}}\frac{\partial A}{\partial y}\right)-cc_{\mathrm{g}}\left(k_{x0}{}^2-k^2\right)A=0 \tag{5.15}
$$

这个方程与方程（5.10）类似，但有一个复数 $A(x, y)$。因此，Eikonal 方程和能量方程不再是独立的，而需要一起求解。在方程（5.15）中，k_{x0} 可以是任意的，S 与 S'之间的差异则记录在 $A(x, y)$里。有时我们也可以通过设置 $k_{x0}=k(x, y)$使得方程（5.15）中的最后一项为零。到目前为止，方程（5.15）仍然是准确的，它与方程（5.10）等价，但表达方式不同。

与彼此耦合的 Eikonal 方程和能量方程相比，上述方程通过将相位函数吸收到缓慢变化的复波幅函数 $A(x, y)$中，在一定程度上进行了解耦。给定适当的边界条件，可以求解椭

圆型方程并得到 $A(x,y)$。一旦求得 $A(x,y)=A_r+iA_i$，就很容易通过 $a(x,y)=|A(x,y)|=\sqrt{A_r^2+A_i^2}$ 得到真实的波幅。实际相位函数可以通过以下方程得到：

$$
\begin{aligned}
S(x,y)=K_x x+K_y y&=\arctan\left(\frac{A_i\cos S'+A_r\sin S'}{A_r\cos S'-A_i\sin S'}\right)\\
&=\arctan\left[\frac{A_i\cos(k_{x0}x)+A_r\sin(k_{x0}x)}{A_r\cos(k_{x0}x)-A_i\sin(k_{x0}x)}\right]
\end{aligned}
\tag{5.16}
$$

通过引入 $\overline{K}=\nabla S$，可以得到实际的波数，并确定波浪的传播角 $\theta=\arctan(K_y/K_x)$。

如果假设波浪的衍射主要发生在横向（垂直于 x 方向的主波传播），方程（5.15）可以简化为

$$
i2k_{x0}cc_g\frac{\partial A}{\partial x}+\left[(k^2-k_{x0}{}^2)cc_g+i\frac{\partial(k_{x0}cc_g)}{\partial x}\right]A+\frac{\partial}{\partial y}\left(cc_g\frac{\partial A}{\partial y}\right)=0 \tag{5.17}
$$

与原始 EMSE 为椭圆型不同，该方程是抛物线型的。因此，它通常被称为抛物线型缓坡方程（PMSE）。将 EMSE 抛物线化的最初动机是降低求解椭圆型方程的计算成本。Radder（1979）首次得到了类似的表达式，并将其应用于波浪通过淹没浅滩的研究，在这个过程中，波浪折射和衍射都很重要。

当保留非线性项时，上述方程可以修改为描述正向散射的二阶斯托克斯波（Kirby and Dalrymple，1983；Liu and Tsay，1984）：

$$
i2k_{x0}cc_g\frac{\partial A}{\partial x}+\left[(k^2-k_{x0}{}^2)cc_g+i\frac{\partial(k_{x0}cc_g)}{\partial x}\right]A+\frac{\partial}{\partial y}\left(cc_g\frac{\partial A}{\partial y}\right)-kcc_gG|A|^2A=0 \tag{5.18}
$$

式中，

$$
G=k^3\left(\frac{c}{c_g}\right)\frac{\cosh(4kh)+8-2\tanh^2(kh)}{8\sinh^4(kh)} \tag{5.19}
$$

在恒定水深下 $k=k_{x0}$，上述方程被简化为熟悉的非线性薛定谔方程：

$$
2ik\frac{\partial A}{\partial x}+\frac{\partial^2 A}{\partial y^2}-kG|A|^2A=0 \tag{5.20}
$$

通过使用 Wentzel-Kramers-Brillouin（WKB）展开，Yue 和 Mei（1980）得到了恒定水深条件下在特定方向传播的弱非线性斯托克斯波的相同表达式。在这种情况下，波浪衍射是引起波浪传播方向变化的唯一机制。一般来说，虽然两个矢量不相等，即 $\nabla S\neq\nabla S'=(k_{0x},0)$，但其幅值是相等的：$|\nabla S|=\kappa=k_{x0}=|\nabla S'|$（如防波堤后的波场，通过改变传播方向，波浪弯曲进入阴影区）。因此，$A(x,y)$必须是一个复函数以表示实相位函数 $S(x,y)$和它的近似函数 $S'=k_{x0}x$ 之间的差异。

当仅考虑线性波时，上述方程可进一步简化为线性薛定谔方程（Lozano and Liu，1980）：

$$
2ik\frac{\partial A}{\partial x}+\frac{\partial^2 A}{\partial y^2}=0 \tag{5.21}
$$

这是对原始 Helmholtz 方程的最低阶抛物线逼近。该方程意味着衍射过程类似于扩散过程，但扩散系数为虚数，该过程将导致波相位的改变，而不是与$|A|^2$相关的波能的衰减。

后来，Dalrymple 和 Kirby（1988）扩展了抛物线近似的有效范围，并将角谱概念引入他们的模型中。Liu（1990）总结了抛物线近似的发展及其应用范围。PMSE 的主要优点是

数值解可以在不迭代的情况下从深水行进到浅水，类似于求解初值问题，但用“x”代替“t”。对 PMSE 的研究在 20 世纪 80 年代最为活跃，但后来变得不那么流行，部分原因是它的理论仅限于窄带波。尽管如此，各种版本的 PMSE 为单波束的折射和衍射提供了重要理论基础，后来 Lin 等（2005）使用这些理论基础推导出了能够处理波浪绕射的波高谱模型。

5.1.5 改进缓坡方程

较早的缓坡方程应用有三个限制：①该方程仅适用于线性波；②该方程仅适用于缓坡且底部不可渗透地形上的波浪；③该方程不包含能量耗散。最近，缓坡方程理论推导的进展主要集中在拓展它在弱非线性波和更陡底坡的应用上。此外，理论推导还尝试考虑各种类型的能量耗散，因此形成了修正缓坡方程（MMSE），有时也称为扩展缓坡方程。

非线性波：即使是最低阶的非线性项，也可能对波的折射和衍射产生显著影响（Kirby and Dalrymple，1983；Liu and Tsay，1984）。原则上，可以通过在公式中引入高阶非线性项（Yue and Mei，1980）或使用校正的非线性色散方程（Booij，1981）来考虑非线性效应。前者的结果是在 MMSE 中附加非线性项，如二阶缓坡方程（Chen and Mei，2006）。在后一种方法中，线性色散方程被修改为（Kirby and Dalrymple，1986）：

$$\sigma^2 = gk\tanh\left[kh + ka\left(\frac{kh}{\sinh(kh)}\right)^4\right]\left[1+\tanh^5(kh)(ka)^2\frac{\cosh(4kh)+8-2\tanh^2(kh)}{8\sinh^4(kh)}\right] \tag{5.22}$$

陡峭底坡：原始 MSE 假定的是缓慢变化的底坡，即$|\nabla h| \ll 1$。Booij（1983）研究了平面斜坡的数值波浪反射，并得出在$\nabla h = 1/3$的情况下，MSE 模型是可行的。为了解释快速变化的地形效应，在推导中必须考虑底部斜率的高阶影响。Kirby（1986）将 EMSE 扩展到包含快速变化的地形。O’Hare 和 Davies（1992）及 Guazzelli 等（1992）考虑快速变化的底部起伏，将底床近似为一系列的台阶，并使用 MMSE 研究布拉格（Bragg）反射现象。Massel（1993）发现，应当更严格地考虑底部效应，包括与底部曲率和底部斜率的平方成正比的高阶底部效应项。

采用类似的思想，Chamberlain 和 Porter（1995）提出了一种广泛使用的 MMSE 形式：

$$\frac{\partial}{\partial x}\left(cc_{\mathrm{g}}\frac{\partial F}{\partial x}\right)+\frac{\partial}{\partial y}\left(cc_{\mathrm{g}}\frac{\partial F}{\partial y}\right)+\left\{k^2cc_{\mathrm{g}}+gu_1\left(\frac{\partial^2 h}{\partial x^2}+\frac{\partial^2 h}{\partial x^2}\right)+gu_2\left[\left(\frac{\partial h}{\partial x}\right)^2+\left(\frac{\partial^2 h}{\partial y^2}\right)\right]\right\}F=0 \tag{5.23}$$

式中，

$$u_1 = \frac{\operatorname{sech}^2(kh)}{4\left[2kh+\sinh(2kh)\right]}\left[\sinh(2kh)-2kh\cosh(2kh)\right] \tag{5.24}$$

$$u_2 = \frac{k\operatorname{sech}^2(kh)}{12\left[2kh+\sinh(2kh)\right]^3}\times\left\{(2kh)^2+4(2kh)^3\sinh(2kh)-9\sinh(2kh)\sinh(4kh)\right.$$
$$\left.+6kh\left[2kh+2\sinh(2kh)\right]\left[\cosh^2(2kh)-2\cosh(2kh)+3\right]\right\} \tag{5.25}$$

Chandrasekera 和 Cheung（1997）及 Suh 等（1997）开发了适用于快速变化地形的不同版本的 MMSE。Miles 和 Chamberlain（1998）开发了一个偏微分方程的分层结构，并证明了该系统可以退化为不同阶次的缓坡方程。Agnon 和 Pelinovsky（2001）进行了系统的推导，并将推导结果与各种 MMSE 的结果进行了比较。结果表明，一般在诸如浅滩这样具有复杂地形的底床上，MMSE 能更准确地描述波浪折射和绕射。考虑高阶水深效应的 MMSE 对模拟水深不连续和水深曲率较大的地形（如沙纹和沙坝）上的波浪传播问题非常有效。有关 MMSE 特性的更多讨论请参阅 Porter（2003）的研究。

能量耗散：波浪靠近海岸线时能量耗散主要来源于底摩擦和波浪破碎。Dalrymple 等（1984）和 Dally 等（1985）提出了改进的 EMSE：

$$\frac{\partial}{\partial x}\left(cc_{\mathrm{g}}\frac{\partial F}{\partial x}\right)+\frac{\partial}{\partial y}\left(cc_{\mathrm{g}}\frac{\partial F}{\partial y}\right)+\left(k^{2}cc_{\mathrm{g}}+i\sigma w+ic_{\mathrm{g}}\sigma\gamma\right)F=0 \tag{5.26}$$

式中，w 为阻尼因子，表达式为

$$w=\frac{2c_{\mathrm{f}}}{3\pi}\frac{ak\sigma}{\sinh(2kh)\sinh(kh)} \tag{5.27}$$

式中，c_{f} 为无量纲摩擦系数，是关于 Re 和底床粗糙度的函数。γ 为波浪破碎参数，表达式为

$$\gamma=\frac{\chi}{h}\left(1-\frac{\Gamma^{2}h^{2}}{4a^{2}}\right) \tag{5.28}$$

式中，$\chi=0.15$（Dally et al.，1985），$\Gamma=0.4$（Demirbilek and Panchang，1998）。

也有学者尝试在冲浪带加入波浪破碎效应，他们在方程中引入了附加非线性项，并在数值求解时进行了特殊处理（Tao and Han，2001；Zhao et al.，2001；Chen et al.，2005）。

多孔介质底床：模拟波浪在多孔介质底床上或通过多孔介质结构时的传播是缓坡方程的另一种扩展。Losada 等（1996）提出了一种研究多孔斜坡上波浪传播的缓坡方程模型。之后，Hsu 和 Wen（2001）提出了一个描述波浪在透水层上传播时随时间变化的抛物线型方程。Tsai 等（2006）提出了一种新的随时间变化的缓坡方程来求解多孔介质底床上波浪通过多孔介质防波堤的变形问题。

5.1.6　缓坡方程及其应用

缓坡方程具有理论上的优势，即能够在不受 kh 限制的情况下模拟各种水深条件下的线性波。这是因为方程中强制使用了线性色散关系，因此不同波浪条件下的速度垂向变化都被精确地反映到垂向积分过程。缓坡方程经常用于研究浅滩、凹坑或沟槽等变化地形上或理想海岛周围的波浪联合折射和绕射问题。在过去几十年中，学者们基于缓坡方程开发了多种不同版本的缓坡方程模型。例如，Dalrymple 和 Kirby（1985）基于 PMSE 开发了 REF/DIF 模型；美国缅因大学（University of Maine）在 EMSE（Demirbilek and Panchang，1998）的基础上，由 USACE 赞助，基于有限元法开发了一种通用的海岸波浪模型 CGWAVE。

浅滩上的波浪：缓坡方程模型经常被用来模拟有实验数据的椭圆型浅滩斜坡上的波浪传播问题（Berkhoff et al.，1982）。在这个问题中，单色波列和平面海滩有一个 20°的入射角。在浅滩附近的波浪联合折射和绕射引起了浅滩后方的波浪聚焦，在那里波浪被放大并且呈现出显著的非线性。许多学者基于缓坡方程的数值模型研究了该问题以验证模型的收敛性和精度（Panchang et al.，1991），或者研究非线性项的贡献（Kirby and Dalrymple，1984；Zheng et al.，2001）。Liu 和 Tsay（1984）模拟了浅滩后方聚焦波的尖峰聚焦面，并与 Whalin

（1971）的实验数据进行了对比。最初，Berkhoff（1972）采用有限差分法计算了在恒定水深的椭圆型浅滩上的波浪传播问题，之后，Bettess 和 Zienkiewicz（1977）使用了有限元法和无限元方法，而 Zhu（1993）使用了边界元法，分别对此问题进行了研究。

变水深地形上的波浪变形：缓坡方程模型经常研究的另一常见问题是在变化水深中的波浪变形和反射问题，如沙纹底床、沟槽、凹坑等。Dalrymple 等（1989）研究了平缓起伏底床上的波浪绕射问题。Suh 等（1997）利用时间关联型缓坡方程模型研究了强布拉格反射，该反射发生在正向入射波的波数约为周期性起伏的底床波数的一半时（如沙坝）。他们将数值结果分别与 Davies 和 Heathershaw（1984）的单正弦底床的实验数据，以及 Guazzelli 等（1992）的双正弦沙纹底床的实验数据进行了对比。此外，Porter R 和 Porter D（2001）利用 MMSE 研究了波浪与三维周期地形的相互作用。

海岛周围波浪折射和绕射：缓坡方程模型还可以用于研究海岛周围的波浪联合折射和绕射问题。例如，Smith 和 Sprinks（1975）开发了一种用于模态分解的积分技术来研究圆锥形海岛周围的水波，计算了海岛周围的捕获边缘波模式；Jonsson 等（1976）使用配置法求解缓坡方程来研究抛物线型浅滩上圆形海岛周围的波浪散射问题；Homma（1950）在浅水极限下曾获得过该问题的解析解；Houston（1981）使用本征函数研究了同样的问题；Lo（1991）开发了一个有限差分模型来研究任意海岛周围的波浪条件；Zhu（1993）提出了一种基于缓坡方程的对偶交互边界元法（DRBEM）来研究海岛周围的波浪绕射和折射；Chamberlain 和 Porter（1999）使用 MMSE 开发了一种基于角分解的方法来研究轴对称地形对水波的捕获，他们将结果与 Xu 和 Panchang（1993）的早期模拟结果进行了比较；Lin 等（2002）将该研究扩展到圆形海岛周围随机波浪的折射和绕射，并开展了相应的实验来验证其基于缓坡方程模型的计算结果；Lin（2004）开发了一种基于紧致差分格式的时域缓坡方程模型，并用它来研究抛物线型浅滩上圆形海岛周围的波浪散射。图 5.1 是利用该模型模拟的风暴期间海岛周围准稳态长波波场分布的实例（Liu et al.，2004）。

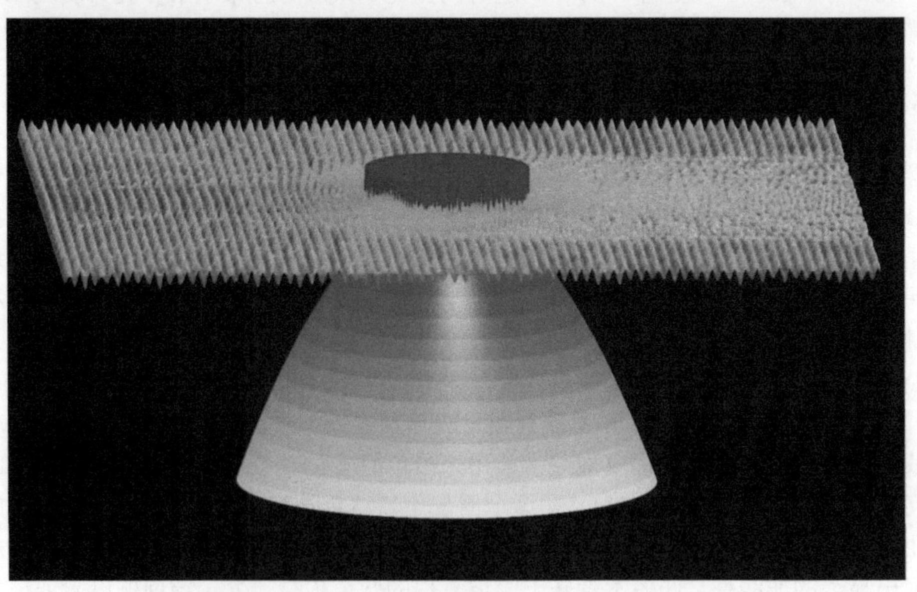

（a）3D侧视图

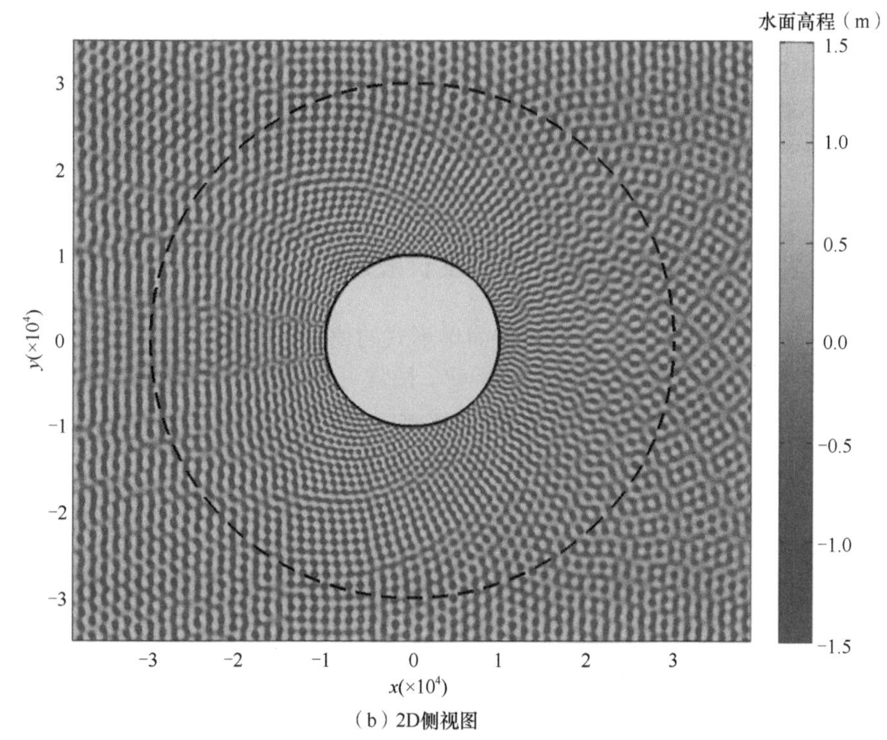

（b）2D侧视图

图 5.1　波浪在有圆形岛屿浅滩上传播的数值模拟结果

计算域覆盖 100km×100km，采用 3000×3000 个均匀单元格；在奔腾 4（3.6GHz）PC 上运行，使用 24 CPU 小时（即计算机的运行时间），图示为计算 16 000 个时间步长后的稳定波场

港口共振：该问题是港口设计中的重要问题，对于几何形状相对简单的港口，可以求得基于线性波理论的解析解。例如，Ippen 和 Goda（1963）对一个矩形港口给出了港口共振的解析解；Wang 等（2011）构造了长波作用于直线斜坡底床的狭长矩形港湾时港湾振荡的解析解；王秋月（2012）将其研究的直线斜坡底床推广到任意次幂的理想底床和拟理想底床（幂函数+常水深），对理想底床求出了港湾振荡波放大因子的封闭解，而对拟理想底床构造了级数解；Wang 等（2014）还构造了长波作用于底床为双曲余弦平方函数的狭长矩形港湾时的解析解。实际上，壁反射系数和底摩擦都有助于改变实际的共振模式。缓坡方程模型非常适合用于模拟边界构造复杂、具有变化的水深和底摩擦、存在部分反射的壁面等条件的实际港口的共振。Demirbilek 和 Panchang（1998）使用 CGWAVE 模拟了矩形港口共振，并将其模拟结果与解析解（Ippen and Goda，1963）及实验数据（Ippen and Goda，1963；Lee，1971）进行了比较。

随机波浪模拟：为了实际应用于海洋和海岸工程中的真实海况模拟，需要在 MSE 模型中包含随机波。Dalrymple 和 Kirby（1988）提出了基于线性缓坡方程的线性角频谱波浪模型来研究有侧向扩散的波浪传播问题。该模型被扩展到非线性形式（Suh et al.，1990），并包含了波浪破碎（Chawla et al.，1998）。Liu 和 Losada（2002）使用波谱的抛物线近似模型 OLUCA-SP 研究了淹没圆形浅滩上随机波浪的破碎问题。在该模型中，主要根据 Battjes 和 Janssen（1978）、Thornton 和 Guza（1983）或 Rattanapitikon 和 Shibayama（1998）提出的经验公式来表征由波浪破碎引起的能量耗散。

局限性：尽管将缓坡方程模型应用于非线性随机破碎波的研究已经在一定程度上取得

了成功，但很少有人使用该模型研究冲流带波浪爬高的细节。主要原因是即使包含了非线性效应，波浪色散方程在超出一定极限的非线性大浪条件下也会失效。色散方程使得缓坡方程在深水中要优于后面将要介绍的 Boussinesq 方程，但在冲浪区域这反而成了缓坡方程的缺点。此外，缓坡方程不能处理由冲浪带非线性波相互作用而产生的新的波流现象，因此与 Boussinesq 方程模型相比，缓坡方程模型在近岸水域的波浪模拟中不太常用。

5.1.7 基于缓坡方程的解析研究及长波近似

由于 EMSE 是一种线性且具有相对简单形式的偏微分方程，迄今为止已有不少分析方法尝试过获取简单情况下封闭形式的解析解。最常见的近似是长波假设，将 EMSE 简化为线性长波方程。针对一维变水深长波问题的求解，已经有大量的理论研究，如 Xie 等（2011）构建的长波越过带两个冲刷槽的矩形潜堤时反射系数的封闭解，首次从机制上揭示出矩形潜堤之所以会出现零反射（即全穿透）现象（Newman，1965；Mei，1989），其原因是防波堤断面具有对称性。这个发现不但从机制上解释了 Lin 和 Liu（2005）所发现的矩形潜堤加上斜坡后反射周期性和全穿透性均不复存在的原因，也提示实际建造潜堤时，应尽量避免使用横截面对称的潜堤。在众多理论解析解中，适用范围较广的当属 Liu 等（2013b）针对长波通过理想潜堤或凹槽等情形构造的级数解析解。针对实际防波堤护岸工程，往往采用不同类型、不同排列的布拉格（Bragg）防波堤，而防波堤的形状和排列直接关乎工程预算和减灾防灾效果。对此问题，Liu 等（2015a）通过解析求解浅水方程，建立了长波分别越过三角形、半余弦和梯形这三类布拉格潜堤时布拉格共振反射系数的封闭解。这些解析解表明，布拉格共振反射系数的最大值是沙坝个数、坝高相对于水深的高度和坝宽相对于入射波波长的宽度的三元函数。通过对布拉格共振反射系数最大值函数中沙坝的三个参数依赖关系进一步数值寻优，Liu 等（2015a）建立了这三个参数之间的优化配置曲线，其结果可用于指导布拉格防波堤的设计。此外，Liu 等（2015b）还给出了抛物型人工沙坝的优化配置曲线。众所周知，布拉格共振反射会随着周期性阵列的规模（如沙坝个数）增加而增强。固体物理学中的布洛赫理论（Bloch，1928）表明，波在周期介质中传播时可被表达成一个平面波与一个周期函数的乘积，具有这种属性的波被称为布洛赫波。此外，根据能带理论，布洛赫波的传播以能带结构为特点，能带之间可能存在能带间隙（阻带），使得频率处于阻带间的波在此周期介质中的传播被禁止。此理论科学解释了物质的导电特性，同时也为半导体材料的合成制备提供了理论依据。类似地，在水波理论中，通过求解无限周期性地形的布洛赫波的特征值问题，找出能带间隙（若存在），即能得到当有限的周期性阵列沙坝规模足够大时被阻止或反射波浪的频率区间，从而可以帮助我们设计出具有更宽阻波频段的水下防护阵列。针对水波能带问题，许多研究为了降低求解的难度，大多基于常水深情况。最近，Liu 等（2017）在理论上率先研究了变水深周期地形上的能带问题，其具体研究方法为：在解析求解水波在变水深地形上传播问题的基础上，利用布洛赫理论求解了三角形沙坝地形的能带结构问题，并给出了对应地形条件下能带间隙存在的充分必要条件。

针对二维变水深地形的长波理论研究，轴对称地形的解析研究一直是研究热点。Homma（1950）基于线性长波方程首次给出了在抛物型浅滩上，圆形海岛周围波浪变形的解析解，以便寻找海岛附近的海啸响应机制，结果发现对于特定的入射波频率，海岛周围的波幅会被显著放大；Longuet-Higgins（1967）给出了一个在淹没的圆形洋脊上长波传播的解析解，传播过程中会出现捕获现象导致洋脊上波高放大的现象；Summerfield（1972）将 Longuet-Higgins（1967）的研究扩展到镶嵌在水下较大圆形基台上的小型表面开孔圆柱体周围的波浪变形研究；Zhang 和 Zhu（1994）给出了在圆锥形海岛周围和抛物型浅滩上长波散射的系列解；之后，Zhu 和 Zhang（1996）将该研究扩展到圆锥形浅滩上圆形海岛周围的波浪变形研究；Yu 和 Zhang（2003）从 MSE 开始，基于长波近似假设，给出了一个圆形浅滩周围波放大的串联形式的解析解，该解具有不同幂函数的剖面；Suh 等（2005）给出了圆形凹坑上波浪变形和衰减的解析解；Liu 和 Li（2007）给出了一个在圆形浅滩周围波浪散射的解析解，对于大的幂次，该解析解接近于淹没圆柱体的 Longuet-Higgins（1967）解析解；Liu 和 Li（2007）还构造了长波越过水下截顶浅滩的封闭解；Jung 和 Suh（2008）构造了长波越过某特殊轴对称陷坑的封闭解；Jung 等（2010）又将 Zhang 和 Zhu（1994）关于长波绕过圆锥形海岛的 Frobenius 级数解推广到更具一般形状特点的拟理想轴对称岛的 Frobenius 级数解；Niu 和 Yu（2011a）给出了长波越过水下轴对称拟理想浅滩的 Frobenius 级数解，其主要拓展是将 Zhu 和 Zhang（1996）所考虑的轴对称拟理想抛物型浅滩地形中的函数幂次由 2 次拓展到任意正实数次。这一改变导致了在数学上的求解困难，其解决方法是采用 Niu 和 Yu（2011a）提供的特殊变量替换，尤其是对幂次为有理数的情况。但与此同时，得到的级数解也面临解的收敛性问题：只有当浅滩沉没到超过整体水深 1/2 时，才能得到收敛的 Frobenius 级数解。为克服这一困难，Liu 和 Xie（2011）通过进一步引入新的变量替换，构造了一个改进的级数解，其最大优点是淹没水深比不再影响其解的收敛性，从而消除了收敛区间这一限制，极大拓宽了该级数解的适用范围；Niu 和 Yu（2011b，2011c）还构造了长波越过疏浚挖掘陷坑时的级数解，以及长波绕过带冲刷槽圆柱岛的级数解；Jung 和 Lee（2012）构造了长波绕过复合轴对称地形上圆柱岛的级数解；Liu 等（2012a）则构造了长波绕过拟理想 Homma 岛的级数解；Kuo 等（2012）通过在长波方程的基础上添加一个含透水参数的项，构造了长波越过透水浅滩上圆柱岛的解析解；Liu 和 Sun（2014）构造了长波越过一个中心矗立水下圆柱的轴对称陷坑时的级数解析解。所有上述理论工作都基于线性浅水方程，这可以看作缓坡方程的长波近似。

当和实验数据及基于势流理论的结果相比时，上述理论解由于做了长波近似而高估了浅滩上的波浪放大效应（Renardy，1983；Miles，1986）。显然，如果能够直接求解缓坡方程，就可以避免长波近似带来的误差。然而，由于波数和水深通过缓坡方程中的色散方程隐式耦合，因此即使对于相对简单的变水深地形，获得缓坡方程的直接封闭解析解也非常困难，需要突破处理隐函数形式的线性色散关系的瓶颈。直到 2004 年，Liu 等（2004）通过利用 Hunt（1979）基于 Pade 近似构造的显式色散方程，首次获得了在 Homma 岛周围较短波浪散射的近似解析解。受此启发，许多学者随后相继开展了一系列研究。例如，Lin 和 Liu（2007）给出了线性波越过水下截顶抛物型浅滩时的近似解；Liu 和 Lin（2007）给出了线性波绕过锥形浅滩上圆柱岛时的近似解；Jung 等（2008）构造了波浪越过多种形状轴对称陷坑时的近似解；Hsiao 等（2010）给出了波浪绕过圆锥形海岛时修正缓坡方程的近似解；Niu 和 Yu（2012）构造了水波绕过中心含有出水直立圆柱的轴对称冲刷槽时缓坡方程的近似解，结果表明，相对于折射效应，衍射效应在该问题中起主导作用。与此同时，一些学者另辟蹊径，采取不同的近似方法进行求解。例如，Jung 和 Suh（2007）采用将方程系数及未知函数均展开为泰勒级数的办法，构造了线性波越过轴对称陷坑时的近似解；

Cheng（2011）采用最小二乘法逼近缓坡方程的系数，从而构造了线性波绕过 Homma 岛时的近似解；Cheng 等（2012）通过将方程系数展开为泰勒多项式的办法，构造了波浪越过岛屿或浅滩时缓坡方程的近似解。

以上近似解均需设定级数项的截断阶数，项数的选择将极大影响高阶项近似的精度与求解难度。为了克服这个困难，Liu 等（2012b）利用微积分学中的隐函数定理，导出了求波数 k、相速度 c 和群速度 c_g 这 3 个物理隐参数的任意阶导数的递推式，依靠准确的导数值，继而可求出修正缓坡方程（Chamberlain and Porter，1995）的级数解。Liu 等（2012b）用此方法求解了天然正弦沙坝地形对应的反射系数，其解析结果与试验结果吻合非常好。随后，利用此准确解析方法，Xie 和 Liu（2012）构造了波浪越过陷坑时的级数解，改进了 Jung 等（2008）的长波解析解和其基于 Liu 等（2004）的逼近解析方法得到的缓坡方程近似解；Liu 等（2013a）则构造了波浪通过包含冲刷槽的矩形潜堤反射时修正缓坡方程的解析解，其结果显示，矩形潜堤反射系数仅为其宽度与来波波长之比的周期振荡函数，在长波近似条件下，与 Mei（1989）的周期函数结论一致，但在全波谱范围内周期性结论将不再适用。

以上在求解基于隐函数理论得到的隐式缓坡方程时虽然提高了精度，但仍将面对收敛区间难以判定等问题，将缓坡方程各隐式系数转化为显式系数仍是彻底解决此问题的唯一途径。在缓坡方程被提出之后的几十年，此研究的重大突破始于 Liu 和 Zhou（2014）首次引入全新的变量，即 $K=kh$（k 为波数、h 为水深），将色散关系转化为变量 K 的形式（$h=\frac{g}{\omega^2}K\tanh K$），在已知地形条件下，可以将隐式缓坡方程转化为关于变量 K 的显式缓坡方程。继而，可以准确判定其解的收敛区间，且大大降低方程的求解难度。基于此方法，Liu 和 Xie（2013）、Liu 等（2013c）分别构建了波浪绕过 Homma 岛和带理想冲刷坑圆柱岛时修正缓坡方程的精确解析解；Xie 和 Liu（2013）建立了波浪通过一维梯形潜堤或梯形陷坑时的精确解析解；Zhai 等（2013）构造了线性波绕过广义 Homma 岛（即圆柱岛坐落于水深函数为任意次幂函数的理想浅滩）时的级数解；Liao 等（2014）构建了波浪越过轴对称理想疏浚采砂陷坑时的精确解析解；Liu 等（2017）又引入了新的变量替换，构建了线性波通过拟理想轴对称浅滩时修正缓坡方程的级数解析解。关于缓坡方程解析研究方法的综合介绍可参考刘焕文和林鹏智（2016）的研究。

5.2 Boussinesq 方程模型

5.2.1 Boussinesq 方程简介

浅水方程模型是模拟大尺度长波和浅水流的强大而有效的数值工具。然而，当它应用于波长较短的波浪如 $kh\sim O(1)$或弱非线性色散波如孤立波或 N 波时，误差是不可忽略的，其根本原因在于浅水方程模型忽略了波浪的色散特性。实际问题中，具有不同频率的波在有限的水深中有分离的趋势，水波的这种色散特性是水波中非静水压力的直接结果。这意味着，要模拟色散波，就需要对动水压力进行合理的近似。

标准 Boussinesq 方程模型：Boussinesq（1871）推导了包含弱色散和弱非线性效应的深度平均模型，其中动量方程包含动水压力影响。这些方程只能用于平底情况。后来，

Mei 和 LeMehaute（1966）及 Peregrine（1967）推导出了可变深度的 Boussinesq 方程。Mei 和 LeMehaute（1966）以底部速度为因变量，Peregrine（1967）则以深度平均速度为因变量，并假设垂向速度在水深方向线性变化。由于 Peregrine（1967）推导出的方程在沿海工程界广泛流行，因此，通常称其为标准 Boussinesq 方程，它假设波浪具有弱非线性和色散性，即 $h/H = \alpha = O\left(\varepsilon^2\right) = O\left[\left(h/L\right)^2\right] \ll 1$，在此条件下，厄塞尔数（Ursell number）为 $\mathrm{Ur} = (L^2 H)/h^3 = \alpha/\varepsilon^2$。Boussinesq 方程在忽略粘性效应后，具有以下形式：

$$\frac{\partial H}{\partial t} + \frac{\partial}{\partial x}\left(UH\right) + \frac{\partial}{\partial y}\left(VH\right) = 0 \tag{5.29}$$

$$\frac{\partial U}{\partial t} + U\frac{\partial U}{\partial x} + V\frac{\partial U}{\partial y} = -g\frac{\partial \eta}{\partial x} + \frac{1}{2}h\frac{\partial^2}{\partial t \partial x}\left[\frac{\partial\left(Uh\right)}{\partial x} + \frac{\partial\left(Vh\right)}{\partial y}\right] - \frac{1}{6}h^2\frac{\partial^2}{\partial t \partial x}\left[\frac{\partial U}{\partial x} + \frac{\partial V}{\partial y}\right] \tag{5.30}$$

$$\frac{\partial V}{\partial t} + U\frac{\partial V}{\partial x} + V\frac{\partial V}{\partial y} = -g\frac{\partial \eta}{\partial y} + \frac{1}{2}h\frac{\partial^2}{\partial t \partial y}\left[\frac{\partial\left(Uh\right)}{\partial x} + \frac{\partial\left(Vh\right)}{\partial y}\right] - \frac{1}{6}h^2\frac{\partial^2}{\partial t \partial y}\left[\frac{\partial U}{\partial x} + \frac{\partial V}{\partial y}\right] \tag{5.31}$$

上述方程具有与浅水方程中相同的连续性方程。然而，x 方向和 y 方向上的动量方程包含了两个以时间和空间三阶混合导数形式存在的项。附加的两项在数学上表示波的色散，这些项是由流体的垂向加速度导致的，因此它们至少反映了一部分动水压力效应。上述方程代表了波浪色散和非线性的最低阶形式。Peregrine（1967）使用该方程模拟了平面海滩上的孤立波；Abbott 等（1978）开发了 Boussinesq 波浪模型来模拟浅水中的规则短波；Freilich 和 Guza（1984）则使用该方程研究了浅水非线性波之间的相互作用。

标准 Boussinesq 方程仅适用于相对较小的 kh 和 H/h。许多学者提出了各种方法来扩展该方程的应用范围，其中包括改善深水中的线性色散特性和包含高阶非线性项。Witting（1984）尝试用 Pade 展开式来近似色散方程。方程利用自由表面速度，是完全非线性的，但只能近似表达色散关系。这些方程仅适用于恒定水深。Madsen 等（1991）及 Madsen 和 Sørensen（1992）将具有可变系数的高阶项引入标准 Boussinesq 方程中，分别用于恒定水深和可变水深。Beji 和 Nadaoka（1996）对 Madsen 和 Sørensen（1992）改进的 Boussinesq 方程进行了更严谨的推导。在该方程的基础上，Lee 等（1998）开发了模拟波浪运动的有限元 Boussinesq 方程模型。

Nwogu 模型：通过将因变量定义为任意深度的速度，Nwogu（1993）在无须添加高阶项的情况下，通过多项式近似实现了对线性色散关系的准确表达。在一定的深度范围内，线性相速度误差最小。Nwogu（1993）的 Boussinesq 方程具有以下形式：

$$\frac{\partial \eta}{\partial t} + \nabla\cdot\left[\left(h+\eta\right)\vec{u}_\alpha\right] + \nabla\left\{\left(\frac{z_\alpha^2}{2} - \frac{h^2}{6}\right)h\nabla(\nabla\cdot\vec{u}_\alpha) + \left(z_\alpha + \frac{h}{2}\right)h\nabla\left[\nabla\cdot(h\vec{u}_\alpha)\right]\right\} = 0 \tag{5.32}$$

$$\frac{\partial \vec{u}_\alpha}{\partial t} + g\nabla\eta + \left(\vec{u}_\alpha\cdot\nabla\right)\vec{u}_\alpha + \mu^2\left\{\frac{z_\alpha^2}{2}\nabla\left(\nabla\cdot\frac{\partial \vec{u}_\alpha}{\partial t}\right) + z_\alpha\nabla\left[\nabla\cdot\left(h\frac{\partial \vec{u}_\alpha}{\partial t}\right)\right]\right\} = 0 \tag{5.33}$$

式中，$\vec{u}_\alpha$ 是在任意深度 z_α 处的水平速度矢量。

Nwogu 方程具有相对简单的形式，对波浪非线性和色散性的表达能力有所提高。Nwogu（1993）采用 Crank-Nicholson 迭代方法和预估校正法来求解一维空间中的 Boussinesq 方程；Wei 和 Kirby（1995）利用高阶有限差分法开发了二维数值模型；Walkley 和 Berzins（2002）利用有限元法开发了二维数值模型；Lin 和 Man（2007）在交错网格系统上开发了二维有限差分模型，该模型可保证长时间模拟下的质量守恒问题。

Kirby 及其团队的模型：过去几十年，Boussinesq 方程模型取得了很大进展，Boussinesq 方程的有效应用范围得到了进一步扩展，其可以模拟强非线性波浪，也适用于深水情况。例如，特拉华大学的 Kirby 及其同事提出了一组由 Nwogu 方程扩展而来的高阶精度 Boussinesq 方程。新的 Boussinesq 方程改进了波浪的非线性（Wei et al.，1995）：

$$\frac{\partial\eta}{\partial t}=E(\eta,u,v)+E_2(\eta,u,v) \tag{5.34}$$

$$\frac{\partial U(u)}{\partial t}=F(\eta,u,v)+\frac{\partial F_1(v)}{\partial t}+F_2\left(\eta,u,v,\frac{\partial u}{\partial t},\frac{\partial v}{\partial t}\right) \tag{5.35}$$

$$\frac{\partial V(v)}{\partial t}=G(\eta,u,v)+\frac{\partial G_1(u)}{\partial t}+G_2\left(\eta,u,v,\frac{\partial u}{\partial t},\frac{\partial v}{\partial t}\right) \tag{5.36}$$

式中，u 和 v 是 $z=z_\alpha=-0.531h$ 处的水平速度；$U=u+\left[b_1h\frac{\partial^2 u}{\partial x^2}+b_2\frac{\partial^2(hu)}{\partial x^2}\right]$，$V=v+\left[b_1h\frac{\partial^2 v}{\partial y^2}+b_2\frac{\partial^2(hv)}{\partial y^2}\right]$；$E$、$E_2$、$F$、$F_1$、$F_2$、$G$、$G_1$ 和 G_2 是 η、u、v、$\frac{\partial u}{\partial t}$ 者 $\frac{\partial v}{\partial t}$ 的空间导数，定义为

$$\begin{aligned}E=&-\frac{\partial}{\partial x}[(h+\eta)u]-\frac{\partial}{\partial y}[(h+\eta)v]\\&-\frac{\partial}{\partial x}\left\{a_1h^3\left(\frac{\partial^2 u}{\partial x^2}+\frac{\partial^2 v}{\partial x\partial y}\right)+a_2h^2\left[\frac{\partial^2(hu)}{\partial x^2}+\frac{\partial^2(hv)}{\partial x\partial y}\right]\right\}\\&-\frac{\partial}{\partial y}\left\{a_1h^3\left(\frac{\partial^2 u}{\partial x\partial y}+\frac{\partial^2 v}{\partial y^2}\right)+a_2h^2\left[\frac{\partial^2(hu)}{\partial x\partial y}+\frac{\partial^2(hv)}{\partial y^2}\right]\right\}\end{aligned} \tag{5.37}$$

$$F=-g\frac{\partial\eta}{\partial x}-\left(u\frac{\partial u}{\partial x}+v\frac{\partial u}{\partial y}\right) \tag{5.38}$$

$$G=-g\frac{\partial\eta}{\partial y}-\left(u\frac{\partial v}{\partial x}+v\frac{\partial v}{\partial y}\right) \tag{5.39}$$

$$F_1=-h\left[b_1h\frac{\partial^2 v}{\partial x\partial y}+b_2\frac{\partial^2(hv)}{\partial x\partial y}\right] \tag{5.40}$$

$$G_1=-h\left[b_1h\frac{\partial^2 u}{\partial x\partial y}+b_2\frac{\partial^2(hu)}{\partial x\partial y}\right] \tag{5.41}$$

$$\begin{aligned}E_2=&-\frac{\partial}{\partial x}\left\{\left[a_1h^2\eta+\frac{1}{6}\eta\left(h^2-\eta^2\right)\right]\left(\frac{\partial^2 u}{\partial x^2}+\frac{\partial^2 v}{\partial x\partial y}\right)\right\}\\&-\frac{\partial}{\partial x}\left\{\left[a_2h\eta-\frac{1}{2}\eta(h+\eta)\right]\left(\frac{\partial^2(hu)}{\partial x^2}+\frac{\partial^2(hv)}{\partial x\partial y}\right)\right\}\\&-\frac{\partial}{\partial y}\left\{\left[a_1h^2\eta+\frac{1}{6}\eta\left(h^2-\eta^2\right)\right]\left(\frac{\partial^2 u}{\partial x\partial y}+\frac{\partial^2 v}{\partial y^2}\right)\right\}\\&-\frac{\partial}{\partial y}\left\{\left[a_2h\eta-\frac{1}{2}\eta(h+\eta)\right]\left(\frac{\partial^2(hu)}{\partial x\partial y}+\frac{\partial^2(hv)}{\partial y^2}\right)\right\}\end{aligned} \tag{5.42}$$

$$
\begin{aligned}
F_2 = & -\frac{\partial}{\partial x}\left\{\frac{1}{2}\left(z_\alpha^2-\eta^2\right)\left[u\frac{\partial}{\partial x}\left(\frac{\partial u}{\partial x}+\frac{\partial v}{\partial y}\right)+v\frac{\partial}{\partial y}\left(\frac{\partial u}{\partial x}+\frac{\partial v}{\partial y}\right)\right]\right\} \\
& -\frac{\partial}{\partial x}\left\{\left(z_\alpha-\eta\right)\left[u\frac{\partial}{\partial x}\left(\frac{\partial(hu)}{\partial x}+\frac{\partial(hv)}{\partial y}\right)+v\frac{\partial}{\partial y}\left(\frac{\partial(hu)}{\partial x}+\frac{\partial(hv)}{\partial y}\right)\right]\right\} \\
& -\frac{1}{2}\frac{\partial}{\partial x}\left\{\left[\frac{\partial(hu)}{\partial x}+\frac{\partial(hv)}{\partial y}+\eta\left(\frac{\partial u}{\partial x}+\frac{\partial v}{\partial y}\right)\right]^2\right\} \\
& +\frac{\partial}{\partial x}\left\{\frac{1}{2}\eta^2\left[\frac{\partial}{\partial x}\left(\frac{\partial u}{\partial t}\right)+\frac{\partial}{\partial y}\left(\frac{\partial v}{\partial t}\right)\right]+\eta\frac{\partial}{\partial x}\left(h\frac{\partial u}{\partial t}\right)+\frac{\partial}{\partial y}\left(h\frac{\partial v}{\partial t}\right)\right\}
\end{aligned} \tag{5.43}
$$

$$
\begin{aligned}
G_2 = & -\frac{\partial}{\partial y}\left\{\frac{1}{2}\left(z_\alpha^2-\eta^2\right)\left[u\frac{\partial}{\partial x}\left(\frac{\partial u}{\partial x}+\frac{\partial v}{\partial y}\right)+v\frac{\partial}{\partial y}\left(\frac{\partial u}{\partial x}+\frac{\partial v}{\partial y}\right)\right]\right\} \\
& -\frac{\partial}{\partial y}\left\{\left(z_\alpha-\eta\right)\left[u\frac{\partial}{\partial x}\left(\frac{\partial(hu)}{\partial x}+\frac{\partial(hv)}{\partial y}\right)+v\frac{\partial}{\partial y}\left(\frac{\partial(hu)}{\partial x}+\frac{\partial(hv)}{\partial y}\right)\right]\right\} \\
& -\frac{1}{2}\frac{\partial}{\partial y}\left\{\left[\frac{\partial(hu)}{\partial x}+\frac{\partial(hv)}{\partial y}+\eta\left(\frac{\partial u}{\partial x}+\frac{\partial v}{\partial y}\right)\right]^2\right\} \\
& +\frac{\partial}{\partial y}\left\{\frac{1}{2}\eta^2\left[\frac{\partial}{\partial x}\left(\frac{\partial u}{\partial t}\right)+\frac{\partial}{\partial y}\left(\frac{\partial v}{\partial t}\right)\right]+\eta\frac{\partial}{\partial x}\left(h\frac{\partial u}{\partial t}\right)+\frac{\partial}{\partial y}\left(h\frac{\partial v}{\partial t}\right)\right\}
\end{aligned} \tag{5.44}
$$

式中，E_2、F_2 和 G_2 是附加的高阶非线性项，这在弱非线性方程中是不存在的；常数 a_1、a_2、b_1 和 b_2 定义为

$$
a_1=\beta^2/2-1/6,\quad a_2=\beta+1/2,\quad b_1=\beta^2/2,\quad b_2=\beta \tag{5.45}
$$

式中，$\beta=z_\alpha/h$。后来，Gobbi 等（2000）将模型的精确度进一步提高到了 $O(kh)^4$。

Liu 及其团队的模型：Liu 和他在康奈尔大学的同事利用速度势和自由表面高度得到了完全非线性和弱色散性 Boussinesq 方程（Liu，1994；Chen and Liu，1995）。方程采用以下有量纲形式（Liu and Wu，2004）：

$$
\begin{aligned}
& \frac{\partial\eta}{\partial t}+\nabla\cdot\left[(h+\eta)\vec{u}_\alpha\right]+\nabla\cdot\left\{\left(\frac{z_\alpha^2}{2}-\frac{h^2}{6}\right)h\nabla\left(\nabla\cdot\vec{u}_\alpha\right)+\left(z_\alpha+\frac{h}{2}\right)h\nabla\left[\nabla\cdot\left(h\vec{u}_\alpha\right)\right]\right\} \\
& \quad +\nabla\cdot\left\{\eta\left[\left(z_\alpha-\frac{\eta}{2}\right)\nabla\left[\nabla\cdot\left(h\vec{u}_\alpha\right)\right]+\frac{1}{2}\left(z_\alpha^2-\frac{\eta^2}{3}\right)\nabla\left(\nabla\cdot\vec{u}_\alpha\right)\right]\right\}=0
\end{aligned} \tag{5.46}
$$

$$
\begin{aligned}
& \frac{\partial\vec{u}_\alpha}{\partial t}+g\nabla\eta+\frac{1}{2}\nabla\left|\vec{u}_\alpha\right|^2+\frac{1}{\rho}\nabla p+\left\{\nabla\left[z_\alpha\left(\nabla\cdot\left(h\frac{\partial\vec{u}_\alpha}{\partial t}\right)\right)\right]+\nabla\left[\frac{z_\alpha^2}{2}\left(\nabla\cdot\frac{\partial\vec{u}_\alpha}{\partial t}\right)\right]\right\} \\
& \quad +\nabla\left\{\frac{z_\alpha^2}{2}\vec{u}_\alpha\cdot\nabla\left(\nabla\cdot\vec{u}_\alpha\right)+z_\alpha\vec{u}_\alpha\cdot\nabla\left(\nabla\cdot h\vec{u}_\alpha\right)+\frac{1}{2}\left[\nabla\cdot\left(h\vec{u}_\alpha\right)\right]^2-\eta\nabla\cdot\left(h\frac{\partial\vec{u}_\alpha}{\partial t}\right)\right\} \\
& \quad +\nabla\left[\eta\left(\nabla\cdot h\vec{u}_\alpha\right)\left(\nabla\cdot\vec{u}_\alpha\right)-\frac{1}{2}\eta^2\nabla\cdot\left(\frac{\partial\vec{u}_\alpha}{\partial t}\right)-\eta\vec{u}_\alpha\cdot\nabla\left(\nabla\cdot h\vec{u}_\alpha\right)\right] \\
& \quad +\nabla\left[\frac{\eta^2}{2}\left(\nabla\cdot\vec{u}_\alpha\right)^2-\frac{\eta^2}{2}\vec{u}_\alpha\cdot\nabla\left(\nabla\cdot\vec{u}_\alpha\right)\right]=0
\end{aligned} \tag{5.47}
$$

式中，$z_\alpha=-0.531h$，足够准确描述 $0\leqslant kh\leqslant\pi$ 区间的波浪群速度和相速度。Lynett 和 Liu（2004）提出了一个两层 Boussinesq 方程模型，该模型可以精确到 $kh=6$。

Madsen 及其团队的模型：丹麦技术大学的 Madsen 和他的同事独立提出了一系列新的具有强非线性表达的 Boussinesq 方程模型，其中的平均速度或任意 z 位置的速度被用来最小化速度沿深度的积分误差。Schäffer 和 Madsen（1995）提出的方程如下：

$$\begin{aligned}&\frac{\partial\eta}{\partial t}+\frac{\partial}{\partial x}\left[(h+\eta)u_\alpha\right]+\frac{\partial}{\partial y}\left[(h+\eta)v_\alpha\right]+\frac{\partial}{\partial x}\left\{\left(\frac{z_\alpha^2}{2}-\frac{h^2}{6}\right)h\left(\frac{\partial^2u_\alpha}{\partial x^2}+\frac{\partial^2v_\alpha}{\partial x\partial y}\right)+\left(z_\alpha+\frac{h}{2}-\beta_1h\right)\right.\\&\left.\times h\left[\frac{\partial^2(hu_\alpha)}{\partial x^2}+\frac{\partial^2(hv_\alpha)}{\partial x\partial y}\right]+\beta_2\frac{\partial}{\partial x}\left[h^2\frac{\partial(hu_\alpha)}{\partial x}+h^2\frac{\partial(hv_\alpha)}{\partial y}\right]-\beta_1h^2\frac{\partial^2\eta}{\partial t\partial x}+\beta_2\frac{\partial}{\partial x}\left(h^2\frac{\partial\eta}{\partial t}\right)\right\}\\&+\frac{\partial}{\partial y}\left\{\left(\frac{z_\alpha^2}{2}-\frac{h^2}{6}\right)h\left(\frac{\partial^2u_\alpha}{\partial x\partial y}+\frac{\partial^2v_\alpha}{\partial y^2}\right)+\left(z_\alpha+\frac{h}{2}-\beta_1h\right)h\left[\frac{\partial^2(hu_\alpha)}{\partial x\partial y}+\frac{\partial^2(hv_\alpha)}{\partial y^2}\right]\right.\\&\left.+\beta_2\frac{\partial}{\partial y}\left[h^2\frac{\partial(hv_\alpha)}{\partial y}+h^2\frac{\partial(hu_\alpha)}{\partial x}\right]-\beta_1h^2\frac{\partial^2\eta}{\partial t\partial y}+\beta_2\frac{\partial}{\partial y}\left(h^2\frac{\partial\eta}{\partial t}\right)\right\}=0\end{aligned}\tag{5.48}$$

$$\begin{aligned}&\frac{\partial u_\alpha}{\partial t}+g\frac{\partial\eta}{\partial x}+u_\alpha\frac{\partial u_\alpha}{\partial x}+v_\alpha\frac{\partial u_\alpha}{\partial y}+\left(\frac{z_\alpha^2}{2}-\gamma_1h^2\right)\left(\frac{\partial^3u_\alpha}{\partial t\partial x^2}+\frac{\partial^3v_\alpha}{\partial t\partial x\partial y}\right)\\&+(z_\alpha+\gamma_2h)\left[\frac{\partial^2}{\partial x^2}\left(h\frac{\partial u_\alpha}{\partial t}\right)+\frac{\partial^2}{\partial x\partial y}\left(h\frac{\partial v_\alpha}{\partial t}\right)\right]\\&-\gamma_1gh^2\left\{\frac{\partial^3\eta}{\partial x^3}+\frac{\partial^3\eta}{\partial x\partial y^2}+\gamma_2gh\left[\frac{\partial^2}{\partial x^2}\left(h\frac{\partial\eta}{\partial x}\right)+\frac{\partial^2}{\partial x\partial y}\left(h\frac{\partial\eta}{\partial y}\right)\right]\right\}=0\end{aligned}\tag{5.49}$$

$$\begin{aligned}&\frac{\partial v_\alpha}{\partial t}+g\frac{\partial\eta}{\partial y}+u_\alpha\frac{\partial v_\alpha}{\partial x}+v_\alpha\frac{\partial v_\alpha}{\partial y}+\left(\frac{z_\alpha^2}{2}-\gamma_1h^2\right)\left(\frac{\partial^3u_\alpha}{\partial t\partial x\partial y}+\frac{\partial^3v_\alpha}{\partial t\partial y^2}\right)\\&+(z_\alpha+\gamma_2h)\left[\frac{\partial^2}{\partial x\partial y}\left(h\frac{\partial u_\alpha}{\partial t}\right)+\frac{\partial^2}{\partial y^2}\left(h\frac{\partial v_\alpha}{\partial t}\right)\right]\\&-\gamma_1gh^2\left\{\frac{\partial^3\eta}{\partial x^2\partial y}+\frac{\partial^3\eta}{\partial y^3}+\gamma_2gh\left[\frac{\partial^2}{\partial x\partial y}\left(h\frac{\partial\eta}{\partial x}\right)+\frac{\partial^2}{\partial y^2}\left(h\frac{\partial\eta}{\partial y}\right)\right]\right\}=0\end{aligned}\tag{5.50}$$

式中，$z_\alpha=-0.029\,07h$，$\beta_1=-0.130\,54$，$\beta_2=-0.535\,82$，$\gamma_1=0.011\,96$ 和 $\gamma_2=0.001\,44$。后来，Madsen 和 Schäffer（1998）及 Madsen 等（2002）对 Boussinesq 方程模型进行了进一步改进，后者可以精确到 $kh=40$。

5.2.2 Boussinesq 方程的扩展

多孔介质中的 Boussinesq 方程模型：为了模拟透水海床上的波流或波流通过多孔介质结构物的问题，学者们尝试在多孔介质流基础上开发 Boussinesq 方程。Cruz 等（1997）提出了一个 Boussinesq 方程模型，并将其用于研究多孔海床上的波浪变形；Liu 和 Wen（1997）在多孔介质中建立了完全非线性和弱色散波的 Boussinesq 方程模型；Hsiao 等（2002）提出了一组新的 Boussinesq 方程，用于描述多孔海床上的非线性波；Chen（2006）将该模型扩展到破碎波区域，并用它来研究波浪与多孔介质结构物的相互作用。

分层流的 Boussinesq 方程模型：Boussinesq 方程的另一个扩展是模拟分层流。内波可能在两个不同密度流体层的界面处产生。Lamb（1994）采用 Boussinesq 方程模型来研究强潮汐流产生的内波；Choi 和 Camassa（1996，1999）在双层流体系中建立了弱非线性和完全非线性的内波模型，发现这些方程可以简化为浅水中的 Boussinesq 方程或 KdV 方程和深水中的中等长波（ILW）方程；Chen 和 Liu（1998）提出了一个用于界面波传播的广义修正 KP 方程；Kataoka 等（2000）在均匀分层流体中导出了有限振幅的长周期内波的完全非线性演化方程，该方程在小振幅极限下可以简化为 KP 方程；Lynett 和 Liu（2002）开发了一个内波模型来模拟海峡和近岛内波的演变。严格地说，用于描述内波的一些方程并不是 Boussinesq 方程，而是将 Boussinesq 方程扩展到其他方程的类型，这些方程具有类似的特征，即色散性和非线性。

包含界面扰动或物体运动的 Boussinesq 方程模型：Boussinesq 方程也用来描述表面扰动产生的波和波的传播。表面扰动可能来自自由表面、底部或其间的移动物体。第一种情况与大尺度风浪的产生或船体移动产生局部尺度的船行波有关。在这种情况下，需要修改方程来包含浅水方程（4.58）和方程（4.59）中的表面压力梯度。例如，Wu D M 和 Wu T Y（1982）提出了一个广义的 Boussinesq 方程模型来模拟由移动的表面压力场引起的非线性长波；为了模拟较短的波，Liu 和 Wu（2004）采用 Boussinesq 方程模型来模拟航道中的船行波。第二种情况对应于水下滑坡或地震引起的海啸。例如，Sander 和 Hutter（1992）使用广义 Boussinesq 方程，模拟了浸没移动边界产生的弱非线性色散波。在他们的方法中，水深变成了一个与时间相关的函数。浅水方程模型也采用了类似的方法来模拟海啸的发生（Heinrich et al.，2001）。对于浸没并且运动的物体，Lee 等（1989）建立了一个强迫 KdV 方程模型和一个广义 Boussinesq 方程模型来研究具有拱形横截面的运动物体产生的波浪。他们的结果与实验数据和 NSE 模型的数值结果（Zhang and Chwang，1996）吻合良好。

KdV 方程和孤立波：Boussinesq 方程模型在过去几十年里受到了很多关注，不仅因为它能很好地描述非线性和色散浅水波，还因为它与一些重要物理现象有着深刻的内在联系，如孤立波传播、非线性波相互作用等。当波浪单向传播时，Boussinesq 方程可简化为如下形式的 KdV 方程：

$$\frac{\partial \phi}{\partial t}+6\phi\frac{\partial \phi}{\partial x}+\frac{\partial^3 \phi}{\partial x^3}=0 \tag{5.51}$$

该方程作为可精确求解的非线性偏微分方程而著名。在某些适定初值和边界条件下，该方程存在孤立子形式的解析解。通过逆散射变换可以获得孤立子解的解析表达式，该变换是一个数学过程，将特定的非线性偏微分方程，如 KdV 方程、非线性薛定谔方程和 sine-Gordon 方程，进行整合并转化为线性常微分系统。所有这些方程都有孤立子类型的解析解（Ablowitz and Segur，1981；Drazin and Johnson，1989）。

孤立波现象首先由 John Scott Russell（1808，1882）发现并描述，他在联盟运河（Union Canal，英国 19 世纪初开凿的联通伦敦和伯明翰的重要水道）中观察到孤立波，并将其命名为“平移波”（wave of translation）。后来，Rayleigh 和 Boussinesq 于 1870 年左右开始进行理论研究，并于 1891 年由 Korteweg 和 De Vries 完成。与 Boussinesq 方程一般只用于浅水波模拟相比，KdV 方程具有更广泛的应用范围，如等离子体中的离子声波、晶格上的声波等。当波浪在主方向传播但有一个小的散射角时，KdV 方程可变为 KP 方程。KP 方程是一个单独的偏微分方程，因此它比 Boussinesq 方程更容易进行数值求解。这与我们前面讨论的椭圆型缓坡方程中的抛物线近似类似。

5.2.3 其他非线性波浪方程

前面介绍的所有早期的 Boussinesq 方程都是基于微扰理论推导出来的，它允许对波的非线性和色散进行不同阶的近似。其他类型的非线性水波方程也可以通过使用 Luke（1967）变分原理获得。此外，Green 和 Naghdi（1976）利用直接逼近的方法，将欧拉方程表示为连续方程和能量方程，推导出了可变水深中波浪传播的 Green-Naghdi 方程。

Serre 方程（Serre，1953）是描述强非线性水波的另一种控制方程，该方程在水波建模中受到的关注不如 Boussinesq 方程，直到一些研究者重新研究了该方程，发现该方程在模拟非线性色散波时有很好的表现，特别是在引入一些高阶修正项后（Barthelemy，2004）。对于一维情况，原始的 Serre 方程采用以下简单形式：

$$\frac{\partial \eta}{\partial t}+\frac{\partial\left[(h+\eta)U\right]}{\partial x}=0 \tag{5.52}$$

$$\frac{\partial U}{\partial t}+U\frac{\partial U}{\partial x}+g\frac{\partial \eta}{\partial x}=\frac{1}{3(h+\eta)}\frac{\partial}{\partial x}\left[(h+\eta)^3\left(\frac{\partial^2 U}{\partial x\partial t}+U\frac{\partial^2 U}{\partial x\partial x}-\left(\frac{\partial U}{\partial x}\right)^2\right)\right] \tag{5.53}$$

动量方程的右边明确包含了波浪非线性对色散的影响。与 Boussinesq 方程不同，方程（5.52）和方程（5.53）具有孤立波闭合形式的解（如瑞利孤立波解）：

$$\eta = A\mathrm{sech}^2\left[\frac{3A}{4h^2(h+A)}(x-Ct)\right],\ U=C\left(1-\frac{h}{h+\eta}\right) \tag{5.54}$$

式中，A 是波的振幅，$C=\sqrt{gh(1+A/h)}$。对于小振幅波，上述解可以简化为 KdV 孤立波解，但对于较大振幅的孤立波，可以产生更稳定的孤立波。

后来，为了在欧拉方程中完整地呈现非线性和色散效应，Wu（1999，2000）尝试开发了一种新的统一模型，用于研究各种非线性色散重力-毛细管水波现象。这些问题包括追赶碰撞过程中孤立波非线性波相互作用（Hirota，1973；Whitham，1974）和变通道中的孤立波传播（Shuto，1974；Miles，1979；Teng and Wu，1992，1997）。

尽管 Boussinesq 方程模型和其他非线性色散模型在过去 20 年中已经被拓展到更深的水域，但这些模型仍然限于描述有限 kh 值问题。这是因为所有 Boussinesq 方程只是近似而非严格地满足线性色散关系，在推导 Boussinesq 方程模型时，没有明确使用线性色散关系，只是在动量方程积分中引入各种条件与限制，以确保线性色散方程可以在总体上达到误差最小化。因此，在求解 Boussinesq 方程时，波数（或波长）不是模型要求的输入条件，这使得 Boussinesq 方程不仅适用于波浪模拟，还适用于任何非恒定水流，不过代价是色散误差会在长时间模拟短波时不断累积。

5.2.4 Boussinesq 方程模型及其应用

一些被广泛使用的 Boussinesq 方程模型包括特拉华大学应用海岸研究中心（CACR）开发的 FUNWAVE（Kirby et al.，1998）、康奈尔大学和得克萨斯农工大学开发的双层 Boussinesq 方程模型（Lynett and Liu，2004；Lynett，2006）、丹麦技术大学开发的高阶

Boussinesq 方程模型（Madsen et al.，2006）。在商业软件中，Delft3D 和 MIKE21 都有模拟非线性和色散水波的 Boussinesq 模块。

这些 Boussinesq 方程模型已被用于模拟海滩上的长波破碎和冲刷（Lynett et al.，2003）、海岸结构周围的波浪衍射（Fuhrman et al.，2005）、波浪与沿岸流相互作用（Chen et al.，2003）等。图 5.2 给出了一个 Boussinesq 方程模型对表面波和波生流的模拟结果（Madsen et al.，1997）。图 5.3 展示了一个使用并行计算的 Boussinesq 方程模型（Sitanggang and Lynett，2005）模拟港口周围大尺度波浪场的例子。Boussinesq 方程模型的另一个重要应用是与泥沙输移模型耦合，以计算破波带的泥沙输移导致的海滩剖面演变（Rakha et al.，1997；Karambas and Koutitas，2002）。

为了将 Boussinesq 方程模型应用于破波带，必须对波浪破碎和波浪-流相互作用进行正确的模拟。这需要突破两个理论障碍，即正确模拟垂直方向上不均匀的破碎波产生的湍流，并正确包含波浪破碎过程中涡场的影响。Zelt（1991）利用涡流粘度的概念，在 Boussinesq 方程模型中引入了能量耗散项来模拟破碎波的传播和运动。Karambas 和 Koutitas（1992）求解了单方程湍流动能（k）传输，并用得到的信息来计算破碎波的涡粘系数。Kabiling 和 Sato（1994）开发了一个破碎波模型并将其与海滩演化模型相结合。Veeramony 和 Svendsen（2000）及 Kennedy 等（2000）也提出了各自的 Boussinesq 方程模型，用来模拟波浪破碎过程。Yoon 和 Liu（1989）首创了在 Boussinesq 方程模型中包含流效应，并由 Chen 等（2001）进一步扩展用于沿岸流的模拟。Shen（2000）对分层流和表面波进行了模拟研究。

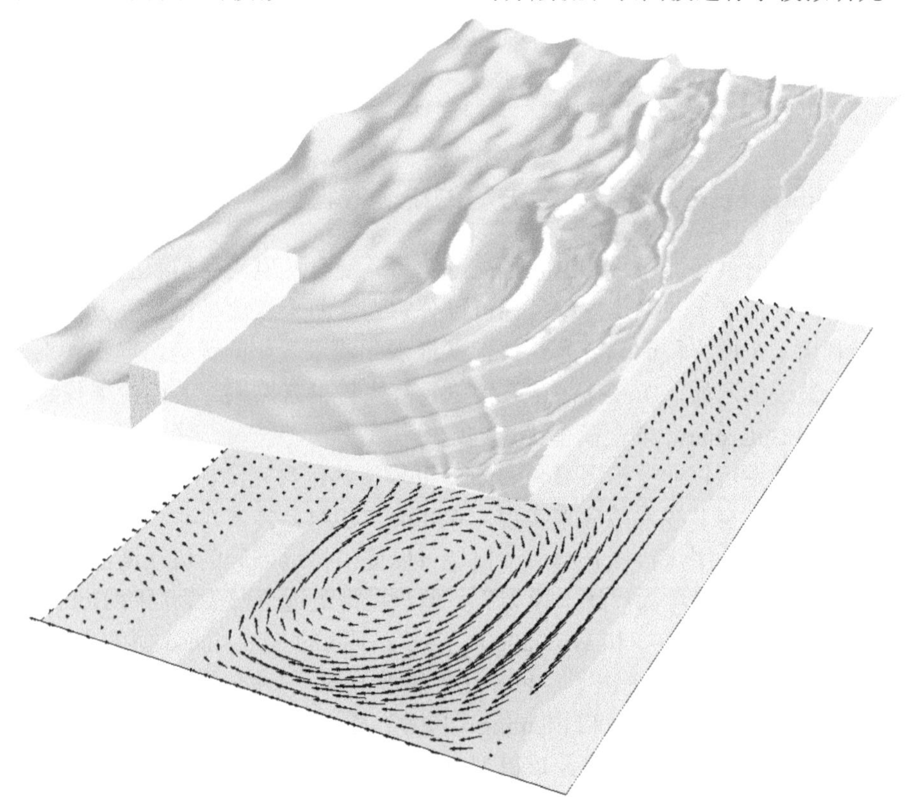

图 5.2　多向不规则波通过海滩上独立式防波堤时表面波浪和波生流特性的 Boussinesq 数值模拟结果（由丹麦技术大学的 P. A. Madsen 教授提供）

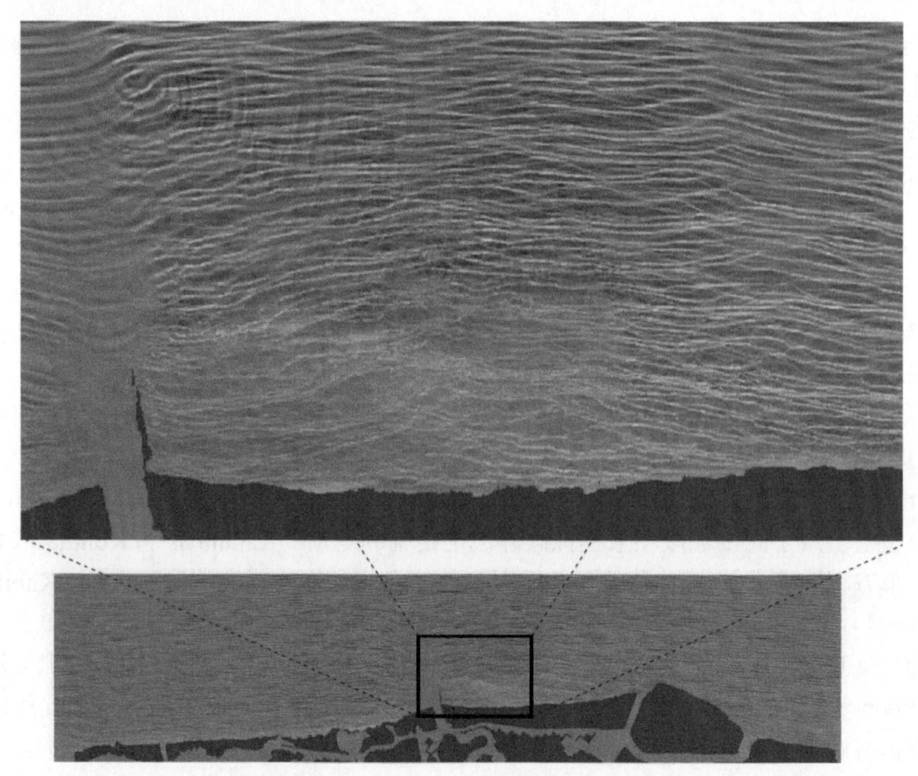

图 5.3 美国得克萨斯州弗里波特（Freeport）附近准稳态波场的 Boussinesq 数值模拟结果

模拟区域为 35km×8km，网格大小为 3m×3m；不规则波 H_s=2m，T_p=1250；模型在 50 个并行的皓龙处理器 Opteron 上运行，模拟时长为 100 个波周期，所需 CPU 时间大约为 24h（由南加利福尼亚大学的 Patrick Lynett 教授提供）

5.2.5 Boussinesq 方程与缓坡方程的统一方程

如果对比分析时域缓坡方程和 Boussinesq 方程，就会发现两种类型的方程具有很多相似性。例如，两者都是水深平均方程，都可以分解为含两个双曲型偏微分方程的系统。虽然缓坡方程利用了色散方程而具有表达波浪从深水到浅水变化的优势，但在相对较浅的、具有强非线性波浪的水域，Boussinesq 方程更具有优势。自然地，人们希望找到同时具有缓坡方程模型和 Boussinesq 方程模型优点的统一模型。

统一模型的开发可以通过扩展 Boussinesq 方程使其包含完全色散效应，或者通过扩展缓坡方程使其包含完全非线性效应来实现。Witting（1984）尝试为非线性水波的演化创建了一个统一的模型，利用级数展开解，该模型可以提供接近破碎的孤立波的精确结果。然而，尽管他把自己的模型称为“统一模型”，但该模型更适合归类为高阶 Boussinesq 方程模型。之后，Karambas（1999）和 Wu（2000）提出了不同的 Boussinesq 型的“统一模型”。此外，Tang 和 Ouellet（1997）提出了一种非线性缓坡方程，并称该模型能捕获与 Boussinesq 方程模型相同的波浪非线性。Li 和 Fleming（1999）及 Huang 等（2001）做了类似的扩展，他们利用变分原理开发了统一模型，该模型对于小振幅波可以简化为缓坡方程，而对于浅水中的有限振幅波可以简化为非线性 Boussinesq 方程。

建立一个真正的统一模型的主要困难在于如何在深水和浅水中都能准确地表达水波特性。在深水中，波浪基本上是线性或弱非线性的，在这种情况下，波形几乎是对称的。

由色散关系控制的线性波和斯托克斯波理论可以精确地描述波动特征。缓坡方程继承使用了色散方程，从而可以准确地描述深水中的波浪运动。虽然色散关系的使用确保了对波浪传播的准确模拟，但它也使得缓坡方程仅能应用于纯周期性的波动现象。随着波浪进入浅水区，波浪非线性增强，波前变陡，形成非对称波形，由于非线性波相互作用产生新的波浪模式及波生流，色散关系被破坏。这时就需要移除仅适用于线性周期波的色散方程的限制。Boussinesq 方程模型成为一个理想的选择，因为其没有明确满足色散方程，就不再需要事先知道波数（或波频率）。Boussinesq 方程模型中的非线性项可以自动处理新的波的产生、波前陡峭化及其他非线性波现象。然而，由于没有色散方程，Boussinesq 方程模型被限制在相对浅水区域。

上述讨论表明，只有在波浪从深水传播到浅水过程中逐步消除对波数信息的依赖，才能成功建立一个统一模型。遗憾的是，目前还没有可用于实际工程计算的该类模型。但随着计算机性能的提高，模拟波浪从深水到浅水传播的全过程将变得可行和必要，对有以上功能的模型的需求也在增加，在理论上构造统一的平面二维波流模型在未来仍有很大的发展空间。

参 考 文 献

刘焕文, 林鹏智. 2016. 水波问题中线性长波方程和缓坡方程解析解研究进展. 四川大学学报: 工程科学版, 48(3): 12-25.

王秋月. 2012. 具有理想和非理想底床矩形港湾纵向振荡的解析模拟及理论分析. 广西民族大学硕士学位论文.

Abbott M B, Petersen H M, Skovgaard P. 1978. On the numerical modeling of short waves in shallow water. Journal of Hydraulic Research, 16: 173-203.

Ablowitz M J, Segur H. 1981. Solitons and the Inverse Scattering Transform. Philadelphia: SIAM.

Abohadima S, Isobe M. 1999. Linear and nonlinear wave diffraction using the nonlinear time-dependent mild slope equations. Coastal Engineering, 37(2): 175-192.

Agnon Y, Pelinovsky E. 2001. Accurate refraction-diffraction equations for water waves on a variable-depth rough bottom. Journal of Fluid Mechanics, 449: 301-311.

Ambrosi D. 2000. Hamiltonian formulation for surface waves in a layered fluid. Wave Motion, 31: 71.

Barthelemy E. 2004. Nonlinear shallow water theories for coastal waves. Surveys in Geophysics, 25(3-4): 315-337.

Battjes J A, Janssen J P F M. 1978. Energy loss and set-up due to breaking of random waves. Coastal Engineering: 569-587.

Beji S, Nadaoka K. 1996. A formal derivation and numerical modelling of the improved Boussinesq equations for varying depth. Ocean Engineering, 23(8): 691-704.

Berkhoff J C W. 1972. Computation of combined refraction-diffraction. Coastal Engineering: 471-490.

Berkhoff J C W, Booy N, Radder A C. 1982. Verification of numerical wave propagation models for simple harmonic linear water waves. Coastal Engineering, 6(3): 255-279.

Bettess P, Zienkiewicz O C. 1977. Diffraction and refraction surface waves using finite and infinite elements. International Journal for Numerical Methods in Engineering, 11(8): 1271-1290.

Bloch F. 1928. Über die quantenmechanik der elektronen in kristallgittern. Zeitschrift für Physik, 52(7): 555-600.

Booij N. 1981. Gravity waves on water with non-uniform depth and current. Delft: Delft University of Technology.

Booij N. 1983. A note on the accuracy of the mild-slope approximation. Coastal Engineering, 7(3): 191-203.

Boussinesq M J. 1871. Théorie de l'intumescence appelée onde solitaire ou de translation se propageant dans un canal rectangulaire. Comptes rendus hebdomadaires des séances de l'Académie des Sciences, 72: 755-759.

Castro M S D, Rodriguez O M H. 2015. Interfacial waves in stratified viscous oil-water flow. Experimental Thermal and Fluid Science, 62: 85-98.

Chamberlain P G, Porter D. 1995. The modified mild-slope equation. Journal of Fluid Mechanics, 291: 393-407.

Chamberlain P G, Porter D. 1999. Scattering and near-trapping of water waves by axisymmetric topography. Journal of Fluid Mechanics, 388: 335-354.

Chandrasekera C N, Cheung K F. 1997. Extended linear refraction-diffraction model. Journal of Waterway, Port, Coastal, and Ocean Engineering, 123(5): 280-286.

Chang L, Jian Y J, Su J, et al. 2014. Nonlinear interfacial waves in a circular cylindrical container subjected to a vertical excitation. Wave Motion, 51: 804-817.

Chawla A, Özkan-Haller H T, Kirby J T. 1998. Spectral model for wave transformation over irregular bathymetry. Journal of Waterway, Port, Coastal, and Ocean Engineering, 124(4): 189-198.

Chen M Y, Mei C C. 2006. Second-order refraction and diffraction of surface water waves. Journal of Fluid Mechanics, 552: 137-166.

Chen Q. 2006. Fully nonlinear Boussinesq-type equations for waves and currents over porous beds. Journal of Engineering Mechanics, 132: 220-230.

Chen Q, Kirby J T, Dalrymple R A, et al. 2001. Boussinesq modeling of waves and longshore currents under field conditions. Coastal Engineering: 651-663.

Chen Q, Kirby J T, Dalrymple R A, et al. 2003. Boussinesq modeling of longshore currents. Journal of Geophysical Research, 108(C11): 3362.

Chen W, Panchang V, Demirbilek Z. 2005. On the modeling of wave-current interaction using the elliptic mild-slope wave equation. Ocean Engineering, 32(17-18): 2135-2164.

Chen Y, Liu P L F. 1995. Modified Boussinesq equations and associated parabolic models for water wave propagation. Journal of Fluid Mechanics, 288: 351-381.

Chen Y, Liu P L F. 1998. A generalized modified Kadomtsev-Petviashvili equation for interfacial wave propagation near the critical depth level. Wave Motion, 27: 321-339.

Cheng M H, Hsu J R C. 2014. Effects of varying pycnocline thickness on interfacial wave generation and propagation. Ocean Engineering, 88: 34-45.

Cheng Y M. 2011. A new solution for waves incident to a circular island on an axi-symmetric shoal. Ocean Engineering, 38(17-18): 1916-1924.

Cheng Y M, Chen C T, Tu L F, et al. 2012. A series solution for wave scattering by a circular island on a shoal based on the mild-slope equation. Journal of Mechanics, 28(1): 41-51.

Choi W, Camassa R. 1996. Weakly nonlinear internal waves in a two-fluid system. Journal of Fluid Mechanics, 313: 83-103.

Choi W, Camassa R. 1999. Fully nonlinear internal waves in a two-fluid system. Journal of Fluid Mechanics, 396: 1-36.

Copeland G J M. 1985. A practical alternative to the "mild-slope" wave equation. Coastal Engineering, 9(2): 125-149.

Cruz E C, Isobe M, Watanabe A. 1997. Boussinesq equations for wave transformation on porous beds. Coastal Engineering, 30(1-2): 125-156.

Dally W R, Dean R G, Dalrymple R A. 1985. Wave height variation across beaches of arbitrary profile. Journal of Geophysical Research: Oceans, 90(C6): 11917-11927.

Dalrymple R A, Kirby J T. 1985. Wave modification in the vicinity of islands. Documentation Manual, Coastal and Offshore Engineering and Research.

Dalrymple R A, Kirby J T. 1988. Models for very wide-angle water waves and wave diffraction. Journal of Fluid Mechanics, 192: 33-50.

Dalrymple R A, Kirby J T, Hwang P A. 1984. Wave diffraction due to areas of energy dissipation. Journal of Waterway, Port, Coastal, and Ocean Engineering, 110(1): 67-79.

Dalrymple R A, Suh K D, Kirby J T, et al. 1989. Models for very wide angle water waves and wave diffraction. Journal of Fluid Mechanics, 201: 299-322.

Davies A G, Heathershaw A D. 1984. Surface-wave propagation over sinusoidal varying topography. Journal of Fluid Mechanics, 291: 419-433.

Demirbilek Z, Panchang V. 1998. CGWAVE: a coastal surface water wave model of the mild slope equation. US Army Engineer Research and Development Center (ERDC).

Dingemans M W. 1997. Water Wave Propagation over Uneven Bottoms. Singapore: World Scientific.

Drazin P G, Johnson R S. 1989. Solitons: An Introduction. Cambridge: Cambridge University Press.

Eckart C. 1951. Surface waves on water of variable depth. Wave Report, Scripps Institution of Oceanography, 100, Ref. 51-12.

Feng W, Hong G. 2000. Numerical modeling of wave diffraction-refraction in water of varying current and topography. China Ocean Engineering, 14(1): 45-58.

Freilich M H, Guza R T. 1984. Nonlinear effects on shoaling surface gravity waves. Philosophical Transactions of the Royal Society of London, 311(1515): 1-41.

Fuhrman D R, Bingham H B, Madsen P A. 2005. Nonlinear wave-structure interactions with a high-order Boussinesq model. Coastal Engineering, 52: 655-672.

Gobbi M F, Kirby J T, Wei G E. 2000. A fully nonlinear Boussinesq model for surface waves. Part 2. Extension to $O(kh)^4$. Journal of Fluid Mechanics, 405: 181-210.

Green A E, Naghdi P M. 1976. A derivation of equations for wave propagation in water of variable depth. Journal of Fluid Mechanics, 78: 237-246.

Guazzelli E, Rey V, Belzons M. 1992. Higher order Bragg reflection of gravity surface waves by periodic beds. Journal of Fluid Mechanics, 245: 301-317.

Heinrich P, Piatanesi A, Hebert H. 2001. Numerical modelling of tsunami generation and propagation from submarine slumps: the 1998 Papua New Guinea event. Geophysical Journal of the Royal Astronomical Society, 145: 97-111.

Hirota R. 1973. Exact N-soliton solutions of the wave equation of long waves in shallow-water and in nonlinear lattices. Journal of Mathematical Physics, 14(7): 810-814.

Homma S. 1950. On the behavior of seismic sea waves around circular island. Geophysical Magazine, 21: 199-208.

Houston J R. 1981. Combined refraction and diffraction of short waves using the finite element method. Applied Ocean Research, 3(4): 163-170.

Hsiao S C, Liu P L F, Chen Y. 2002. Nonlinear water waves propagating over a permeable bed. Proceedings of the Royal Society of London A, 458: 1291-1322.

Hsiao S S, Chang C M, Wen C C. 2010. An analytical solution to the modified mild-slope equation for waves propagating around a circular conical island. Journal of Marine Science and Technology, 18(4): 520-529.

Hsu T W, Wen C C. 2001. A parabolic equation extended to account for rapidly varying topography. Ocean Engineering, 28(11): 1479-1498.

Huang H, Ding P X, Lu X H. 2001. Nonlinear unified equations for water waves propagating over uneven bottoms in the nearshore region. Progress in Natural Science, 11(10): 746-753.

Hunt J N. 1979. Direct solution of wave dispersion equation. Journal of Waterway, Port, Coastal, and Ocean Engineering, 105(4): 457-459.

Ippen A T, Goda Y. 1963. Wave induced oscillations in harbors: the solution for a rectangular harbor connected to the open-sea. Hydrodynamic Laboratory Report. No. 59.

Jonsson I G, Skovgaard O, Brink-Kjaer O. 1976. Diffraction and refraction calculations for waves incident on an island. Journal of Marine Research, 34(3): 469-496.

Jung T H, Lee C. 2012. Analytical solutions for long waves on a circular island with combined topographies. Wave Motion, 49(1): 152-164.

Jung T H, Lee C, Cho Y S. 2010. Analytical solutions for long waves over a circular island. Coastal Engineering, 57(4): 440-446.

Jung T H, Suh K D. 2007. An analytic solution to the mild-slope equation for waves propagating over an axi-symmetric pit. Coastal Engineering, 54(12): 865-877.

Jung T H, Suh K D. 2008. An analytical solution to the extended mild-slope equation for long waves propagating over an axi-symmetric pit. Wave Motion, 45(6): 835-845.

Jung T H, Suh K D, Lee S O, et al. 2008. Linear wave reflection by trench with various shapes. Ocean Engineering, 35(11-12): 1226-1234.

Kabiling M, Sato S. 1994. A numerical model for nonlinear waves and beach evolution including swash zone. Coastal Engineering in Japan, 37(1): 67-86.

Karambas T V. 1999. A unified model for periodic non-linear dispersive waves in intermediate and shallow water. Journal of Coastal Research, 15(1): 128-139.

Karambas T V, Koutitas C. 1992. A breaking wave propagation model based on the Boussinesq equations. Coastal Engineering, 18(1-2): 1-19.

Karambas T V, Koutitas C. 2002. Surf and swash zone morphology evolution induced by nonlinear waves. Journal of Waterway, Port, Coastal,and Ocean Engineering, 128(3): 102-113.

Kataoka T, Tsutahara M, Akuzawa A. 2000. Two-dimensional evolution equation of finite-amplitude internal gravity waves in a uniformly stratified fluid. Physical Review Letters, 84(7): 1447-1450.

Kennedy A B, Chen Q, Kirby J T, et al. 2000. Boussinesq Modeling of Wave Transformation, Breaking, and

Runup. Ⅱ: 2D. Journal of Waterway, Port, Coastal, and Ocean Engineering, 126: 39-47.

Kirby J T. 1986. A general wave equation for waves over rippled beds. Journal of Fluid Mechanics, 162: 171-186.

Kirby J T, Dalrymple R A. 1983. A parabolic equation for the combined refraction-diffraction of Stokes waves by mildly-varying topography. Journal of Fluid Mechanics, 136: 453-466.

Kirby J T, Dalrymple R A. 1984. Verification of a parabolic equation for propagation of weakly-nonlinear waves. Coastal Engineering, 8(3): 219-232.

Kirby J T, Dalrymple R A. 1986. An approximate model for nonlinear dispersion in monochromatic wave-propagation models. Coastal Engineering, 9: 545-561.

Kirby J T, Wei G, Chen Q, et al. 1998. FUNWAVE 1.0: fully nonlinear Boussinesq wave model-Documentation and user's manual. Report CACR-98-06, Center for Applied Coastal Research, Department of Civil and Environmental Engineering, University of Delaware.

Kuo Y S, Hsu T W, Tsai C C, et al. 2012. An extended analytic solution of combined refraction and diffraction of long waves propagating over circular island. Journal of Applied Mathematics, 17: 2428-2439.

La Rocca M, Sciortino G, Adduce C. 2005. Experimental and theoretical investigation on the sloshing of a two-liquid system with free surface. Physics of Fluids, 17(6): 221-226.

Lamb K G. 1994. Numerical experiments of internal wave generation by strong tidal flow across a finite-amplitude bank edge. Journal of Geophysical Research: Oceans, 99(C1): 843-864.

Lee C, Park W S, Cho Y S, et al. 1998. Hyperbolic mild-slope equations extended to account for rapidly varying topography. Coastal Engineering, 34: 243-257.

Lee J J. 1971. Wave-induced oscillations in harbors of arbitrary geometry. Journal of Fluid Mechanics, 45: 375-393.

Lee S J, Yates G T, Wu T Y. 1989. Experiments and analyses of upstream-advancing solitary waves generated by moving disturbances. Journal of Fluid Mechanics, 199: 569-593.

Li B, Anastasiou K. 1992. Efficient elliptic solvers for the mild-slope equation using the multigrid technique. Coastal Engineering, 16: 245-266.

Li B, Fleming C A. 1999. Modified mild-slope equations for wave propagation. Proceedings of the Institution of Civil Engineers-Water Maritime and Energy, 136(1): 43-60.

Liao B, Cao D Q, Liu H W. 2014. Wave transformation by a dredge excavation pit for waves from shallow water to deep water. Ocean Engineering, 76: 136-143.

Lin M C, Hsu C M, Wang S C, et al. 2002. Numerical and experimental investigations of wave field around a circular island with the presence of weak currents. Chinese Journal of Mechanics, 18(1): 35-42.

Lin P Z. 2004. A compact numerical algorithm for solving the time-dependent mild slope equation. International Journal for Numerical Methods in Fluids, 45(6): 625-642.

Lin P Z, Li C W, Liu H W. 2005. A wave height spectral model for simulation of wave diffraction and refraction. Journal of Coastal Research, 42: 448-459.

Lin P Z, Liu H W. 2005. Analytical study of linear long-wave reflection by a two-dimensional obstacle of general trapezoidal shape. Journal of Engineering Mechanics, 131(8): 822-830.

Lin P Z, Liu H W. 2007. Scattering and trapping of wave energy by a submerged truncated paraboloidal shoal. Journal of Waterway, Port, Coastal, and Ocean Engineering, 133(2): 94-103.

Lin P Z, Man C J. 2007. A staggered-grid numerical algorithm for the extended Boussinesq equations. Applied Mathematical Modelling, 31(2): 349-368.

Liu H W. 2017. Band gaps for bloch waves over an infinite array of trapezoidal bars and triangular bars in shallow water. Ocean Engineering, 130: 72-82.

Liu H W, Chen Q B, Xie J J. 2017. Analytical benchmark for linear wave scattering by a submerged circular shoal in the water from shallow to deep. Ocean Engineering, 146: 29-45.

Liu H W, Fu D J, Sun X L. 2013a. Analytic solution to the modified mild-slope equation for reflection by a rectangular breakwater with scour trenches. Journal of Engineering Mechanics, 139(1): 39-58.

Liu H W, Li Y B. 2007. An analytical solution for long-wave scattering by a submerged circular truncated shoal. Journal of Engineering Mathematics, 57(2): 133-144.

Liu H W, Lin P Z. 2005. Discussion of "Wave transformation by two dimensional bathymetric anomalies with sloped transitions". Coastal Engineering, 52(2): 197-200.

Liu H W, Lin P Z. 2007. An analytic solution for wave scattering by a circular cylinder mounted on a conical shoal. Coastal Engineering Journal, 49(4): 393-416.

Liu H W, Lin P Z, Shankar N J. 2004. An analytical solution of the mild-slope equation for waves around a circular island on a paraboloidal shoal. Coastal Engineering, 51(5-6): 421-437.

Liu H W, Lu H, Zeng H D. 2015a. Optimal collocation of three kinds of Bragg breakwaters for Bragg resonant reflection by long waves. Journal of Waterway, Port, Coastal, and Ocean Engineering, 141(3): 04014039.

Liu H W, Luo J X, Lin P Z, et al. 2013b. An analytical solution for long-wave reflection by a general breakwater or trench with curvilinear slopes. Journal of Engineering Mechanics, 139(2): 229-245.

Liu H W, Shi Y P, Cao D Q. 2015b. Optimization of parabolic bars for maximum Bragg resonant reflection of long waves. Journal of Hydrodynamics, 27(3): 840-847.

Liu H W, Sun X L. 2014. An analytical solution for long-wave scattering by a submerged cylinder in an axi-symmetrical pit. Journal of Marine Science and Technology, 22(5): 542-549.

Liu H W, Wang Q Y, Tang G. 2013c. Exact solution to the modified mild-slope equation for wave scattering by a cylinder with an idealized scour pit. Journal of Waterway, Port, Coastal, and Ocean Engineering, 139(5): 413-423.

Liu H W, Xie J J. 2011. Discussion of "Analytic solution of long wave propagation over a submerged hump" by Niu and Yu (2011). Coastal Engineering, 58(9): 948-952.

Liu H W, Xie J J. 2013. Series solution to the modified mild-slope equation for wave scattering by Homma islands. Wave Motion, 50(4): 869-884.

Liu H W, Xie J J, Luo Z H. 2012a. An analytical solution for long-wave scattering by a circular island mounted on a general shoal. Journal of Waterway, Port, Coastal, and Ocean Engineering, 138(6): 425-434.

Liu H W, Yang J, Lin P Z. 2012b. An analytic solution to the modified mild-slope equation for wave propagation over one-dimensional piecewise smooth topographies. Wave Motion, 49(3): 445-460.

Liu H W, Zhou X M. 2014. Explicit modified mild-slope equation for wave scattering by piecewise monotonic and piecewise smooth bathymetries. Journal of Engineering Mathematics, 87(1): 29-45.

Liu P L F. 1990. Wave transformation. The Sea Ocean Engineering Science, 9: 27-63.

Liu P L F. 1994. Model equations for wave propagation from deep to shallow water. Advances in Coastal Engineering, 1: 125-157.

Liu P L F, Losada I J. 2002. Wave propagation modeling in coastal engineering. Journal of Hydraulic Research, 40(3): 229-240.

Liu P L F, Tsay T K. 1984. Refraction-diffraction model for weakly nonlinear water waves. Journal of Fluid Mechanics, 141: 265-274.

Liu P L F, Wen J G. 1997. Nonlinear diffusive surface waves in porous media. Journal of Fluid Mechanics, 347: 119-139.

Liu P L F, Wu T R. 2004. Waves generated by moving pressure disturbances in rectangular and trapezoidal channels. Journal of Hydraulic Research, 42(2): 163-171.

Lo J M. 1991. A numerical model for combined refraction-diffraction of short waves on an island. Ocean Engineering, 18(5): 419-434.

Longuet-Higgins M S. 1967. On the trapping of wave energy around islands. Journal of Fluid Mechanics, 29: 781-821.

Losada I J, Silva R, Losada M A. 1996. 3-D non-breaking regular wave interaction with submerged breakwaters. Coastal Engineering, 28(1-4): 229-248.

Lozano C, Liu P L F. 1980. Refraction-diffraction model for linear surface water. Journal of Fluid Mechanics, 101(4): 705-720.

Lozano C, Meyer R E. 1976. Leakage and response of waves trapped by round islands. Physics of Fluids, 19(8): 1075-1088.

Lu D Q, Dai S Q. 2010. Surface and interfacial gravity waves due to a disturbance steadily moving in a two-layer inviscid fluid. Journal of Hydrodynamics, 22(5): 40-44.

Luke J C. 1967. A variational principle for a fluid with a free surface. Journal of Fluid Mechanics, 27(2): 395-397.

Lynett P J. 2006. Nearshore wave modeling with high-order Boussinesq-type equations. Journal of Waterway, Port, Coastal, and Ocean Engineering, 132(5): 348-357.

Lynett P J, Borrero J C, Liu P L F, et al. 2003. Field survey and numerical simulations: a review of the 1998 Papua New Guinea tsunami. Pure and Applied Geophysics, 160(10-11): 2119-2146.

Lynett P J, Liu P L F. 2002. A two-dimensional, depth-integrated model for internal wave propagation over variable bathymetry. Wave Motion, 36(3): 221-240.

Lynett P J, Liu P L F. 2004. Linear analysis of the multi-layer model. Coastal Engineering, 51(5-6): 439-454.

Madsen P A, Bingham H B, Liu H. 2002. A new Boussinesq method for fully nonlinear waves from shallow to deep water. Journal of Fluid Mechanics, 462: 1-30.

Madsen P A, Fuhrman D R, Wang B L. 2006. A Boussinesq-type method for fully nonlinear waves interacting with a rapidly varying bathymetry. Coastal Engineering, 53(5-6): 487-504.

Madsen P A, Larsen J. 1987. An efficient finite-difference approach to the mild-slope equation. Coastal Engineering, 11(4): 329-351.

Madsen P A, Murray R, Sørensen O R. 1991. A new form of the Boussinesq equations with improved linear dispersion characteristics. Coastal Engineering, 15: 371-388.

Madsen P A, Schäffer H A. 1998. Higher order Boussinesq-type equations for surface gravity waves: derivation and analysis. Philosophical Transactions of the Royal Society of London, 356: 3123-3186.

Madsen P A, Sørensen O R. 1992. A new form of the Boussinesq equations with improved linear dispersion characteristics. Part 2. A slowly varying bathymetry. Coastal Engineering, 18: 183-204.

Madsen P A, Sørensen O R, Schaffer H A. 1997. Surf zone dynamics simulated by a Boussinesq type model. Part I. Model description and cross-shore motion of regular waves. Coastal Engineering, 32(4): 225-287.

Massel S R. 1993. Extended refraction-diffraction equation for surface waves. Coastal Engineering, 19(1-2): 97-126.

Mei C C. 1989. The Applied Dynamics of Ocean Surface Waves. Singapore: World Scientific.

Mei C C, LeMehaute B. 1966. Note on the equations of long waves over an uneven bottom. Journal of Geophysical Research, 71(2): 393-400.

Miles J W. 1979. On the Korteweg-de Vries equation for a gradually varying channel. Journal of Fluid Mechanics, 91(1): 181-190.

Miles J W. 1986. Resonant amplification of gravity waves over a circular still. Journal of Fluid Mechanics, 167: 169-179.

Miles J W, Chamberlain P G. 1998. Topographical scattering of gravity waves. Journal of Fluid Mechanics, 361: 175-188.

Molin B, Remy F, Audiffren C, et al. 2012. Experimental and numerical study of liquid sloshing in a rectangular tank with three fluids. Proceedings of the 22nd International Offshore and Polar Engineering Conference: 331-340.

Newman J N. 1965. Propagation of water waves past long dimensional obstacles. Journal of Fluid Mechanics, 23(1): 23-29.

Niu X, Yu X. 2011a. Analytic solution of long wave propagation over a submerged hump. Coastal Engineering, 58(2): 143-150.

Niu X, Yu X. 2011b. Analytical study on long wave refraction over a dredge excavation pit. Wave Motion, 48(3): 259-267.

Niu X, Yu X. 2011c. Long wave scattering by a vertical cylinder with idealized scour pit. Journal of Waterway, Port, Coastal, and Ocean Engineering, 137(6): 279-285.

Niu X, Yu X. 2012. An analytic solution for combined wave diffraction and refraction around a vertical cylinder with idealized scour pit. Coastal Engineering, 67: 80-87.

Nomura K, Koshizuka S, Oka Y, et al. 2001. Numerical analysis of droplet breakup behavior using particle method. Journal of Nuclear Science and Technology, 38(12): 1057-1064.

Nwogu O. 1993. Alternative form of Boussinesq equations for nearshore wave propagation. Journal of Waterway, Port, Coastal, and Ocean Engineering, 119: 618-638.

O'Hare T J, Davies A G. 1992. A new model for surface wave propagation over rapidly-varying topography. Coastal Engineering, 18(3-4): 251-266.

Panchang V G, Pearce B R, Wei G, et al. 1991. Solution of the mild slope wave problem by iteration. Applied Ocean Research, 13(4): 187-199.

Park J C, Kim M H, Miyata H. 1999. Fully non-linear free-surface simulations by a 3D viscous numerical wave tank. International Journal for Numerical Methods in Fluids, 29(6): 685-703.

Penney W G, Price A T. 1952. The diffraction theory of sea waves and the shelter afforded by breakwaters. Philosophical Transactions of the Royal Society of London, 244(882): 236-253.

Peregrine D H. 1967. Long waves on a beach. Journal of Fluid Mechanics, 27(4): 815-827.

Porter D. 2003. The mild-slope equations. Journal of Fluid Mechanics, 494: 51-63.

Porter R, Porter D. 2001. Interaction of water waves with three-dimensional periodic topography. Journal of Fluid Mechanics, 434: 301-335.

Radder A C. 1979. On the parabolic equation method for water-wave propagation. Journal of Fluid Mechanics, 95(1): 159-176.

Rakha K A, Deigaard R, Broker I. 1997. A phase-resolving cross shore sediment transport model for beach profile evolution. Coastal Engineering, 31(1-4): 231-261.

Rattanapitikon W, Shibayama T. 1998. Energy dissipation model for regular and irregular breaking waves. Coastal Engineering Journal, 40(4): 327-346.

Renardy Y. 1983. Trapping of water waves above a round sill. Journal of Fluid Mechanics, 132: 105-118.

Sander J, Hutter K. 1992. Evolution of weakly non-linear shallow water waves generated by a moving boundary. Acta Mechanica, 91(3): 119-155.

Schäffer H A, Madsen P A. 1995. Further enhancements of Boussinesq-type equations. Coastal Engineering, 26: 1-14.

Sciortino G, Adduce C, La Rocca M. 2009. Sloshing of a layered fluid with a free surface as a Hamiltonian system. Physics of Fluids, 21(052102): 1-16.

Serre F. 1953. Contribution à l'étude desécoulementspermanents et variables dans les canaux. Houille Blanche, 8: 374-388.

Shen C. 2000. Constituent Boussinesq equations for waves and currents. Journal of Physical Oceanography, 31: 850-859.

Shirakawa N, Horie H, Yamamoto Y, et al. 2001. Analysis of the void distribution in a circular tube with the two-fluid particle interaction method. Journal of Nuclear Science and Technology, 38(6): 392-402.

Shuto N. 1974. Nonlinear long waves in a channel of variable section. Coastal Engineering in Japan, 17(1): 1-12.

Sinai Y L. 1985. Fundamental sloshing frequencies of stratified two-fluid systems in closed prismatic tanks. International Journal of Heat and Fluid Flow, 6(2): 142-144.

Sitanggang K, Lynett P. 2005. Parallel computation of a highly nonlinear Boussinesq equation model through domain decomposition. International Journal for Numerical Methods in Fluids, 49(1): 57-74.

Smith R, Sprinks T. 1975. Scattering of surface waves by a conical island. Journal of Fluid Mechanics, 72(2): 373-384.

Suh K D, Dalrymple R A, Kirby J T. 1990. An angular spectrum model for propagation of Stokes waves. Journal of Fluid Mechanics, 221: 205-232.

Suh K D, Jung T H, Haller M C. 2005. Long waves propagating over a circular bowl pit. Wave Motion, 42(2): 143-154.

Suh K D, Lee C, Woo S P. 1997. Time-dependent equations for wave propagation on rapidly varying topography. Coastal Engineering, 32(2-3): 91-117.

Summerfield W. 1972. Circular islands as resonators of long-wave energy. Philosophical Transactions of the Royal. Series A, Mathematical Physical & Engineering Sciences, 272: 361-402.

Sussman M, Smereka P. 1997. Axisymmetric free boundary problems. Journal of Fluid Mechanical, 341: 269-294.

Tang Y, Ouellet Y. 1997. A new kind of nonlinear mild-slope equation for combined refraction-diffraction of multifrequency waves. Coastal Engineering, 31: 3-36.

Tao J H, Han G. 2001. Numerical simulation of breaking wave based on higher-order mild slope equation. China Ocean Engineering, 15(2): 269-280.

Teng M H, Wu T Y. 1992. Nonlinear water waves in channels of arbitrary shape. Journal of Fluid Mechanics, 242: 211-233.

Teng M H, Wu T Y. 1997. Effects of channel cross-sectional geometry on long wave generation and propagation. Physics of Fluids, 9(11): 3368-3377.

Thornton E B, Guza R T. 1983. Transformation of wave height distribution. Journal of Geophysical Research: Oceans, 88(C10): 5925-5938.

Tsai C P, Chen H B, Lee F C. 2006. Wave transformation over submerged permeable breakwater on porous bottom. Ocean Engineering, 33(11-12): 1623-1643.

Valentine D T. 2005. Numerical investigation of two-dimensional sloshing: nonlinear internal waves. Transactions of the ASME, 127: 300-305.

Vaziri N, Chern M J, Borthwick A G L. 2013. PSME model of parametric excitation of two-layer liquid in a tank. Applied Ocean Research, 43: 214-222.

Veeramony J, Svendsen I A. 2000. The flow in surf zone waves. Coastal Engineering, 39: 93-122.

Walkley M, Berzins M. 2002. A finite element method for the two-dimensional extended Boussinesq equations. International Journal for Numerical Methods in Fluids, 39(10): 865-885.

Wang G, Dong G, Perlin M, et al. 2011. An analytical investigation of oscillations within a harbor of constant slope. Ocean Engineering, 38(17-18): 479-486.

Wang G, Zheng J, Liang Q, et al. 2014. Analytical solutions for oscillations in a harbor with a hyperbolic-cosine squared bottom. Ocean Engineering, 83(2): 16-23.

Watanabe T. 2011. Simulation of sloshing behavior using moving grid and body force methods. World Academy of Science, Engineering and Technology, 5: 692-696.

Wei G, Kirby J T. 1995. Time-dependent numerical code for extended Boussinesq equations. Journal of Waterway, Port, Coastal, and Ocean Engineering, 121(5): 251-261.

Wei G, Kirby J T, Grilli S T. 1995. A fully nonlinear Boussinesq model for surface waves. Part 1. Highly nonlinear unsteady waves. Journal of Fluid Mechanics, 294: 71-92.

Whalin R W. 1971. The limit of applicability of linear wave refraction theory in convergence zone. US Army Corps of Engineers, Research Report H-71-3.

Whitham G B. 1974. Linear and Nonlinear Waves. New York: Wiley-Interscience.

Witting J M. 1984. A unified model for the evolution of nonlinear water waves. Computational Physics, 56: 203-236.

Wu D M, Wu T Y. 1982. Three-dimensional nonlinear long waves due to moving surface pressure. Proceedings of 14th Symposium on Naval Hydrodynamics: 103-125.

Wu G X. 2011. The sloshing of stratified liquid in a two-dimensional rectangular tank. Science China Physics, Mechanics & Astronomy, 54(1): 2-9.

Wu T Y. 1999. Modeling nonlinear dispersive water waves. Journal of Engineering Mechanics-ASCE, 125(7): 747-755.

Wu T Y. 2000. A unified theory for modeling water waves. Advances in Applied Mechanics, 37: 1-88.

Xie J J, Liu H W. 2012. An exact analytic solution to the modified mild-slope equation for waves propagating over a trench with various shapes. Ocean Engineering, 50: 72-82.

Xie J J, Liu H W. 2013. Analytical study for linear wave transformation by a trapezoidal breakwater or channel. Ocean Engineering, 64(4): 49-59.

Xie J J, Liu H W, Lin P Z. 2011. Analytical solution for long wave reflection by a rectangular obstacle with two scour trenches. Journal of Engineering Mechanics, 137(12): 919-930.

Xu B Y, Panchang V. 1993. Outgoing boundary conditions for finite-difference elliptic water-wave models. Proceedings of the Royal Society A: Mathematical, Physical and Engineering Sciences, 441: 575-588.

Xue M A, Zheng J H, Lin P Z, et al. 2013. Experimental investigation on the layered liquid sloshing in a rectangular tank. Proceedings of the Twenty-third International Offshore and Polar Engineering: 202-208.

Ye Z, Zhao X. 2017. Investigation of water-water interface in dam break flow with a wet bed. Journal of Hydrology, 548: 104-120.

Yoon S B, Liu P L F. 1989. Interactions of currents and weakly nonlinear water waves in shallow water. Journal of Fluid Mechanics, 205: 397-419.

Yu X, Zhang B Y. 2003. An extended analytic solution for combined refraction and diffraction of long waves over circular shoals. Ocean Engineering, 30(10): 1253-1267.

Yue D K P, Mei C C. 1980. Forward diffraction of Stokes waves by a thin wedge. Journal of Fluid Mechanics, 99(1): 33-52.

Zelt J A. 1991. The run-up of nonbreaking and breaking solitary waves. Coastal Engineering, 15(3): 205-246.

Zhai X Y, Liu H W, Xie J J. 2013. Analytic study to wave scattering by a general Homma island using the explicit modified mild-slope equation. Applied Ocean Research, 43: 175-183.

Zhang D H, Chwang A T. 1996. Numerical study of nonlinear shallow water waves produced by a submerged moving disturbance in viscous flow. Physics of Fluids, 8: 147-156.

Zhang Y L, Zhu S P. 1994. New solutions for the propagation of long water waves over variable depth. Journal of Fluid Mechanics, 278: 391-406.

Zhao L, Panchang V, Chen W, et al. 2001. Simulation of wave breaking effects in two-dimensional elliptic harbor wave models. Coastal Engineering, 42(4): 359-373.

Zhao Y, Anastasiou K. 1996. Modelling of wave propagation in the nearshore region using the mild slope equation with GMRES-based iterative solvers. International Journal for Numerical Methods in Fluids, 23(4): 397-411.

Zheng Y H, Shen Y M, Qiu D H. 2001. Numerical simulation of wave height and wave set-up in nearshore regions. China Ocean Engineering, 15(1): 15-23.

Zhu S P. 1993. A new DRBEM model for wave refraction and diffraction. Engineering Analysis with Boundary Elements, 12(4): 261-274.

Zhu S P, Zhang Y L. 1996. Scattering of long waves around a circular island mounted on a conical shoal. Wave Motion, 23(4): 353-362.

第6章 小尺度水动力学模型

小尺度水动力学模型主要用于模拟工程尺度的波流运动及其与工程结构物的相互作用，也用于研究局部流场的流动和湍动机制，包括复杂的多相流动问题（如破碎波掺气、水沙混合等）。在本书中，大部分小尺度问题的计算域都在 100m 以内，少量问题会达到1000m 量级，使用的主要模拟工具是基于不可压缩流体 N-S 方程的数值求解器。N-S 方程的数值求解始于 20 世纪 60 年代。发展到今天，大致分为三种主要求解方式。

一是压力速度迭代法和压力修正技术。Harlow 和 Welch（1965）提出了第一种求解不可压缩流体 N-S 方程的数值模型。在他们的模型中，N-S 方程被离散成时间向前有限差分形式，通过在当前和前一个时间步上强制速度场零散度，采用迭代方式求解压力和速度。N-S 方程求解器的后续发展遵循了类似的思想，但求解过程更简单，如由 Patankar 和 Spalding（1972）提出的 SIMPLE（semi-implicit method for pressure linked equations）算法和由 Patankar（1981）提出的 SIMPLER 算法。越来越多的成员加入了 SIMPLE 大家庭，并对模型的收敛性进行改进。例如，van Doormaal 和 Raithby（1984）提出了 SIMPLEC（简单一致）算法，Spalding（1980）提出了 SIMPLEST（SIMPLE shortened）算法，Acharya 和 Moukalled（1989）提出了 SIMPLEM（SIMPLE modified）算法。此外，Issa（1982）提出的 PISO（算子分裂隐式压力）算法是另一种改进，采用了压力-速度耦合方案。值得注意的是，以上求解器其实都同时适用于不可压缩和可压缩流体。Moukalled 和 Darwish（2000）比较了各种 N-S 方程求解器的性能，并提出了一个统一的模型来解决所有速度下的流动求解问题。

二是映射法。N-S 方程求解器的另一个重要分支是 Chorin（1968）提出的映射法。在映射法中，计算分为两个步骤：第一步中，在考虑粘性但不考虑压力的情况下计算临时速度场，此速度场携带了正确的涡度信息；第二步中，基于压力泊松方程（PPE）更新压力，以获得满足连续性方程（携带正确的散度信息）的最终速度场。基于映射法，Kothe 和 Mjolsness（1991）开发了一种有效且鲁棒性强的自由表面流数值模型，该模型被称为 RIPPLE，它使用不完全楚列斯基（Cholesky）共轭梯度（ICCG）方法求解压力泊松方程。在 RIPPLE 中，还采用了一种新的体积力法来模拟表面张力。由于计算效率高和数值稳定性好，该模型被 Liu 和 Lin（1997）选定为研究水波问题的基本模型，并在此基础上增加非线性涡粘系数湍流模型，将其拓展到可以模拟破碎波的 COBRAS 模型（Liu et al.，1999）和更通用的自由面湍流模型 NEWFLUME（Lin and Xu，2006）。

三是人工压缩法（ACM）。利用人工压缩法来替代压力泊松方程的迭代求解是数值求解不可压缩流体 N-S 方程的另一种方法。该方法最初由 Chorin（1967）提出，他试图解决椭圆型压力泊松方程迭代求解的困难。认识到可压缩流体 N-S 方程具有双曲型方程的特征，更易求解，我们可以将人工（或伪）压缩性引入流动中。然而，在每个物理时间步长内，一般需要使用伪时间和次迭代以确保数值精度。该方法已成功地应用于许多流体流动问题的求解。例如，Rogers 等（1991）将其应用于求解内部流动问题，Farmer 等（1994）将其应用于求解自由表面流动问题。最近，Li（2003）通过引入 κ-ε 湍流模型和采用贴体网格，开发了一种 ACM 模型来研究船行波。

在这些 N-S 求解器的基础上，通过引入不同的自由面运动追踪方法和固体结构物处理方法，研究人员开发出了不同的可以模拟海岸与海洋工程中波浪传播和波浪与结构相互作用的数值模型。Chan 和 Street（1970）可能是最早将 N-S 方程求解器与标记-单元（MAC）方法结合应用到水波建模中的学者，他们采用“不规则星”技术来求解自由表面上的压力，并将该模型命名为 SUMMAC。同样采用 MAC 方法，SOLA 方法后来发展为更通用的带自由面流动的求解方法（Hirt et al.，1975）。TUMMAC 是 20 世纪 80 年代开发的用于船波模拟（Miyata et al.，1985；Miyata，1986）的模型，其改进版本现在仍然用于船体设计（Park et al.，1999）和波浪破碎对船舶的冲击研究（Yamasaki et al.，2005）。Gao 和 Zhao（1995）使用 MAC 模型研究了波浪与结构物、沙床的相互作用。

含自由面的水动力学模型更常使用 VOF 方法来追踪自由表面。例如，Austin 和 Schlueter（1982）将 SOLA-VOF 模型（Nichols et al.，1980）扩展到防波堤与破碎波相互作用的研究中；Lemos（1992）将 κ-ε 湍流模型引入 SOLA-VOF 模型来模拟破碎波中的湍流；van der Meer 等（1992）及 van Gent（1994，1995）开发的 SKYLLA 模型被用于不透水斜坡和渗透性结构上的自由表面流研究（Doorn and van Gent，2004）。Iwata 等（1996）开发了一种研究淹没式防渗结构上的破碎波和破碎后波浪变形的数值模型；Wang 和 Su（1993）模拟了倾斜海滩上的波浪破碎；Troch（1997）提出了 VOFbreak2 模型来研究土石堆防波堤上的波浪破碎；Lin 和 Liu（1998a，1998b）提出了一个二维 RANS 模型，命名为 COBRAS，它耦合了非线性雷诺应力模型与 κ-ε 湍流模型，可以用来研究破碎波在斜坡上的传播及其与结构物的相互作用；在该模型基础上，Lin 和 Xu（2006）进一步开发出 NEWFLUME 模型来研究各类含自由表面的湍流流动，该模型也可用于模拟多孔介质（如抛石护岸、抛石防波堤、透水丁坝等）和植被群中的层流及湍流流动。

还有一种有效处理自由表面的方法是在建模前先采用坐标变换，将波浪自由表面和不均匀底部之间的不规则物理域映射到规则的计算域，再去求解修正的控制方程。这个方法和第 4 章中讨论的大部分静压准三维模型（如 POM）类似，但是为了模拟波浪运动，静压假设将不再适用，必须引入动压计算模块。Stansby 和 Zhou（1998）、Li 和 Johns（2001）提出了一个考虑非静水压力的垂向二维 σ 坐标数值模型。Casulli（1999）提出了三维非静压自由表面流动的半隐式模型。Lin 和 Li（2002）开发了一个三维 σ 坐标波浪模型，并用它来研究波浪与结构物的相互作用（Li and Lin，2001）、波流与结构物的相互作用（Lin and Li，2003）及波浪与植被的相互作用（Su and Lin，2005）。Stelling 和 Zijlema（2003）开发了用于求解雷诺方程的高效 σ 坐标模型。Lin（2006）提出了一种多层 σ 坐标模型用来求解波浪与潜式及浮式结构的相互作用，而传统 σ 坐标模型不能处理这类含结构物的问题。

值得一提的是，现在有许多 CFD 商业软件，如 FLUENT（最初是属 FLUENT 公司，现在归 ANSYS 公司所有）、FLOW3D（Flow Science 公司）、PHOENICS（CHAM 公司）、STAR-CD（CD-adapco）及 CFX（ANSYS 公司），这些软件的核心同样是 N-S 方程求解器，可以模拟各类流体运动。Freitas（1995）将 8 种 CFD 商业软件（FROU-3D、FLOTRAN、STAR-CD、NS3、CFD-ACE、FLUENT、CFDS-FULT3D 和 NISA/3D-FLUID）的数值结果

与 5 个基准实验结果进行了比较。他得出结论，虽然这些软件通常表现不错，但在特定情况下，即使是对层流的计算，结果也可能是不准确的。因此，使用这些软件必须谨慎并做必要的验证。虽然几乎所有这些软件都具有处理自由表面湍流的能力，但它们在水波问题中的应用，尤其是破碎波及其与结构相互作用的问题，还需要进一步验证。

本章将详细介绍几个典型的近场波流模型，旨在让读者对这类模型的理论、方法和应用场景有一个比较直观和全面的认识。由于该类模型数量很多，本章介绍的模型主要为本书作者团队自主开发或合作开发的模型，如二维 NEWFLUME 模型和三维 NEWTANK 模型、二维 CIP 模型、二维粒子模型。结合 CIP 模型和粒子模型，我们会给出一些模型应用案例，而 NEWFLUME 模型和 NEWTANK 模型的海岸与海洋工程应用算例会在第 7 章集中介绍。本章最后简要介绍目前被广泛使用的开源代码 OpenFOAM 模型，以及在海岸与海洋工程领域还较少使用的 LBM 模型。

值得一提的是，在模拟波浪与大型结构物的相互作用时，还有一大类基于势流理论和边界元算法的数值模型和软件，被广泛用于计算大型海洋平台、船体等的水动力学响应特性，常用的软件包括 WAMIT、MOSES、UNDA（拉丁语的波浪）、Nauticus Hull 等，对该类模型读者可参考李玉成和滕斌（2015）、王永学和任冰（2019）等的研究，本书不再作专门介绍。

6.1 三维 NEWTANK 模型

6.1.1 控制方程与数值算法

基于 N-S 方程求解器的波浪模型是强大的数值模拟工具，可用于模拟几乎任何波浪和水流现象。下面将介绍一种基于 N-S 方程求解器的波浪模型 NEWTANK（Liu and Lin，2008；Xue and Lin，2011）。NEWTANK 本质上是一个虚拟的三维数值波浪水池，是早期二维数值水槽 NEWFLUME（Lin and Xu，2006）的三维扩展。NEWTANK 使用二阶 VOF 方法来求解两相流体流动，用于跟踪水气界面运动。该模型采用有限差分法在交错网格系统中求解 N-S 方程（也可以是 RANS 方程或空间平均的 N-S 方程）。本节我们讨论 RANS 方程求解：

$$\frac{\partial u_i}{\partial x_i}=0 \tag{6.1}$$

$$\frac{\partial u_i}{\partial t}+u_j\frac{\partial u_i}{\partial x_j}=-\frac{1}{\rho}\frac{\partial p}{\partial x_j}+g_i+\frac{1}{\rho}\frac{\partial \tau_{ij}}{\partial x_j}+\frac{1}{\rho}\frac{\partial R_{ij}}{\partial x_j} \tag{6.2}$$

式中，R_{ij} 是雷诺应力，可以采用以下线性涡粘模型计算：

$$R_{ij}=-\rho\left\langle u_i'u_j'\right\rangle=2\rho\nu_{\mathrm{t}}\left\langle\sigma_{ij}\right\rangle-\frac{2}{3}\rho k\delta_{ij} \tag{6.3}$$

式中，涡粘系数 $\nu_{\mathrm{t}}=C_{\mathrm{d}}\dfrac{k^2}{\varepsilon}$，其中动能 k 及其耗散率 ε 由 k-ε 输运方程控制：

$$\frac{\partial k}{\partial t}+u_j\frac{\partial k}{\partial x_j}=\frac{\partial}{\partial x_j}\left[\left(\frac{\nu_{\mathrm{t}}}{\sigma_k}+\nu\right)\frac{\partial k}{\partial x_j}\right]+\nu_{\mathrm{t}}\left(\frac{\partial u_i}{\partial x_j}+\frac{\partial u_j}{\partial x_i}\right)\frac{\partial u_i}{\partial x_j}-\varepsilon \tag{6.4}$$

$$\frac{\partial \varepsilon}{\partial t}+u_j\frac{\partial \varepsilon}{\partial x_j}=\frac{\partial}{\partial x_j}\left(\frac{\nu_{\mathrm{t}}}{\sigma_\varepsilon}\frac{\partial \varepsilon}{\partial x_j}\right)+C_{1\varepsilon}\frac{\varepsilon}{k}\nu_{\mathrm{t}}\left(\frac{\partial u_i}{\partial x_j}+\frac{\partial u_j}{\partial x_i}\right)\frac{\partial u_i}{\partial x_j}-C_{2\varepsilon}\frac{\varepsilon^2}{k} \tag{6.5}$$

上述湍流闭合模型中的系数为：C_{d}=0.09，$C_{1\varepsilon}$=1.44，$C_{2\varepsilon}$=1.92，σ_k=1.0，σ_ε=1.3。

自由表面追踪是通过求解 VOF 输运方程实现的：

$$\frac{\partial F}{\partial t}+u_i\frac{\partial F}{\partial x_i}=0\Rightarrow\frac{\partial F}{\partial t}+\frac{\partial\left(u_iF\right)}{\partial x_i}=0 \tag{6.6}$$

对于两相流体流动，每个计算单元中的平均密度可以通过下式计算：

$$\rho=\rho_1F+\rho_2(1-F) \tag{6.7}$$

式中，ρ_1 和 ρ_2 分别表示流体 1 和流体 2 的密度。上述方程也可应用于多相分层流体问题（如内波与自由表面波的相互作用，详见 7.6 节）。

采用两步映射法（Chorin，1968）数值求解上述 RANS 方程。第一步求解中间速度：

$$\frac{\tilde{u}_i-u_i^n}{\Delta t}=-u_j^n\frac{\partial u_i^n}{\partial x_j}+\frac{1}{\rho}\frac{\partial \tau_{ij}^n}{\partial x_j}+\frac{1}{\rho}\frac{\partial R_{ij}^n}{\partial x_j} \tag{6.8}$$

第二步是将中间速度场投影到无散度平面上，求解压力泊松方程以更新压力，获得最终速度：

$$\frac{u_i^{n+1}-\tilde{u}_i}{\Delta t}=-\frac{1}{\rho^n}\frac{\partial p^{n+1}}{\partial x_i}+g_i \tag{6.9}$$

式中，

$$\frac{\partial u_i^{n+1}}{\partial x_i}=0 \tag{6.10}$$

对方程（6.9）左右两端取散度并将连续性方程（6.10）代入，可以得到如下的压力泊松方程（PPE）：

$$\frac{\partial}{\partial x_i}\left(\frac{1}{\rho^n}\frac{\partial p^{n+1}}{\partial x_i}\right)=\frac{1}{\Delta t}\frac{\partial \tilde{u}_i}{\partial x_i} \tag{6.11}$$

利用适当的边界条件求解方程（6.11），可获得第 n+1 个时间步长的压力场，然后将其代入方程（6.9）以更新速度场。

对于动量方程中的对流项，在 x 方向可写为

$$\begin{aligned}\left(u\frac{\partial u}{\partial x}+v\frac{\partial u}{\partial y}+w\frac{\partial u}{\partial z}\right)_{i+1/2,j,k}^n&=u_{i+1/2,j,k}\left(\frac{\partial u}{\partial x}\right)_{i+1/2,j,k}^n+v_{i+1/2,j,k}\left(\frac{\partial u}{\partial y}\right)_{i+1/2,j,k}^n\\&\quad+w_{i+1/2,j,k}\left(\frac{\partial u}{\partial z}\right)_{i+1/2,j,k}^n\end{aligned} \tag{6.12}$$

使用两点迎风格式和三点中心差分格式（对于非均匀网格）的组合，$\left(\frac{\partial u}{\partial x}\right)_{i+1/2,j,k}^n$ 的有限差分格式可写为

$$\left(\frac{\partial u}{\partial x}\right)^n_{i+1/2,j,k} = \left\{\left[1+\alpha\,\mathrm{sgn}\left(u_{i+1/2,j,k}\right)\right]\Delta x_{i+1}\left(\frac{\partial u}{\partial x}\right)^n_{i,j,k} + \left[1-\alpha\,\mathrm{sgn}\left(u_{i+1/2,j,k}\right)\right]\Delta x_i\left(\frac{\partial u}{\partial x}\right)^n_{i+1,j,k}\right\}\Big/\Delta x_\alpha \tag{6.13}$$

式中，

$$\Delta x_\alpha = \Delta x_{i+1} + \Delta x_i + \alpha\,\mathrm{sgn}\left(u^n_{i+1/2,j,k}\right)\left(\Delta x_{i+1} - \Delta x_i\right)$$

$$\left(\frac{\partial u}{\partial x}\right)^n_{i,j,k} = \frac{u^n_{i+1/2,j,k} - u^n_{i-1/2,j,k}}{\Delta x_i}$$

类似地，可以得到 $\left(\frac{\partial u}{\partial y}\right)^n_{i+1/2,j,k}$ 和 $\left(\frac{\partial u}{\partial z}\right)^n_{i+1/2,j,k}$ 的表达式。α 是迎风格式和中心差分格式之间的权重因子。当 α=0 时，有限差分的形式就变成了中心差分格式；而 α=1 时，有限差分的形式变为迎风格式。一般情况下，α 的建议取值是 0.3～0.5。

x 方向粘性应力的梯度可以写为

$$\frac{\partial}{\partial x}\tau_{xx} + \frac{\partial}{\partial y}\tau_{xy} + \frac{\partial}{\partial z}\tau_{xz} \tag{6.14}$$

其有限差分格式可以写成为

$$\left(\frac{\partial}{\partial x}\tau_{xx}\right)^n_{i+1/2,j,k} + \left(\frac{\partial}{\partial y}\tau_{xy}\right)^n_{i+1/2,j,k} + \left(\frac{\partial}{\partial z}\tau_{xz}\right)^n_{i+1/2,j,k} = \frac{(\tau_{xx})^n_{i+1,j,k} - (\tau_{xx})^n_{i,j,k}}{\Delta x_{i+1/2}} + \frac{(\tau_{xy})^n_{i+1/2,j+1/2,k} - (\tau_{xy})^n_{i+1/2,j-1/2,k}}{\Delta y_j} + \frac{(\tau_{xz})^n_{i+1/2,j,k+1/2} - (\tau_{xz})^n_{i+1/2,j,k-1/2}}{\Delta z_k} \tag{6.15}$$

式中，$\tau_{ij} = \mu(\partial u_i/\partial x_j + \partial u_j/\partial x_i)$，$\partial u_i/\partial x_j$ 通过中心差分格式离散。雷诺应力项可以用类似的格式离散。y 方向和 z 方向上的动量方程可以通过相同的方法离散。

在第二步求解 PPE 时，首先写出等式：

$$\frac{\partial}{\partial x}\left(\frac{1}{\rho^n}\frac{\partial p^{n+1}}{\partial x}\right) + \frac{\partial}{\partial y}\left(\frac{1}{\rho^n}\frac{\partial p^{n+1}}{\partial y}\right) + \frac{\partial}{\partial z}\left(\frac{1}{\rho^n}\frac{\partial p^{n+1}}{\partial z}\right) = \frac{1}{\Delta t}\left(\frac{\partial \tilde{u}}{\partial x} + \frac{\partial \tilde{v}}{\partial y} + \frac{\partial \tilde{w}}{\partial z}\right) \tag{6.16}$$

采用中心差分格式，式（6.16）左边第一项被离散为

$$\begin{aligned}\left[\frac{\partial}{\partial x}\left(\frac{1}{\rho^n}\frac{\partial p^{n+1}}{\partial x}\right)\right]_{i,j,k} &= \frac{1}{\Delta x_i}\left[\frac{1}{\rho^n_{i+1/2,j,k}}\left(\frac{\partial p}{\partial x}\right)^{n+1}_{i+1/2,j,k} - \frac{1}{\rho^n_{i-1/2,j,k}}\left(\frac{\partial p}{\partial x}\right)^{n+1}_{i-1/2,j,k}\right] \\ &= \frac{1}{\Delta x_i}\left[\frac{1}{\rho^n_{i+1/2,j,k}}\left(\frac{p^{n+1}_{i+1,j,k} - p^{n+1}_{i,j,k}}{\Delta x_{i+1/2}}\right) - \frac{1}{\rho^n_{i-1/2,j,k}}\left(\frac{p^{n+1}_{i,j,k} - p^{n+1}_{i-1,j,k}}{\Delta x_{i-1/2}}\right)\right]\end{aligned} \tag{6.17}$$

式中，$\rho^n_{i+1/2,j,k} = \frac{\rho^n_{i,j,k}\Delta x_{i+1} + \rho^n_{i+1,j,k}\Delta x_i}{\Delta x_i + \Delta x_{i+1}}$。类似地，可用有限差分法离散 PPE 方程左边的第二项和第三项。PPE 方程的右边项可表示为

$$\left(\frac{\partial \tilde{u}}{\partial x} + \frac{\partial \tilde{v}}{\partial y} + \frac{\partial \tilde{w}}{\partial z}\right)_{i,j,k} = \frac{\tilde{u}_{i+1/2,j,k} - \tilde{u}_{i-1/2,j,k}}{\Delta x_i} + \frac{\tilde{v}_{i,j+1/2,k} - \tilde{v}_{i,j-1/2,k}}{\Delta y_j} + \frac{\tilde{w}_{i,j,k+1/2} - \tilde{w}_{i,j,k-1/2}}{\Delta z_k} \tag{6.18}$$

对离散的 PPE 施加合适的边界条件，就可以得到各点压强值的线性代数方程组，该方程组可以通过共轭梯度（CG）方法求解。

在获得 n+1 时间步的速度之后，k-ε 方程可以通过下面的有限差分法求解：

$$\frac{\varepsilon_{i,j,k}^{n+1}-\varepsilon_{i,j,k}^{n}}{\Delta t}+F\varepsilon X+F\varepsilon Y+F\varepsilon Z=\mathrm{VIS}\varepsilon+C_{1\varepsilon}\frac{\varepsilon_{i,j,k}^{n}}{k_{i,j,k}^{n}}P_{i,j,k}^{n+1}-C_{2\varepsilon}\frac{\varepsilon_{i,j,k}^{n}}{k_{i,j,k}^{n}}\varepsilon_{i,j,k}^{n+1} \tag{6.19}$$

$$\frac{k_{i,j,k}^{n+1}-k_{i,j,k}^{n}}{\Delta t}+FkX+FkY+FkZ=\mathrm{VIS}k+P_{i,j,k}^{n+1}-\varepsilon_{i,j,k}^{n+1} \tag{6.20}$$

式中，VIS 为代号。这里我们采用迎风格式离散对流项，消除可能导致 k 或 ε 为负值的任何数值振荡，并用中心差分格式离散扩散和湍流生成项。

对于三维问题，VOF 输运方程（6.6）可以用以下有限差分形式进行离散：

$$\begin{aligned}k_{i,j,k}^{n+1}=k_{i,j,k}^{n}&-\frac{\Delta t}{\Delta x_i}\left[(uF)_{i+1/2,j,k}^{n}-(uF)_{i-1/2j,k}^{n}\right]\\&-\frac{\Delta t}{\Delta y_j}\left[(vF)_{i,j+1/2,k}^{n}-(vF)_{i,j-1/2,k}^{n}\right]\\&-\frac{\Delta t}{\Delta z_k}\left[(wF)_{i,j,k+1/2}^{n}-(wF)_{i,j,k-1/2}^{n}\right]\\&=F_{i,j,k}^{n}-\Delta F_{\mathrm{east}}+\Delta F_{\mathrm{west}}-\Delta F_{\mathrm{north}}+\Delta F_{\mathrm{south}}-\Delta F_{\mathrm{top}}+\Delta F_{\mathrm{bottom}}\end{aligned} \tag{6.21}$$

这里的速度采用最新的速度信息。而如何确定每个计算单元的 6 个单元面上的 VOF 通量 ΔF_{east}、ΔF_{west}、$\Delta F_{\mathrm{north}}$、$\Delta F_{\mathrm{south}}$、$\Delta F_{\mathrm{top}}$ 和 $\Delta F_{\mathrm{bottom}}$ 及它们之间的关系是求解的关键问题，我们会在小节 6.1.3 详述。

6.1.2　引入通用源项处理复杂结构、流体可压缩性、内造波、非惯性坐标等问题

在计算域内，将源函数引入连续性方程或动量方程中用以代表虚拟或真实的运动结构物，通过控制域内质量源或动量源的变化来实现模拟目标的方法，已经在不同领域得到了实际应用。当模拟质量发生变化时，可在连续性方程中加入源函数，即质量源函数；当考虑动量变化时，可在动量方程中加入源函数，即动量源函数。Larsen 和 Dancy（1983）通过在 Boussinesq 方程模型中指定线源函数的方式在计算域内部造波。而 Lin 和 Liu（1999）首次在 NSE 求解器中通过施加质量源的方式在计算域内造波，他们在计算域中通过添加人工质量源项来代表水中的虚拟运动结构物（如虚拟造波板），该虚拟结构物在推动水体运动时可以造出符合预期的真实波浪，但对于反射波浪却具有“透明”的特性，使得波浪反射问题得到了有效控制，解决了长期模拟随机波的难题。

Peskin（1972）提出了浸没边界法（immersed boundary method），用来模拟心脏动力学和相关的血液流动。浸没边界法通过在动量方程中引入动量源项来描述固体表面效应对流场的影响，即在计算领域中，不直接模拟真实的结构物，而采用虚拟的边界力来代替结构物。Choi 和 Yoon（2009）、Liu 等（2015）、Lara 等（2012，2011）在各自的模型中分别利用动量源项进行内部造波。Shen 等（2009）、Shen 和 Chan（2008）、Kang 等（2015）利用浸没边界法模拟波浪与结构物的相互作用。Kim 和 Park（2009）将转子的作用近似为计算域内转子平面上的动量源，用以模拟转子和机身的相互作用。Phillips 等（2009）利用动

量源项模拟螺旋桨与方向舵的相互作用。

在 NEWTANK 模型中，Lin 及其合作者（Kang et al.，2015；Ha et al.，2013；Xue and Lin，2011；Liu and Lin，2006，2009；Lin，2007）通过对动边界水流运动控制机制的研究，经过严格的数学推导，在 N-S 控制方程中引入了质量源项与动量源项，并将各类动边界对水流运动的影响统一纳入源项表达式中，具体如下：

$$\frac{\partial u_i}{\partial x_i}=s \tag{6.22}$$

$$\frac{\partial u_i}{\partial t}+au_j\frac{\partial u_i}{\partial x_j}=-\frac{b}{\rho}\frac{\partial p_i}{\partial x_i}+cg_i+\frac{d}{\rho}\frac{\partial(\tau_{ij}+R_{ij})}{\partial x_j}+f_i \tag{6.23}$$

$$R_{ij}=-\rho\left\langle u_i'u_j'\right\rangle=\mu_{\mathrm{t}}\left(\frac{\partial u_i}{\partial x_j}+\frac{\partial u_j}{\partial x_i}\right)+f\left\{\mu_t,\left(\frac{\partial u_i}{\partial x_j}+\frac{\partial u_j}{\partial x_i}\right)^n\right\} \tag{6.24}$$

式中，R_{ij} 为前述的雷诺应力，见式（6.3），但这里表征为更通用的可模拟各向异性湍流的高阶非线性湍流代数封闭形式。通过对以上方程中质量源项 s、动量源项 f_i 及对应系数 a、b、c 和 d 的正确定义，该方程可以表征不同类型结构物的不同运动状态，具体如下。

流体内部运动结构物对水流的影响：Lin（2007）在“部分网格”法（partial cell treatment）的基础上建立了基于质量源理论的“局部相对静止”（locally relative stationary）法。当结构物运动导致网格被动边界“切割”时，该网格就成为“部分网格”。此时，在部分网格内部将运动结构物对流体的影响转化为流体的额外“质量源”s 引入连续性方程中，用以推动运动结构物排开的流体，并确保固体边界运动时其周边流体质量守恒。质量源项的加入将影响运动物体周围压强和速度的求解，进而影响整个流场。随后，通过拉格朗日法直接计算边界运动以平衡额外增加的质量，实现边界移动后“部分网格”控制体内、外严格的质量守恒。在处理固体动边界的传统计算方法中，一般采用动网格法或重叠网格法，前者需要在计算过程中即时更新网格，后者需要在不同网格系统之间交换数据，对于快速运动或变形的物体都存在计算稳定性差、计算效率较低的问题。而在局部相对静止法中，通过运动结构物切割网格实现边界运动，简洁高效、适用性强且精度高。

对于边界形状复杂的结构物，Liu 和 Lin（2009）提出了基于动量源理论的“虚拟边界力”（virtual boundary force）法。在该方法中，计算域中动边界对附近水流的影响被描述为作用在边界处的水流所受的“虚拟边界力”，并通过强制结构物表面流体速度等于结构物的运动速度，以获得与施加边界同样的效果。该算法既能够在固定网格中描述动边界，又能直接求解结构物边界所受的流体力，更加适合海岸与海洋工程复杂动边界水流的模拟，其适应能力、求解精度和计算效率显著提高。

流体外部运动结构物（如箱体）对水流的影响：Liu 和 Lin（2006）通过在固定笛卡儿坐标系中引入非惯性坐标系，建立了基于非惯性坐标的动力耦合法。在该方法中，外部结构物的运动将通过转化为非惯性力引入动量源项中，并将外部结构物的运动通过 3 个平动与 3 个转动表述出来，实现对一般情况下 6 个自由度运动的精确数学描述。此方法成功地避免了传统方法处理动边界与网格间存在相对运动时的困难，稳定且高效，能够灵活处理各类复杂运动的外部结构物。

复杂的固体群：诸如堆石护坡或抛石截流体，因为固体数量大且个体特征迥异，可通过空间平均的方式重新获得质量与动量方程，平均后固体个体特性消失，但其统计平均特性如平均块径、孔隙率、级配等重要参数将进入系数 a、b、c 和 d 中，其阻力与附加质量力则反映到动量源项 f_i 中。从本质上讲，这种处理方法和多孔介质流的处理方法类似，但在推导过程中可以考虑固体结构不同的几何特性，从而推导出不同的阻力和惯性力表达方式。

上面几种源项处理方式我们将在第 7 章结合实际问题进行更详细的介绍（如公式推导和参数确定），以便读者更容易理解这种数学和数值方法结合的技巧。

6.1.3 自由面追踪方法

目前，多相流的模拟广泛存在于环境、化学、生物和海洋工程等领域。在多相流的模拟中，精确地追踪界面运动对于许多具有明显界面变化（如界面的合并和破碎）的工程应用来说非常重要。而自由面作为一种特殊的界面，其在垂直方向的应力和平行方向的剪应力均近似为零。在海洋工程中，对自由面的精确追踪对于求解 N-S 方程的水动力学模型，以及波浪的传播、折射、衍射等运动过程具有非常重要的意义。一般而言，有两种类型的自由表面追踪方法，即拉格朗日法和欧拉法。拉格朗日法是直接确定计算单元内的精确自由表面位置，而欧拉法则是提供计算单元中的整体流体性质（如平均密度），并依据相邻计算单元的密度信息近似地重构自由表面。有时，拉格朗日法被归类为界面追踪法，而欧拉法则被称为界面捕捉法。

MAC 方法和“不规则星”技术：基于拉格朗日法的标记-单元（MAC）方法最早出现于 1965 年，它由 Harlow 和 Welch（1965）开发，可以实现对自由面的准确追踪，它的本质是标记并追踪定义在欧拉网格单元上的自由表面虚拟粒子。在该方法中，首先在自由表面上布置无质量的虚拟粒子，并通过使用粒子位置处的内插速度来追踪它们的运动。当自由面不破碎时，初始位于自由表面的粒子将继续保留在自由面上，因此任意时间步的粒子信息又可以反过来帮助我们确定自由面的准确位置。在 MAC 方法中，自由面单元中心与实际自由面之间的距离是可以准确确定的。为了满足动态自由面边界条件，将自由面上的压力定义为大气压力，Chan 和 Street（1970）开发了所谓的“不规则星”技术，以便将压力定义在实际的自由面上。该类波浪模型包括 SMAC（Amsden and Harlow，1970）、TUMMAC（Miyata，1986；Miyata et al.，1985）、SIMAC（Armenio，1997）、NS-MAC NWT（Park et al.，1999）和 GENSMAC（Tomé et al.，2002，2001，1996；Tomé and McKee，1994），所有这些模型都能够模拟波浪与复杂几何表面结构物的相互作用。

VOF 方法和 LS（level set）方法：自由面也可以使用欧拉法进行捕捉。在该类方法中，最常使用的两种方法是 VOF 方法和 LS 方法。在这两种方法中，自由面单元被看作具有大梯度和特定流体性质函数的单元。VOF 方法中的归一化密度函数和 LS 方法中的假想界面函数，是追踪自由面的关键函数。通过在欧拉系中求解上述函数，可以根据单元及其相邻单元的函数值近似重构自由面。当求解压力时，可以用“不规则星”技术提取每个单元内已重建好的自由面信息。另外，自由面单元也可以处理为与内部流体单元相比平均密度较低的特殊流体单元。在单相流计算中，动态自由面压力边界条件施加在邻近的空气单元，而在多相流计算中则无须施加自由面压力边界条件，因为自由面被当作流体内部界面来处理。

1980 年，Nichols 等（1980）发展了 VOF 方法。在 VOF 方法中，计算的关键在于如何计算数值通量来更新 VOF 函数。根据在求解过程中是否进行界面几何重构，VOF 方法可大致分为两类：几何重构型方法和代数型方法。在几何重构型方法中，在界面重构前，界面的几何形状需要根据局部流体体积数据和基于特定算法的假定进行推断，然后利用重建的界面计算体积演化方程中对流项所需的体积通量。界面几何形状重构技术主要有分段常数（piecewise constant）法和分段线性（piecewise linear）法。在分段常数法中，将界面表示为与网格平行的直线，代表性方法有 SLIC（Noh and Woodward，1976）和 SURFER（Lafaurie et al.，1994）。而在分段线性法中，界面方向与局部 VOF 梯度方向垂直，可以是任意的方向而不仅仅平行于网格，因此可以更真实地表示实际流体的几何形状。在 Youngs（1982）、Ashgriz 和 Poo（1991）、Rider 和 Kothe（1998）、Harvie 和 Fletcher（2001，2000）、López 和 Hernández（2008）、López 等（2008，2005，2004）开发的模型中，均是应用分段线性法计算自由面，即分段线性界面计算（piecewise linear interface calculation，PLIC）法。

在求解过程中不需要进行几何重构的方法称为代数型方法，如 SOLA-VOF（Hirt and Nichols，1981）、CICSAM（Ubbink and Issa，1999；Ubbink，1997）、THINC（Xiao et al.，2011，2005；Yokoi，2007）等。尽管在 SOLA-VOF 方法中使用的是分段常数法的一种变体，但是它的体积通量可以在不重建界面的情况下用代数方法表示。CICSAM 是基于有限体积技术的高精度任意拓扑网格流体界面捕获方法，是完全守恒的，高分辨率离散化方案的自适应组合使其既保证了界面的锐度和形状，又保留了流域的有界性。但是该方法的推导建立在界面不发生扩散的假设上，因此，它只适用于具有清晰界面的流体。目前，不少学者（Alam et al.，2012；Gao et al.，2010；Jahanbakhsh et al.，2007；Panahi et al.，2006；Malgarinos et al.，2006；Chang and Yang，2001）已成功地将 CICSAM 方法应用于捕捉界面运动。THINC 方法则是利用双曲正切函数来计算流体 VOF 函数的数值通量。双曲正切函数的阶跃性质使其适合于使用 VOF 函数，并能有效地消除数值误差和虚假振荡。在 THINC 方案中，双曲正切函数的跃变和斜率是根据局部解自动确定的。与几何重构型方法相比，代数型方法简单易行，计算效率高，对非结构化网格与三维问题具有更好的适应性，但对于复杂的界面运动，其计算精度则有待进一步提高。

LS（level set）方法由 Osher 和 Sethian（1988）提出。LS 方法的优点在于它不需要重构界面，可以自动处理界面的合并和破裂，并且能精确地计算界面曲率。然而，它有一个严重的缺点，即无法保证质量守恒，这可能导致较大的计算误差。针对这个问题，Enright 等（2005，2002）提出了 PLS（particle level set）方法，Olsson 和 Kreiss（2007，2005）提出了 CLS（conservative level set）方法。PLS 方法将拉格朗日无质量标记粒子与 LS 方法相结合，在未解区域重建 LS 函数，该方法提高了 LS 方法的质量守恒性质，并且保留了正确的界面拓扑性质。基于此，不同学者（Koh et al.，2012；Ianniello and Mascio，2010；Wang et al.，2009；Li et al.，2008；Hieber and Koumoutsakos，2005）对 PLS 方法做出了进一步的改进和应用。与标准的 LS 方法相比，CLS 方法改进了质量守恒特性，并且能保持扩散界面的厚度不变，同时保持了原有方法的简单性，能成功捕捉多项流中的界面运动（Zhao et al.，2014a；Desjardins et al.，2008；van der Pijl et al.，2005）。

VOF 方法和 LS 方法各有自身的优缺点，将两者结合可以优势互补，形成新的界面追踪方法 CLSVOF。不同学者采用不同的 LS 方法与 VOF 方法相耦合的方式（Singh and Premachandran，2018；Balcázar et al.，2016；Albadawi et al.，2013a，2013b；Ménard et al.，2007；Yang et al.，2006；Son，2003；Sussman and Puckett，2000）。总体来讲，CLSVOF 方法保证了质量守恒性，计算较 LS 方法复杂，但比 VOF 方法简单，在三维问题和非均匀

网格上的应用较 VOF 方法而言，难度有所下降。

NEWTANK 模型包含了上述两种界面追踪方式，即 VOF 方法和 LS 方法。本书仅介绍 VOF 方法。在这个方法中，为了求解方程（6.6）和方程（6.21），我们使用二阶分段线性界面计算（PLIC）法来重建界面并确定 VOF 通量，下面给出详细的计算过程。

步骤 1（自由曲面重构）：通过已知交界面的法向量和交界面的截距来完成线性交界面重构。首先采用改进的二阶精度的杨氏最小二乘法（Rider and Kothe，1998）估计界面的法向量。将特定单元格 $\vec{x}_0$ 中的 VOF 值定义为 F_0。邻域单元 VOF 函数的泰勒级数展开式为

$$F_k^{\mathrm{TSE}}\left(\vec{x}_0+\Delta\vec{x}_k\right)=F_0+(\nabla F)\Delta\vec{x}_k+O(\Delta\vec{x}_k^2),\left(k=1,2,\cdots,n\right) \tag{6.25}$$

采用最小二乘法，在所有的 n 个相邻单元上，将 $\left(F_k^{\mathrm{TSE}}-F_k\right)^2$ 的和（相邻网格中的估计 VOF 和实际 VOF 间的差异）最小化。该范数最小化 L_2 将产生 VOF 梯度 ∇F 作为线性系统的解：

$$A^{\mathrm{T}}A\vec{x}=A^{\mathrm{T}}\vec{b} \tag{6.26}$$

式中，

$$A=\begin{pmatrix}\omega_1\left(x_1-x_0\right) & \omega_1\left(y_1-y_0\right) & \omega_1\left(z_1-z_0\right)\\ \vdots & \vdots & \vdots\\ \omega_k\left(x_k-x_0\right) & \omega_k\left(y_k-y_0\right) & \omega_k\left(z_k-z_0\right)\\ \vdots & \vdots & \vdots\\ \omega_n\left(x_n-x_0\right) & \omega_n\left(y_n-y_0\right) & \omega_n\left(z_n-z_0\right)\end{pmatrix},\vec{b}=\begin{pmatrix}\omega_1\left(F_1-F_0\right)\\ \vdots\\ \omega_k\left(F_k-F_0\right)\\ \vdots\\ \omega_n\left(F_n-F_0\right)\end{pmatrix} \tag{6.27}$$

其中，$\omega_k=\dfrac{1}{\left(x_k-x_0\right)^2+\left(y_k-y_0\right)^2+\left(z_k-z_0\right)^2}$，$\vec{x}=\left(\nabla_x F,\ \nabla_y F,\ \nabla_z F\right)^{\mathrm{T}}$。法向量可以用下式计算：

$$\vec{m}=\left(-\frac{\nabla_x F}{\left|\nabla F\right|},\ -\frac{\nabla_y F}{\left|\nabla F\right|},\ -\frac{\nabla_z F}{\left|\nabla F\right|}\right)^{\mathrm{T}} \tag{6.28}$$

式中，$\left|\nabla F\right|=\sqrt{\left(\nabla_x F\right)^2+\left(\nabla_y F\right)^2+\left(\nabla_z F\right)^2}$。在三维笛卡儿网格系统中，可以选择 n=26 个周围网格来估计 $\vec{m}$。

一旦 $\vec{m}$ 确定，从单元原点（NEWTANK 中单元的西南底角）到界面平面的标准距离 a 就可以用单元中给定的 VOF 值唯一确定。二分法或牛顿法均可用于上述求解。

步骤 2（供体单元的确定）：为了确定穿过特定单元表面的 VOF 通量，我们将利用单元体表面速度来识别计算对流项时贡献 VOF 的“供体”单元。例如，对于东侧（右侧）的单元面，如果 $u_{i+1/2,j,k}>0$，则供体单元为单元（$i,\ j,\ k$）；如果 $u_{i+1/2,j,k}<0$，则供体单元变成（$i+1,j,k$）。在这个例子中，我们假设 $u_{i+1/2,j,k}>0$，并且在下面的计算中将使用单元（i,j,k）中重建的自由表面。

步骤 3（界面的拉格朗日传播）：一旦 $\vec{m}$ 和 α 确定，单元（$i,\ j,\ k$）中的界面就可以表示为

$$m_1^n x+m_2^n y+m_3^n z=\alpha^n \tag{6.29}$$

式中，m_1^n、m_2^n 和 m_3^n 分别是第一步重建得到的单位法向矢量 $\vec{m}$ 在 x、y 和 z 方向的分量；α^n 为根据质量守恒计算得到的自由面到网格角点的距离。如图 6.1 所示，在网格 $ABCD$ 中，原自由面重建为直线 ab。当经过一个时间步长后，自由面由直线 ab 变为直线 $a'b'$，那么

流出网格右边界面的流体面积为 $AA'b'c$。为了确定 $AA'b'c$ 的面积，需要求出直线 $a'b'$的表达式。

$$\tilde{m}_1 x + \tilde{m}_2 y + \tilde{m}_3 z = \tilde{\alpha} \tag{6.30}$$

式中，$\vec{\tilde{m}} = (\tilde{m}_1, \tilde{m}_2, \tilde{m}_3)$ 是新平面交界面的单位法向量，有

$$\tilde{m}_1 = \frac{m_1^*}{\sqrt{\left(m_1^*\right)^2 + \left(m_2^*\right)^2 + \left(m_3^*\right)^2}},\ \tilde{m}_2 = \frac{m_2^*}{\sqrt{\left(m_1^*\right)^2 + \left(m_2^*\right)^2 + \left(m_3^*\right)^2}},\ \tilde{m}_3 = \frac{m_3^*}{\sqrt{\left(m_1^*\right)^2 + \left(m_2^*\right)^2 + \left(m_3^*\right)^2}} \tag{6.31}$$

法线距离为

$$\tilde{\alpha} = \frac{\alpha^*}{\sqrt{\left(m_1^*\right)^2 + \left(m_2^*\right)^2 + \left(m_3^*\right)^2}} \tag{6.32}$$

其中，m_1^*、m_2^*、m_3^* 和 α^*分别为

$$m_1^* = \frac{m_1^n}{1 + \left(\dfrac{u_{i+1/2,j,k} - u_{i-1/2,j,k}}{\Delta x_i}\right)\Delta t}$$

$$m_2^* = m_2^n$$

$$m_3^* = m_3^n$$

$$\alpha^* = \alpha^n + \frac{m_1^n u_{i-1/2,j,k} \Delta t}{1 + \left(\dfrac{u_{i+1/2,j,k} - u_{i-1/2,j,k}}{\Delta x_i}\right)\Delta t}$$

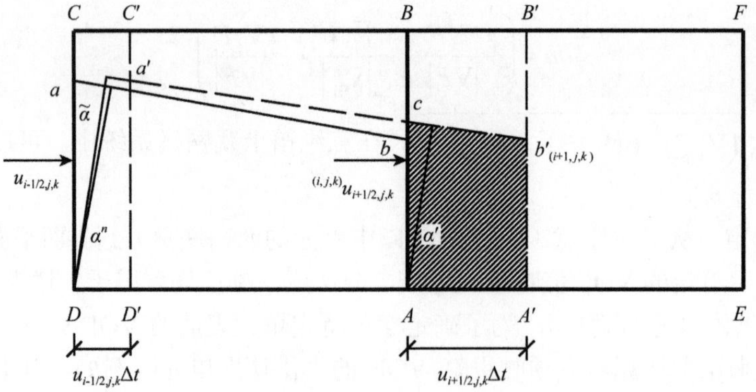

图 6.1 使用 PLIC 方法计算 VOF 通量

步骤 4（VOF 通量的确定）：当确定了发生运动前的界面直线 ab 和运动后的直线 $a'b'$ 的表达式以后，就可以确定流出网格面的流体面积了，也就是图 6.1 中阴影部分 $AA'b'c$ 的面积。因为阴影部分在网格（i+1, j, k）中，所以可以通过坐标平移变换的方式将 $a'b'$在网格（i, j, k）中的表达式移动到网格（i+1, j, k）中，有

$$x = x' + \Delta x_i \tag{6.33}$$

将式（6.33）代入式（6.30），有

$$m_1 x' + m_2 y^n + m_3 z^n = a' \tag{6.34}$$

式中，$m_1 = \tilde{m}_1$，$m_2 = \tilde{m}_2$，$m_3 = \tilde{m}_3$，$\alpha' = \tilde{\alpha} - m_1 \Delta x_i$。对于二维问题，这个区域的面积可以通过下式计算：

$$\Delta F_{\text{east}} = \text{Area} = \frac{1}{2m_1 m_2}\left[\alpha'^2 - \sum_{i=1}^{2} F_2\left(\alpha' - m_i \Delta x_i\right)\right] \tag{6.35}$$

式中，$F_2(x)$是 Heaviside 二阶阶梯函数，可以定义为

$$F_2(x) = \begin{cases} x^2, & x > 0 \\ 0, & x \leqslant 0 \end{cases} \tag{6.36}$$

垂直方向的对流可以类似地计算。

对于三维问题，式（6.35）可以扩展为

$$\Delta F_{\text{east}} = \text{Volume} = \frac{1}{6m_1 m_2 m_3}\left[\alpha'^3 - \sum_{i=1}^{3} F_3\left(\alpha' - m_i \Delta x_i\right) + \sum_{i=1}^{3} F_3\left(\alpha' - \alpha'_{\max} + m_i \Delta x_i\right)\right] \tag{6.37}$$

式中，

$$\alpha'_{\max} = \sum_{i=1}^{3} m_i \Delta x_i \tag{6.38}$$

另外，$F_3(x)$是 Heaviside 三阶阶梯函数，可以定义为

$$F_3(x) = \begin{cases} x^3, & x > 0 \\ 0, & x \leqslant 0 \end{cases} \tag{6.39}$$

6.2　二维 CIP 模型

在计算流体力学中，为了得到稳定的数值计算结果，通常采用迎风格式求解 N-S 方程中的对流项，但迎风格式会带来较大的数值耗散问题，影响计算精度。

20 世纪 80、90 年代，Yabe 和 Aoki（1991）、Yabe 和 Takei（1988）、Takewaki 和 Yabe（1987）提出了一种有效的对流方程数值求解方法——紧致插值曲线（Constrained Interpolation Profile，CIP）方法。与传统的迎风格式相比，CIP 方法采用了一种独特的方式（详见 3.2.5 小节），可用较少的计算量达到三阶精度，这也是该方法与其他方法的不同之处。

诸多学者对 CIP 方法的发展做了大量的工作，Xiao 和 Yabe（1994）通过将 CIP 方法与密度函数结合在一起，提高了界面的分辨率。Xiao 等（1996）构造出减少数值振荡的 CIP 改进方法，改善了 CIP 方法在计算过程中的数值振荡。Yabe 等（1998）将 CIP 方法应用到多相流的计算中，取得了良好的结果。Igra 和 Takayama（2001）开展了波浪与柱体相互作用的 CIP 方法数值模拟研究，所得数值结果与实验数据吻合良好。Hu 等（2010，2005）、Hu 和 Kashiwagi（2009，2007，2004，2003）基于 CIP 方法建立了适用于强非线性自由面问题的多相流数值模型，并应用该模型开展了广泛的波浪与结构物相互作用的数值模拟研究，得到了较好的结果。赵西增（2013）提出了一种基于 CIP 方法的适用于自由面大变形流动的 CFD 模型，并利用该模型开展了柱体绕流（Zhao et al.，2016a，Zhao et al.，2016b，Zhao et al.，2015）、溃坝（Zhao et al.，2016c，Zhao et al.，2015）、液体飞溅（Zhao et al.，2015）、波浪与浮体相互作用（Zhao et al.，2014a，Zhao et al.，2014b）等广泛的流固耦合现象研究。陈更和董胜（2016）利用基于 CIP 方法的数值模型求解了液舱晃荡问题，模拟结果表明，该模型可以较好地模拟液舱晃荡问题，并且纵隔板对液舱晃荡有明显的

抑制作用。因此，基于 CIP 方法的数学模型是一种适用于单相流及多相流的高精度流固耦合模型，已在众多工程领域得到应用。

6.2.1 控制方程

基于笛卡儿坐标系，考虑到水和气体为两相不可压缩粘性流体，CIP 数值模型的控制方程为二维 N-S 方程，其矢量形式为

$$\nabla \cdot u = 0 \tag{6.40}$$

$$\frac{\partial u}{\partial t} + \left(u \cdot \nabla\right) u = -\frac{1}{\rho}\nabla p + \frac{\mu}{\rho}\nabla^2 u + F \tag{6.41}$$

式中，$\nabla=(\partial/\partial x+\partial/\partial y)$为哈密顿算子；$u$ 为速度矢量；p 为压强；ρ 为流体密度；t 为时间；F 为作用于单位质量流体的体积力。

CIP 数值模型采用多相流理论处理固-液-气的相互作用，控制方程如下：

$$\frac{\partial \phi_m}{\partial t} + u \cdot \nabla \phi_m = 0 \tag{6.42}$$

式中，m=1, 2, 3；ϕ_1 为液体相；ϕ_2 为气体相；ϕ_3 为固体相，在一个网格内满足$\phi_1+\phi_2+\phi_3=1$。固体相的处理基于浸没边界方法。网格内的流体特性可用下式来表示：

$$\lambda = \sum_{m=1}^{3} \varphi_m \lambda_m \tag{6.43}$$

6.2.2 数值求解步骤

CIP 模型采用分步算法对动量方程进行时间积分。分步计算分为 3 个计算阶段：对流项计算（Ⅰ）、非对流项计算（Ⅰ）和非对流项计算（Ⅱ）。首先只考虑对流项，然后求解扩散项，其次求解压力泊松方程，计算下一时间步的压力，最后考虑压力梯度项，计算更新后的速度。设Δt 为时间步长，在 $t=n\Delta t$ 到 $t=(n+1)\Delta t$ 时刻的计算时间内，具体的时间积分过程如下。

（1）对流项计算（Ⅰ）

$$\frac{\partial u}{\partial t} + \left(u \cdot \nabla\right) u = 0 \tag{6.44}$$

$$\frac{\partial \left(\partial_i u\right)}{\partial t} + \left(u \cdot \nabla\right)\left(\partial_i u\right) = 0 \tag{6.45}$$

通过 CIP 方法可得到方程的解：

$$u^* = X\left(x - u\Delta t\right) \tag{6.46}$$

$$\left(\partial_i u\right)^*\left(x\right) = \frac{\partial X^*}{\partial x_i}\left(x - u\Delta t\right) \tag{6.47}$$

式中，“*”为对流项计算结束后的中间时间标志。

（2）非对流项计算（Ⅰ）

下面进入扩散项的计算：

$$\frac{\partial u}{\partial t}=\frac{\mu}{\rho}\nabla^2 u+F \tag{6.48}$$

$$\frac{\partial(\partial_i u)}{\partial t}=-\partial_i u\cdot\nabla u+\partial_i\left(\frac{\mu}{\rho}\nabla^2 u+F\right) \tag{6.49}$$

扩散项的时间离散采用显示格式，中间速度可表示为以下形式：

$$\frac{u^{**}-u^{*}}{\Delta t}=\frac{\mu}{\rho}\nabla^2 u+F \tag{6.50}$$

$$\frac{(\partial_i u)^{**}-(\partial_i u)^{*}}{\Delta t}=-\partial_i u^{*}\cdot\nabla u^{*}+\partial_i\left(\frac{\mu}{\rho}\nabla^2 u^{*}+F\right) \tag{6.51}$$

式中，“*”为对流项计算结束后的中间时间标志；“**”为非对流项（Ⅰ）计算结束后的中间时间标志。

（3）非对流项计算（Ⅱ）

下一步进入压力和速度的匹配：

$$\frac{\partial u}{\partial t}=-\frac{1}{\rho}\nabla p \tag{6.52}$$

$$\frac{\partial(\partial_i u)}{\partial t}=-\partial_i\left(\frac{1}{\rho}\nabla p\right) \tag{6.53}$$

对方程（6.52）取散度，并引入连续性方程，可得到如下形式的泊松方程：

$$\nabla\cdot\left(\frac{1}{\rho}\nabla p^{n+1}\right)=\frac{1}{\Delta t}\nabla\cdot u^{**} \tag{6.54}$$

泊松方程的解通过逐次超松弛（successive overrelaxation）法迭代得到。考虑动量方程的压力梯度项，计算更新后的速度：

$$u^{n+1}=u^{**}-\frac{\Delta t}{\rho}\nabla p^{n+1} \tag{6.55}$$

$$(\partial_i u)^{n+1}=(\partial_i u)^{**}-\Delta t\partial_i\left(\frac{1}{\rho}\nabla p^{n+1}\right) \tag{6.56}$$

6.2.3　笛卡儿交错计算网格

图 6.2 给出了二维 CIP 计算中用到的笛卡儿交错网格系统，定义 $dx(i)=x(i)-x(i-1)$，$dy(j)=y(j)-y(j-1)$，$x_c(i)=[x(i)+x(i-1)]/2$，$y_c(j)=[y(j)+y(j-1)]/2$，$dx_c(i)=x_c(i+1)-x_c(i)$，$dy_c(j)=y_c(j+1)-y_c(j)$。将计算区域划分成矩形单元，在紧邻物理计算域的侧边各添加一层虚构的网格以便施加离散边界条件。

图 6.3 给出了二维 CIP 计算中离散变量在交错网格中的存储位置。在每个网格单元（i, j）中，连续性方程在网格点中心离散，x 方向动量方程在网格的左右边界的中心进行离散，y 方向的动量方程在上下边界的中心进行离散。标量如密度 ρ、粘度 μ、体积函数 φ、压力 p 等定义在网格的中心，速度 u 定义在单元格竖直边的中间位置，速度 v 定义在单元格水平边的中间位置，变量的空间一阶偏导数也设置在与变量相同的位置。

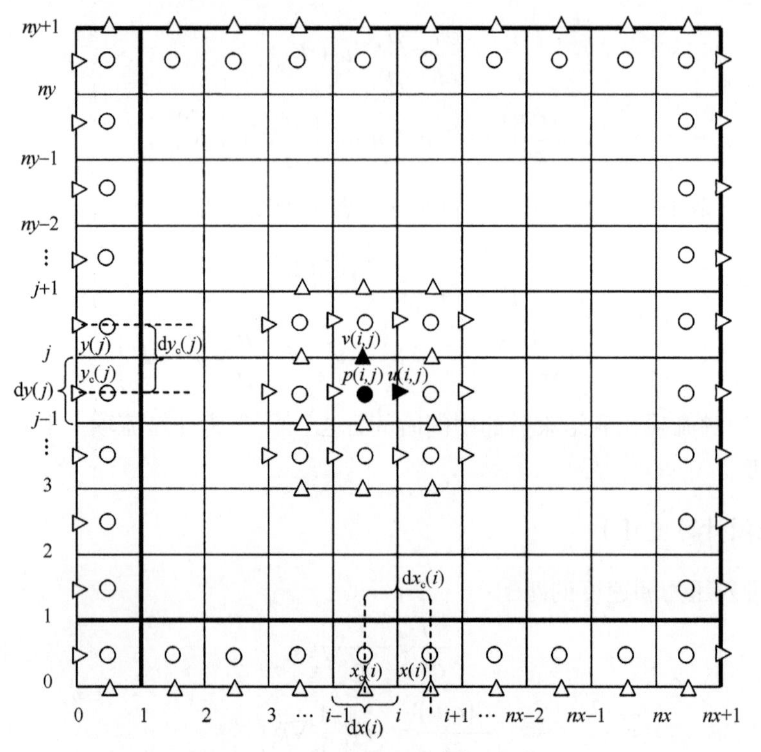

图 6.2　二维 CIP 计算中的网格系统

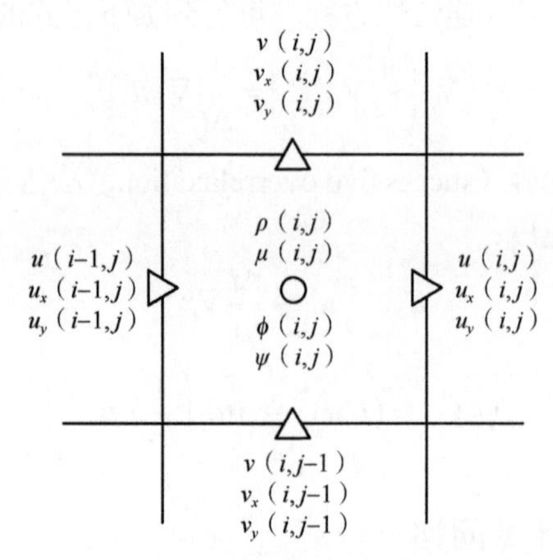

图 6.3　二维 CIP 计算中离散变量在交错网格中的存储位置

二维 CIP 模型采用这种交错网格，将物理量存储在不同的位置，计算和编程都较为复杂。但是，正是这种错列分布使得网格中点的速度梯度可以由网格 4 个边界点上的速度值得到，精度要远高于非交错网格的速度梯度，因此可避免非交错网格在求解不可压缩流体 N-S 方程时出现数值压力分布异常的情况。采用笛卡儿坐标通常可以简化程序结构、提高计算效率，特别是对于捕捉运动物体的问题。

6.2.4　压力泊松方程迭代求解

求解压力泊松方程是数值计算中最为耗时的一个环节。对于二维问题，泊松方程在单元格（i,j）处的有限差分方程可以写成如下形式：

$$\begin{aligned}&\frac{1}{\Delta x_i}\left(\frac{1}{\rho_{\mathrm{E}i,j}}\frac{p_{i+1,j}^{n+1}-p_{i,j}^{n+1}}{\Delta x_{\mathrm{c}i}}-\frac{1}{\rho_{\mathrm{W}i,j}}\frac{p_{i,j}^{n+1}-p_{i-1,j}^{n+1}}{\Delta x_{\mathrm{c}i-1}}\right)\\&+\frac{1}{\Delta y_i}\left(\frac{1}{\rho_{\mathrm{N}i,j}}\frac{p_{i,j+1}^{n+1}-p_{i,j}^{n+1}}{\Delta y_{\mathrm{c}j}}-\frac{1}{\rho_{\mathrm{S}i,j}}\frac{p_{i,j}^{n+1}-p_{i,j-1}^{n+1}}{\Delta y_{\mathrm{c}j-1}}\right)\\&=\frac{1}{\Delta t}\left(\frac{u_{i,j}^{**}-u_{i-1,j}^{**}}{\Delta x_i}-\frac{v_{i,j}^{**}-v_{i,j-1}^{**}}{\Delta y_j}\right)\end{aligned}\tag{6.57}$$

式中，$\Delta x_i=\mathrm{d}x(i)$，$\Delta y_j=\mathrm{d}y(j)$，$\Delta x_{\mathrm{c}i}=\mathrm{d}x_{\mathrm{c}}(i)$，$\Delta y_{\mathrm{c}j}=\mathrm{d}y_{\mathrm{c}}(j)$。密度 $\rho_{\mathrm{N}}(i,j)$、$\rho_{\mathrm{S}}(i,j)$、$\rho_{\mathrm{W}}(i,j)$及 $\rho_{\mathrm{E}}(i,j)$的计算位置如图 6.4 所示。

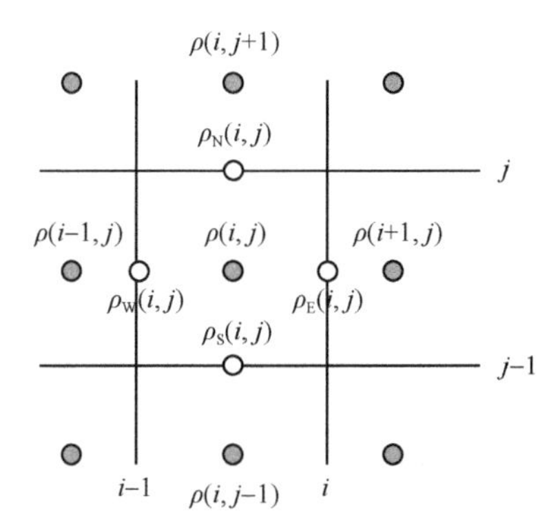

图 6.4　密度 ρ 在网格中的定义

$\rho_{\mathrm{N}}(i,j)$由距离最近的两个密度值 $\rho(i,j)$和 $\rho(i,j+1)$线性插值得到，$\rho_{\mathrm{S}}(i,j)$由 $\rho(i,j)$和 $\rho(i,j-1)$、$\rho_{\mathrm{W}}(i,j)$由 $\rho(i,j)$和 $\rho(i-1,j)$、$\rho_{\mathrm{E}}(i,j)$由 $\rho(i,j)$和 $\rho(i+1,j)$分别线性插值得到：

$$\begin{aligned}\rho_{\mathrm{N}}(i,j)&=\frac{\rho(i,j)\Delta y(j+1)+\rho(i,j+1)\Delta y(j)}{\Delta y(j)+\Delta y(j+1)}\\\rho_{\mathrm{S}}(i,j)&=\frac{\rho(i,j)\Delta y(j-1)+\rho(i,j-1)\Delta y(j)}{\Delta y(j)+\Delta y(j-1)}\\\rho_{\mathrm{W}}(i,j)&=\frac{\rho(i,j)\Delta x(i-1)+\rho(i-1,j)\Delta x(i)}{\Delta x(i)+\Delta x(i-1)}\\\rho_{\mathrm{E}}(i,j)&=\frac{\rho(i,j)\Delta x(i+1)+\rho(i+1,j)\Delta x(i)}{\Delta x(i)+\Delta x(i+1)}\end{aligned}\tag{6.58}$$

式（6.57）代表压力 p 的一个稀疏线性系统，可以表示成如下形式

$$\boldsymbol{AX}=b\tag{6.59}$$

式中，$\boldsymbol{A}$ 是一个 $M\times M$ 的矩阵；b 是 M 维向量。这里，$M=N_X\times N_Y$，其中 N_X 和 N_Y 分别为 x、y 方向的网格数。为求解该稀疏矩阵，需要采用数值迭代的方法。该数值模型采用逐次超松弛法，迭代公式如下：

$$\hat{x}_i^{(k)}=\frac{1}{a_{ii}}\left(b_i-\sum_{j<i}a_{ij}x_j^{(k)}-\sum_{j>i}^{M}a_{ij}x_j^{(k-1)}\right)\tag{6.60}$$

$$x_i^{(k)}=\omega\hat{x}_i^{(k)}+(1-\omega)x_i^{(k-1)}\tag{6.61}$$

式中，ω 为加速参数，$0<\omega<2$；$x_i^{(k-1)}$ 表示上一个迭代步 k–1 的计算值；$\hat{x}_i^{(k)}$ 为中间值；$x_i^{(k)}$ 表示当前迭代步 k 的计算值。逐次超松弛法是目前迭代效率较高的一种方法，但求解三维计算的大型矩阵时，收敛速度较慢。

考虑动量方程的压力梯度项，计算速度的最终值，计算式为

$$\vec{u}^{n+1}=\vec{u}^{**}-\frac{\Delta t}{\rho}\nabla p^{n+1} \tag{6.62}$$

$$\left(\partial_i\vec{u}\right)^{n+1}=\left(\partial_i\vec{u}\right)^{**}-\Delta t\partial_i\left(\frac{1}{\rho}\nabla p^{n+1}\right) \tag{6.63}$$

6.2.5 自由面追踪方法

自由面追踪方法已经在 6.1.3 小节作了详细介绍。在二维 CIP 模型中，使用无须界面重构的 THINC 方法来计算 VOF 通量。将体积函数ϕ的一维对流方程改写成类似 VOF 的守恒格式：

$$\frac{\partial\phi}{\partial t}+\frac{\partial(u\phi)}{\partial x}=0 \tag{6.64}$$

采用有限体积法对方程（6.64）在网格单元（$x_{i-1/2}$，$x_{i+1/2}$）和时间间隔（t_n，t_{n+1}）内进行积分得

$$\bar{\phi}_i^{n+1}=\bar{\phi}_i^{n}+\frac{1}{\Delta x_i}\left(g_{i-1/2}-g_{i+1/2}\right)+\frac{\Delta t}{\Delta x_i}\bar{\phi}_i^{n}\left(u_{i+1/2}^{n}-u_{i-1/2}^{n}\right) \tag{6.65}$$

式中，$\Delta x_i=x_{i+1/2}-x_{i-1/2}$，$\Delta t=t^{n+1}-t^{n}$，$g_{i\pm1/2}=\int_{t^n}^{t^{n+1}}(u\phi)_{i\pm1/2}\mathrm{d}t$ 是穿过边界的通量；$\bar{\phi}=\int_{x_i-1/2}^{x_i+1/2}\phi(x,t)\mathrm{d}x$ 是 x=x_i 上单元平均的 VOF 函数。流量采用与 CIP 方法相似的基于迎风插值

函数的半拉格朗日法进行计算。与 CIP 方法采用多项式不同，THINC 方法采用双曲正切函数来近似描述体积函数在计算单元内的分布，从而保持了界面的紧致性且抑制了振荡的发生。由于 THINC 方法需要判断迎风单元网格，因此以下将分成 $u_{i+1/2}\geqslant0$ 和 $u_{i+1/2}<0$ 两种情况来介绍如何通过速度及邻近单元格的信息计算通量 $g_{i+1/2}$。

1. $u_{i+1/2}\geqslant0$ 时计算通量 $g_{i+1/2}$

当 $u_{i+1/2}\geqslant0$ 时，如图 6.5 所示，左边$[x_{i-1/2}, x_{i+1/2}]$为迎风单元，单元内部 VOF 函数分布可近似为

$$F_i(x)=\frac{\alpha}{2}\left\{1+\gamma\tanh\left[\beta\left(\frac{x-x_{i-1/2}}{\Delta x_i}-\delta\right)\right]\right\} \tag{6.66}$$

式中，有 4 个待定系数 α、β、γ、δ，其中 α、γ 取值为

$$\alpha=\begin{cases}\bar{\phi}_{i+1} & 若\bar{\phi}_{i+1}\geqslant\bar{\phi}_{i-1}\\ \bar{\phi}_{i-1} & 其他情况\end{cases} \tag{6.67}$$

$$\gamma=\begin{cases}1 & 若\bar{\phi}_{i+1}\geqslant\bar{\phi}_{i-1}\\ -1 & 其他情况\end{cases} \tag{6.68}$$

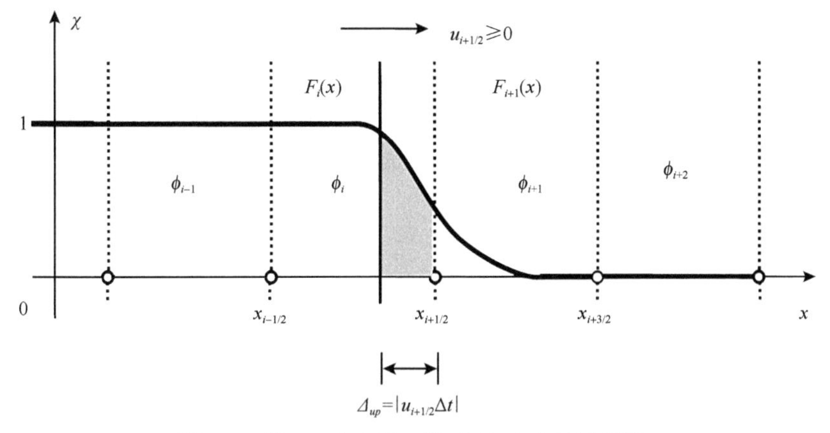

图 6.5　当 $u_{i+1/2} \geqslant 0$ 时一维 THINC 方法示意图

参数 β 的主要作用为控制双曲正切函数的坡度，β 越大，体积函数变化越快。过大的 β 往往会导致数值结果不稳定，在数值模拟中，一般取 β=3.5 可以得到相对较好的结果。

参数 δ 用于确定双曲正切函数的中点，可通过以下公式求得

$$\frac{1}{\Delta x_i}\int_{x_{i-1/2}}^{x_{i+1/2}} F_i(x)\mathrm{d}x = \overline{\phi_i}^n \tag{6.69}$$

将式（6.66）代入式（6.69）可得

$$\begin{aligned}
\overline{\phi_i}^n &= \frac{1}{\Delta x_i}\int_{x_{i-1/2}}^{x_{i+1/2}}\left\{\frac{\alpha}{2}\left[1+\gamma\tanh\left(\beta\left(\frac{x-x_{i-1/2}}{\Delta x_i}-\delta\right)\right)\right]\right\}\mathrm{d}x \\
&= \frac{\alpha}{2}+\frac{\alpha\gamma}{2\beta}\left\{\ln\left[\cosh(\beta-\beta\delta)\right]-\ln\left[\cosh(\beta\delta)\right]\right\} \\
&= \frac{\alpha}{2}+\frac{\alpha\gamma}{2\beta}B
\end{aligned} \tag{6.70}$$

式中，

$$\begin{aligned}
B &= \ln\left[\cosh(\beta-\beta\delta)\right]-\ln\left[\cosh(\beta\delta)\right] \\
&= \ln\frac{\cosh(\beta-\beta\delta)}{\cosh(\beta\delta)} \\
&= \ln\left[\cosh\beta-\sinh\beta\tanh(\beta\delta)\right]
\end{aligned} \tag{6.71}$$

令 $A=\left(\overline{\phi}_{i+1}-\frac{\alpha}{2}\right)\frac{2\beta}{\alpha\gamma}$，则 $A=B$，有

$$\cosh\beta-\sinh\beta\tanh(\beta\delta)=\mathrm{e}^A \tag{6.72}$$

进一步有

$$\tanh(\beta\delta)=\frac{\cosh\beta-\mathrm{e}^A}{\sinh\beta}=\frac{\mathrm{e}^{\beta}+\mathrm{e}^{-\beta}-\mathrm{e}^A}{\mathrm{e}^{\beta}-\mathrm{e}^{-\beta}}=C \tag{6.73}$$

$$\beta\delta=\tanh^{-1}(C)=\frac{1}{2}\ln\left|\frac{1+C}{1-C}\right|=\frac{1}{2}\ln\left|\frac{\mathrm{e}^A-\mathrm{e}^{\beta}}{\mathrm{e}^{-\beta}-\mathrm{e}^A}\right| \tag{6.74}$$

最终可得

$$\delta = \frac{1}{2\beta}\ln\left|\frac{e^{A} - e^{\beta}}{e^{-\beta} - e^{A}}\right| \tag{6.75}$$

从而，4 个待定系数 α、β、γ、δ 被最终确定下来，代入式（6.66）可得到 VOF 函数 $F_i(x)$，最后通过半拉格朗日法计算图 6.5 中的通量（阴影区）：

$$\begin{aligned} g_{i+1/2} &= \int_{x_{i-1/2}-\varDelta_{up}}^{x_{i+1/2}} F_i(x)\mathrm{d}x \\ &= \int_{x_{i-1/2}-\varDelta_{up}}^{x_{i+1/2}} \left\{\frac{\alpha}{2}\left[1+\gamma\tanh\left(\beta\left(\frac{x-x_{i-1/2}}{\Delta x_i}-\delta\right)\right)\right]\right\}\mathrm{d}x \\ &= \frac{\alpha}{2}\varDelta_{up} + \frac{\alpha\gamma}{2\beta}\Delta x_i\left\{\ln\left[\cosh(\beta-\beta\delta)\right] - \ln\left[\cosh\left(\beta-\beta\frac{\varDelta_{up}}{\Delta x_i}-\beta\delta\right)\right]\right\} \end{aligned} \tag{6.76}$$

2. $u_{i+1/2}<0$ 时计算通量 $g_{i+1/2}$

当 $u_{i+1/2}<0$ 时，如图 6.6 所示，右边$[x_{i+1/2}, x_{i+3/2}]$为迎风单元，单元内部 VOF 函数分布可近似为

$$F_{i+1}(x) = \frac{\alpha}{2}\left\{1+\gamma\tanh\left[\beta\left(\frac{x-x_{i+1/2}}{\Delta x_{i+1}}-\delta\right)\right]\right\} \tag{6.77}$$

式中，有 4 个待定系数 α、β、γ、δ，其中 α、γ 取值为

$$\alpha = \begin{cases} \overline{\phi}_{i+2} & 若\overline{\phi}_{i+2} \geqslant \overline{\phi}_i \\ \overline{\phi}_i & 其他情况 \end{cases} \tag{6.78}$$

$$\gamma = \begin{cases} 1 & 若\overline{\phi}_{i+2} \geqslant \overline{\phi}_i \\ -1 & 其他情况 \end{cases} \tag{6.79}$$

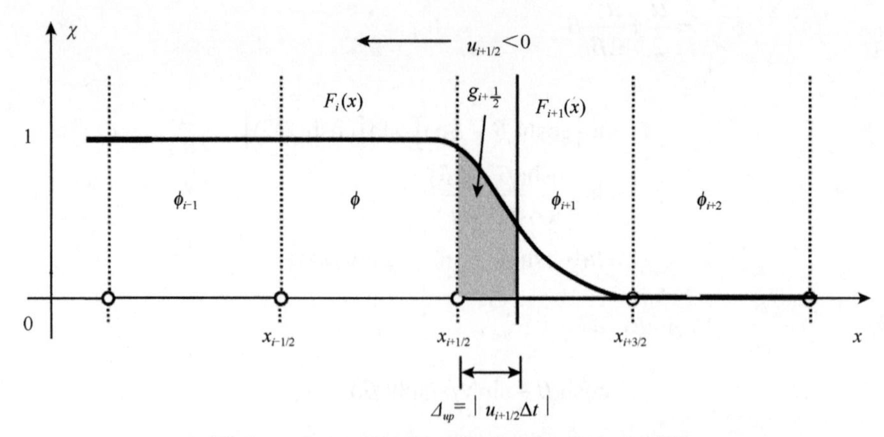

图 6.6　当 $u_{i+1/2}<0$ 时一维 THINC 方法示意图

取参数 β=3.5，参数 δ 用于确定双曲正切函数的中点，通过以下公式可求得

$$\frac{1}{\Delta x_{i+1}}\int_{x_{i+1/2}}^{x_{i+3/2}} F_{i+1}(x)\mathrm{d}x = \overline{\phi}_{i+1}^{n} \tag{6.80}$$

将式（6.77）代入式（6.80）可得

$$
\begin{aligned}
\overline{\phi}_{i+1}^{n} &= \frac{1}{\Delta x_i}\int_{x_{i+1/2}}^{x_{i+3/2}}\left\{\frac{\alpha}{2}\left[1+\gamma\tanh\left(\beta\left(\frac{x-x_{i+1/2}}{\Delta x_{i+1}}-\delta\right)\right)\right]\right\}\mathrm{d}x \\
&= \frac{\alpha}{2}+\frac{\alpha\gamma}{2\beta}\left\{\ln\left[\cosh(\beta-\beta\delta)\right]-\ln\left[\cosh(\beta\delta)\right]\right\} \\
&= \frac{\alpha}{2}+\frac{\alpha\gamma}{2\beta}B
\end{aligned}
\tag{6.81}
$$

式中，

$$
\begin{aligned}
B &= \ln\left[\cosh(\beta-\beta\delta)\right]-\ln\left[\cosh(\beta\delta)\right] \\
&= \ln\frac{\cosh(\beta-\beta\delta)}{\cosh(\beta\delta)} \\
&= \ln\left[\cosh(\beta)-\sinh(\beta)\tanh(\beta\delta)\right]
\end{aligned}
\tag{6.82}
$$

令 $A=\left(\overline{\phi}_{i+1}-\dfrac{\alpha}{2}\right)\dfrac{2\beta}{\alpha\gamma}$，则 $A=B$，有

$$
\cosh\beta-\sinh\beta\tanh(\beta\delta)=\mathrm{e}^{A} \tag{6.83}
$$

进一步有

$$
\tanh(\beta\delta)=\frac{\cosh\beta-\mathrm{e}^{A}}{\sinh\beta}=\frac{\mathrm{e}^{\beta}+\mathrm{e}^{-\beta}-\mathrm{e}^{A}}{\mathrm{e}^{\beta}-\mathrm{e}^{-\beta}}=C \tag{6.84}
$$

$$
\beta\delta=\tanh^{-1}(C)=\frac{1}{2}\ln\left|\frac{1+C}{1-C}\right|=\frac{1}{2}\ln\left|\frac{\mathrm{e}^{A}-\mathrm{e}^{\beta}}{\mathrm{e}^{-\beta}-\mathrm{e}^{A}}\right| \tag{6.85}
$$

最终可得

$$
\delta=\frac{1}{2\beta}\ln\left|\frac{\mathrm{e}^{A}-\mathrm{e}^{\beta}}{\mathrm{e}^{-\beta}-\mathrm{e}^{A}}\right| \tag{6.86}
$$

从而，4 个待定系数 α、β、γ、δ 被最终确定下来，代入式（6.78）可得到 VOF 函数 $F_{i+1}(x)$，最后通过半拉格朗日法计算图 6.6 中的通量（阴影区）：

$$
\begin{aligned}
g_{i+1/2} &= -\int_{x_{i+1/2}}^{x_{i+1/2}-\varDelta_{up}}F_i(x)\mathrm{d}x \\
&= -\int_{x_{i+1/2}}^{x_{i+1/2}-\varDelta_{up}}\left\{\frac{\alpha}{2}\left[1+\gamma\tanh\left(\beta\left(\frac{x-x_{i+1/2}}{\Delta x_{i+1}}-\delta\right)\right)\right]\right\}\mathrm{d}x \\
&= \frac{\alpha}{2}\varDelta_{up}+\frac{\alpha\gamma}{2\beta}\Delta x_{i+1}\left\{\ln[\cosh(\beta\delta)]-\ln\left[\cosh\left(\beta\frac{\varDelta_{up}}{\Delta x_i}+\beta\delta\right)\right]\right\}
\end{aligned}
\tag{6.87}
$$

在 THINC 方法中，参数 β 通常取常数值 3.5，这样容易导致自由面出现与实际情况不相符的不光滑现象，THINC/SW 方法对此进行了进一步改进。在 THINC/SW 方法中，参数 β 是一个可变的数值，二维情况下为

$$
\beta_x=2.3\left|n_x\right|+0.01,\quad \beta_y=2.3\left|n_y\right|+0.01 \tag{6.88}
$$

式中，n_x、n_y 分别为自由面法向量沿 x、y 方向的分量。对于多维情况，只需要采用空间分裂即可将一维 THINC/SW 方法应用于多维情况。

6.2.6 结构物边界处理

在欧拉网格法中，对于计算域内固体边界的处理常用两种方法：贴体网格法和浸没边界法。贴体网格法的网格边界和固体边界重合，对于运动物体，网格需要随着边界的运动而运动，其优点为固体边界层内的解精度较高，但是贴体网格每一步都需要重新生成网格，计算量巨大。相比而言，浸没边界法在处理复杂的固体运动中不会面临网格变形的问题，计算过程中无须重新生成网格，其计算量相对较小，具有较易实施的优势，方便模型向三维拓展。

浸没边界法在动量方程中增加了一个虚拟的反力，它代表结构物对流场的影响，这个力在流体中为零，在结构物表面的流体速度为零，有

$$u^{n+1}=\phi_2 U_{\mathrm{b}}^{n+1}+\left(1-\phi_2\right)u_{\mathrm{f}}^{n+1} \tag{6.89}$$

式中，u_{f}^{n+1}为在欧拉坐标体系中计算得到的“局部”流场速度；$U_{\mathrm{b}}{}^{n+1}$为通过拉格朗日法得到的固体速度；u^{n+1}为二者耦合作用的“整体”速度，由此完成流-固耦合过程。

6.2.7 CIP 方法模型应用

程都和赵西增（2015）基于 CIP-ZJU 模型对二维溃坝波遭遇障碍物现象进行了数值模拟，分别采用 VOF/WLIC、THINC、THINC/SW 等方法捕捉自由面，验证了 THINC/SW 方法对于溃坝波遭遇障碍物自由面捕捉的实用性。Ye 等（2016）对上述溃坝模型作了进一步改进，重点关注了溃坝实验中挡板运动对溃坝运动的影响，并根据实验结果拟合了一套经验公式，通过考虑挡板的运动，可更真实地再现干床溃坝流动问题。图 6.7 为数值计算结果和实验结果中不同时刻的自由面和速度场对比。

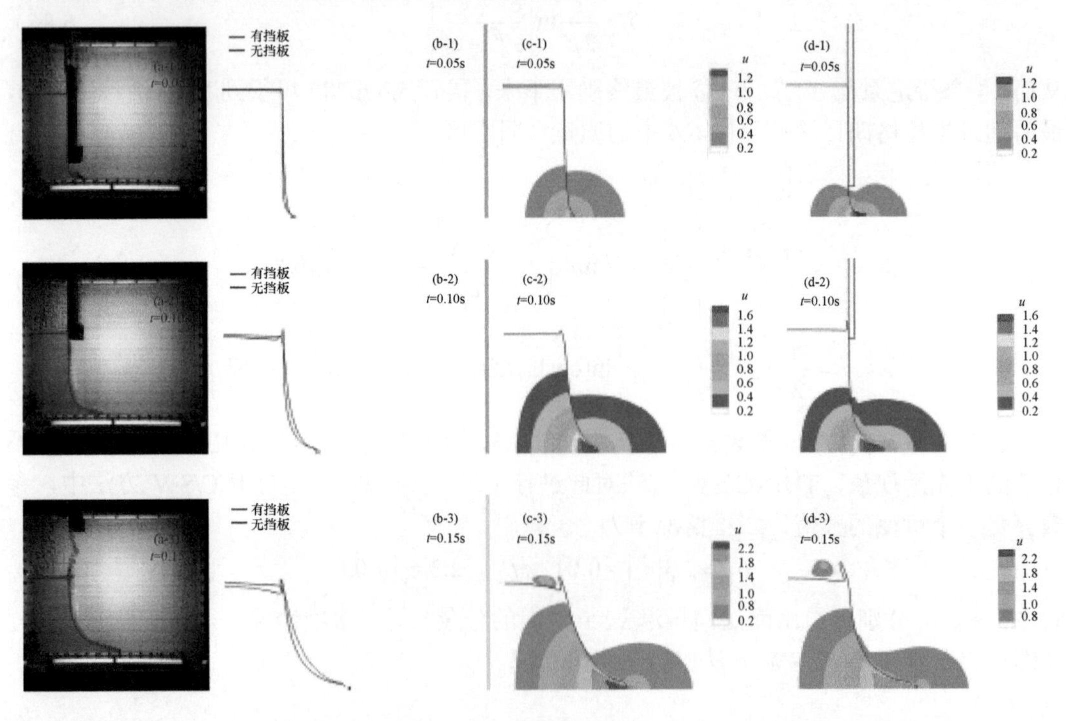

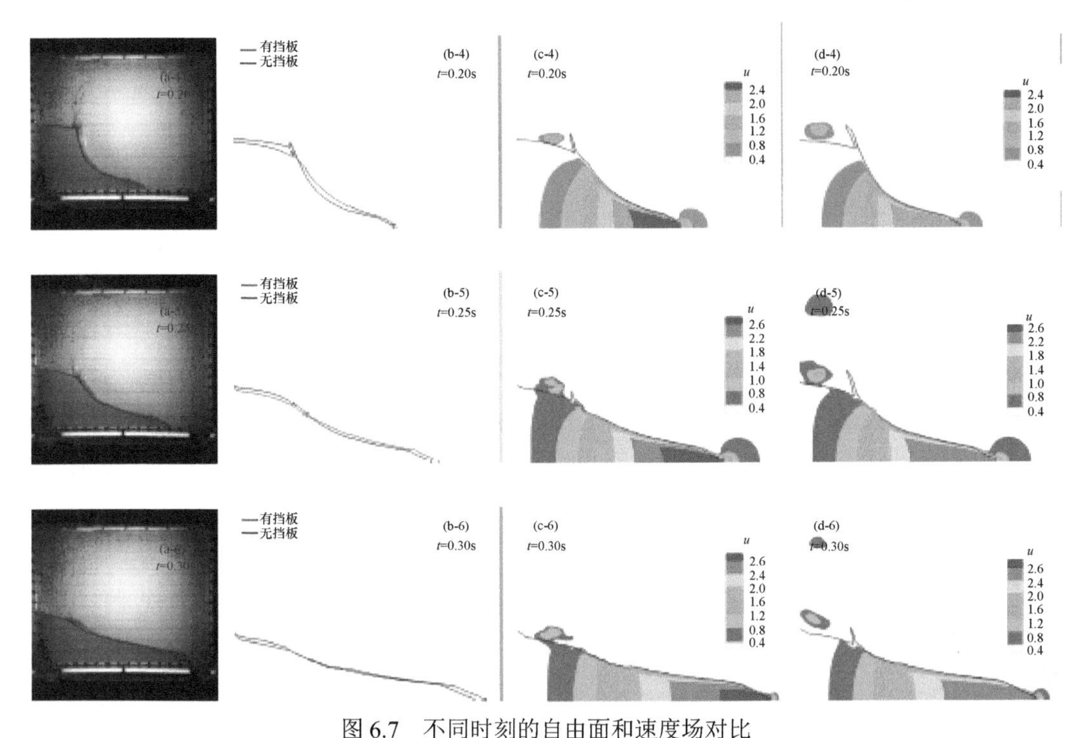

图 6.7　不同时刻的自由面和速度场对比

第一列：Hu 和 Sueyoshi（2010）的实验结果。第二列：考虑挡板和不考虑挡板的数值结果中自由面运动比较。第三列：不考虑挡板情况的自由面运动及速度场分布。第四列：考虑挡板情况的自由面运动及速度场分布

另外，Ye 和 Zhao（2017）提出了一种双液相 VOF 方法，对湿床溃坝水流的液-液交界面进行了模拟。图 6.8 给出了基于双液相方法的溃坝示意图，上下游流体通过不同的流体体积函数描述。

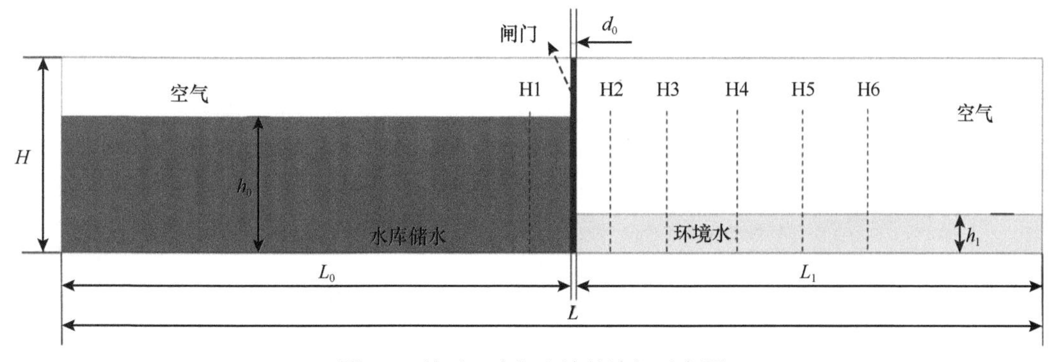

图 6.8　基于双液相方法的溃坝示意图

图 6.9 为 t=0.20s 时挡板初始位置附近自由面及液体内部界面的数值计算结果和实验结果（Ozmen-Cagatay and Kocaman，2010）的比较。图 6.9（b）和图 6.9（c）分别为单液相 VOF 方法和双液相 VOF 方法得到的结果，二者均和实验结果吻合良好。对比双液相 VOF 方法的结果和实验结果可以看出，其内部界面的形状也十分相近。由此可见，双液相 VOF 方法在保证水气交界面的精度下实现了液体内部不同液相的追踪。

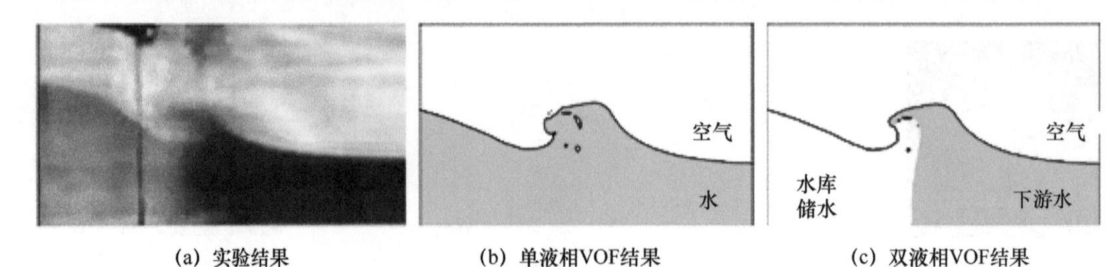

图 6.9 t=0.20s 时挡板初始位置附近自由面及液体内部界面的数值计算结果和实验结果（Ozmen-Cagatay and Kocaman，2010）的比较

图 6.10 给出了单液相 VOF 方法和双液相 VOF 方法的模拟结果与实验结果（Jánosi et al.，2004）及 Jian 等（2015）SPH 结果的比较。通过不同时刻数模结果与实验结果及拉格朗日法结果的比较，可发现基于欧拉方法的双液相 VOF 方法比较准确地捕捉了多流体的混合流动界面。

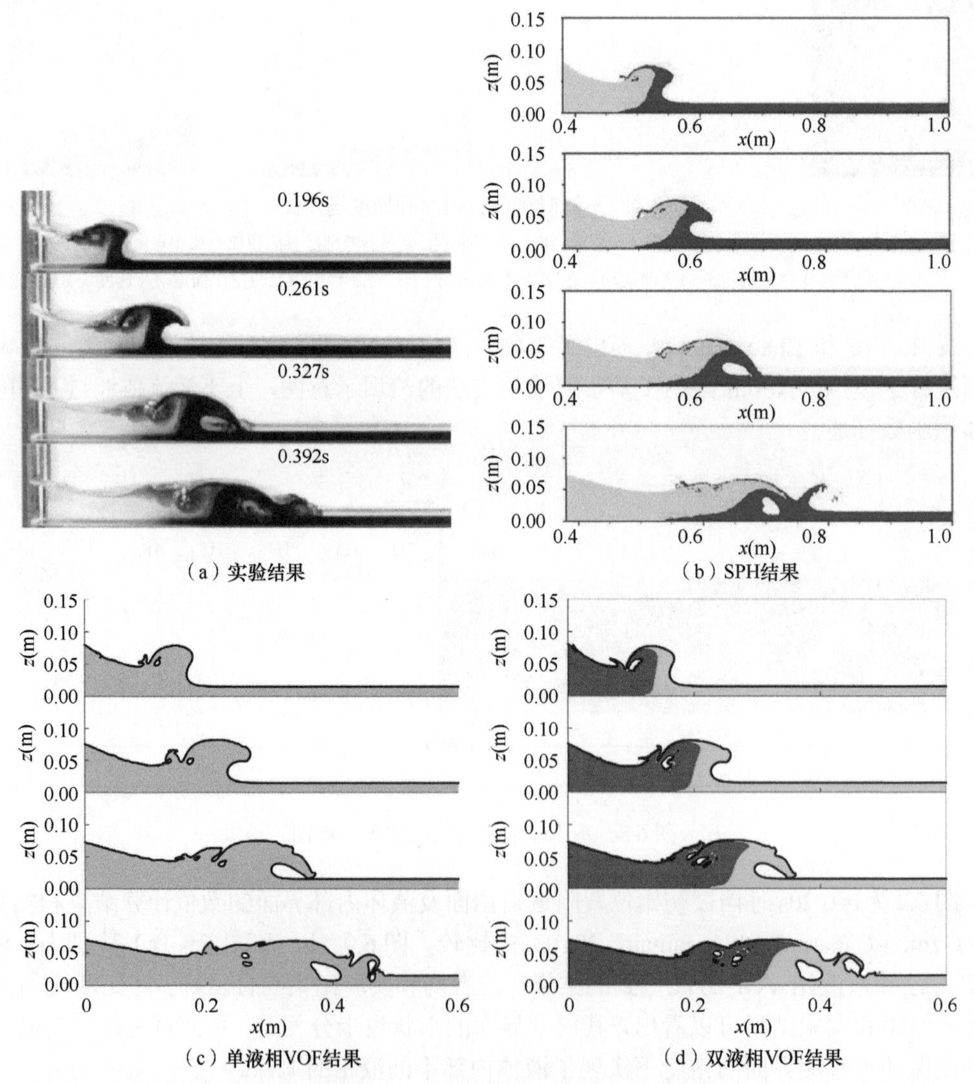

图 6.10 单液相 VOF 方法和双液相 VOF 方法的模拟结果与实验结果（Jánosi et al.，2004）及 Jian 等（2015）SPH 结果的比较

除此以外，基于 CIP 方法的模型还被应用于波浪与运动物体的研究。胡子俊等（2015）基于 CIP 方法，首先对水平圆柱入水问题展开了数值模拟研究，讨论了 THINC、VOF/WLIC 等不同自由面重构方法对计算结果的影响。方舟华和赵西增（2017）考虑到入水物体形态对入水过程的影响，采用相同模型模拟了刚性圆柱和方柱的入水过程，增强了模型的适用性。Hu 等进一步改进该模型后，对楔形体入水问题进行了一系列研究，包括双楔形体入水（Hu et al.，2017）及非对称楔形体入水（Hu et al.，2018）问题，研究了楔形体底倾角和倾斜角对垂向自由非对称入水过程和 3 个自由度非对称入水过程的影响，分析了入水过程中楔形体的水动力特性及其附近区域的速度场和压力场的分布特征，探究了非对称入水过程中物面压力峰值及其位置的演变规律，具体见图 6.11。另外，他们还研究了双体之间的间距、入水速度、质量等因素对双楔形体和双圆柱入水过程中运动特性的影响，详细分析了物体附近区域流场的分布特征，尤其是极端压力峰值及其出现位置，阐述了双体入水过程中的水动力特性。

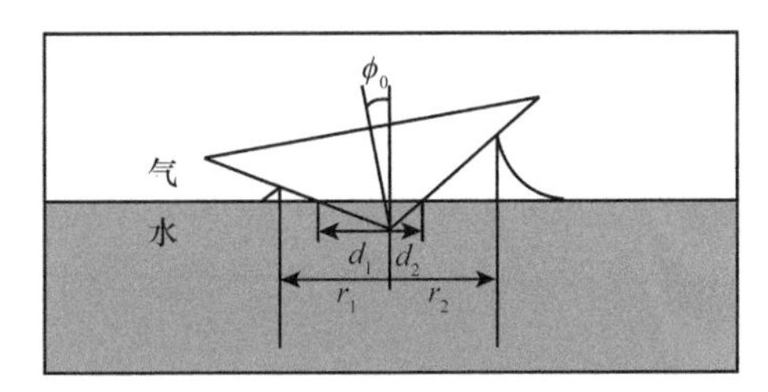

图 6.11　非对称楔形体入水示意图

Zhao 等（2014b）基于 CIP 方法，根据聚焦波理论生成畸形波，对畸形波与浮体的相互作用进行了数值模拟，研究了甲板上浪所引起的极端砰击力和结构的大幅值响应等问题，具体见图 6.12 和图 6.13。之后，Zhao 等（2016a，2016b，2016c，2015）还对波浪与海岸结构物的相互作用进行了研究，模拟了孤立波与不同形状的浸没结构的相互作用，检验了模型在处理各种固体边界时的适用性。陈勇等（2017，2014）分别开展了聚焦波和规则波在潜堤上传播和变形的数值模拟研究，并利用孤立波模拟海啸波研究了海啸波在大陆架上传播及冲击爬升海岸峭壁的过程（Zhao et al.，2017；陈勇和赵西增，2017），见图 6.14 和图 6.15。程都等（2017）对规则波与近岸承台上垂直结构物的相互作用进行了数值模拟。Ye 和 Zhao（2017）将基于动量源函数的无反射内部造波方法加入 CIP 模型中。李梦雨等（2017）基于加入动量源项造波方法的 CIP 模型，模拟了规则波与聚焦波的产生及其在潜堤上的演变过程，并与传统推板造波方法进行了比较。

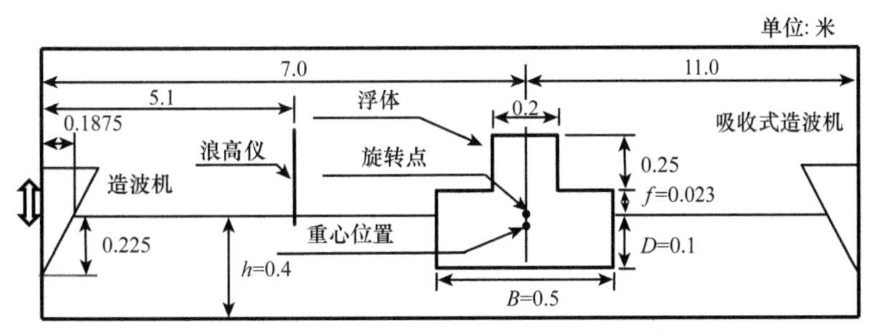

图 6.12　畸形波与浮体相互作用的研究示意图

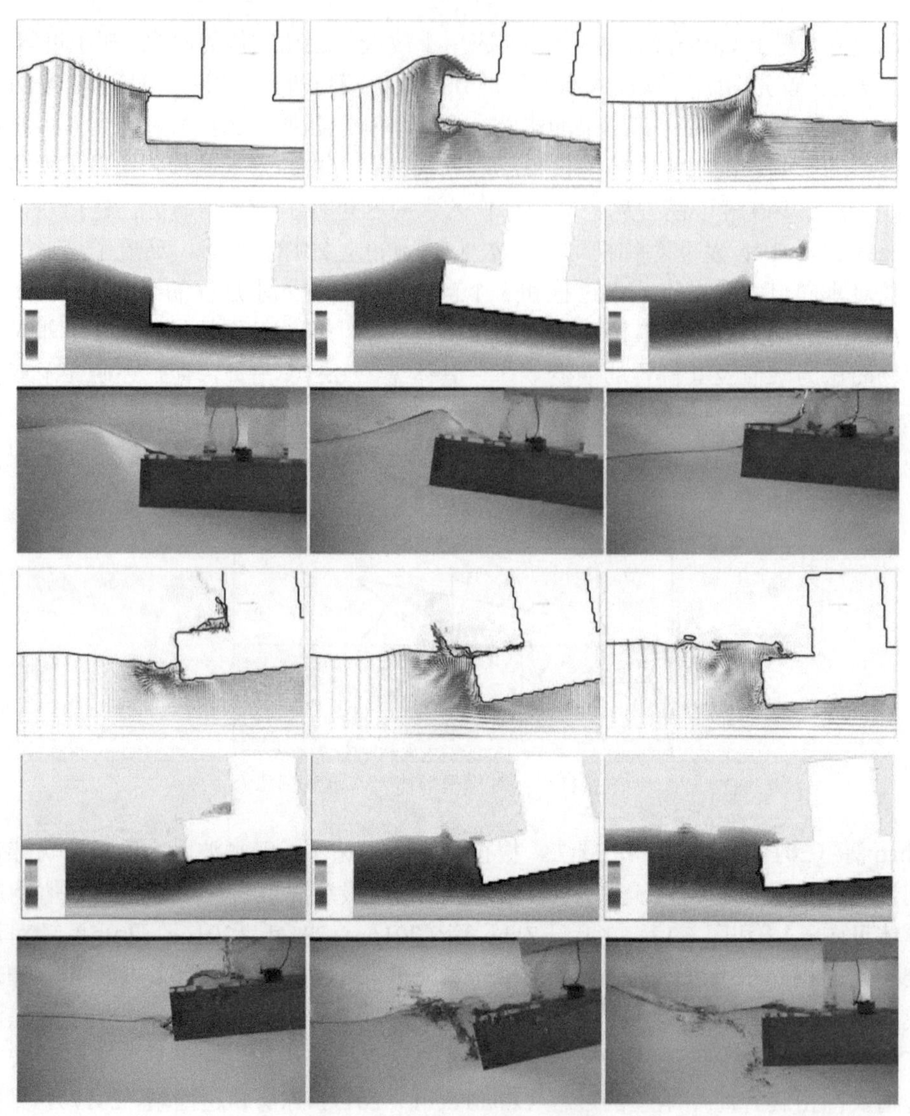

图 6.13 甲板上浪及砰击模拟

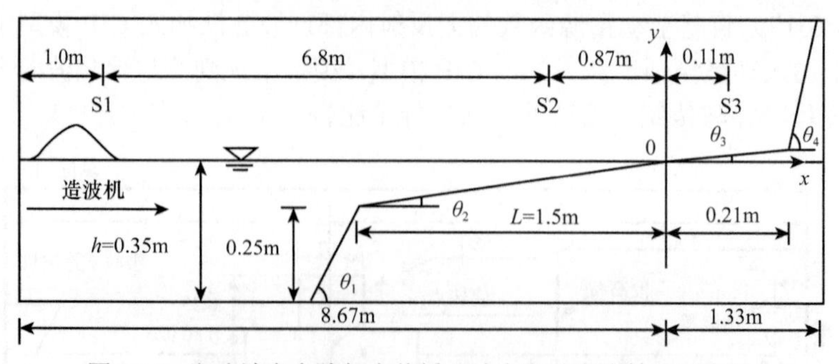

图 6.14 海啸波在大陆架上传播及冲击爬升海岸峭壁示意图

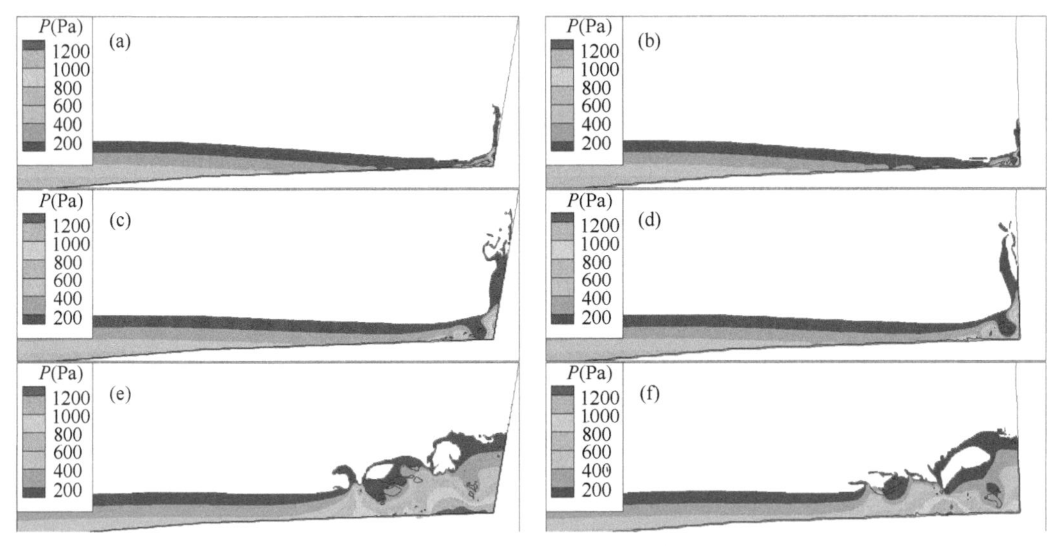

图 6.15 海啸波爬升海岸峭壁的模拟结果

6.3 粒子模型（SPH、MPS 和 CPM 等）

基于网格离散的数值模拟需要先在问题域生成网格，而在不规则或者复杂的区域构造网格是一件很困难的事情，另外，在固定的欧拉网格上精确地确定自由面、运动边界或者大变形的波浪破碎问题也是一项复杂的工作。近年来，无网格粒子法吸引了海岸与海洋工程领域的注意，这种方法在许多应用中被认为优于传统的基于网格的数值方法。无网格法的主要思想是：通过使用一系列任意分布的节点或粒子来求解具有任意边界条件的积分方程或偏微分方程，而这些粒子之间不需要网格进行连接。无网格粒子法在处理剧烈变形的自由表面问题和复杂边界问题时具有明显优势，为研究波浪运动及多相流问题提供了新的手段，应用前景广阔。

光滑粒子水动力学（SPH）法和移动粒子半隐式（MPS）法是两种最常用的拉格朗日粒子法，过去 20 年取得了重要发展。相比之下，一致粒子法（CPM）提出时间较短，但其在计算精度和收敛性方面具有独特优势。近几年的几篇重要综述对粒子法的理论发展（Vacondio et al.，2021；Lind et al.，2020；Liu and Zhang，2019）及其在海洋和海岸工程中的应用（Luo et al.，2021；Gotoh and Khayyer，2018）进行了系统介绍。本节将介绍上述 3 种粒子法模型的基本理论、控制方程、粒子相互作用模型及边界和自由表面处理，并对比分析 3 种粒子法在计算空间导数方面的精度和收敛性。

6.3.1 SPH 模型

SPH 最初由 Lucy（1977）和 Gingold 和 Monaghan（1977）分别提出，用于求解天体物理问题，Monaghan（1994）首次将 SPH 法应用于自由表面流动问题，成功模拟了波浪爬升和涌潮传播。经典 SPH 法将流体视为弱可压缩，根据流体密度采用状态方程显式求解流体压强，因此该方法也被称作弱可压缩 SPH（weakly-compressible SPH，WCSPH）。Sharen 和 Murray（1999）将映射法引入 SPH 中，建立了 PSPH 法。Lo 和 Shao（2002）将基于映射法求解的 SPH 法应用于自由表面流，将其命名为不可压缩 SPH（incompressible SPH，ISPH），并引入大涡模拟，成功模拟了孤立波近岸爬坡和破碎过程。Shao 和 Lo（2003）在 ISPH 模型中引入非牛顿流体本构关系，成功模拟了泥浆溃坝问题。Dalrymple 和 Rogers（2006）在弱可压缩 SPH 模型中引入大涡模拟，模拟了二维和三维破碎波问题。本节不再赘述近年来重要的 SPH 理论发展和工程应用，感兴趣的读者可以参考前面提及的综述论文。

SPH 法的控制方程为质量和动量守恒方程，即连续性方程和 N-S 方程，其拉格朗日形式为

$$\frac{1}{\rho}\frac{D\rho}{Dt}+\frac{\partial u_i}{\partial x_i}=0 \tag{6.90}$$

$$\frac{Du_i}{Dt}=\frac{1}{\rho}\left(-\frac{\partial p}{\partial x_i}+\rho g_i+\frac{\partial \tau_{ij}}{\partial x_j}\right) \tag{6.91}$$

在弱可压缩 SPH 中，连续性方程和动量方程通过一个状态方程来封闭求解，常采用的状态方程包括：

$$p=c_0^2\left(\rho-\rho_0\right) \tag{6.92}$$

$$p=\frac{c_0^2\rho_0}{\gamma}\left[\left(\frac{\rho}{\rho_0}\right)^{\gamma}-1\right] \tag{6.93}$$

式中，c_0 为声速；ρ_0 为参考密度；γ 为常数，对于水的模拟，常采用 7。当声速取值大于 10 倍流场速度时，流场密度变化将控制在 1%以内，流体具有弱可压缩性，因此 $c_0=10V_{\max}$，其中 $V_{\max}$ 为最大速度。

在 ISPH 模型中，压力通过求解压力泊松方程后获得。ISPH 法采用经典的两步映射法求解不可压缩流体的连续性方程和 N-S 方程。在预测步中，不考虑压力梯度项，计算流体粒子的预测速度：

$$\frac{\tilde{u}_i-u_i^n}{\Delta t}=\left[\frac{1}{\rho}\left(\rho g_i+\frac{\partial \tau_{ij}}{\partial x_j}\right)\right]^n \tag{6.94}$$

然后，粒子以预测速度运动到预测位置：

$$\tilde{X}_i=X_i^n+\tilde{u}_i\Delta t \tag{6.95}$$

基于预测的粒子速度和位置，可以推导出压力泊松方程（PPE）：

$$\begin{aligned}\frac{\partial}{\partial x_i}\left(-\frac{1}{\rho^{n+1}}\frac{\partial p^{n+1}}{\partial x_i}\right)&=\frac{\partial}{\partial x_i}\left(\frac{u_i^{n+1}-\tilde{u}_i}{\Delta t}\right)=\frac{1}{\Delta t}\left(\frac{\partial u_i^{n+1}}{\partial x_i}-\frac{\partial \tilde{u}_i}{\partial x_i}\right)\\&=\frac{1}{\Delta t}\left(\frac{1}{\rho^{n+1}}\frac{\rho^{n+1}-\rho^n}{\Delta t}-\frac{1}{\rho^{n+1}}\frac{\tilde{\rho}-\rho^n}{\Delta t}\right)\\&=\frac{1}{\Delta t^2}\left(\frac{\rho^{n+1}-\tilde{\rho}}{\rho^{n+1}}\right)\end{aligned} \tag{6.96}$$

我们可以通过强制方程中的粒子密度为常数，即 $\rho^{n+1}=\rho^n=\rho_0$，来施加不可压缩条件，然后求解 PPE 以获得流体粒子的压强。

随后在修正步中，通过求解得到的压强场计算压力梯度，修正粒子速度，从而确保更新的速度场满足连续性条件：

$$\frac{u_i^{n+1}-\tilde{u}_i}{\Delta t}=-\frac{1}{\rho^{n+1}}\frac{\partial p^{n+1}}{\partial x_i} \tag{6.97}$$

当前计算步的粒子位置由时间中心差分得到：

$$X_i^{n+1}=X_i^n+\left(\frac{u_i^n+u_i^{n+1}}{2}\right)\Delta t \tag{6.98}$$

上述求解过程的关键是对控制方程中的函数值和函数导数进行数值离散，即粒子差值或离散。在 SPH 法中，任意粒子 a 的函数值可近似为邻近粒子相关量的加权平均：

$$\begin{aligned}\phi\left(\vec{x}_a\right)&=\int_{\vec{x}_b\in\Omega}W\left(\vec{x}_a,\vec{x}_b\right)\phi\left(\vec{x}_b\right)\mathrm{d}\Omega\approx\sum_{b=1}^{M}V\left(\vec{x}_b\right)W\left(\vec{x}_a,\vec{x}_b\right)\phi\left(\vec{x}_b\right)\\&=\sum_{b=1}^{M}\frac{m_b}{\rho\left(\vec{x}_b\right)}W\left(\vec{x}_a,\vec{x}_b\right)\phi\left(\vec{x}_b\right)\end{aligned} \tag{6.99}$$

式中，Ω 是粒子 a 的积分空间，在二维和三维问题中，Ω 分别是一个圆和一个球体，直径 $r=|\vec{x}_b-\vec{x}_a|\leqslant r_0=2h$，$h$ 是光滑长度（Monaghan，1994），h=1.2～2.0ds（ds 为粒子间距）；M 是粒子 a 的邻近粒子数（图 6.16）；$V(\vec{x}_b)=m_b/\rho(\vec{x}_b)$ 是与粒子 b 相关的体积，粒子 b 的质量是 m_b，密度为 $\rho(\vec{x}_b)$，$W(\vec{x}_a,\vec{x}_b)$ 是核函数或插值内核，用于确定周围粒子对中心粒子作用的权重。

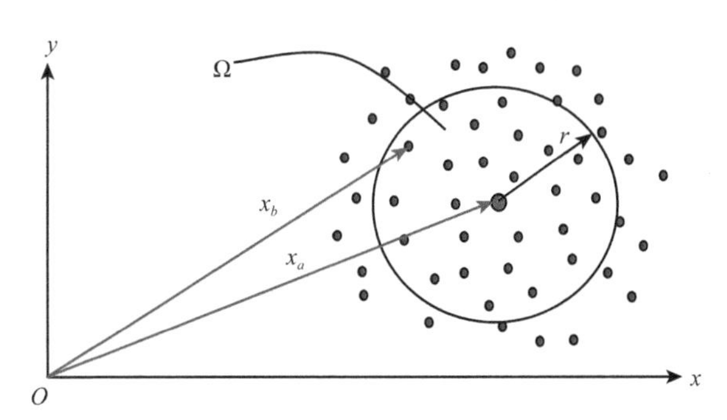

图 6.16　SPH 模型中粒子分布示意图

r 为截断半径，x_a 和 x_b 分别为中心粒子和邻近粒子的位置

对式（6.99）分部积分，再经过一系列推导可以得到函数梯度的粒子差值公式。常采用的压力梯度离散公式为

$$\left(\frac{1}{\rho}\frac{\partial p}{\partial x_i}\right)_a=\sum_{b=1}^{M}m_b\left(\frac{p_a}{\rho_a^2}+\frac{p_b}{\rho_b^2}\right)\frac{\partial W(\vec{x}_a,\vec{x}_b)}{\partial x_i} \tag{6.100}$$

可以看出，函数梯度的近似被转换为核函数梯度的计算。类似地，可以推导出散度、应力梯度和拉普拉斯算子，常用的形式如下（Cummins and Rudman，1999）：

$$\left(\frac{\partial u_i}{\partial x_i}\right)_a=\rho_a\sum_b m_b\left(\frac{u_{ia}}{\rho_a^2}+\frac{u_{ib}}{\rho_b^2}\right)\frac{\partial W(\vec{x}_a,\vec{x}_b)}{\partial x_i} \tag{6.101}$$

$$\left(\frac{1}{\rho}\frac{\partial \tau_{ij}}{\partial x_i}\right)_a=\sum_b m_b\left(\frac{\tau_{ija}}{\rho_a^2}+\frac{\tau_{ijb}}{\rho_b^2}\right)\frac{\partial W(\vec{x}_a,\vec{x}_b)}{\partial x_i} \tag{6.102}$$

$$\left[\frac{\partial}{\partial x_i}\left(\frac{1}{\rho}\frac{\partial p}{\partial x_i}\right)\right]_a=\sum_{b=1} m_b \frac{8}{\left(\rho_a+\rho_b\right)^2}\frac{\left(\rho_a-\rho_b\right)\left(x_{ia}-x_{ib}\right)}{|(\vec{x}_b-\vec{x}_a)|^2}\frac{\partial W(\vec{x}_a,\vec{x}_b)}{\partial x_i} \tag{6.103}$$

SPH 法的核函数具有多种形式，如高斯函数、三次样条曲线函数等。采用不同的核函数类似于在有限差分法中使用不同的差分格式，对数值精度和稳定性有直接影响。此外，内核函数还应该满足归一性和单调递减性等性质（Liu G R and Liu M B，2003）。

常采用的核函数为三次样条函数，由 Monaghan（1992）提出，其形式为

$$W(\vec{x}_a,\vec{x}_b)=W(|\vec{x}_b-\vec{x}_a|)=W(r)=\begin{cases}\dfrac{10}{7\pi h^2}\left[1-\dfrac{3}{2}\left(\dfrac{r}{h}\right)^2+\dfrac{3}{4}\left(\dfrac{r}{h}\right)^3\right] & \dfrac{r}{h}\leqslant 1\\ \dfrac{10}{28\pi h^2}\left(2-\dfrac{r}{h}\right)^3 & 1<\dfrac{r}{h}\leqslant 2\\ 0 & \dfrac{r}{h}>2\end{cases} \tag{6.104}$$

6.3.2 MPS 模型

MPS 法由 Koshizuka（1995）提出，他最初通过溃坝问题验证了该方法的适用性，之后又将该方法应用到核热工程领域。Chikazawa 等（2001）将 MPS 法应用于流体和弹性边界的相互作用中，其中流体和弹性体都用 MPS 法进行离散和求解，这是 MPS 法在结构力学问题中的首次应用。Sueyoshi（2002）在带有竖直墙的溃坝模拟中，修正压力振荡，取得了不错的效果。Guo 和 Tao（2004）对边界粒子的布置进行了研究，尝试取消 MPS 法中传统的边界镜像粒子布置，数值研究表明其方法具有与传统方法相近的数值结果。Gotoh 等（2005）用 MPS 法来模拟波浪传播，讨论了挡板在带有固定不可穿透斜面的水槽中突然运动的问题及可穿透斜面的流体粒子运动问题。之后，Gotoh 等（2005）首次在 MPS 法中引入大涡模拟，开展了射流和波浪爬坡问题的模拟研究。Shao 和 Gotoh（2005）使用具有大涡模拟的 MPS 模型和 ISPH 模型对溃坝问题开展了系列研究。Ataie-Ashtiani 和 Farhadi（2006）基于溃坝问题，讨论了核函数和核函数作用半径对结果的影响。过去 15 年，MPS 法取得了巨大发展，已被应用到多个领域，过去几年的几篇综述对 MPS 法的理论发展和应用情况作了较系统的介绍（Li et al.，2020；Gotoh and Khayyer，2018）。这一小节将介绍 MPS 模型的基本理论和粒子作用模型，其中包括物理量光滑模型、粒子数密度模型、梯度模型和拉普拉斯模型。

对于 MPS 模拟连续、不可压缩牛顿流体问题，控制方程为

$$\frac{D\rho}{Dt}=0 \tag{6.105}$$

$$\frac{Du}{Dt}=-\frac{1}{\rho}\nabla P+\nu\nabla^2 u+F \tag{6.106}$$

式中，ρ 为流体的密度；u 为流速矢量；P 为压力；ν 为运动粘滞系数；F 为质量力。

SPH 法使用基于核函数的离散算子来近似控制方程中的空间导数，MPS 法则是直接构建粒子之间的相互作用模型，二者本质上都是权重函数的加权平均。MPS 粒子相互作用模型包括物理量光滑模型、粒子数密度模型、梯度模型和拉普拉斯模型。

（1）物理量光滑模型

物理量光滑模型并不参与计算，但它在 MPS 模型中是不可或缺的部分。粒子 i 的物理量 f_i 的值为 i 粒子影响域内所有邻近粒子 j 物理量的加权平均，公式表示如下：

$$\langle f\rangle_i=\frac{\sum_{j\neq i} f_j\cdot w(|\boldsymbol{r}_i-\boldsymbol{r}_j|)}{\sum_{j\neq i} w(|\boldsymbol{r}_i-\boldsymbol{r}_j|)} \tag{6.107}$$

式中，$\langle f\rangle_i$ 是粒子 i 的物理量；f_j 是粒子 i 影响域内邻近粒子 j 的物理量；w 为权重函数。在 MPS 法中，使用最广泛的权重函数由 Koshizuka 和 Oka（1996）提出：

$$w(r)=\begin{cases}\dfrac{r_{\mathrm{e}}}{r}-1, & 0\leqslant r\leqslant r_{\mathrm{e}}\\ 0, & r>r_{\mathrm{e}}\end{cases} \tag{6.108}$$

（2）粒子数密度模型

在 MPS 法中，定义粒子数密度来表征流体粒子分布的疏密程度，粒子数密度是流体密度意义在 MPS 法中的延伸，定义如下：

$$\langle n\rangle_i=\sum_{j\neq i} w\left(|\boldsymbol{r}_j-\boldsymbol{r}_i|\right) \tag{6.109}$$

（3）梯度模型

如图 6.17 所示，梯度模型用来离散一阶导数项，不涉及光滑函数的导数，粒子 i 和粒子 j 的坐标分别为 $\boldsymbol{r}_i$ 和 $\boldsymbol{r}_j$，物理量 f 在参考粒子 i 处的泰勒级数展开可以表示为

$$f_j=f_i+\nabla f_i\cdot\left(\boldsymbol{r}_j-\boldsymbol{r}_i\right)+\cdots\cdots \tag{6.110}$$

忽略高阶项，变形可得

$$\nabla f_i\cdot\left(\boldsymbol{r}_j-\boldsymbol{r}_i\right)=f_j-f_i \tag{6.111}$$

式中，左侧的梯度项表示粒子 i 与粒子 j 之间的关系。将式（6.111）两侧同时除以两个粒子之间的间距，则有

$$\nabla f_i\cdot\frac{\left(\boldsymbol{r}_j-\boldsymbol{r}_i\right)}{|\boldsymbol{r}_j-\boldsymbol{r}_i|}=\frac{f_j-f_i}{|\boldsymbol{r}_j-\boldsymbol{r}_i|} \tag{6.112}$$

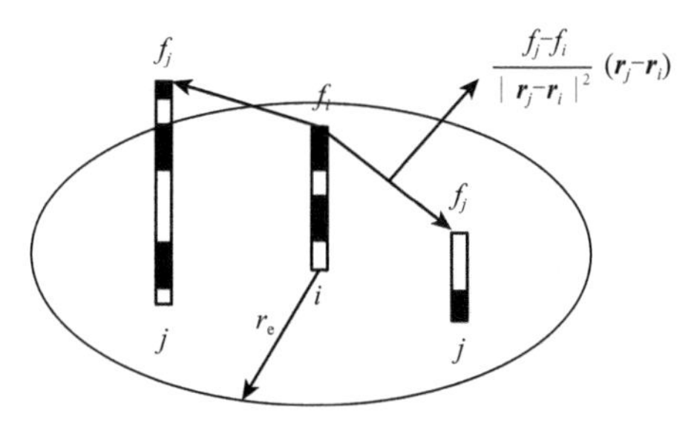

图 6.17　梯度模型示意图

将式（6.112）两侧同时乘以两粒子之间距离的单位值，可以得到两粒子之间的梯度量：

$$\langle \nabla f \rangle_{ij} = \left[\nabla f_i \cdot \frac{(\boldsymbol{r}_j - \boldsymbol{r}_i)}{|\boldsymbol{r}_j - \boldsymbol{r}_i|} \right] \frac{(\boldsymbol{r}_j - \boldsymbol{r}_i)}{|\boldsymbol{r}_j - \boldsymbol{r}_i|} = \frac{(f_j - f_i)(\boldsymbol{r}_j - \boldsymbol{r}_i)}{|\boldsymbol{r}_j - \boldsymbol{r}_i|^2} \tag{6.113}$$

将粒子 i 影响域内的所有邻近粒子 j 的物理量梯度矢量加权叠加，可以得到粒子 i 处的梯度模型：

$$(\nabla f)_i = \frac{d}{n_0} \sum \frac{(f_j - f_i)}{|\boldsymbol{r}_j - \boldsymbol{r}_i|^2} \boldsymbol{r}_{ij} w(|\boldsymbol{r}_j - \boldsymbol{r}_i|) \tag{6.114}$$

当粒子间距变小的时候，粒子间的排斥力增加，能有效避免粒子聚集。Koshizuka 和 Oka（1996）提出用 f_i' 代替 f_i，以保证两个粒子间的作用力始终是排斥力，符合物理意义，使得计算稳定，定义如下：

$$f_i' = \min(f_j), \left\{ j \middle| w(|r_j - r_i|) \neq 0 \right\} \tag{6.115}$$

（4）拉普拉斯模型

物理量 f 的时变扩散用拉普拉斯变换表示（Koshizuka and Oka，1996）：

$$\frac{\mathrm{d}f}{\mathrm{d}t} = \nu \nabla^2 f \tag{6.116}$$

物理量在 Δt 内的增量为

$$\Delta f = 2d\nu\Delta t \tag{6.117}$$

式中，d 为空间的维数；ν 为运动粘滞系数；t 为时间。

在 MPS 法中，粒子作用范围仅限于核函数 r_e 之内。在 Δt 时间内从粒子 i 转到粒子 j 的物理量表示如下：

$$\Delta f_{i \to j} = \frac{2d\nu\Delta t}{n_0 \lambda} f_i w(|\boldsymbol{r}_j - \boldsymbol{r}_i|), \ \lambda = \frac{\int_V r^2 w(r) \mathrm{d}V}{\int_V W(r) \mathrm{d}V} \tag{6.118}$$

式中，n_0 是初始粒子数密度；λ 的引入是为了使数值结果与扩散方程的解析解相一致。同理，在 Δt 时间内从粒子 j 转到粒子 i 的物理量表示如下：

$$\Delta f_{j \to i} = \frac{2d\nu\Delta t}{n_0 \lambda} f_j w(|\boldsymbol{r}_i - \boldsymbol{r}_j|) \tag{6.119}$$

就线性扩散而言，物理量的输运是可以叠加的，所以在 Δt 时间步内，粒子 i 与邻近粒子的物理量输运可以表示为

$$\Delta f_i = \sum_{j \neq i} (\Delta f_{j \to i} - \Delta f_{i \to j}) = \sum_{j \neq i} \frac{2d\nu\Delta t}{n_0 \lambda} (f_j - f_i) w(|\boldsymbol{r}_j - \boldsymbol{r}_i|) \tag{6.120}$$

结合式（6.116），拉普拉斯模型（图 6.18）为

$$(\nabla^2 f)_i = \frac{2d}{\lambda n_0} \sum_{i \neq j} \left[(f_j - f_i) w(|\boldsymbol{r}_j - \boldsymbol{r}_i|) \right] \tag{6.121}$$

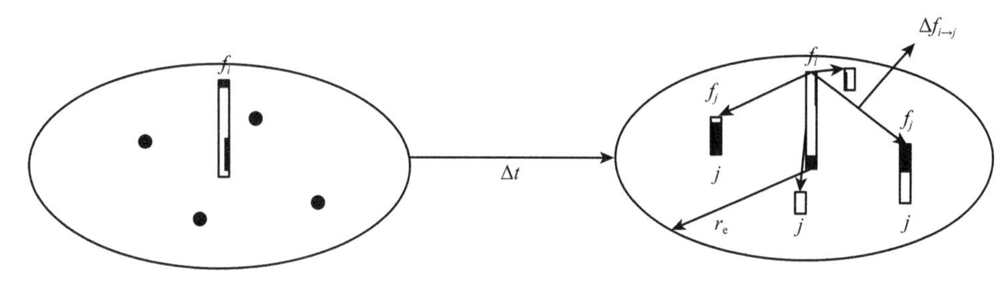

图 6.18　拉普拉斯模型示意图

6.3.3　CPM 模型

在 SPH 法和 MPS 法中，空间导数的离散，如拉普拉斯算子和梯度算子，依赖于仅根据粒子间距定义的核函数。这是一个巧妙的方法，但却不能保证导数离散的一致性。当粒子分布很不规则时（模拟剧烈流动问题时难以避免），基于核函数加权平均的方式会引入较大的误差，甚至引起数值不稳定（Khayyer et al.，2009）。针对这一问题，Koh 等（2012）提出了一种改进的无网格粒子法——一致粒子法（CPM）。与 SPH 法和 MPS 法相比，该方法不依赖于核函数，而是基于泰勒展开同时求解一阶和二阶空间导数，具有更好的数学一致性和更高的数值计算精度（二阶或更高）。Luo 等（2016a，2015）在单相 CPM 模型的基础上，开发了可模拟带卷气波浪砰击问题的两相流模型，并通过瑞利-泰勒不稳定性、重力流和溃坝等基准算例及晃荡实验对模型的精度进行了充分验证。Luo 和 Koh（2017）、Luo 等（2016b）将二维 CPM 模型扩展至三维，结合模型实验，研究了规则激励和不规则激励下的三维晃荡模式和晃荡荷载特性。随后，Luo 等（2019）应用 CPM 模型对孤立波越浪及孤立波与潜堤相互作用机制开展了研究。下面简要介绍二维 CPM 模型的控制方程和空间导数计算方法。

CPM 法的控制方程为

$$\frac{1}{\rho}\frac{D\rho}{Dt}+\nabla\cdot u=0 \tag{6.122}$$

$$\frac{Du}{Dt}=-\frac{1}{\rho}\nabla p+v\nabla^2 u+g \tag{6.123}$$

在 CPM 法中，各阶导数通过泰勒展开结合加权最小二乘法求解，不再依赖于光滑函数。

对于任意一个相邻粒子（x, y），其物理量值 f 在参考粒子（x_0, y_0）上的泰勒级数展开可表示为

$$f(x,y)=f_0+hf_{,x0}+kf_{,y0}+\frac{1}{2}h^2 f_{,xx0}+hkf_{,xy0}+\frac{1}{2}k^2 f_{,xy0}+O\left(r^3\right) \tag{6.124}$$

式中，$h=x-x_0$，$k=y-y_0$，$f_0=f(x_0, y_0)$；$f_{,x0}$ 是函数 f 在（x_0, y_0）位置的一阶 x 偏导数；$f_{,xy0}$ 是函数 f 在（x_0, y_0）位置的二阶偏导数。每个相邻粒子都能写出一个这样的方程，将这些方程写成矩阵形式，得到如下方程：

$$[A]\{Df\}-\{f\}=0 \tag{6.125}$$

式中，$[\boldsymbol{A}]=\begin{bmatrix} h_1 & k_1 & \frac{1}{2}h_1^2 & h_1k_1 & \frac{1}{2}k_1^2 \\ h_2 & k_2 & \frac{1}{2}h_2^2 & h_2k_2 & \frac{1}{2}k_2^2 \\ \vdots & \vdots & \vdots & \vdots & \vdots \\ h_N & k_N & \frac{1}{2}h_N^2 & h_Nk_N & \frac{1}{2}k_N^2 \end{bmatrix}$，$\{D\boldsymbol{f}\}=\begin{Bmatrix} f_{,x0} \\ f_{,y0} \\ f_{,xx0} \\ f_{,xy0} \\ f_{,yy0} \end{Bmatrix}$，$\{\boldsymbol{f}\}=\begin{Bmatrix} f_1-f_0 \\ f_2-f_0 \\ \vdots \\ f_N-f_0 \end{Bmatrix}$

方程（6.125）中有 5 个未知数，因此确定{D***f***}向量所需要的最小相邻粒子数为 5。为了提高计算精度和稳定性，我们往往通过控制影响域半径使用 5 个以上的相邻粒子参与计算。因此，方程（6.125）为超定方程组，可以通过加权最小二乘法求解。定义残差向量及其范数如下：

$$\boldsymbol{E}=[\boldsymbol{A}]\{D\boldsymbol{f}\}-\{\boldsymbol{f}\} \tag{6.126}$$

$$\|\boldsymbol{E}\|=\sum_{j=1}^{N}\left(f_0-f_j+h_jf_{,x0}+k_jf_{,y0}+\frac{1}{2}h_j^2f_{,xx0}+h_jk_jf_{,xy0}+\frac{1}{2}k_j^2f_{,yy0}\right)^2w_j^2 \tag{6.127}$$

式中，w_j为加权最小二乘法中的加权函数，与 SPH 法中的核函数和 MPS 粒子相互作用模型中的权重函数有本质上的区别：

$$w_j=\begin{cases}\dfrac{1}{r_{ij}^3}, & r_{ij}\leqslant r_{\mathrm{e}}\\ 0, & r_{ij}>r_{\mathrm{e}}\end{cases} \tag{6.128}$$

通过范数的导数为 0 来求解残差范数的最小值：

$$\frac{\partial\|\boldsymbol{E}\|}{\partial[Df]}=0 \tag{6.129}$$

通过导数运算可得

$$\{D\boldsymbol{f}\}=[\boldsymbol{B}]^{-1}\{\boldsymbol{C}\} \tag{6.130}$$

式中，$[\boldsymbol{B}]^{-1}$和$\{\boldsymbol{C}\}$分别为

$$[\boldsymbol{B}]^{-1}=\begin{bmatrix}
\sum_{j=1}^{N}w_j^2h_j^2 & \sum_{j=1}^{N}w_j^2k_jh_j & \sum_{j=1}^{N}\frac{1}{2}w_j^2h_j^3 & \sum_{j=1}^{N}w_j^2h_j^2k_j & \sum_{j=1}^{N}\frac{1}{2}w_j^2h_jk_j^2 \\
\sum_{j=1}^{N}w_j^2h_jk_j & \sum_{j=1}^{N}w_j^2k_j^2 & \sum_{j=1}^{N}\frac{1}{2}w_j^2k_jh_j^2 & \sum_{j=1}^{N}w_j^2k_j^2h_j & \sum_{j=1}^{N}\frac{1}{2}w_j^2k_j^3 \\
\sum_{j=1}^{N}\frac{1}{2}w_j^2h_j^3 & \sum_{j=1}^{N}\frac{1}{2}w_j^2k_jh_j^2 & \sum_{j=1}^{N}\frac{1}{4}w_j^2h_j^4 & \sum_{j=1}^{N}\frac{1}{2}w_j^2k_jh_j^3 & \sum_{j=1}^{N}\frac{1}{4}w_j^2h_j^2k_j^2 \\
\sum_{j=1}^{N}w_j^2h_j^2k_j & \sum_{j=1}^{N}w_j^2k_j^2h_j & \sum_{j=1}^{N}\frac{1}{2}w_j^2k_jh_j^3 & \sum_{j=1}^{N}w_j^2h_j^2k_j^2 & \sum_{j=1}^{N}\frac{1}{2}w_j^2h_jk_j^3 \\
\sum_{j=1}^{N}\frac{1}{2}w_j^2k_j^2h_j & \sum_{j=1}^{N}\frac{1}{2}w_j^2k_j^3 & \sum_{j=1}^{N}\frac{1}{4}w_j^2h_j^2k_j^2 & \sum_{j=1}^{N}\frac{1}{2}w_j^2h_jk_j^3 & \sum_{j=1}^{N}\frac{1}{2}w_j^2k_j^4
\end{bmatrix}^{-1}=\begin{bmatrix} a_1 & a_2 & a_3 & a_4 & a_5 \\ b_1 & b_2 & b_3 & b_4 & \mathrm{b}_5 \\ c_1 & c_2 & c_3 & c_4 & c_5 \\ d_1 & d_2 & d_3 & d_4 & d_5 \\ e_1 & e_2 & e_3 & e_4 & e_5 \end{bmatrix}$$

$$
\{\boldsymbol{C}\} = \begin{bmatrix} \sum_{j=1}^{N}\left(f_j - f_0\right)w_j^2 h_j \\ \sum_{j=1}^{N}\left(f_j - f_0\right)w_j^2 k_j \\ \sum_{j=1}^{N}\left(f_j - f_0\right)w_j^2 \frac{1}{2} h_j^2 \\ \sum_{j=1}^{N}\left(f_j - f_0\right)w_j^2 k_j h_j \\ \sum_{j=1}^{N}\left(f_j - f_0\right)w_j^2 \frac{1}{2} k_j^2 \end{bmatrix}
$$

则式（6.130）变形可得梯度算子：

$$
\begin{aligned}
\left(\frac{\partial f}{\partial x}\right)_i &= \sum_{j=1}^{N}\left[w_j^2\left(a_1 h_j + a_2 k_j + 0.5 a_3 h_j^2 + a_4 h_j k_j + 0.5 a_5 k_j^2\right)\left(f_j - f_i\right)\right] \\
\left(\frac{\partial f}{\partial y}\right)_i &= \sum_{j=1}^{N}\left[w_j^2\left(b_1 h_j + b_2 k_j + 0.5 b_3 h_j^2 + b_4 h_j k_j + 0.5 b_5 k_j^2\right)\left(f_j - f_i\right)\right]
\end{aligned} \tag{6.131}
$$

拉普拉斯算子：

$$
\left(\nabla^2 f\right)_i = \sum_{j=1}^{N}\left\{w_j^2\left[(c_1+e_1)h_j + (c_2+e_2)k_j + (c_3+e_3)\frac{h_j^2}{2} + (c_4+e_4)h_j k_j + (c_5+e_5)\frac{k_j^2}{2}\right]\right\}(f_j - f_i) \tag{6.132}
$$

6.3.4　边界条件

（1）自由面边界

在 ISPH 模型中，自由表面粒子根据粒子密度来判别。处于自由面附近的粒子，其积分域内的相邻粒子数较少，故其粒子密度较小。如果某个粒子的密度比初始密度小于一个指定的阈值（如 1%），则其为自由面粒子。求解过程中，在该粒子上施加零压力的狄利克雷边界条件（Monaghan et al.，1994），该判别条件为

$$
\rho_i < \beta_1 \rho_0 \tag{6.133}
$$

式中，ρ_0 为内部流体的密度；β_1 为常数。

在 MPS 模型中，利用粒子数密度式（6.109）来追踪自由面，如果一个粒子满足下式，则认为它是自由表面粒子：

$$
(n^*)_i < \beta n_0 \tag{6.134}
$$

式中，n_0 为内部粒子的粒子数密度；β 是常数，通常取 0.8～0.99。

SPH 模型和 MPS 模型都是通过粒子密度或粒子数密度的比值来识别自由面，但是当流体运动剧烈时，一些零压或低压的域内流体粒子可能被错误地识别为自由表面粒子，导致不真实的零压强和压强波动。为了解决该问题，CPM 采用“arc”方法来判别自由面粒子（Koh et al.，2012）。图 6.19 是“arc”方法的示意图，其基本思想是：如果围绕中心粒子的圆（半径为 R）的任何弧不被其相邻圆所覆盖，则将中心粒子视为自由表面粒子。其中，A 粒子是自由表面粒子，B 粒子是域内流体粒子。“arc”方法更详细的讨论见 Dilts（2000）和 Koh 等（2012）的研究。

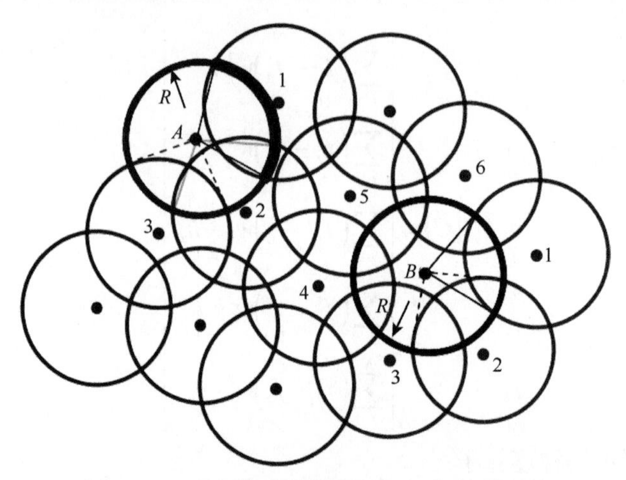

图 6.19 CPM 模型采用的“arc”自由面识别

（2）固体边界

固体边界附近流体粒子的影响域被边界截断，积分域（粒子求和范围）缺失将导致较大的计算误差。因此，需要对边界做特殊处理。如图 6.20 所示，主要有两种固体边界模拟方式。第一种是固壁边界上分布一层虚拟粒子，这层虚拟粒子会对靠近边界的流体粒子产生排斥力，防止粒子穿透固壁边界，排斥力的计算方法与分子力类似（Rapaport，2004）。第二种是固壁边界外分布几层虚拟粒子，使壁面粒子处的流体密度与内部流体的密度保持一致。在实际应用中，虚拟粒子也可以分为三类：第一类，粒子 i 如果靠近固壁（粒子到边界的距离小于 κh，κ 的取值与核函数的截断半径相关），则在边界外与该粒子对称分布一个虚拟粒子，此虚拟粒子与流体粒子 i 有相同的密度和压力，但虚拟粒子速度垂直分量与流体粒子相反，切向分量与流体粒子相同（自由滑移边界条件）或相反（无滑移边界条件）。但这类粒子对于复杂边界或突变边界却很难处理；第二类虚拟粒子（Morris et al.，1997）的位置不变，但它的速度随着时间变化，由内部流体粒子的速度线性外插求解（$u_m=u_f+(1+d_m/d_f)(u_w-u_f)$），但是这类虚拟粒子在边界上的法向投影与流体粒子在边界上的法向投影不一致，此特性可能导致计算结果错误；第三类虚拟粒子（Fang et al.，2006）与第二类相似，在靠近边界的流体区域增加一些流体虚拟粒子，从而保证虚拟粒子在边界上的法向投影与流体粒子在边界上的法向投影一致（$u_m=u_f+(1+d_v/d_f)(u_w-u_f)$）。随后，Adami 等（2012）提出了一种直接从流场向固定虚拟粒子插值的方法，大大简化了固定边界虚拟粒子的实施过程，并得到了广泛的应用，具体的压力插值和速度插值方法可参考 Adami 等（2012）的研究。第一类虚拟粒子对接近的粒子产生排斥力，但通常对粒子近似没有贡

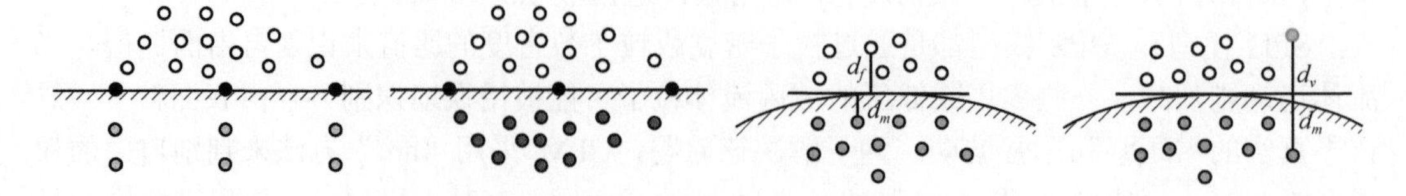

图 6.20 流体粒子和固定边界虚拟粒子

献。第二类虚拟粒子参与实粒子的核近似和粒子近似，从而保持靠近固壁边界的粒子密度与内部流体粒子的密度一致。

6.3.5　不同粒子法的空间导数计算精度和收敛性比较

构造一个二元函数$\phi(x,y)=x^4+y^4$，对上述 3 种粒子法在计算二阶空间导数方面的精度和收敛性进行测试分析，其中$\nabla^2\phi$分别由式（6.103）、式（6.121）和式（6.132）求解。计算区域如图 6.21 所示，初始粒子间距为 0.1，粒子数为 41×41。

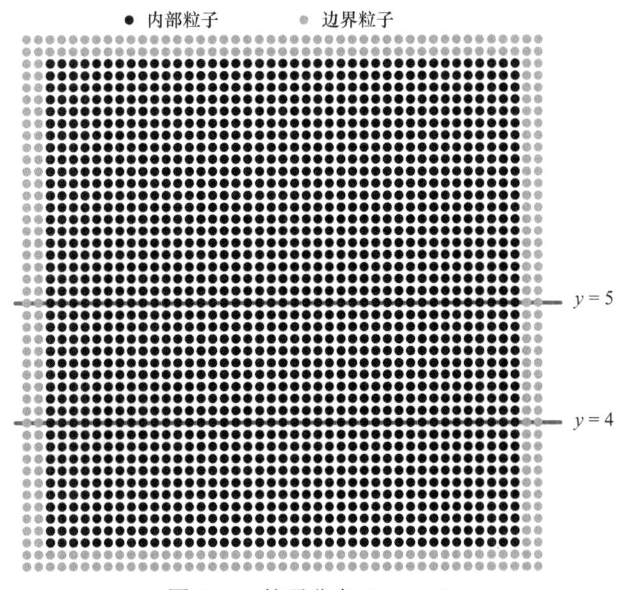

图 6.21　粒子分布（41×41）

在粒子位置没有扰动的情况下，即粒子分布均匀的情况下，CPM、MPS 和 SPH 的模拟结果与理论解吻合良好（图 6.22），平均相对误差分别为 0.01%、0.01%和 2.73%，MPS 和 CPM 的计算精度要高于 SPH。给所有粒子施加 10%初始粒子间距的随机扰动，得到非均匀分布的粒子，粒子非均匀分布导致 SPH 和 MPS 的模拟结果波动很大，而 CPM 的模拟结果较为光滑且与理论解非常接近（图 6.23）。结果表明，SPH 法和 MPS 法对粒子分布非常敏感，在粒子分布不均匀时，数值精度较低，而 CPM 法即使在粒子非均匀分布的情况下也具有良好的精度。

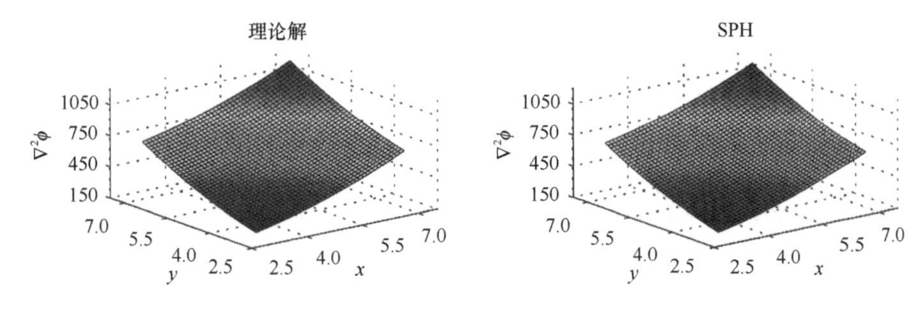

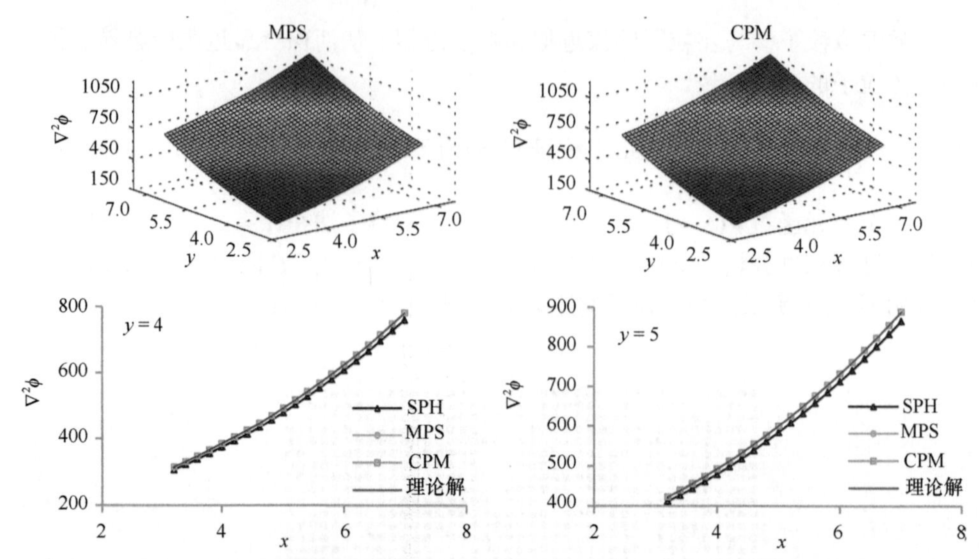

图 6.22 粒子均匀分布计算域内所有粒子的模拟结果及 y=4 和 y=5 两个横剖面的模拟结果

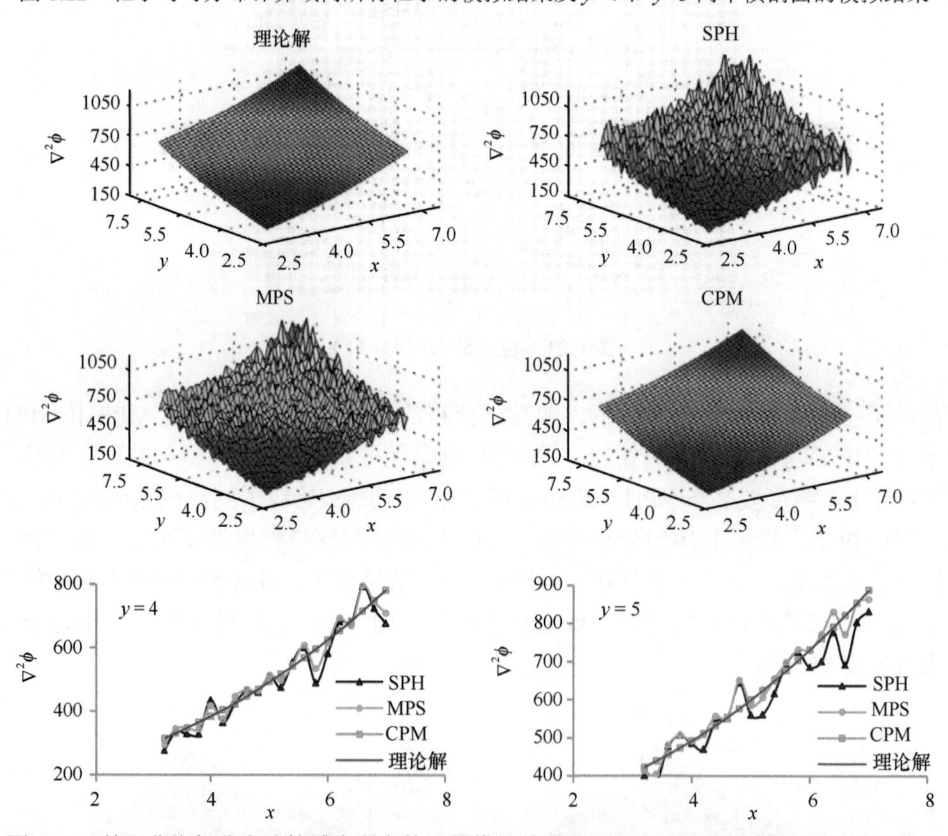

图 6.23 粒子非均匀分布计算域内所有粒子的模拟结果及 y=4 和 y=5 两个横剖面的模拟结果

基于同样的二元函数对 3 种方法的二阶导数计算公式做收敛性分析，粒子分布如图 6.24 所示，粒子数为 5×5，粒子间距从 0.001 增加到 0.5，以中心粒子作为研究对象，其坐标为（1, 1）。从图 6.25（a）可以看出，在粒子分布均匀时，随着粒子间距的减小，CPM 法和 MPS 法的近似格式得到的拉普拉斯值都收敛于 24，而 SPH 法得到的却收敛于 23.34，与理论值偏差 2.75%。给所有粒子施加微小的随机扰动后，随着粒子间距的减小，MPS 法和

SPH 法中的拉普拉斯逼近算法产生的解是非收敛的，而基于泰勒展开的CPM法具有较好的收敛趋势，计算结果收敛于精确值。随机扰动重复 50 次，得到 50 组不均匀分布的粒子，分别计算二元函数的拉普拉斯算子，结果如图 6.26 所示。当粒子间距较小时，SPH 法和 MPS 法计算的导数值波动较大，而每种粒子分布下 CPM 法的计算结果都与精确解十分接近，这表明 CPM 法中导数计算对粒子坐标扰动不敏感。因此，可以得出结论：在 MPS 法和 SPH 法中，拉普拉斯的近似算法只有在粒子分布是规则的情况下才会产生收敛解，当粒子分布不均匀时，收敛性较差；相比之下，CPM 法的导数计算即使对于不规则的粒子分布也可以得到很好的收敛解。

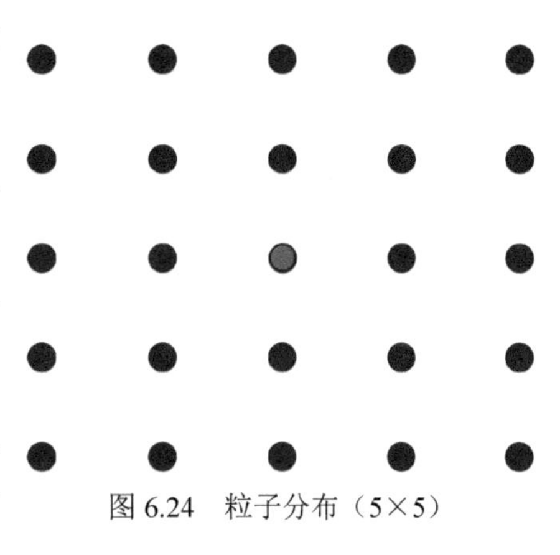

图 6.24　粒子分布（5×5）

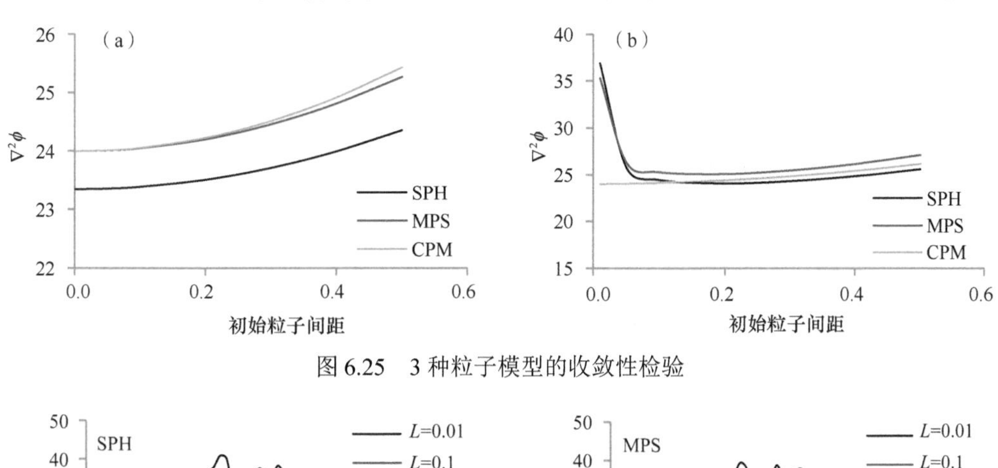

图 6.25　3 种粒子模型的收敛性检验

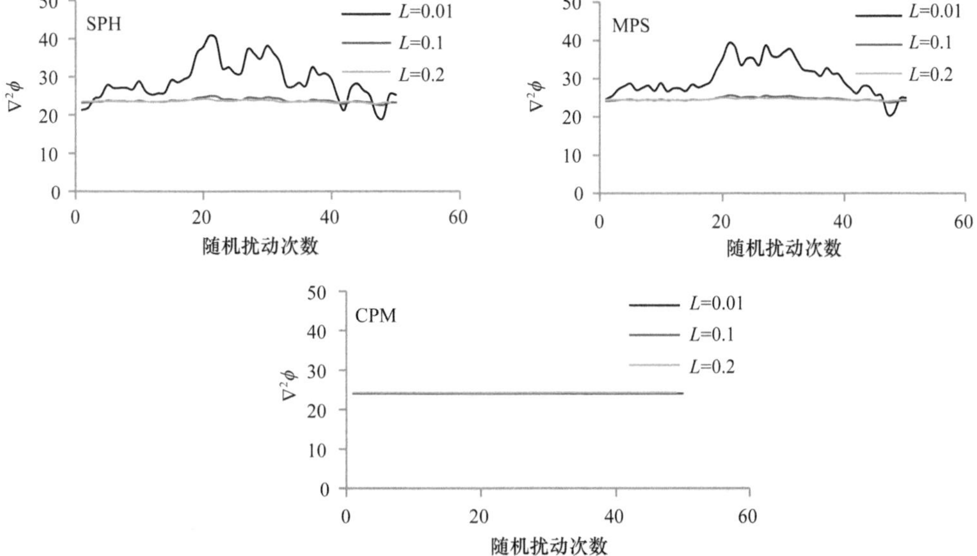

图 6.26　循环施加 50 次随机扰动情况下 3 种粒子模型的收敛性检验

上述结果表明，与 SPH 法和 MPS 法相比，基于泰勒展开的 CPM 法在空间导数离散方面更精确，收敛性更好。但是 CPM 法问世至今刚 10 年多，使用群体小，发展缓慢，与 SPH 法和 MPS 法相比仍有较大的发展空间。

6.3.6 SPH 模型应用

Liu 等（2013）提出了一种改进的 ISPH 模型（ISPH-MP），对固体边界进行了镜像粒子处理，重新定义了镜像参数和镜像规则。然后基于 ISPH-MP 模型对溃坝问题进行了模拟，并和 WCSPH、ISPH-DP（ISPH-dummy particle）模型结果进行了比较。图 6.27 为不同时刻 3 种方法模拟结果的比较，可以发现 WCSPH 模型虽然压制了压力振荡，但其自由表面计算结果过于平滑，在自由面翻卷破碎过程中与真实情况对比显得不真实，而 ISPH-DP 的计算结果存在较大的压力振荡和水面扰动，只有 ISPH-MP 模型可以准确捕捉射流形态，同时真实反映水面波动和压力变化特性。

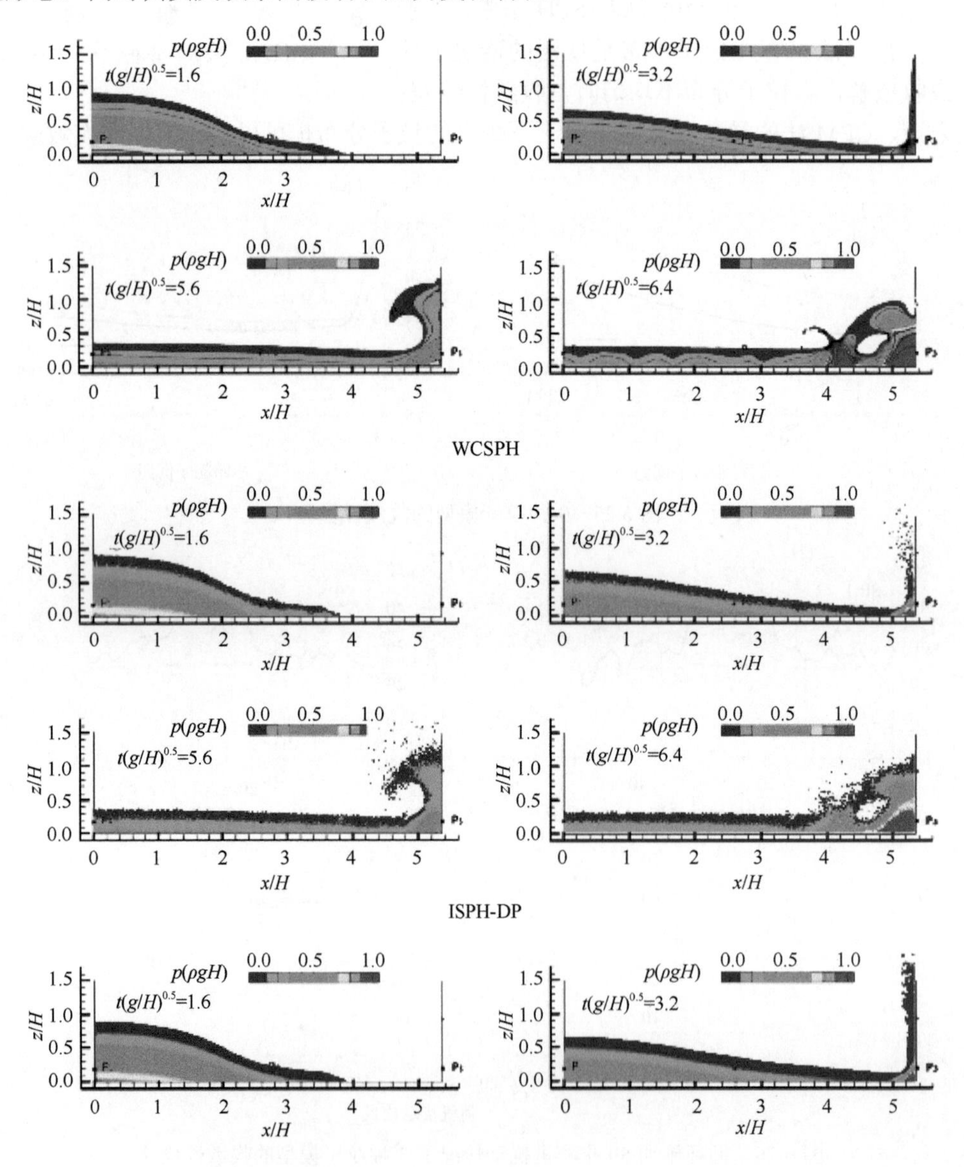

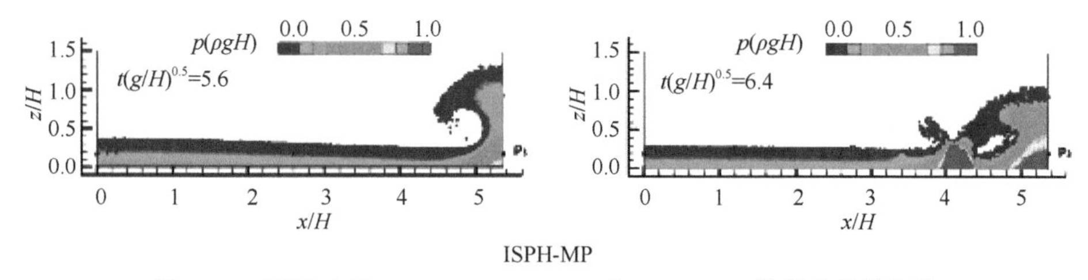

图 6.27　不同时刻 WCSPH、ISPH-DP 和 ISPH-MP 数模结果的比较

Liu 等（2014）基于 ISPH 模型对液体晃荡问题进行了数值模拟，研究了刚性隔板减晃效果，并和实验结果（Xue and Lin，2011）进行了对比。问题设置如图 6.28 所示，水箱长度 B 为 0.57m，静水深 h 为 0.18m。给水箱施加外激励 $x=-a\cos(wt)$，其中 a 为振幅（a=0.1m），w 为外激励频率（w=3.5317rad/s），放置 3 个波高仪监测波面的变化，波高仪的位置分别为 x=–0.275m、x=0.0m 和 x=0.275m。图 6.29 对比了有无隔板情况下自由面高程时间历程曲线，数值模拟结果和实验结果吻合较好，验证了该模型的精度，同时从图 6.29 可以看出，刚性隔板可以起到较好的减晃效果。图 6.30 为数值计算得到的流场分布，可以看出隔板的存在增大了液体能量耗散，并改变了液体固有频率，从而使得剧烈的晃荡被抑制。

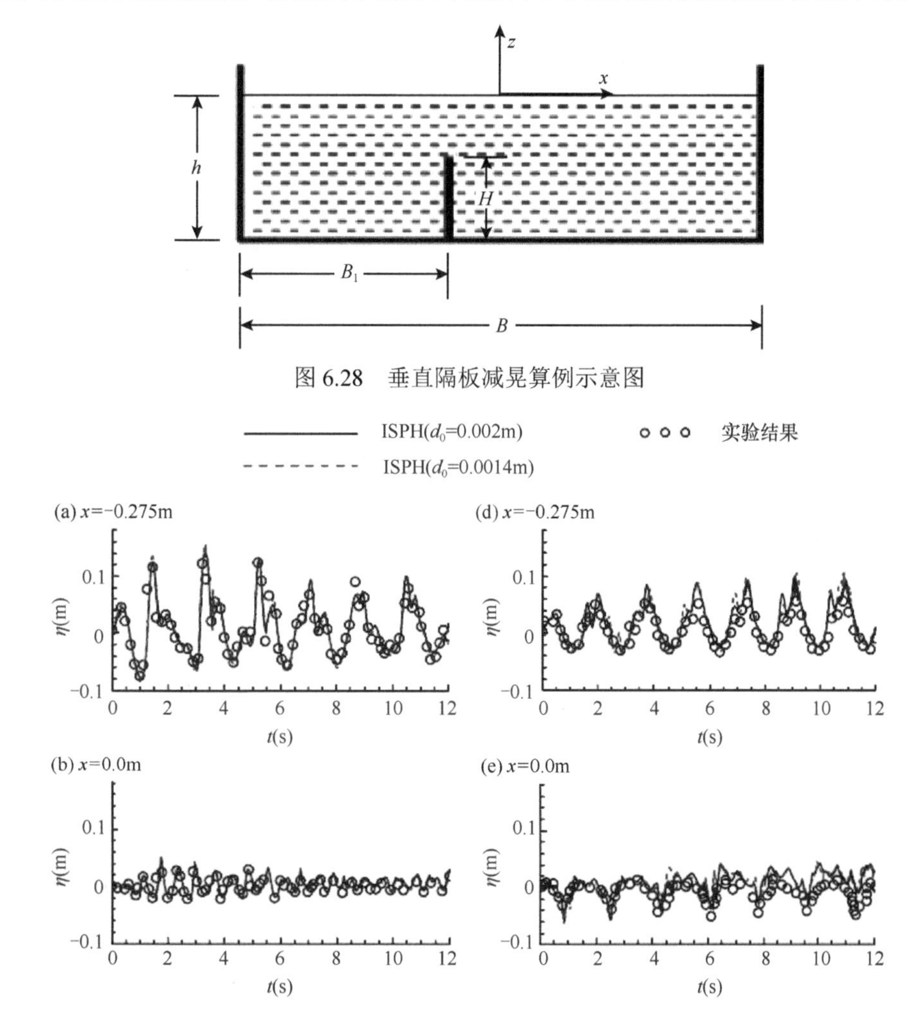

图 6.28　垂直隔板减晃算例示意图

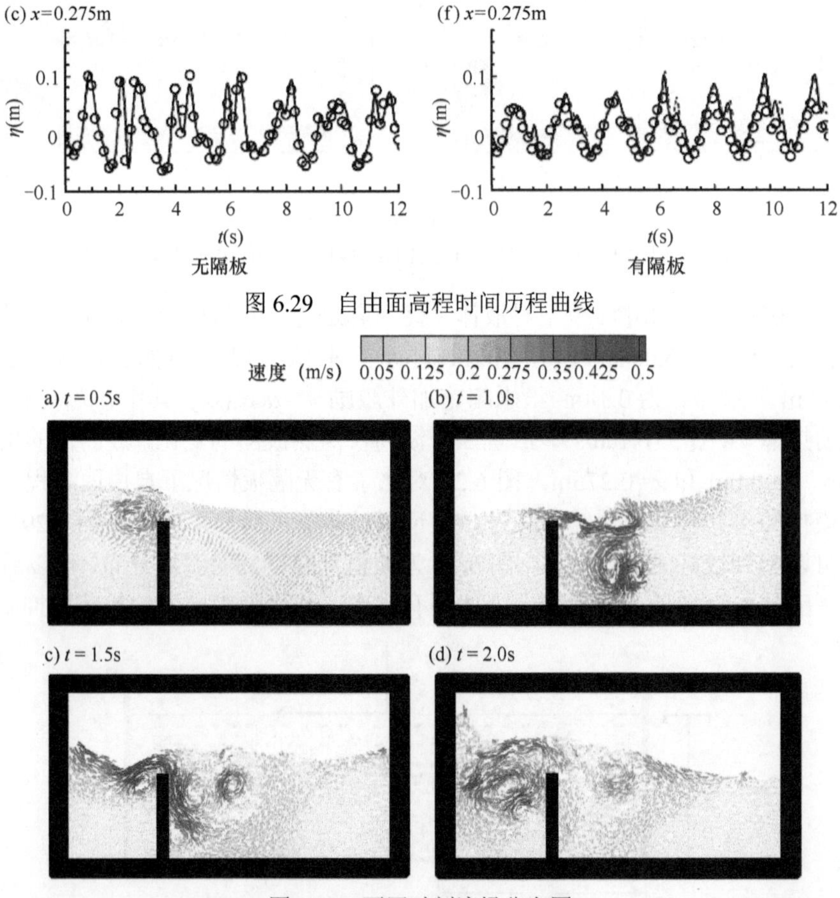

图 6.29 自由面高程时间历程曲线

图 6.30 不同时刻流场分布图

随后，Lin 等（2015）提出了耦合 ISPH 模型，采用镜像粒子处理运动刚性结构，并将其应用于由滑坡引起的涌浪及漫坝问题。问题设置如图 6.31 所示，3 个波高仪的位置分别为 x=1.6m、x=3.55m 和 x=6.55m。图 6.32 为滑块运动的时间历程曲线，将数值结果与实验

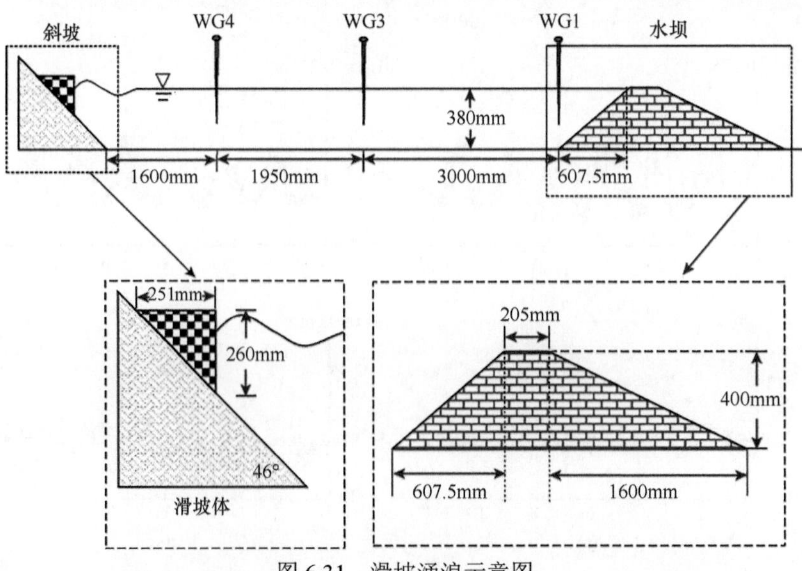

图 6.31 滑坡涌浪示意图

结果进行了比较，可以看出，数值结果和实验结果之间的差异非常小，进一步验证了耦合 ISPH 模型的精度。图 6.33 为运动结构物附近水面线及流场分布，图 6.34 为波浪漫坝过程及其流场分布。

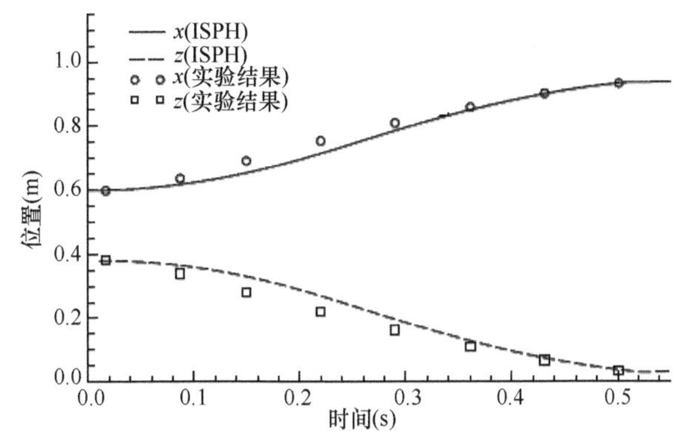

图 6.32　滑块运动的时间历程曲线

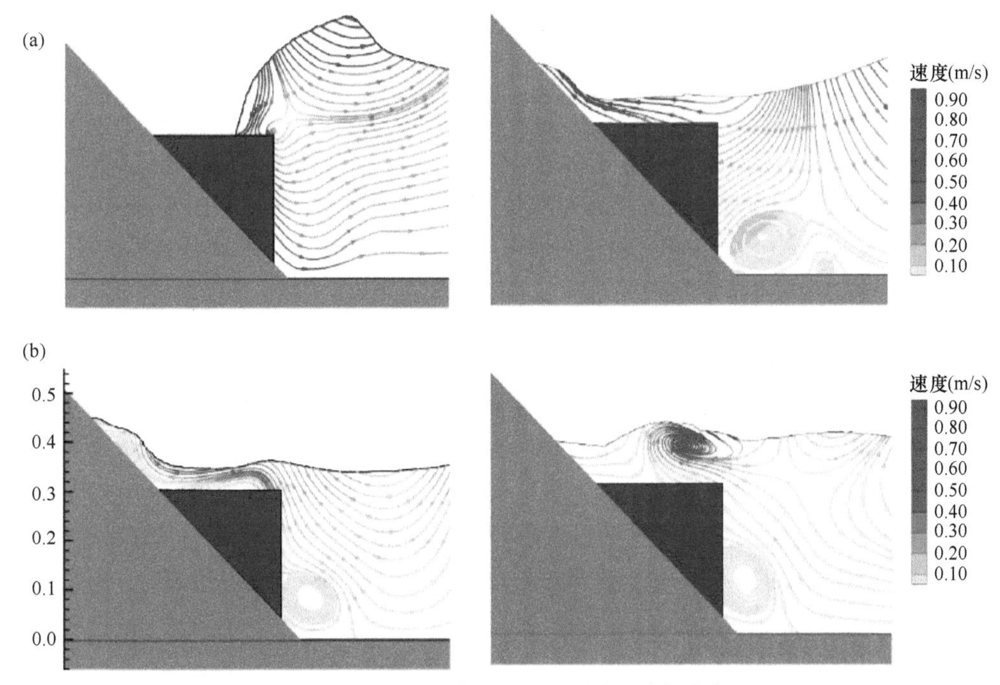

图 6.33　运动结构物附近水面线及流场分布

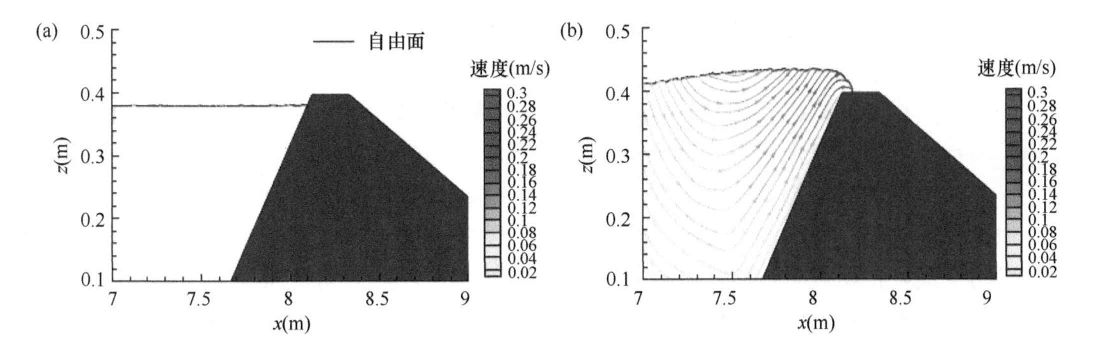

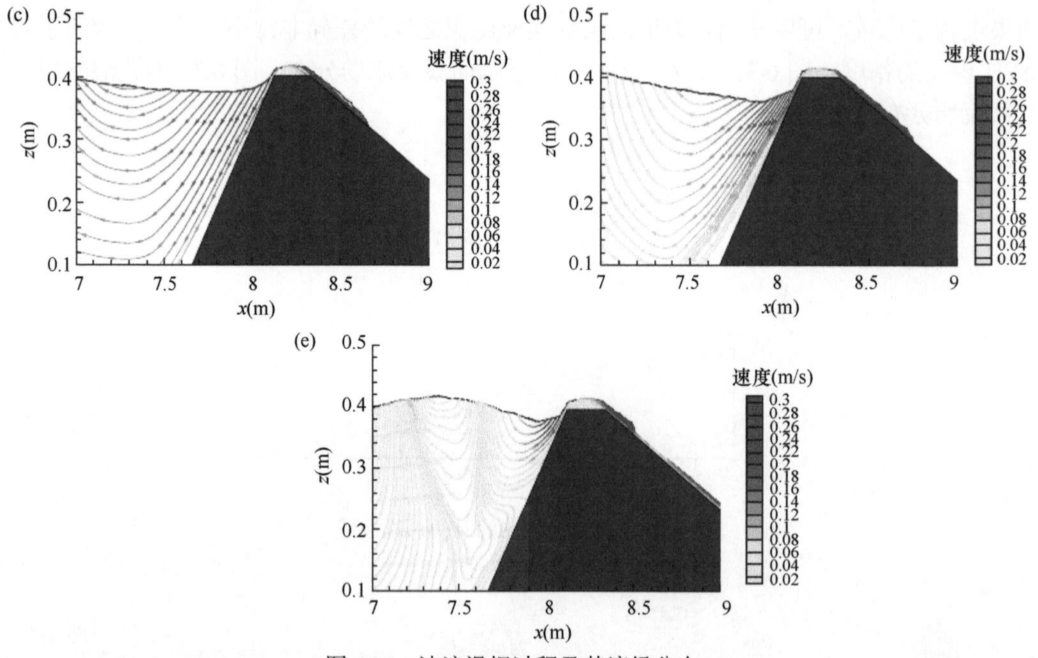

图 6.34 波浪漫坝过程及其流场分布

除此之外，Liang 等（2017）基于 ISPH 模型对孤立波与弹簧控制的可移动海堤进行了数值模拟，分析了海堤运动、波浪爬高和水动力荷载。Ren 等（2017）在 WCSPH 模型的基础上加入了描述系泊缆绳张力和松弛度的模块，模拟了波浪与水下浮式防波堤的相互作用。Zheng 等（2018）使用 2D-ISPH 模型研究了波浪对浮式甲板的影响。近几年，SPH 模型还被广泛应用于波浪与柔性结构物耦合问题和波浪与多孔介质结构耦合问题。Khayyer 等（2021）基于 ISPH 模型研究了晃荡波与弹性隔板的相互作用。Paquier 等（2021）基于 3D GPUSPH 研究了波流条件下海草的运动，结果表明该模型可用于估算沿海植被的曼宁系数。在波浪与多孔介质结构耦合问题中，Ren 等（2017）模拟了波浪在梯形多孔防波堤上的传播，Khayyer 等（2018）提出了一种 ISPH 模型，并加入了多孔介质模块，通过模拟堆石坝中的快速渗流和淹没三角形透水坝上的波浪传播来验证该模型。Tsurudome 等（2020）采用视密度概念，提出了一个基于 ISPH 的模型，用于模拟可渗透介质上的孤立波传播和爬升。

6.3.7 CPM 模型应用

Luo 等（2016a，2016b，2015）在 CPM 导数计算公式中施加流体交界面的连续性条件，建立了能模拟大密度差和大粘度差多相流的多相 CPM 模型，通过模拟瑞利-泰勒不稳定性、重力流、溃坝和液舱晃荡等问题，对多相 CPM 模型进行了系统验证。图 6.35 为单相（1P）和两相（2P）CPM 模型模拟溃坝问题的液面形态对比，两相 CPM 模型能较好地捕捉溃坝水流沿下游壁面爬升、翻卷和卷气及气泡上浮的全过程，并且水气界面清晰，未出现非真实的水气界面混合。图 6.36 和图 6.37 分别为单相、两相 CPM 模型模拟的溃坝水流冲击压强及其与文献实验和 SPH 模型模拟结果的对比，两相 CPM 模型的模拟结果与实验结果吻合最好，压强呈现较规律的振荡，该振荡由卷气的周期性压缩和扩张（即气垫效应）引起，两相 CPM 模型能较好地捕捉该现象，也因为此，两相流模拟能有效避免单相流模拟结果中的非真实压强峰值。

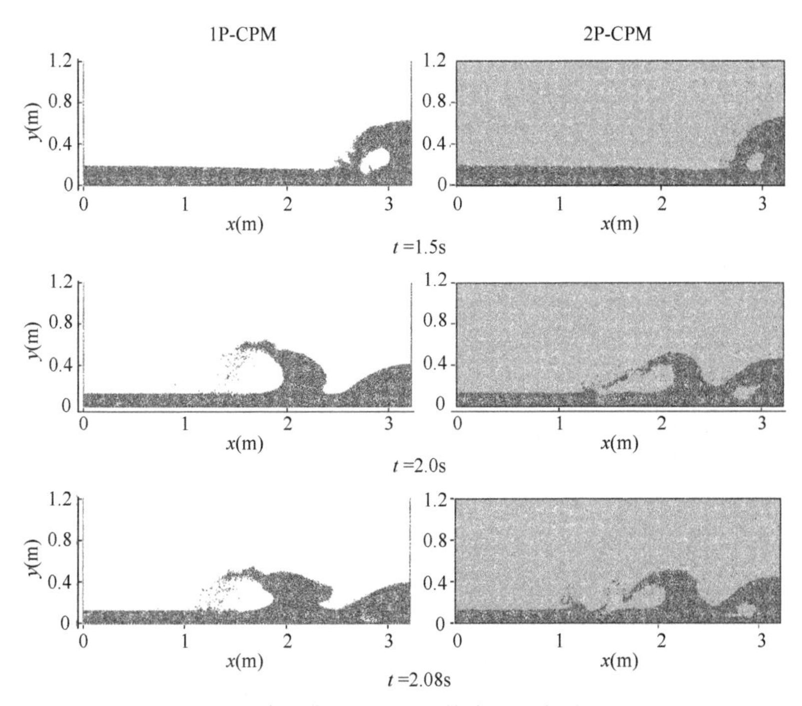

图 6.35　单相和两相 CPM 模型模拟溃坝问题的液面形态对比（Luo et al.，2016a）

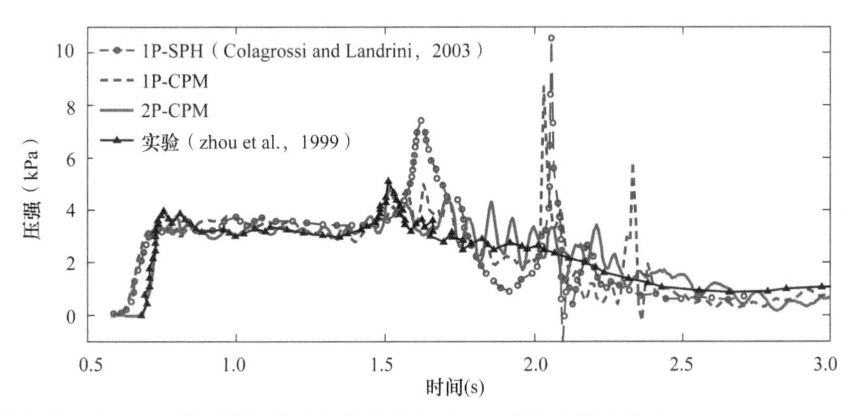

图 6.36　单相和两相 CPM 模型模拟的溃坝水流冲击压强及其与文献中实验（Zhou et al.，1999）和单相 SPH 模型模拟（Colagrossi and Landrini，2003）结果的对比（Luo et al.，2016a）

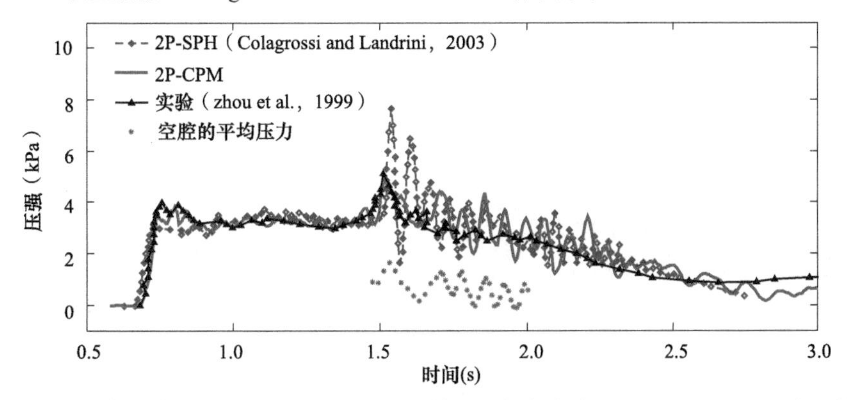

图 6.37　两相 CPM 模型模拟的溃坝水流冲击压强及其与文献中实验（Zhou et al. 1999）和两相 SPH 模型模拟（Colagrossi and Landrini，2003）结果的对比（Luo et al.，2016a）

针对带卷气波浪冲击问题可靠实验数据少的问题，Luo 等（2016a）设计并开展了“U”形液舱晃荡冲击实验，实验装置如图 6.38 所示，其中右侧窄舱具有很好的气密性，可以看作一个封闭的气泡。图 6.39 展示了两相 CPM 模型模拟的晃荡液面形态，数值结果与实验结果吻合良好。图 6.40 为液体和空气区域代表性位置的压强，两相 CPM 模型很好地预测了剧烈晃荡作用在液舱侧壁的冲击压强及其引起的封闭气泡内的压强变化。

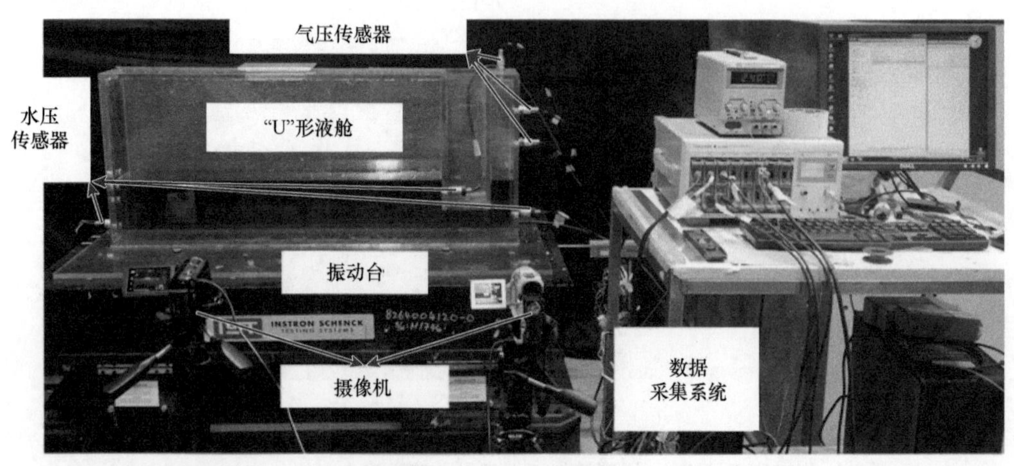

图 6.38 “U”形液舱晃荡冲击实验装置图（Luo et al.，2016a）

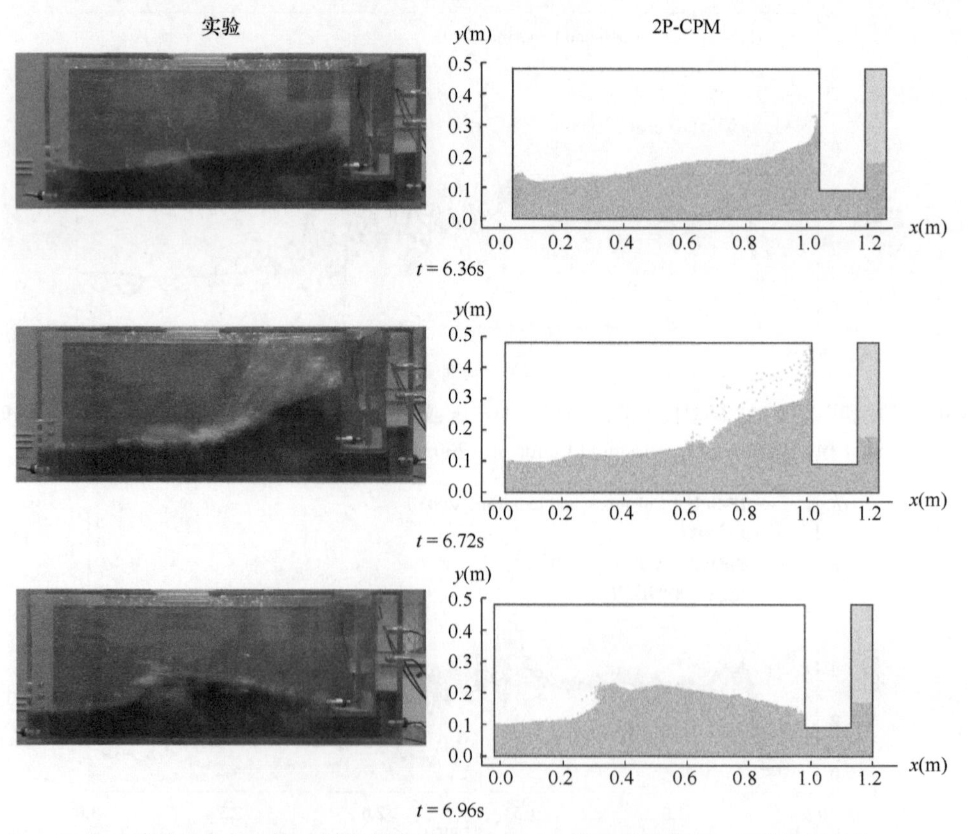

图 6.39 “U”形液舱晃荡代表性时刻的液面形态：2P-CPM 模型模拟结果与实验结果对比（Luo et al.，2016a）

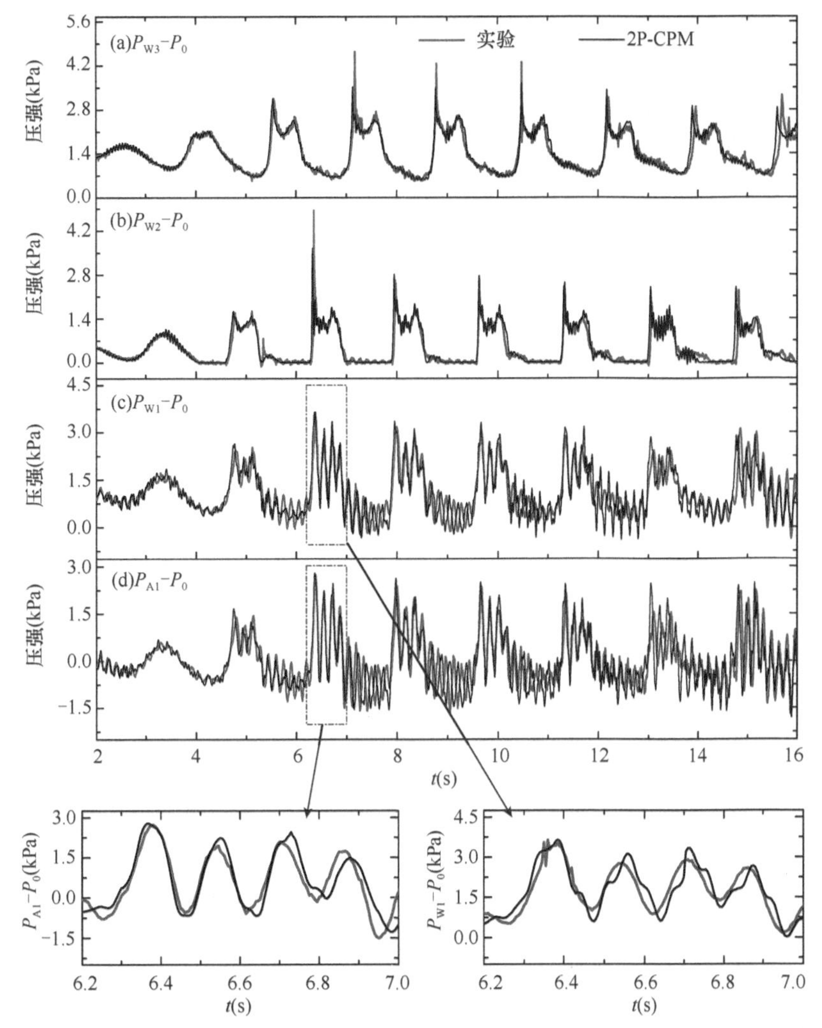

图 6.40　“U”形液舱晃荡代表性位置的冲击压强和封闭气泡压强：2P-CPM 模型模拟结果与实验结果对比（Luo et al.，2016a）

基于 CPM 模型，Luo 等（2019）开展了孤立波爬坡和越浪的研究。图 6.41 为 CPM 模型模拟的几个时刻的波浪形态，可以看出 CPM 模型能很好地捕捉波浪爬坡过程中的波浪破碎和越浪形成的射流，图 6.42 和图 6.43 分别是测点的波高和波浪冲击压强，图 6.44 是孤立波冲击对海墙的作用力，CPM 模型模拟结果与实验结果吻合良好，体现了 CPM 模型的精度。

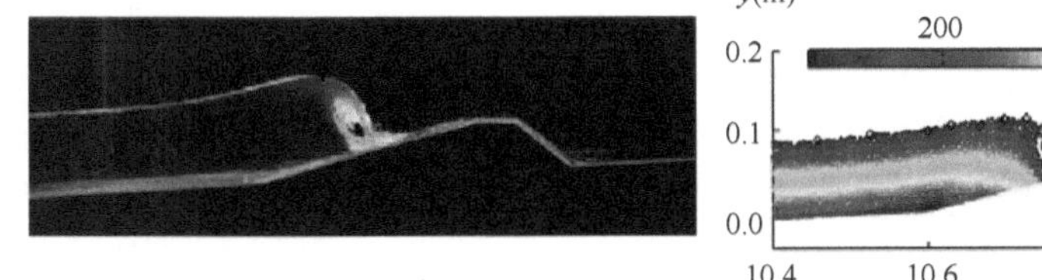

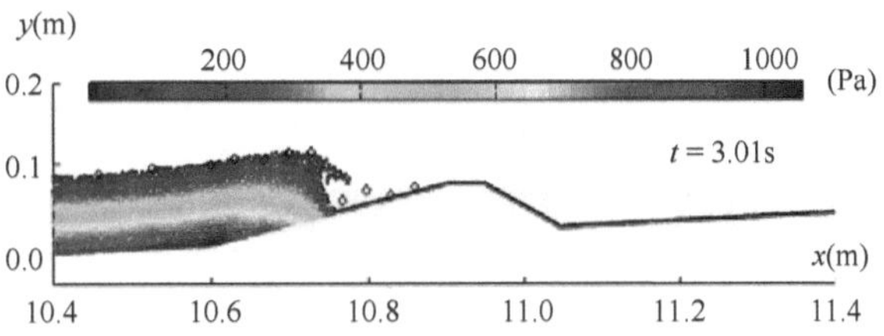

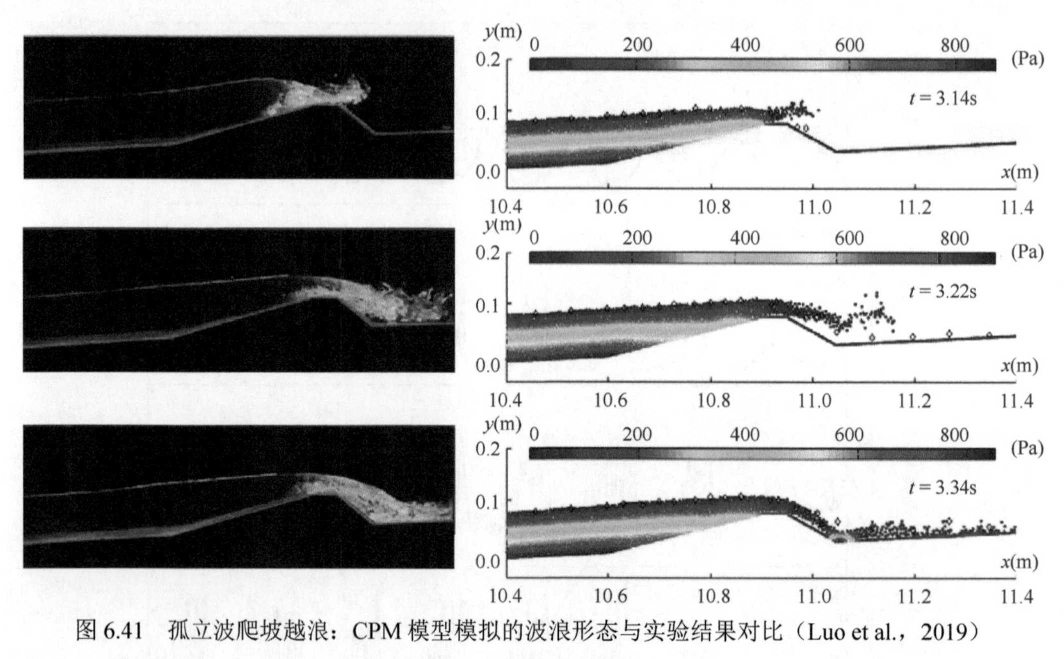

图 6.41　孤立波爬坡越浪：CPM 模型模拟的波浪形态与实验结果对比（Luo et al.，2019）

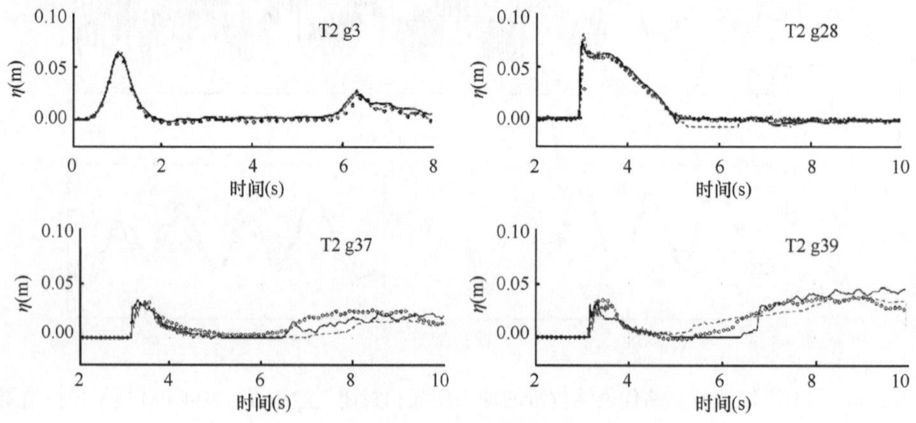

图 6.42　CPM 模型预测的波高与实验结果对比（Luo et al.，2019）

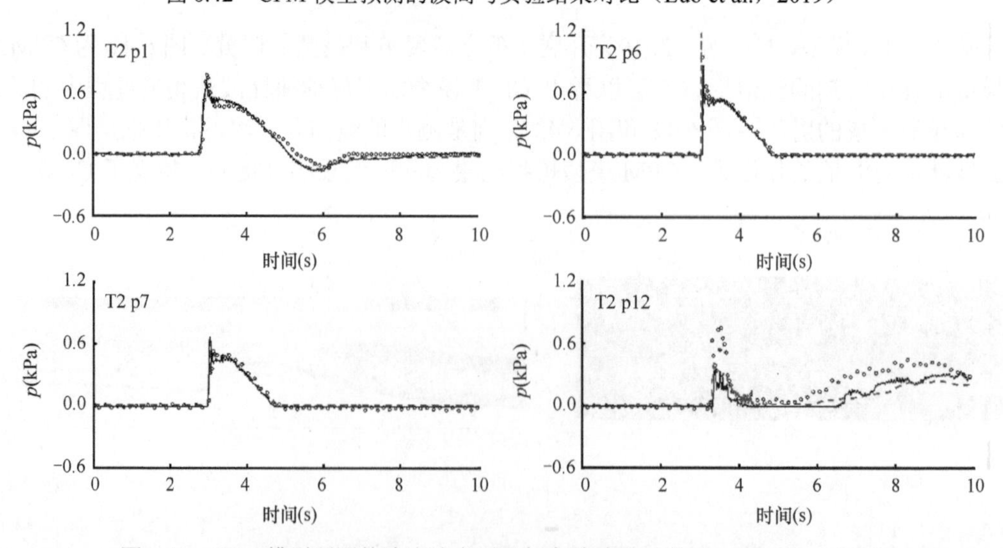

图 6.43　CPM 模型预测的波浪冲击压强与实验结果对比（Luo et al.，2019）

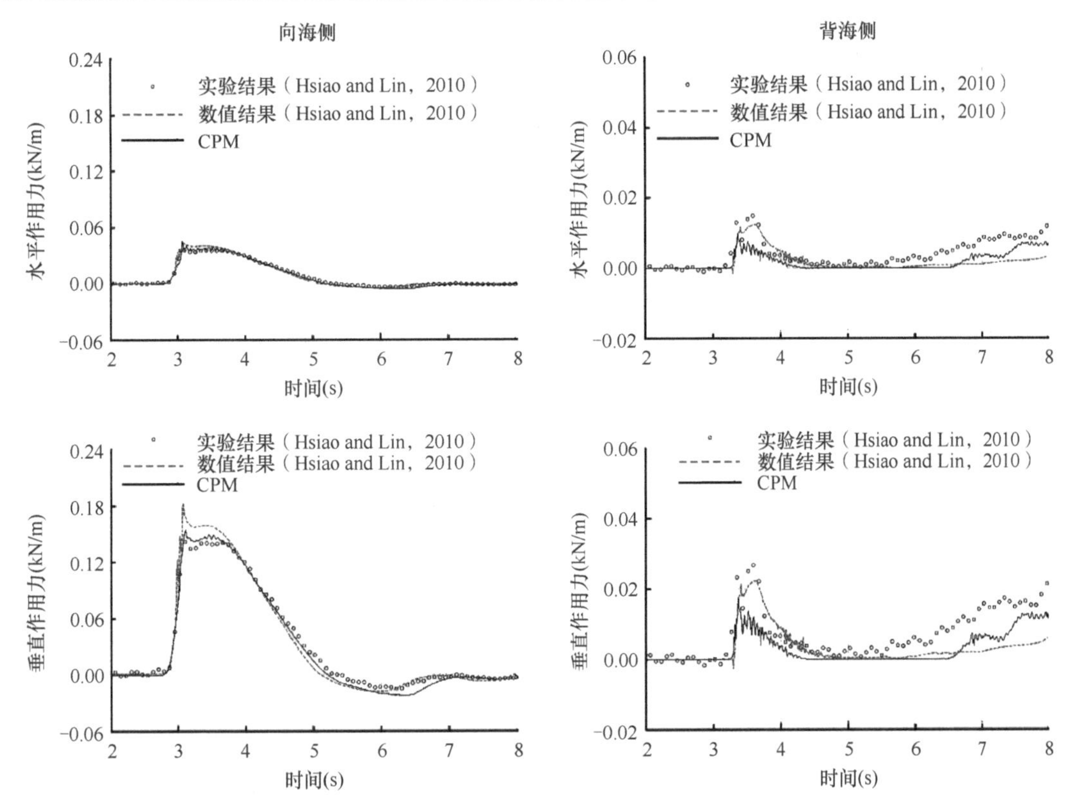

图 6.44 CPM 模型预测的波浪作用力与 Hsiao 和 Lin（2010）的实验结果和数值结果的对比（Luo et al., 2019）

6.4 OpenFOAM 模型

OpenFOAM（open field operation and manipulation）是由 OpenFOAM 团队及 SGI 公司开发的一个开源 CFD 软件包，它拥有涉及工程及科学大部分领域的包括商业用户及学术组织等广泛的用户群体。OpenFOAM 可以求解从复杂的流体流动（包括化学反应、湍流及传热等）到固体动力学分析，甚至电磁学领域的诸多问题。它包含网格生成工具 snappyHexMesh，以及前处理及后处理工具。所有这些过程都可以在计算机上并行执行，从而充分利用计算机的硬件资源。OpenFOAM 由 FOAM 发展而来。起初，开源的 FOAM 首先被发布到互联网上，从此，全世界的用户均可以看到 FOAM 的程序代码，并且可以任意传播和使用它们。Hrvoje Jasak 是 FOAM 的作者之一，在获得博士学位之前，Hrvoje Jasak 就开始编写其原始程序。2004 年，OpenFOAM 软件的创始人与主要开发者 Henry Weller 决定将该 CFD 软件包开源化，与此同时成立了 OpenCFD 公司，专门进行 OpenFOAM 软件的研发、技术支持和官方培训。2010 年，OpenFOAM 由 SGI 公司全面提供商业支持，以支持 OpenFOAM 的发展、维护和发布，这使得 OpenFOAM 成为一个非常具有发展前景的开源产品。其官方网站的网址为 www.OpenFOAM.com。

该软件在 GNU 通用公共许可证许可下可以自由下载和发布。OpenFOAM 软件包由 C++程序语言编写，在高效的 C++程序数据包的基础上，为了解决某一特定的工程实际问题，并能够开展相应的前处理和后处理工作，OpenFOAM 构造了诸多的求解器（solvers）、辅助工具（utilities）和库文件（libraries），使得 OpenFOAM 能够处理模型建立、网格生成、模拟求解计算、数据提取、数据处理、可视化处理等一系列数值模拟计算中的问题。简而言之，OpenFOAM 就是一个完全由 C++程序语言所编写的面向对象的 CFD 类库，或者说 OpenFOAM 就是一个 CFD 程序集。OpenFOAM 使用更加符合数学上对偏微分方程描述形式的方式，进而利用有限体积法对用户根据不同实际工程问题构造的偏微分方程进行离散和求解。在支持使用的网格方面，OpenFOAM 支持对三维任意多面体网格的使用。此外，OpenFOAM 还可以对计算区域进行用户自定义的分解以进行并行计算。除 OpenFOAM 的源代码程序的开源之外，OpenFOAM 的软件架构和程序结构也对外公开，所以用户可以根据自身的需要，最大限度地对其程序进行拓展和开发。

作为开源的 CFD 软件包，OpenFOAM 不仅可以模拟复杂的流体流动，还可以进行多方面的研究，具体功能介绍如下。

1）计算求解方面：可压缩及不可压缩流动分析、多相流分析、换热分析、结构动力学分析、化学反应分析、燃烧分析、电磁场分析及金融评估等。

2）前处理方面：首先，用户可以在 OpenFOAM 框架下自行编写所有前处理的设置程序，包括网格生成程序、设置物理参数的程序和设置边界条件的程序等。其次，用户可以使用 OpenFOAM 中已经预先编译好的操作及设定工具，包括网格生成和转换工具及其他网格操作工具等。另外，OpenFOAM 提供一个称作 FoamX 的管理器，利用 FoamX 也可以对边界条件等进行相关设置。

3）后处理方面：首先，OpenFOAM 推荐使用的后处理软件为 ParaView，ParaView 也是开源化的软件，其主要功能及设计目标就是对 CFD 的计算结果进行后处理。在 OpenFOAM 中，数值模拟计算完成后可直接通过 ParaFoam 命令打开 ParaView，从而在 ParaView 中进行相应的后处理工作，ParaView 具有强大的 CFD 后处理能力。除此以外，也可将 OpenFOAM 的数值模拟计算结果转换为第三方软件可识别和可读取的数据格式。对于目前主要的第三方后处理软件，OpenFOAM 都具有相关的转换接口，从而方便用户使用其他的专业后处理软件对 OpenFOAM 的计算数据进行相应的后处理操作工作。

4）网格的划分与生成方面：OpenFOAM 能够支持各种各样的多面体非结构化网格，包括四面体网格、六面体网格、棱柱体网格及 Polehedral 网格等。网格的生成既可以在自带的 FoamX 前处理器里进行简单操作，又可以自行编写用于网格生成的 blockMesh 设置程序。OpenFOAM 提供了 snappyHexMesh 网格生成工具，可以为复杂的 CAD 几何形状建立网格。除此之外，OpenFOAM 也可以接受其他网格处理软件生成的网格，包含有多种网格转换工具，如 cfxToFoam、fluentMeshToFluent、mshToFoam、ansysToFoam 等。同时，OpenFOAM 还允许用户对网格数据进行如下操作：检查网格质量、重编号网格、旋转网格、移动网格、细化网格、分割网格及进行动网格操作等。

此外，OpenFOAM 还具有模拟燃烧、射流，以及进行拉格朗日粒子追踪、滑移网格等各种各样的工具箱，包括各种 ODE 求解器、ChemKIN 接口、自动生成动网格等多种有用的动网格转换工具，能够将多种软件格式的动网格文件转换为 FOAM 形式的动网格文件，支持多种网格接口的优点及特点。

6.4.1 流体控制方程与数值离散

OpenFOAM 中的流体计算采用 InterDyMFoam 两相流模型，该模型采用有限体积法对控制方程进行离散，将计算过程中涉及的物理量分为三种类型分别存储于控制体中心（速度、体积分数等）、控制体表面（界面通量 φ 等）、网格节点（网格位移等）。流体的控制方程为

$$\frac{\partial(\rho\phi)}{\partial t}+\nabla\cdot(\rho U\phi)-\nabla\cdot(\rho\Gamma_{\phi}\nabla\phi)=S_{\phi} \tag{6.135}$$

式中，ϕ 为通量，可代表 x、y、z 方向的速度分量；Γ_{ϕ} 为广义扩散系数；S_{ϕ} 为广义源项。式（6.135）中从左往右依次为瞬时项、对流项、扩散项和源项。

在进行有限体积离散时，每个偏微分方程项需要先在有限控制体内进行积分。大部分空间导数项都使用高斯定理来将体积分转化为面积分，散度、梯度和叉乘运算分别为

$$\int_{V}\nabla\cdot\Phi\mathrm{d}V=\oint_{\partial V}\Phi\cdot\mathrm{d}S \tag{6.136}$$

$$\int_{V}\nabla\Phi\mathrm{d}V=\oint_{\partial V}\Phi\mathrm{d}S \tag{6.137}$$

$$\int_{V}\nabla\otimes\Phi\mathrm{d}V=\oint_{\partial V}\mathrm{d}S\otimes\Phi \tag{6.138}$$

各项的离散可表示如下。

对流项离散：

$$\int_{\Delta V}\nabla\cdot(\rho\mathrm{U}\phi)\mathrm{d}V=\sum\nolimits_{f}S_{f}\cdot(\rho\mathrm{U}\phi)_{f}=\sum\nolimits_{f}S_{f}\cdot(\rho\mathrm{U})_{f}\phi_{f} \tag{6.139}$$

式中，$\sum_{f}S_{f}\cdot(\rho\mathrm{U})_{f}$ 为控制面上的质量通量；面值 ϕ_f 可通过中心差分、迎风格式和混合格式等进行计算；f 为控制面。

扩散项离散：

$$\int_{\Delta V}\nabla\cdot(\rho\Gamma_{\phi}\nabla\phi)\mathrm{d}V=\sum\nolimits_{f}S_{f}\cdot(\rho\Gamma_{\phi}\nabla\phi)_{f}=\sum\nolimits_{f}S_{f}\cdot(\rho\Gamma_{\phi})_{f}(\nabla\phi)_{f} \tag{6.140}$$

控制方程中除了对流项和扩散项，其他项均可看作离散项。假定未知量发生小范围变化时，源项可以表示为该未知量的线性函数：

$$S_{\phi}=S_{u}+S_{p}\phi_{p} \tag{6.141}$$

式中，S_u 和 S_p 的值都与 ϕ_p 有关；S_p 为代数方程迭代时的松弛因子，对控制体进行体积积分可得

$$\int_{\Delta V}S_{\phi}\mathrm{d}V=S_{u}\Delta V+S_{p}\phi_{p}\Delta V \tag{6.142}$$

控制方程中对流项、扩散项和源项的离散，主要是通过高斯定理将体积分转化为面积分，从而转化为面中心物理量的求和。

模型中对时间项采用欧拉隐式方法进行离散，一阶时间精度为

$$\frac{\partial}{\partial t}\int_{V}\rho\phi\mathrm{d}V=\frac{(\rho_{p}\phi_{p}V)^{n}-(\rho_{p}\phi_{p}V)^{0}}{t} \tag{6.143}$$

式中，带上标“n”和“0”的项分别为当前时间需求的物理量和上一时间步储存的物理量。

压力与速度耦合上采用 PIMPLE 算法，同样用 VOF 法捕捉自由表面，具体的求解步骤如图 6.45 所示。

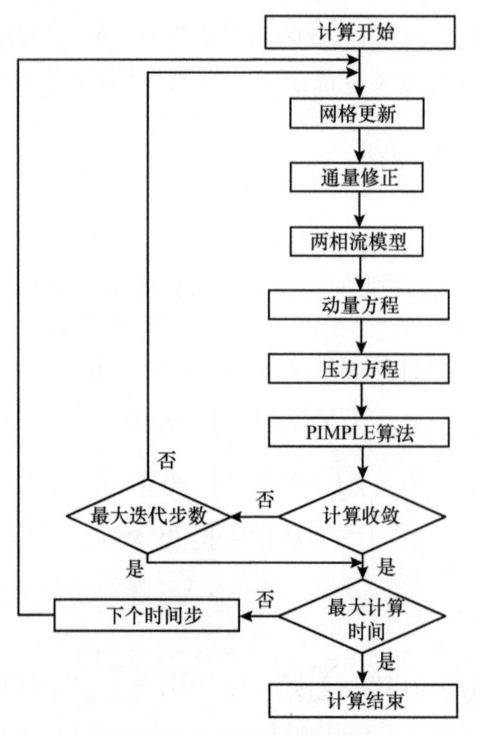

图 6.45 计算求解过程

6.4.2 浮体运动方程

直角坐标系中，浮体的运动可以分为 6 个自由度，即沿 3 个坐标轴方向的平动（横荡、纵荡和垂荡），以及绕 3 个坐标轴的转动（横摇、纵摇和艏摇）。为了方便对浮体运动的描述和对运动方程的求解，如图 6.46 所示定义了两套不同的坐标系，一套坐标系为固定的全局坐标系 $O\text{-}XYZ$，用于定义浮体坐标及六自由度运动；另一套为中心固定于浮体重心处，随着浮体的运动而运动的局部坐标系 $O'\text{-}X'Y'Z'$。当浮体静止时，两套坐标系可以相互平行。当浮体运动时，浮体的速度、加速度等矢量信息会在两套坐标系之间进行转换。

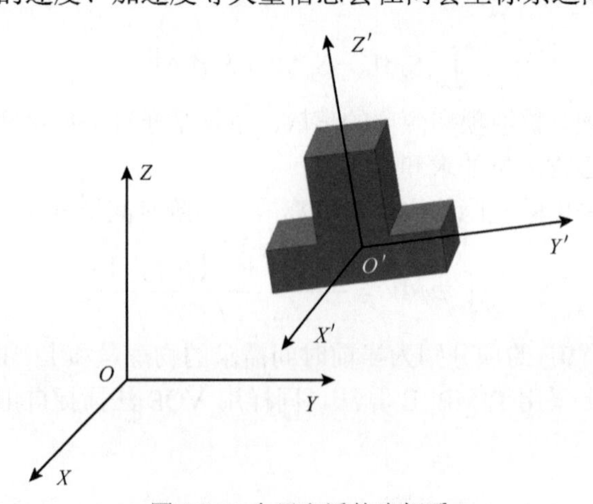

图 6.46 全局和浮体坐标系

在固定的全局坐标系中，将 6 个自由度运动（线位移：横荡、纵荡、垂荡。角位移：

横摇、纵摇、艏摇）分别表示为 $\boldsymbol{\eta}=(\boldsymbol{\eta}_1, \boldsymbol{\eta}_2)=(x, y, z, \varphi, \theta, \psi)$；在随浮体运动的局部坐标系中，将 6 个自由度运动表示为 $\boldsymbol{v}=(\boldsymbol{v}_1, \boldsymbol{v}_2)=(u, v, w, p, q, r)$，前 3 个量表示浮体沿 3 个坐标轴的线速度，后 3 个量表示沿 3 个坐标轴转动的角速度。在全局坐标系下，对浮体位移求导可以得到浮体速度矢量，即对线位移 $\boldsymbol{\eta}_1$ 求导则可以获得线速度 $\boldsymbol{\eta}_1'$，这个线速度与局部坐标系中的线速度 $\boldsymbol{v}_1$ 之间可以通过转换矩阵 $\boldsymbol{J}_1$ 互相转换，$\boldsymbol{J}_1$ 和 $\boldsymbol{J}_1^{-1}$ 互为逆矩阵：

$$\boldsymbol{\eta}_1' = \boldsymbol{J}_1\boldsymbol{v}_1,\ \boldsymbol{v}_1 = \boldsymbol{J}_1^{-1}\boldsymbol{\eta}_1' \tag{6.144}$$

$$\boldsymbol{J}_1 = \begin{bmatrix} \cos\theta\cos\psi & -\cos\varphi\cos\psi + \sin\varphi\sin\theta\cos\psi & \sin\theta\sin\psi + \cos\varphi\sin\theta\cos\psi \\ \cos\theta\sin\psi & \cos\varphi\cos\psi + \sin\varphi\sin\theta\cos\psi & -\sin\varphi\cos\psi + \cos\varphi\sin\theta\sin\psi \\ -\sin\theta & \sin\varphi\cos\theta & \cos\varphi\cos\theta \end{bmatrix} \tag{6.145}$$

角速度的转换也与线速度的类似，转换矩阵 $\boldsymbol{J}_2$ 为

$$\boldsymbol{J}_2 = \begin{bmatrix} 1 & \cos\varphi\tan\theta & \cos\varphi\tan\theta \\ 0 & \cos\varphi & -\sin\varphi \\ 0 & \sin\varphi/\cos\theta & \cos\varphi/\cos\theta \end{bmatrix} \tag{6.146}$$

浮体运动满足牛顿第二定律，考虑浮体受到流场的力，包括物体表面的压力及流体粘性剪切力，把浮体表面的单元作为研究对象，其面单元表示为 $\boldsymbol{\sigma}_i$，方向指向流场，与单元外法线方向相同。将单元所受流场作用力分解到两个方向上，沿单元表面法向的分量为 $\boldsymbol{F}_P$（该分量由流场内的压力引起），沿单元表面切向的分量为 $\boldsymbol{F}_S$（该分量为流体粘性剪切力），具体分别表示为

$$\boldsymbol{F}_{Pi} = \boldsymbol{p}\boldsymbol{\sigma}_i \tag{6.147}$$

$$\boldsymbol{F}_{Si} = \boldsymbol{\tau}\cdot\boldsymbol{\sigma}_i \tag{6.148}$$

式中，$\boldsymbol{p}$ 表示该处的流场压力；$\boldsymbol{\tau}$ 表示流场切应力张量。此时，将各个单元上的法向压力和切向剪切力进行积分求和，可以得到浮体在流场中的整体受力。此外，还需考虑浮体本身的重力，因此浮体的线运动方程写为

$$\int_S \boldsymbol{F}_{Pi}\boldsymbol{\sigma}_i + \int_S \boldsymbol{F}_{Si}\boldsymbol{\sigma}_i + \boldsymbol{G} = m\boldsymbol{a} \tag{6.149}$$

式中，m 为浮体的质量；$\boldsymbol{a}$ 为外载荷作用下浮体的线加速度。浮体的转动方程为

$$\boldsymbol{I}\boldsymbol{\alpha}_{\mathrm{r}} = \int_S \boldsymbol{r}_i \times \left(\boldsymbol{F}_{Pi} + \boldsymbol{F}_{Si}\right)\boldsymbol{\sigma}_i \tag{6.150}$$

式中，$\boldsymbol{I}$ 代表转动惯量；$\boldsymbol{a}_{\mathrm{r}}$ 代表转动角加速度；$\boldsymbol{r}_i$ 代表矢量半径（浮体重心指向单元中心）。因为运动方程是在局部坐标系下建立的，而方程中外力载荷的计算是在全局坐标系中计算的，所以需要通过矩阵 $\boldsymbol{J}_1$ 和 $\boldsymbol{J}_2$ 来进行坐标系间的转换。

6.4.3　数值造波和消波

数值造波主要分为速度入口造波、推（摇）板造波和源项造波，本小节采用速度入口造波，深水斯托克斯（Stokes）波是水波最简单的解析解，满足色散方程：

$$L = \frac{gT^2}{2\pi}\tanh\left(\frac{2\pi h}{L}\right) \tag{6.151}$$

用已知周期获得波长，该解基于势函数理论，从中可以得到自由面高程和速度场。对于沿 X 轴正方向传播的二维波，以一阶斯托克斯波为例，表达式为

$$\eta = \frac{H}{2}\cos\left(kx - \omega t + \psi\right) \tag{6.152}$$

$$u = \frac{H}{2}\omega\frac{\cosh\left(kz\right)}{\sinh\left(kh\right)}\cos\left(kx - \omega t + \psi\right) \tag{6.153}$$

$$w = \frac{H}{2}\omega\frac{\sinh\left(kz\right)}{\sinh\left(kh\right)}\sin\left(kx - \omega t + \psi\right) \tag{6.154}$$

假设 Z 轴为垂直水面方向，三维波可表述为

$$\eta = \frac{H}{2}\cos\theta \tag{6.155}$$

$$u = \frac{H}{2}\omega\frac{\cosh\left(kz\right)}{\sinh\left(kh\right)}\cos\theta\cos\beta \tag{6.156}$$

$$v = \frac{H}{2}\omega\frac{\cosh\left(kz\right)}{\sinh\left(kh\right)}\cos\theta\sin\beta \tag{6.157}$$

$$w = \frac{H}{2}\omega\frac{\sinh\left(kz\right)}{\sinh\left(kh\right)}\sin\theta \tag{6.158}$$

式中，η 为波面高程；$\theta = k_x x + k_y y - \omega t + \psi$；$k_x = k\cos\beta$ 为 X 轴方向的波数；$k_y = k\sin\beta$ 为另一水平方向的波数。

为了避免波浪在边界处产生反射波，数值水池通常设有消波区。本小节采用主动边界消波，在边界引入一个与入射方向相反的速度：

$$U_c h = c\eta_R \tag{6.159}$$

式中，U_c 为垂直于边界并指向域的矢量校正速度；反射波高 η_R 为造波处的高程 η_M 与目标高程 η_T 相减，即 $\eta_R = \eta_M - \eta_T$，根据预期的反射自由波产生；c 为波速。基于浅水理论，主动吸波的方程为

$$U_c = -\sqrt{\frac{g}{h}}\eta_R \tag{6.160}$$

如图 6.47 所示，数值水池的长、宽和高分别为 9m、2m 和 1m，水深 0.4m，左侧为波浪入口，使用速度入口造波（IHFOAM）生成波长 1.46m、波高 0.062m 的二阶斯托克斯波，右侧出口边界采用主动式消波，上部边界为大气压力边界，底部为无滑移壁面。网格尺寸为 0.003m，保证波高方向包含 20 个网格，距离造波入口处 1m、5.1m 和 7.1m 处利用波高仪记录波面变化。

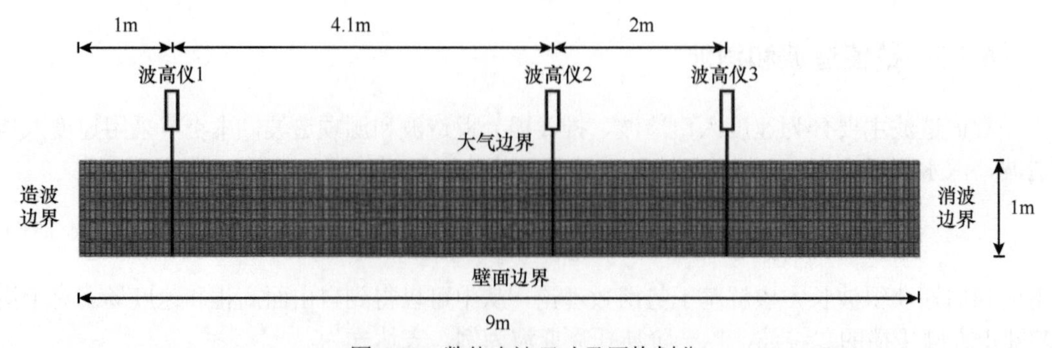

图 6.47 数值水池尺寸及网格划分

波浪在浅水区域传播时会受到底部摩擦和海底回流的影响，并由于自身粘性作用呈现出“尖峰”和“坦谷”状态，二阶斯托克斯波的非线性项能更好地模拟出风浪的形态，二阶斯托克斯波的理论解为

$$\eta = A\cos\left(kx-\sigma t\right)+\frac{\pi A^2}{2}\frac{\cosh\left(kh\right)\left[\cos\left(2kh\right)+2\right]}{\sinh^3\left(kh\right)}\cos2\left(kx-\sigma t\right) \qquad (6.161)$$

式中，A 为波幅；k 为波数；x 为距离造波处距离；σ 为波浪频率。图 6.48 给出了数值结果与二阶斯托克斯波理论解的对比，可见数值模型可以有效地进行造波和消波，在整个计算域内形成稳定的波场，并且波形呈现出非线性的“尖峰”和“坦谷”特征。

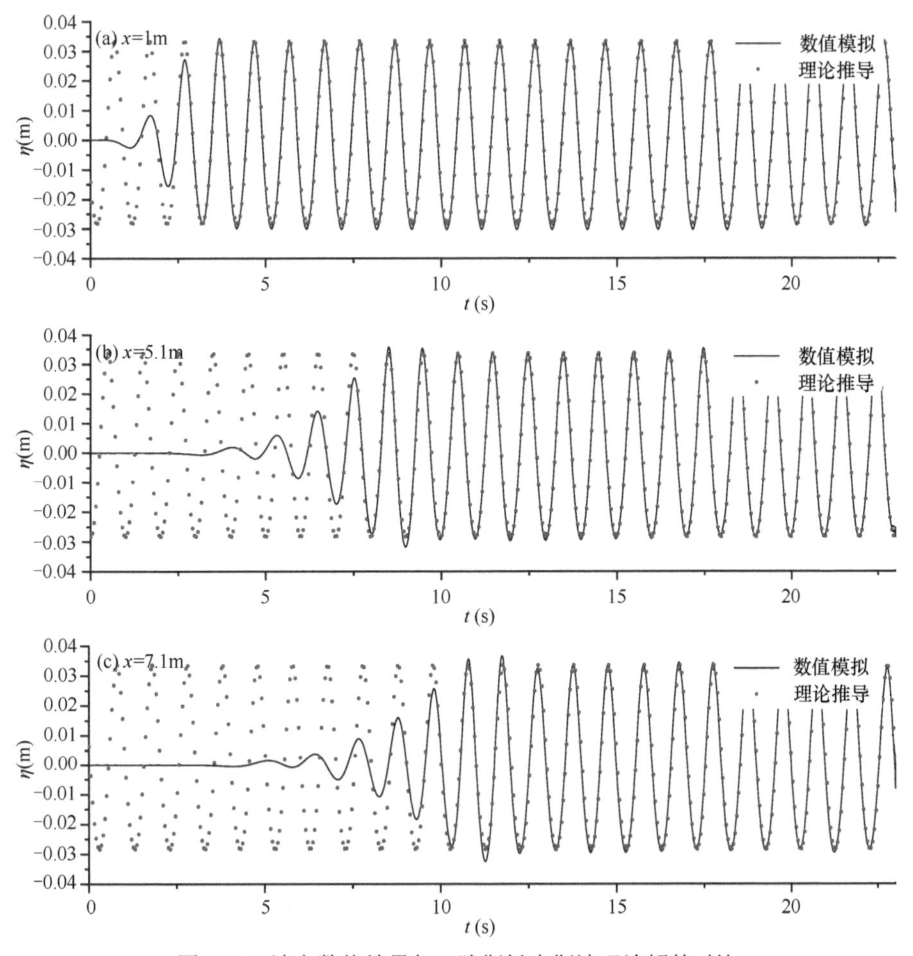

图 6.48　波高数值结果与二阶斯托克斯波理论解的对比

6.4.4　OpenFOAM 模型应用

实现“双碳”目标是我国对世界的庄严承诺，推动以风、光等为主的绿色零碳能源开发是一条通向碳达峰、碳中和战略的可实现路径。然而，与风能资源开发密切相关的风电装备在风浪流作用下一般具有复杂的运动学和动力学响应，会直接影响海上风能资源开发效率。海上风电装备尤其是浮式风机基础的运动控制问题变得十分重要，因此本小节介绍了调谐多液柱阻尼器（TLMCD）对海上浮式风机基础减摇的可行性。在 TLMCD 与浮式

风机基础耦合模拟中，需要考虑六自由度运动、系泊力、波浪和晃荡载荷的耦合作用，浮体的大幅度运动将导致周围网格的剧烈变形，尤其是浮体结构，除了外部几何结构复杂（具有多条斜撑）以外，内部还包含 TLMCD 管道空间布置，若不能选取合适的动网格模型，必然会降低数值模拟精度，甚至引起计算结果发散。本小节基于 OpenFOAM 建立了 TLMCD 与浮式结构运动耦合数值模型，通过对动网格代码的修改保证了数值计算的稳定和精度。在流固耦合模拟上，OpenFOAM 将浮体表面各个单元上的法向压力和切向剪切力进行积分求和，将浮体在流场中的整体受力代入牛顿第二定律，可获取浮体运动方程。浮体的运动在改变周围波浪场速度分布的同时，引起了浮体内 TLMCD 液柱高度的变化，而液柱内流体的晃荡同时起到了抑制浮体运动的效果，实现了波浪力、晃荡力和结构运动之间的耦合作用。

Xue 等（2022）结合半潜式 OC4 风机基础，开展了如图 6.49 所示的 TLMCD 对缩尺 OC4 风机基础结构的减摇研究。基于拉格朗日方程，TLMCD 内自由液面运动可表示为

$$\ddot{y}(t)+\frac{1}{2}\frac{\zeta}{L_{\mathrm{e}}}\frac{A_{\mathrm{v}}}{A_{\mathrm{h}}}\left|\dot{y}(t)\right|\dot{y}(t)+\omega_0^2 y(t)=-\frac{L_{\mathrm{v}}}{L_{\mathrm{e}}}\ddot{x}_g(t) \tag{6.162}$$

式中，$\ddot{x}_g$ 为 TLMCD 的运动加速度；$\ddot{y}$、$\dot{y}$ 和 y 分别为 TLMCD 液柱内液体的加速度、速度和位移；A_{v} 和 A_{h} 分别为“U”形管道垂向和水平管道的截面面积；ζ 为阻尼比；ω_0 为 TLMCD 的固有频率；L_{e} 为 TLMCD 内液体的总长度，有

$$L_{\mathrm{e}}=2L_{\mathrm{v}}+\frac{A_{\mathrm{v}}}{A_{\mathrm{h}}}L_{\mathrm{h}} \tag{6.163}$$

式中，L_{v} 和 L_{h} 分别为 TLMCD 内初始时刻垂向、水平液柱的长度。TLMCD 的固有频率可表示为

$$\omega_0=\sqrt{2g/L_{\mathrm{e}}} \tag{6.164}$$

式中，g 为重力加速度。

通过改变参数 A_{v}、A_{h}、L_{v} 和 L_{h} 就可以调节 TLMCD 的固有频率，使之与 OC4 结构的纵摇固有频率相调谐。

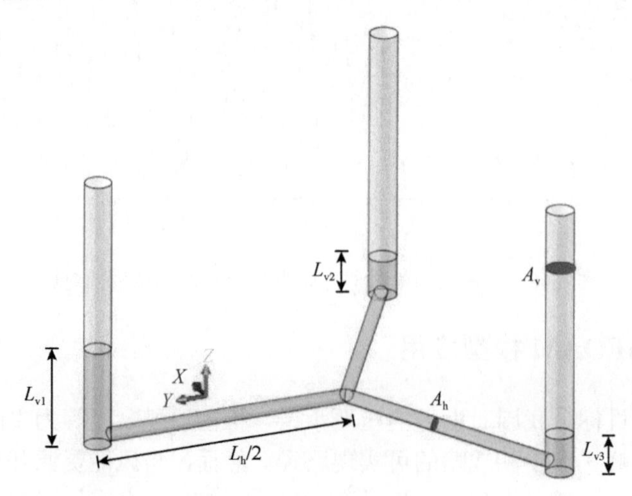

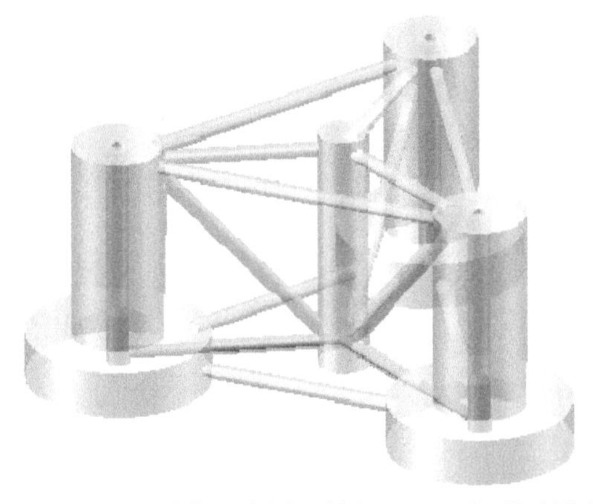

图 6.49　TLMCD 结构示意图及其与 OC4 风机基础耦合方式

系泊作用下 OC4 风机基础与 TLMCD 耦合实验中的系泊材料为轻质软弹簧，因此在模拟中采用虚拟线性力模拟缆绳作用。参考 Xue 等（2022）模型实验的水槽尺寸，建立如图 6.50 所示的长度为 18m、宽度和高度都为 1m 的数值水池。OC4 风机基础和 TLMCD 的详细参数见 Xue 等(2022)的模型实验，缩尺为 1∶144，浮体重心距离底部 0.0837m，TLMCD 内液体质量占总质量的 2%，吃水为 0.135m。重心设为原点（0, 0），迎浪面缆绳系泊点为（0, 2.158, –0.083）至（0, 0.278, –0.083），松弛长度为 1.873m；背浪面两根缆绳系泊点分别为（–0.35, –4.122, –0.083）至（–0.212, –0.169, –0.083）和（0.35, –4.122, –0.083）至（0.212, –0.169, –0.083），松弛长度为 3.952m。选取波高为 0.025m、周期为 1.95s 的共振波浪激励条件，计算域网格剖分如图 6.51 所示，OC4 风机基础及自由表面附近的网格逐层加密。

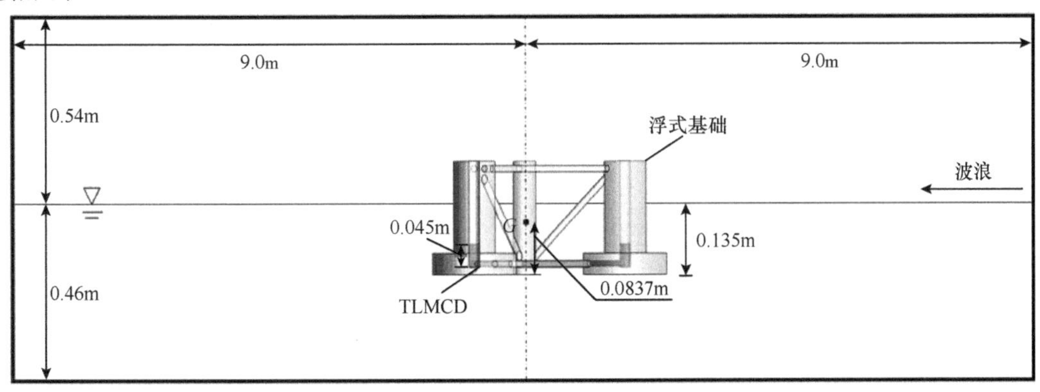

图 6.50　OC4 风机基础与 TLMCD 计算域布置

图 6.51　局部网格加密示意图

图 6.52 给出了共振波浪激励下 OC4 风机基础纵摇运动的时程曲线和图像对比，结果显示在 OC4 风机基础运动的前 5s 内峰值存在一定误差，原因可能是前期波浪的数值入射和实验存在差异，当波浪稳定后，纵摇响应的吻合度较高，平均峰值误差为 1.81%，因此 OpenFOAM 模型可以有效模拟内、外流场和系泊力作用下的浮体运动响应。

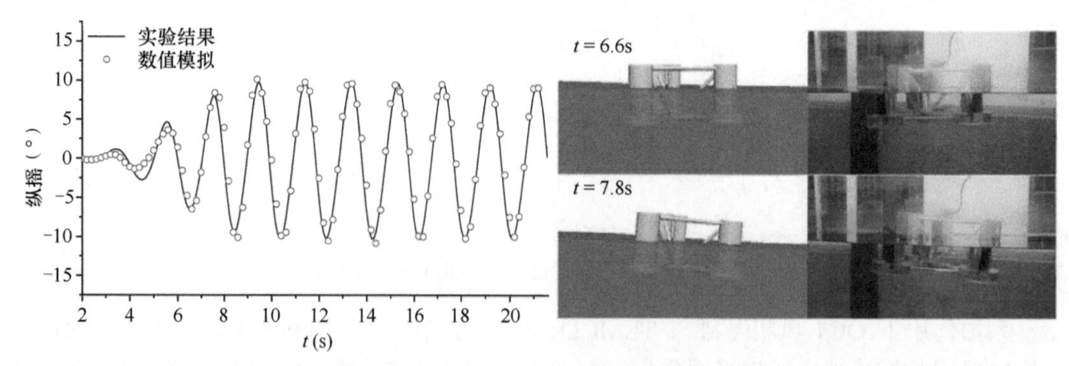

图 6.52 OC4 风机基础的纵摇运动对比

图 6.53 给出了有无 TLMCD 作用下 OC4 风机基础的垂荡和纵摇运动时程曲线对比，结果显示，随着波浪周期的增加，垂荡的运动幅值不断减小，因为 OC4 风机基础垂荡运动的固有频率是 2.12s，与 T/T_0=0.8 时所对应的波浪周期 2.176s 非常接近。垂荡共振条件下的最大运动幅值为 0.113m，并在 10s 后运动达到稳定，波浪周期增加后垂荡运动曲线呈现周期性增减的“包络线”形状，当周期增加至 2.992s 时最大幅值响应为 0.072m，相比垂荡共振幅值降低了 36.28%。因为总质量不变，TLMCD 的作用并未改变垂荡运动响应，T/T_0=0.8 时有无 TLMCD 下最大垂荡幅值响应相差 1.42%，即 TLMCD 液舱内水柱运动对垂荡运动影响较小。

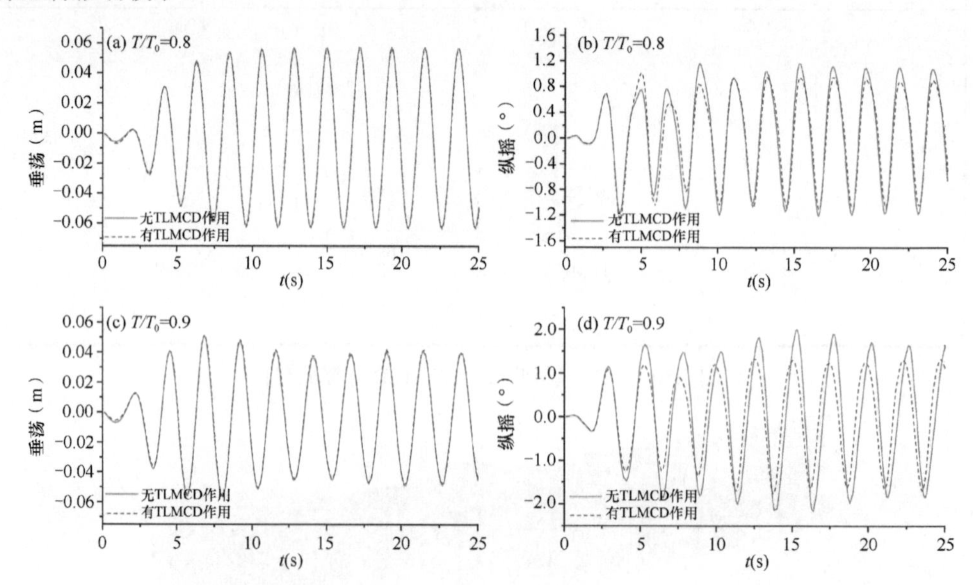

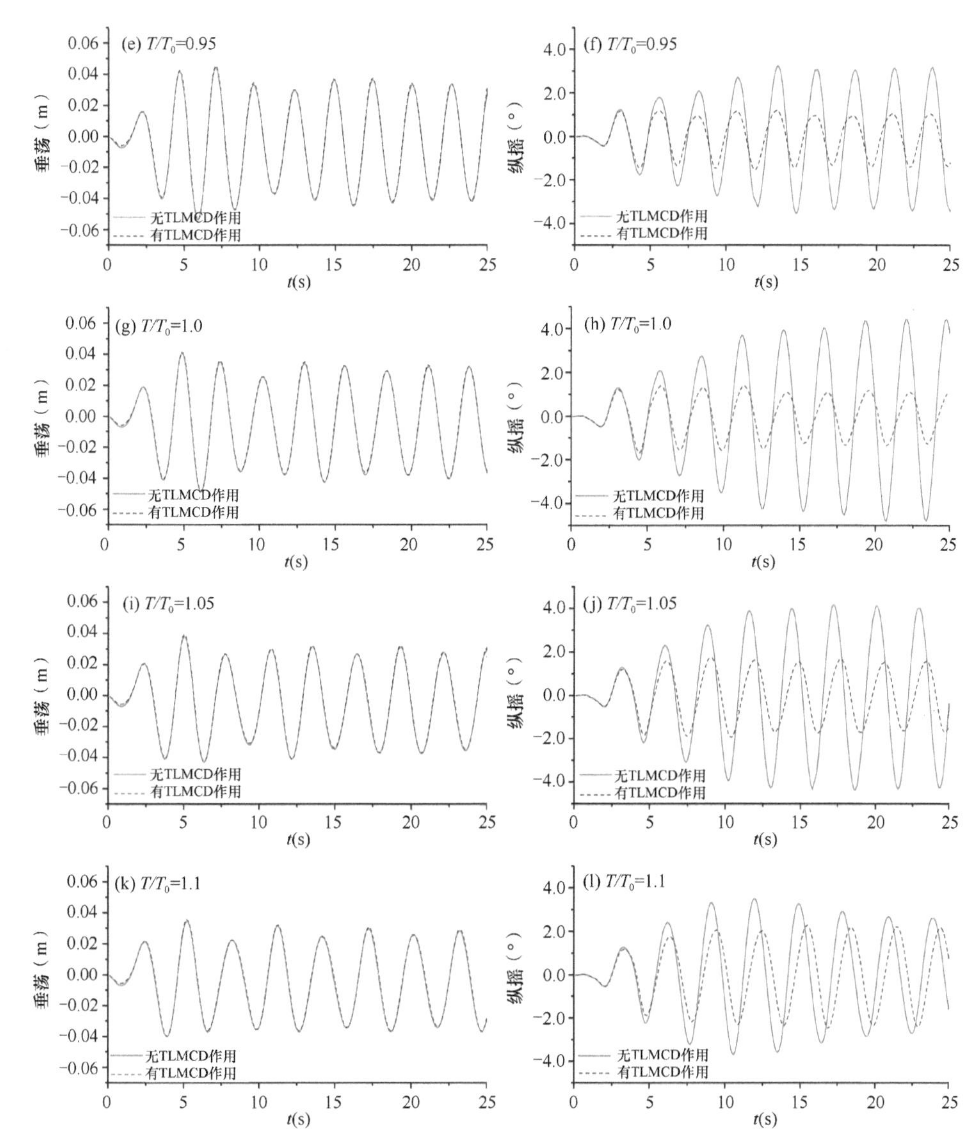

图 6.53　OC4 风机基础在有无 TLMCD 作用下的垂荡及纵摇运动时程曲线对比

图 6.53 显示 TLMCD 对 OC4 风机基础的纵摇起到了非常显著的抑制效果，主要原因是液舱晃荡作用为浮体提供了恢复力矩，尤其是在 TLMCD 固有频率附近。图 6.54（a）显示，在 T/T_0 为 0.8～1.1 时，无 TLMCD 作用条件下 OC4 风机基础的最大纵摇幅值响应在 T/T_0=1.0 处，即波浪周期接近 OC4 风机基础纵摇固有周期时引起共振。TLMCD 内的液体与外部波浪互不连通，波浪将动能传递给 OC4 风机基础，OC4 风机基础再将动能传递给 TLMCD 内液体，液柱的高度随 OC4 风机基础运动和自身惯性发生变化，动能和势能转化的过程中为 OC4 风机基础提供了阻尼并降低了纵摇幅值。图 6.54（b）显示，在 TLMCD 固有频率处，2.02%的质量比可以实现 67.26%的减摇效果，偏离共振频率的位置减摇效果逐渐下降，T/T_0=0.8 时的最大幅值控制量为 3.19%，但稳态响应控制达到了 16.13%，TLMCD 的阻尼性能发挥需要一定的势能储备，在短周期波作用下液柱高度变化较小，削弱了 TLMCD 的阻尼性能。

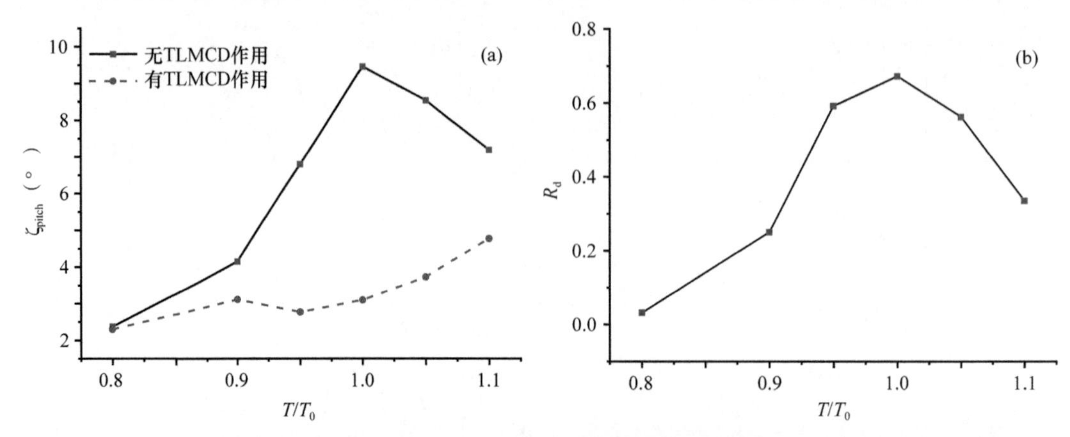

图 6.54　TLMCD 对 OC4 风机基础纵摇最大幅值响应控制效果

ζ_{pitch}-最大纵摇幅值响应；R_d-TLMCD 减摇效果

TLMCD 与 OC4 风机基础耦合系统的纵摇运动具有高度耦合性，其纵摇周期与波浪要素、自身转动惯量、重心位置、TLMCD 内晃荡波等密切相关。为了分析 TLMCD 对风机基础纵摇运动频率的影响，图 6.55 给出了纵摇运动的谱能对比，T/T_0=0.8 时，无 TLMCD 作用下的 OC4 风机基础运动谱峰频率与波浪频率一致，并存在倍频信号，安装 TLMCD 后谱峰频率发生漂移（向低频处移动），能量分布紊乱无序；T/T_0=1.0 时，能量向固有频率处集中，谱峰值提高了约 3.5 倍，TLMCD 内液体晃荡也达到自身共振状态，谱能图中仅可见频率约 0.367Hz 的单峰值。TLMCD 未发生共振晃荡会影响耦合系统的纵摇运动频率，降低自身的减摇效果，从图 6.55 的时程曲线中也可以观察到前两个周期内有无 TLMCD 情况下运动相位都保持一致，此时 TLMCD 内液面相对静止，阻尼器并未发挥作用，但进入

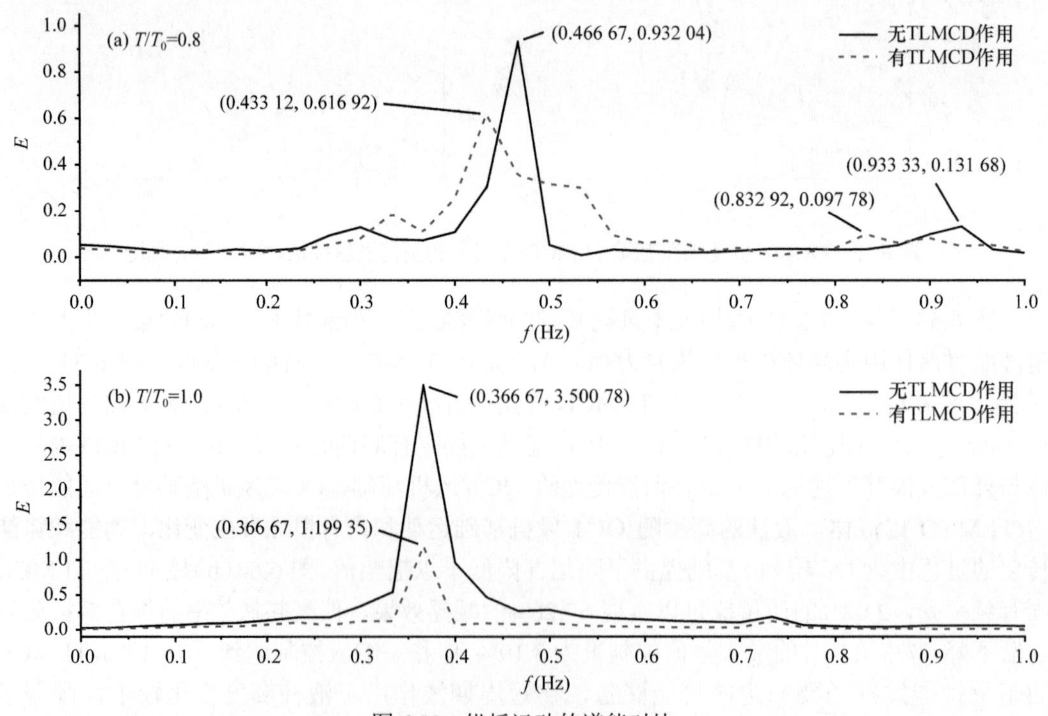

图 6.55　纵摇运动的谱能对比

稳态响应后出现了明显的相位差。TLMCD 发生共振晃荡时不会改变结构的纵摇运动频率，同时也能最大限度发挥自身阻尼的减摇作用。

6.5 LBM 模型

格子玻尔兹曼方法（LBM）采用粒子碰撞模型求解规定格子上的离散 Boltzmann 方程，通过追踪有限数量的粒子，从内部粒子流和碰撞过程中自动获取粘性流动特性。事实上，通过 Chapman-Enskog 分析，可以从离散 LBM 算法中推导出 N-S 方程，至少在宏观尺度上是这样的。由于 LBM 不直接求解偏微分方程，因此它很容易实现，并且在处理复杂几何形状时特别有效（Martys and Chen，1996）。LBM 也可用于研究其他微观相互作用问题。由于压力场可直接从密度分布中获得，因此不需要迭代求解泊松方程，与传统 N-S 方程求解器相比，可节省大量时间。

使用 LBM 模拟水波的主要难点是自由表面的追踪。在过去的 20 年里，将 LBM 应用于多相流动的模拟方面取得了重大进展，特别是那些密度差异较大的气体和液体。对于较小的密度差异，碰撞因子可以根据颗粒动力学进行修改，因此不需要特别处理界面。然而，这种简化的处理常常导致界面厚度比实际的界面厚度大得多。对于大密度比的多相流，特定的界面追踪方式仍然是必要的。其中一种常用的方法称为自由能方法（Swift et al.，1995），该方法通过求解分布函数来追踪界面。该方法类似于 VOF 方法（Zheng et al.，2006）。Ginzburg 和 Steiner（2003）在自由面引入了一种反扩散算法来保持流体界面的清晰特性，并将碰撞仅应用于流体内部节点。该模型用于研究铸造构件时的填充过程。Kurtoglu 和 Lin（2006）进行了三维气泡模拟的研究，并将其结果与 VOF 方法和 LS 方法的数值结果进行了比较。

通过类似的想法和公式，LBM 可以扩展到描述其他流体运动过程。例如，Gunstensen 和 Rothman（1993）采用 LBM 研究了多孔介质中的流体流动；Marcou 等（2006）采用两相流 LBM 模型求解了明渠流动。随着国内外学者对 LBM 研究的不断深入，在多相流领域发展出了许多理论模型（张建民和何小泷，2017；郭照立和郑楚光，2009），如颜色 LBE（格子玻尔兹曼方程）模型、伪势 LBE 模型、自由能 LBE 模型、基于动理学理论的 LBE 模型和 HCZ 相场模型等，以上模型在求解多孔介质流动、气泡上升（Cheng et al.，2010；Zheng et al.，2006）、瑞利-泰勒不稳定性（Huang et al.，2015；He et al.，1999）和液膜飞溅（Lee and Liu，2010；Rioboo et al.，2002）等问题中均得到了应用。

多相流模型一般会受到密度比和粘滞比的限制，因此在水动力学问题中也采用带有自由面的单相流模型（Körner et al.，2005；Ginzburg and Steiner，2003）。Yan（2000）利用 LBE 和 Chapman-Enskog 展开式得到一维和二维波方程，并用 LBM 模型模拟波浪运动。丁全林等（2010）采用带有自由面的单相模型模拟了孤立波爬高。余洋（2013）在自由面求解过程中采用 VOF 或者 LS 等方法替代，提高了自由面捕捉准确度。因为 LBM 模型容易实现并行计算，所以可以采用 GPU 进行加速（Kuznik et al.，2010），甚至可将深度学习耦合到其中。目前基于 LBM 的商业软件很少，仅有 XFlow。LBM 在未来水波模拟研究中仍有很大的发展空间。

参 考 文 献

陈更, 董胜. 2016. 液舱晃荡的 CIP 法数值模拟. 工程力学, 33(8): 1-7.

陈勇, 赵西增. 2017. 基于 CIP 方法的孤立波爬坡问题数值模拟. 江苏科技大学学报(自然科学版), 31(5): 592-596.

陈勇, 赵西增, 吴显, 等. 2014. 潜堤上波浪变形的 CIP 方法模拟. 青岛: 第十三届全国水动力学学术会议暨第二十六届全国水动力学研讨会.

陈勇, 赵西增, 叶洲腾, 等. 2017. 极端波浪在潜堤上演变的模拟研究. 长春: 第十四届全国水动力学学术会议暨第二十八届全国水动力学研讨会.

程都, 陈勇, 林伟栋, 等. 2017. 波浪对近岸承台上垂直结构物作用的模拟研究. 舟山: 第十八届中国海洋(岸)工程学术讨论会.

程都, 赵西增. 2015. 溃坝波遭遇障碍物的 CIP 方法模拟. 南宁: 第十七届中国海洋(岸)工程学术讨论会.

丁全林, 汪德爟, 王玲玲. 2010. 陡墙上孤立波爬高的 LBM 模拟. 水利学报, 41(8): 991-996.

方舟华, 赵西增. 2017. 基于 CIP 方法的入水过程模拟. 水动力学研究与进展, 32(2): 198-202.

郭照立, 郑楚光. 2009. 格子 Boltzmann 方法的原理及应用. 北京: 科学出版社.

胡子俊, 叶洲腾, 赵西增, 等. 2015. 基于 CIP 方法的水平圆柱入水数值模拟. 南宁: 第十七届中国海洋(岸)工程学术讨论会.

李梦雨, 赵西增, 叶洲腾, 等. 2017. 潜堤上规则波演变的数值模拟. 舟山: 第十八届中国海洋(岸)工程学术讨论会.

李玉成, 滕斌. 2015. 波浪对海上建筑物的作用. 3 版. 北京: 海洋出版社.

王永学, 任冰. 2019. 海洋动力环境模拟数值算法及应用. 北京: 科学出版社.

余洋. 2013. 基于格子 Boltzmann 方法的自由面流研究. 华中科技大学博士学位论文.

张建民, 何小泷. 2017. 格子玻尔兹曼方法在多相流中的应用. 水动力学研究与进展(A 辑), 32(5): 531-541.

赵西增. 2013. 一种自由面大变形流动的 CFD 模型. 浙江大学学报(工学版), 47(8): 1384-1392.

Acharya S, Moukalled F. 1989. Improvements to incompressible flow calculation on a non-staggered curvilinear grid. Numerical Heat Transfer, Part B: Fundamentals, 15: 131-152.

Adami S, Hu X Y, Adams N A. 2012. A generalized wall boundary condition for smoothed particle hydrodynamics. Journal of Computational Physics, 231(21): 7057-7075.

Alam M, Naser J, Brooks G, et al. 2012. A computational fluid dynamics model of shrouded supersonic jet impingement on a water surface. ISIJ International, 52(6): 1026-1035.

Albadawi A, Donoghue D B, Robinson A J, et al. 2013a. On the analysis of bubble growth and detachment at low capillary and bond numbers using volume of fluid and level set methods. Chemical Engineering Science, 90: 77-91.

Albadawi A, Donoghue D B, Robinson A J, et al. 2013b. Influence of surface tension implementation in volume of fluid and coupled volume of fluid with level set methods for bubble growth and detachment. International Journal of Multiphase Flow, 53: 11-28.

Amsden A, Harlow F. 1970. The SMAC method: a numerical technique for calculating incompressible fluid flows. Technical Report LA-4370, Los Alamos National Laboratory.

Armenio V. 1997. An improved MAC method (SIMAC) for unsteady high-Reynolds free surface flows. International Journal for Numerical Methods in Fluids, 24(2): 185-214.

Ashgriz N, Poo J Y. 1991. FLAIR: flux line-segment model for advection and interface reconstruction. Journal of Computational Physics, 93(2): 449-468.

Ataie-Ashtiani B, Farhadi L. 2006. A stable moving-particle semi-implicit method for free surface flows. Fluid Dynamics Research, 38(4): 241.

Austin D I, Schlueter R S. 1982. A numerical model of wave breaking/breakwater interactions. Cape Town: 18th International Conference on Coastal Engineering.

Balcázar N, Lehmkuhl O, Jofre L, et al. 2016. A coupled volume-of-fluid/level-set method for simulation of two-phase flows on unstructured meshes. Computers & Fluids, 124: 12-29.

Casulli V. 1999. A semi-implicit finite difference method for non-hydrostatic, free-surface flows. International Journal for Numerical Methods in Fluids, 30(4): 425-440.

Casulli V, Cheng R T. 1992. Semi-implicit finite difference methods for three-dimensional shallow water flow. International Journal for Numerical Methods in Fluids, 15(6): 629-648.

Chan R K C, Street R L. 1970. A computer study of finite-amplitude water waves. Journal of Computational Physics, 6(1): 68-94.

Chang R Y, Yang W H. 2001. Numerical simulation of mold filling in injection molding using a three-dimensional finite volume approach. International Journal for Numerical Methods in Fluids, 37(2): 125-148.

Cheng M, Hua J, Lou J. 2010. Simulation of bubble-bubble interaction using a lattice Boltzmann method. Computers & Fluids, 39(2): 260-270.

Chikazawa Y, Koshizuka S, Oka Y. 2001. A particle method for elastic and visco-plastic structures and fluid-structure interactions. Computational Mechanics, 27(2): 97-106.

Choi J, Yoon S B. 2009. Numerical simulations using momentum source wave-maker applied to RANS equation model. Coastal Engineering Journal, 56(10): 1043-1060.

Chorin A J. 1967. A numerical method for solving incompressible viscous flow problems. Journal of Computational Physics, 2(1): 12-26.

Chorin A J. 1968. Numerical solution of the Navier-Stokes equations. Mathematics of Computation, 22(104): 745-762.

Colagrossi A, Landrini M. 2003. Numerical simulation of interfacial flows by smoothed particle hydrodynamics. Journal of Computational Physics, 191: 448-475.

Cummins S J, Rudman M. 1999. An SPH projection method. Journal of Computational Physics, 152(2): 584-607.

Dalrymple R A, Rogers B D. 2006. Numerical modeling of water waves with the SPH method. Coastal Engineering, 53(2-3): 141-147.

Desjardins O, Moureau V, Pitsch H. 2008. An accurate conservative level set/ghost fluid method for simulating turbulent atomization. Journal of Computational Physics, 227: 8395-8416.

Dilts G A. 2000. Moving least-squares particle hydrodynamics II: conservation and boundaries. International Journal for Numerical Methods in Engineering, 48(10): 1503-1524.

Doorn N, van Gent M R A. 2004. Pressure by breaking waves on a slope computed with a VOF model. Coastal Structures 2003: 728-739.

Enright D, Fedkiw R, Ferziger J, et al. 2002. A hybrid particle level set method for improved interface capturing.

Journal of Computational Physics, 183: 83-116.

Enright D, Losasso F, Fedkiw R. 2005. A fast and accurate semi-Lagrangian particle level set method. Computers and Structures, 83: 479-490.

Fang J, Owens R G, Tacher L, et al. 2006. A numerical study of the SPH method for simulating transient viscoelastic free surface flows. Journal of Non-Newtonian Fluid Mechanics, 139(1-2): 68-84.

Farmer J, Martinelli L, Jameson A. 1994. Fast multigrid method for solving incompressible hydrodynamic problems with free surfaces. AIAA Journal, 32(6): 1175-1182.

Freitas C J. 1995. Perspective: selected benchmarks from commercial CFD codes. Journal of Fluids Engineering, 117(2): 208-218.

Gao X, Zhao Z. 1995. Interaction between waves, structure and sand beds. Journal of Hydrodynamics, 7: 103-110.

Gao Z L, Vassalos D, Gao Q X. 2010. Numerical simulation of water flooding into a damaged vessel's compartment by the volume of fluid method. Ocean Engineering, 37: 1428-1442.

Gingold R A, Monaghan J J. 1977. Smoothed particle hydrodynamics: theory and application to non-spherical stars. Monthly Notices of the Royal Astronomical Society, 181(3): 375-389.

Ginzburg I, Steiner K. 2003. Lattice Boltzmann model for free-surface flow and its application to filling process in casting. Journal of Computational Physics, 185: 61-99.

Gotoh H, Ikari H, Memita T, et al. 2005. Lagrangian particle method for simulation of wave overtopping on a vertical seawall. Coastal Engineering Journal, 47(2-3): 157-181.

Gotoh H, Khayyer A. 2018. On the state-of-the-art of particle methods for coastal and ocean engineering. Coastal Engineering Journal, 60(1): 79-103.

Gunstensen A K, Rothman D H. 1993. Lattice-Boltzmann studies of immiscible two-phase flow through porous-media. Journal of Geophysical Research: Solid Earth, 98(B4): 6431-6441.

Guo J, Tao Z. 2004. Modified moving particle semi-implicit meshless method for incompressible fluids. Journal of Thermal Science, 13(3): 226-234.

Ha T, Lin P Z, Cho Y S. 2013. Generation of 3D regular and irregular waves using Navier-Stokes equations model with an internal wave maker. Coastal Engineering, 76: 55-67.

Harlow F, Welch J E. 1965. Numerical calculation of time-dependent viscous incompressible flow of fluid with free surface. The Physics of Fluids, 8(12): 2182-2189.

Harvie J E, Fletcher D F. 2000. A new volume of fluid advection algorithm: the stream scheme. Journal of Computational Physics, 162: 1-32.

Harvie J E, Fletcher D F. 2001. A new volume of fluid advection algorithm: the defined donating region scheme. International Journal for Numerical Methods in Fluids, 35: 151-172.

He X, Chen S, Zhang R. 1999. A lattice Boltzmann scheme for incompressible multiphase flow and its application in simulation of Rayleigh-Taylor instability. Journal of Computational Physics, 152(2): 642-663.

Hieber S E, Koumoutsakos P. 2005. A Lagrangian particle level set method. Journal of Computational Physics, 210: 342-367.

Hirt C W, Nichols B D. 1981. Volume of fluid (VOF) method for the dynamics of free boundaries. Journal of Computational Physics, 39: 201-225.

Hirt C W, Nichols B D, Romero N C. 1975. SOLA: a numerical solution algorithm for transient fluid flows. Los

Alamos National Laboratory Report LA-5852.

Hu C, Kashiwagi M. 2003. Numerical simulation of extreme wave-body interaction by CIP method. The Japan Society of Naval Architects and Ocean Engineers: 59-60.

Hu C, Kashiwagi M. 2004. A CIP-based method for numerical simulations of violent free-surface flows. Journal of Marine Science and Technology, 9(4): 143-157.

Hu C, Kashiwagi M. 2007. Numerical and experimental studies on three-dimensional water on deck with a modified Wigley model. Proc. 9th Int. Conf. on Numerical Ship Hydrodynamics: 159-169.

Hu C, Kashiwagi M. 2009. Two-dimensional numerical simulation and experiment on strongly nonlinear wave-body interactions. Journal of Marine Science and Technology, 14(2): 200-213.

Hu C, Kashiwagi M, Faltinsen O. 2005. 3-D numerical simulation of freely moving floating body by CIP method. Seoul: The Fifteenth International Offshore and Polar Engineering Conference.

Hu C, Sueyoshi M. 2010. Numerical simulation and experiment on dam break problem. Journal of Marine Science and Application, 9(2): 109-114.

Hu C, Sueyoshi M, Miyake R, et al. 2010. Computation of fully nonlinear wave loads on a large container ship by CIP based Cartesian grid method. ASME 2010, International Conference on Ocean, Offshore and Arctic Engineering: 781-787.

Hu Z J, Zhao X Z, Cheng D, et al. 2017. Numerical simulation of water entry of twin wedges using a CIP-based method. San Francisco: The 27th International Ocean and Polar Engineering Conference.

Hu Z J, Zhao X Z, Li M Y, et al. 2018. A numerical study of water entry of asymmetric wedges using a CIP-based model. Ocean Engineering, 148: 1-16.

Huang H B, Sukop M, Lu X Y. 2015. Multiphase Lattice Boltzmann Methods: Theory and Application. Chichester: John Wiley & Sons, Ltd.

Hsiao S-C, Lin T-C, 2010. Tsunami-like solitary waves impinging and overtopping an impermeable seawall: experiment and RANS modeling. Coastal Engineering, 57(1):1-18.

Ianniello S, Mascio A D. 2010. A self-adaptive oriented particles level-set method for tracking interfaces. Journal of Computational Physics, 229: 1353-1380.

Igra D, Takayama K. 2001. Numerical simulation of shock wave interaction with a water column. Shock Waves, 11(3): 219-228.

Issa R I. 1982. Solution of the Implicit discretized fluid flow equations by operator splitting. Mechanical Eng. Rep. FS/82/15, Imperial College, London.

Iwata K, Kawasaki R C, Kim D. 1996. Breaking limit, breaking and post-breaking wave deformation due to submerged structures. Proc. 25th Conf. Coast. Eng.: 2338-2351.

Jahanbakhsh E, Panahi R, Seif M S. 2007. Numerical simulation of three-dimensional interfacial flows. International Journal of Numerical Methods for Heat & Fluid Flow, 17(4): 384-404.

Jánosi I M, Jan D, Szabó K G, et al. 2004. Turbulent drag reduction in dam-break flows. Experiments in Fluids, 37(2): 219-229.

Jian W, Liang D, Shao S, et al. 2015. SPH study of the evolution of water-water interfaces in dam break flows. Natural Hazards, 78(1): 531-553.

Kang A, Lin P Z, Lee Y J, et al. 2015. Numerical simulation of wave interaction with vertical circular cylinders of different submergences using immersed boundary method. Computers & Fluids, 106: 41-53.

Khayyer A, Gotoh H, Shao S. 2009. Enhanced predictions of wave impact pressure by improved incompressible SPH methods. Applied Ocean Research, 31(2): 111-131.

Khayyer A, Gotoh H, Shimizu Y, et al. 2018. Development of a projection-based SPH method for numerical wave flume with porous media of variable porosity. Coastal Engineering, 140: 1-22.

Khayyer A, Gotoh H, Shimizu Y, et al. 2021. A 3D Lagrangian meshfree projection-based solver for hydroelastic fluid-structure interactions. Journal of Fluids and Structures, 105: 103342.

Kim Y H, Park S O. 2009. Navier-Stokes simulation of unsteady rotor-airframe interaction with momentum source method. International Journal of Aeronautical and Space Sciences, 10(2): 125-133.

Koh C G, Gao M, Luo C. 2012. A new particle method for simulation of incompressible free surface flow problems. International Journal for Numerical Methods in Engineering, 89: 1582-1604.

Körner C, Thies M, Hofmann T, et al. 2005. Lattice Boltzmann model for free surface flow for modeling foaming. Journal of Statistical Physics, 121(1): 179-196.

Koshizuka S. 1995. A particle method for incompressible viscous flow with fluid fragmentation. Comput. Fluid Dyn. J., 4: 29.

Koshizuka S, Oka Y. 1996. Moving-particle semi-implicit method for fragmentation of incompressible fluid. Nuclear Science and Engineering, 123(3): 421-434.

Kothe D B, Mjolsness R C. 1991. RIPPLE-A new model for incompressible flows with free surfaces. AIAA Journal, 30(11): 2694-2700.

Kurtoglu I O, Lin C L. 2006. Lattice Boltzmann study of bubble dynamics. Numerical Heat Transfer, Part B: Fundamentals, 50(4): 333-351.

Kuznik F, Obrecht C, Rusaouen G, et al. 2010. LBM based flow simulation using GPU computing processor. Computers & Mathematics with Applications, 59(7): 2380-2392.

Lafaurie B, Nardone C, Scardovelli R, et al. 1994. Modelling merging and fragmentation in multiphase flows with SURFER. Journal of Computational Physics, 113(1): 134-147.

Lara J L, Jesus D M, Losada I J. 2012. Three-dimensional interaction of waves and porous coastal structures: Part II: Experimental validation. Coastal Engineering, 64: 26-46.

Lara J L, Ruju A, Losada I J. 2011. Reynolds averaged Navier-Stokes modelling of long waves induced by a transient wave group on a beach. Proceedings of the Royal Society A: Mathematical, Physical and Engineering Sciences, 467(2129): 1215-1242.

Larsen J, Dancy H. 1983. Open boundaries in short wave simulations—a new approach. Coastal Engineering, 7(3): 285-297.

Lee T, Liu L. 2010. Lattice Boltzmann simulations of micron-scale drop impact on dry surfaces. Journal of Computational Physics, 229(20): 8045-8063.

Lemos C M. 1992. Wave breaking, a numerical study, Lecture Notes in Engineering No. 71. Berlin: Springer-Verlag.

Li C W, Lin P. 2001. A numerical study of three-dimensional wave interaction with a square cylinder. Ocean Engineering, 28(12): 1545-1555.

Li G, Gao J, Wen P, et al. 2020. A review on MPS method developments and applications in nuclear engineering. Computer Methods in Applied Mechanics and Engineering, 367: 113166.

Li T. 2003. Computation of turbulent free-surface flows around modern ships. International Journal for

Numerical Methods in Fluids, 43(4): 407-430.

Li Z, Johns B. 2001. A numerical method for the determination of weakly non-hydrostatic non-linear free surface wave propagation. International Journal for Numerical Methods in Fluids, 35(3): 299-317.

Li Z R, Jaberi F A, Shih T I P. 2008. A hybrid Lagrangian-Eulerian particle-level set method for numerical simulations of two-fluid turbulent flows. International Journal for Numerical Methods in Fluids, 56: 2271-2300.

Liang D, He X, Zhang J X. 2017. An ISPH model for flow-like landslides and interaction with structures. Journal of Hydrodynamics, Ser. B, 29(5): 894-897.

Lin P Z. 2006. A multiple-layer σ-coordinate model for simulation of wave-structure interaction. Computers & Fluids, 35(2): 147-167.

Lin P Z. 2007. A fixed-grid model for simulation of a moving body in free surface flows. Computers & Fluids, 36(3): 549-561.

Lin P Z, Li C W. 2002. A σ-coordinate three-dimensional numerical model for surface wave propagation. International Journal for Numerical Methods in Fluids, 38: 1045-1068.

Lin P Z, Li C W. 2003. Wave-current interaction with a vertical square cylinder. Ocean Engineering, 30(7): 855-876.

Lin P Z, Liu P L F. 1998a. Turbulence transport, vorticity dynamics, and solute mixing under plunging breaking waves in surf zone. Journal of Geophysical Research: Oceans, 103(C8): 15677-15694.

Lin P Z, Liu P L F. 1998b. A numerical study of breaking waves in the surf zone. Journal of Fluid Mechanics, 359: 239-264.

Lin P Z, Liu P L F. 1999. Internal wave-maker for Navier-Stokes equations models. Journal of Waterway, Port, Coastal, and Ocean Engineering, 125(4): 207-215.

Lin P Z, Liu X, Zhang J M. 2015. The simulation of a landslide-induced surge wave and its overtopping of a dam using a coupled ISPH model. Engineering Applications of Computational Fluid Mechanics, 9(1): 432-444.

Lin P Z, Xu W L. 2006. NEWFLUME: a numerical water flume for two-dimensional turbulent free surface flows. Journal of Hydraulic Research, 44(1): 79-93.

Lind S J, Rogers B D, Stansby P K. 2020. Review of smoothed particle hydrodynamics: towards converged Lagrangian flow modelling. Proc. R. Soc. A 476 (2241): 20190801.

Liu D M, Lin P Z. 2006. Numerical simulation of three-dimensional viscous fluid sloshing. Proceedings of the Sixteenth, International Offshore and Polar Engineering Conference: 205-211.

Liu D M, Lin P Z. 2008. A numerical study of three-dimensional liquid sloshing in tanks. Journal of Computational Physics, 227: 3921-3939.

Liu D M, Lin P Z. 2009. Three-dimensional liquid sloshing in a tank with baffles. Ocean Engineering, 36(2): 202-212.

Liu G R, Liu M B. 2003. Smoothed particle hydrodynamics: a meshfree particle method. Singapore: World Scientific.

Liu M, Zhang Z. 2019. Smoothed particle hydrodynamics (SPH) for modeling fluid-structure interactions. Science China Physics, Mechanics & Astronomy, 62(8): 984701.

Liu P L F, Hsu T J, Lin P Z, et al. 1999. The Cornell breaking wave and structure (COBRAS) model. Proc. Conf. Wave Structures: 169-174.

Liu P L F, Lin P Z. 1997. A numerical model for breaking wave: the volume of fluid method. Research Rep. No. CACR-97-02, Center for Applied Coastal Research, Ocean Engineering Lab., Univ. of Delaware, Newark, Delaware, 19716.

Liu X, Lin P Z, Shao S D. 2014. An ISPH simulation of coupled structure interaction with free surface flows. Journal of Fluids and Structures, 48: 46-61.

Liu X, Lin P Z, Shao S D. 2015. ISPH wave simulation by using an internal wave maker. Coastal Engineering, 95: 160-170.

Liu X, Xu H H, Shao S D, et al. 2013. An improved incompressible SPH model for simulation of wave-structure interaction. Computers & Fluids, 71: 113-123.

Lo E Y M, Shao S. 2002. Simulation of near-shore solitary wave mechanics by an incompressible SPH method. Applied Ocean Research, 24(5): 275-286.

López J, Hernández J. 2008. Analytical and geometrical tools for 3D volume of fluid methods in general grids. Journal of Computational Physics, 227: 5939-5948.

López J, Hernández J, Gómez P, et al. 2004. A volume of fluid method based on multidimensional advection and spline interface reconstruction. Journal of Computational Physics, 195: 718-742.

López J, Hernández J, Gómez P, et al. 2005. An improved PLIC-VOF method for tracking thin fluid structures in incompressible two-phase flows. Journal of Computational Physics, 208: 51-74.

López J, Zanzi C, Gómez P, et al. 2008. A new volume of fluid method in three dimensions—Part II: piecewise-planar interface reconstruction with cubic-Bézier fit. International Journal for Numerical Methods in Fluids, 58: 923-944.

Lucy L B. 1977. A numerical approach to the testing of the fission hypothesis. The Astrophysical Journal, 8(12): 1013-1024.

Luo M, Khayyer A, Lin P Z. 2021. Particle methods in ocean and coastal engineering. Applied Ocean Research, 114: 102734.

Luo M, Koh C G. 2017. Shared-Memory parallelization of consistent particle method for violent wave impact problems. Applied Ocean Research, 69: 87-99.

Luo M, Koh C G, Bai W. 2016b. A three-dimensional particle method for violent sloshing under regular and irregular excitations. Ocean Engineering, 120: 52-63.

Luo M, Koh C G, Bai W, et al. 2016a. A particle method for two-phase flows with compressible air pocket. International Journal for Numerical Methods in Engineering, 108(7): 695-721.

Luo M, Koh C G, Gao M, et al. 2015. A particle method for two-phase flows with large density difference. International Journal for Numerical Methods in Engineering, 103(4): 235-255.

Luo M, Reeve D E, Shao S, et al. 2019. Consistent particle method simulation of solitary wave impinging on and overtopping a seawall. Engineering Analysis with Boundary Elements, 103: 160-171.

Malgarinos I, Nikolopoulos N, Marengo M, et al. 2006. VOF simulations of the contact angle dynamics during the drop spreading: standard models and a new wetting force model. Welding Journal, 85(12): 271-283.

Marcou O, El Yacoubi S, Chopard B. 2006. A BI-fluid Lattice Boltzmann model for water flow in an irrigation channel. Lecture Notes in Computer Science, 4173: 373-382.

Martys N S, Chen H D. 1996. Simulation of multicomponent fluids in complex three-dimensional geometries by the lattice Boltzmann method. Physical Review E Statistical Physics Plasmas Fluids & Related

Interdisciplinary Topics, 53(1): 743-750.

Ménard T, Tanguy S, Berlemont A. 2007. Coupling level set/VOF/ghost fluid methods: validation and application to 3D simulation of the primary break-up of a liquid jet. International Journal of Multiphase Flow, 33(5): 510-524.

Miyata H. 1986. Finite-difference simulation of breaking waves. Journal of Computational Physics, 65(1): 179-214.

Miyata H, Nishimura S, Masuko A. 1985. Finite difference simulation of nonlinear waves generated by ships of arbitrary three-dimensional configuration. Journal of Computational Physics, 60(3): 391-436.

Monaghan J J. 1992. Smoothed particle hydrodynamics. Annual Review of Astronomy and Astrophysics, 30(1): 543-574.

Monaghan J J. 1994. Simulating free surface flows with SPH. Journal of Computational Physics, 110: 399-406.

Monaghan J J, Thompson M C, Hourigan K. 1994. Simulation of free surface flows with SPH. American Society of Mechanical Engineers, FED, 196: 375-380.

Morris J P, Fox P J, Zhu Y. 1997. Modeling low Reynolds number incompressible flows using SPH. Journal of Computational Physics, 136(1): 214-226.

Moukalled F, Darwish M. 2000. A unified formulation of the segregated class of algorithms for fluid flow at all speeds. Numerical Heat Transfer, Part B: Fundamentals, 37(1): 103.

Nichols B D, Hirt C W, Hotchkiss R S. 1980. SOLA-VOF: a solution algorithm for transient fluid flow with multiple free-boundaries. Rep. LA-8355, Los Alamos Scientific Laboratory.

Noh W F, Woodward P. 1976. SLIC (simple line interface method). Lecture Notes Phys., 59: 330.

Olsson E, Kreiss G. 2005. A conservative level set method for two phase flow. Journal of Computational Physics, 210(1): 225-246.

Olsson E, Kreiss G. 2007. A conservative level set method for two phase flow II. Journal of Computational Physics, 225: 785-807.

Osher S, Sethian J A. 1988. Fronts propagating with curvature-dependent speed-algorithms based on Hamilton-Jacobi formulations. Journal of Computational Physics, 79: 12-49.

Ozmen-Cagatay H, Kocaman S. 2010. Dam-break flows during initial stage using SWE and RANS approaches. Journal of Hydraulic Research, 48(5): 603-611.

Panahi R, Jahanbakhsh E, Seif M S. 2006. Development of a VOF-fractional step solver for floating body motion simulation. Applied Ocean Research, 28(3): 171-181.

Paquier A E, Oudart T, Le Bouterller C, et al. 2021. 3D numerical simulation of seagrass movement under waves and currents with GPUSPH. International Journal of Sediment Research, 36(6): 711-722.

Park J C, Kim M H, Miyata H. 1999. Fully non-linear free-surface simulations by a 3D viscous numerical wave tank. International Journal for Numerical Methods in Fluids, 29(6): 685-703.

Patankar S V. 1981. Numerical Heat Transfer and Fluid Flow. New York: Hemisphere.

Patankar S V, Spalding D B. 1972. A calculation procedure for heat, mass and momentum transfer in three-dimensional parabolic flows. International Journal of Heat and Mass Transfer, 15: 1787-1806.

Peskin C S. 1972. Flow patterns around heart valves: a numerical method. Journal of Computational Physics, 10: 252-271.

Phillips A. B., Turnock S. R., Furlong M., 2009. Evaluation of manoeuvring coefficients of a self-propelled ship using a blade element momentum propeller model coupled to a Reynolds averaged Navier Stokes flow solver. Ocean Engineering 36(15-16): 1217-1225.

Rapaport D C. 2004. Self-assembly of polyhedral shells: a molecular dynamics study. Physical Review E, 70(5): 051905.

Ren B, He M, Li Y, et al. 2017. Application of smoothed particle hydrodynamics for modeling the wave-moored floating breakwater interaction. Applied Ocean Research, 67: 277-290.

Ren B, Wen H, Dong P, et al. 2014. Numerical simulation of wave interaction with porous structures using an improved smoothed particle hydrodynamic method. Coastal Engineering, 88: 88-100.

Ren Y, Luo M, Lin P Z. 2019. Consistent particle method simulation of solitary wave interaction with a submerged breakwater. Water, 11(2): 261.

Rider W J, Kothe D B. 1998. Reconstructing volume tracking. Journal of Computational Physics, 141(2): 112-152.

Rioboo R, Marengo M, Tropea C. 2022. Time evolution of liquid drop impact onto solid, dry surfaces. Experiments in fluids, 33(1): 112-124.

Rogers S E, Kwak D, Kiris C. 1991. Steady and unsteady solutions of the incompressible Navier-Stokes equations. AIAA Journal, 29(4): 603-610.

Shao S, Gotoh H. 2005. Turbulence particle models for tracking free surfaces. Journal of Hydraulic Research, 43(3): 276-289.

Shao S, Lo E Y M. 2003. Incompressible SPH method for simulating Newtonian and non-Newtonian flows with a free surface. Advances in Water Resources, 26(7): 787-800.

Sharen J, Murray R. 1999. An SPH projection method. Journal of Computational Physics, 152: 584-607.

Shen L, Chan E S. 2008. Numerical simulation of fluid-structure interaction using a combined volume of fluid and immersed boundary method. Ocean Engineering, 35: 939-952.

Shen L, Chan E S, Lin P Z. 2009. Calculation of hydrodynamic forces acting on a submerged moving object using immersed boundary method. Computers & Fluids, 38(3): 691-702.

Singh N K, Premachandran B. 2018. A coupled level set and volume of fluid method on unstructured grids for the direct numerical simulations of two-phase flows including phase change. International Journal of Heat and Mass Transfer, 122: 182-203.

Son G. 2003. Efficient implementation of a coupled level-set and volume-of-fluid method for three-dimensional incompressible two-phase flows. Numerical Heat Transfer, Part B: Fundamentals, 43(6): 549-565.

Spalding D B. 1980. Mathematical modeling of fluid mechanics, heat transfer and mass transfer processes. Mech. Eng. Dept. Rep. HTS/80/1, Imperial College of Science, Technology and Medicine, London.

Stansby P K, Zhou J G. 1998. Shallow-water flow solver with non-hydrostatic pressure: 2D vertical plane problems. International Journal for Numerical Methods in Fluids, 28(3): 541-563.

Stelling G, Zijlema M. 2003. An accurate and efficient finite-difference algorithm for non-hydrostatic free-surface flow with application to wave propagation. International Journal for Numerical Methods in Fluids, 43(1): 1-23.

Su X, Lin P. 2005. A hydrodynamic study on flow motion with vegetation. Modern Physics Letters B, 19(28n29): 1659-1662.

Sueyoshi M. 2002. A study of nonlinear fluid phenomena with particle method (part2)-two dimensional hydrodynamic forces. J. Kansai Soc. NA, 237: 181-186.

Sussman M, Puckett E G. 2000. A coupled level set and volume-of-fluid method for computing 3D and axisymmetric incompressible two-phase flows. Journal of Computational Physics, 162(2): 301-337.

Swift M R, Osborn W R, Yeomans J M. 1995. Lattice Boltzmann simulation of nonideal fluids. Physical Review Letters, 75(5): 830-833.

Takewaki H, Yabe T. 1987. The cubic-interpolated Pseudo particle (CIP) method: application to nonlinear and multi-dimensional hyperbolic equations. Journal of Computational Physics, 70(2): 355-372.

Tomé M F, Duffy B, McKee S. 1996. A numerical technique for solving unsteady non-Newtonian free surface flows. Journal of Non-Newtonian Fluid Mechanics, 62(1): 9-34.

Tomé M F, Filho A C, Cuminato J A, et al. 2001. GENSMAC3D: a numerical method for solving unsteady three-dimensional free surface flows. International Journal for Numerical Methods in Fluids, 37(1): 747-796.

Tomé M F, Mangiavacchi N, Cuminato J A, et al. 2002. A finite difference technique for simulating unsteady viscoelastic free surface flows. Journal of Non-Newtonian Fluid Mechanics, 106(2-3): 61-106.

Tomé M F, McKee S. 1994. GENSMAC: a computational marker and cell method for free surface flows in general domains. Journal of Computational Physics, 110(1): 171-186.

Troch P. 1997. VOFbreak2, a numerical model for simulation of wave interaction with rubble mound breakwaters. Proc. 27th IAHR Congress: 1366-1371.

Tsurudome C, Liang D, Shimizu Y, et al. 2020. Incompressible SPH simulation of solitary wave propagation on permeable beaches. Journal of Hydrodynamics, 32(4): 664-671.

Takewaki H, Yabe T. 1987. The cubic-interpolated pseudo particle (CIP) method: application to nonlinear and multi-dimensional hyperbolic equations. Journal of Computational Physics, 70(2): 355-372.

Ubbink O. 1997. Numerical prediction of two fluid systems with sharp interfaces. London: University of London.

Ubbink O, Issa R I. 1999. A method for capturing sharp fluid interfaces on arbitrary meshes. Journal of Computational Physics, 153: 26-50.

Vacondio R, Altomare C, de Leffe M, et al. 2021. Grand challenges for smoothed particle hydrodynamics numerical schemes. Computational Particle Mechanics, 8(3): 575-588.

van der Meer J W, Petit H A H, van den Bosch P, et al. 1992. Numerical simulation of wave motion on and in coastal structures. Proc. 23rd Int. Conf. Coast. Eng.: 1172-1784.

van der Pijl S P, Segal A, Vuik C, et al. 2005. A mass-conserving Level-Set method for modelling of multi-phase flows. International Journal for Numerical Methods in Fluids, 47(4): 339-361.

van Doormaal J P, Raithby G D. 1984. Enhancements of the SIMPLE method for predicting incompressible fluid flows. Numerical Heat Transfer, 7(2): 147-163.

van Gent M R A. 1994. The modeling of wave action on and in coastal structures. Coastal Engineering, 22(3-4): 311-339.

van Gent M R A. 1995. Wave interaction with permeable coastal structures. Delft: Delft University Press.

Wang Y X, Su T C. 1993. Computation of wave breaking on sloping beach by VOF method. Proc. 3rd Int. Offshore Polar Eng. Conf., ISOPE: 96-101.

Wang Z, Yang J M, Stern F. 2009. An improved particle correction procedure for the particle level set method. Journal of Computational Physics, 228: 5819-5837.

Xiao F, Honma Y, Kono T. 2005. A simple algebraic interface capturing scheme using hyperbolic tangent function. International Journal for Numerical Methods in Fluids, 48: 1023-1040.

Xiao F, Ii S, Chen C. 2011. Revisit to the THINC scheme: a simple algebraic VOF algorithm. Journal of Computational Physics, 230: 7086-7092.

Xiao F, Yabe T. 1994. A method to trace sharp interface of two fluids in calculations involving shocks. Shock Waves, 4(2): 101-107.

Xiao F, Yabe T, Ito T. 1996. Constructing a multi-dimensional oscillation preventing scheme for the advection equation by a rational function. Computer Physics Communications, 93(1): 1-12.

Xue M A, Dou P, Zheng J H, et al. 2022. Pitch motion reduction of semisubmersible floating offshore wind turbine substructure using a tuned liquid multicolumn damper. Marine Structures, 84: 103237.

Xue M A, Lin P Z. 2011. Numerical study of ring baffle effects on reducing violent liquid sloshing. Computers & Fluids, 52: 116-129.

Yabe T, Aoki T. 1991. A universal solver for hyperbolic equations by cubic-polynomial interpolation I. One-dimensional solver. Computer Physics Communications, 66(2-3): 219-232.

Yabe T, Takei E. 1988. A new higher-order godunov method for general hyperbolic equations. Journal of the Physical Society of Japan, 57(8): 2598-2601.

Yabe T, Zhang Y, Xiao F. 1998. A numerical procedure CIP to solve all phases of matter together. Lecture Notes in Physics: 439-457.

Yamasaki J, Miyata H, Kanai A. 2005. Finite-difference simulation of green water impact on fixed and moving bodies. Journal of Marine Science and Technology, 10(1): 1-10.

Yan G W. 2000. A lattice Boltzmann equation for waves. Journal of Computational Physics, 161(1): 61-69.

Yang X, James A J, Lowengrub J, et al. 2006. An adaptive coupled level-set/volume-of-fluid interface capturing method for unstructured triangular grids. Journal of Computational Physics, 217(2): 364-394.

Ye Z T, Zhao X Z. 2017. Investigation of water-water interface in dam break flow with a wet bed. Journal of Hydrology, 548: 104-120.

Ye Z T, Zhao X Z, Deng Z Z. 2016. Numerical investigation of the gate motion effect on a dam break flow. Journal of Marine Science and Technology, 21(4): 579-591.

Yokoi K., 2007. Efficient implementation of THINC scheme: A simple and practical smoothed VOF algorithm. Journal of Computational Physics, 226(2): 1985-2002.

Youngs D L. 1982. Time-dependent multimaterial flow with large fluid distortion. New York: Academic Press: 273-285.

Zhao X Z, Chen Y, Huang Z H, et al. 2017. A numerical study of tsunami wave impact and run-up on coastal cliffs using a CIP-based mode. Natural Hazards & Earth System Sciences, 17(5): 641-655.

Zhao X Z, Cheng D, Zhang D K, et al. 2016a. Numerical study of low-Reynolds-number flow past two tandem square cylinders with varying incident angles of the downstream one using a CIP-based model. Ocean Engineering, 121: 414-421.

Zhao X Z, Fu Y N, Zhang D K. 2016b. Numerical simulation of flow past a cylinder using a CIP-based model. Journal of Harbin Engineering University, 37(3): 297-305.

Zhao X Z, Gao Y Y, Cao F F, et al. 2016c. Numerical modeling of wave interactions with coastal structures by a constrained interpolation profile/immersed boundary method. International Journal for Numerical Methods in Fluids, 81(5): 265-283.

Zhao X Z, Wang X G, Zuo Q H. 2015. Numerical simulation of wave interaction with coastal structures using a CIP-based method. Procedia Engineering, 116(1): 155-162.

Zhao X Z, Ye Z T, Fu Y N. 2014a. Green water loading on a floating structure with degree of freedom effects. Journal of Marine Science & Technology, 19(3): 302-313.

Zhao X Z, Ye Z T, Fu Y N, et al. 2014b. A CIP-based numerical simulation of freak wave impact on a floating body. Ocean Engineering, 87: 50-63.

Zheng H W, Shu C, Chew Y T. 2006. A lattice Boltzmann model for multiphase flows with large density ratio. Journal of Computational Physics, 218(1): 353-371.

Zheng X, Lv X P, Ma Q W, et al. 2018. An improved solid boundary treatment for wave-float interactions using ISPH method. International Journal of Naval Architecture and Ocean Engineering, 10(3): 329-347.

Zhou Z, De Kat J, Buchner B. 1999. A nonlinear 3D approach to simulate green water dynamics on deck. Proceedings of the 7th International Conference in Num Ship Hydrodynamics: 5-19.

第7章　小尺度波流模型在海岸与海洋工程中的应用

随着计算机技术和数值方法的发展，计算水动力学模型在海岸与海洋工程中的应用越来越广泛。此外，随着对海岸与海洋工程问题研究的深入，对计算水动力学模型的模拟范围及模拟能力的要求也越来越高。

在深海区域，常见的问题主要有船舶及浮体在不同波浪条件下的相互作用。如何对海洋平台在风、浪、流等复杂载荷作用下的动力响应，波浪作用下的液舱晃荡，以及其他流固耦合问题进行精确的模拟，以保障结构的安全性和可靠性，是海洋工程亟待解决的关键问题。在近海岸区域，波浪传播到近岸发生破碎导致掺气，气泡与湍流发生强烈的相互作用，为了准确捕捉波浪在传播变化过程中的水气两相流，模型需要从传统的单向流水动力模型向两相流水气掺混模型转变；随着波浪继续向海滩推进，波浪将与水流共同作用引发海岸泥沙运动和长期演变，这就要求数值模型能够实现对水流、波浪及泥沙运动的耦合模拟。在极端天气条件下，波浪传播到近岸后波高增大，掺气波流对海岸建筑物的砰击会影响结构稳定与安全。近年来，因为对海岸生态的重视，对海岸带的防护正逐步从传统的加高加固海堤工程（退而守堤）逐渐过渡到基于自然的解决方案，即在海滩区域种植植物带消浪护岸（进而守滩），因此计算水动力学模型又需要具备模拟海岸植物消浪、波浪冲高与越浪等功能，进而为评估工程的海洋防灾减灾性能提供依据。

在本章中，除了特别标注的问题，我们均采用第 6 章介绍的小尺度波流模型 NEWFLUME（二维）和 NEWTANK（三维）对各类问题进行模拟，并结合问题的科学与工程背景和数值模拟结果，展示模型可以实现的各种功能，讨论模型的模拟能力与应用范围。根据实际问题的特点，我们需要对原来的 N-S 方程基础模型进行一定的修正和拓展，以便更准确和高效地实现对工程问题的仿真计算，这些修正和拓展包括：在动量方程添加因参考系运动而产生的附加惯性力来模拟液箱晃荡问题，在模型中增加泥沙运动模块以实现对海岸泥沙运动的模拟，在模型中增加掺气模块来模拟波浪破碎掺气过程，在模型中引入多孔介质模块来模拟波浪与植物群、透水海床及抛石防护层等的相互作用。

7.1　波浪的生成和吸收

波浪是海岸与海洋工程中的主要环境动力因素，也是水动力学数值模型必须考虑的功能模块。因为数值模拟总是在一个截断的有限空间内实施，所以如何在这个空间内生成波浪和吸收波浪以模拟真实环境中的波浪作用变得尤为重要。下面介绍水动力学模型中几种主要的波浪生成和吸收方式。

7.1.1 波浪生成

NEWFLUME 模型中有 3 种造波方式，分别为入流边界造波、造波板造波和内造波。每种造波方式均有其各自的特点和最佳的适用场景。

1. 入流边界造波

从入流边界可以产生各种波。自由表面位移和速度可以根据不同的波动理论（如线性波、不规则波、斯托克斯波和孤立波）在入流边界处指定：

$$\phi = \phi_{\text{int}} \tag{7.1}$$

式中，ϕ 表示速度和自由表面位移。不同的波可以从入流边界生成并传播到计算域中。

当计算域内存在结构物时将导致波浪反射，反射波会向后传播，并干扰产生波的入流边界。在这种情况下，二次波浪反射会在入流边界处产生并影响域内的计算结果。为了解决这个问题，可以采用吸波式造波。吸波式造波机的原理是：先检测反射波，然后相应地校正入流波浪制造过程以吸收反射波。在数学上，入流边界条件（左边）被修改为

$$\frac{\partial \phi_{\text{out}}}{\partial t} - c\frac{\partial \phi_{\text{out}}}{\partial n} = 0 \tag{7.2}$$

式中，$\phi_{\text{out}} = \phi - \phi_{\text{int}}$ 是检测到的波浪反射；ϕ_{int} 是来自波浪理论的已知入射波变量；ϕ 是指定的波变量。如果没有波的入射，该方程将退化为传统的辐射边界条件。在波浪反射为零的情况下，上面的等式退化为 $\phi = \phi_{\text{int}}$，即常规的波生成边界条件。上述处理可用于不会在入流边界产生强烈非线性波相互作用的弱波浪反射情况。该方法的主要困难在于准确检测反射波，因为反射波可能存在多个频率。

另一个值得注意的问题是，当采用波浪理论造波时，会因为斯托克斯（Stokes）漂移产生波向的质量净输移，这个和实验中的情况是不一致的。这个质量输移虽然对每个波的影响并不大，但如果长时间积累，可能会抬高平均水面，所以需要在计算中加以减除修正（Lin，1998）。

2. 造波板造波

如果在计算机程序中对运动边界进行编码，则可以通过指定造波板的速度或轨迹的时间历程来生成波列，这个和波浪水槽中造波机的工作原理是一样的。Lin（2007）提出在固定网格 RANS 模型中采用局部相对静止（LRS）法来模拟运动物体。例如，为了模拟孤立波，可以指定造波板的运动速度如下：

$$\eta[x(t),\ t] = \frac{c\eta}{h+\eta} \tag{7.3}$$

式中，$\eta\left(x(t),\ t\right) = H\,\mathrm{sech}^2\left[\sqrt{\frac{3H}{4h^3}}\left(x(t) - ct + x_0\right)\right]$ 和 $x(t) = \int_0^t u(\tau)\mathrm{d}\tau$，其中 x_0 是 t=0 时波列的起点与波峰之间的距离；$c = \sqrt{g(h+H)}$ 是波列的相速度。其他的波浪也可采用相应的波浪理论来推求造波板的运动速度或轨迹。造波板造波最大的优势是能确保计算过程中的质量守恒，因为造波板运动过程中计算域的质量没有净输入和净输出。

3. 内造波

当计算域内存在强烈反射时，上述造波技术均可能出现较大误差。为了解决这个问题，可以通过在计算域内引入人造质量源或动量源来造波。如果源函数是线性的，那么它不会干扰波生成过程中的背景水流。Lin 和 Liu（1999）是首次在 N-S 方程求解器中实现源函数造波的学者，在他们的方法中，在选定的质量源区域内连续性方程右端需增加一个造波源项 $s(\vec{x},\ t)$：

$$\frac{\partial u_i}{\partial x_i} = s(\vec{x},\ t) \tag{7.4}$$

根据指定源函数的方式，可以在计算域内生成各种类型的线性波和非线性波。对于二维问题，Lin 和 Liu（1999）通过选择完全淹没的矩形域并使用均匀源函数 $S(t)$，提出了以下形式的源函数用于产生线性波列：

$$s(t) = \frac{cH}{A}\sin(\sigma t) \tag{7.5}$$

式中，A 是源区的总面积。

不规则波列可以通过以下方式产生：

$$s(t) = \sum_{i=1}^{n} \frac{cH_i}{A}\sin\left(\sigma_i t + \delta_i\right) \tag{7.6}$$

式中，δ_i 为随机相位角。

斯托克斯波（二阶或五阶）可以由以下方式产生：

$$s(t) = \sum_{i=1}^{m} \frac{2c}{A} a_i \sin\left[i\left(2\pi - \sigma t - \delta_i\right)\right] \tag{7.7}$$

式中，a_i 为每个波分量。

椭圆余弦波可以由以下方式产生：

$$s(t) = \frac{2cH}{A}\left\{\frac{y_t}{H} + \mathrm{cn}^2\left[2K(m)\left(-\frac{t}{T} + \delta\right), m\right]\right\} \tag{7.8}$$

中，y_t 和 m 取决于波高 H、水深 h 和周期 T。

孤立波可以由以下方式产生：

$$s(t) = \frac{cH}{A}\mathrm{sech}^2\left[\sqrt{\frac{3H}{4h^3}}\left(x_\mathrm{s} - ct\right)\right] \tag{7.9}$$

式中，$x_\mathrm{s} = 4h/\sqrt{H/h}$。

这种方法的主要优点是不再需要造波边界条件，只需要在计算域两侧设置辐射边界，允许波浪自由传出。结合下一小节介绍的数值海绵层，可以有效控制波浪反射，这对随机波列的长期模拟尤为重要。

7.1.2 波浪吸收

1. 波浪辐射（开放或无反射）条件

波浪辐射条件一般是指在人为截断的计算域边界允许波浪自由传出而不反射

（Sommerfeld，1964）。这种辐射条件被 Sommerfeld 解释为“源必须是能量源，而不是能量汇。从源辐射的能量可以传播到无穷远，没有能量能够从无穷远处辐射到场内”。在数学上，这确保了以下条件：Helmholtz 方程在 M 维“球面”的所有方向上的解为

$$\lim_{|\vec{x}|\to\infty} |\vec{x}|^{\frac{m-1}{2}} \left(\frac{\partial}{\partial|\vec{x}|} - ik\right)\phi(\vec{x}) = 0 \tag{7.10}$$

式中，ϕ 是流动变量；m=1, 2, 3 是空间的维数。当 m=1 时，上述方程退化为

$$\lim_{|x|\to\infty} \phi(x) = \phi_0 \mathrm{e}^{ikx} \tag{7.11}$$

通过包含时间谐波，无穷远处的流量变量可以表示为

$$\lim_{|x|\to\infty} \phi(x) = \phi_0 \mathrm{e}^{i(kx-\sigma t)} \tag{7.12}$$

当截断边界位于远离扰动源的位置，并且水深变化不剧烈时，将该边界视为辐射边界是合理的。对于向右传播的线性波列，式（7.12）可以简化为

$$\frac{\partial\phi}{\partial t} + \frac{\sigma}{k}\frac{\partial\phi}{\partial x} = \frac{\partial\phi}{\partial t} + c\frac{\partial\phi}{\partial x} = 0 \tag{7.13}$$

式中，c 是波列的相速度。对于斜向入射波列，辐射边界条件应修改为

$$\frac{\partial\phi}{\partial t} + c\cos\theta\frac{\partial\phi}{\partial x} = 0 \tag{7.14}$$

式中，θ 是入射波的角度。然而，在实际的模拟中，角度 θ 往往是未知的。

当主传播方向为 x 方向时，Engquist 和 Majda（1977）提出了一个高阶二维开放边界条件：

$$\frac{\partial^2\phi}{\partial t^2} + c\frac{\partial^2\phi}{\partial t\partial x} - \frac{c^2}{2}\frac{\partial^2\phi}{\partial y^2} = 0 \tag{7.15}$$

研究发现，当 $\theta \leqslant 45°$时，使用以上条件大多数波列可以离开计算域，并且反射波波幅小于入射波波幅的 3%。Givoli（1991）和 Tsynkov（1998）对各种开放边界条件进行了回顾和对比评估。

2. 人工海绵层处理

应该注意到，辐射边界条件式（7.14）和式（7.15）原则上只适用于线性单色波，对于具有不同频率的线性波和非线性波，c 的定义是模糊的，应用到宽谱波列时，可能会导致显著的误差。为了解决这个问题，可以在辐射边界前添加人工海绵层，有效地吸收短波能量。在海绵层内，引入逐渐增加的人工粘度可以减弱波浪能量而不引起显著的波浪反射。如果人工粘度和海绵层的长度设计合理，则大部分短波将会衰减，剩下的波是容易穿透海绵层的长波，通过 $c = \sqrt{gh}$ 可以很容易地计算出其传播速度。Lin 和 Liu（2004）在他们的求解器中，在海绵层内 RANS 方程的动量方程中引入了一个人工阻尼项 $-f(x)\langle u_i\rangle$，其长度为 x_s=1.5λ，其中 λ 是波长。通过定义左边界为 x=0，$f(x)$取如下形式：

$$f(x) = \alpha\frac{\exp\left[\left(\frac{x_s - x}{x_s}\right)^n\right] - 1}{\exp(1) - 1} \tag{7.16}$$

式中，n=10，α=200。当海绵层的长度改变时，相应地改变这两个值以达到最佳的消能效果。

3. 无限元法

在实际计算中，计算域被截断为有限长度，通过引入辐射边界条件和人工海绵层可以减小从截断边界处产生的反射波。为了进一步减小反射波，还可采用无限元法进行处理。在这种方法中，计算域不被截断，但最外层的计算单元具有无限长度。这些计算单元里含有具有波浪一般特征的向外传播的波（Bettess and Zienkiewicz，1977）。大多数情况下，无限元法和有限元法结合使用，用于模拟波浪传播。

7.2 斜坡地形上的波浪破碎掺气

当波浪传播到近岸区域时，受水深变化和底床摩擦等因素的影响，自由面会发生变形，并且波高持续增大；当波高超过一定的临界条件时，波浪就会发生破碎，导致大量空气掺入水中（图 7.1）。破碎波前锋蕴含巨大的能量，当拍击到结构物（如海洋平台、船舶、防波堤、海堤等）时将产生强大的砰击力，影响结构物的稳定性和安全性。掺入的空气迅速分裂成大量较小的气泡，并与周围流场发生强烈的相互作用和能量交换，从而改变湍流生成、输运与耗散过程，进而对水-气交换、破碎带泥沙输运、海岸演化及近岸海洋生态系统等产生重要的影响。因此，研究波浪破碎后掺气湍流流场特性具有重要的科学意义和工程应用价值。

图 7.1 波浪破碎掺气示意图

破碎波条件下的湍流流场为非定常流，具有快速运动的大变形水面。目前，尽管对破碎波湍流流场特性的研究已经比较详尽，但由于气泡的运动及其与周围流体复杂的相互作用大大增加了数值模拟的难度，对破碎波条件下掺气区域湍流流场特性的研究仍存在巨大的挑战。目前，模拟波浪破碎下的湍流流场特性通常有 3 种模型，即单相流模型、两相流模型和混合流模型。

单相流模型不考虑波浪破碎掺气的过程，简化了空气对湍流流场的影响，重点研究破碎波条件下的湍流特性。Lin 和 Liu（1998a，1998b）采用二维 RANS 模型结合 VOF 方法追踪自由面，并采用 k-ε湍动模型对波浪破碎下的湍流流场进行了数值模拟研究，结果表明该模型能较好地预测水面高度、流场速度及不同破碎波条件下的湍动能输运特征，但计算的掺气区湍动能比试验测量值高出 25%～50%。Christensen（2005）基于 RANS 模型，分别采用 k-ε湍动模型和大涡模拟对破碎波条件下的波浪传播、波浪回流及湍流流场进行了数值模拟，发现模型可以很好地描述波浪破碎前后的运动特性，但模型仍然高估了湍流水平。总体来看，单相流模型由于未考虑波浪破碎掺气特性，因此在模拟波浪破碎掺气水流的湍流流场时未能真实反映气泡对湍流的耗散作用，导致模型高估了流场的湍流强度。

两相流模型常被用来研究掺气水流特性，该类模型对水相和气相分别求解控制方程，并建立掺气模型来模拟破碎波掺气和气泡的输运过程。Moraga 等（2007）采用 Deane 和 Stokes（2002）的建议值设定初始气泡浓度，提出了一个亚网格掺气模型，通过设定掺气发生的临界垂向速度实现对水面舰艇航行过程中自由面破碎掺气过程和气泡输运过程的模拟，为波浪破碎掺气的数值模拟提供了新的思路。Ma 等（2011）建立了欧拉-欧拉三维多分散双流体气泡流模型，将掺气强度和自由面的湍动耗散率结合起来，认为掺入气体所需的能量和湍动耗散率呈正线性相关关系，并将该掺气模型耦合到基于 VOF 方法的 TRUCHAS 模型中来研究破碎波的湍流流场特性。他们的研究表明，数值模型在引入掺气模块后，可以较好地模拟破碎波掺气水流中气泡的浓度分布，而且提高了对湍流强度模拟的精度。在 Ma 等（2011）的模型基础上，Derakhti 和 Kirby（2014）基于 LES 模型框架，把掺气强度和亚格子尺度（sub-grid scale，SGS）湍动能的剪切制造率联系起来，对破碎波掺气下的湍流流场进行了数值模拟研究。他们发现，在崩破波破碎掺气区域，由掺入气泡导致的湍动能耗散率大概占总湍动能耗散率的 50%。从上面的描述可以看出，引入掺气模块可以更好地模拟破碎波的湍流流场，但气泡与湍流之间复杂的能量传递和交换增加了两相流模型的求解难度和计算量。

混合流模型是介于单相流模型和两相流模型之间的一种将气泡和水体考虑为混合流体来模拟掺气水流特性的模型。该模型不需要求解两相之间复杂的相互作用，从而降低了求解的难度和计算量，但在单相流模型的基础上考虑了两相流体间相对运动带来的混合流体动量交换。因为兼具准确性和高效率，该模型被广泛用于水利工程、环境工程及化学工程中的掺气水流模拟（Tang et al.，2020；Tang，2019；Damián and Nigro，2014；Shi et al.，2010；Chen et al.，2004；Manninen et al.，1996）。Shi 等（2010）把掺气强度与空气-水界面的湍动能生成率联系起来，提出了基于实验测量的掺气模型，并耦合到基于混合理论的二维 VOF 模型中，通过 k-ε模型对湍动项进行封闭，能较好地捕捉到掺气浓度分布。Tang（2019）将二维 NEWFLUME 单相流模型改进为可以模拟掺气作用的混合流模型，并对破碎波掺气水流的掺气浓度和湍动特性进行了研究，提高了原单相流模型的模拟精度，下面将对该方法进行简单介绍。

7.2.1　混合流掺气模型

本书采用的混合流模型是在二维 NEWFLUME 模型的基础上，将水体和气泡考虑为混合流体，引入体积浓度模型对掺气浓度和自由面进行同时追踪。混合流体的连续性方程和动量方程为

$$\nabla \cdot u_{\mathrm{m}} = 0 \tag{7.17}$$

$$\frac{\partial u_{\mathrm{m}}}{\partial t} + \nabla \cdot \left(u_{\mathrm{m}} u_{\mathrm{m}}\right) = -\frac{1}{\rho_{\mathrm{m}}} \nabla P_{\mathrm{m}} + \frac{1}{\rho_{\mathrm{m}}} \nabla \cdot \left(\tau_{\mathrm{Gm}} + \tau_{\mathrm{Dm}}\right) + g \tag{7.18}$$

式中，u_{m}是混合流体的平均速度；ρ_{m}是混合流体的平均密度，其定义如下：

$$\rho_{\mathrm{m}} = \rho_{\mathrm{a}} \alpha + \rho_{\mathrm{w}} \left(1 - \alpha\right) \tag{7.19}$$

式中，α 是掺气浓度，定义为单位混合流体内的气体体积占比；ρ_{a}是空气密度；ρ_{w}是水体密度；P_{m}是混合压力，在数值模拟中认为混合流流场中各处压力相等；g 是重力加速度；τ_{Gm}是粘性应力和湍动应力的总和，τ_{Dm}是扩散应力张量，指由于掺入气泡和水体间相互运动导致的额外动量耗散：

$$\tau_{\mathrm{Gm}}=2\rho_{\mathrm{m}}\left(v+v_{\mathrm{t}}\right)S-\frac{2}{3}\rho_{\mathrm{m}}kI \tag{7.20}$$

$$\tau_{\mathrm{Dm}}=-\rho_{\mathrm{m}}c_{\mathrm{a}}\left(1-c_{\mathrm{a}}\right)u_{\mathrm{r}}u_{\mathrm{r}} \tag{7.21}$$

式中，$S=\frac{1}{2}\left[\nabla u_{\mathrm{m}}+\left(\nabla u_{\mathrm{m}}\right)^{\mathrm{T}}\right]$是混合流的应变张量率；$I$是单位张量；$v$是运动粘度；$v_{\mathrm{t}}$是涡流粘度；$k$是湍动能；$c_{\mathrm{a}}$是气体的质量分数，定义为$c_{\mathrm{a}}=\alpha\rho_{\mathrm{a}}/\rho_{\mathrm{m}}$；$u_{\mathrm{r}}$是气泡运动的相对速度，即气泡相对于水相的速度。

波浪破碎掺气是一个快速的瞬态过程和局部现象。在混合流模型中，基于湍流强度理论，采用瞬态体积浓度方程对掺气过程和掺气浓度进行描述，将自由面以外区域的浓度定义为1，将纯水的浓度定义为0：

$$\frac{\partial\alpha}{\partial t}=-\nabla\cdot\left(u_{\mathrm{m}}\alpha\right)=\nabla\cdot\left[\left(v+\frac{v_{\mathrm{t}}}{\sigma_{a}}\right)\nabla\alpha-\alpha(1-\alpha)u_{\mathrm{r}}\right] \tag{7.22}$$

式中，施密特（Schmidt）数σ_{a}取0.83（Buscaglia et al.，2002）。

从宏观上看，自由面的掺气过程主要是自由面附近的强湍流扩散。通过对比湍流扩散强度和气泡向上运动来确定掺气发生的临界条件，暂时不考虑表面张力的影响。一旦湍流扩散足以克服气泡向上的浮力作用，掺气就会发生。流体中的气泡运动包括对流输运、扩散输运和气泡上浮，用式（7.22）右侧的项描述。对掺气浓度进行更新后，就可以根据新的掺气浓度对自由面进行重建。

上面已经提到过，气泡的存在会改变湍动能的生成和耗散，忽略气泡影响会导致湍动能被高估。因此，在对湍动项进行封闭时，必须考虑由气泡带来的湍动变化。在该混合流模型中，湍动项通过k-ε模型封闭，通过附加项表征由气泡引起的湍动能生成和耗散：

$$\frac{\partial k}{\partial t}+\nabla\cdot\left(u_{\mathrm{m}}k\right)=\nabla\cdot\left[\left(v+\frac{v_{\mathrm{t}}}{\sigma_{k}}\right)\nabla k\right]+P_{\mathrm{s}}-\varepsilon+P_{\mathrm{b}} \tag{7.23}$$

$$\frac{\partial\varepsilon}{\partial t}+\nabla\cdot\left(u_{\mathrm{m}}\varepsilon\right)=\nabla\cdot\left[\left(v+\frac{v_{\mathrm{t}}}{\sigma_{\varepsilon}}\right)\nabla\varepsilon\right]+C_{1\varepsilon}\frac{\varepsilon}{k}P_{\mathrm{s}}-C_{2\varepsilon}\frac{\varepsilon^{2}}{k}+C_{3\varepsilon}\frac{\varepsilon}{k}P_{\mathrm{b}} \tag{7.24}$$

$$v_{\mathrm{t}}=C_{\mathrm{d}}\frac{k^{2}}{\varepsilon} \tag{7.25}$$

式中，P_{s}是由速度梯度引起的湍动能生成项，P_{b}是由气泡引起的湍动能生成项，将其加入湍动能输运方程中，用以描述气泡浮力对湍流动能和耗散产生的影响（Rodi，1980）。

7.2.2 周期波破碎掺气

首先采用混合流模型对斜坡上崩破波（Ting and Kirby，1996）的掺气流场进行模拟。问题中的静水深h_0=0.40m，波高H=0.125m，周期T=2.0s，x=0设置在静水深0.38m处，y=0设置在静水面处，实验设置如图7.2所示。实验测量的破碎点x_{b}=6.4m，4个测量断面（A～D）分别为x=7.275m、7.885m、8.495m和9.11m，其中断面A的4个测点（a～d）分别设置在y/h_0=−0.1、−0.2、−0.3及−0.382处。数值模型中计算域为−5m≤x≤17.5m，0≤y≤0.6m，x方向采用均匀网格，网格大小为0.025m，y方向采用非均匀网格，最小网格为0.005m，分布在自由面附近。

图7.3为模拟的破碎区的掺气浓度和速度场及湍动强度，可以看出，当波浪开始破碎

时，波峰处的湍动能较大并伴随着掺气的发生，气泡群分布在波峰附近区域并随着波浪一起向近岸传播。图 7.4、图 7.5 分别为模拟的断面 A 的速度和湍动能与实验测量结果及 Lin 和 Liu（1998a）的单相流模拟结果的对比，可以看出，由于考虑了掺气对湍流流场的影响，混合流模型模拟的湍动能相对于单相流模型的结果显著减小。湍流强度的高估会导致垂直混合速率过大，以及平均水平速度在水深上的扩散。由于该模型能更好地模拟掺气区的湍动能，因此对掺气区的水平速度模拟得也更好。但也可以看出，考虑掺气作用后的垂向速度模拟结果依然比测量结果大，说明该模型对垂向速度的高估可能不是由未考虑掺气作用导致的，这也是以后模型将要解决的问题之一。图 7.6 为模拟的周期平均的湍动能在 4 个断面与实验值和单相流模拟结果（Lin 和 Liu，1998a）的对比，可以看出，由于混合流模型能更好地对自由面附近掺气区域的湍动能进行模拟，因此在静水面以下区域，混合流模型模拟的湍动能也比单相流模型的模拟结果更好。

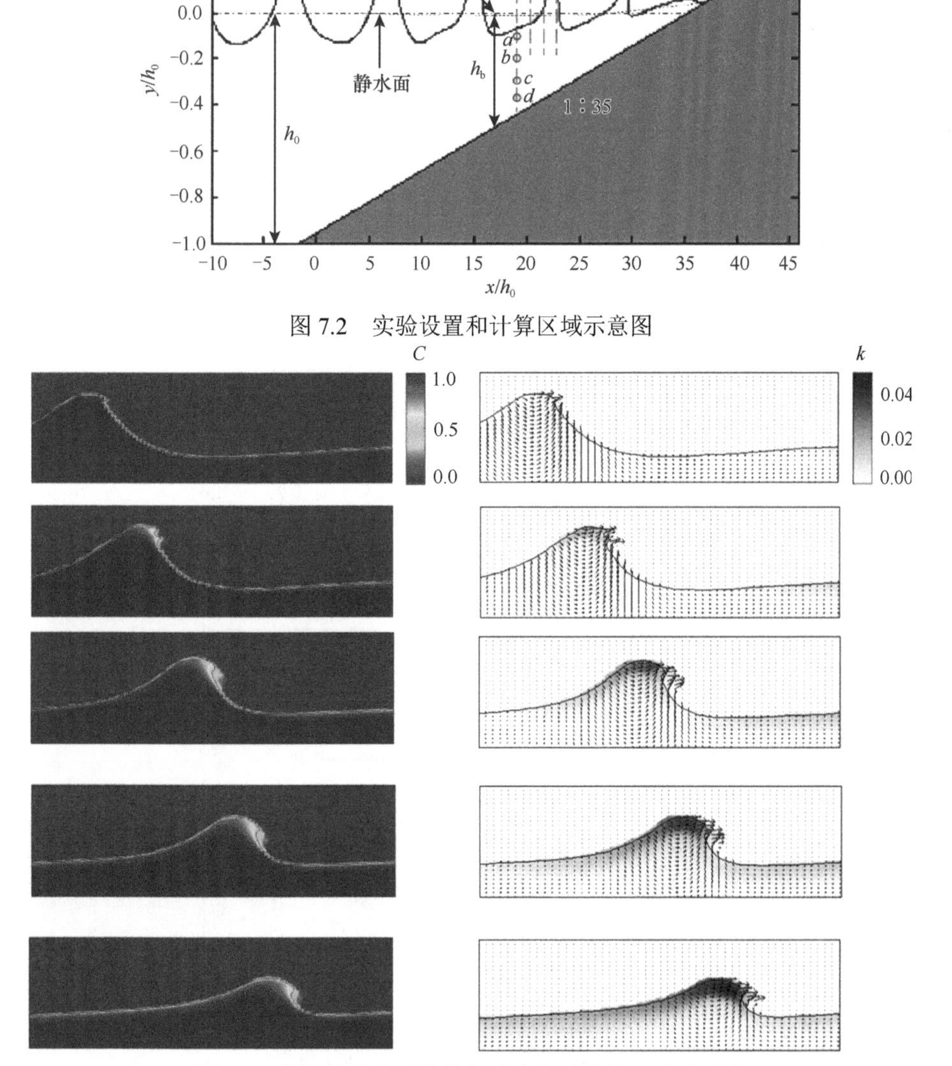

图 7.2　实验设置和计算区域示意图

图 7.3　模拟的破碎区的掺气浓度和速度场及湍动强度

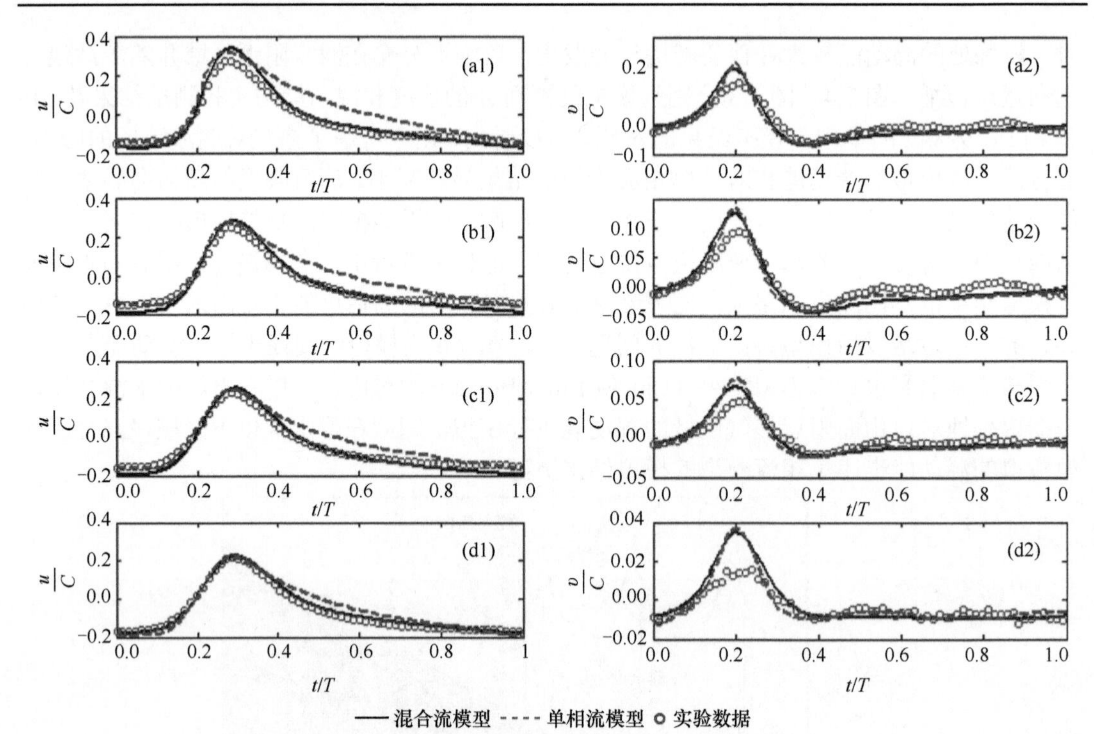

图 7.4 断面 A 不同高度的水平和垂向速度对比

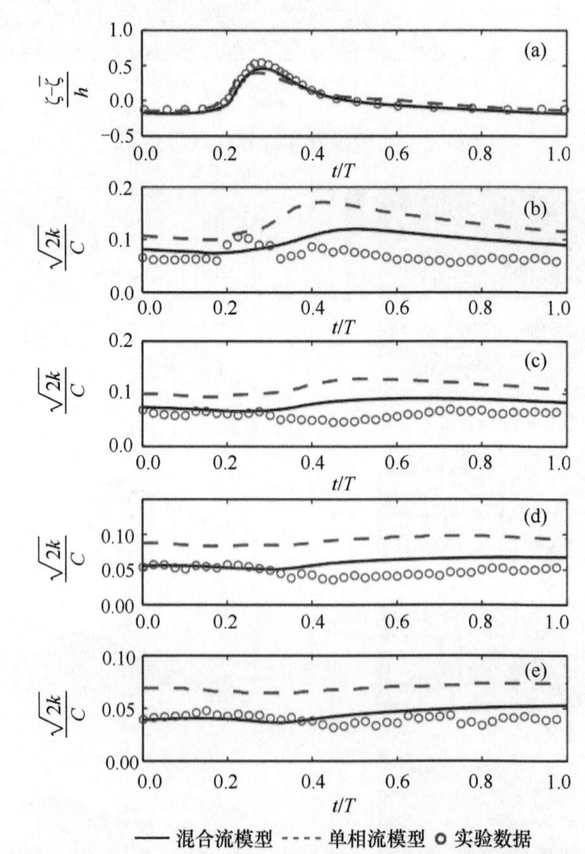

图 7.5 断面 A 自由面和不同高度的湍动能模拟结果对比

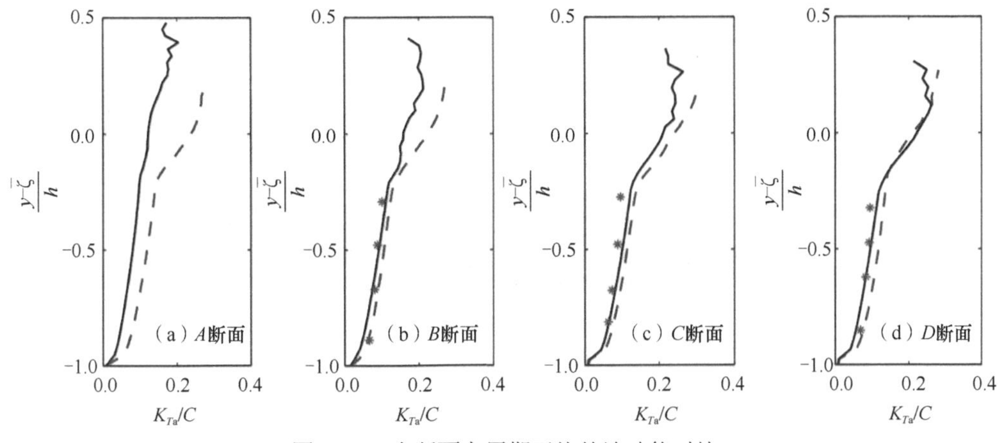

图 7.6 4 个断面上周期平均的湍动能对比

斜坡上的波浪破碎后能量有所衰减，但会继续向前传播，并在斜坡海滩爬高到一定位置，直至动能被完全耗尽。波浪破碎后的一段水域被称为冲浪区。冲高的水体失去动能后因为重力作用向海里退却，但同时又受到后续波浪的推涌，所以在海岸线附近的冲淘区形成复杂的水体交换，最终因为来波的阻碍，以底流形式从水底退却。从平均流动来看，水面附近有向岸的质量输运，而近底床则有向海的质量输运，进而形成垂向环流。同时，因为波浪导致的辐射应力的影响，平均水面也会发生变化，在破碎点附近水面最低，从该点向海与向岸水面都会逐渐抬高。

波浪在近岸的这些变化虽然受复杂的水动力变化驱动，但仍可以被基于 N-S 方程求解器的数值模型真实地还原。当然，因为平均水面和平均流动均为量级较小的二阶量，要准确地模拟这个问题，需要模型能准确地捕捉到波浪传播变形过程中的动量和能量变化，对湍流模型的准确性也有较高的要求。另外，因为平均水面和平均流动均需要较长时间才能达到稳定，所以对模型的模拟时间也有更高的要求。

Lin 和 Liu（2004）在引入内造波法和人工海绵层后（图 7.7），对该问题进行了更长时间的模拟。除了崩破波外，他们还模拟了同样地形上周期更长（T=5.0s）的卷破波（Lin 和 Liu，1998b），在模拟结果达到准稳态后，对模拟结果进行 5 个周期的时间平均，进而获得了平均的水面变化和平均流场（图 7.8，图 7.9）。

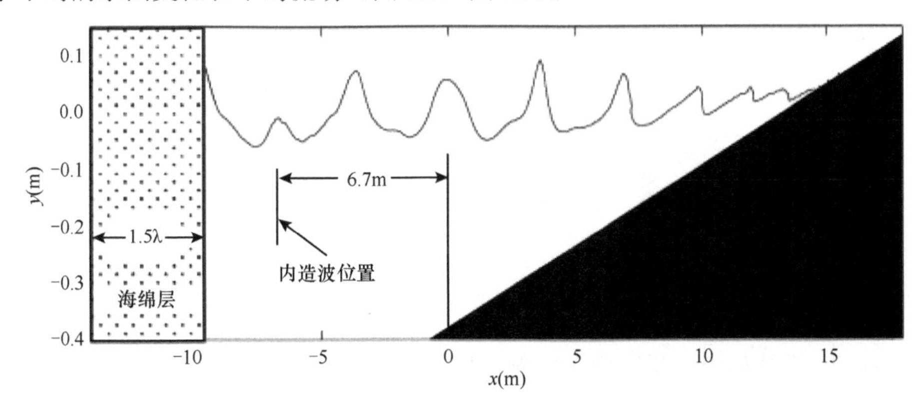

图 7.7 波浪在斜坡地形上传播变形模拟的问题设置示意图

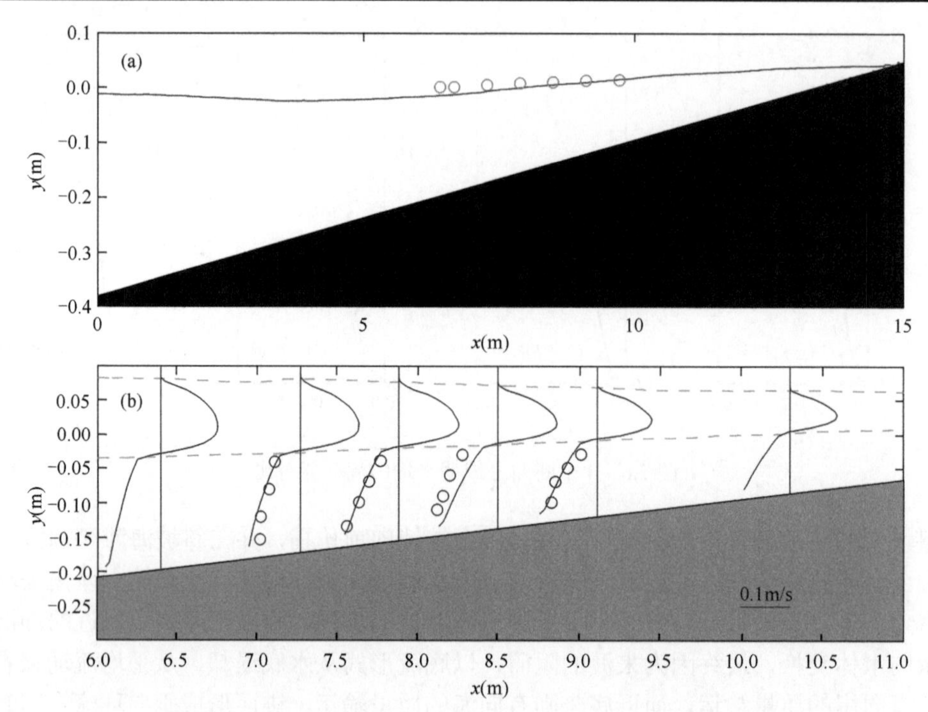

图 7.8　崩破波平均水面和平均流速垂直分布数值模拟结果

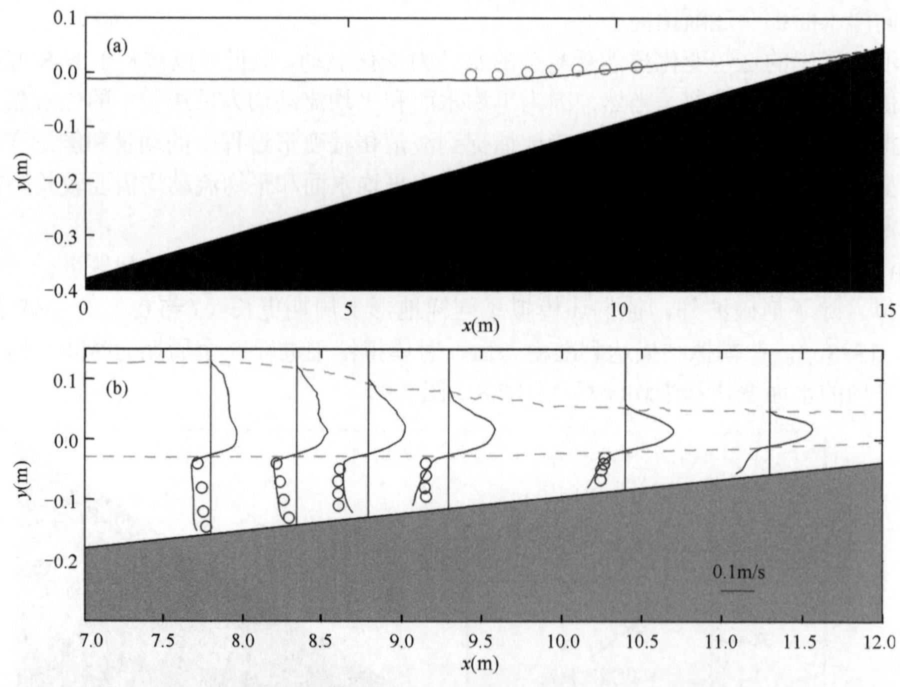

图 7.9　卷破波平均水面和平均流速垂直分布数值模拟结果

可以看到，数值模拟结果在两个问题中均很好地还原了实验测量值。虽然模型中没有直接计算波浪作用下的辐射应力，但其影响因素实际上已经真实地包含在N-S方程模型中，所以受此因素影响的平均水面变化与平均流速垂直分布都能被准确地计算出来。对比图7.8和图 7.9，可以看到波浪破碎后平均水面均有所增加，但对于崩破波来说，水底回流的动能更强，在离岸方向传播得更远，而卷破波的底流速度相对较小，且随着远离岸线而迅速衰减。

7.2.3　孤立波破碎掺气

本小节采用混合流模型模拟孤立波在斜坡上的传播破碎过程。实验中波浪水槽长 22m，宽 0.5m，高 0.75m，斜坡坡度为 1/20，水槽中静水深 0.148m，波高 0.056m，详细实验设置如图 7.10 所示（Tang et al.，2020）。数值模型中，计算域长 15m，高 0.256m，在水平方向采用非均匀网格，最小网格为 0.002m，分布在破碎点附近，垂向采用均匀网格，网格大小为 0.002m。

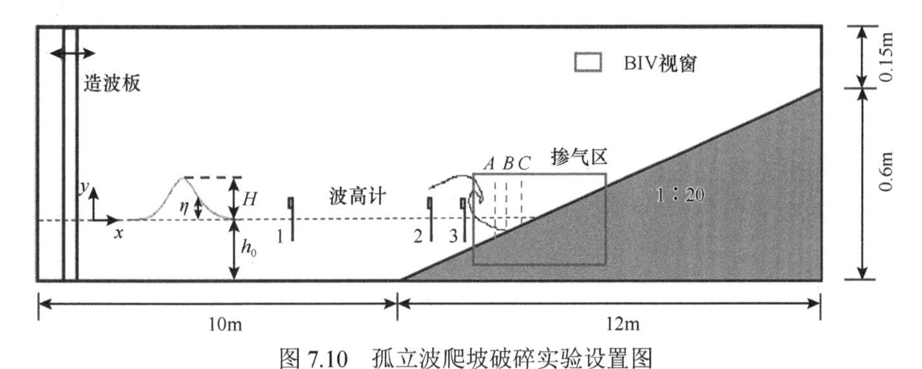

图 7.10　孤立波爬坡破碎实验设置图

图 7.11 为水槽不同位置波高的模拟结果和实验结果的对比，图 7.12 为孤立波在斜坡上的破碎掺气过程模拟结果与实验结果的对比。可以看到，数值模型很好地模拟了波浪破碎掺气过程中的水面变化、掺气混合、水气两相流运动等。图 7.13 为孤立波破碎掺气流场及速度和湍动能的模拟结果与实验结果的对比。可以看出，模型能够较好地捕捉掺气区的速度和湍动能分布，但模拟结果和实验结果存在一定的差距，这是由于模型计算的是水气混合流的速度和湍动能，而实验测量的是气泡的速度和湍动强度。虽然模型中没有直接对真实气泡进行模拟，但采用气泡群瞬态体积浓度方程对掺气过程中的掺气浓度进行了追踪，使得我们能够直观地看到破浪破碎后的掺气混合和气泡群的输运过程。

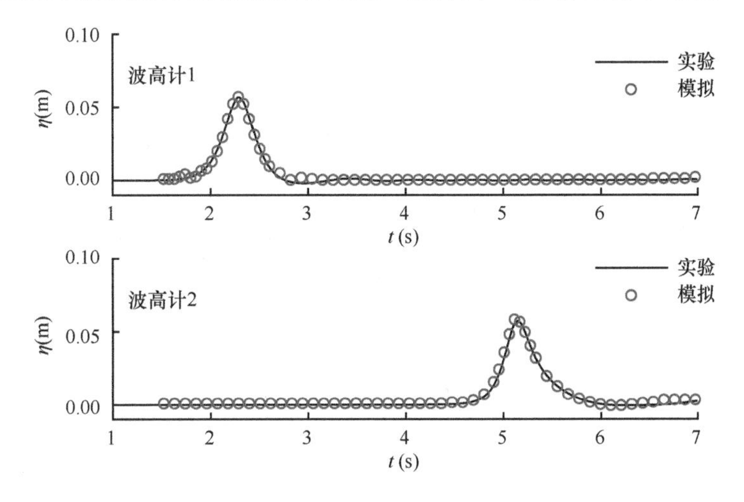

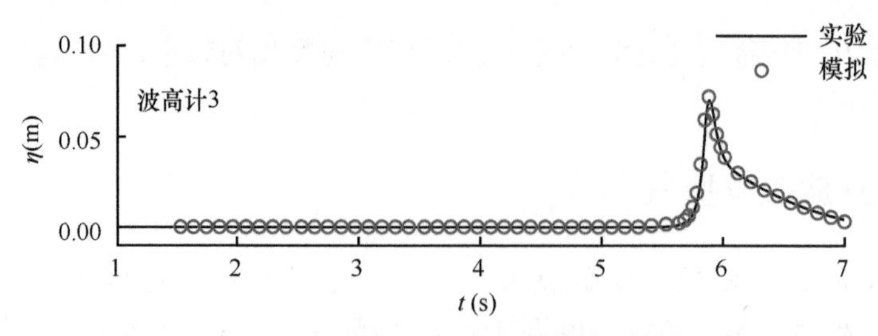

图 7.11　水槽不同位置波高的模拟结果和实验结果的对比

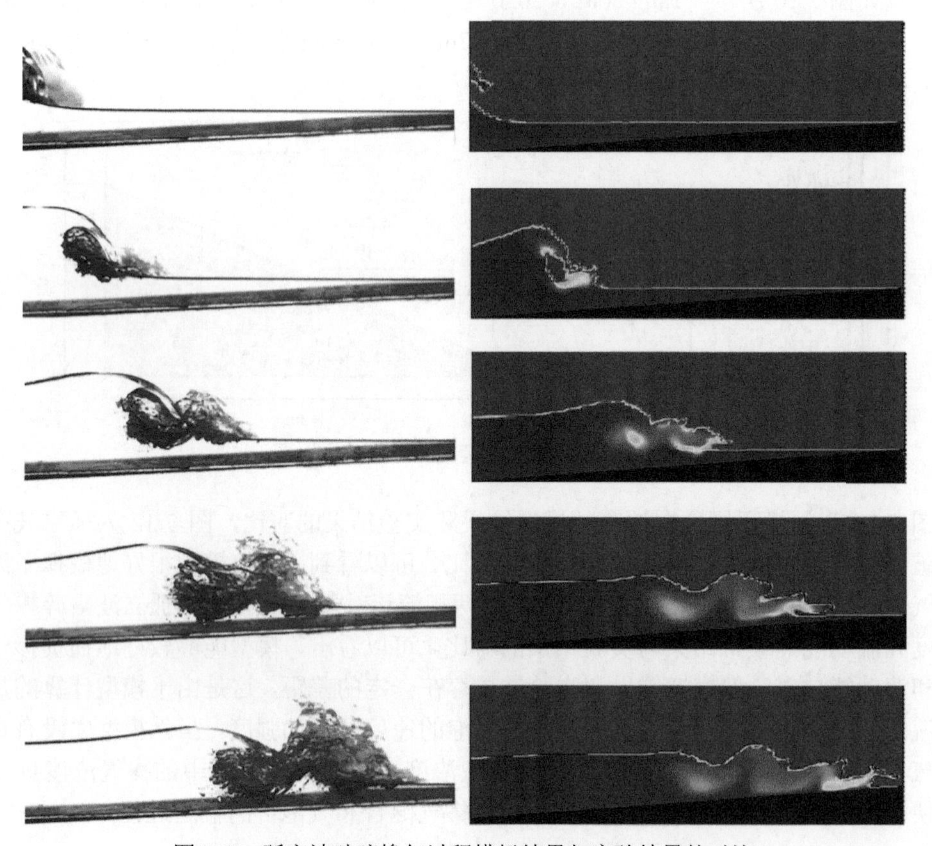

图 7.12　孤立波破碎掺气过程模拟结果与实验结果的对比

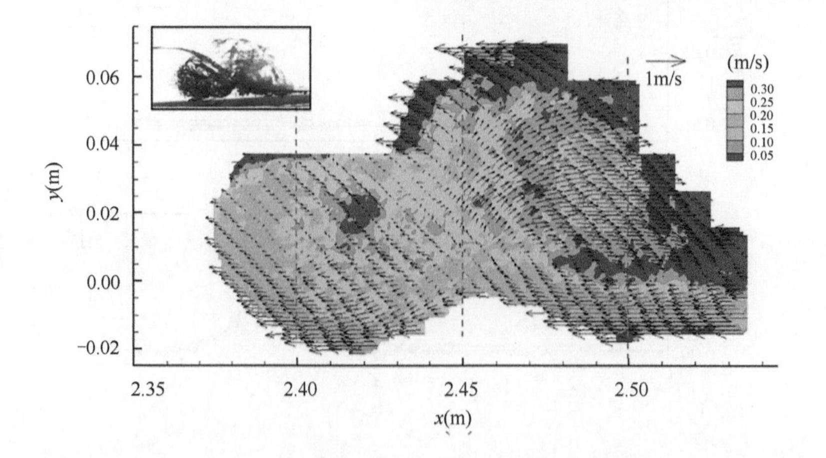

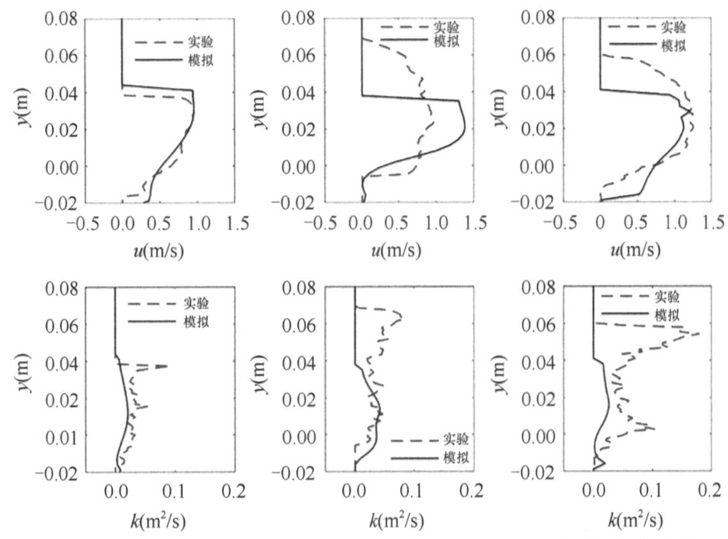

图 7.13　孤立波破碎掺气流场及速度和湍动能的模拟结果与实验结果的对比

7.3　运动物体模拟方法与结构动力响应

7.3.1　运动物体模拟方法

在波浪与结构物的相互作用中，物体的运动大大增加了数值模拟的难度。为了模拟流体中的固体运动，N-S 方程求解器通常采用 4 种类型的数值方式实现对流体中运动物体的模拟，即自适应网格法、切割网格法、虚拟边界力法、动坐标系法，其中切割网格法是本书二维 NEWFLUME 模型使用的方法，虚拟边界力法是本书三维 NEWTANK 模型使用的方法。在本小节中，我们将对这些方法进行讨论，并展示通过 NEWFLUME 模型和 NEWTANK 模型模拟的算例。

1. 自适应网格法

自适应网格法是模拟运动物体的常用方法。在该方法中，在运动物体附近采用自适应边界共形网格，解决计算域内的物体运动问题。自适应网格法除了能够处理物体运动问题，还可以求解物体变形问题。

在每个时间步中利用更新的物体表面信息重构整个计算域的网格，这种自适应网格法称为全局网格划分法。全局网格划分法计算量较大，且容易导致计算不稳定。如果物体运动范围较小，尤其是当物体做周期性运动时，任意拉格朗日-欧拉（arbitrary Lagrange-Euler，ALE）方法可以用来减小网格重构过程的工作量。另一种模拟运动物体的方法称为嵌合体方法，该方法使用两套网格系统，其中一套网格系统固定（通常为结构化直角坐标网格），另一套则与物体表面共形（一般为非结构化网格），并跟随物体运动。通过检查固定背景网格和移动网格之间的共有信息，可以真实地掌握物体的位置变化，再利用插值方法交换两套网格系统之间的流场信息。该方法已成功地应用于模拟港口内的船行波（Chen et al.，1998）。

2. 切割网格法

切割网格法（cut-cell method）在固定的笛卡儿（直角）坐标网格上勾画出固体表面和网格的相交部分，可以表征物体不规则的几何表面。在使用该方法时，可以保留笛卡儿（直角）坐标网格的优势，仅需要在边界单元上修正算法。类似的数值方法包括部分网格处理（partial cell treatment）方法和多孔介质方法（porous media method）。当考虑运动物体时，需要首先计算物体运动并更新物体位置，进而确定移动后的固体表面与固定网格重新切割的几何信息。该方法的主要难点是物体运动时的质量和动量守恒问题。Heinrich（1992）利用切割单元法，采用改进的 NASA VoF2D 模型模拟了滑坡产生的水波。Xiao（1999）采用类似于 VOF 方法的思想，用颜色函数表示物体，在欧拉框架中求解了颜色函数的对流方程，以更新每个时间步长的物体位置。Lin（2007）提出在部分网格处理方法的基础上，假设运动物体在每个时间步内满足“局部相对静止（LRS）”，以实现运动物体切割固定网格时的质量守恒，这也是本书二维 NEWFLUME 模型采用的运动物体模拟方法。

3. 虚拟边界力方法

虚拟边界力（virtual boundary force，VBF）法是在流体动量方程中增加一个由于物体存在而产生的虚拟边界力。虚拟边界力仅在物体表面施加，其作用是使流体与固体的相对速度在物体表面处为 0（无滑移边界条件）。与虚拟边界力法类似的方法有浸没边界法（Lai and Peskin，2000）、浸没界面法（Leveque and Li，1994）及虚拟域方法（Glowinski et al.，2001），它们都具有处理移动边界的能力。Fadlun 等（2000）开发了二阶精度的浸没边界法，可模拟非定常三维不可压缩流动及其与复杂几何体的相互作用。

VBF 方法的关键是如何确定虚拟边界力的大小。在问题求解之前，虚拟边界力是未知的，但我们知道其明确的物理约束条件，即在固体边界处流体的相对速度必须为 0。换言之，VBF 应该这样定义：在该力的作用下，所有边界处流体相对速度在任何时间都为 0。

VBF 方法是本书三维 NEWTANK 模型采用的运动物体模拟方法，下面我们将介绍这种力如何在模型中确定。在 VBF 方法中，原始的 N-S 方程被修改为

$$\frac{\partial u_i}{\partial x_i}=0 \tag{7.26}$$

$$\frac{\partial u_i}{\partial t}+u_j\frac{\partial u_i}{\partial x_j}=-\frac{1}{\rho}\frac{\partial p}{\partial x_j}+g_i+\frac{1}{\rho}\frac{\partial \tau_{ij}}{\partial x_j}+\frac{1}{\rho}\frac{\partial R_{ij}}{\partial x_j}+\left(f_{\mathrm{VBF}}\right)_i \tag{7.27}$$

式中，$(f_{\mathrm{VBF}})_i$ 是增加的虚拟边界力，这是为了代替实际的固体反作用力，只在固体表面处不等于零。该力在理论上是狄拉克 δ 函数，但在数值计算中变为有限值，其值取决于局部离散化、流动特性和边界类型。当在笛卡儿网格上求解上述方程时，物体表面可能以各种方式穿过网格线。基于速度无滑移条件，在每个时间步长内计算力时，连接所需计算数值解的网格点和附近物体表面之间的信息则需要通过插值来获得。通过速度反馈信息迭代获得$(f_{\mathrm{VBF}})_i$ 的方法称为“反馈力法”（Peskin，1972）。通过使用修正后的 PPE 方法与压力同时求解的方法获得$(f_{\mathrm{VBF}})_i$ 的方法称为“直接力法”（Mohd-Yusof，1997），这也是 NEWTANK 模型采用的方法，下面将详细阐述。

数值求解过程中的第一步，中间速度变量 $\tilde{u}_i$ 满足：

$$\frac{\tilde{u}_i - u_i^n}{\Delta t} = -u_j^n \frac{\partial u_j^n}{\partial x_j} + \frac{1}{\rho^n}\frac{\partial \tau_{ij}^n}{\partial x_j} \tag{7.28}$$

在第二步中，中间速度被投影到一个无旋的平面上来计算最终的速度：

$$\frac{u_i^{n+1} - \tilde{u}_i}{\Delta t} = -\frac{1}{\rho^n}\frac{\partial p^{n+1}}{\partial x_i} + g_i + \left(f_{\text{VBF}}\right)_i \tag{7.29}$$

最终速度满足连续性方程：

$$\frac{\partial u_i^{n+1}}{\partial x_i} = 0 \tag{7.30}$$

对方程（7.29）取散度并结合方程（7.30），可得修正后的 PPE：

$$\frac{\partial}{\partial x_i}\left(\frac{1}{\rho^n}\frac{\partial p^{n+1}}{\partial x_i}\right) = \frac{1}{\Delta t}\frac{\partial \tilde{u}_i}{\partial x_i} + \frac{\partial g_i}{\partial x_i} + \frac{\partial \left(f_{\text{VBF}}\right)_i}{\partial x_i} \tag{7.31}$$

如果$(f_{\text{VBF}})_i$已知，那么方程（7.31）可以像没有虚拟边界力的 N-S 方程一样进行数值求解。我们知道$(f_{\text{VBF}})_i$只在穿过固体边界的单元上非零，因此可以利用方程（7.29）并且定义$(f_{\text{VBF}})_i$为

$$\left(f_{\text{VBF}}\right)_i = \begin{cases} \dfrac{\hat{u}_i^{n+1} - \tilde{u}_i}{\Delta t} + \dfrac{1}{\rho^n}\dfrac{\partial p^{n+1}}{\partial x_i} - g_i & \text{在虚拟边界上或附近} \\ 0 & \text{其他地方} \end{cases} \tag{7.32}$$

式中，采用$\hat{u}_i^{n+1}$取代原始的u_i^{n+1}来强制固体边界的网格单元满足无滑移边界条件。

假设固体表面所在的单元为（i, j, k），虚拟边界力将被施加在最靠近固体表面的流体域（但如果它与速度矢量被定义的单元面中心重合，则被直接施加到固体边界上）。因此，方程（7.31）中的$\partial\left(f_{\text{VBF}}\right)_i/\partial x_i$项可以写为

$$\begin{aligned}
\left(\frac{\partial f_{\text{VBF}x}}{\partial x}\right)_{i,j,k} + \left(\frac{\partial f_{\text{VBF}z}}{\partial z}\right)_{i,j,k} &= \frac{\left(f_{\text{VBF}x}\right)_{i+1/2,j,k} - \left(f_{\text{VBF}x}\right)_{i-1/2,j,k}}{\Delta x_i} + \frac{\left(f_{\text{VBF}z}\right)_{i,j,k+1/2} - \left(f_{\text{VBF}z}\right)_{i,j,k-1/2}}{\Delta z_k} \\
&= \left[0 - \frac{\dfrac{\hat{u}_{i-1/2,j,k}^{n+1} - \tilde{u}_{i-1/2,j,k}^{n+1}}{\Delta t} + \dfrac{1}{\rho_{i-1/2,j,k}^n}\left(\dfrac{\partial p^{n+1}}{\partial x}\right)_{i-1/2,j,k} - g_{i-1/2,j,k}}{\Delta x_i}\right] \\
&+ \left[\frac{\dfrac{\hat{w}_{i+1/2,j,k}^{n+1} - \tilde{w}_{i,j,k+1/2}}{\Delta t} + \dfrac{1}{\rho_{i,j,k+1/2}^n}\left(\dfrac{\partial p^{n+1}}{\partial x}\right)_{i,j,k+1/2} - g_{i,j,k+1/2}}{\Delta z_k} - 0\right]
\end{aligned} \tag{7.33}$$

PPE 中的其他项被离散为

$$\left[\frac{\partial}{\partial x}\left(\frac{1}{\rho^n}\frac{\partial p^{n+1}}{\partial x}\right)\right]_{i,j,k}=\frac{1}{\Delta x_i}\left[\frac{1}{\rho^n_{i+1/2,j,k}}\left(\frac{\partial p}{\partial x}\right)^{n+1}_{i+1/2,j,k}-\frac{1}{\rho^n_{i-1/2,j,k}}\left(\frac{\partial p}{\partial x}\right)^{n+1}_{i-1/2,j,k}\right]$$
$$=\frac{1}{\Delta x_i}\left[\frac{1}{\rho^n_{i+1/2,j,k}}\left(\frac{p^{n+1}_{i+1,j,k}-p^{n+1}_{i,j,k}}{\Delta x_{i+1/2}}\right)-\frac{1}{\rho^n_{i-1/2,j,k}}\left(\frac{\partial p}{\partial x}\right)^{n+1}_{i-1/2,j,k}\right] \tag{7.34}$$

$$\left[\frac{\partial}{\partial z}\left(\frac{1}{\rho^n}\frac{\partial p^{n+1}}{\partial z}\right)\right]_{i,j,k}=\frac{1}{\Delta z_k}\left[\frac{1}{\rho^n_{i,j,k+1/2}}\left(\frac{\partial p}{\partial z}\right)^{n+1}_{i,j,k+1/2}-\frac{1}{\rho^n_{i,j,k-1/2}}\left(\frac{\partial p}{\partial z}\right)^{n+1}_{i,j,k-1/2}\right]$$
$$=\frac{1}{\Delta z_k}\left[\frac{1}{\rho^n_{i,j,k+1/2}}\left(\frac{p^{n+1}_{i,j,k+1}-p^{n+1}_{i,j,k}}{\Delta z_{k+1/2}}\right)-\frac{1}{\rho^n_{i,j,k-1/2}}\left(\frac{p^{n+1}_{i,j,k}-p^{n+1}_{i,j,k-1}}{\Delta z_{k-1/2}}\right)\right] \tag{7.35}$$

将方程（7.33）～方程（7.35）代入方程（7.31）中，就可以得到修正后的 PPE 离散格式：

$$\frac{1}{\Delta x_i}\left[\frac{1}{\rho^n_{i+1/2,j,k}}\left(\frac{p^{n+1}_{i+1,j,k}-p^{n+1}_{i,j,k}}{\Delta x_{i+1/2}}\right)\right]+\frac{1}{\Delta z_k}\left[-\frac{1}{\rho^n_{i,j,k-1/2}}\left(\frac{p^{n+1}_{i,j,k}-p^{n+1}_{i,j,k-1}}{\Delta z_{k-1/2}}\right)\right]$$
$$=\frac{1}{\Delta t}\left(\frac{\partial\tilde{u}}{\partial x}+\frac{\partial\tilde{w}}{\partial z}\right)_{i,j,k}+\left(\frac{\partial g_x}{\partial x}+\frac{\partial g_z}{\partial z}\right)_{i,j,k}$$
$$+\left(\frac{0-\left(\dfrac{\hat{u}^{n+1}_{i-1/2,j,k}-\tilde{u}_{i-1/2,j,k}}{\Delta t}-g_{i-1/2,j,k}\right)}{\Delta x_i}\right)+\left(\frac{\left(\dfrac{\hat{w}^{n+1}_{i,j,k+1/2}-\tilde{w}_{i,j,k+1/2}}{\Delta t}-g_{i,j,k+1/2}\right)-0}{\Delta z_k}\right) \tag{7.36}$$

至此，VBF 方法中需要确定的就是 $\hat{u}^{n+1}_{i-1/2,j,k}$ 和 $\hat{w}^{n+1}_{i,j,k+1/2}$。通常利用内部流体单元的中间速度和固体表面上的非滑移速度约束进行插值就可以获得这些值。以 $\hat{w}^{n+1}_{i,j,k+1/2}$ 为例，它可以通过下式计算获得：

$$\hat{w}^{n+1}_{i,j,k+1/2}=\frac{\delta_x}{\left(\Delta x_i+\Delta x_{i+1}\right)/2+\delta x}\tilde{w}_{i,j,k+1/2} \tag{7.37}$$

式中，δ_x 是固体边界至添加虚拟边界力 $f_{\mathrm{VBF}z}$ 的单元底部中心的水平距离。类似地，我们也可以得到 $\hat{u}^{n+1}_{i-1/2,j,k}$。代入插值后的速度，求解修正后的 PPE 我们可以得到一个新的速度场，该速度场满足散度为 0，并且在固定表面位置处相对速度为 0。

由于$(f_{\mathrm{VBF}})_i$ 事实上是物体施加于流体的反作用力，因此流体作用于物体的总作用力可以简化为$(f_{\mathrm{VBF}})_i$ 在固体周围的体积积分，但符号相反：

$$\left(F_{\mathrm{T}}\right)_i=-\rho\iiint_{\Omega}\left(f_{\mathrm{VBF}}\right)_i\,\mathrm{d}V \tag{7.38}$$

式中，Ω 是物体表面体积，在数值模型中它代表包含固体所有表面的计算网格的总体积。

4. 动坐标系法

将动坐标系建立在运动物体上可以避免物体运动过程中的网格重新划分。如果物体在无限域中以恒定的速度运动，动坐标系就是一个很好的选择，因为我们无须改变原来的流体控制方程。然而，在加速运动物体上构造坐标系则需将物理问题重新转换到非惯性参考系上，这需要将流体的原始控制方程转换成新的方程，以包括非惯性效应。当存在表面可变形的单个物体或多个物体时，该方法将失去其优势。该方法的另一个应用场景是流体被限制在运动的刚性容器内（如在容器中的液体晃动，这个会在 7.4 节作更详细的介绍）。在这两种情况下，可以根据物体的运动建立运动坐标系，跟随固体运动（Dütsch et al.，1998）。

7.3.2　圆柱入水和出水问题模拟

垂向二维圆柱入水和出水是一个经典的流固耦合问题。Tyvand 和 Miloh（1995）基于小扰动假设，从理论上分析了无限水深条件下圆柱下沉和上浮的初始过程。Greenhow 和 Lin（1983）通过物理实验研究了圆柱入水和出水过程中自由面的变形。Greenhow 和 Moyo（1997）采用基于势流理论的非线性边界元模型，数值模拟了圆柱入水的过程。Lin（2007）采用 NEWFLUME 模型对此问题进行了模拟研究，并将模拟延伸到撞击过程中的水面破碎分析。

在本小节中，我们采用基于切割网格法的二维 NEWFLUME 模型模拟圆柱在静水中的下沉过程。在一个宽 40m、高 24m 的垂向二维矩形计算域，静水深为 h=20m，直径为 d=1.0m 的圆柱初始布置在水面下，柱心点距离自由面为 d=1.25m。圆柱下沉速度固定为 w=0.39m/s，重力加速度设为 g=1.0m/s^2，对应的弗劳德数为 $Fr = w/\sqrt{gd} \approx 0.35$。模拟中采用非均匀正交网格划分整个计算域，宽度方向上共设置 250 个网格，水深方向上共布置 200 个网格，最小网格尺寸是 Δx=Δz=0.05m，布置在圆柱下沉经过的区域。在模拟计算过程中，时间步长通过数值稳定条件进行动态调整，从而获得最佳的计算效率。在此问题分析中，定义无量纲时间 T=wt/d。

图 7.14 所示的是圆柱下沉过程中 4 个典型时刻（T=0.0、T=0.4、T=1.0、T=2.0）的自由面形状模拟结果（Lin，2007），在 T=0.4 时刻还给出了 Tyvand 和 Miloh（1995）的理论解及 Greenhow 和 Moyo（1997）的势流模拟结果。从对比结果来看，当前模拟结果与其他文献的结果吻合较好，说明本数值模型能较准确地模拟圆柱下沉过程中水面的变化过程。

另一个模拟的问题是圆柱从水面下匀速上浮并最终穿透水面的过程。问题初始设置、圆柱上升速度大小、计算域网格划分等均与圆柱下沉时一样。初始时圆柱处于静水中，并以固定速度 0.39m/s 向上运动，柱面上侧的部分水体未被及时排开时水面被抬高（如图 7.15 中 T=0.2、0.4 和 0.6 时所示）。圆柱继续上升时，原柱面上部的水体从柱面上滑落并冲击水面，使得柱面两侧的水面低于静水面。当圆柱完全穿透水面后，圆柱对水面的扰动以波浪的形式继续向计算域的左右两侧传播。图 7.15 中 T=0.4 和 T=0.6 两个时刻的自由面与 Tyvand 和 Miloh（1995）的理论解吻合较好，这说明本模型在水面未破碎前能准确地追踪它的变形。

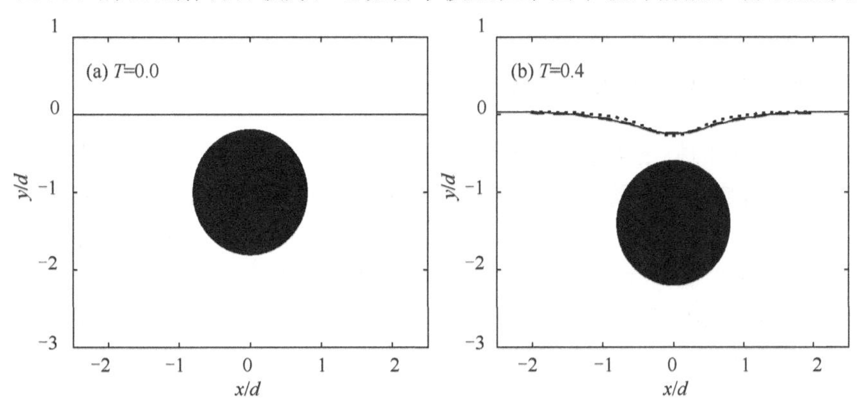

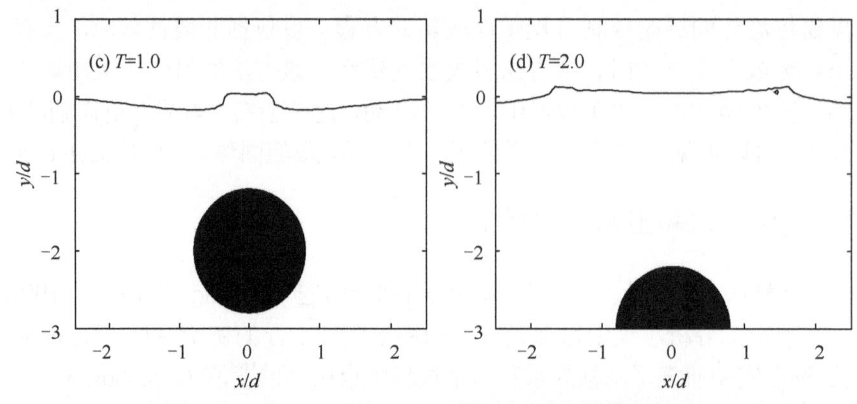

图 7.14 从 T=0.0 到 T=2.0 圆柱下沉过程的模拟结果

实线-NEWFLUME 模拟结果；虚线-Greenhow 和 Moyo（1997）的势流模拟结果；点画线-Tyvand 和 Miloh（1995）的理论解

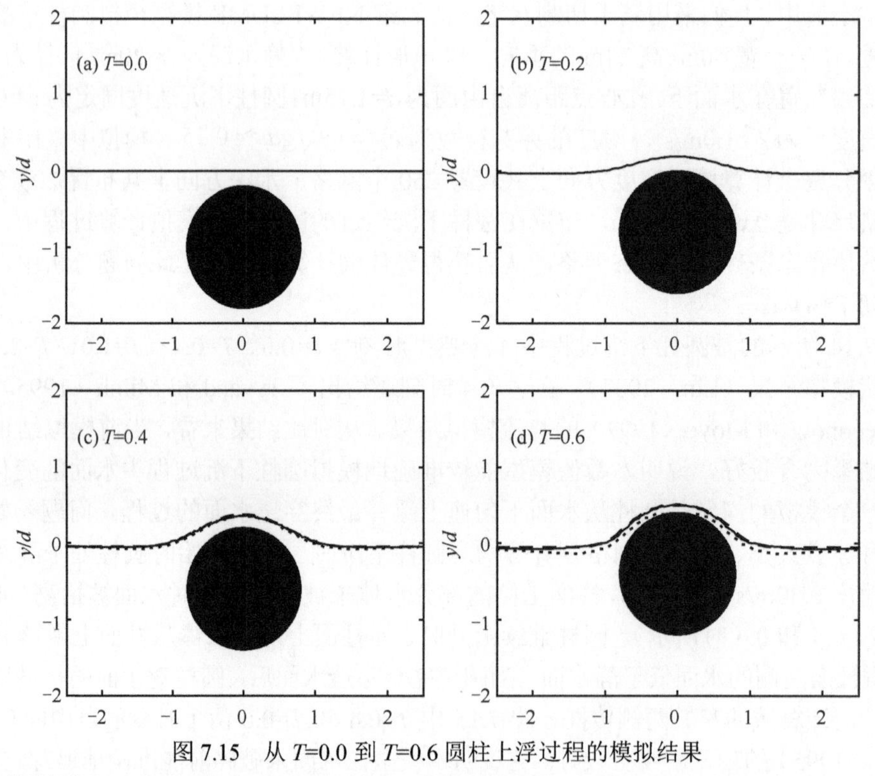

图 7.15 从 T=0.0 到 T=0.6 圆柱上浮过程的模拟结果

实线-本模型数值结果；虚线-Greenhow 和 Moyo（1997）的势流模拟结果；点画线-Tyvand 和 Miloh（1995）的理论解

7.3.3 三维锚固浮体在波浪作用下的动力响应

在本小节中，我们将采用基于虚拟边界力法的三维 NEWTANK 模型模拟锚固浮体在波浪作用下的动力响应。实验水槽长 23m，宽 0.8m，高 0.8m，中间使用玻璃板将水槽隔出 0.45m 宽进行实验，长方体浮箱长 l_x=0.3m，高 l_z=0.18m，浮箱沿水槽宽度方向上宽 0.44m。浮箱布置在水槽宽度的中线上，即浮箱两侧距离水槽两侧壁各 0.5cm。本小节选用文献（侯勇，2008）中编号为 CASE1 的实验进行模拟。浮箱质量为 17.82kg，相对于中性轴的质量惯性矩是 0.100 237 5kg·m^2。浮箱吃水 d=0.135m。实验设置如图 7.16 所示。

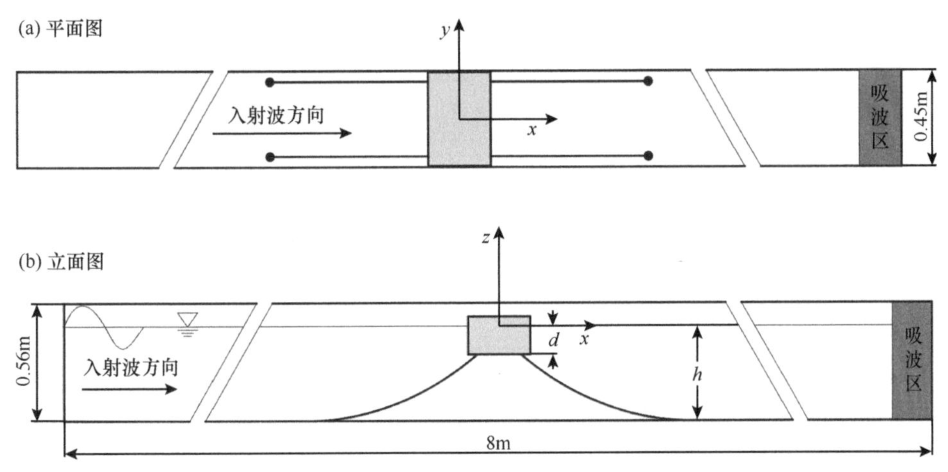

图 7.16　波浪作用下锚固浮箱模型设置示意图

物理实验中浮箱共布置 4 条锚链（沿 Y 轴对称布置），左右各布置有 2 条锚链，锚链与浮箱相连接的铰接点位于浮箱底部，锚链的具体布置如图 7.17 所示。锚链长均为 0.908m，在水中锚链单位长度重量为 0.355N/m，投锚距离分别为 0.798m。将锚链假设为均质、有重量、无粗细、不可伸缩且完全柔性的绳子。基于此假设，锚链可以采用悬链线理论进行模拟，具体方法参考程林（2016）的研究。

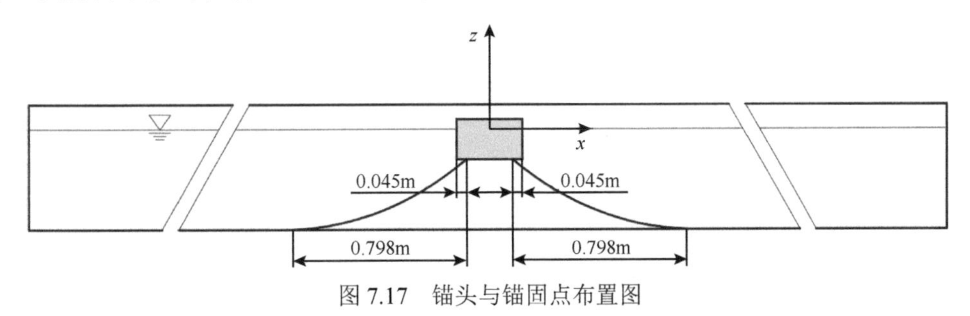

图 7.17　锚头与锚固点布置图

模型中计算域设置如图 7.16 所示。计算域总长 8.0m，高 0.56m，宽 0.45m。浮箱体心距离计算域左侧边界 3.5m。在 x 方向上总共布置 804 个非均匀划分的网格，最小网格尺寸为 $\Delta x=5.0\times10^{-3}$m，布置在斜坡附近；在 y 方向（即水槽宽度方向）上均匀划分为 9 个宽 $\Delta y=5.0\times10^{-2}$m 的网格；在 z 方向上总共布置 174 个非均匀划分的网格，最小网格尺寸为 $\Delta z=2.0\times10^{-3}$m，布置在静水面附近及以上区域。为了减小计算域出口边界反射波的影响，在计算域内靠近右侧出口边界的地方布置了海绵吸波层。为了达到最佳的吸波效果，将海绵吸波层厚度设置为 3.0m（即在 1.0 倍入射波波长至 1.5 倍入射波波长之间）。

图 7.18 给出了由本模型模拟得到的浮箱位移时间序列，分别是横荡（sway）、垂荡（heave）和横摇（roll），其中横摇设顺时针转动为正。可以看出，浮箱在周期波和锚链共同作用下，20s 以后浮箱运动达到稳定状态。还可以看出，在达到运动稳定状态后，浮箱横荡和垂荡呈现为简单的简谐振动，而浮箱横摇表现为一个波浪周期内叠加了一个小转动（即在两次绝对值较大的极值点内还出现了两个绝对值较小的极值点）。小转动存在的可能原因是锚链作用引起的。图 7.19 给出了典型时刻的模拟结果。

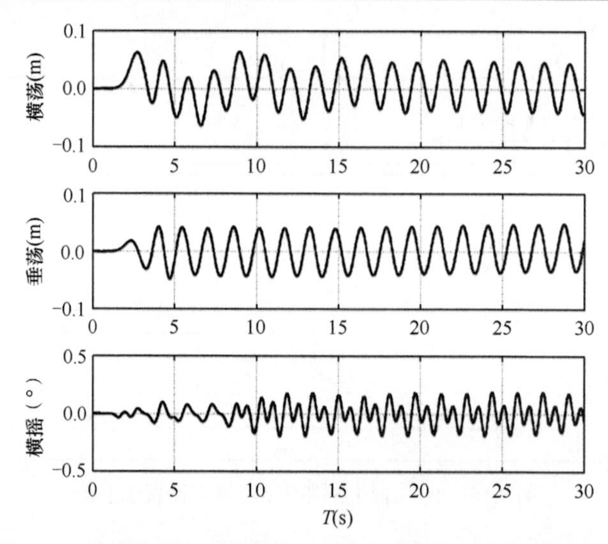

图 7.18 波浪作用下浮箱横荡、垂荡与横摇时间序列模拟结果

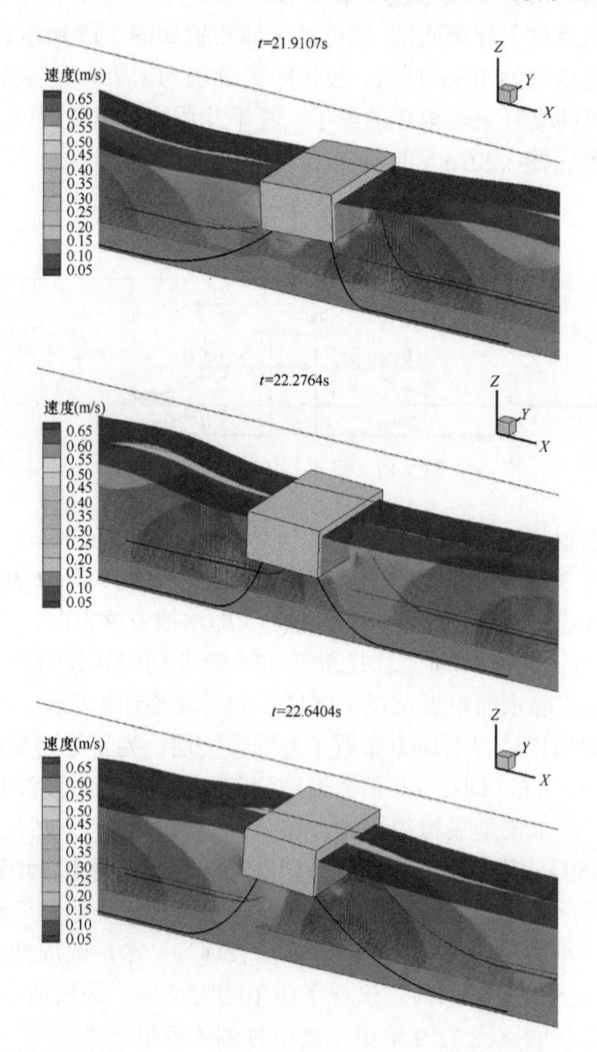

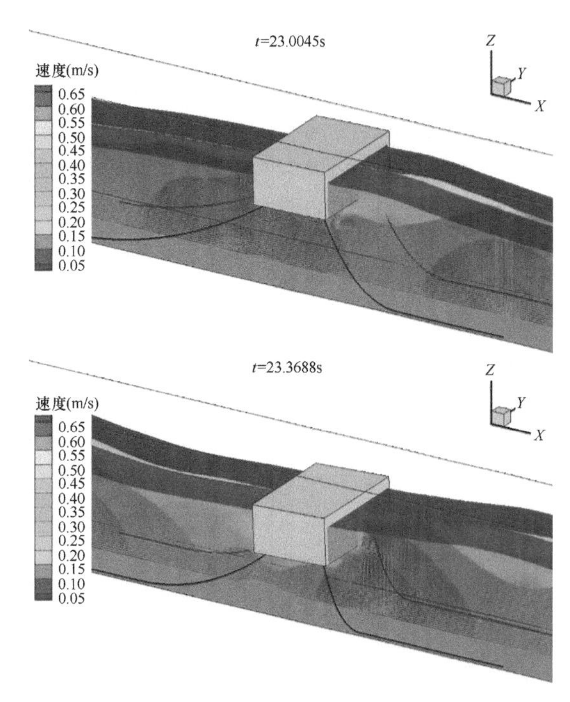

图 7.19　浮箱运动稳定后一个周期内位移与断面速度的分布

根据二阶斯托克斯波理论，水质点水平位移为

$$\begin{aligned}\zeta=&x_0-\frac{H}{2}\frac{\cosh\left[k(h+z)\right]}{\sinh\left(kh\right)}\sin(kx-\sigma t)\\&-\frac{kH^2}{8}\frac{1}{\sinh^2\left(kh\right)}\left[-\frac{1}{2}+\frac{3}{4}\frac{\cosh\left[2k(h+z)\right]}{\sinh^2\left(kh\right)}\right]\sin^2(kx-\sigma t)\\&+\frac{\sigma kH^2}{8}\frac{\cosh\left[2k(h+z)\right]}{\sinh^2\left(kh\right)}t\end{aligned}\tag{7.39}$$

式中，k 表示波数；$\sigma=\dfrac{2\pi}{T}$ 表示波浪圆频率。将入射波参数代入式（7.39），可知自由面 z=0 处水质点在一个周期内水平运动幅值（即上式中扣除净位移）为 0.10m。根据计算，在达到运动稳定状态后，模型中浮箱在一个周期内横荡运动幅值的平均值为 0.086m，小于水质点一个周期内的水平运动幅值。这说明浮箱在受到锚链作用时没有完全跟随水体一起运动。表 7.1 给出了波浪作用下浮箱运动响应系数。可以看出，模拟的浮箱 3 个位移分量的响应系数均比实验测量值偏大，导致这一现象的原因之一是物理实验中浮箱运动不可避免地受到水槽边壁的影响，而在数值模型中侧边壁对浮箱运动不产生任何影响。

表 7.1　波浪作用下浮箱运动响应系数（表中数值均除以入射波高，单位为 cm）

	实验测量	数值模型
横荡响应系数 RAO(sway)	1.17	1.23
垂荡响应系数 RAO(heave)	1.14	1.19
横摇响应系数 RAO(roll)（°/cm）	1.42	2.09

数值模型模拟得到的作用于浮箱的锚链力（F_m）历时曲线如图 7.20 所示。表 7.2 给出了波浪作用下浮箱所受锚链力的响应系数。实验测量得到的迎浪面和背浪面的锚链力响应系数相等，而数值模型计算得到的迎浪面锚链力响应系数大于背浪面锚链力响应系数。根据波浪理论，浮箱在迎浪面会承受波浪平均漂移力的作用，而背浪面不会，因此 NEWTANK 数值模型计算得到的锚链力响应系数较实验测量结果更为合理。

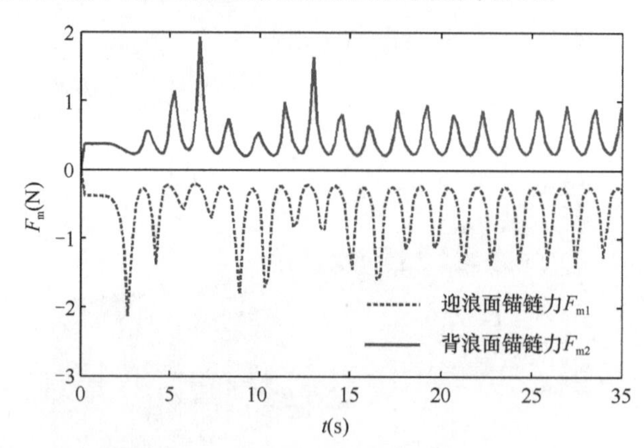

图 7.20　浮箱所受锚链力的时间序列

表 7.2　波浪作用下浮箱所受锚链力的响应系数（表中数值均除以入射波高，单位为 cm）

	实验测量	数值模型
迎浪面锚链力响应系数 RAO(F_{m1})（kg/cm）	0.040	0.040
背浪面锚链力响应系数 RAO(F_{m2})（kg/cm）	0.040	0.025

7.4　非惯性坐标系与运动液舱内的液体晃荡

7.4.1　非惯性坐标系中的流体运动控制方程

对于装有液体且具有 6 个自由度的运动容器，求解液体流动的最简单方式是建立跟随容器运动的动坐标系。通过这样的处理，计算域固定不动，但需要考虑非惯性运动参考系中的附加惯性力，这相当于在原流体动量方程添加一个源项：

$$\frac{\partial u_i}{\partial t}+u_j\frac{\partial u_i}{\partial x_j}=-\frac{1}{\rho}\frac{\partial p}{\partial x_j}+g_i+\frac{1}{\rho}\frac{\partial \tau_{ij}}{\partial x_j}+\frac{1}{\rho}\frac{\partial R_{ij}}{\partial x_j}+\left(f_{\mathrm{NIF}}\right)_i \tag{7.40}$$

式中，源项$(f_{\mathrm{NIF}})_i$包括平移运动和旋转运动两方面因素的影响。力的向量形式可以写为

$$\vec{f}_{\mathrm{NIF}}=-\frac{\mathrm{d}\vec{V}}{\mathrm{d}t}-\frac{\mathrm{d}\dot{\vec{\theta}}}{\mathrm{d}t}\times(\vec{r}-\vec{R})-2\dot{\vec{\theta}}\times\frac{\mathrm{d}(\vec{r}-\vec{R})}{\mathrm{d}t}-\dot{\vec{\theta}}\times[\dot{\vec{\theta}}\times(\vec{r}-\vec{R})] \tag{7.41}$$

式中，$\vec{V}$ 和 $\dot{\vec{\theta}}$ 分别是非惯性参考系下的平移速度和旋转速度；$\vec{r}$ 和 $\vec{R}$ 分别是计算域中待计算点的位置向量和在计算域内部或者外部的旋转起点（图 7.21）。采用与两步投影法相似的步骤，我们可以将第二步写为

$$\frac{u_i^{n+1}-\tilde{u}_i}{\Delta t}=-\frac{1}{\rho}\frac{\partial p^{n+1}}{\partial x_i}+g_i+\left(f_{\mathrm{NIF}}^{n+1}\right)_i \tag{7.42}$$

从而可以推导出：

$$\frac{\partial}{\partial x_i}\left(\frac{1}{\rho}\frac{\partial p^{n+1}}{\partial x_i}\right)=\frac{\partial}{\partial x_i}\left(\frac{\tilde{u}_i}{\Delta t}\right)+\frac{\partial\left(f_{\mathrm{NIF}}^{n+1}\right)_i}{\partial x_i} \tag{7.43}$$

额外的力必须包括在边界上，并且满足速度为 0 的条件：

$$\frac{\partial p^{n+1}}{\partial x_i}=\rho\left[g_i+\left(f_{\mathrm{NIF}}^{n+1}\right)_i\right] \tag{7.44}$$

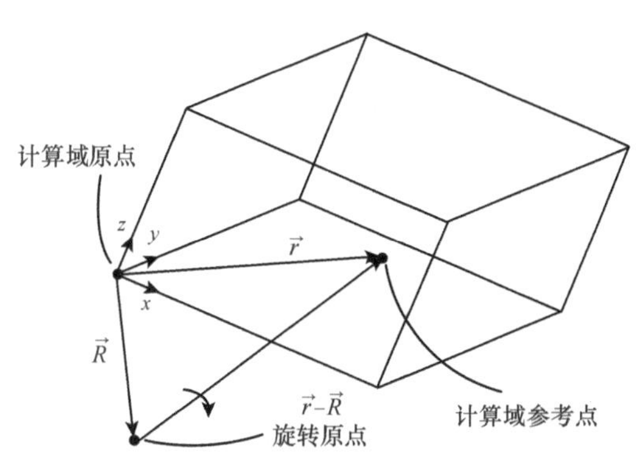

图 7.21　非惯性参考系中流体流动的模拟

7.4.2　非惯性坐标系下的液体晃荡

在这个算例中，将采用 NEWTANK 模型来模拟三维液舱晃荡（Liu and Lin，2008）。算例中的静水深度为 h，水箱长度为 $2a$，宽度为 $2W$。在实验室里，水箱被固定在一个振动台上，振动台与摆动轴线的夹角为 φ（图 7.22）。振动台周期性地以 $u_e=-A\cos\omega t$ 的外激励速度运动，速度幅值为 $A=b\omega$，其中 b 是位移振幅，ω 是外激励的角频率。

将振动台的速度 u_e 沿 x 方向和 y 方向分解为两部分，得到 $u_x=-A\cos\varphi\cos\omega t$ 和 $u_y=-A\sin\varphi\cos\omega t$，并把问题处理成纵荡和横荡运动的线性耦合。我们结合 Faltinsen（1978）的一维激励（波动或摆动）下的二维线性解析解，得到了波动、摆动同时激励下的液舱晃荡的三维线性解析解：

$$\begin{aligned}\eta=&\frac{1}{g}\sum_{n=0}^{\infty}\sin\left[\frac{(2n+1)\pi}{2a}x\right]\cosh\left[\frac{(2n+1)\pi}{2a}h\right]\left(-A_{nx}\omega_{nx}\sin\omega_{nx}t-C_{nx}\omega\sin\omega t\right)\\&-\frac{1}{g}A\omega x\sin\omega t\\&+\frac{1}{g}\sum_{n=0}^{\infty}\sin\left[\frac{(2n+1)\pi}{2w}y\right]\cosh\left[\frac{(2n+1)\pi}{2w}h\right]\left(-A_{ny}\omega_{ny}\sin\omega_{ny}t-C_{ny}\omega\sin\omega t\right)\\&-\frac{1}{g}A\omega y\sin\omega t\end{aligned} \tag{7.45}$$

式中，各变量分别为

$$\omega_{nx}{}^{2}=g\frac{(2n+1)\pi}{2a}\tanh\left[\frac{(2n+1)\pi}{2a}h\right],\ C_{nx}=\frac{\omega K_{nx}}{\omega_{nx}^{2}-\omega^{2}},\ A_{nx}=-C_{nx}-\frac{K_{nx}}{\omega}$$

$$K_{nx}=\frac{\omega A}{\cosh\left[\frac{(2n+1)\pi}{2a}h\right]}\frac{2}{a}\left[\frac{2a}{(2n+1)\pi}\right]^{2}(-1)^{n} \tag{7.46}$$

$$\omega_{ny}{}^{2}=g\frac{(2n+1)\pi}{2w}\tanh\left[\frac{(2n+1)\pi}{2w}h\right],\ C_{ny}=\frac{\omega K_{ny}}{\omega_{ny}^{2}-\omega^{2}},\ A_{ny}=-C_{ny}-\frac{K_{ny}}{\omega}$$

$$K_{ny}=\frac{\omega A}{\cosh\left[\frac{(2n+1)\pi}{2w}h\right]}\frac{2}{w}\left[\frac{2w}{(2n+1)\pi}\right]^{2}(-1)^{n} \tag{7.47}$$

需要注意的是，系统的原点设置在水箱中心的静水面上。

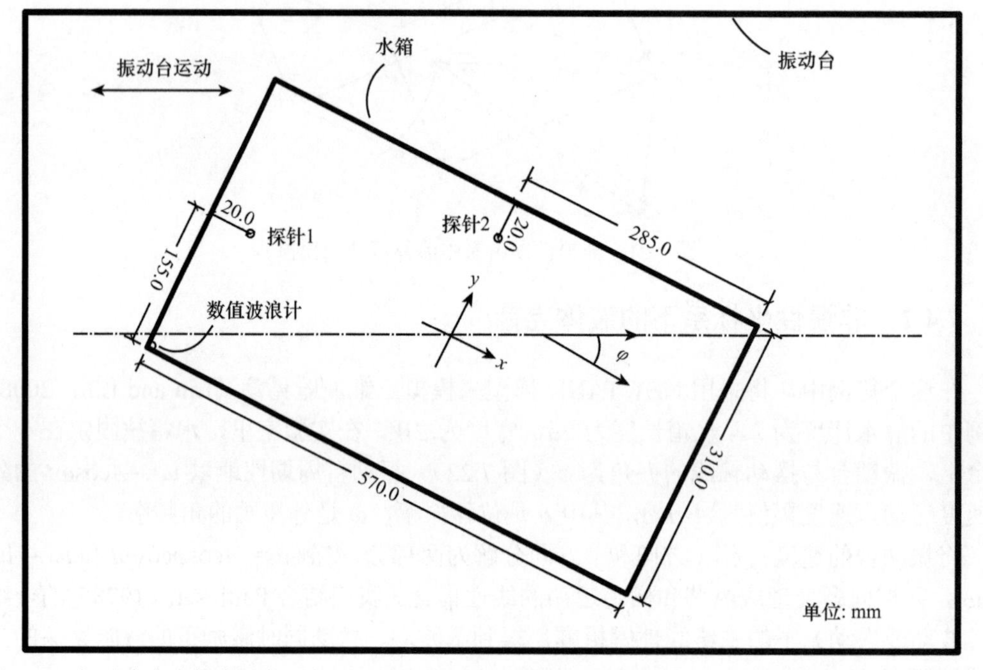

图 7.22 振动台上水槽实验装置的顶部俯视图（实验数据由新加坡国立大学的 C. G. Koh 教授提供）

该算例中，我们将参数设置为 h=0.5m、a=0.285m、w=0.155m。水槽固定在振动台上，夹角 φ=30°。不同模型的固有频率如下：

$$\omega_{mn}^{2}=\sqrt{\left(\frac{mg\pi}{2a}\right)^{2}+\left(\frac{ng\pi}{2w}\right)^{2}}\tanh\sqrt{\left(\frac{m\pi h}{2a}\right)^{2}+\left(\frac{n\pi h}{2w}\right)^{2}},\ (m,\ n=0,\ 1,\ 2\cdots) \tag{7.48}$$

最小固有频率分别为 ω_{10}=6.0578s^{-1} 和 ω_{01}=9.5048s^{-1}。在数值实验中，我们选择 ω=0.985ω_{10}，在该频率下系统会发生共振现象。在第一次模拟中，激励的振幅较小，b=0.0005m，所以整个模拟可认为是线性的。在第二次模拟中，激励的振幅较大，b=0.005m，同时也是实验室中所用的数值。在这个算例中，晃动出现了强烈的非线性。模拟设置了两个探针用于测量自由表面的位移，探针 1 位于(−0.265m, 0.0m)，探针 2 位于(0.0m, 0.135m)，见图 7.22。

数值模拟在固定的计算区域中进行，虚拟边界力施加在非惯性参考系上。模型网格为水平均匀网格，$\Delta x=\Delta y=0.005$m，垂向为非均匀网格，Δz 最小值 0.001m 出现在自由面附近。图 7.23 为两个测点（−0.265m, 0.0m）、（0.0m, 0.135m）及更边缘处（−0.285, −0.155）对应的时间序列的标准化表面高程的比较。当激励振幅很小时，所有位置处的数值结果与线性解析解吻合较好。但是，当激励振幅增大时，自由面位移开始偏离解析解，但数值结果与物理实验结果吻合良好。由此可证明，NEWTANK 模型在模拟强非线性晃荡时具有良好的性能。

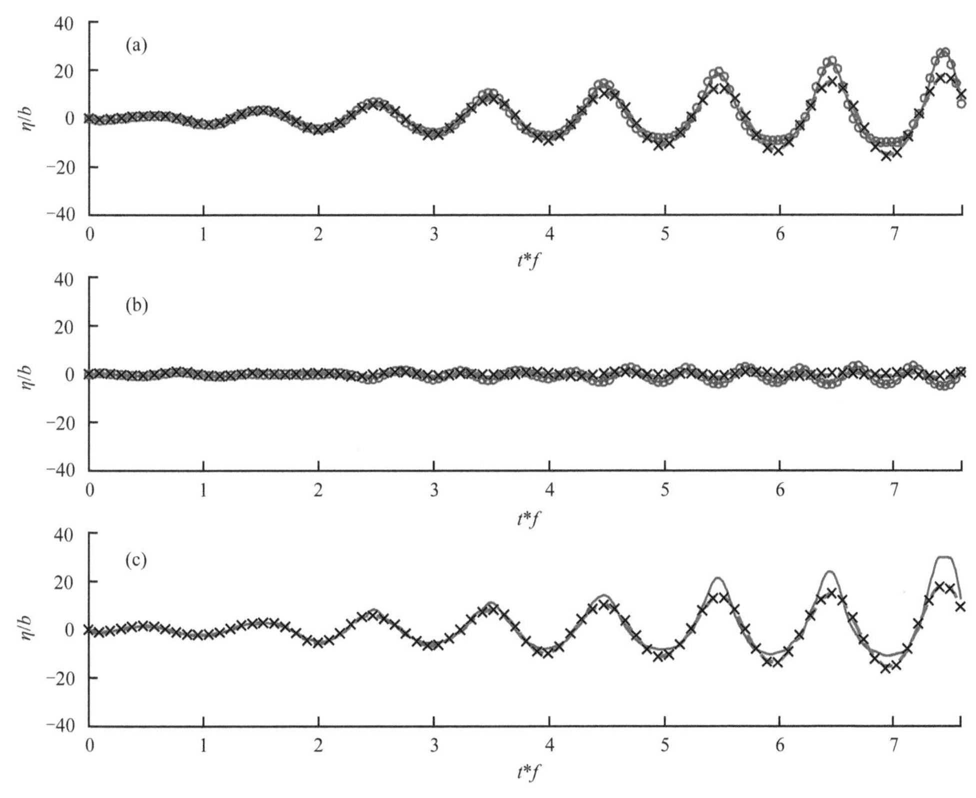

图 7.23　不同位置对应的时间序列的标准化表面高程的比较

7.4.3　高粘性液体晃荡

在实际工程中，不同粘性流体普遍存在（表 7.3）。目前，针对低粘性流体（如水、液化天然气）的晃荡研究较多，研究人员得到了流体晃荡的荷载与不稳定特性，并制定了一系列减晃抑晃措施。由于实际工程的需要，高粘性有毒流体的运输事故屡次发生，另外，矿石液化后也是一种高粘性流体，在运输过程中的不稳定性诱发了多次沉船或破坏事故等，而针对高粘性流体的晃荡研究目前相对较少。

表 7.3　部分流体的基本物理属性

名称	动力粘滞系数（Pa·s）	名称	动力粘滞系数（Pa·s）
沥青	2.3×10^{8}	丙醇	1.945×10^{-3}
重燃料油-380	2.002	硝基苯	1.863×10^{-3}

续表

名称	动力粘滞系数（Pa·s）	名称	动力粘滞系数（Pa·s）
玉米糖浆	1.3806	汞（水银）	1.526×10^{-3}
甘油（20℃）	1.2	乙醇（酒精）	1.074×10^{-3}
蓖麻油	0.985	水	8.94×10^{-4}
机油 SAE 40（20℃）	0.319	苯	6.04×10^{-4}
橄榄油	0.081	甲醇	5.44×10^{-4}
机油 SAE 10（20℃）	0.065	丙酮	3.06×10^{-4}
硫酸	2.42×10^{-2}	液氮（−196℃）	1.58×10^{-4}
乙二醇	1.61×10^{-2}		

注：未标记温度的均为 25℃

1. 自由晃荡

Wu 等（2001）通过将 N-S 方程中的非线性对流项省略，得到了包含二阶扩散项的线性化 N-S 方程，通过拉普拉斯（Laplace）变换得到小振幅自由晃荡的粘性解。将流体的运动粘滞系数记作 ν，初始自由液面为余弦型的情况如下：

$$\eta(x,\ 0)=a\cos k\left(x+\frac{L}{2}\right) \tag{7.49}$$

式中，x 表示距离箱体左边壁的距离；L 为箱体长度；a 为初始自由液面振幅；$k=\dfrac{2\pi}{L}$ 是最低阶波数。当 $\kappa=\dfrac{g}{\nu^2k^3}>0.581\,412\,2$ 时，自由面高程可表示为

$$\frac{\eta(x,t)}{\eta(x,0)}=1-2\kappa\Re e\sum_{i=1}^{2}\frac{A_i\left\{-\gamma_i\exp\left[\left(-1+\gamma_i^2\right)\nu k^2t\right]\left[1+\mathrm{erf}\left(\gamma_i k\sqrt{\nu t}\right)\right]+\gamma_i+\mathrm{erf}\left(k\sqrt{\nu t}\right)\right\}}{1-\gamma_i^2} \tag{7.50}$$

式中，*erf* 为误差函数（error function）γ_1 和 γ_2 是方程（7.51）4 个解中的任意两个非共轭根：

$$\left(x^2+1\right)^2-4x+\kappa=0 \tag{7.51}$$

记 $\gamma_{1\mathrm{R}}=\Re e\left(\gamma_1\right)$ 和 $\gamma_{1\mathrm{I}}=\Im m\left(\gamma_1\right)$ 分别是 γ_1 的实部和虚部，γ_2 的记法类似。因此，可得

$$\Re e_{A_1}=-\frac{2}{\varDelta}\gamma_{1\mathrm{R}}，\ \Im m_{A_1}=-\frac{2\gamma_{1\mathrm{R}}^3+1}{\gamma_{1\mathrm{R}}\gamma_{1\mathrm{I}}\varDelta} \tag{7.52}$$

以及

$$\Re e_{A_2}=\frac{2}{\varDelta}\gamma_{2\mathrm{R}}，\ \Im m_{A_2}=-\frac{2\gamma_{2\mathrm{R}}^3-1}{\gamma_{2\mathrm{R}}\gamma_{2\mathrm{I}}\varDelta} \tag{7.53}$$

式中，$\varDelta=4\left(6\gamma_{1\mathrm{R}}^2+1\right)\left(2\gamma_{1\mathrm{R}}^2+1\right)-4\left(\kappa+1\right)$。

在数值模拟中，我们选取箱体长度 L=1.0m、水深 h=0.5m，初始液面的振幅设置为 a=0.01m。为了和线性化 N-S 方程的理论进行比较，忽略空气对流体晃荡的影响，将两相流模型中空气的运动粘滞系数设置为 0，并关闭湍流模型，同时忽略非线性对流项。选取 4 种

运动粘滞系数，分别是 0.055 368m²/s、0.005 536 8m²/s、0.000 553 68m²/s 和 0.000 055 368m²/s，它们对应的 Re 分别为 20、200、2000 和 20 000。图 7.24 给出了 4 种情况下箱体左边壁处自由液面位移的数值结果和理论解的对比，其中数值结果又分为两种情况，一种是自由滑移边界条件，即没有解析边界层，另一种是无滑移边界条件，数值上解析了边界层内的能量耗散过程。边界层的厚度可根据下式计算：

$$D = O(\sqrt{v/f}) \tag{7.54}$$

式中，f 是流体的最低自振频率，定义为 $f = \sqrt{\frac{g\pi}{L}\tanh\frac{\pi h}{L}}\Big/2\pi$。

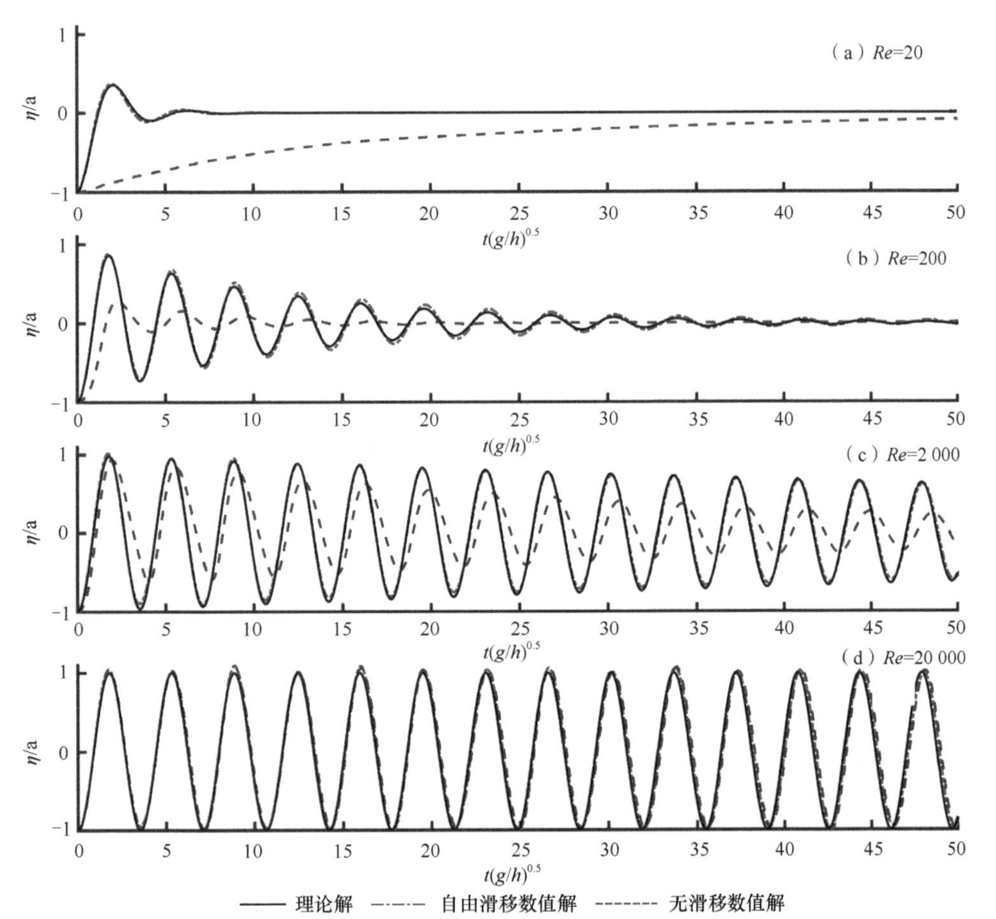

图 7.24　不同粘性液体自由晃荡液面位移的数值结果和理论解对比（Jin and Lin，2019）

由式（7.54）计算的 4 种不同粘性流体自由晃荡对应的边界层厚度分别为 210.7mm、66.6mm、21.1mm 和 2.6mm。对于前 3 种流体，边界层网格设置为 2.0mm，第 4 种流体的边界层网格设置为 0.25mm。从结果可以发现，当考虑自由滑移边界条件时，数值结果和理论解几乎完全吻合，当考虑边界层对晃荡的影响时，对于低粘性流体，影响不显著，随着粘性的逐步增大，边界层内的能量耗散逐步增大，如果不考虑边界层的影响，二者结果差异就会较大，这说明边界层在高粘性流体晃荡时具有显著的作用。

2. 甘油晃荡

液舱中的液体固有频率可由色散方程求得：

$$\omega_{mn}^2=\sqrt{\left(\frac{mg\pi}{L}\right)^2+\left(\frac{ng\pi}{W}\right)^2}\tanh\sqrt{\left(\frac{m\pi h}{L}\right)^2+\left(\frac{n\pi h}{W}\right)^2}\quad (m,\ n=0,\ 1,\ 2\cdots)\tag{7.55}$$

式中，L 为箱体长度；W 为箱体宽度；h 为水深。在下面的研究中，箱体尺寸设定为长度 L=0.6m、宽度 W=0.3m、高度 H=0.6m，水深设定为 h=0.12m，其最低阶固有频率为 $\omega_{1,0}$=5.3483rad/s。

对于甘油，其运动粘滞系数随温度变化：

$$\rho=1000\times\left(1.2727+10^{-3}\alpha T+10^{-6}\beta T^2+10^{-9}\gamma T^3\right)\tag{7.56}$$

$$\nu=\frac{1}{\rho}\times1.748\times10^{-12}\times\exp\left(\frac{8056}{270.15+T}\right)\tag{7.57}$$

式中，T 是温度（℃）；ρ 是密度；ν 是运动粘滞系数；α、β 和 γ 分别为–0.5506、–1.016 和 1.27。

考虑 35℃的甘油，其密度和运动粘滞系数根据方程（7.56）和方程（7.57）计算得到，分别为 1252.2m^3/kg 和 0.000 407 65m^2/s。下面考虑甘油在水平激励下的晃荡特性，水平激励振幅为 0.03m，外激励频率为 0.8$\omega_{1,0}$，其对应的边界层厚度为 24.5mm。数值计算域为 0.6m×0.3m×0.25m，离散为 64×40×56 的非均匀网格，其中边界层内布置 10 个网格，网格大小为 2.5mm，自由液面附近网格大小也为 2.5mm。边界条件设置为无滑移，并自动调整时间步长以满足数值计算的稳定性。

左壁面距离底部 3cm 和 7cm 处水动压的数值结果与实验结果的对比如图 7.25 所示，其中也包括二维数值结果。可以发现，对于高粘性流体，因壁面效应较强，即使激励是单自由度的，侧边壁对结果的影响也较大，这与低粘性流体具有显著差异。三维数值结果与实验结果几乎一致。结果再次表明，对于高粘性流体，边界层十分重要，只有合理解析边界层，才能得到合理的结果。数值与实验的自由液面对比如图 7.26 所示。可以发现，虽然晃荡激励是单自由度，但自由液面表现出明显的三维特性，且壁面附着的流体较多，这与低粘性流体晃荡具有显著差异。

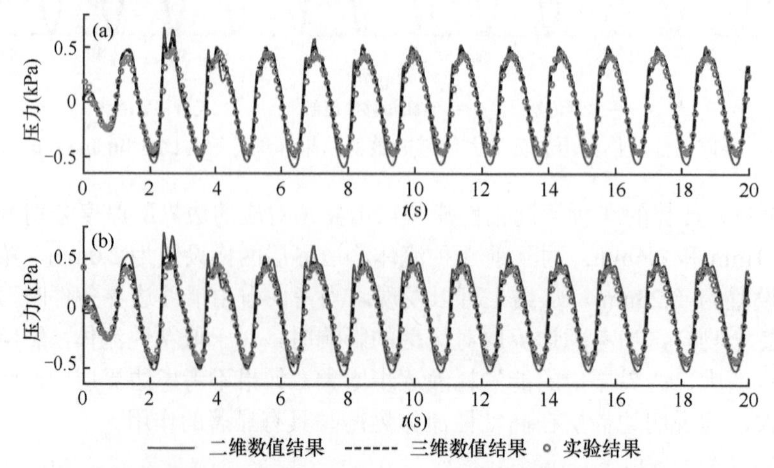

图 7.25 左壁面距离底部 3cm（a）和 7cm（b）处水动压的数值结果与实验结果的对比

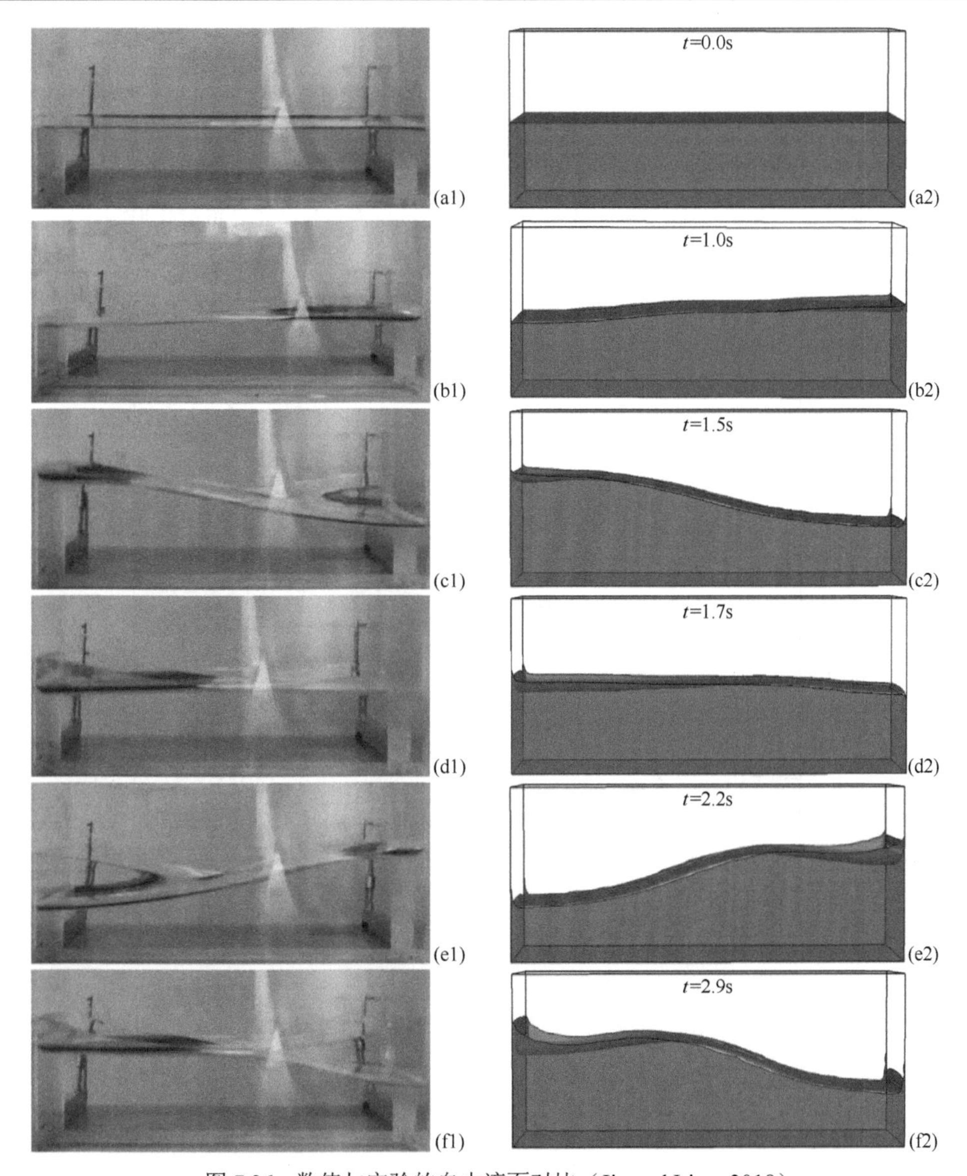

图 7.26　数值与实验的自由液面对比（Jin and Lin，2019）

7.4.4　垂向激励下的法拉第波

对于垂向激励下的液舱晃荡，当外激励频率和振幅同时满足一定条件时，会诱发大波陡的晃荡波，这一现象称为参数不稳定现象。最早发现此现象的学者是英国科学家法拉第（Faraday），他在 1831 年研究充液系统在垂向激励下的响应时首次观察并报道了此现象，因此这类液体失稳运动也称为法拉第波。1868 年，马蒂厄（Mathieu）在研究薄膜运动时推导出了 Mathieu 方程，并得到了整数参数不稳定图，如图 7.27 所示，其中 ω_n 是系统的自振频率。直到 1954 年，本杰明（Benjamin）和厄塞尔（Ursell）推导出了理想流体在垂向激励下的流体运动控制方程，结果表明，控制方程同样为 Mathieu 方程，他们还理论推导了方程的解析解。Balth 和 Strutt（1928）研究了分数不稳定图，极大地拓展了不稳定区域的范围。由于流体均有粘性，通过势流理论得到的不稳定图会与实际情况有所不同，相关学者通过实验和理论分析得到了粘性的不稳定图（Li and Wang，2016；Kolukula et al.，2015；Horsley and Forbes，2013；Richards，1976；Taylor and Narendra，1969；Sorokin，1957）。研究人员通过直接数值模拟、线性势流模型、基于 N-S 方程的大涡模拟开展了一系列研究，分析了低频、高频外激励下的不稳定法拉第波的波形特征，如平行状（Edwards and Fauve，1994）、六角形（Binks et al.，1997）和正方体（Kityk et al.，2005），以及荷载随激励的响应关系（Jin et al.，2021；Frandsen and Peng，2006；Jiang et al.，2006）。

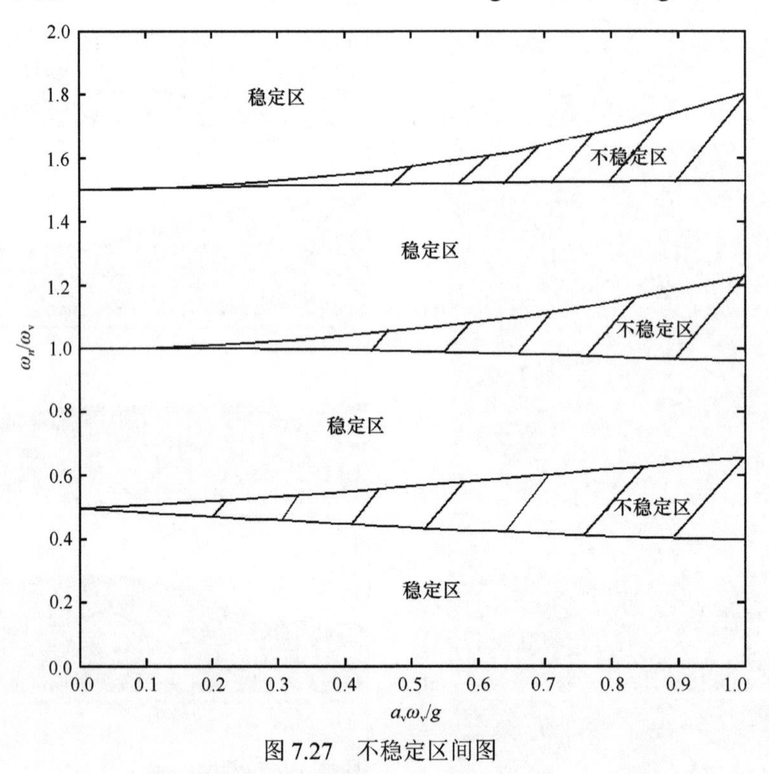

图 7.27　不稳定区间图

ω_n 是系统的自振频率；a_v 是垂向运动位移振幅；ω_v 是外激励角频率

1. 稳定与不稳定法拉第波

这里我们考虑 Jin 等（2021）模拟的问题。考虑尺寸为长度 L=1.0m、水深 h=0.5m 的液舱，流体的自然频率满足色散关系式 $\omega_n=\sqrt{gk_n\tanh\left(k_nh\right)}$，其中 $k_n=n\pi/L$（n=1, 2, 3⋯），对应的最低阶固有频率为 ω_1=5.3166rad/s。初始液面为 $\zeta\left(x,\ n\right)\big|_{t=0}=a\cos\left(k_nx\right)$，其中 a 是初始自由面的振幅，取值为 0.000 49m；n 取值为 1；x 表示箱体距离左边壁的距离。箱体在垂向按照 $z(t)=a_v\cos(\omega_vt)$ 做周期性运动，其中 a_v 和 ω_v 分别为垂向运动的位移振幅和外激励角频率。选取两组不同的参数，分别位于稳定区和不稳定区：①a_v=0.27m，$\omega_v=0.8\omega_1$，位于稳定区；②a_v=0.026m，$\omega_v=2\omega_1$，位于不稳定区。在数值计算中，为了和理想流体理论解进行比较，我们将运动粘滞系数设置为 0，关闭湍流模型，计算域采用 200×1×240 的网格系统，在水平方向设置 200 个均匀网格，网格大小为 0.005m；在垂直方向上布置 240 个均匀网格，网格大小为 0.0025m。图 7.28 给出了垂向激励下箱体左边壁处自由面高程的时间历程曲线，包括理论解和本数值模型结果。从图 7.28（a）可以看出，本数值模型的结果与理论解结果几乎完全一致。从图 7.28（b）可以发现，在无量纲时间 $t\omega_1$=52 之后，

本数值模型的结果与线性理论解的偏差越来越大，这主要是由于线性理论解为一阶解，而且没有考虑非线性的影响（线性理论解沿自由液面具有对称性），而本模型是基于 Euler 方程的，考虑了非线性的作用，因此法拉第波波峰越来越尖锐，波谷越来越平坦。

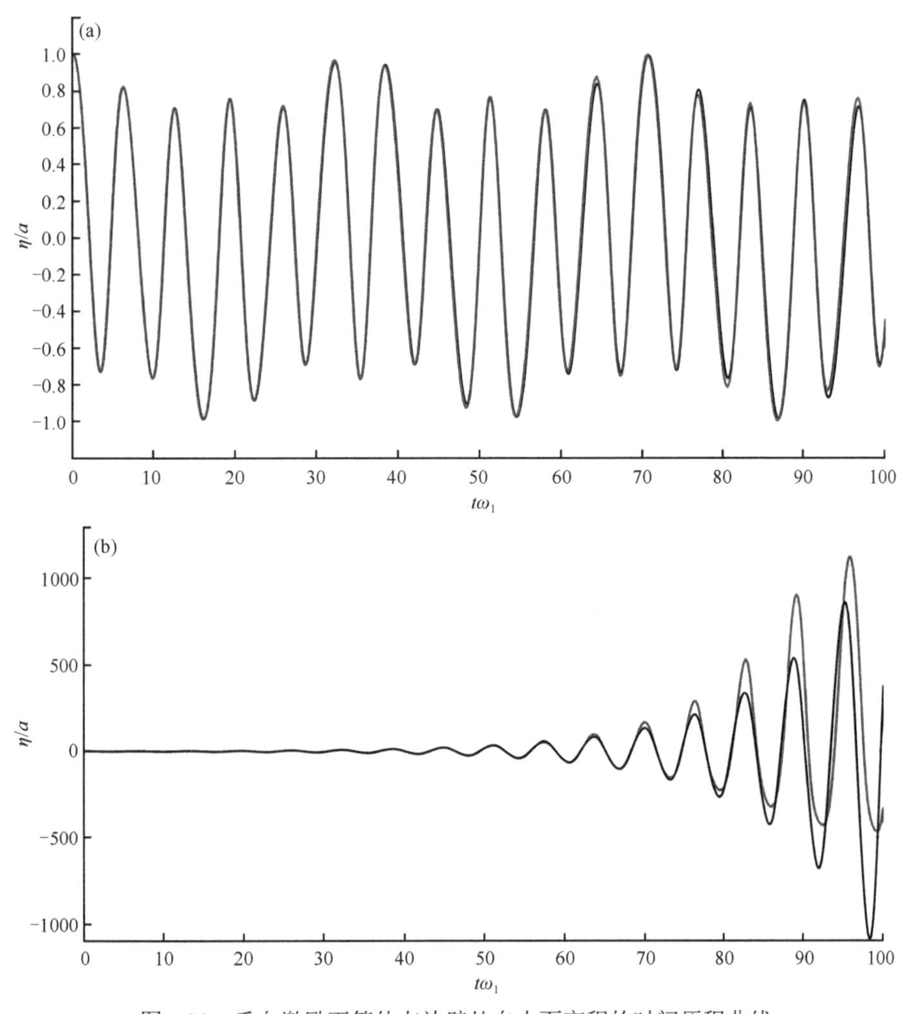

图 7.28　垂向激励下箱体左边壁处自由面高程的时间历程曲线

2. 初始扰动对垂向不稳定区晃荡的影响

我们开展了垂向激励下水体的晃荡实验，箱体尺寸为长度 L=0.6m、宽度 W=0.3m、高度 H=0.6m，水深 h=0.12m，相应的最小自然频率为 ω_1=5.3483rad/s。转动平台使得初始液面倾斜，在一定时间内将其恢复至水平状态，然后再开始加载垂向激励。倾斜角度采用 15°和 20°两种，按照 5°/s 的速度恢复水平状态。垂向外激励参数为：a_v=0.005m，ω_v=2.0ω_1，约为 1.7Hz，它位于不稳定图的第一不稳定区。不同初始扰动的结果如图 7.29（a）所示，图 7.29（b）为图 7.29（a）中 t=19.38s 之后的相位调整结果，水动压均从此时刻清零。从图 7.29（b）可以发现，从 19.38s 时刻开始，不同倾角扰动下的水动压几乎一致。该结果表明，初始扰动对垂向激励下的晃荡的最终形态影响不显著，仅仅会提前或延迟不稳定晃荡的出现时间。因此，在垂向晃荡的研究中，最终状态的波形仅与外激励参数直接相关。

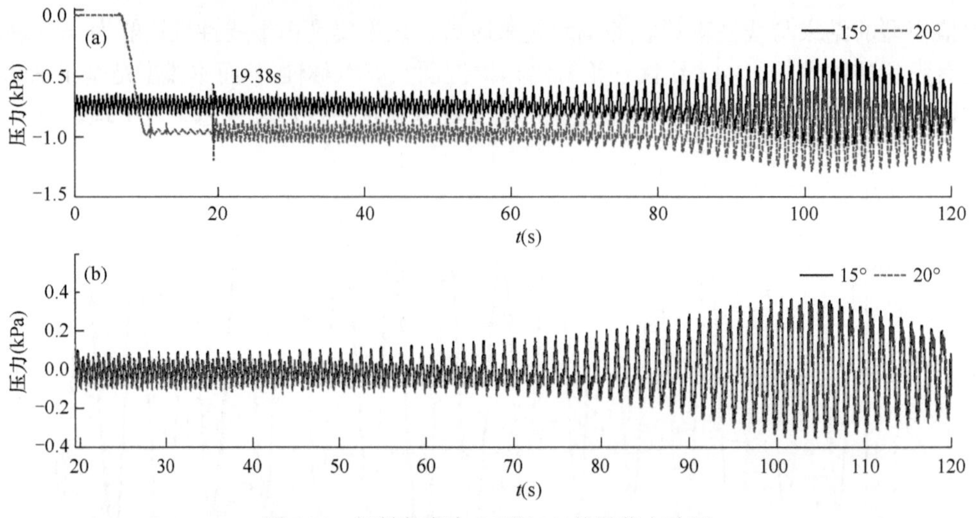

图 7.29 倾斜角度为 15°和 20°的晃荡水动压

3. 多模态法不稳定区晃荡

对于一个特定的液舱，其稳定性由不稳定图完全确定。基于势流理论的不稳定图是针对各阶自振频率建立的，对于各模态之间的相互作用鲜有报道。考虑箱体尺寸为长度 L=0.5m，水深 h=0.3m，其相应的最小的三阶固有频率分别为 ω_1=7.672rad/s、ω_2=11.0971rad/s 和 ω_3=13.5981rad/s。我们根据无量纲的不稳定图可制定有量纲的不稳定图，如图 7.30 所示。从图 7.30 可以发现，不同频率的不稳定区间存在明显的交叉区域，并且在交叉区域法拉第波由多种频率的波形组成，更加复杂。在特定条件下，可能有两种模态不稳定，而另一种模态处于稳定状态。对于图 7.30 中的点 1，模态 1 和模态 2 均不稳定，而模态 3 处于稳定状态，在此区域最终响应的波形为模态 1 和模态 2 的叠加。对于图 7.30 中的点 2 和点 3，

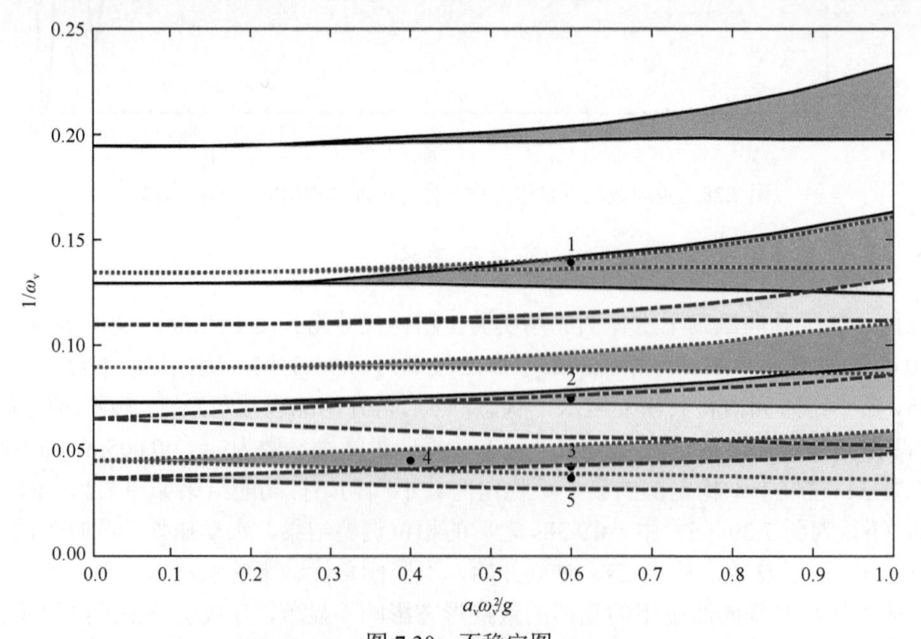

图 7.30 不稳定图

ω_1-实线区域；ω_2-虚线区域；ω_3-点画线区域

其对应的波形分别为模态 1 和模态 3 的叠加、模态 2 和模态 3 的叠加。可以发现，即使外激励频率一致，在不稳定的交叉区域，波形也会更加复杂。

4. steep Faraday 波

为了研究陡峭法拉第（steep Faraday）波，我们开展垂向激励下水的数值实验，箱体尺寸为长度 L=0.6m、宽度 W=0.3m、高度 H=0.6m，水深 h=0.12m，外激励频率为 $\omega_v=2.0\omega_{2,0}$。初始液面采用倾斜状态，在一定时间内恢复至水平状态后，再开始加载垂向激励。倾斜角度采用 15°。垂向外激励参数为：a_v=0.0025m，它位于不稳定区。自由液面数值结果与实验结果的对比如图 7.31 所示。可以发现，数值结果与实验结果较为接近，可以较好地捕捉波峰处的破碎现象。

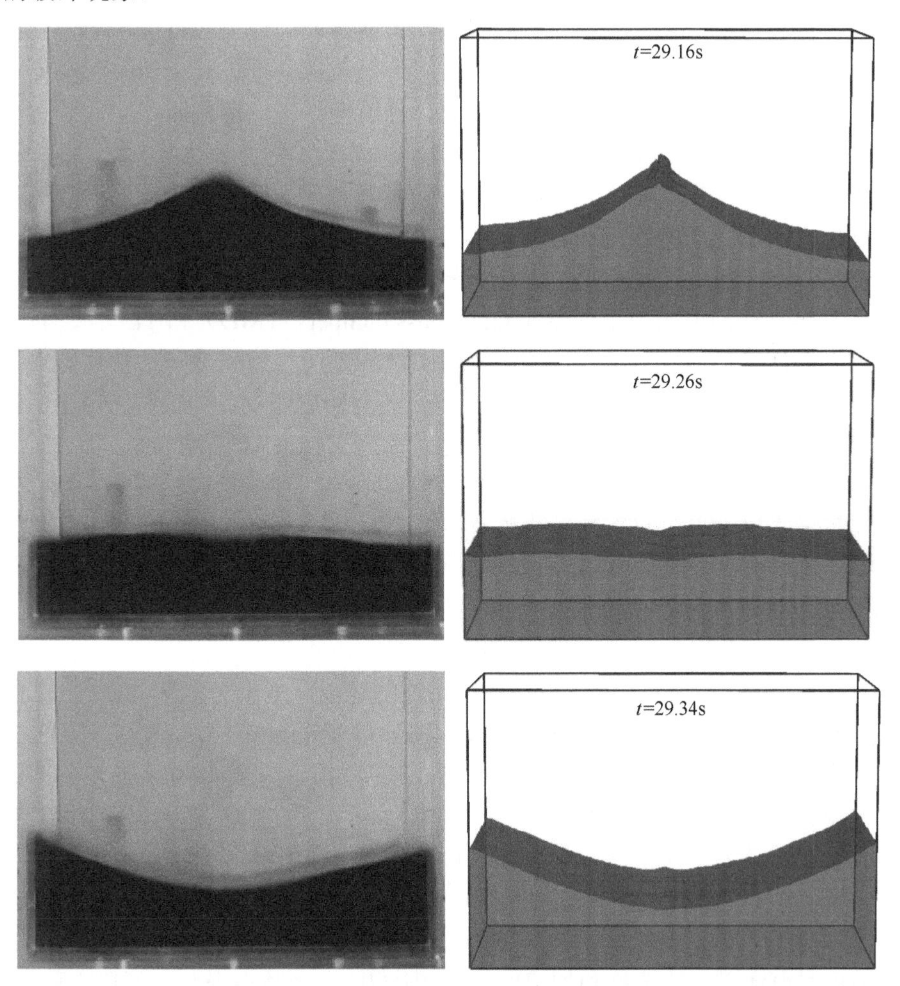

图 7.31 自由液面数值结果与实验结果的对比

7.5 调谐液体阻尼器与支撑结构平台耦合作用

7.5.1 TLD 与支撑结构平台耦合研究现状

调谐液体阻尼器（tuned liquid damper，TLD），是一种吸振型被动阻尼装置，常用于高层建筑物、固定或浮式海洋结构物等支撑结构平台的减摇抑振。TLD 一方面可以调整支撑结构平台的固有频率避免其共振，另一方面以晃荡波破碎、粘性液体内摩擦和边界面摩擦耗散外部载荷施加给支撑结构平台的能量。同时，在复杂环境载荷作用下的支撑结构平台也会受到 TLD 内调谐液体所施加的反相位惯性力，从而减小支撑结构平台的振动幅度。

海洋平台是一种典型的支撑结构平台，是海洋资源开发的重要载体，由于其所处的工作环境，不可避免地会受到风、浪、流、地震及机械设备等载荷的作用而引发结构振动并产生噪声辐射，严重威胁海洋平台的安全并影响人员的舒适性。因此，如何通过经济有效的减振技术抑制平台的振动，提高平台的安全性和可靠度以保证海洋平台作业人员的舒适性一直是海洋工程界的重要前沿课题。尽管几十年前提出的振动控制概念已被广泛应用于土木工程、机械工程等多个学科领域，但是它在海洋工程领域里又呈现出一些新的特点，比如具有明显的自激非线性动力性质、随机性、大变形和高度非线性响应等，使得海洋平台振动控制技术面临着一些新的挑战。同时，平台振动也是过去几十年中海洋工业界发生的几起重大事故和故障的主要原因之一。因此，开展海洋平台结构减振研究具有十分重要的科学意义和工程应用价值。

海洋平台大多数为钢结构，在横向动载荷作用下会产生较大变形。通过增加建筑材料及增大截面面积来满足结构刚度和舒适度要求，既不经济又很难达到预期效果。振动控制的目标是在不增强刚度的前提下增加减振装置，减小结构振动和变形。目前，海洋平台减振装置主要有被动式调谐质量阻尼器（tuned mass damper，TMD）和 TLD，二者均属吸振控制。考虑到海洋平台自身的特点，利用容器中液体晃动时的惯性和粘性耗能来减小结构振动的 TLD，是一种有效的结构振动控制装置，具有构造简单、易安装、自激活性好、不需要外加能源又可兼作供水水箱等优点，引起了海洋工程界的广泛关注。当 TLD 的基本晃动频率与海洋平台的基频相调谐时，便能够有效地抑制海洋平台的振动。然而，由于海洋平台结构的复杂性，TLD 的基本晃动频率很难与海洋平台的基频相调谐，尤其是在台风、强震作用下，海洋平台结构进入弹塑性状态，结构基频漂移导致控制效果大幅度降低。因此，如何有效地拓宽 TLD 减振频带，已成为 TLD 能否应用于实际海洋工程振动控制的关键问题。

在海洋工程领域，TLD 与海洋平台系统面临的环境荷载十分复杂，研究 TLD 对海洋平台的减振机制是一项重要的理论探索。Vandiver 和 Mitone（1979）建立了 TLD 解析模型，研究了储液罐对海洋平台动态响应的影响，发现固定海洋结构物上储液罐内的液体晃荡频率会影响结构的固有频率和阻尼。Lee 和 Reddy（1982）也发现，液体晃荡对海洋平台固有频率会产生影响。李宏男和马百存（1996）将海洋平台上的储液罐模拟成 TLD，建立了 TLD-平台结构的力学模型和运动方程，进行了地震反应分析，发现适当设计储液罐就可以达到减振的目的，且基本上不需额外增加海洋平台的建设费用。贾影等（2002）发现，TLD 不仅对海洋平台的位移和加速度有控制作用，还会减小平台层间剪力和层间弯矩。孙宁（2006）和李昕等（2009）利用 TLD 对位于渤海的 CB32A 海上平台进行了减振试验，发现该平台采用 TLD 减振是有效的，尤其是 TLD 的频率与海洋平台的频率相调谐时，减振性能达到最佳，并且减振效果随着 TLD 与海洋平台质量比的增加而变好。Jin 等（2007）研究了圆柱形 TLD 在导管架平台地震反应控制中的作用，发现当 TLD 的最低晃动频率接近结构的固有频率时，控制地震反应的效果是明显的，而且水体与平台质量比越大，越能够有效地减小振动。刘小惠（2007）以位于渤海的 JZ20-2MUQ 海洋平台为例，研究了 TLD

对冰载荷作用下海洋平台振动响应的影响，结果显示 TLD 对海洋平台的冰振响应有较好的抑制作用。因此，开展 TLD 与海洋平台耦合机制研究具有十分明显的潜在工程应用需求。但上述涉及 TLD 的研究均为单一液体，调频与能量耗散能力有限，同时由于固有频率与尺度的平方根成反比，若期望在低频率点谐振，势必要加大容器体积，若想在较高频率点谐振，过小的 TLD 又难以提供足够的阻尼力。因此，如何提升 TLD 的减振性能是将其应用于实际工程的关键技术问题。

Nguyen 等（2019）基于浅水波模型提出了利用多个 TLD 系统（MTLD）减振的思路，同时利用田口（Taguchi）方法进行系统优化，发现将 TLD 分解为多个浅水 TLD 系统可以在不改变质量比的前提下提升 MTLD 的减振性能。Love 和 Lee（2019）提出了 TMD-TLD 耦合减振的单自由度模型，并通过研究耦合结构响应的非线性特征，发现耦合阻尼减振装置不仅具有较宽的减振频带，还能够有效地减小高层结构的振动加速度。Zhang 等（2019）研究了漂浮泡沫在减小液舱晃荡中的作用。类似地，将来也可以考虑漂浮泡沫对 TLD 与支撑结构平台耦合作用的影响。Hokmabady 等（2019）针对近岸导管架平台在波浪和地震激励下的振动控制问题，提出了一种磁流变调谐液柱气体阻尼器（magneto-rheological tuned liquid column gas damper，MR-TLCGD），研究发现由于液体运动受到磁力的限制，对屈服应力和气体压力都能够起到很好的控制效果，从而有效地提升整个系统的减振性能。

7.5.2　TLD 与支撑结构平台耦合数值模型

流固耦合问题是流体力学和固体力学交叉产生的力学分支，它是研究可变形固体在流场作用下的各种行为及固体变形对流场影响的一门交叉学科。流固耦合问题的求解方法在过去数十年间取得了长足的发展，成为计算流体动力学研究领域最热门的研究方向。流固耦合求解的核心问题是计算带有移动边界或移动网格的非定常流动问题，这是因为流动域的大小和形状随着结构的移动或变形在不断变化着。同时，正是由于耦合系统中的线性和非线性问题，生成了对称和非对称矩阵，存在着显性和隐性的耦合作用，导致了物理不稳定性条件，使得耦合问题求解异常复杂和困难。

Dou 等（2020）利用 ANSYS 建立了 TLD 与弹性支撑结构平台的耦合数值模型。在该模型中，TLD 与支撑结构平台的相互作用采用双向流固耦合，其求解流程如图 7.32 所示，流体域采用有限体积法离散，固体域采用有限元法离散，流体域和固体域分别进行求解，数据传递仅在流固耦合交界面上进行，该方法显著降低了计算内存的占用率，提升了计算效率。需要注意的是，在流固耦合计算过程中，流体域和固体域的时间步长应设为一致，每个网格上的节点也必须映射到对应的网格单元上。一次完整的数据交换传递必须实行两次映射操作，即位移和应力的两次传递。

流体运动遵守质量守恒定律和动量守恒定律：

$$\frac{\partial \rho}{\partial t}+\nabla\cdot(\rho u)=0 \tag{7.58}$$

$$\frac{\partial}{\partial t}(\rho u)+\nabla\cdot(\rho uu)=-\nabla p+\nabla\cdot\tau+\rho g+F \tag{7.59}$$

式中，ρ 是流体密度（kg/m^3）；u 是速度矢量（m/s）；τ 是剪切力张量；F 是体积力矢量（N/m^3）。

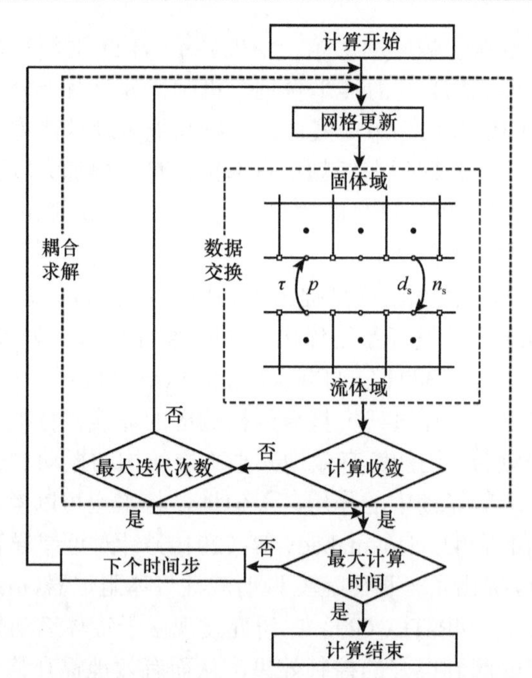

图 7.32　双向流固耦合求解流程图

通过引入时间坐标，采用插值函数对空间域进行离散，再将结构的控制方程转化成等效积分的形式，最终可以得到结构系统响应的动力方程式：

$$M\ddot{q}+C\dot{q}+Kq=F(t) \tag{7.60}$$

式中，M 为质量矩阵；C 为阻尼矩阵；K 为刚度矩阵；q 为系统的节点位移，$\dot{q}$ 为系统节点的速度，$\ddot{q}$ 为系统节点的加速度，三者均为时间 t 的函数；$F(t)$为节点外加载荷向量。

在流固耦合交界面处，固体与流体的应力、位移（不考虑热力量及温度）等变量应相等或守恒，有

$$\begin{cases}\tau_{\mathrm{f}}n_{\mathrm{f}}=\tau_{\mathrm{s}}n_{\mathrm{s}}\\ d_{\mathrm{f}}=d_{\mathrm{s}}\end{cases} \tag{7.61}$$

式中，τ_{f}和 τ_{s} 分别是流体和固体的应力；n_{f}和 n_{s} 分别是流体和固体的单位方向矢量；d_{f}和 d_{s} 分别是流体和固体的位移。

利用 Solidworks 分别对耦合系统的支撑结构平台部分和 TLD 水箱部分进行建模。支撑结构平台由底板、顶板和 4 根支柱组成，底部钢板尺寸为 500mm×500mm×5mm，顶部钢板尺寸为 600mm×600mm×5mm，4 个支柱尺寸均为 955mm×50mm×5mm，其材质均为 5mm 厚的钢板，钢板密度为 7930kg/m^3，弹性模量为 2×10^{5}MPa，泊松比为 0.3，具体连接方式如图 7.33（a）所示。如图 7.33（b）所示，水箱的内径尺寸为 510mm×470mm×150mm，采用的是 10mm 的有机玻璃板，有机玻璃板的密度为 1190kg/m^3。支撑结构平台和空载水箱质量分别为 31.8kg 和 10.5kg。数值计算时一般应考虑结构自身阻尼，该模型采用瑞利（Rayleigh）阻尼模型，结构有限元控制方程为

$$[M_{\mathrm{S}}]\{\ddot{x}\}+[C_{\mathrm{S}}]\{\dot{x}\}+[K_{\mathrm{S}}]\{x\}=\{F(t)\} \tag{7.62}$$

式中，$\{F(t)\}$ 为随时间 t 变化的外载荷。Rayleigh 阻尼可表示为

$$[C_{\mathrm{S}}]=\alpha[M_{\mathrm{S}}]+\beta[K_{\mathrm{S}}] \tag{7.63}$$

式中，α 和 β 为阻尼常数，假设结构的阻尼满足正交条件，则阻尼比定义为

$$\xi_i = \frac{1}{2}\left(\frac{\alpha}{\omega_i} + \beta\omega_i\right) \tag{7.64}$$

式中，ξ_i 和 ω_i 分别为 i 阶模态下的阻尼比和共振频率。将 ξ_i 和 ξ_j 代入式（7.64）可得

$$\alpha = \frac{2\omega_i\omega_j\left(\xi_i\omega_j - \xi_j\omega_i\right)}{\omega_j^2 - \omega_i^2} \tag{7.65}$$

$$\beta = \frac{2\left(\xi_j\omega_j - \xi_i\omega_i\right)}{\omega_j^2 - \omega_i^2} \tag{7.66}$$

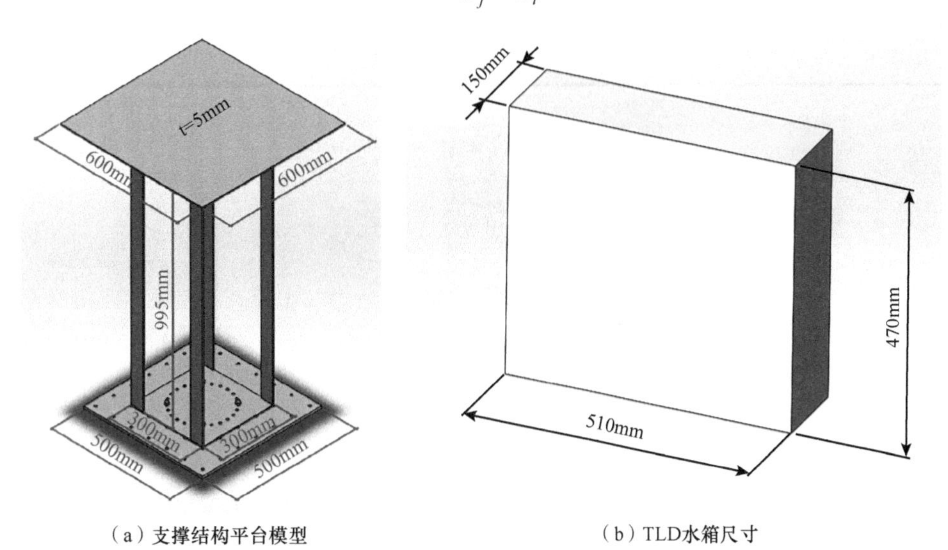

（a）支撑结构平台模型　　（b）TLD水箱尺寸

图 7.33　耦合计算模型示意图

通过激发一阶和三阶模态的自由衰减运动，利用对数衰减法可计算 Rayleigh 阻尼常数，如表 7.4 所示。

表 7.4　结构阻尼常数和阻尼比

n	ω（rad/s）	ζ（%）	α	β
1	15.90	0.28	0.035 68	0.000 211
3	112.72	1.21		

流体域和固体域均采用 Workbench 进行网格划分，考虑到结构域和流体域均会产生一定幅度的变形，网格采用四面体网格。在流体与固体网格的交界面对网格进行特殊处理，使得不同域在交界面处的网格是完全相同的，这样可以大幅度减小在耦合界面处由网格数不一致而导致的数据传递误差。通过网格收敛性测试，获取了不同流体和固体网格尺寸下的支撑结构平台最大水平位移 $d_{\max}$ 和 TLD 内最大波高 $\eta_{\max}$（表 7.5），流体域和固体域的网格可采取不同的尺寸，数据会进行插值传递，可见当流体域网格尺寸为 0.006m、固体域网格尺寸为 0.008m 时，结果不再产生明显变化，网格继续加密对位移和波高最大值的影响在 1%以内。当网格加密到 0.004m 时，计算耗时增加至 176h，计算时间大约是网格尺寸为 0.01m 的计算时间的 4 倍，综合考虑计算成本和模拟精度，采用流体域 0.004m、固体域

0.006m 的网格进行计算。TLD 与支撑结构平台耦合系统的网格划分如图 7.34 所示，固体域网格数为 80 万，流体域网格数为 120 万。

表 7.5 网格收敛性测试

流体域网格（mm）	固体域网格（mm）	计算时间（h）	d_{max}（mm）	d_{max} 误差（%）	η_{max}（mm）	η_{max} 误差(%)
10	10	45	34.99	5.81	74.38	7.35
8	8	71	36.29	2.31	77.56	3.39
6	8	80	36.88	0.73	79.43	1.06
6	6	85	37.02	0.35	79.61	0.83
4	6	122	37.10	0.13	80.12	0.20
4	4	176	37.15	—	80.28	—

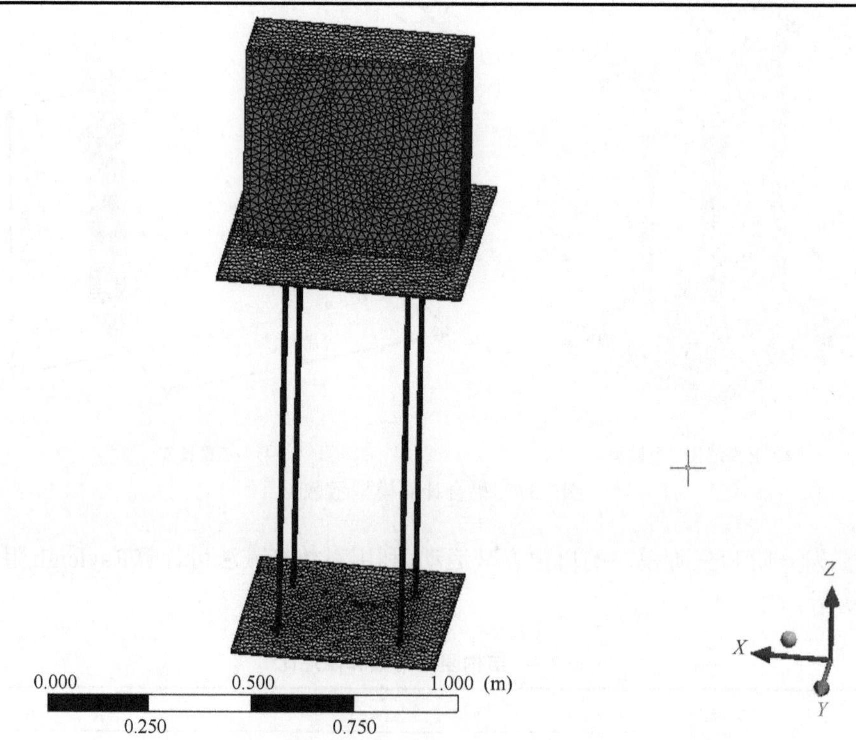

图 7.34 TLD 与支撑结构平台耦合系统的网格划分示意图

为了较好地捕捉流体计算域中自由液面的变化，该模型采用流体体积（VOF）法追踪自由液面，采用大涡模拟（LES）方法计算湍流作用。6 个壁面均采用流固耦合面，其运动由结构物驱动，在流体域变形时，内部网格采用弹簧法和网格重构法进行动态分布。为了研究在外激励作用下整个耦合系统的运动情况，首先需要利用有限元法对支撑结构平台进行模态分析，获得支撑结构平台的固有模态。然后，为了模拟整个耦合系统在外激励作用下的受迫运动，在结构域中需要给支撑结构平台施加外激励运动。定义底板的底部为位移施加面，给予底部一个沿水箱长度方向的简谐振动，同时约束其在另外两个方向的位移。假定给予底部的外激励运动为 $X(t)=A\sin(2\pi ft)$，其中振幅 A=3mm、频率 f=1.4Hz，通过有限体积法和有限元法计算双向流固耦合运动可以得到 TLD 与支撑结构平台耦合系统的运动模态，结果如图 7.35 所示。

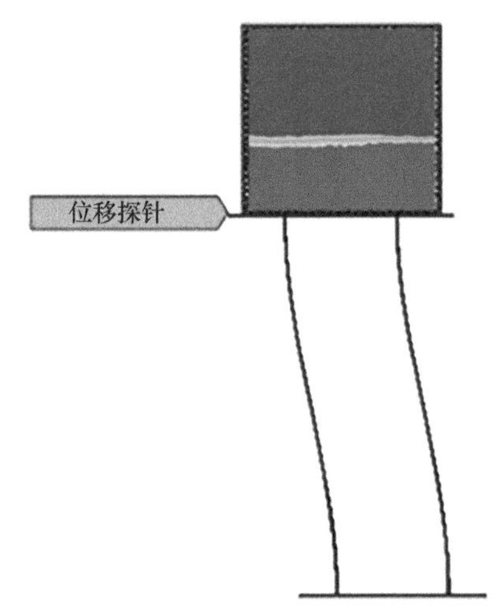

图 7.35　TLD 与支撑结构平台耦合系统的运动模态

为了验证 TLD 与支撑结构平台耦合数值模型，选取水深与 TLD 液舱长度的比为 D/L=0.35，激励频率为 f_e=1.6Hz、1.9Hz，振幅为 A=3mm，其中 1.9Hz 的外激励频率为共振频率，1.6Hz 时调谐比为 0.84。流体域的网格尺寸为 0.004m，固体域的网格尺寸为 0.006m，固定时间步长为 0.005s，计算总时间为 15s，约为 25 个运动周期，支撑结构平台顶部运动响应和 TLD 内波高的变化如图 7.36 和图 7.37 所示。同时，图 7.38 给出了波高的谱能分布对比，结果表明数值模拟结果和实验结果吻合良好。f_e=1.6Hz 和 f_e=1.9Hz 时，耦合系统最大水平位移响应误差分别为 1.2%和 5.2%，误差可能是平台运动的高频信号所致。非共振激励下支撑结构平台的响应曲线呈现周期性增减趋势，液体的运动幅度较小。共振条件下，支撑结构平台的响应大幅度增加，在 t=3.9s 时，波高达到峰值，进入稳态后振幅基本保持不变。随着顶板位移的逐渐增大，TLD 液舱内的液体在没有稳定的晃动波的情况下不能及时释放能量，伴随着波高的急剧增加，晃荡波通过破碎耗散系统能量。图 7.39 为利用 VOF 法以水的 VOF 值等于 0.5 捕捉的 TLD 液舱内液体的自由面变化，发现数值模型可以正确地预测流固耦合中的晃荡波形态。因此，所建立的 TLD 与弹性支撑结构平台耦合数值模型为大型浮式或固定海洋结构物的被动式减振设计分析提供了科学工具，有利于发展复杂环境载荷尤其是极端条件下海洋结构平台的振动抑制关键技术与理论方法，进而为海洋平台减振、船舶和浮式平台减摇提供科学支撑。

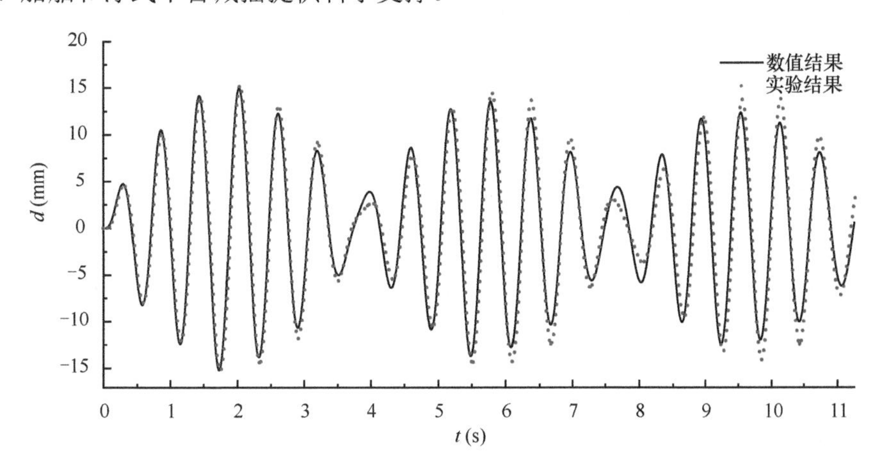

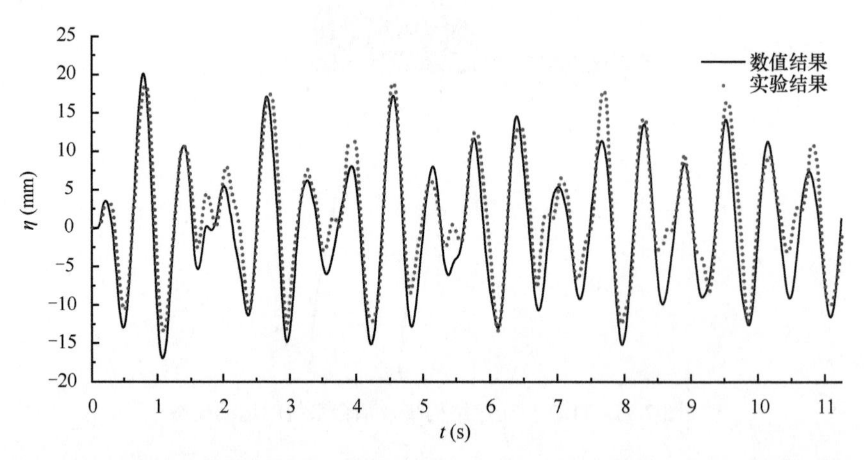

图 7.36 f_e=1.6Hz 时支撑结构平台顶部运动响应和 TLD 内波高历时曲线的数值结果和实验结果对比

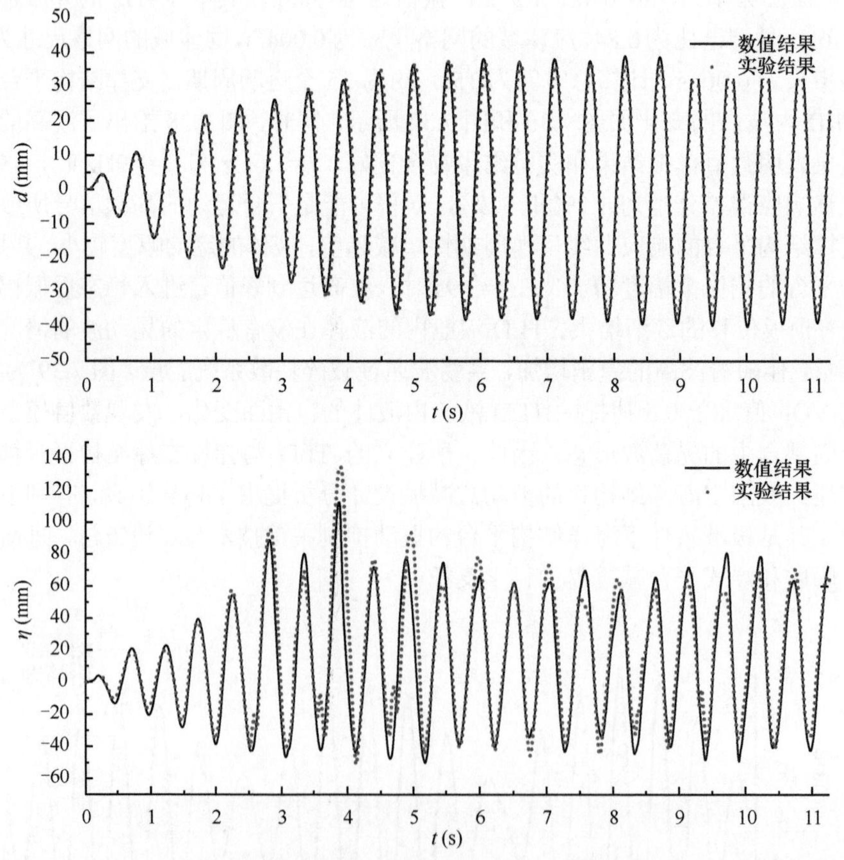

图 7.37 f_e=1.9Hz（共振）时支撑结构平台顶部运动响应和 TLD 内波高历时曲线的数值结果和实验结果对比

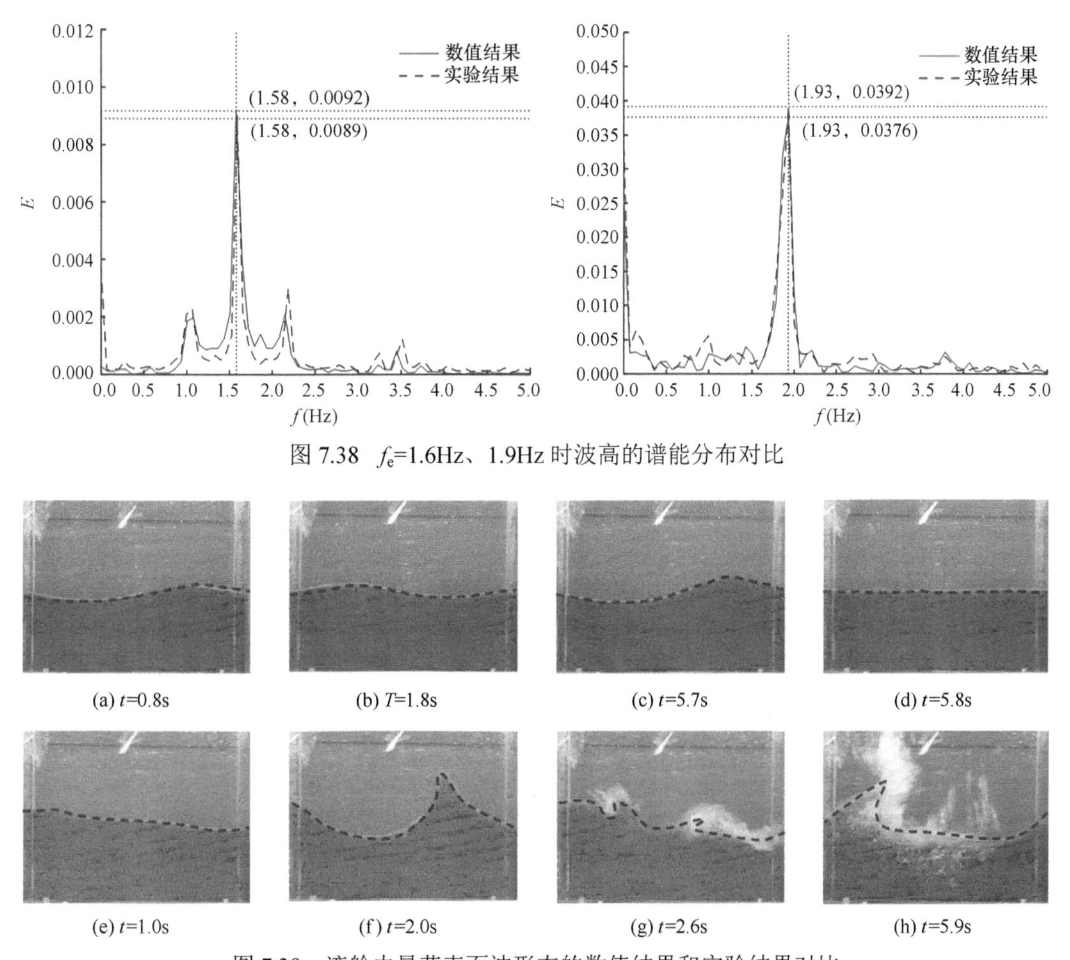

图 7.38　f_e=1.6Hz、1.9Hz 时波高的谱能分布对比

图 7.39　液舱内晃荡表面波形态的数值结果和实验结果对比

图（a）～图（d）中 f_e=1.6Hz（频率比为 0.84），图（e）～图（h）中 f_e=1.9Hz（频率比为 1.0）；彩图虚线为数值结果

7.6　双层液体流动

目前，大多数波浪数值模型都是针对表面水波，假设液体的密度恒定。但是，在工程中，经常会遇到分层液体的流动现象。例如，海上大型油气开发平台上的油水分离撬中往往储存分层液体；海洋或大型湖泊中，不同水体密度层的交界面上会产生内波。因此，精确地追踪不同流体之间的交界面具有非常重要的现实意义。本节将以 NEWTANK 模型为基础，以双层液体流动为例，讨论分层流动现象的数值模拟。

7.6.1　双层液体系统的界面追踪方法

在双层液体系统中，同时存在自由液面和下层液面两个交界面。为了同时追踪这两个液面，Liu 等（2021）提出了多层流体体积法（ML-VOF）。以图 7.40 为例，在该流体系统中（双层液体+空气），我们可以定义两个 VOF 函数，即 F_1 和 F_a，分别代表下层液体和空气在每个计算网格中的体积占比。因此，我们可以得到，上层液体的体积占比为 $F_2=1-F_1-F_a$。将 F_1 和 F_a 的定义代入流体密度的输运方程（2.7）中，可得

$$\frac{\partial F_1}{\partial t}+u_i\frac{\partial F_1}{\partial x_i}=0 \tag{7.67}$$

$$\frac{\partial F_a}{\partial t}+u_i\frac{\partial F_a}{\partial x_i}=0. \tag{7.68}$$

因此，在双层液体系统中，每个网格的流体密度和运动粘滞系数可根据 F_1 和 F_a 的更新进行计算：

$$\rho=F_1\rho_1+F_a\rho_a+\left(1-F_1-F_a\right)\rho_2 \tag{7.69}$$

$$\nu=F_1\nu_1+F_a\nu_a+\left(1-F_1-F_a\right)\nu_2 \tag{7.70}$$

对于每套 VOF 方程的计算方法，可参照 6.1.3 小节。

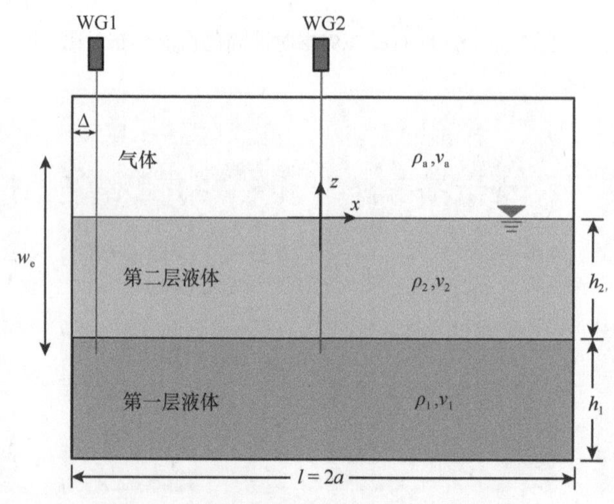

图 7.40 矩形液舱内双层液体系统示意图

7.6.2 水平激励下的双层液体晃荡

和单层液体晃荡的固有频率不同，双层液体系统由于含有两个可运动的液面，对于每一阶模态来说，都包含有两个固有频率值 ω_{mn}，其中 m 代表响应模态的阶数，n=1 表示下层液面，而 n=2 代表上层自由液面。所以，如果一个分层液体系统存在 n 个液面，那就意味着该系统中存在 n 个固有频率值（Veletsos and Shivakumar，1993）。对于矩形液舱内双层无粘液体组成的液体系统，每一阶模态对应的两个固有频率的表达式为（Liu et al.，2021）

$$\omega_{m1}=\left(\frac{-B_m-\sqrt{B_m^2-4A_mC_m}}{2A_m}\frac{\lambda_m g}{a}\right)^{\frac{1}{2}} \tag{7.71}$$

$$\omega_{m2}=\left(\frac{-B_m+\sqrt{B_m^2-4A_mC_m}}{2A_m}\frac{\lambda_m g}{a}\right)^{\frac{1}{2}} \tag{7.72}$$

式中，$A_m=1+\rho_{21}\tanh\lambda_m\frac{h_1}{a}\tanh\lambda_m\frac{h_2}{a}$，其中 $\rho_{21}=\frac{\rho_2}{\rho_1}$，$\lambda_m=m\frac{\pi}{2}$，$a$ 是液舱长度 l 的 1/2；

$B_m=-\tanh\lambda_m\dfrac{h_1}{a}-\tanh\lambda_m\dfrac{h_2}{a}$，$C_m=(1-\rho_{21})\tanh\lambda_m\dfrac{h_1}{a}\tanh\lambda_m\dfrac{h_2}{a}$。两个固有频率中的较大值 ω_{m2} 和自由液面的运动响应相关，而较小值 ω_{m1} 同下层液面运动相关。

1. 双层液体在单一水平激励下的晃荡

考虑一个储有双层液体的矩形液舱（图 7.40），当液舱受到单一水平外激励（如纵荡激励）作用时，下层液面和上层自由液面运动波幅的线性理论解（Veletsos and Shivakumar，1993）为

$$\eta_1(\xi,\ t)=a\sum_{m=1}^{\infty}\sum_{n=1}^{2}\varepsilon_m E\hat{D}\frac{\sin(\lambda_m\xi)}{\sin\lambda_m}\frac{A_{mn}(t)}{g} \tag{7.73}$$

$$\eta_2(\xi,\ t)=a\sum_{m=1}^{\infty}\sum_{n=1}^{2}\varepsilon_m E\frac{\sin(\lambda_m\xi)}{\sin\lambda_m}\frac{A_{mn}(t)}{g} \tag{7.74}$$

式中，$E=\dfrac{(1-\rho_{21})\hat{D}+\rho_{21}}{(1-\rho_{21})\hat{D}^2+\rho_{21}}$，$\hat{D}=\cosh\left(\lambda_m\dfrac{h_2}{a}\right)-\dfrac{\lambda_m g}{\omega_{mn}^2 a}\sinh\left(\lambda_m\dfrac{h_2}{a}\right)$，$\xi=\dfrac{x}{a}$，$\varepsilon_m=\dfrac{2}{\lambda_m^2}$。$A_{mn}(t)$ 可由式（7.39）求得：

$$A_{mn}(t)=-\omega_{mn}\int_0^{\tau}\dot{u}_{\mathrm{e}}(\tau)\sin\omega_{mn}(t-\tau)\mathrm{d}\tau \tag{7.75}$$

式中，$\dot{u}_{\mathrm{e}}(\tau)$ 为水平外激励加速度。实际计算中，可取前 10 阶计算结果的叠加。

考虑一个长度为 0.6m、宽度为 0.15m、高度为 0.6m 的液舱箱体，箱体内加入两层液体，下层为水，上层为柴油，密度分别为 998kg/m^3 和 826kg/m^3，下层液体深为 0.05m，上层液体深为 0.15m。根据式（7.71），与下层液面运动相关的一阶固有频率 ω_{11}=1.3039rad/s。将该箱体放置在水平振动台上，振动台的运动速度为 $u_{\mathrm{e}}=-b_{\mathrm{e}}\omega_{\mathrm{e}}\cos(\omega_{\mathrm{e}}t)$，其中水平外激励的振幅 b_{e}=0.06m，外激励频率 $\omega_{\mathrm{e}}=\omega_{11}$。数值计算中的计算域为 0.6m×0.3m，水平方向和竖直方向均划分 100 个均匀网格。图 7.41 展示了水平外激励作用下靠近右边壁波幅的数值结果与实验结果及线性理论解的对比。可以看到，下层液面产生了共振现象，下层液面的响应要比自由液面的响应大。这是由于外激励频率和下层一阶固有频率正好相等，从而引发了共振响应。此外，在 10s 之前，数值结果与实验结果及线性理论解吻合得非常好。但是由于下层共振作用的影响，在 10s 之后，下层晃荡波浪的非线性逐渐增强，此时线性理论解已经不再适用于共振响应的计算。相反，数值结果和实验结果仍对比良好，这说明 NEWTANK 模型对于双层液体晃荡问题的预测是比较可靠的。

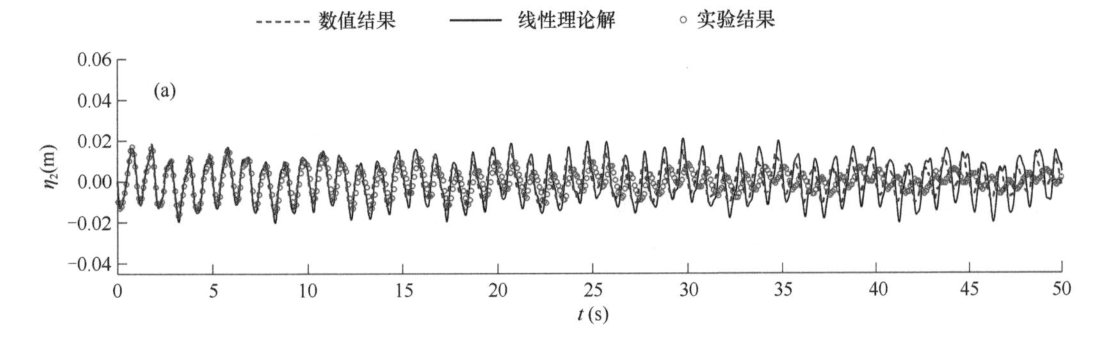

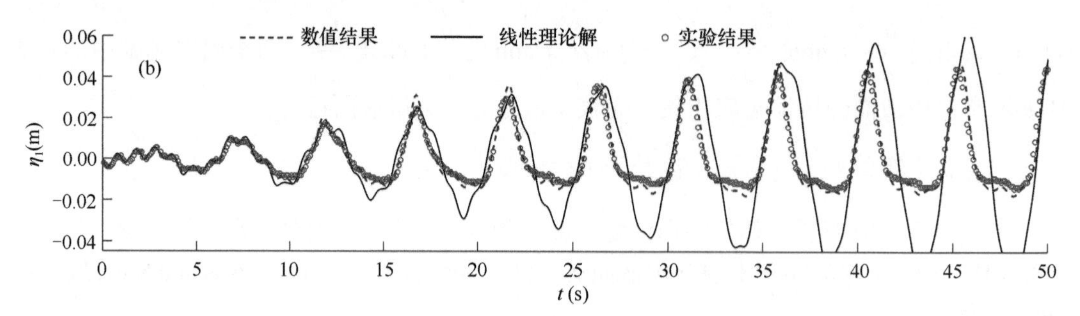

图 7.41 水平外激励作用下靠近右边壁自由液面和下层液面波幅的数值结果与线性理论解及实验结果的对比

2. 双层液体在横荡和纵荡同时激励下的晃荡

Veletsos 和 Shivakumar（1993）给出了线性范围内 2D 双层液体交界面和自由液面运动的理论解，见式（7.73）和式（7.74）。由此，我们可以通过叠加原理，得到当 x 方向和 y 方向同时存在水平外激励时，下层液面和自由液面的 3D 线性波幅理论解（Liu et al.，2021）：

$$\eta_1\left(\xi_{xy}, t\right)=a\sum_{m=1}^{\infty}\sum_{n=1}^{2}\varepsilon_m E_x \widehat{D_x}\frac{\sin\lambda_m\xi_x}{\sin\lambda_m}\frac{A_{mnx}(t)}{g}+w\sum_{m=1}^{\infty}\sum_{n=1}^{2}\varepsilon_m E_y \widehat{D_y}\frac{\sin\lambda_m\xi_y}{\sin\lambda_m}\frac{A_{mny}(t)}{g} \tag{7.76}$$

$$\eta_2\left(\xi_{xy}, t\right)=a\sum_{m=1}^{\infty}\sum_{n=1}^{2}\varepsilon_m E_x \frac{\sin\lambda_m\xi_x}{\sin\lambda_m}\frac{A_{mnx}(t)}{g}+w\sum_{m=1}^{\infty}\sum_{n=1}^{2}\varepsilon_m E_y \frac{\sin\lambda_m\xi_y}{\sin\lambda_m}\frac{A_{mny}(t)}{g} \tag{7.77}$$

式中，$E_x=\dfrac{(1-\rho_{21})\widehat{D_x}+\rho_{21}}{(1-\rho_{21})\widehat{D_x}^2+\rho_{21}}$，$E_y=\dfrac{(1-\rho_{21})\widehat{D_y}+\rho_{21}}{(1-\rho_{21})\widehat{D_y}^2+\rho_{21}}$，$\widehat{D_x}=\cosh\lambda_m\dfrac{h_2}{a}-\dfrac{\lambda_m g}{\omega_{mnx}^2 a}\sinh\lambda_m\dfrac{h_2}{a}$，$\widehat{D_y}=\cosh\lambda_m\dfrac{h_2}{w}-\dfrac{\lambda_m g}{\omega_{mny}^2 w}\sinh\lambda_m\dfrac{h_2}{w}$，$\xi_x=\dfrac{x}{a}$，$\xi_y=\dfrac{y}{w}$，$\varepsilon_m=\dfrac{2}{\lambda_m^2}$。此外，$A_{mnx}(t)$和 $A_{mny}(t)$计算公式如下：

$$A_{mnx}(t)=-\omega_{mnx}\int_0^{\tau}\dot{u}_{ex}(\tau)\sin\left[\omega_{mnx}(t-\tau)\right]\mathrm{d}\tau \tag{7.78}$$

$$A_{mny}(t)=-\omega_{mny}\int_0^{\tau}\dot{u}_{ey}(\tau)\sin\left[\omega_{mny}(t-\tau)\right]\mathrm{d}\tau \tag{7.79}$$

式中，$\dot{u}_{ex}(\tau)$和$\dot{u}_{ey}(\tau)$分别为 x 方向（纵荡）和 y 方向（横荡）的外激励加速度。

我们考虑一个 3D 液舱，长为 0.57m，宽为 0.31m，两层液体的深度均为 0.1m，下层液体密度 $\rho_1=1.0\times10^3\text{kg/m}^3$，上层液体密度 $\rho_2=0.84\rho_1$。纵荡外激励 $u_{ex}=-b_x\omega_{ex}\cos(\omega_{ex}t)$，$x$ 方向外激励振幅 $b_x=0.0005\text{m}$，x 方向外激励频率 $\omega_{ex}=0.95\omega_{12x}=6.1918\text{rad/s}$。横荡外激励 $u_{ey}=-b_y\omega_{ey}\cos(\omega_{ey}t)$，$y$ 方向外激励振幅 $b_y=0.005\text{m}$，y 方向外激励频率 $\omega_{ey}=0.98\omega_{11y}=2.5019\text{rad/s}$。计算中水平方向使用了 114×62 个均匀网格，竖直方向共使用 95 个非均匀网格，自由液面和下层液面附近进行了网格加密，各使用 20 个均匀网格，最小网格尺寸为 $\Delta z=0.0015\text{m}$。图 7.42 展示了横荡和纵荡外激励共同作用下自由液面和下层液面波幅的数值结果与理论

解对比，可看到两种结果对比良好。由于 x 方向外激频率接近上层液面固有频率，而 y 反向外激频率接近下层液面固有频率，因此该算例的上层液面和下层液面均会出现共振响应。

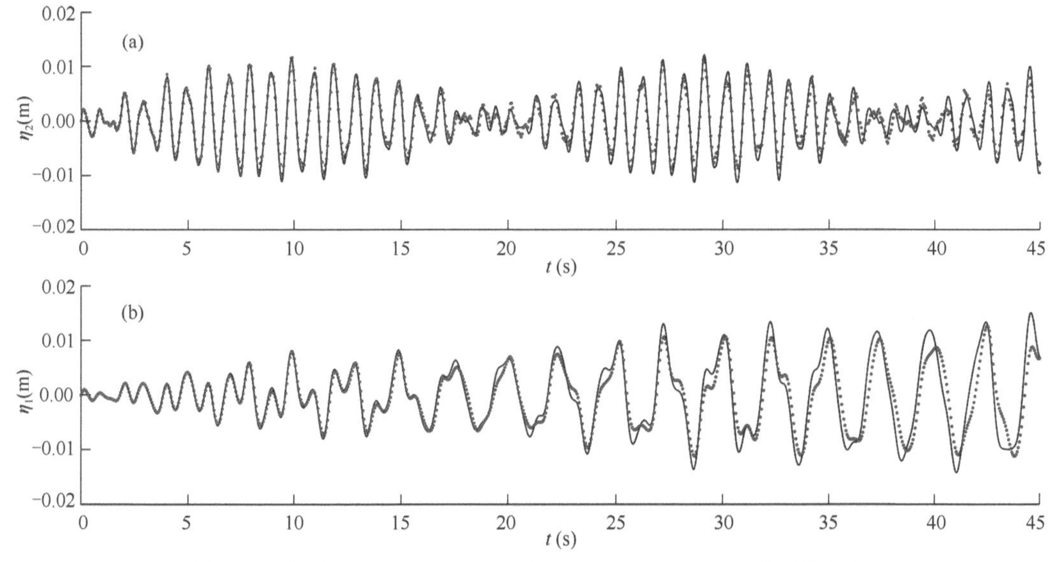

图 7.42　横荡和纵荡外激励共同作用下自由液面和下层液面波幅的数值结果（红点）与理论解（蓝线）的对比

7.6.3　垂直激励下的双层液体法拉第波

在含有两个液面的双层液体系统（图 7.40）中，垂向外激励可能会同时激发自由液面和下层液面的运动。因为双层液体存在两个流体界面，所以某一个垂向外激励有可能会引起自由液面的共振响应，也可能会激发下层液面的共振响应，也有可能会同时激发自由液面和下层液面的共振响应。当外激励同时激发出两个界面的共振时，两个界面的共振模态肯定是不同的。下面将对这 3 种共振情况分别说明（Liu and Lin，2022）。

1. 上层液面共振模式

考虑一个长度为 0.25m，宽度为 0.1m，高度为 0.45m 的液舱箱体。箱体内加入两层液体，下层为水，上层为柴油，密度分别为 998kg/m^3 和 826kg/m^3，上层液深、下层液深均为 0.05m。根据式(7.72)，与上层液体自由液面运动相关的一阶固有频率 ω_{12}=10.1480rad/s，二阶固有频率 ω_{22}=15.5817rad/s。将该箱体放置在垂向振动台上，振动台的运动速度为 $w_e=-b_e\omega_e\cos(\omega_e t)$，其中 b_e 和 ω_e 分别为垂向外激励的振幅和频率。在该外激励作用下，液体的自由液面和液体交界面将形成双层液体法拉第波。

当外激励频率 $\omega_e=2\omega_{12}$ 时，将激发出上层自由液面的一阶共振响应。实验中的外激励振幅 b_e = 0.003m。计算域为 0.25m×0.225m，水平方向使用 200 个均匀网格，竖直方向使用 180 个均匀网格，网格大小为 $\Delta x=\Delta z$=0.00125m。在数值计算中，初始液面设置为斜率为 10^{-5} 的斜线，作为激发法拉第波的初始扰动。图 7.43 展示了双层液体法拉第波上层一阶共振响应数值结果与实验结果的对比，能够看出双层液体的上层自由液面呈现出一阶共振响应，且波幅逐渐增大，数值结果和实验结果的自由液面、下层液面形态均吻合较好，下层液面和自由液面运动的相位相同，这说明下层液面主要是随着上层自由液面的共振而运动。图 7.44 展示了 WG1 位置处（图 7.40）双层液体法拉第波的波幅随时间的变化，可看到数值结果和实验结果对比良好。

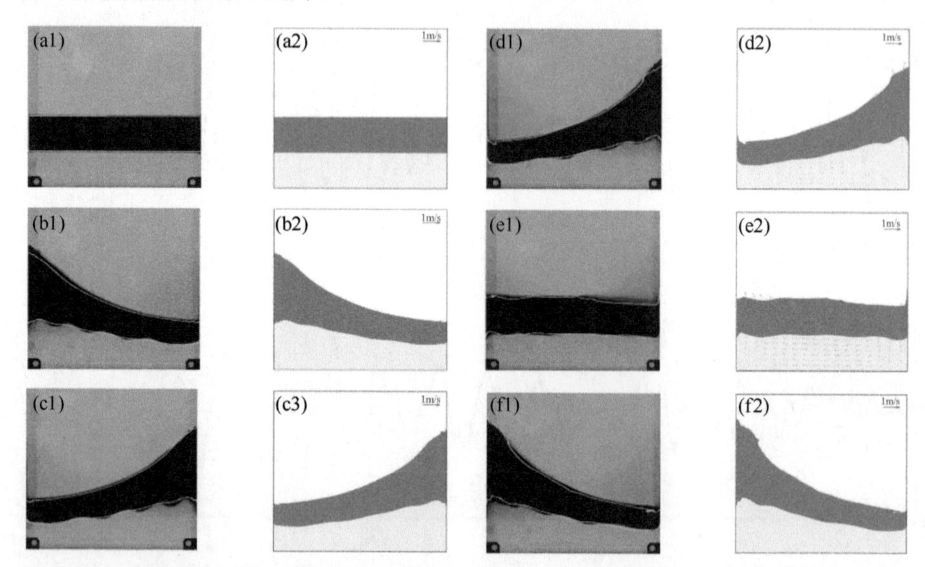

图 7.43　双层液体法拉第波上层一阶共振响应数值结果（a2～f2）与实验结果（a1～f1）在不同时刻的对比

相对应的时刻依次为 $\frac{t\omega_{12}}{2\pi}=16.0，43.61，44.11，46.14，46.40，46.64$

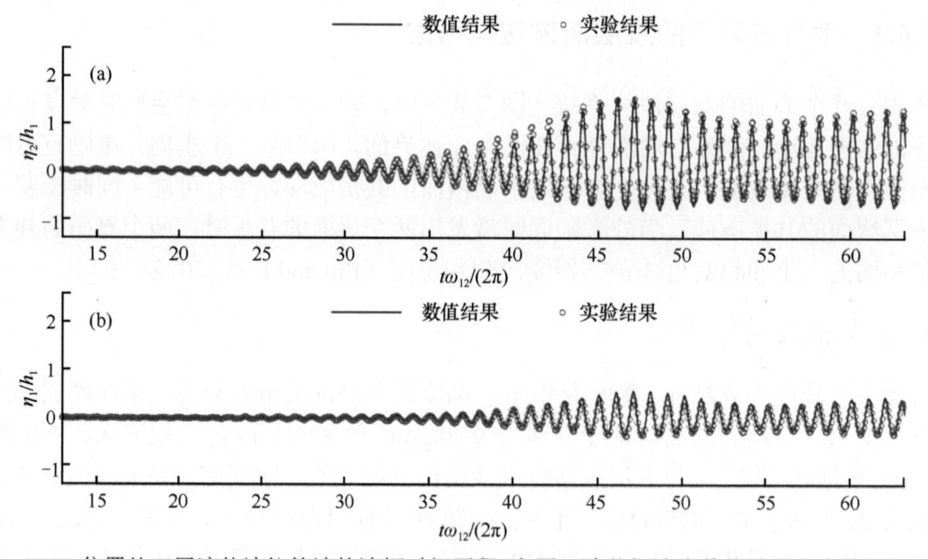

图 7.44　WG1 位置处双层液体法拉第波的波幅时间历程（上层一阶共振响应数值结果和实验结果的对比）

当外激励频率 $\omega_e=2\omega_{22}$ 时，可以激发出自由液面的二阶共振响应。图 7.45 展示了双层液体法拉第波上层二阶共振响应数值结果与实验结果的对比，双层液面的数值结果与实验结果再次吻合较好。图 7.46 展示了 WG2 位置处（图 7.40）双层液体法拉第波的波幅随时间的变化，可以看到数值结果和实验结果也对比良好。大涡模拟模型开启和关闭的情况下，都进行了数值计算，从图 7.46 可以看出，在 $t\omega_{22}/(2\pi)=32$ 之前，结果的差异并不明显，这说明此时湍动作用不强；但是，在 $t\omega_{22}/(2\pi)=32$ 之后，关闭大涡模拟的计算结果逐渐偏离了实验结果，而开启大涡模拟的计算结果与实验结果对比良好，这说明在长时间的共振计算中，湍流模型起到了比较重要的作用，尤其是当波幅较大的时候。

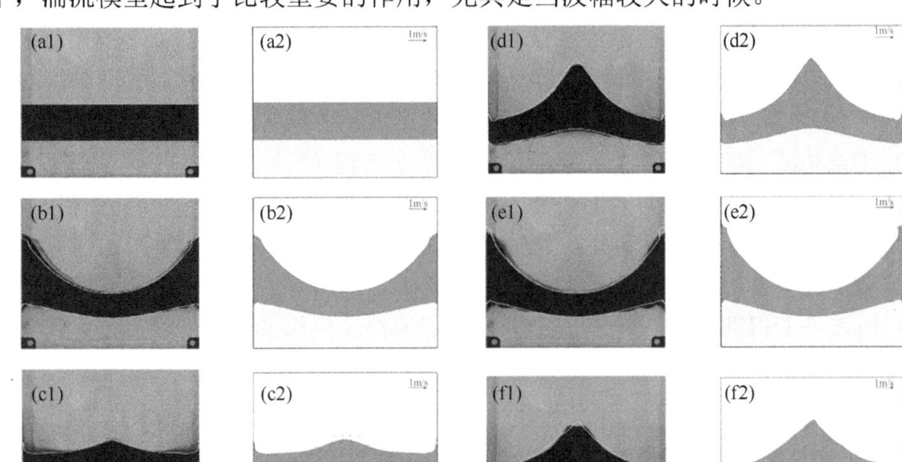

图 7.45　双层液体法拉第波上层二阶共振响应数值结果（a2～f2）与实验结果（a1～f1）在不同时刻的对比

相对应的时刻依次为 $\frac{t\omega_{22}}{2\pi}=14.88$，28.94，29.21，29.43，30.06，31.54

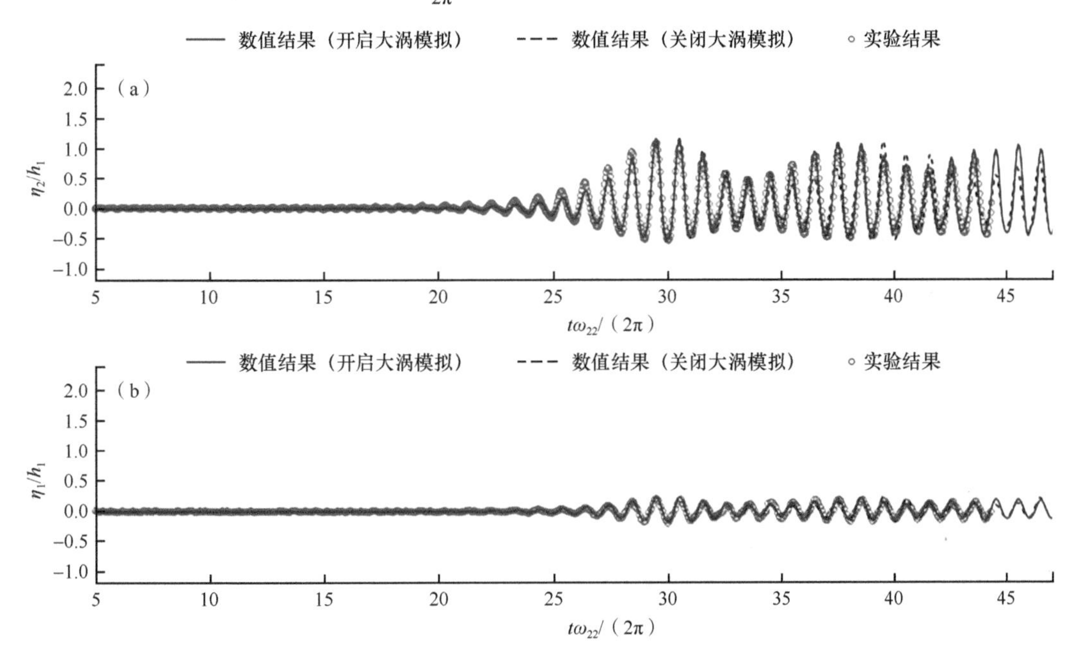

图 7.46　WG2 位置处双层液体法拉第波的波幅时间历程（上层二阶共振响应数值结果和实验结果的对比）

2. 下层液面共振模式

考虑一个长度为 1.0m，宽度为 0.15m，高度为 0.3m 的液舱箱体。下层液体密度 ρ_1=998kg/m^3，而上层液体密度 $\rho_2=0.84\rho_1$。所以由式（7.71）可得，下层液体五阶固有频率 ω_{51}=3.2264rad/s。垂向外激励频率 $\omega_e=2\omega_{51}$=6.4528rad/s，外激励振幅 b_e=0.2m。因此，外激励的周期 $T_e=0.5T_{51}$。此时，垂向外激励加速度的最大值 $b_e\omega_e^2$=8.3277m/s^2，约等于 0.85g。在数值计算中，水平网格 $\Delta x=\Delta y$=0.005m，垂向网格 Δz=0.0015m。时间步长根据稳定性条

件自动调整。图 7.47 展示了双层液体法拉第波下层五阶共振响应，可以看到自由液面的响应几乎可以忽略不计，而下层液面的法拉第波共振响应却非常明显。图 7.47（a）显示了 $t=t_0+T_{51}/8$ 时刻的法拉第波，可以看到下层液面有非常明显的五阶共振响应，即呈现了 2.5 个波长。在 $t=t_0+3T_{51}/8$ 时刻，共振响应使得法拉第波的非线性变得越来越强，从而使得下层液面的法拉第波已经开始有了破碎的趋势，见图 7.47（c）。在 $t=t_0+4T_{51}/8$ 时刻，能够看到蘑菇伞状的波峰，见图 7.47（d）。随着波峰变得越来越高，在 $t=t_0+7T_{51}/8$ 和 $t=t_0+T_{51}$ 时刻，在法拉第波共振响应的基础上，形成了次生不稳定，见图 7.47（g）和图 7.47（h）。由于下层液面波谷的发展被液舱底部所限制，此时几乎所有的下层液体都形成了蘑菇伞状的波峰，而波谷变得非常薄。之后，次生不稳定使得法拉第波变得完全破碎，形成了非常多比较混乱的液滴。

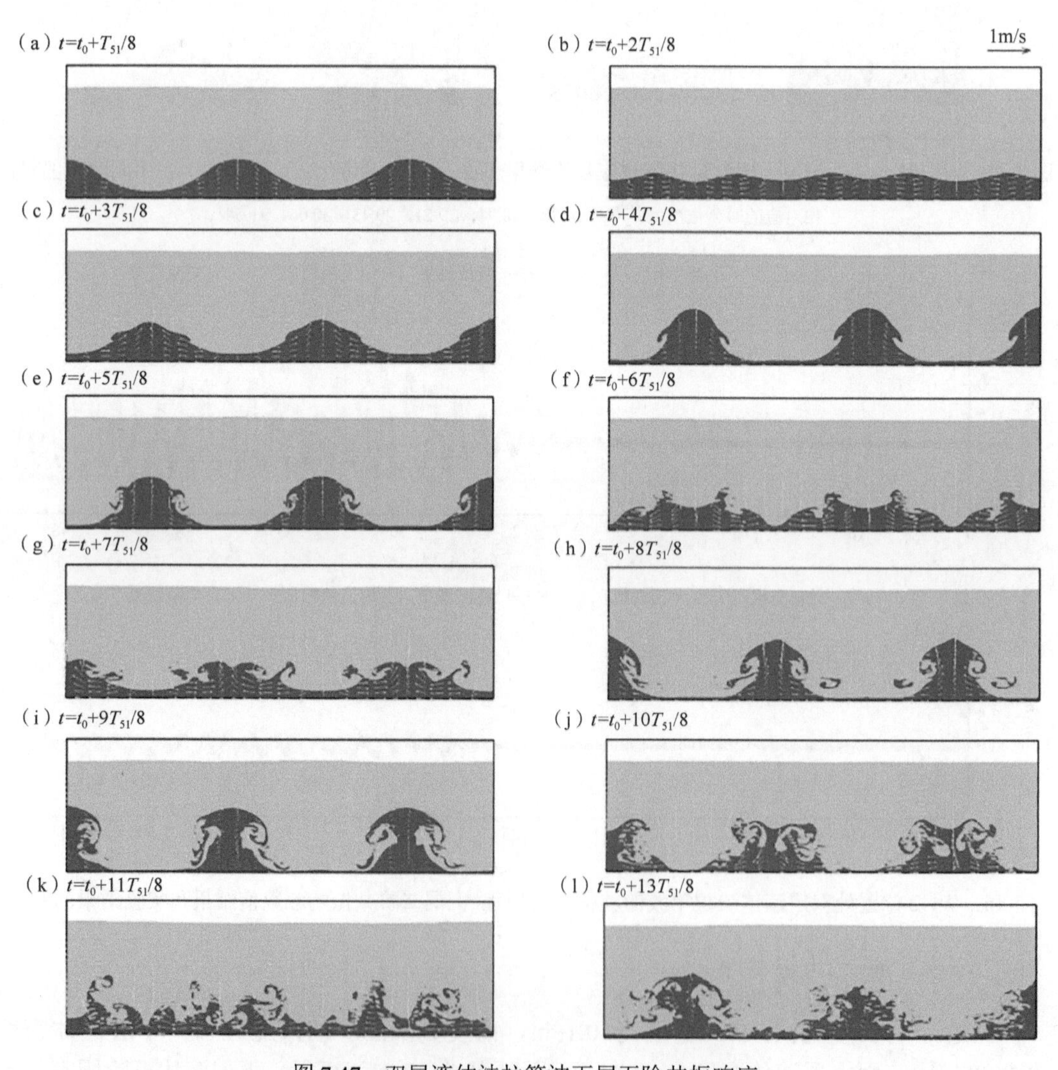

图 7.47　双层液体法拉第波下层五阶共振响应

从图 7.47（d）和图 7.47（h）可发现，由法拉第波共振而产生的、具有蘑菇伞状的次生不稳定，同瑞利-泰勒不稳定（R-T 失稳）的形式非常相似。但是，R-T 失稳是在重力场的作用下，密度较大的液体从上方进入密度较小的液体。一旦上方的重液体开始向下运动，下层的轻液体是无法提供足够的浮力的。因此，任何微小的扰动都会被放大成 R-T 失稳。此外，如果重液体在下，轻液体在上，而垂向外激励向上的加速度能够超过重力加速度的大小，此时上方的轻液体也可以转化为实际加速度场中的重液体，从而产生 R-T 失稳现象。但是，图 7.47 中的算例和上述两种情况都不尽相同。图 7.47 中的算例是轻液体在上，但外激励的最大加速度并没有超过重力加速度。从静力学的角度看，这个系统是一个稳定的液体系统。这与实际的计算是相矛盾的。所以，应该存在额外的因素对次生不稳定产生了作用。这个额外的因素就是法拉第波流体粒子的加速度，共振发生时流体粒子的加速度是不能忽略的，它有可能会改变双层液体界面失稳发生条件的阈值。为了能够计算出液体本身加速度对 R-T 失稳的贡献，Liu 和 Lin（2022）引入了一个新的无量纲参数，即归一化有效重力加速度（NEGA），此参数不仅考虑了重力加速度和垂向外激励加速度对 R-T 失稳条件的影响，还进一步考虑了液体粒子垂向的位变和时变加速度，具体表达式如下：

$$\mathrm{NEGA}=1+\left(\frac{\mathrm{d}w_{\mathrm{e}}}{\mathrm{d}t}+\frac{\partial w}{\partial t}+u\frac{\partial w}{\partial x}+v\frac{\partial w}{\partial y}+w\frac{\partial w}{\partial z}\right)\Big/g \tag{7.80}$$

当 NEGA＞0 时，双层液体系统是稳定的，而当 NEGA≤0 时，R-T 失稳就会在局部发生。对 $t=t_0+7T_{51}/8$ 时刻[图 7.47（g）]的流场进行 NEGA 计算，如图 7.48 所示。从图 7.48（a）可以看到，在此时刻 NEGA＜0 的区域即为可能发生 R-T 失稳的区域。图 7.48（b）展示了 NEGA 在 $x=-0.4425$ 和 $x=-0.0575$ 位置处沿垂向的分布，可以看到，在液体界面附近出现了 NEGA 数值的转折点，而在下层液面附近，确实存在着 NEGA＜0 的区域，因此在这个局部区域内，已经满足了 R-T 失稳产生的条件，所以在 $T_{51}/8$ 时刻之后，可从图 7.47（h）看到，确实发生了“蘑菇伞”状 R-T 类型的次生不稳定。当次生不稳定发生后，流动将从二维转化为三维。图 7.49 展示了 $t=t_0+T_{51}$ 时刻发生 R-T 失稳后，法拉第波波峰两侧形成了对称的涡旋，涡旋会促使两种液体混合[图 7.49（a），图 7.49（b）]，使得两种液体的界面无法维持二维的流动结构[图 7.49（c）]，因此逐步转化三维流动结构[图 7.49（d）]。

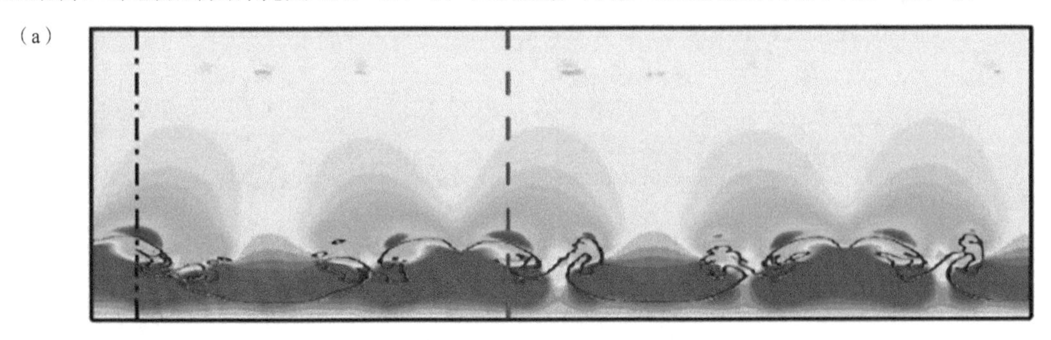

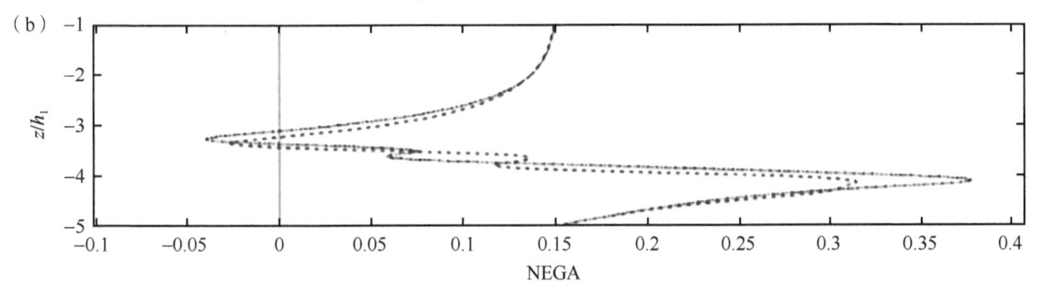

图 7.48　双层液体法拉第波下层五阶共振响应发生时 $t=t_0+7T_{51}/8$ 时刻 NEGA 的分布（a）及 NEGA 在 $x=-0.4425$ 和 $x=-0.0575$ 位置处沿垂向的分布（b）

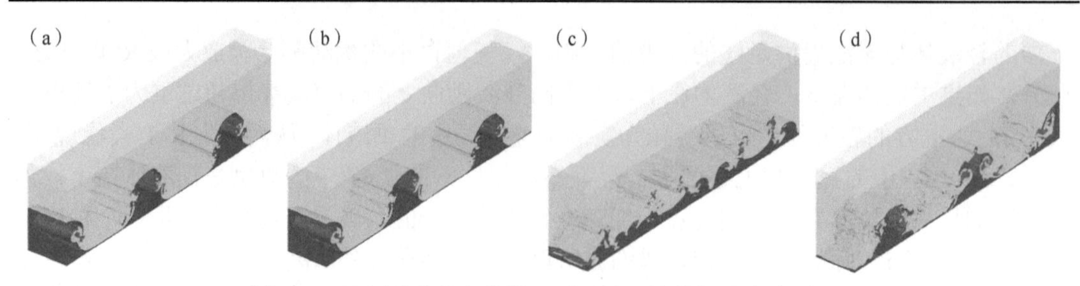

图 7.49 双层液体法拉第波下层五阶三维共振响应波面图

3. 上层和下层液面同时共振模式

如果我们仍然采用上一个算例中的参数设置，可以得到下层液体的三阶固有频率 ω_{31}=2.1634rad/s，而上层液体的一阶固有频率 ω_{12}=4.4557rad/s。如果我们令外激励频率 $\omega_e=2\omega_{31}=0.97\omega_{12}$=4.3268rad/s，而外激励振幅仍是 0.2m，那么下层液体和上层液体就有可能会发生同时共振，但是共振响应的阶数会不相同。从图 7.50 可以看到，自由液面和下层液面均发生了法拉第波共振响应，但是上层的法拉第波是一阶响应，而下层是三阶响应。原因是外激励的频率在等于下层液体三阶固有频率 2 倍的同时，还非常接近上层液体的一阶固有频率，因此下层法拉第波的波长相对上层更短，这就使得下层液面附近不同位置的流动方向可能不同，所以上层和下层液体在界面附近会形成方向相反的流动，为界面处开尔文-亥姆霍兹不稳定（K-H 不稳定）的发生提供了条件。

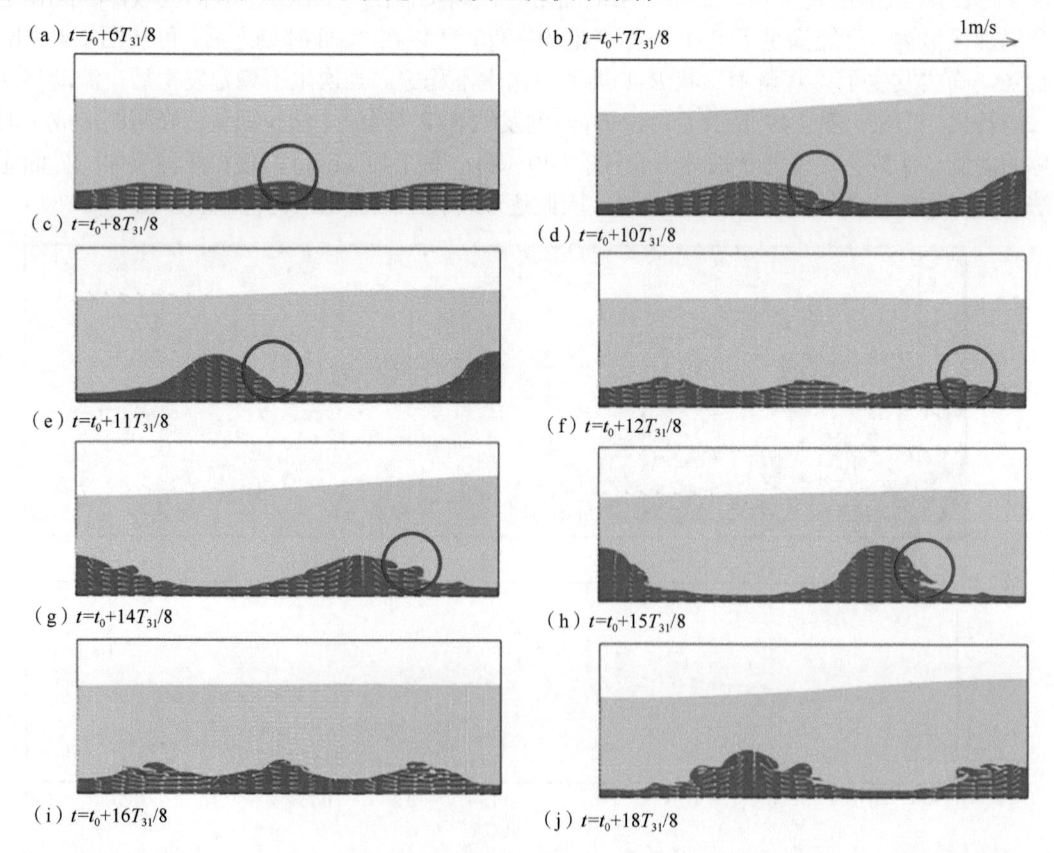

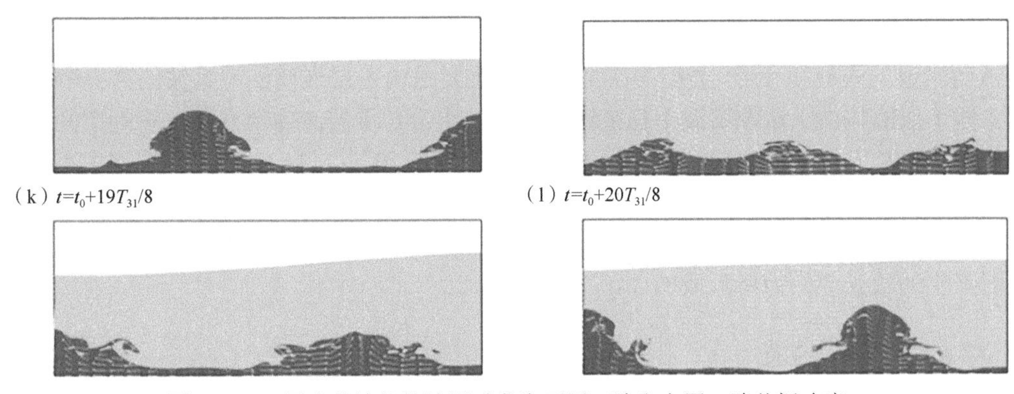

图 7.50　双层液体法拉第波同时发生下层三阶和上层一阶共振响应

图 7.50 展示了在两个法拉第波周期内 K-H 类型的次生不稳定的产生过程。在 $t=t_0+6T_{31}/8$ 时刻，从图 7.50（a）可以看到，上层液体的流动方向主要是向右的，而下层液体在液舱中间处的流动方向是向左的。因此，在 $T_{31}/8$ 周期后，即在 $t=t_0+7T_{31}/8$ 时刻，下层液面法拉第波的波前处的涡旋使得波面有破碎的趋势，见图 7.50（b）。但是，在 $t=t_0+T_{31}$ 时刻，上层液体的流动方向发生了改变，变成了向左流动，从而抑制了涡旋的继续发展，所以波面重新变成了对称的形式，见图 7.50（c）。但在此时，界面处上下层液体流动相反的情况会发生在其他位置，即靠近右侧边壁。速度反向形成的涡旋继续发展，使得下层液面出现了翻卷的破碎现象，见图 7.50（e）和图 7.50（f）。因此，在一个法拉第波周期内，下层法拉第波液面都会经历两个上下层流动反向和一个流动同向的阶段，流动反向使得液面逐渐发展出 K-H 不稳定，而流动同向会抑制 K-H 不稳定的出现。但是，随着共振自由液面和下层液面法拉第波的响应逐渐增大，K-H 不稳定最终会在第二个周期内形成，见图 7.50（g）～图 7.50（l）。一旦形成了 K-H 类型的次生不稳定，二维的流动结构就会逐渐发展成三维，见图 7.51（d），而流动同向的阶段就再也无法抑制 K-H 类型次生不稳定的发展了，见图 7.50（l）。

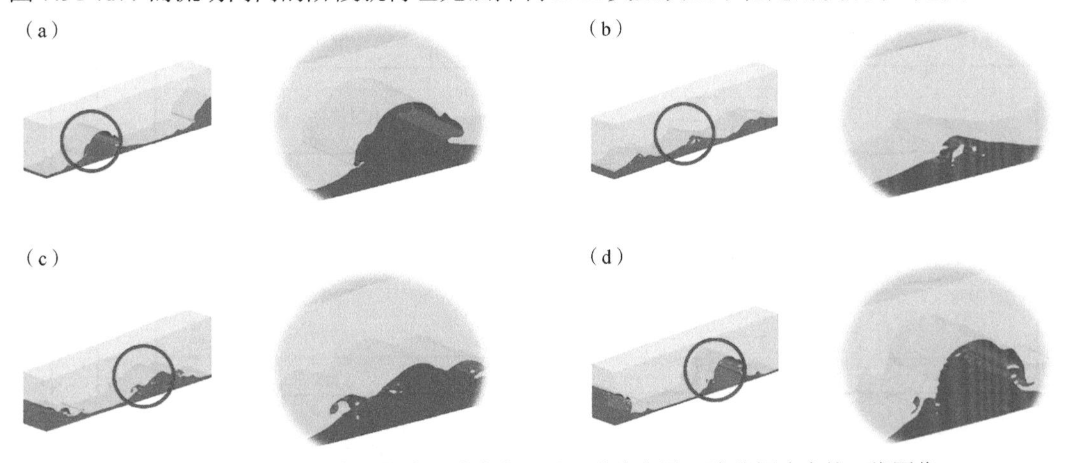

图 7.51　双层液体法拉第波同时发生下层三阶和上层一阶共振响应的三维图像

图（a）～图（d）分别对应图 7.50（i）～图 7.50（l）

应当指出的是，虽然图 7.50（l）下层液面次生不稳定发生后的波面形状和 7.47（e）的波面形状有相似之处，但是两种次生不稳定（R-T 类型和 K-H 类型）发生的机制是完全不同的。对于图 7.47（e）中的次生不稳定来说，上层液体自由液面的波幅一直是非常小的，上层液体的流动速度除下层液面附近之外，也都是非常小的。因此，图 7.47（e）下层液面附近的涡旋和 R-T 类型的次生不稳定主要是由下层液体法拉第波的共振响应造成的，即下层液体由于法拉第波不稳定造成了波峰上升，下层液体上升所留下的空间必须由上层液体来填补，从而引起了涡旋流动。而对于图 7.50（l）中 K-H 类型的次生不稳定来说，上层液体的流动更像是“U”形管中液体的流动，即流动方向会发生周期性的变化。因此，图 7.50（l）中下层液面附近产生的涡旋主要是上层和下层液体之间发生相反方向流动时产生的较强剪切力所形成的。

7.6.4 海洋内波

海洋内波是物理海洋领域的研究热点。在层化的海水环境中，内波的传播、破碎过程是海洋能量、动量和物质传输的载体，是海洋能量级串的重要环节。内波运动可干扰水声传播，对于海洋工程、水下航行器等具有不利影响。

数值造波是内波数值模拟研究的基本问题，目前常采用仿物理造波方法生成目标内波。例如，速度入口法根据双推板造波机制，在边界处设置分层流体平均速度实现造波（付东明等，2009）；重力塌陷法通过分层水体初始势能自然演化为孤立内波（Lin and Song，2012；Kao et al.，1985）；此外，还可采用平板等结构物运动形成波动等（程友良等，2013；徐鑫哲，2012）。然而，当前的造波方法通常忽略自由表面的影响，造波过程易对分层水体产生干扰，对于不同波形内波的通用性较差，且不适用于内波-流耦合模拟研究。

为此，我们考虑自由表面对内波运动的影响，在 NEWTANK 模型中提出耦合质量源法生成内波，通过在上层和下层流体中引入一对耦合质量源在分层水体内部生成目标内波，模型如图 7.52 所示（Yan et al.，2022）。上层和下层流体中质量源区域外形相同，分别以 Ω_1、Ω_2 表示。质量源方程与目标波动之间的关系为（Lin et al.，1999）：

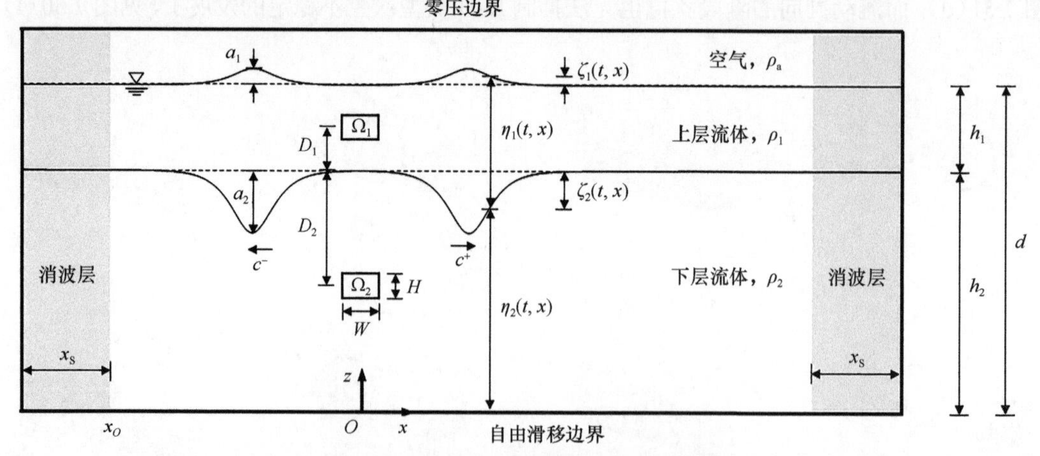

图 7.52 具有自由表面的两层流体模型

$$\int_0^t \int_{\Omega_1} s_1(t,x,z) \mathrm{d}\Omega_1 \mathrm{d}t = 2\int_0^t c[\zeta_1(t) - \zeta_2(t)] \mathrm{d}t \tag{7.81}$$

$$\int_0^t \int_{\Omega_2} s_2(t,x,z) \mathrm{d}\Omega_2 \mathrm{d}t = 2\int_0^t c\zeta_2(t) \mathrm{d}t \tag{7.82}$$

式中，$s_1(t, x, z)$、$s_2(t, x, z)$分别为 Ω_1、Ω_2 的质量源方程；c 为波速；$\zeta_1(t)$、$\zeta_2(t)$分别为自由表面和内界面的波面方程。假设质量源方程在质量源区域均匀分布，则有

$$s_1(t)=\frac{2c}{A_1}[\zeta_1(t)-\zeta_2(t)] \tag{7.83}$$

$$s_2(t)=\frac{2c}{A_2}\zeta_2(t) \tag{7.84}$$

式中，A_1、A_2 分别为质量源 Ω_1、Ω_2 的面积。由式（7.83）和式（7.84）可知，耦合质量源方程依赖于波面方程 $\zeta_1(t)$、$\zeta_2(t)$及对应的波速 c，这可通过相关的内波理论得到。质量源区域的形状及布置参见 Yan 等（2022）的研究。

为了验证耦合质量源方法的适用性，我们基于 NEWTANK 数值水槽开展了孤立内波和周期内波的数值模拟验证，各算例的设置条件如表 7.6 所示。算例Ⅰ为孤立内波模拟，其条件与 Kodaira 等（2016）的实验相同，孤立内波可采用 MCC-FS 理论（Kodaira et al.，2016）描述；算例Ⅱ、Ⅲ模拟周期内波，分别采用小密度差和大密度差的分层流体，波动可由线性理论描述（Umeyama，1998）。

表 7.6　耦合质量源方法生成内波验证算例的设置条件

算例	波型	h_1/h_2	ρ_1/ρ_2	a_2/h_1	$T\sqrt{g/h_1}$	内波理论	对比实验
Ⅰ	孤立内波	1/5	0.859	−0.24	—	MCC-FS	Kodaira 等（2016）
Ⅱ	周期内波	3/7	0.98	0.067	64.7	线性理论	—
Ⅲ	周期内波	3/7	0.80	0.067	16.2	线性理论	—

在算例Ⅰ中，质量源 Ω_1 和 Ω_2 区域是宽度为 W=0.04m、高度为 H=0.006m 的矩形，其中心距内界面的垂向距离分别为 D_1=0.025m、D_2=0.04m。图 7.53 为算例Ⅰ中孤立内波的传播过程，在耦合质量源作用下，计算域中生成了传播方向相反的两个孤立内波，并且自由表面上形成了上凸型孤立子。

图 7.54 为算例Ⅰ的模拟结果与 MCC-FS 理论解、KdV-RL 理论解（Benjamin，1966）、实验结果（Kodaira et al.，2016）的对比。可见，Kodaira 等（2016）通过重力塌陷方法生成的孤立内波传播至 x/h_1=30 位置时存在明显的尾波，传播至 x/h_1=110 位置时方达到稳定状态，波形与 MCC-FS 理论解吻合良好。相比之下，耦合质量源方法生成的孤立内波在距生成源较近的位置 x/h_1=30 即达到稳定状态，且波形与理论解、实验结果吻合良好，无明显的尾波干扰。

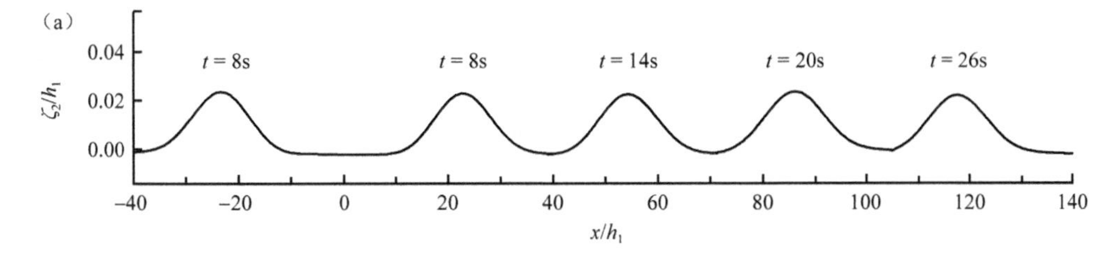

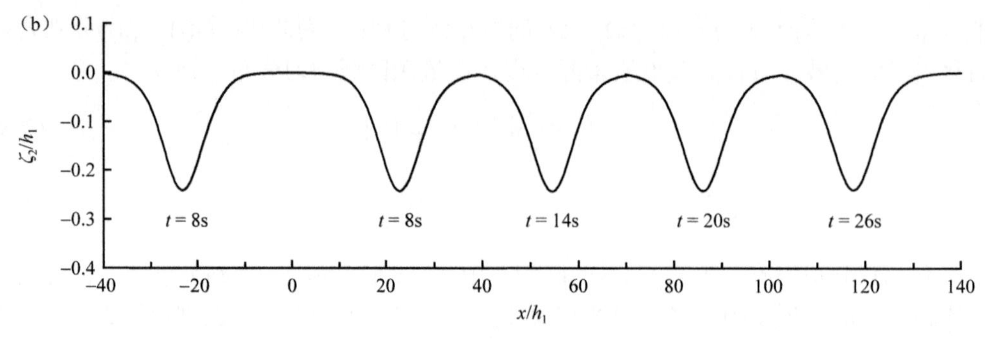

图 7.53 算例Ⅰ孤立内波的传播过程：(a) 自由表面孤立子；(b) 孤立内波

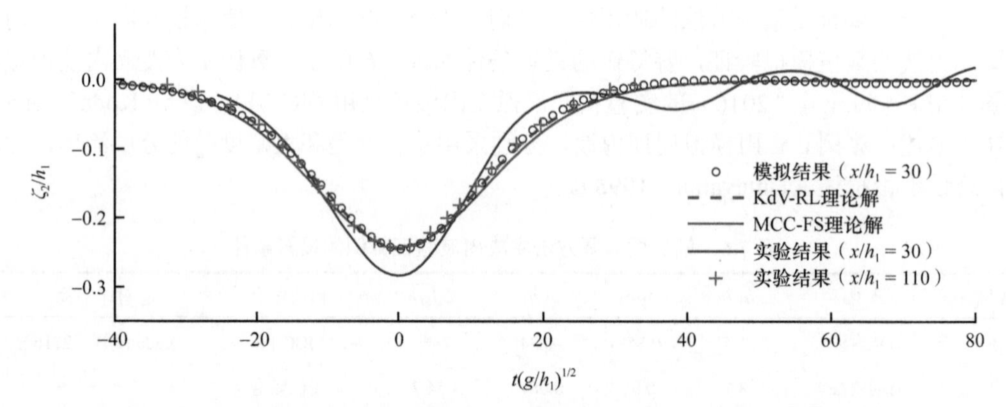

图 7.54 算例Ⅰ模拟孤立内波与理论解、实验结果（Kodaira et al.，2016）的对比

算例Ⅱ、Ⅲ中总水深为 d=0.5m，质量源参数取 W=0.04m、H=0.006m、D_1=D_2=0.05m。图 7.55（a)、图 7.55（b）分别为算例Ⅱ、Ⅲ的数值结果与理论解的对比，可见，耦合质量源生成的周期内波与理论解相一致。算例Ⅱ中分层流体密度差较小，自由表面没有出现明显波动，适用刚盖假定；而算例Ⅲ中分层流体密度差较大，自由表面出现明显的与内波相位相反的波动，这表明在大密度差情况下自由表面的运动较为显著。

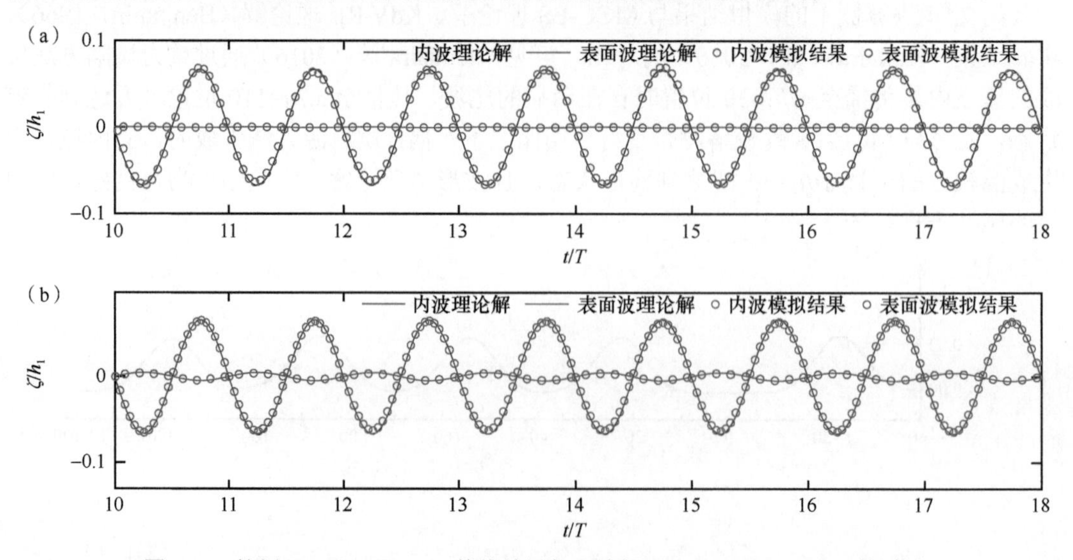

图 7.55 算例Ⅱ（a)、Ⅲ（b）数值结果与理论解（Umeyama，1998）的对比

算例Ⅰ～Ⅲ的数值结果表明，耦合质量源方法能够在具有自由表面的分层流体中准确地生成周期内波、孤立内波。为进一步验证该方法在内波-流耦合模拟研究中的可行性，基于算例Ⅰ，在计算域中设置了水平向均匀背景流 u_{bc}=0.03m/s，模拟结果如图 7.56 所示。可见，在耦合质量源作用下其两侧生成了顺流和逆流传播的孤立内波，相比于静水条件（波速 c=0.263m/s），顺流条件下孤立内波波速增大为 c^{+}=0.291m/s，逆流条件下则减小为 c^{-}=0.235m/s，且在均匀流场的作用下，内波波形发生明显变化。

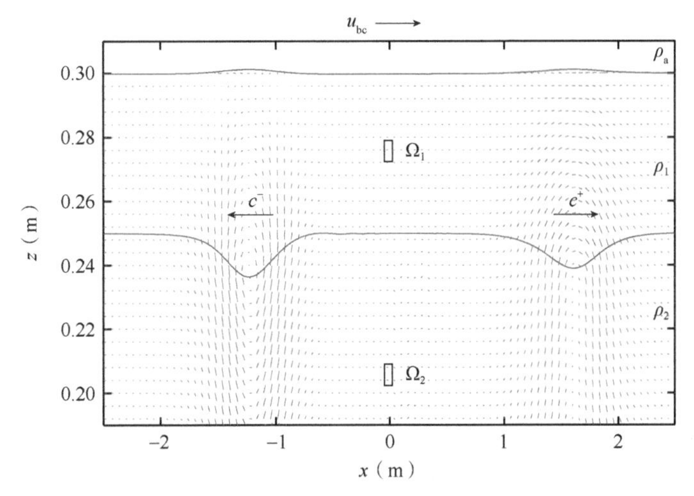

图 7.56　均匀背景流下耦合质量源生成孤立内波

图 7.57 对比了顺流、逆流和静水（算例Ⅰ）条件下传播的孤立内波波形，可见，在逆流条件下孤立内波波高增大、波形变窄，而顺流条件下则波高减小、波形变宽，这与自由表面孤立波-流相互作用的特性相同。

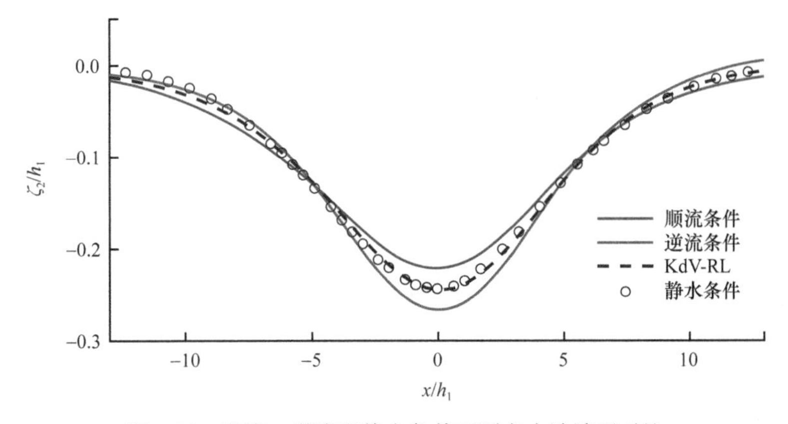

图 7.57　顺流、逆流和静水条件下孤立内波波形对比

7.7　泥沙输运与底床冲刷

前面几节我们主要讨论了海岸与海洋工程中的水动力模拟，本节我们将对这些因素作用下的泥沙运动及底床冲刷进行阐述。在海岸尤其是近岸地区，引起泥沙运动的主要动力因素是波浪。从波浪进入浅水开始，将会在岸坡上发生反射、变形，乃至破碎，从而产生

沿岸和向岸-离岸方向的泥沙输送。对于某一区域而言，若输入的泥沙量大于输出的泥沙量，则出现淤积，反之则出现冲刷。天然岸滩在水动力条件的长期作用下，处于动态平衡状态，即已调节到泥沙的输入量和输出量大致相等，故其岸滩剖面能保持相对稳定。

海上建筑物如海底管线、小尺度桩柱、大尺度圆柱、防波堤、人工岛等较多修建在海岸地区。当这些建筑物存在时，其周围的水流速度分布将发生改变，使建筑物附近的底部剪切应力和泥沙输移率增大，导致局部冲刷。如果冲刷严重，将对建筑物基础的稳定性产生威胁。

7.7.1 泥沙运动与底床冲刷数值模拟研究现状

在过去的30年间，海岸工程研究者开发了大量的数值模型，用以开展海岸冲刷保护、航道维护等方面的科学研究。这些数值模型大致可以分为以下几个类型：第一类是概念模型，这类模型（Ruessink and Terwindt，2000；Kraus，2000；Kana et al.，1999；Gravens，1996；De Vriend et al.，1994；Dean，1991）基于观测和实验得到的经验公式，能够定性地分析海岸的演化；第二类是海岸线演化模型（Steetzel et al.，2000；Hanson and Larson，1992；Hanson and Kraus，1989），这类模型主要描述沿海岸线方向泥沙输移率不同导致的岸线演化；第三类是地形演化模型（Nairn and Southgate，1993；Larson and Kraus，1989；Larson et al.，1989），主要计算垂直海岸线的泥沙输移率引起的地形变化；第四类是平面二维底床变化模型（Roelvink et al.，2009；Nicholson et al.，1997；Johnson，1994；Johnson et al.，1994；Andersen et al.，1988；Maruyama and Takagi，1988；Watanabe，1987；Latteux，1980），这类模型引入水深平均的波流运动方程，忽略垂向的波流变化，通常用于模拟相对大的空间及时间尺度条件下近岸地区由单个风暴潮引起的底床变化或者季节性海床演进；第五类三维模型（Drønen and Deigaard，2006；Ding et al.，2006；Lesser et al.，2004；Roelvink and Banning，1994）则增强了在垂向的模拟，可以同时描述水平和垂向的波流运动特征及其泥沙输运。

上述这些二维和三维模型被广泛用于研究海岸结构物，譬如防波堤、码头突堤及丁坝等结构周围的局部冲刷问题。对单个防波堤周围的海岸变化响应进行了研究，在固定底床条件下计算波、流及泥沙的运动。Nicholson 等（1997）采用上述多种类型的数值模型对单个防波堤背后凸角和沙洲的形成进行了对比研究，结果表明各类模型均能获得大体一致的定性趋势，但是定量结果上则存在一定差异。Steijn 等（1998）应用 Delft3D 模型模拟了海岸丁坝附近的底床变化特性，模拟结果与现场观测数据吻合较好。Denot 和 Aelbrecht（2000）对不同入射波浪条件下的丁坝系统进行了模拟，数值结果显示波浪和流场的吻合较好，但是泥沙冲淤的结果与预期相差较大。类似的还包括 Leont'yev（1999）的研究。Gelfenbaum 等（2003）利用 Delft3D 模型对格雷斯（Grays）港的床面变化进行了模拟，发现无论突堤存在与否，计算结果与现场测量结果均吻合较好。类似的还包括 Johnson（2004）、Johnson 等（2005）、Brøker 等（2007）及 Ding 和 Wang（2008）的研究。

对上述这些研究进行归纳和总结能够发现，在海岸工程领域，能够准确计算结构物周围水流、波浪及泥沙耦合作用的三维数值模型仍然较为匮乏，而少数具备这些功能的模型其模拟结果都没有得到广泛的验证。

7.7.2 恒定水流下的底床冲淤

1. 三维自由面水沙运动模型

本小节基于三维 NEWTANK 模型，介绍一种基于多孔介质的方法来模化结构物和底部沙床，引入 VOF 方法进行自由水面捕捉，并采用大涡模拟（LES）进行湍流计算，可以同时计算悬移质、推移质和底床变化。该模型的基本控制方程为 N-S 方程，孔隙结构内外的流体运动都可以采用修正后的统一公式来表述：

$$\frac{\partial \overline{u}_i}{\partial x_i}=0 \tag{7.85}$$

$$\frac{1}{n}\frac{\partial \overline{u}_i}{\partial t}+\frac{\overline{u}_j}{n^2}\frac{\partial \overline{u}_i}{\partial x_j}=-\frac{1}{\rho}\frac{\partial \overline{p}_0}{\partial x_i}+\frac{\nu}{n}\frac{\partial^2 \overline{u}_i}{\partial x_j \partial x_j}-\overline{f}_i-\frac{1}{n^2}\frac{\partial \overline{u_i'' u_j''}}{\partial x_j} \tag{7.86}$$

式中，$\overline{u}$ 表示 i 方向上的空间平均流体速度；$\overline{p}_0$ 是空间平均压强；ρ、ν 和 n 分别表示流体密度、粘度和孔隙率。式（7.86）=右边第三项表示由于孔隙介质存在而引起的附加力，由惯性力和拖曳力组成，即 $\overline{f_i}=\overline{f_{\mathrm{I}i}}+\overline{f_{\mathrm{D}i}}$。

模型采用 LES 描述湍动的传输和耗散，采用 Top-Hat 函数进行空间过滤，产生的亚格子应力则用 Smagorinsky 模型来模化：

$$\tau_{ij}-\frac{1}{3}\tau_{kk}\delta_{ij}=-2\rho\nu_{\mathrm{t}}\left(\frac{\partial \overline{u}_i}{\partial x_j}+\frac{\partial \overline{u}_j}{\partial x_i}\right) \tag{7.87}$$

式中，$\nu_{\mathrm{t}}=L_{\mathrm{S}}\varDelta^2|\overline{S}|$ 表示涡粘系数，其中 L_{S} 是 Smagorinsky 系数，$|\overline{S}|=\sqrt{2\overline{S}_{ij}\overline{S}_{ij}}$ 表示平均流应变张量，$\varDelta=\sqrt[3]{\Delta x\Delta y\Delta z}$ 表示过滤尺度，Δx、Δy 和 Δz 为网格在三个方向上的尺寸大小。

在模型的泥沙部分，悬移质泥沙的运动和浓度分布基于质量守恒定律采用对流扩散方程来描述：

$$\frac{\partial c}{\partial t}+u\frac{\partial c}{\partial x}+v\frac{\partial c}{\partial y}+\left(w-w_{\mathrm{s}}\right)\frac{\partial c}{\partial z}=\frac{\partial}{\partial x}\left(\varepsilon_{\mathrm{sx}}\frac{\partial c}{\partial x}\right)+\frac{\partial}{\partial y}\left(\varepsilon_{\mathrm{sy}}\frac{\partial c}{\partial y}\right)+\frac{\partial}{\partial z}\left(\varepsilon_{\mathrm{sz}}\frac{\partial c}{\partial z}\right) \tag{7.88}$$

式中，c 为泥沙的体积浓度；$\varepsilon_{\mathrm{sx}}$、$\varepsilon_{\mathrm{sy}}$ 和 $\varepsilon_{\mathrm{sz}}$ 为泥沙的扩散系数，同流体扩散系数有关；w_{s} 为泥沙颗粒的沉降速度。

对于推移质泥沙的运动，采用 Abdel-Fattah 等（2004）的推移质关系式计算：

$$q_{\mathrm{b}}=\begin{cases}0.053\sqrt{(s-1)gd_{50}^3}\dfrac{T^{2.1}}{D_*^{0.3}}, & T<3\\ 0.100\sqrt{(s-1)gd_{50}^3}\dfrac{T^{1.5}}{D_*^{0.3}}, & T\geqslant 3\end{cases} \tag{7.89}$$

式中，D_* 为无量纲的泥沙粒径；T 为无量纲的超剪应力，表达式如下：

$$D_*=d_{50}\left[\frac{(s-1)g}{\nu^2}\right]^{\frac{1}{3}} \tag{7.90}$$

$$T=\frac{\tau_{\mathrm{b}}'-\tau_{\mathrm{b,cr}}}{\tau_{\mathrm{b,cr}}} \tag{7.91}$$

式中，τ_{b}' 为有效底床剪应力；$\tau_{\mathrm{b,cr}}$ 为临界剪应力，可以通过拟合 Shields 曲线获得。值得注意的是，需要考虑床面坡度对于泥沙颗粒起动的影响，对临界剪应力的值加以修正。

悬移质和推移质泥沙在运动的过程中，不可避免地将发生质量交换过程，故而底床在水流的不断作用及局部冲刷条件下，也会发生相应的冲淤变形，根据床面附近泥沙的质量平衡原理，可以得到对应的床面变形方程：

$$\left(1-\lambda_{\mathrm{p}}\right)\frac{\partial\eta}{\partial t}=D_{\mathrm{a}}-E_{\mathrm{a}}-\frac{\partial q_{\mathrm{b}x}}{\partial x}-\frac{\partial q_{\mathrm{b}y}}{\partial y} \tag{7.92}$$

式中，λ_{p}为沙床孔隙率；D_{a}、E_{a}分别为参考高度处的泥沙沉降率和悬起率，其表达形式将在泥沙边界条件中加以阐述；$q_{\mathrm{b}x}$、$q_{\mathrm{b}y}$分别为x、y方向上的推移质输沙率。

2. 明渠底部沟渠冲淤模拟

首先采用该模型对明渠底部沟渠冲淤进行模拟计算。20 世纪 80 年代，代尔夫特水力研究所（Delft Hydraulics Laboratory）曾进行过一系列的水槽实验，研究了明渠流条件下具有不同初始形状的沟渠的形态演变规律，这个水槽实验被很多的后续研究引用。

鉴于此实验数据的可靠性，选取该系列实验的一组作为数值模拟的对象。该组实验所用水槽长 30m、宽 0.5m、高 0.7m，沟渠两组边坡均为 1∶3。实验所用的水流条件为水深 0.39m、平均速度 0.51m/s，绝对粗糙度为 0.025m，水槽实验基本设置如图 7.58 所示，实验所用泥沙样本粒径 D_{50}=0.16mm、D_{90}=0.20mm。代表性颗粒的沉降速度为 0.013m/s（水温 15℃）。基于对上游底床平衡状态下水沙条件的测算，实验中在水槽上游不断补给泥沙样本以维持上游位置的平衡状态，补给率约为 0.04kg/(s·m)，其中悬移质的补给率为 0.03kg/(s·m)（±25%），因此，推移质的补给率为 0.01kg/(s·m)（±25%）。实验共持续 15h，初始时刻在水槽中断面上的铅垂线位置 1、4、6、7、8 测量流速和悬沙浓度，如图 7.59～图 7.63 所示，在 7.5h 和实验结束时分别测定底床形态，如图 7.64、图 7.65 所示（Han et al., 2022）。

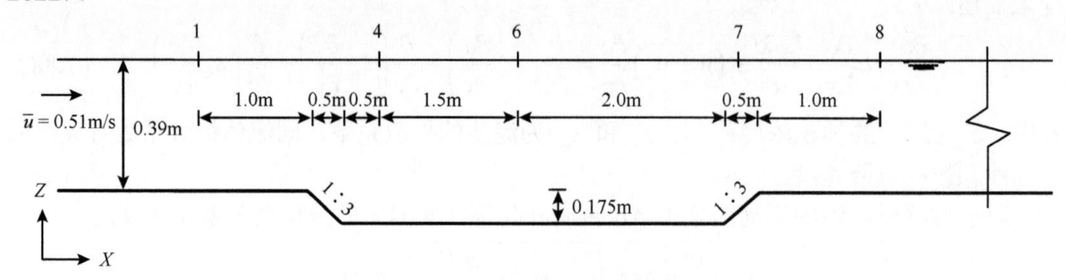

图 7.58 底部沟渠冲淤算例示意图

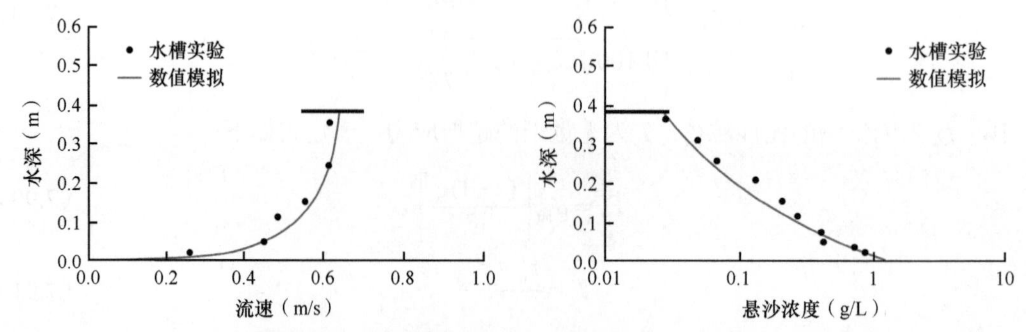

图 7.59 模拟结果和水槽实验的流速与悬移质浓度在铅垂线 1 上的比较

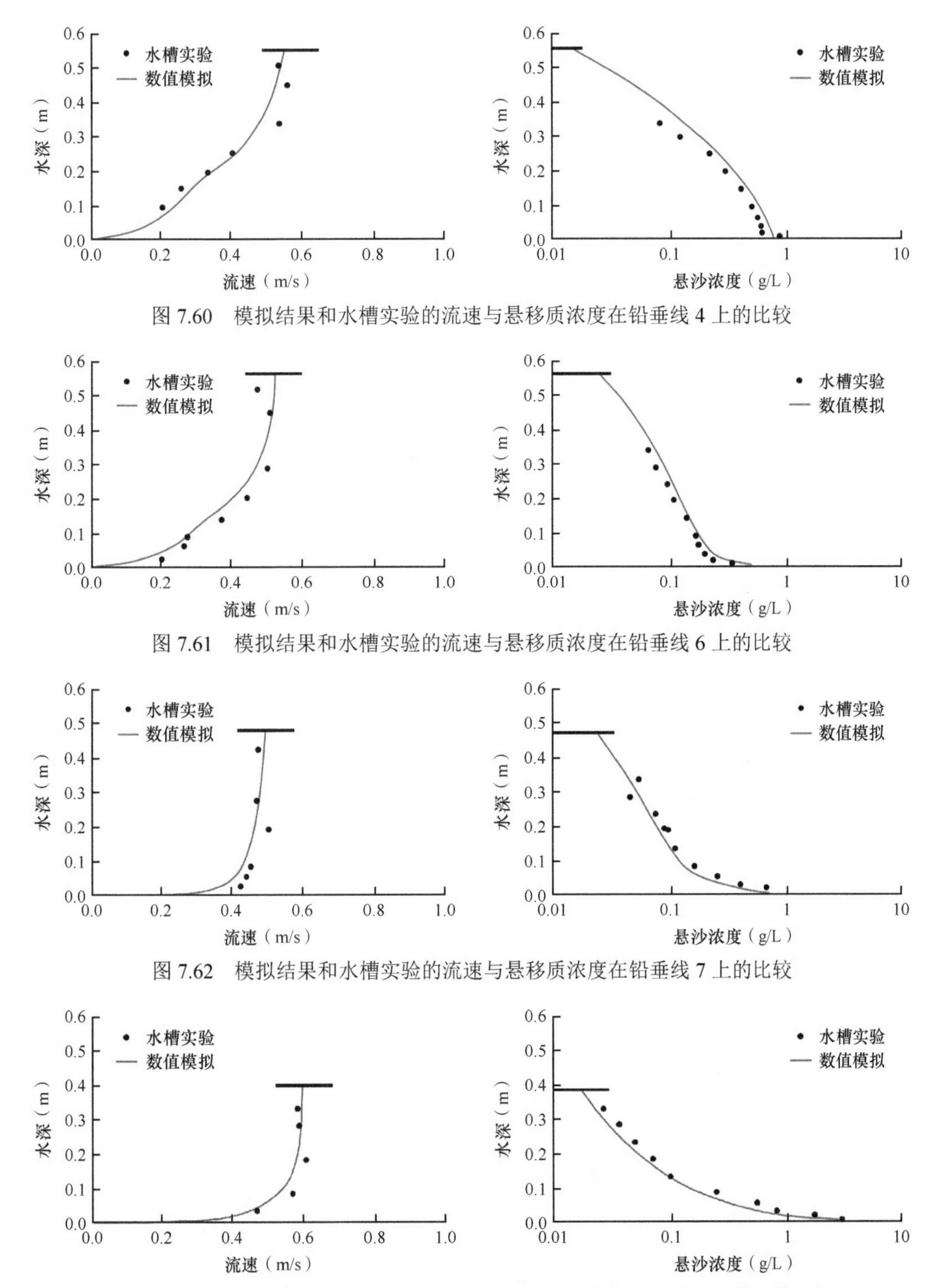

图 7.60　模拟结果和水槽实验的流速与悬移质浓度在铅垂线 4 上的比较

图 7.61　模拟结果和水槽实验的流速与悬移质浓度在铅垂线 6 上的比较

图 7.62　模拟结果和水槽实验的流速与悬移质浓度在铅垂线 7 上的比较

图 7.63　模拟结果和水槽实验的流速与悬移质浓度在铅垂线 8 上的比较

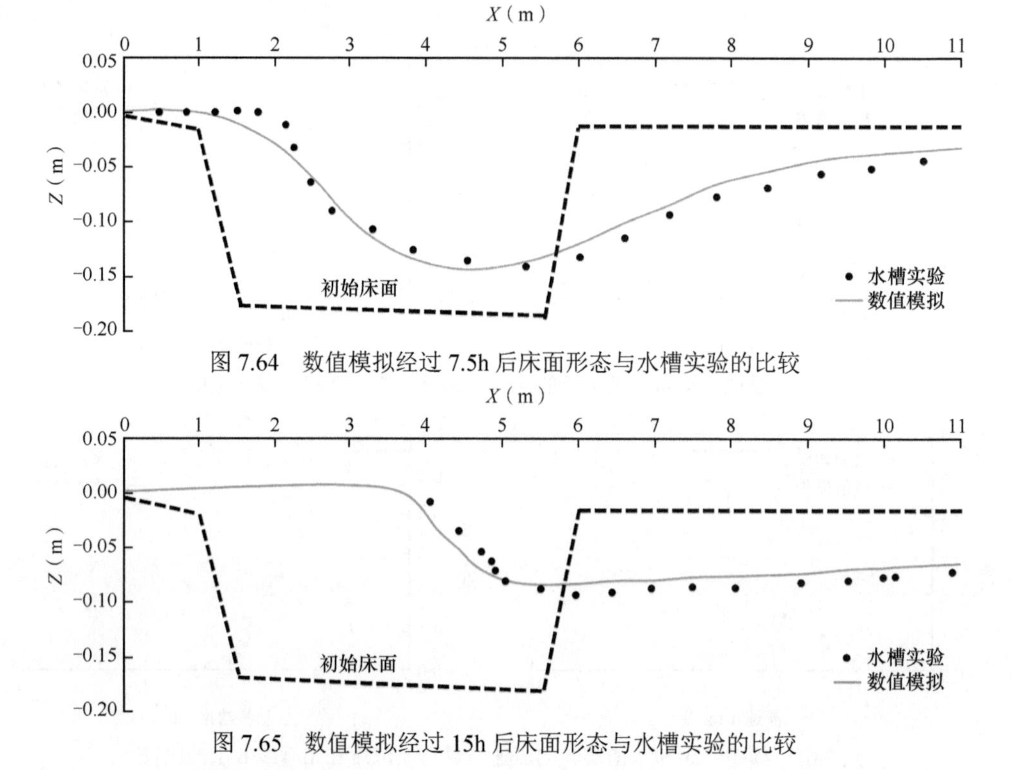

图 7.64 数值模拟经过 7.5h 后床面形态与水槽实验的比较

图 7.65 数值模拟经过 15h 后床面形态与水槽实验的比较

3. 河道丁坝群冲淤模拟

采用该模型对河道丁坝群系统内的水沙运动进行数值模拟，算例如图 7.66 所示，水槽尺寸为 300.0m×30.0m×15.0m，底床坡度为 0.0001，河道中泥沙中值粒径 D_{50}=0.7mm，底床沙层厚度为 5m，河流水深 4m，流量根据均匀流水位-流量曲线获得，为 188.77m^3/s，丁坝尺寸为 6m×7m×1.8m。

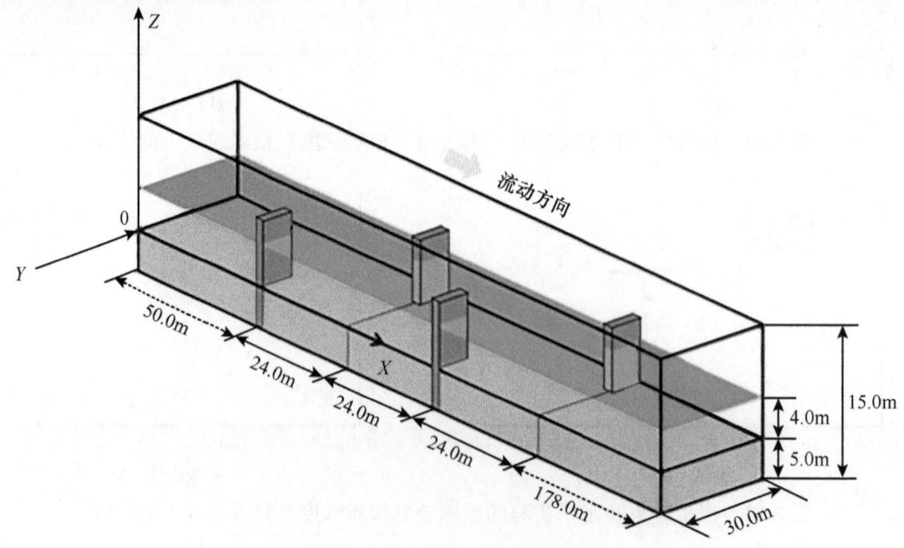

图 7.66 丁坝群算例示意图

计算稳定后，提取 Z=2.0m 的 XY 平面、Y=3.0m 的 XZ 平面的流场，以及床面冲淤平衡时的底床形态，分别如图 7.67 和图 7.68 所示（Han et al.，2018）。

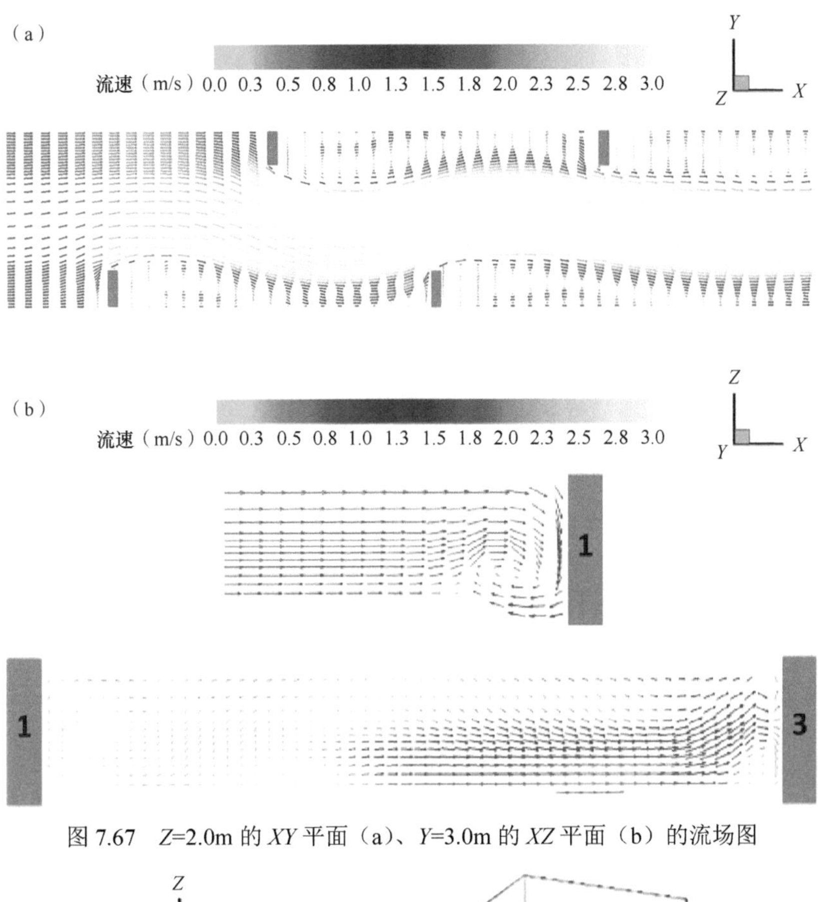

图 7.67　Z=2.0m 的 XY 平面（a）、Y=3.0m 的 XZ 平面（b）的流场图

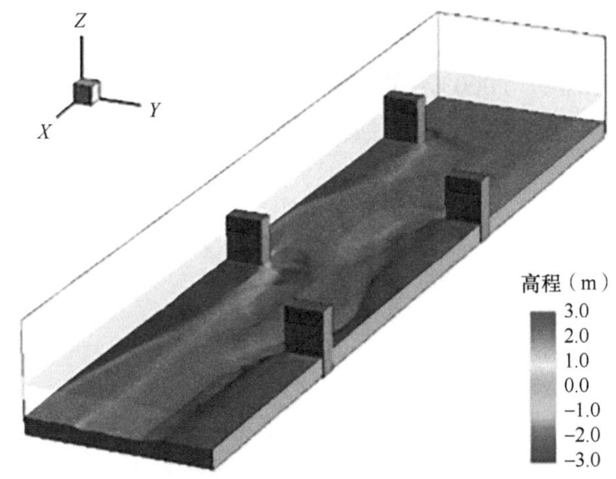

图 7.68　床面冲淤平衡时的底床形态图

7.7.3　斜坡上垂直海堤前波浪局部冲刷

本小节采用二维 NEWFLUME 模型，结合水动力学模型和底床形态学模型，模拟倾斜沙床上海堤与波浪相互作用的水动力学特性、海岸剖面变化及海堤趾部冲刷的控制因素。

1. 泥沙输运模型

通过求解基于时间平均输沙率的泥沙质量守恒方程来更新河床剖面（Fredsøe and

Deigaard，1992）：

$$(1-n)\frac{\partial z_b}{\partial t}=-\frac{\partial q(x,\ t)}{\partial x} \tag{7.93}$$

式中，z_b 为床面；$q(x, t)$为瞬时输沙率；n 为底床孔隙度，本书采用 n=0.44。

前人的研究（Bakhtyar et al.，2009；Pedrozo-Acuna et al.，2006）通常采用从实验获得的经验公式来计算输沙率。基于 Meyer-Peter 和 Mueller（1948）的工作，Madsen（1991）提出了以下公式来计算床面坡度和泥沙休止角效应：

$$\frac{q(t)}{\sqrt{(s-1)gd_{50}^3}}=\frac{C}{1+\dfrac{\tan\beta}{\tan\varphi}}\left(\theta-\theta_c\right)^{3/2}\frac{u_b}{|u_b|} \tag{7.94}$$

式中，$q(t)$为瞬时输沙率；$s=\rho_s/\rho$ 为相对密度，其中 ρ_s 为泥沙颗粒密度，ρ 为水密度；d_{50} 为平均颗粒直径；g 为重力加速度；C 为泥沙输移效率，采用默认值 12；$\tan\beta$ 为海岸垂向斜率；φ 为泥沙休止角；$\theta=0.5\ fu_b^2/(s-1)\ gd_{50}$ 为谢尔兹参数，其中 u_b 为靠近床面位置的瞬时自由流水平波轨道速度；θ_c 为启动临界谢尔兹参数；f 为颗粒粗糙度底部摩擦因数，该因数依赖于 Nikuradse 颗粒粗糙度 $2.5d_{50}$ 与波浪下水质点漂移振幅 $a=u_b/\omega$（Zou，2004；Smyth and Hay，2003）。

坡脚 $\tan\beta$ 上顺坡和逆坡方向的泥沙启动剪应力分别为

$$\text{顺坡：}\ \theta_{\beta c}=\theta_c\cos\beta\left(1-\frac{\tan\beta}{\tan\varphi}\right) \tag{7.95}$$

$$\text{逆坡：}\ \theta_{\beta c}=\theta_c\cos\beta\left(1+\frac{\tan\beta}{\tan\varphi}\right) \tag{7.96}$$

式中，$\theta_{\beta c}$ 和 θ_c 分别是斜坡床面和水平床面泥沙启动的临界谢尔兹参数。θ_c 是颗粒雷诺数的函数（Sumer and Fredsøe，2000），在本书中取 0.06。

对于极大和极小的相对河床粗糙度，摩擦因数的理论表达式（Fredsøe and Deigaard，1992）由下式确定：

$$f=\begin{cases}0.04\left(\dfrac{a}{k_N}\right)^{-1/4}, & \dfrac{a}{k_N}>50\\[2ex] 0.4\left(\dfrac{a}{k_N}\right)^{-3/4}, & \dfrac{a}{k_N}\leqslant 50\end{cases} \tag{7.97}$$

式中，k_N 为 Nikuradse 颗粒粗糙度（取 $2.5d_{50}$）；$a=T\times u_b/2\pi$，其中 T 为入射波周期。

更通用的显式摩擦因子计算公式如下，相比隐性公式有 1%的误差（Zou，2004；Madsen，1994）。

$$f=\begin{cases}\exp\left[7.02\left(\dfrac{k_N/30}{a}\right)^{0.078}-8.82\right], & 10^{-2}<\dfrac{k_N/30}{a}<5\\[2ex] \exp\left[5.61\left(\dfrac{k_N/30}{a}\right)^{0.109}-7.30\right], & 10^{-4}<\dfrac{k_N/30}{a}\leqslant 10^{-2}\end{cases} \tag{7.98}$$

2. 底床形态模型

(1) 部分网格法

图 7.69 给出了模型中有限差分网格和单元格分类。自由面采用 Youngs（1982）提出的流体体积（VOF）法捕获，该方法的交界面由每个单元的直线段近似，但直线相对于坐标轴可以任意定向。线的方向由界面的法线方向决定，并通过计算选定单元格和相邻单元格内空隙部分所占比例的平均值来确定。将部分网格法应用于水沙交界面，能够根据真实边界形状切割划分网格单元格。由于在 Youngs（1982）的方法里单元格中界面方向是任意的，网格面开度 $\mathrm{ar}_{i,j}$ 定义为流体部分占整个单元格垂直长度的比例，在描述单元格属性中更加实用（图 7.69）。每个单元格 i、j 和 $z_{\mathrm{b},i}$ 的床面位置与 $\mathrm{ar}_{i,j}$ 的关系如下：

$$\mathrm{ar}_{i,j}=\frac{y_{j+1}-z_{\mathrm{b},i}}{y_{j+1}-y_j} \tag{7.99}$$

模型采用 $z_{\mathrm{b},i}$ 参数表示床层高度。在每个时间步内更新 $z_{\mathrm{b},i}$，然后利用更新的 $z_{\mathrm{b},i}$ 和 $z_{\mathrm{b},i-1}$ 来计算新的开度参数。

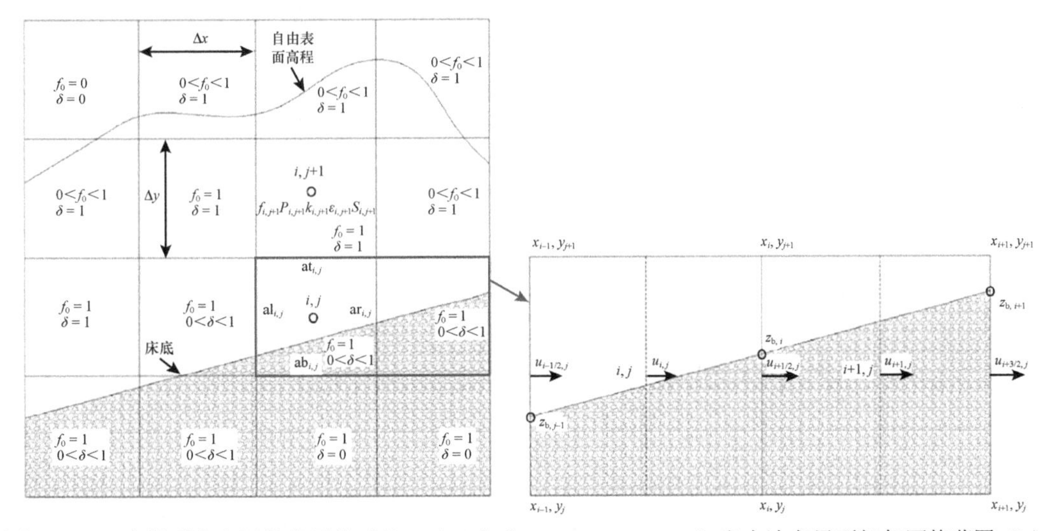

图 7.69　现有模型的有限差分网格系统（a）（参考 Peng et al.，2018）和水沙交界面相邻网格草图（b）

依据时间向前差分和空间迎风差分格式，可将式（7.93）离散为

$$\frac{q(t)_{i+1}-q(t)_i}{(x_{i+1}-x_{i-1})/2}=-(1-n)\frac{z_{\mathrm{b},i+1/2}(t+\Delta t)-z_{\mathrm{b},i+1/2}(t)}{\Delta t} \tag{7.100}$$

式中，$q(t)$由式（7.94）得到。

通过更新的网格开度系数重构底床剖面，$\mathrm{ar}_{i,j}$ 可以从新的 $z_{\mathrm{b},i}$ 中获得，详见"沙滑模型"的内容。为避免床面更新后引起的振荡波和流速的奇异性，引入如下约束条件：如果床面累积变化超过深水波高 H_S 的 20%，则将其重置为 $z_{\mathrm{b},i}=z_{\mathrm{b},i,\mathrm{old}}+20\%H_\mathrm{S}$，其中 $z_{\mathrm{b},i}$ 为新的床面位置，$z_{\mathrm{b},i,\mathrm{old}}$ 为旧的床面位置。此处，20%是经过反复试算获得的。

(2) 沙滑模型

若计算的相邻节点间的床面坡度大于泥沙休止角，由于重力作用床面泥沙将发生整体滑动，称之为沙滑。为了解决该问题本书建立了一种新的沙滑模型。该模型是对 Liang 和 Cheng（2005）提出的滑坡模型的改进，修正了床面物质的质量守恒特性。此外，不时出现的非真实的床面形状如尖角，可能会影响底床形态学模型的数值稳定性。由于床面特征是目前研究的重点，因此无论这些小的尖角和波纹的存在是物理还是数值的原因，都需要对其进行光滑处理。

如果床面坡度大于泥沙休止角，沙滑模型将执行以下过程：首先，绕两个相邻节点的中点（黑色虚线）旋转床面坡度，直到床面坡度减小至泥沙休止角（蓝色虚线）；然后，保持当前床面坡度不变，降低床面高度，以保证当前网格和邻近网格内的泥沙质量是守恒的；最后，对更新的床面高度应用五点高斯平均法进行重构。图 7.70 展示了沙滑模型的前两步。

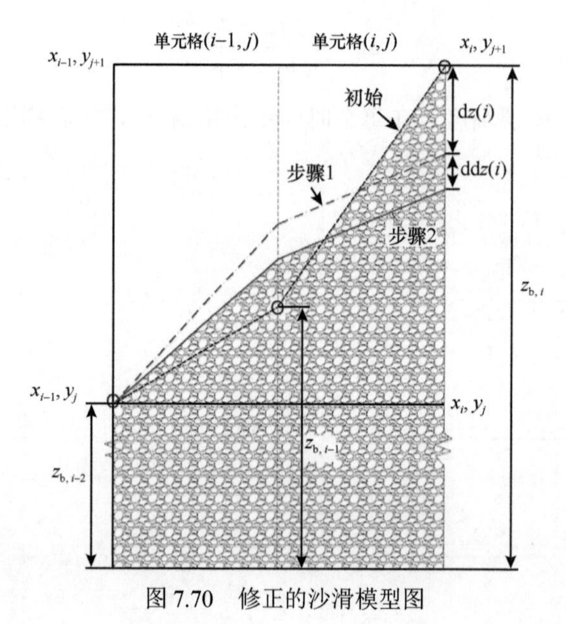

图 7.70　修正的沙滑模型图

由于更新过程可能涉及多个相邻单元格，下面依次给出一组床面高度更新的计算公式。

步骤 1：更新当前单元格。绕两个相邻节点的中点旋转床面坡度，直到床面坡度减小至泥沙休止角：

$$
\mathrm{d}z(i)=\begin{cases}\dfrac{z_{\mathrm{b},i}-z_{\mathrm{b},i-1}-\tan\varphi\mathrm{d}x_i}{2}, & z_{\mathrm{b},i}\geqslant z_{\mathrm{b},i-1}\\[2ex] \dfrac{z_{\mathrm{b},i}-z_{\mathrm{b},i-1}+\tan\varphi\mathrm{d}x_i}{2}, & z_{\mathrm{b},i}<z_{\mathrm{b},i-1}\end{cases} \tag{7.101}
$$

式中，$z_{\mathrm{b},i}$ 为单元格（i, j）右侧的床面位置；$z_{\mathrm{b},i-1}$ 为单元格（i, j）左侧的床面位置。本书参考 Gislason 等（2009a，2009b）选取休止角 φ=31°。

Roelvink 等（2009）提出，将床面变化率限制在 0.05m/s 之内以防止产生大的振荡波，故而一个时间步长内的床面高度变化为

$$
\mathrm{d}z(i)=\min(\mathrm{d}z(i),\ 0.05\Delta t),\quad \frac{\partial z}{\partial x}\geqslant 0 \tag{7.102}
$$

$$
\mathrm{d}z(i)=\max(-\mathrm{d}z(i),\ -0.05\Delta t),\quad \frac{\partial z}{\partial x}<0 \tag{7.103}
$$

步骤 2：更新相邻的单元格。需要指出的是，相邻单元格（i–1, j）更新后的床面坡度可能大于泥沙休止角，因此沙滑模型的应用须扩展到相邻单元格（i–2, j）：

$$\mathrm{dd}z(i)=\frac{\mathrm{d}x_{i-1}\mathrm{d}z(i)}{\mathrm{d}x_i+\mathrm{d}x_{i-1}} \tag{7.104}$$

$$z_{\mathrm{b},i}=z_{\mathrm{b},i,\mathrm{old}}-\left(\mathrm{d}z(i)-\mathrm{dd}z(i)\right) \tag{7.105}$$

$$z_{\mathrm{b},i-1}=z_{\mathrm{b},i-1,\mathrm{old}}+\left(\mathrm{d}z(i)-\mathrm{dd}z(i)\right) \tag{7.106}$$

步骤 3：高斯平均。对更新的床面采用五点高斯平均法进行重构，以平滑小尺度床层特征，保持数值计算的稳定性：

$$z_{\mathrm{b},i}=0.1z_{\mathrm{b},i-2}+0.2z_{\mathrm{b},i-1}+0.4z_{\mathrm{b},i}+0.2z_{\mathrm{b},i+1}+0.1z_{\mathrm{b},i+2} \tag{7.107}$$

在计算过程中，引入标准 von Neumann 稳定性分析以获得水动力学模型线性近似的稳定性准则（Lin 和 Liu，1998a）。由于沙床演化的时间尺度大于流体运动的时间尺度，因此选择床面形态模型的时间步长 Δt_m 也会大于水动力计算的时间步长 Δt_h。在冲刷形成初期，床面形态模型的时间步长较小，随着冲刷过程的减慢，时间步长逐渐增大。因此，为了保证床面冲刷的收敛性，床面形态模型的时间步长 Δt_m 应满足式（7.108），采用时间前差分和空间中心差分的有限差分格式（Abbott and Basco，1989）：

$$\Delta t_\mathrm{m}\leqslant 0.5\frac{\left(\Delta x_{i,j}\right)^2}{\varepsilon_\mathrm{s}q_{\max}} \tag{7.108}$$

式中，q 为向岸和离岸泥沙输沙率；ε_s 取常数值 2（Watanabe et al.，1994）。

3. 垂直海堤局部冲刷模拟

垂直海堤的局部冲刷是海岸工程领域的常见问题。本部分对 1∶30 斜坡条件下随机波与垂直海堤的相互作用进行了数值模拟（Peng et al.，2018）。数值模拟依据 Sutherland 等（2006）在斜床上进行的随机波垂直墙堤趾部冲刷实验（图 7.71）。垂直海堤位于 x=28m 处，利用 JONSWAP 谱方法在 x=0m 处生成随机波，峰值增强因子为 3.3。可冲刷沙层位于

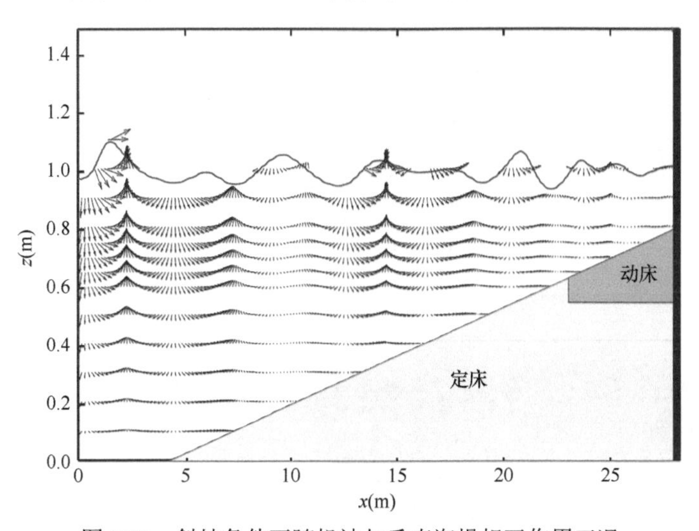

图 7.71　斜坡条件下随机波与垂直海堤相互作用工况

垂直壁面 5m 内，泥沙中值粒径为 0.111mm，相对密度为 2.65。初始地形是由实验测量获得的。

分别对 3 种不同波浪条件下的冲刷特性进行了模拟。①相对短波和堤趾处深水情况：有效波高 H=0.2m，峰值波周期 T=1.87s，水深 1.25m，堤趾处水深 h=0.4m。②相对长波和堤趾处浅水情况：有效波高 H=0.2m，峰值波周期 T=3.24s，水深 0.95m，堤趾处水深 h=0.1m。③相对长波和堤趾处中等水深情况：有效波高 H=0.2m，峰值波周期 T=1.87s，水深 1m，堤趾处水深 h=0.2m。为了获得相对稳定的水动力条件，泥沙模块在计算到第 10 个波周期后才打开。

对 3 个工况的模拟结果（包含瞬时流场、平均流场、湍动能、湍动耗散率及底床变化）见图 7.72～图 7.74。从数值结果与实验数据的比较能够看出，模型在模拟波浪作用下结构物周边局部冲刷时具有较高的计算精度和仿真能力，同时还可以提供实验不易测量的全场速度、湍动特性、泥沙浓度分布等全面丰富的模拟分析结果。

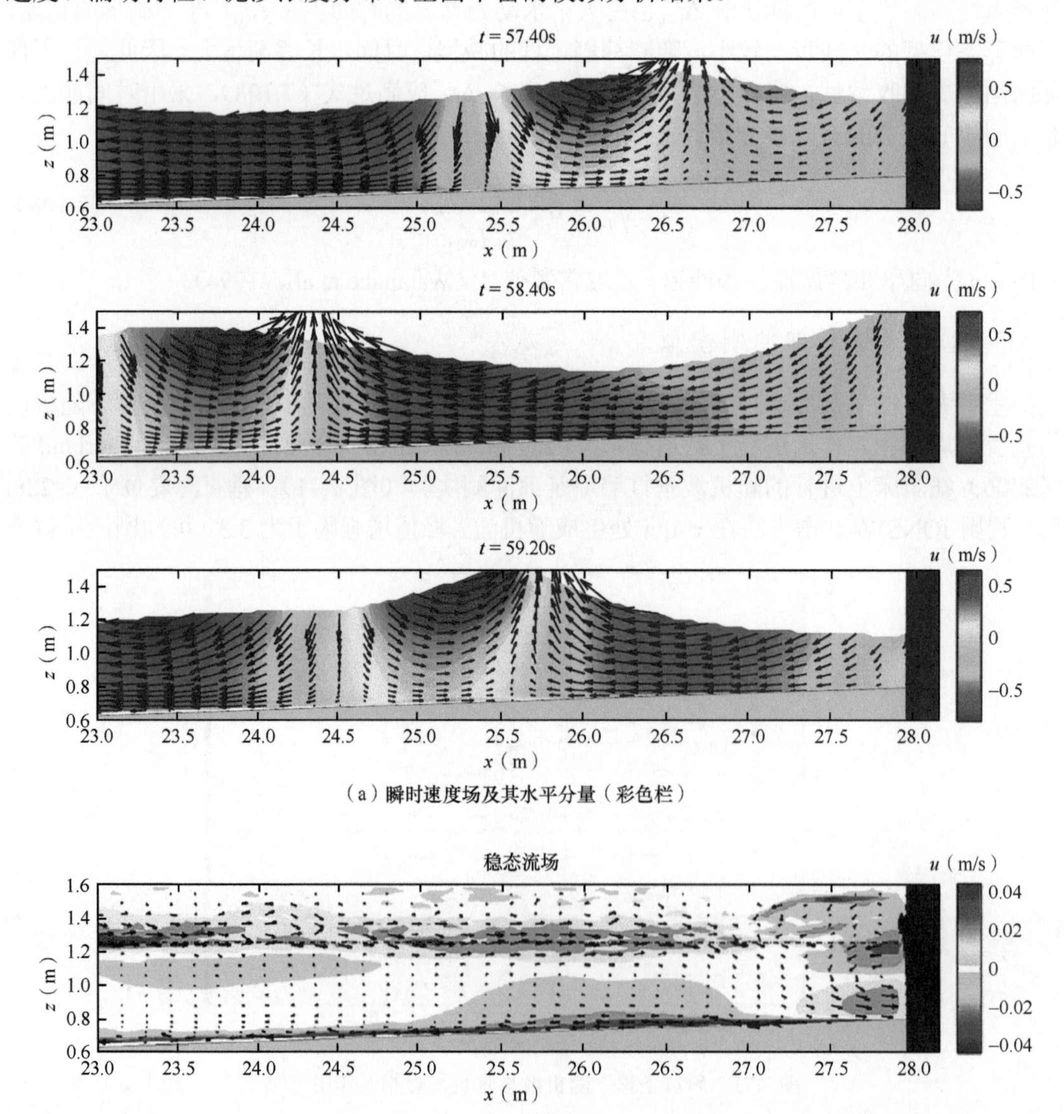

（a）瞬时速度场及其水平分量（彩色栏）

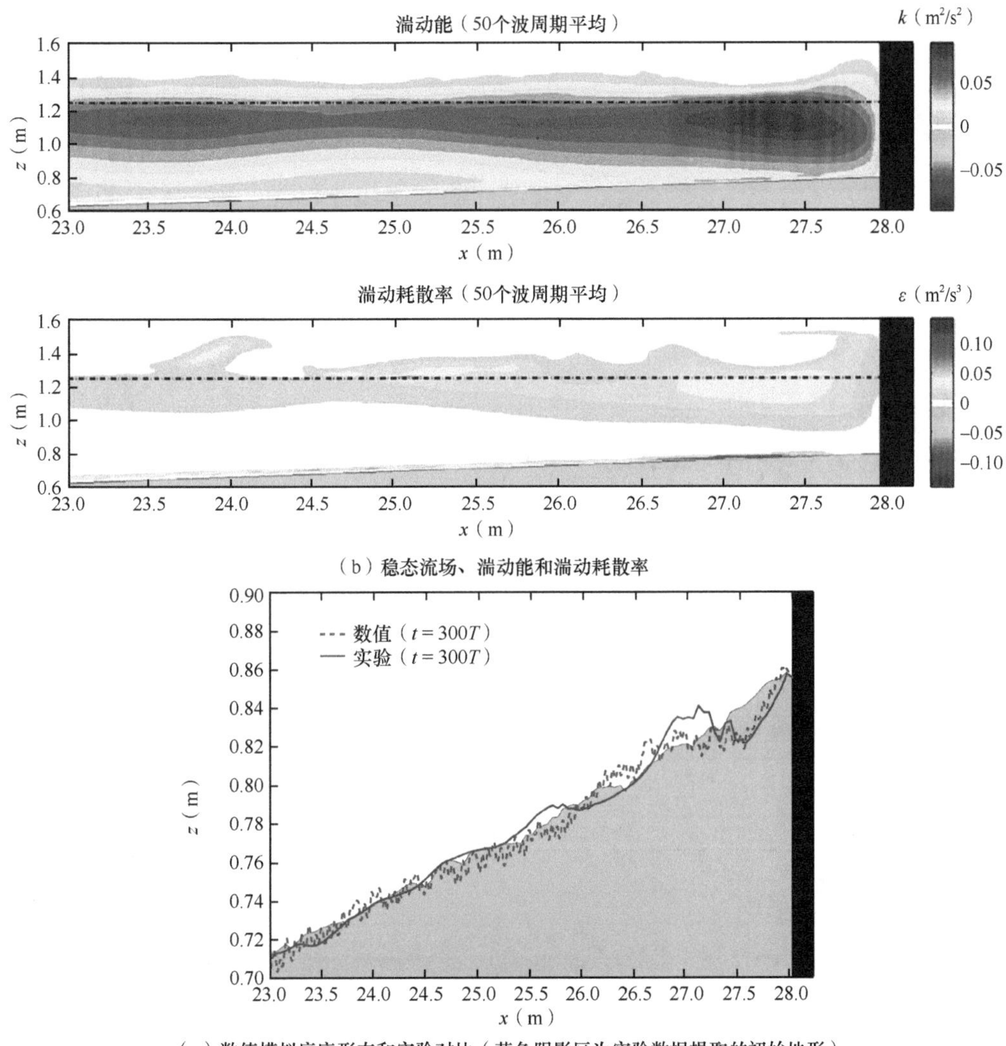

（b）稳态流场、湍动能和湍动耗散率

（c）数值模拟底床形态和实验对比（蓝色阴影区为实验数据提取的初始地形）

图 7.72　相对短波和堤趾处深水工况

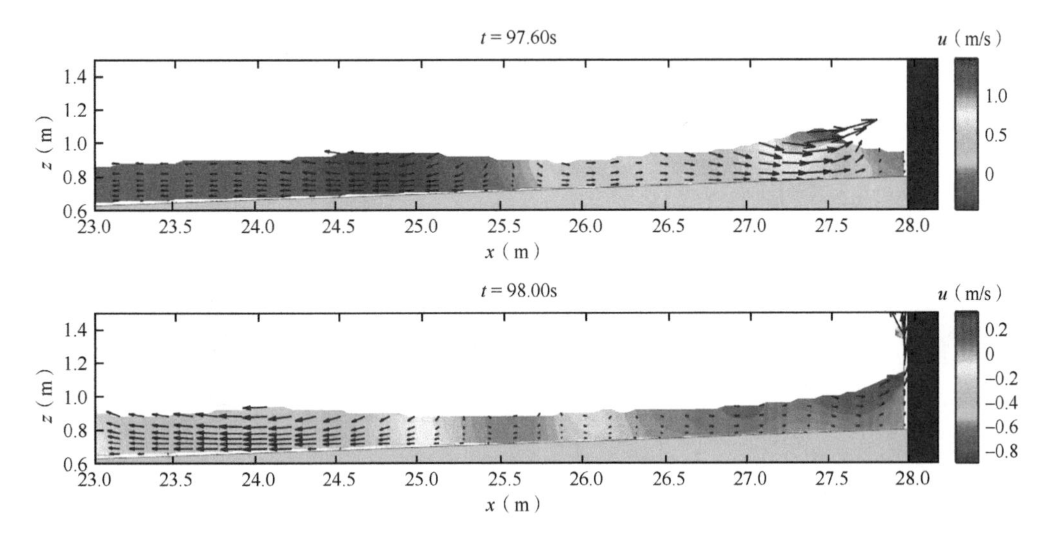

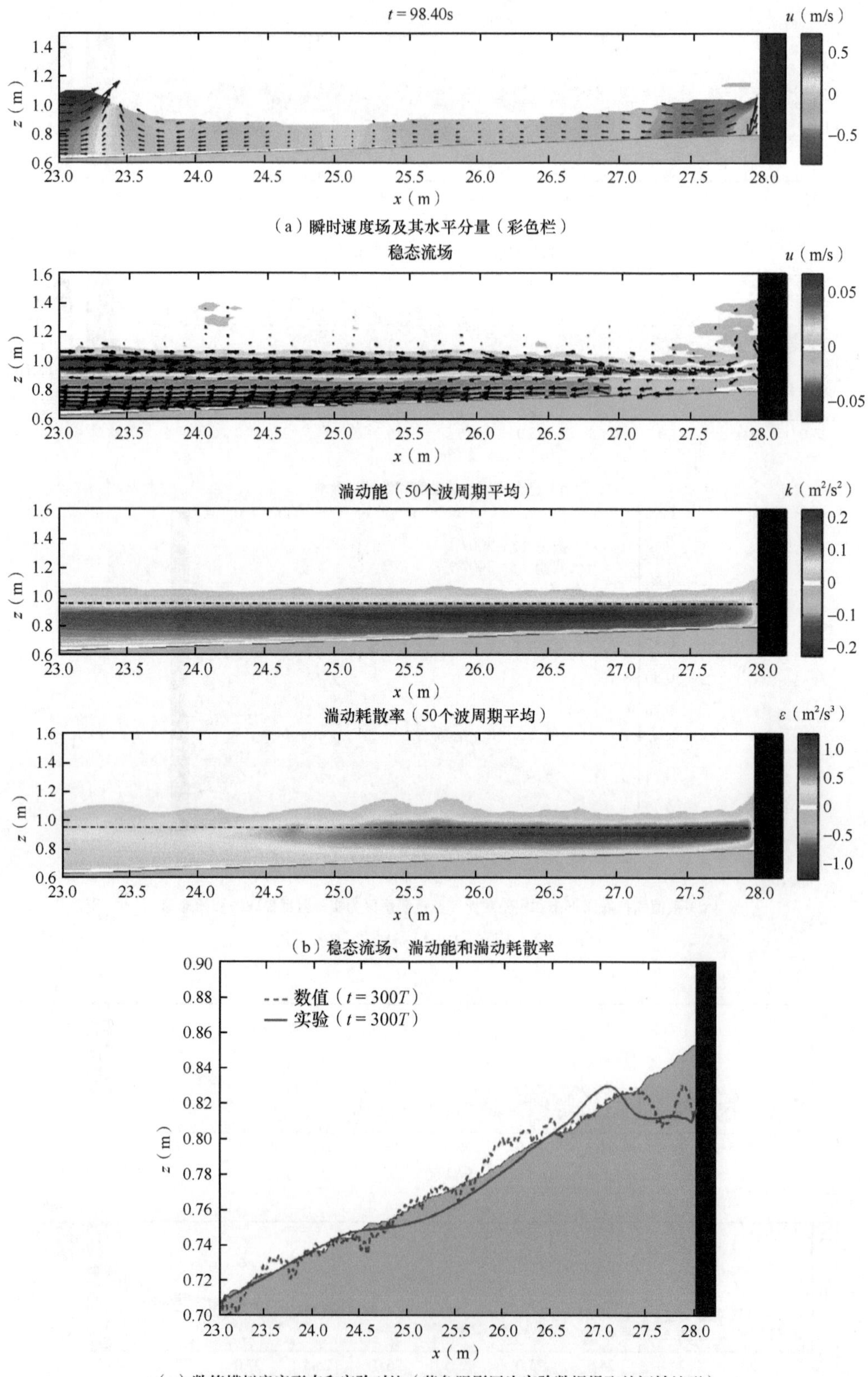

（a）瞬时速度场及其水平分量（彩色栏）

（b）稳态流场、湍动能和湍动耗散率

（c）数值模拟底床形态和实验对比（蓝色阴影区为实验数据提取的初始地形）

图 7.73　相对长波和堤趾处浅水工况

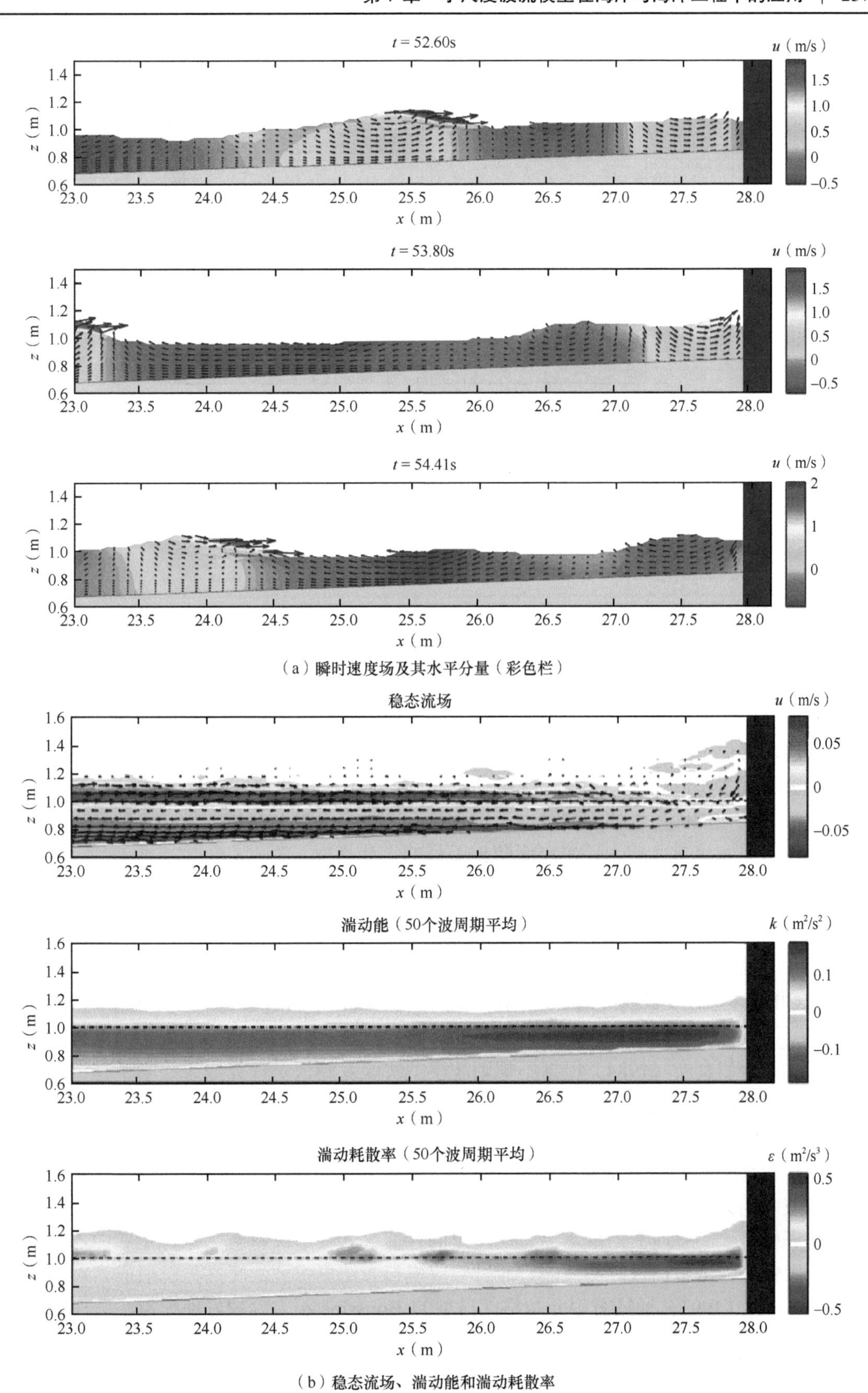

（a）瞬时速度场及其水平分量（彩色栏）

（b）稳态流场、湍动能和湍动耗散率

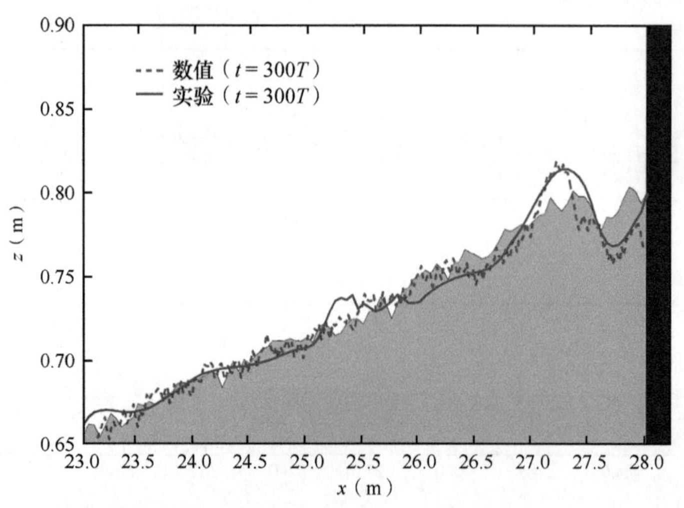

（c）数值模拟底床形态和实验对比（蓝色阴影区为实验数据提取的初始地形）

图 7.74 相对长波和堤趾处中等水深工况

7.8 波浪冲高越浪与海岸防灾减灾

近年来，复杂多变的海洋灾害在沿海地区频繁暴发，成为困扰沿海城市发展的一大难题。我国海洋灾害以风暴潮、海浪、海冰和海岸侵蚀等灾害为主。当台风或风暴潮等来袭时，会引起海水暴涨，破坏海岸工程设施，冲击近岸房屋等建筑物，给人民群众带来极大的灾难。利用工程措施，如沿海防洪防潮大堤、护岸工程、防护林工程等十分有效的防灾减灾手段，对促进沿海区域的可持续发展十分重要。因此，如何采取高效的防护工程措施以减小灾害损失是海岸地区防灾减灾的研究重点。从工程设计角度出发，波浪最大爬高（波浪在斜坡上发生破碎后水体沿斜坡面上涌、爬升的垂直高度）与越浪量（单位时间内波浪越过堤顶的单宽流量）成为评判海岸防护工程的重要指标。

7.8.1 波浪爬高与越浪研究现状

为了了解波浪与工程结构物相互作用的复杂机制，以往开展了很多物理模型实验研究。Saville（1955）在规则波越浪模型实验的基础上提出了最大爬高与平均越浪量计算公式；Weggel（1978）在对 Saville（1955）的实验数据进行分析总结后得到了无量纲越浪量计算公式；合田良实（1984）根据不规则波模型实验及越浪量计算成果绘制了越浪量推算表；Owen（1982）和 Van der Meer（2002）提出的最大爬高和越浪量计算公式被广泛使用；范红霞（2006）则对斜坡式海堤越浪量进行了系统的实验研究；江洧等（2010）通过不规则波物理模型实验提出了复式海堤越浪量的计算公式；李晓亮（2007）通过斜坡堤越浪实验，以波向角为变量，提出了与波向相关的平均越浪量计算公式。

物理模型实验耗时长，成本高，所提出的计算公式一般仅针对某些特定断面，具有一定的局限性。随着数值计算的发展，通过数值模拟方法模拟波浪爬高与越浪成为重要的研究手段。Zelt（1991）通过有限元拉格朗日型的 Boussinesq 方程较好地模拟了破碎与非破碎孤立波的最大爬高；Madsen 等（1997）同样通过 Boussinesq 方程模型模拟了波浪爬高，最大误差为 10%；Lin 等（1999）结合物理实验和 RANS 模型研究了海滩上孤立波的爬高机制。Troch 等（2002）采用 4 种模型计算了光滑不渗水海堤的越浪过程；Lynett 等（2002）提出了一种利用深度积分方程研究波浪爬高的移动边界技术，该模型准确地预测了非破碎波和破碎孤立波的爬高；Suzuki 等（2011）基于非静压 SWASH 模型，模拟研究了波浪传播变形及斜坡堤的越浪过程，但 SWASH 模型不能通过设置多孔介质结构物的方式模拟可渗斜坡堤越浪；Fiedler 等（2018）利用一维 SWASH 模型准确地预测了两个天然海滩（一个陡峭海滩和一个浅滩）上的波浪爬高特性；Monaghan 和 Kos（1999）基于 SPH 法模拟研究了波浪在不可渗斜坡上的爬高和破碎；Ren 等（2013）建立了 SPH-DEM 耦合模型并模拟研究了波浪在带护面块体斜坡堤上的爬高和破碎；Higuera 等（2014）采用体积平均的 RANS 方程模拟研究了斜向不规则波作用下可渗斜坡堤的越浪过程；Lara 等（2011）运用 RANS 方程所建立的模型详细解析了波浪运动过程，但计算效率并不理想。

7.8.2　孤立波爬高模拟

本小节将介绍二维 NEWFLUME 模型模拟孤立波在陡坡沙滩（非破碎波）和缓坡沙滩（破碎波）的爬高，并与物理模型实验数据进行对比。物理模型实验设置详见 Lin 等（1999）的研究，数值模型设置如下。

1）非破碎孤立波在陡坡上爬高：孤立波波高 0.027m，水深 0.16m；数值模型如图 7.75 所示，采用长 2.5m、高 0.27m 的立面二维数值水槽，斜坡起始于 x=2m 处，坡度 α=30°，全域离散为均匀网格，Δx=0.01m，Δy=0.003m，采用固定时间步长 Δt=0.004s。

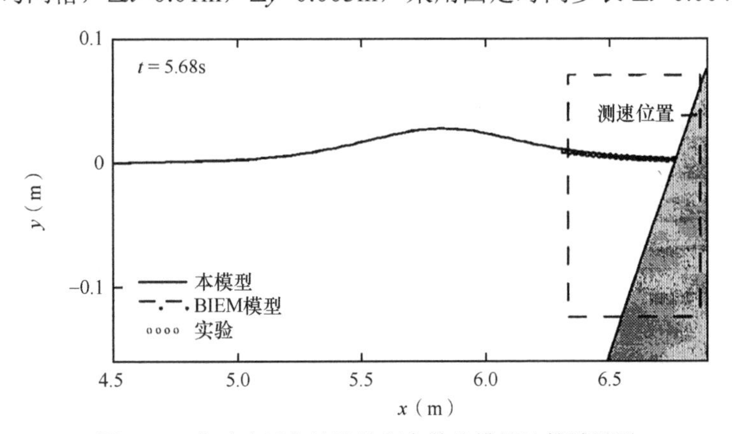

图 7.75　非破碎孤立波陡坡爬高数值模拟计算域设置

2）破碎孤立波在缓坡上爬高：静水深从 0.21m 到 0.29m，孤立波波高 H 满足 H/d=0.28；数值模型采用长 6.5m、高 0.325m 的立面二维数值水槽，斜坡起始于 x=2m 处，坡度 α=2.88°，全域离散为均匀网格，Δx=0.025m，Δy=0.005m，计算过程中对时间步长进行动态调整以满足稳定性条件。

数值结果与实验结果对比表明（图 7.76），该数值模型是研究非破碎波和破碎波机制的有力工具。对于陡坡上的非破碎孤立波，水平速度分量在陡坡上的垂直变化在波浪爬高和下降过程中都非常强烈，这些变化表明浅水近似是不正确的。而对于破碎孤立波，波浪破碎过程中湍动强烈，耗散了大量能量。由于流体质点垂直加速度各不相同，波峰下的压力减小而破碎波前的压力增加。因此，这两段之间的水平压力梯度和流体质点在坡面以上的水平加速度变小，减少了波浪浅化过程中来自海滩的波浪反射。波浪也会在下降过程中发生破碎，在原始海岸线附近形成类似于水跃的流动。然而，此时湍流的强度远小于浅化过程中由波浪破碎产生的湍流。

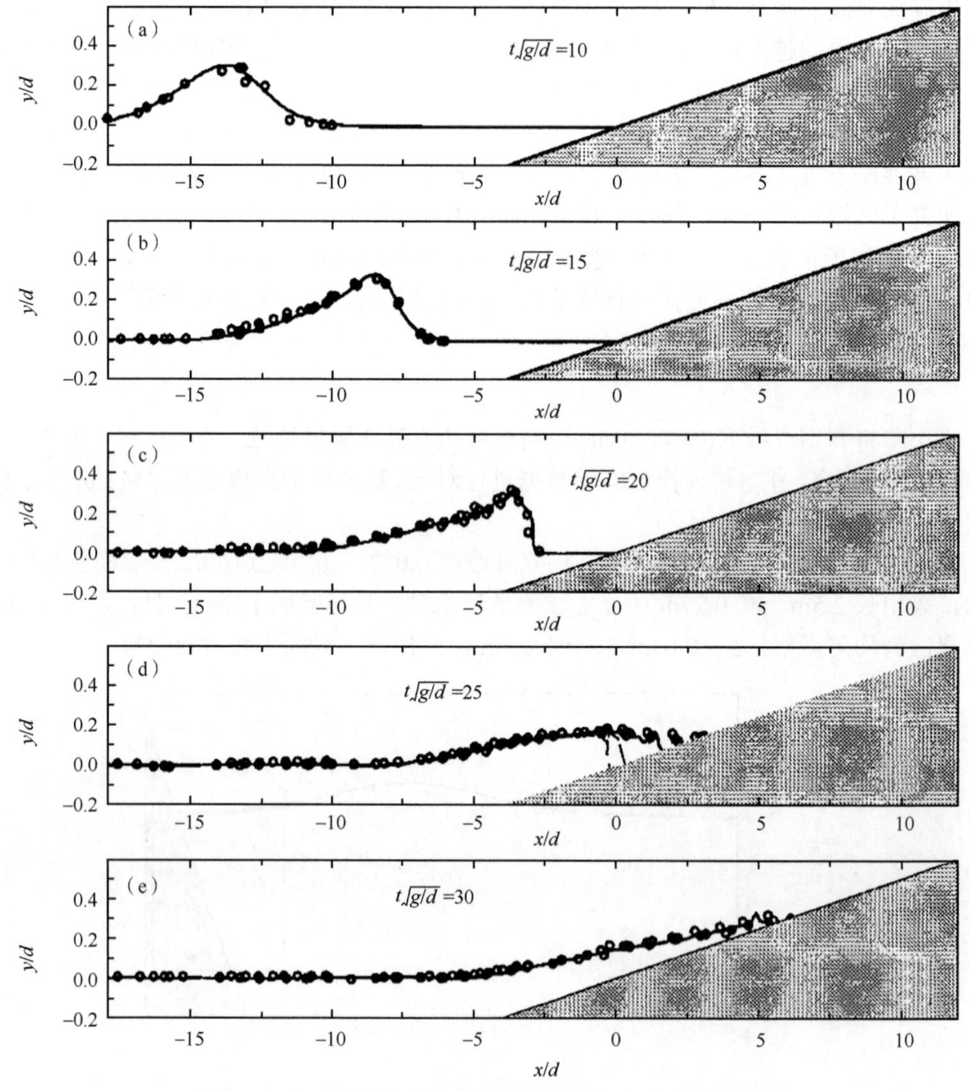

图 7.76　破碎孤立波缓坡爬高数值结果与实验结果的对比

7.8.3　波浪越过复合防波堤

本小节将对二维 NEWFLUME 模型在计算不同类型防波堤的越浪量及防护效果方面的应用进行介绍。物理模型实验设置详见 Liu 等（1999）的研究。防波堤结构如图 7.77 所示，堤身采用不透水材料，其保护层采用混凝土大块体，块体之间存在空隙，孔隙率为 0.5，有效直径 D_{50}=0.05m。入射波波高 H=0.105m，周期 T=1.4s，静水深 d=0.28m。具体数值模型设置如下：立面二维数值水槽长 7.348m，高 0.43m，全域离散为非均匀矩形网格（515×55）。在海堤附近和水面精细化网格，最小尺寸分别为 $\Delta x_{\min}$=0.01m、$\Delta y_{\min}$=0.07m。通过对沉箱后的 VOF 函数进行积分计算可得到越浪量。

图 7.78 为越浪量的数值结果与实验结果的对比，总体一致性很好。从实际应用角度来

看，平均越浪量更具有普遍实用性，这一数值结果为 2.78kg/m/s，而实验结果为 2.62kg/m/s，误差仅 6%。由此可见，本数值模型能有效地模拟波浪越浪过程。

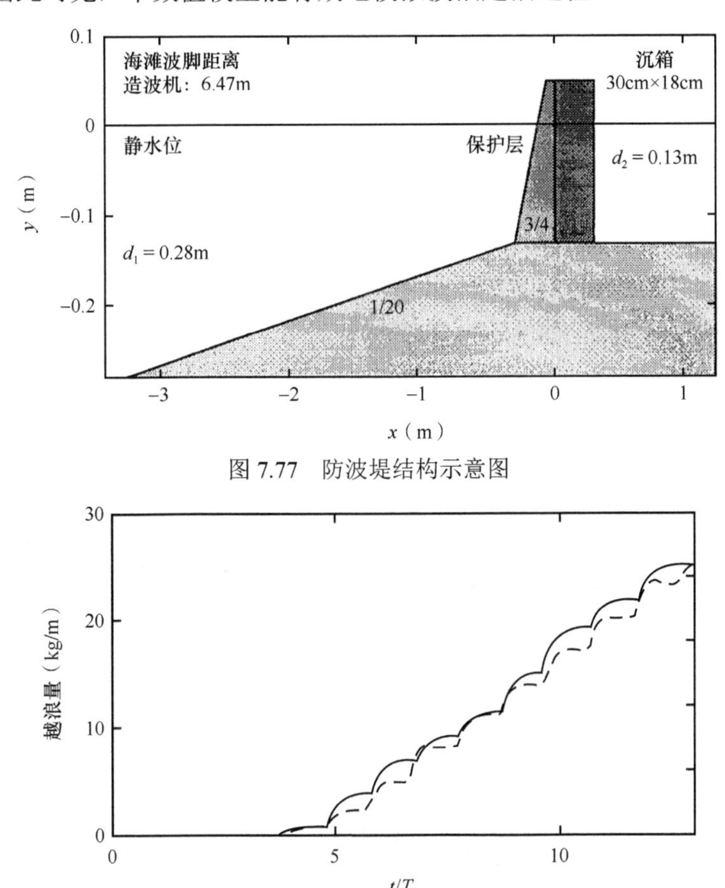

图 7.77　防波堤结构示意图

图 7.78　越浪量数值结果与实验结果的对比

由图 7.79 可知，具有多孔透水保护层的沉箱式防波堤，其设计防护效果最佳，越浪量最小；无保护层的沉箱式防波堤，会导致越浪量增加 45%；而不透水的倾斜海堤，其越浪量较具有多孔透水保护层的沉箱式防波堤增加了约一倍。

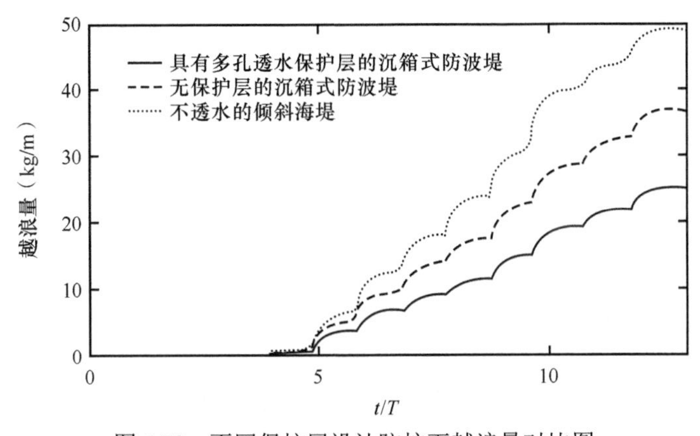

图 7.79　不同保护层设计防护下越浪量对比图

7.8.4 波浪越浪并冲击管道

当波浪爬高超过结构顶面时，就会产生越浪现象。越浪可能会导致结构失效，对港口基础设施、财产和生命造成损失。本小节应用二维 NEWFLUME 模型对不同波浪条件下透水海堤的越浪量和波浪对海堤墙后管道的冲击力进行了模拟。本数值模型有效性验证过程详见 Huang 和 Lin（2012）的研究。如图 7.80（a）所示，海堤由 T16、B1、B2、B3、TV 5 个多孔层保护，各层的有效孔隙率 n 和平均多孔材料尺寸 D_{50} 如表 7.7 所示。

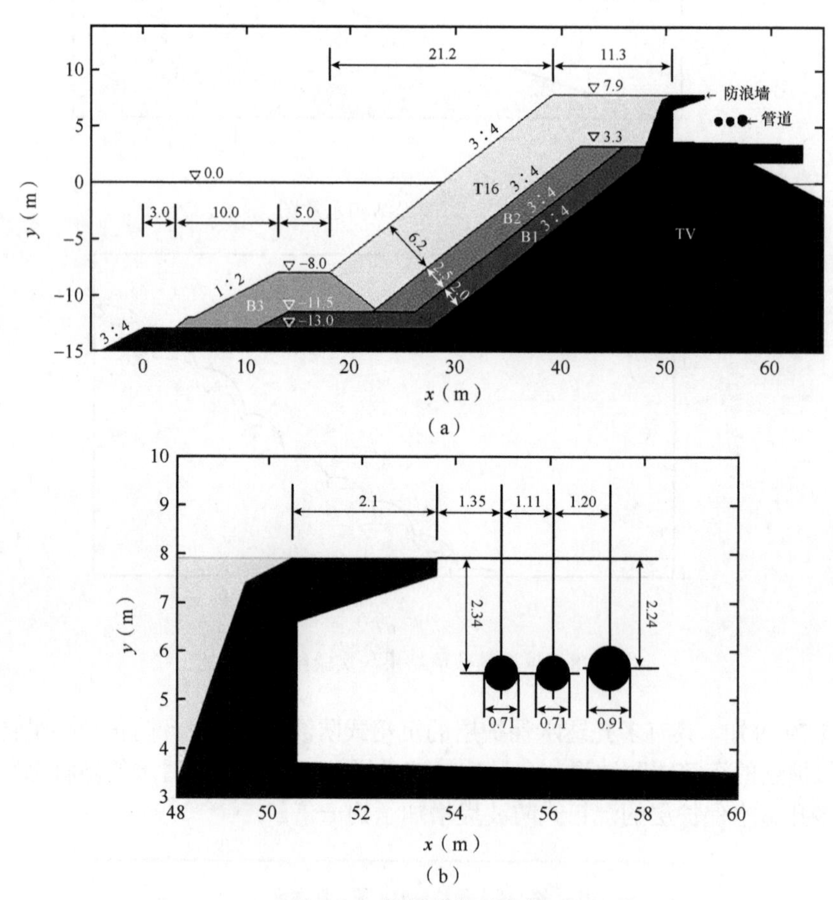

图 7.80 海堤结构示意图

表 7.7 多孔材料的有效孔隙率和特征直径

	T16	B1	B2	B3	TV
n	0.500	0.380	0.420	0.450	0.350
D_{50}（m）	3.000	0.020	1.000	1.000	0.005

海堤墙后布置了 3 根管道，见图 7.80（b）。具体数值模型设置如下：入射波分别为孤立波和五阶斯托克斯波，其中孤立波波高为 3.0～6.0m，而五阶斯托克斯波波高为 6.5～

10.5m。采用内造波法造波，造波机距离海堤 150m。采用长 275m、高 45m 的立面二维数值水槽，全域离散为非均匀矩形网格。在海堤附近精细化网格，最小尺寸为 0.05m×0.05m，在远场布置较粗糙的网格，最大尺寸为 0.65m×0.3m，静水深度为 25m。

图 7.81 给出了越浪对结构物的冲击过程示意图。图 7.82 给出了各管道最大冲击荷载及最大越浪量。数值模拟结果表明，当孤立波波高大于 3m 或五阶斯托克斯波大于 7.5m 时，越浪发生，对结构物的破坏力由此而来。如图 7.82（d）所示，最大越浪量随着波高的增加几乎呈线性增长。从图 7.81（b）可以看出，第三条管道（右管道）靠近射流的主流区。第三条管道的最大冲击荷载随着波高的增加而增大，见图 7.82（c）。而第一条、第二条管道的最大冲击荷载先随波高的增大而增大，随着波高的进一步增大，最大冲击荷载逐渐减小，见图 7.82（a）及图 7.82（b）。荷载减小的原因在于，波高越大，越浪主流区越远，水体对管道的冲击量和冲击速度越小。因此，管道所受最大冲击荷载同时由最大越浪量和管道的相对位置决定。

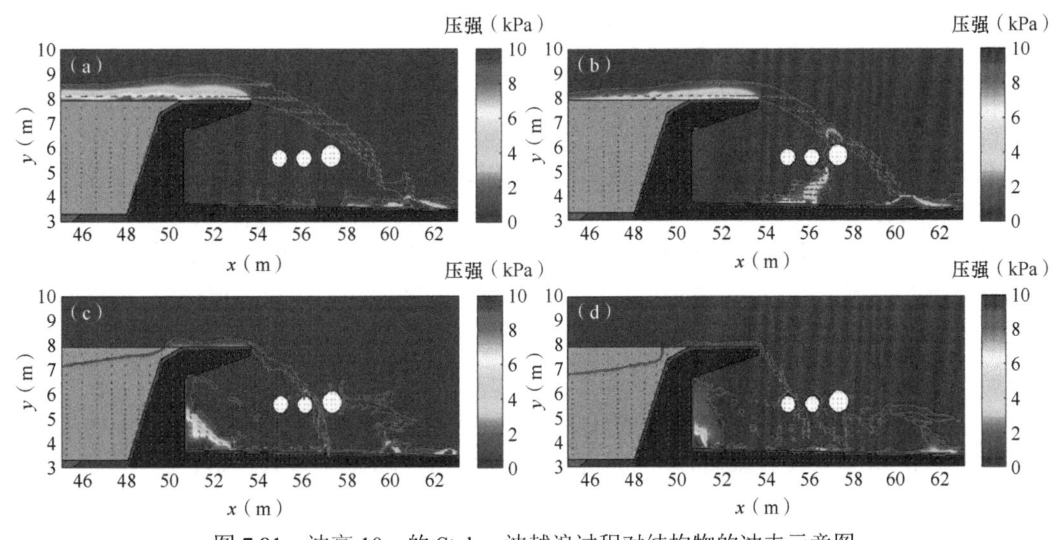

图 7.81　波高 10m 的 Stokes 波越浪过程对结构物的冲击示意图

a：最大越浪量时刻；b-a：越浪量逐渐减小

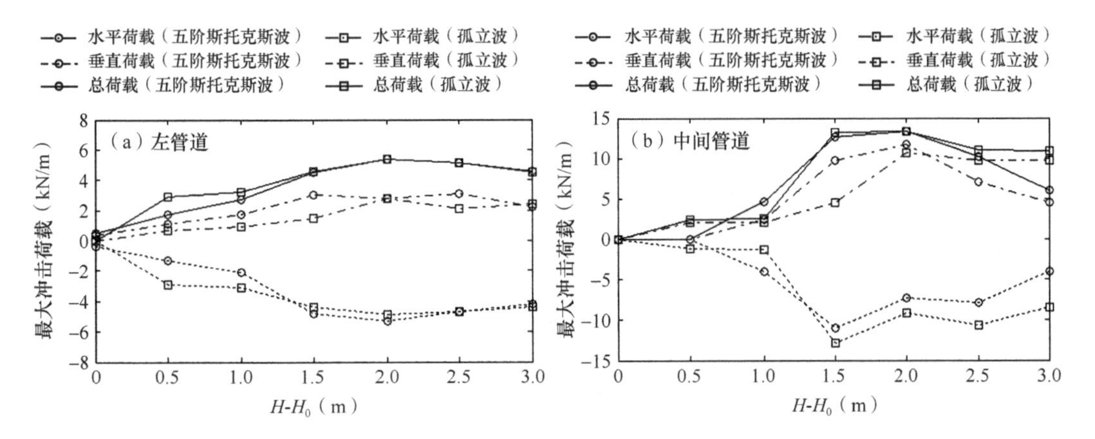

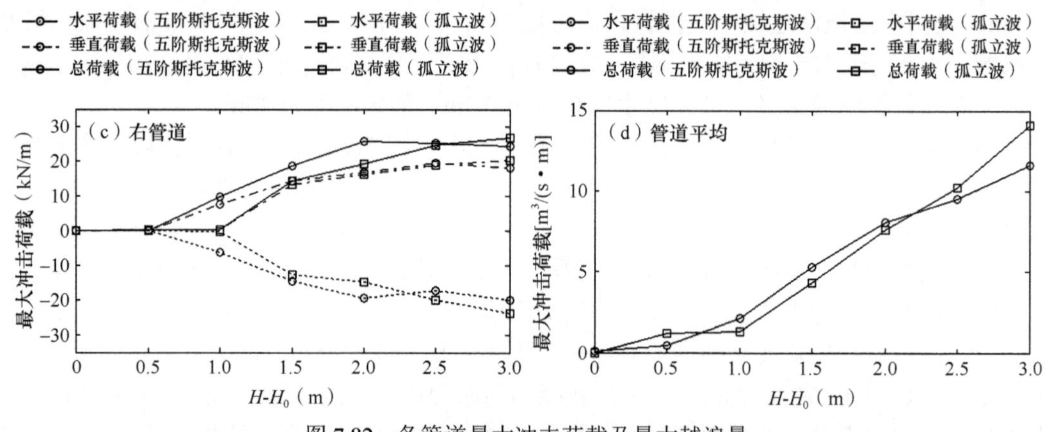

图 7.82 各管道最大冲击荷载及最大越浪量

（a）左管道；（b）中间管道；（c）右管道；（d）最大越浪量（五阶斯托克斯波：H_0=7.5 m，孤立浪 H_0=3.0 m）

7.8.5 波浪越过开孔沉箱式防波堤

1. 数值模型设置

本小节将对二维 NEWFLUME 模型模拟波浪越过开孔沉箱式防波堤（以开孔沉箱表示）的过程进行介绍（Liu et al.，2020）。数值波浪水槽长 16.8m、高 1.0m，左侧入口边界采用边壁造波，右侧出口设置开放边界。为消除入口边界和出口处的波浪反射，在左侧入口边界后侧和右侧出口边界前侧分别设置 1.5L 的松弛区域和海绵吸波层区域。海绵吸波层已在第 6 章介绍，松弛区域的总体思路和海绵吸波层类似，是通过一定的人工耗散，将反射波消去，但又不影响入射波的传播。在本书中，我们采用 Jacobsen 等（2012）的方法：

$$\overline{u}_i = \left(1-\alpha_{\mathrm{R}}\right) u_{it} + \alpha_{\mathrm{R}} \overline{u}_{ic} \tag{7.109}$$

式中，u_{it} 和 $\overline{u}_{ic}$ 分别为该区域内速度的理论值和计算值；α_{R} 称为混合函数，定义为

$$\alpha_{\mathrm{R}} = 1-\frac{\exp\left(\chi_{\mathrm{R}}^{3.5}\right)-1}{\exp(1)-1},\ 0 \leqslant \chi_{\mathrm{R}} \leqslant 1 \tag{7.110}$$

式中，χ_{R} 为从 0（区域右边界）到 1（区域左边界）线性变化的函数，因此在入口处 α_{R}=0 且 χ_{R}=1，在内侧交界面 α_{R}=1 且 χ_{R}=0。

模拟问题的堤前水深为 0.45m，以二阶斯托克斯波为输入波进行数值模拟。沉箱模型放置在坡度为 1∶2 的基床上，基床距入口边界 12.0m。与物理模型实验设置相同，在沉箱模型前 1.00m、1.68m 和 2.13m 处分别设置数值波高仪记录自由水面的时间过程线。在出口边界前侧放置直墙结构，利用直墙前反射检验松弛区域的有效性。图 7.83（a）～图 7.83（c）分别给出了 H=0.09m、T=0.97s，H=0.09m、T=1.29s 和 H=0.12m、T=1.29s 条件下，计算域中的波面变化计算结果，可以看出，经过一段时间的模拟，直墙前入射波和反射波相互叠加，在松弛区域之后的计算域中形成稳定的驻波波形图，波高约为 2 倍入射波高。这说明加入松弛区域后，有效消除了入口边界处的二次反射，计算域内不会出现能量积聚现象。通过收敛性测试，在计算过程中网格尺寸取 0.015m 时，网格继续变化对计算结果的影响已较小，该网格可以保证计算结果的可靠性。为了详细捕捉波面变化和开孔沉箱的结构形状，在 x 方向采用 Δx=0.015m 的均匀网格，在 z 方向上自由表面附近和开孔沉箱模型附近进行局部

加密，最小空间步长取 Δz=0.005m，其他区域取 Δz=0.01m。图 7.84 为计算域内开孔沉箱附近网格划分。计算时间步长按稳定性条件自动调整。

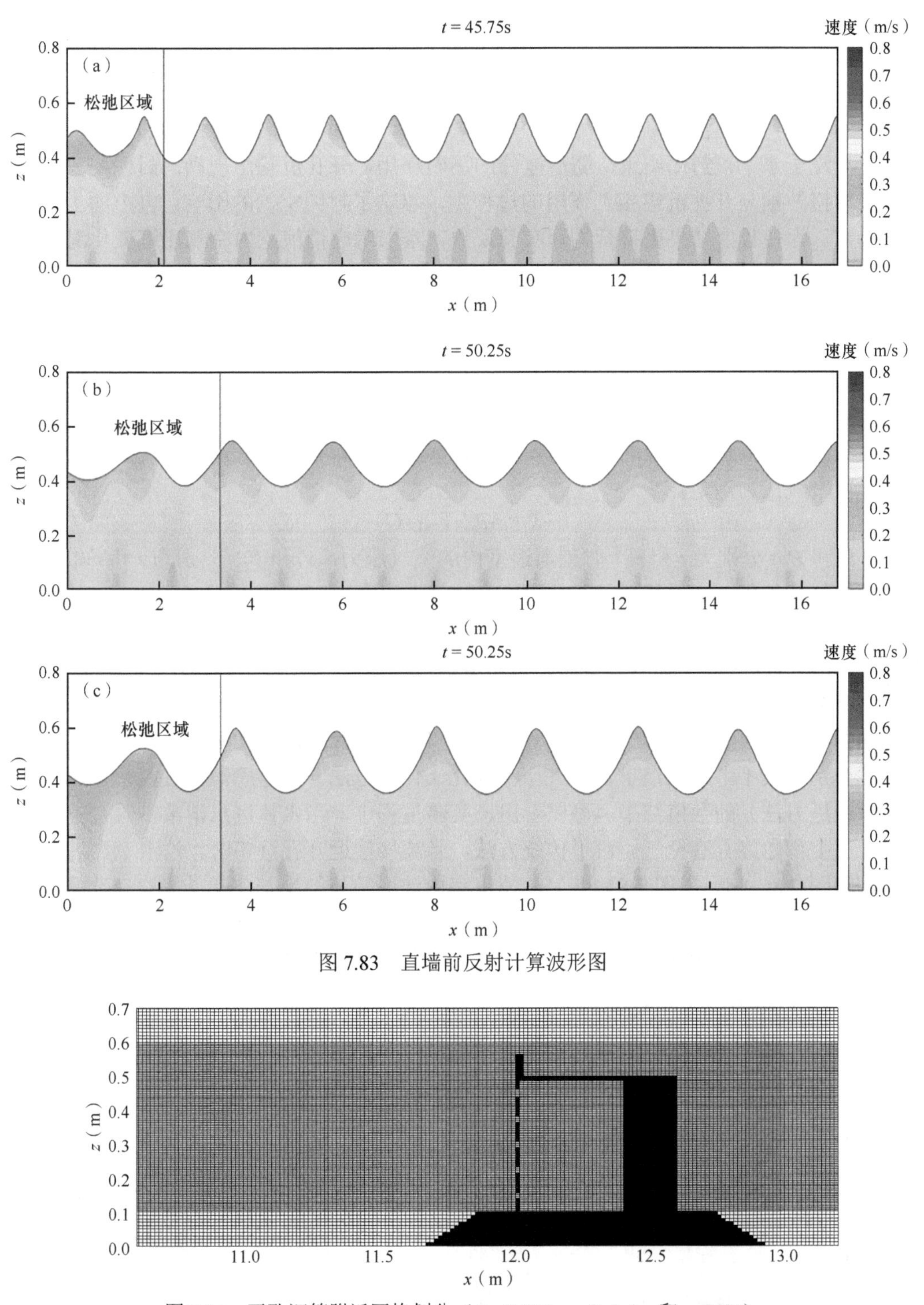

图 7.83　直墙前反射计算波形图

图 7.84　开孔沉箱附近网格划分（R_c=0.115m，B=0.4m 和 e=20%）

R_c是堤订高度（即净水面到胸墙的距离；B 为消浪室宽度；e 为开孔前墙开孔（开孔槽面积与开孔前墙面积之比））

2. 数值模拟结果分析

（1）开孔沉箱附近波面变化

当波峰作用于开孔沉箱时，部分波浪沿着开孔沉箱前墙爬高，部分波浪通过开孔前墙进入消浪室内。随着波浪在开孔前墙的不断爬高，前墙开孔槽完全淹没于水下，消浪室处于封闭状态，封闭在消浪室内的气体产生空气压缩，直到开孔沉箱前水体回落，开孔槽不再完全淹没于水下，封闭结束。随着波峰的不断作用，开孔沉箱出现动态封闭现象。传统方法在模拟波浪与开孔沉箱相互作用的过程中，忽略了封闭空气的影响，自由面上的法向应力为零。为使数值结果更符合物理实验现象，本书考虑消浪室内空气压缩变化对水体运动的影响，引入恒温状态下的理想气体状态方程。设置初始时刻空气压力为 P（一般取标准大气压），每次波峰作用于开孔沉箱结构时，开孔前墙开孔槽两侧完全淹没于水下的初始时刻记为消浪室封闭的初始时刻 t_0，开孔沉箱前水体回落至开孔槽的初始时刻记为消浪室封闭的结束时刻 t_n。在 t_0 至 t_n 期间，消浪室内空气压力满足：

$$PV=C \tag{7.111}$$

式中，V 为 t_0 时刻消浪室内的空气体积；C 为常数。在 t_0 至 t_n 期间，随着波浪不断变化，消浪室内空气压力满足：

$$P_tV_t=P_{t+1}V_{t+1}=C \tag{7.112}$$

式中，P_t 和 P_{t+1} 分别为 t 和 t+1 时刻消浪室内的空气压力；V_t 和 V_{t+1} 分别为 t 和 t+1 时刻消浪室内空气的体积。通过积分计算 t 和 t+1 时刻消浪室内空气的体积 V_t 和 V_{t+1}，并将其代入式（7.112），可得 t 和 t+1 时刻消浪室内的空气压力 P_t 和 P_{t+1}。

H 为入射波高；T 为周期；Rc 为堤顶高度；B 为消浪室宽度；e 为开孔前墙开孔率。

图 7.85 给出了 H=0.09m、T=1.29s、R_c=0.07m、B=0.4m 和 e=20%条件下，开孔沉箱附近波面变化的数值结果和实验结果，其中红色点线为图片提取的实验结果，黄色实线和绿色实线分别代表不考虑消浪室内空气压缩变化（传统方法）和考虑消浪室内空气压缩变化（现有改进方法）的数值结果。可以看出，实验过程中，当水体进出消浪室时，消浪室内自由表面上部始终存有空气。对于传统方法，当波峰接近开孔沉箱时，消浪室内逐渐充满水体，见图 7.85（d）～图 7.85（g），消浪室内波面数值结果与实验结果存在明显差异。考虑消浪室内空气变化的影响后，消浪室内波面数值结果与实验结果吻合较好，两者误差小于 2mm，误差与入射波高之比小于 2.2%。以上分析结果表明，相比于传统方法，现有改进方法考虑了消浪室内的空气变化，其数值结果与实验结果更加符合，能够实现开孔沉箱附近水体运动的准确模拟。

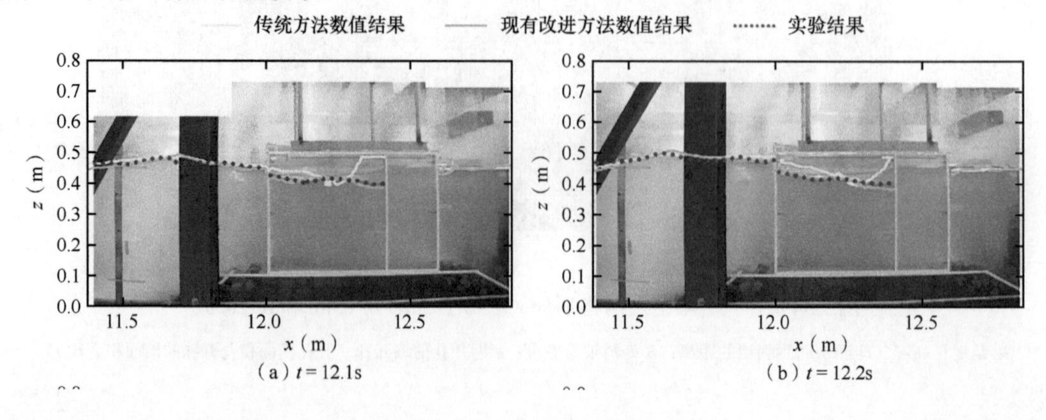

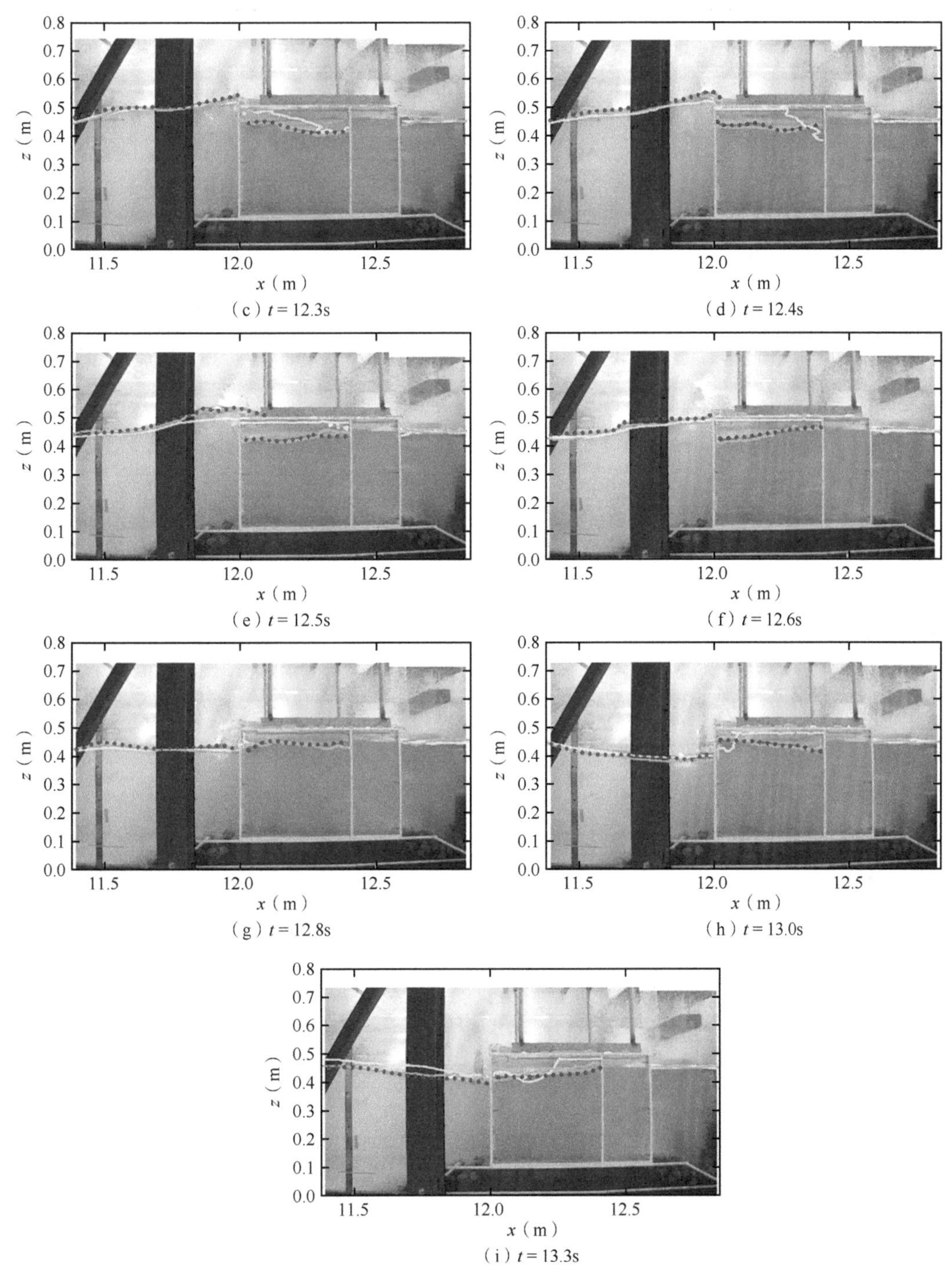

（c）$t=12.3$s　（d）$t=12.4$s

（e）$t=12.5$s　（f）$t=12.6$s

（g）$t=12.8$s　（h）$t=13.0$s

（i）$t=13.3$s

图 7.85　开孔沉箱附近波面变化的数值结果和实验结果对比（H=0.09m，T=1.29s，R_c=0.07m，B=0.4m 和 e=20%）

（2）开孔沉箱前波面变化

对应图 7.85 的算例，图 7.86 给出了开孔沉箱前波高仪 1～3 测得的波面变化数值结果与实验结果的对比，可以看出，波面变化数值结果与实验结果吻合较好。为进一步验证数值模拟结果的准确性，定义相对误差：

$$\text{error} = \frac{|O_e - O_s|}{O_e} \times 100\% \tag{7.113}$$

式中，O_e 和 O_s 分别是实验结果和数值结果。对各波高仪记录的波高数据进行统计分析，并对所有实验工况进行相对误差分析，波高平均相对误差为 6.5%。值得一提的是，本书中规则波越浪量测量结果并不是单位时间意义的平均越浪量，而是取 10 个稳定波列测得越浪量结果的平均值。如图 7.86（c）所示，两条蓝色虚线 N_1 和 N_2 分别表示越浪量测量过程中所标记波列的第 1 个和第 10 个波。

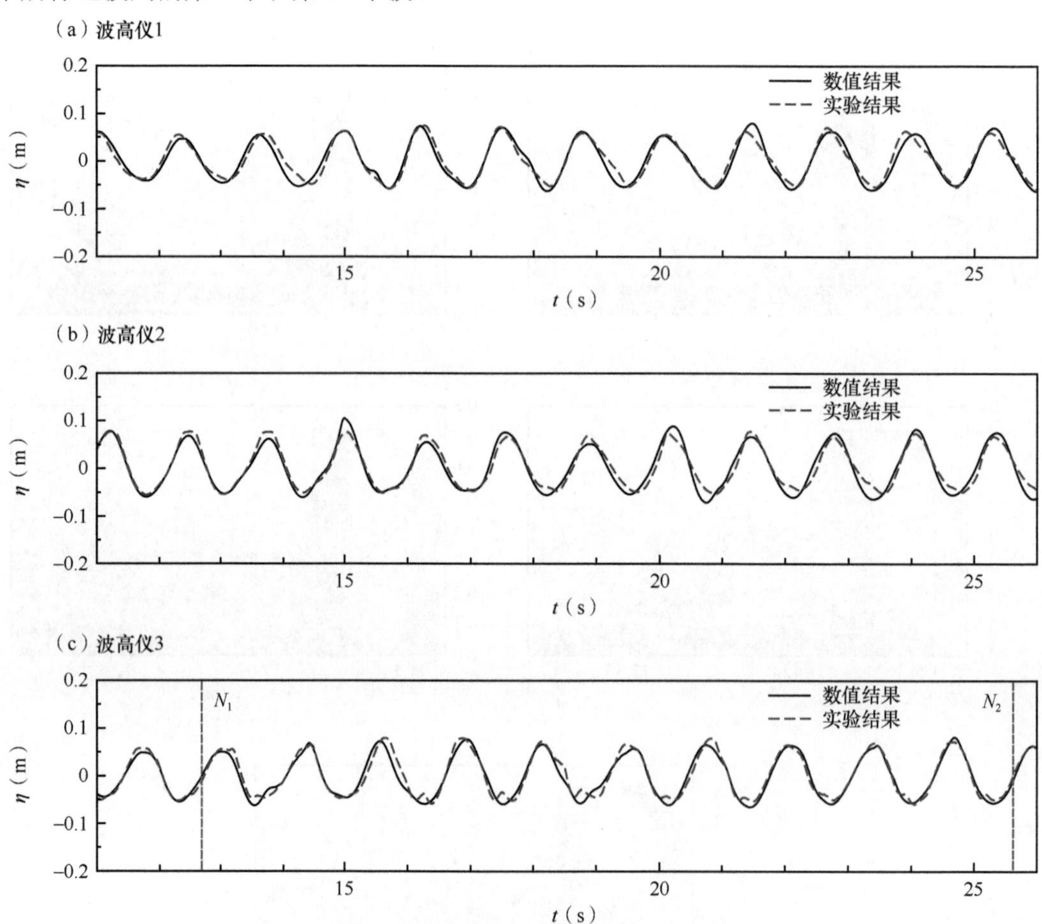

图 7.86 开孔沉箱前波面变化数值结果与实验结果对比（H=0.09m，T=0.97s，R_c=0.07m，B=0.4m 和 e=20%）

（3）越浪量和反射系数

将所有实验条件下测得的越浪量数值结果和实验结果进行对比，图 7.87 给出了开孔沉箱越浪量 q 随相对堤顶高程 R_c/H 变化的数值结果与实验结果的对比。对数值结果和实验结果进行相对误差分析发现，在越浪量较小的情况下，由于相对堤顶高程较大，很小的数值偏差造成了较大的相对误差；当越浪量较大时（$q > 2\times10^{-4}\text{m}^3/\text{m}$），平均相对误差为 13.42%。为了进一步分析越浪对反射系数 K_r 的影响，图 7.87 还给出了反射系数 K_r 随相对堤顶高程 R_c/H 变化的数值结果与实验结果的对比，可以看出，反射系数的数值结果相对于实验结果偏高，其差值在 0.1 以内，平均相对误差为 6.71%。当水体进出消浪室时，在开孔沉箱前墙附近和消浪室内部湍流流场复杂，雷诺时均模型求解的是由湍流引起的平均流场的变化，无法用来求解湍流的瞬时变化量，这可能是导致数值结果和实验结果存在偏差的主要原因。但总体而言，开孔沉箱越浪量和反射系数的数值结果与实验结果吻合较好。

从图 7.87 还可以看出，当相对堤顶高程 R_c/H 从 0.58 增加到 1.44 时，越浪量呈递减趋势，但反射系数却无明显改变。越浪量和反射系数随堤顶高程变化的数值结果和实验结果分析说明：当 $R_c/H>0.58$ 时，越浪量对开孔沉箱反射系数影响较小。因此，在对开孔沉箱结构进行理论分析和工程设计时，可以忽略少量越浪量对结构反射性能的影响。

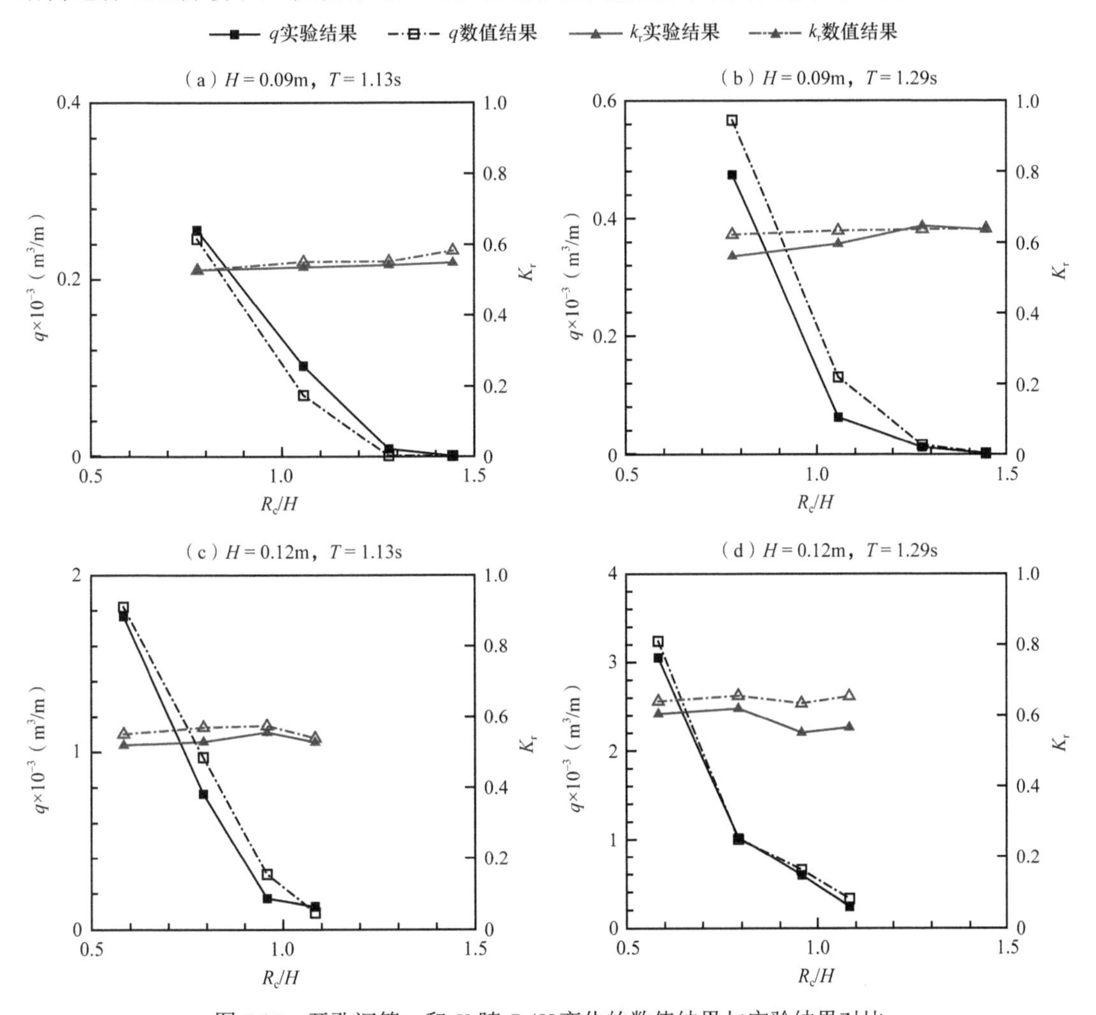

图 7.87　开孔沉箱 q 和 K_r 随 R_c/H 变化的数值结果与实验结果对比

（4）开孔沉箱附近速度矢量和湍动能分布

波浪与开孔沉箱相互作用的越浪过程非常复杂，本部分基于数值结果，讨论波浪达到稳态时一个周期内开孔沉箱附近的速度矢量和湍动能分布，并通过计算开孔沉箱反射系数、越浪系数和耗散系数，分析波浪在开孔沉箱越浪过程中的能量耗散机制。

图 7.88 给出了 H=0.12m、T=1.29s、R_c=0.07m、B=0.4m 和 e=20%条件下，t=17.2s 至 t=18.5s 一个波浪周期内开孔沉箱附近的速度矢量分布。如图 7.88（a）和图 7.88（b）所示，在 t=17.2s 至 t=17.5s，波浪作用于开孔沉箱，一部分水体沿开孔前墙爬高，部分水体以射流形式进入消浪室内，并在开孔前墙内侧形成涡旋。与此同时，当 t=17.5s 时，水体爬高超过开孔沉

箱顶部，部分水体越过开孔沉箱堤顶，产生越浪现象。当 t=17.6s 时，越浪水体不再爬高，部分水体回落到水槽中，直到 t=18.3s 时，水体回落，达到最低位置。在此过程中（t=17.6s 至 t=18.3s），部分水体进出消浪室，涡旋在开孔前墙内侧和外侧出现。当 t=18.5s 时，经开孔沉箱反射后的波浪与开孔沉箱前的入射波浪相互叠加，下一个越浪过程开始。

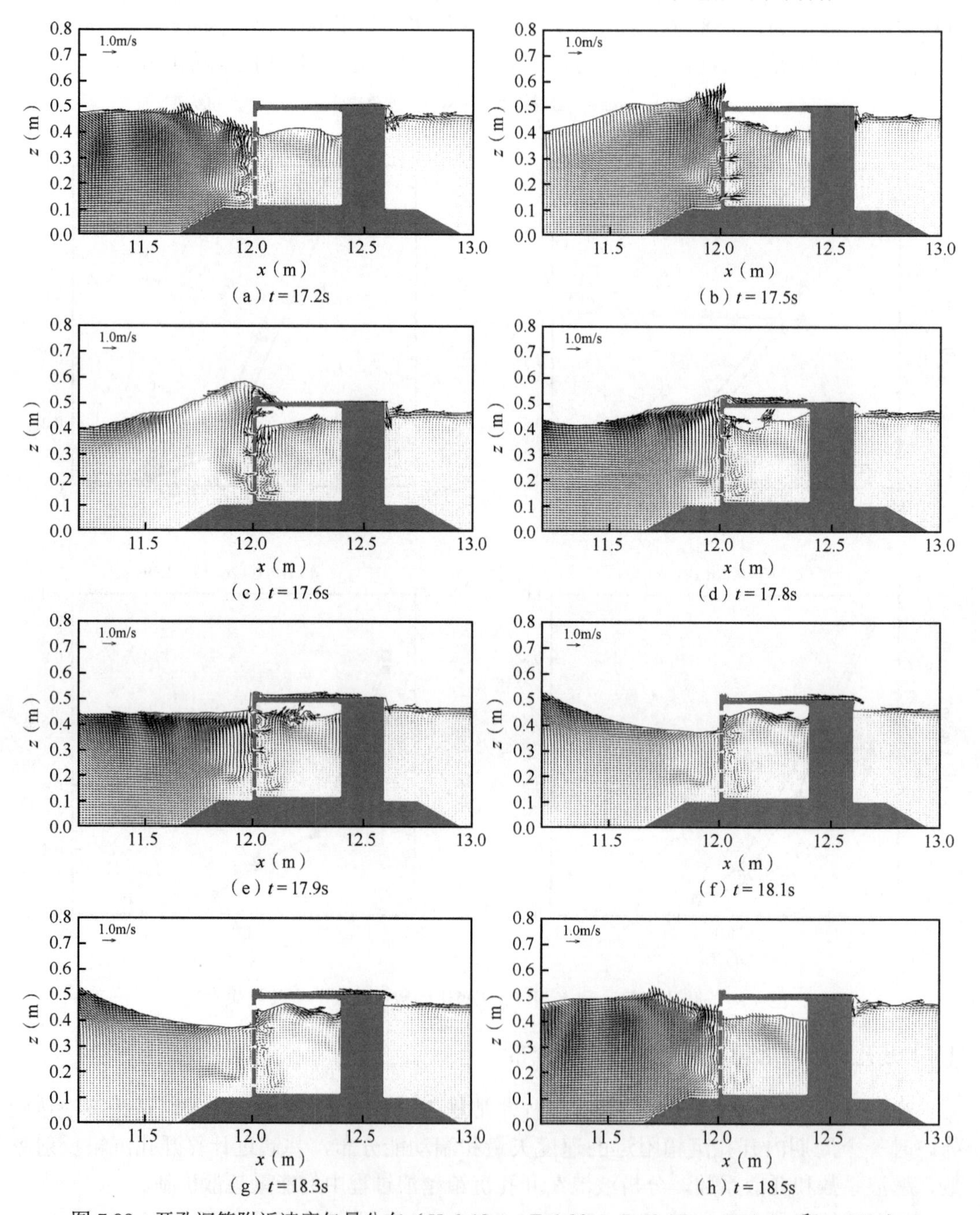

图 7.88 开孔沉箱附近速度矢量分布（H=0.12m、T=1.29s、R_c=0.07m、B=0.4m 和 e=20%）

对应于图 7.88 的算例，图 7.89 给出了 t=17.2s 至 t=18.5s 一个波浪周期内开孔沉箱附近的湍动能分布。可以看出，在整个越浪过程中，当波浪进出消浪室时，湍动主要集中在开孔沉箱前墙附近和消浪室内部自由表面附近。当波浪越过堤顶时，湍动也会出现在开孔沉箱顶部，见图 7.89（c）。但是，这部分由越浪水体产生的湍动能计算结果明显小于在消浪室内部的湍动能计算结果。在较大的堤顶高程条件下，当 R_c=0.095m、0.115m 和 0.13m 时，由于开孔沉箱附近的速度矢量和湍动能分布特征与 R_c=0.07m 相似，这里不再列出。

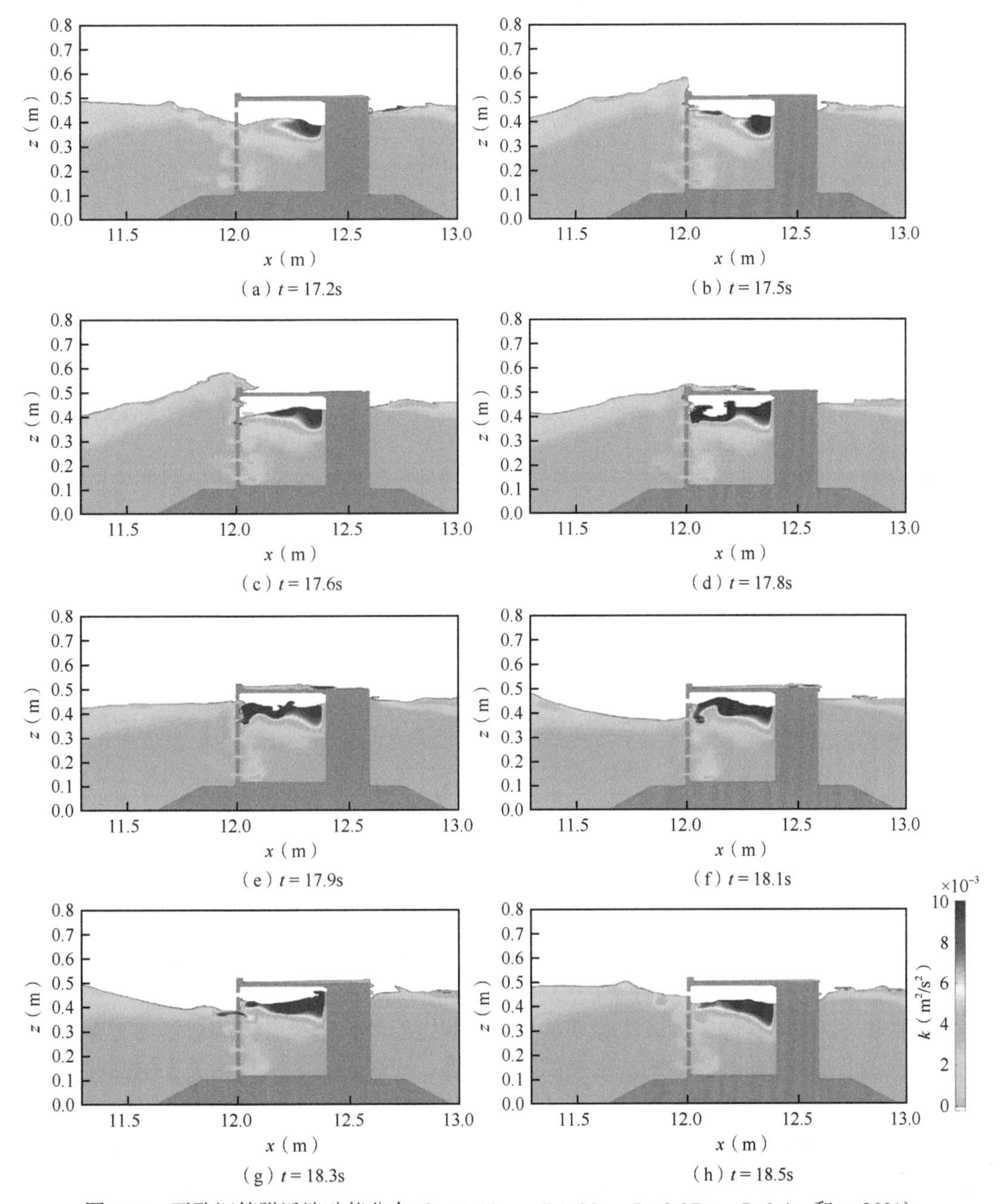

（a）t = 17.2s　（b）t = 17.5s　（c）t = 17.6s　（d）t = 17.8s　（e）t = 17.9s　（f）t = 18.1s　（g）t = 18.3s　（h）t = 18.5s

图 7.89　开孔沉箱附近湍动能分布（H=0.12m、T=1.29s、R_c=0.07m、B=0.4m 和 e=20%）

通过能量系数计算，图 7.90 给出了在 B=0.4m 和 e=20%条件下越浪系数 K_q、反射系数 K_r 和能量耗散系数 K_d 随相对堤顶高程 R_c/H 的变化。可以看出，随着 R_c/H 的增加，K_q 逐渐减小，K_d 和 K_r 变化不明显，且 K_q 的计算结果明显小于 K_d 和 K_r 的计算结果。由此可知，通过越浪水体转移的波浪能量相对较小，这进一步阐释了图 7.87 中越浪对反射系数影响不明显的原因。与越浪水体转移能量和反射波能量相比，大部分入射波能量在与开孔沉箱相互作用过程中被开孔沉箱所耗散。

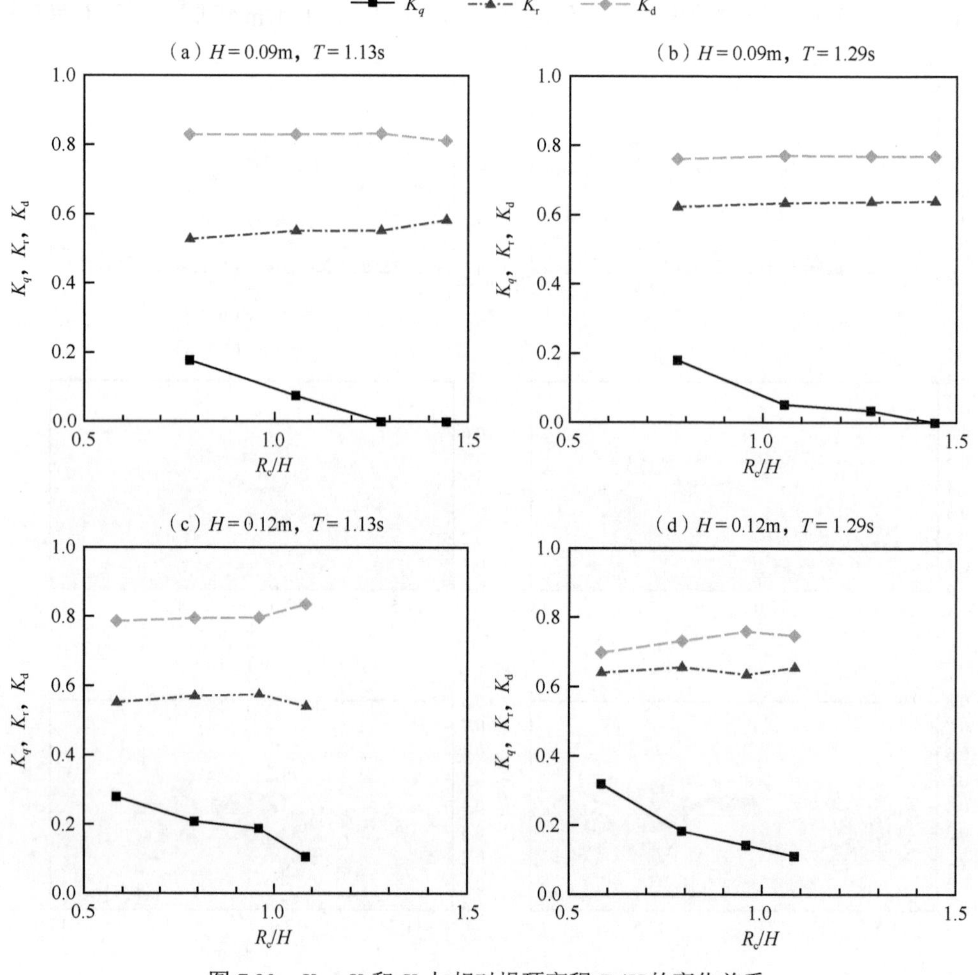

图 7.90 K_q、K_r 和 K_d 与相对堤顶高程 R_c/H 的变化关系

7.9 海岸植物消浪

近年来，伴随着极端天气发生频率的提高，我国沿海地区风暴潮等自然灾害有逐年加剧的趋势。此外，伴随着我国经济水平的不断提升，对各种重大工程的灾害防御标准也有所提高。在这个背景下，我国沿海地区的许多海岸堤防工程在未来可能会面临防护标准不够高的困境。虽然提升海堤高度和强度可以提高防护标准，但需要投入巨大的建设和维护资金，同时可能导致海岸生态环境恶化，产生新的环境问题。相对于加高海堤工程而言，在部分海岸地区种植植物进行消浪护岸是一种安全、经济且绿色环保的工程措施，其投入资金往往只有海岸堤防工程的 5%左右，防浪林同时还能绿化护堤岸滩、美化公共环境（图 7.91）。岸滩植物的根系可以保护土壤，防止水土流失，减少海岸侵蚀；植物的树干与树冠可以消能防浪，进一步固岸护堤，达到“退而守堤，不如进而守滩”的效果。

7.9.1 海岸植物消浪研究现状

图 7.91　海岸区域植物与波浪相互作用示意图

早期的植物消浪研究主要基于实地考察。杨世伦和陈吉余（1994）根据 1985～1991 年长江三角洲和苏北潮滩区域中潮流和波浪的现场观测数据，发现草场长度越大，波浪通过时被吸收的能量就越多，其阻流消浪作用效果也就越显著。程禹平等（1995）在珠江三角洲河口区同样发现防浪树能够很好地发挥消浪作用。颜学恭等（1997）实地观测了不同种类的防浪林，为选出良好防浪林模式、提升消浪质量提供了依据。白玉川等（2005）通过他们的观测数据得出，只有防浪林达到一定的宽度，才能起到基本的防浪护岸效果。Yang 等（2011）在长江口实地种植互花米草，发现种植互花米草的区域消浪效果比未种植的区域高出 1～2 个量级，种植互花米草区域内的波高衰减约 80%来源于植物的存在，而波浪在近岸区的浅化与底部摩擦引起的能量损失仅占 20%不到。此外，他们还发现植物淹没度越小，波浪衰减越多。Knutson 等（1982）在观测中发现，波浪在植物区内呈指数衰减趋势，且衰减集中在植物区的前几米到十几米范围内。Cooper（2005）通过比较盐沼地区与泥滩地区的消浪能力发现，相同波浪条件下盐沼植物比泥滩消浪能力高出 50%。Quartel 等（2007）在对越南红河三角洲的观测中了解到，海岸红树林的消浪能力比纯粹依赖底摩擦高出 500%～750%。Jadhav 等（2013）在墨西哥湾选取了一块长有互花米草的滩地，在热带风暴期间测量了岸滩上互花米草区域内的波高衰减，由于入射波浪为随机波列，经频谱分析后发现，不同频率的波浪在植物区内衰减效果不同，总体而言低频波浪衰减能量较少，而峰值频率处衰减能量最多。

尽管实地观测能证实植物的消浪能力，但量化结论无法推广到其他区域。同时，实地观测需要耗费大量的人力、物力和财力，且并不一定能测得满意的结果。由于实地观测的局限性，研究者也在室内开展了更为系统的水槽实验以研究植物消浪问题。章家昌（1966）根据平坡与缓坡上的植物消浪实验发现，防浪林的最大消浪系数可以达到 0.8～0.9，他们同时给出了估计消浪效率的经验公式，他们还着重提及了防浪林树枝叶子部分对于消浪的重要影响。傅宗甫（1997）将互花米草选为试验植物，发现互花米草带越宽、草越高，其消浪效率越高，同时明确了互花米草消浪效果与高潜坝相当。杨建民（2008）选用桧柏树枝模型（比例为 1∶10）模拟防浪树，通过实验给出了平坡和坡度为 1∶24.98 两种条件下模型树的消浪公式。吉红香等（2008）依据珠江三角洲河岸滩地的实际地形建立了缩比尺的概化物理模型，运用不规则波模拟真实河口附近的水流波浪条件，系统分析了不规则波在有植物的滩地上的传播变形规律，以及部分植物参数、波浪等对波浪传播变形的影响。Dubi 和 Torum（1995）选用原型海草通过实验室水槽实验发现，当植物为出水或接近出水状态时，消浪效果最佳；当植物处于淹没状态时，消浪效果减弱，且淹没度越大，消浪效果越弱。Tschirky 等（2001）则通过实验研究了植物密度对消浪效果的影响，发现植物密度越大，消浪效果越好。Bouma 等（2005）分别选用人工柔性及刚性植物模型模拟真实植物，研究植物柔性对消浪效果的影响，结果表明与柔性植物对比，刚性植物产生的拖曳力更大，消波效果也更好，大约为柔性植物消浪能力的 3 倍。Augustin 等（2008）通过比较全出水与接近出水植物的波高衰减数据发现，全出水植物在消浪时能发挥更大的作用。通过对比柔性植物与刚性植物的波高衰减数据，他们发现在实验工况下植物柔性对消浪效果的影响非常微弱。Stratigaki 等（2011）依据真实的波西多尼亚海草设计了模型海草，开展了大尺度的波浪水槽实验，研究了植物淹没度、植物密度和波浪周期对消浪效果的影响。根据测量的实验数据他们发现，淹没度越小、植物密度越大及波浪周期越短，波高衰减越多，反之亦然。Anderson 和 Smith（2014）使用聚烯烃带模拟互花米草，在实验室中研究了植物密度、淹没度、入射波高和峰值周期对波高衰减的影响。他们发现，相比于波浪参数，植物参数的改变对波高衰减的影响要显著得多。当植物密度变大、淹没度变小时，波高衰减显著变大，而波高衰减仅随入射波高的变大而呈现细微的增加。对于峰值周期的改变，波高衰减未显示明显的趋势。同时，他们还发现对于双峰值周期入射波浪，高频段波浪相比于低频段在出水植物工况下更易衰减。Hu 等（2014）则选用刚性木棍模拟植物，研究了植物群在出水状态和淹没状态下对波浪的衰减作用，以及波浪或波流共存状态下植物区的衰减作用。他们发现流的存在既会增加波浪的衰减，又会抑制波浪的衰减，而这取决于波浪下水粒子流速与流的速度的比值。Ozeren 等（2013）在实验室中研究了不同植物类型（互花米草、灯芯草、刚性植物模型和柔性植物模型）、植物密度和淹没度对规则波与不规则波的衰减作用。Phan 等（2019）以刚性植物杆模拟红树林，通过实验手段主要研究了波浪参数对于波浪衰减的影响并得出了与前人类似的结论。此外，他们依据实验数据，摒弃了前人建立在绝对长度上的波浪衰减计算方法，提出了基于单个波长的波高衰减计算方法。

水槽实验一般多为缩比尺或概化实验，其研究结果与实际情况仍有一定差异。近年来，越来越多的学者运用数值模拟手段研究植物消浪问题。数值模拟研究植物消浪问题的主要方式有：①采用淹没边界法处理植物，直接求解 RANS 方程得到植物区内的流场；②将植物群处理为特殊的多孔介质，在动量方程中添加代表植物作用力的源项。与采用淹没边界法计算每根植物对流场影响的方法相比，采用多孔介质模型的计算效率要高得多，本节将介绍该方法。

7.9.2 刚性植物群多孔介质模型

1. 多孔介质平均流模型

多孔介质方法是土力学中的常用方法，该方法将土体概化为由均匀分布的等粒径球体组成的空间，其紧密程度由孔隙率决定。在植物群问题中，球体被直立圆柱所代替，其内部流体流动仍然满足 N-S 方程。为了有效求解多孔介质内的平均流动，可采用空间平均法对原方程进行数学物理模化。该方法采用选定的空间尺度对 N-S 方程进行平均，从而得到孔隙介质内平均流动的控制方程。如需在这个过程中考虑湍流的影响，则需对雷诺平均后的 N-S 方程（RANS 方程）做空间平均，所以这种方法也被称为双平均方法，即雷诺平均与空间平均。本小节的主要内容为基于双平均方法的数值模型建立。植物分布和控制体的示意图如图 7.92 所示。

参考图 7.92，包括流体和植物区在内的整个控制体积用 $V=\Delta x\times\Delta y\times 1$（垂直方向取单位长度 1）表示，$A_{\beta\sigma}$为控制体积 V 中植物群与水体接触的总面积。流体占据的体积用 V_β 表示，则植物区孔隙率可以定义为

$$\theta=\frac{V_\beta}{V} \tag{7.114}$$

式中，控制体内共有 M 根植物（采用直径为 d 的刚性圆柱代表），其分布密度为 $M/(\Delta x\cdot\Delta y)$。控制体内单根植物体积定义为$\forall$，则控制体内所有植株所占体积 V_s 为

$$V_s = M\forall = M\frac{\pi d^2}{4} = (1-\theta)V \tag{7.115}$$

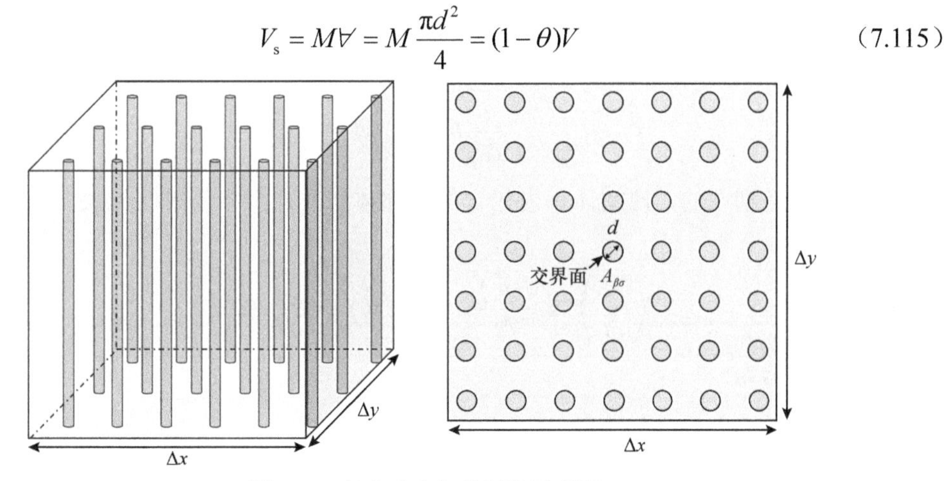

图 7.92　植物分布与控制体示意图

空间平均方法总共有两种，其一为总体空间平均（superficial volume average）（Whitaker，1969）：

$$\langle\psi\rangle^{s} = \frac{1}{V}\int_{V_\beta}\psi \mathrm{d}V \tag{7.116}$$

其二为内在空间平均（intrinsic volume average）（Whitaker，1973）：

$$\langle\psi\rangle^{\beta} = \frac{1}{V_\beta}\int_{V_\beta}\psi \mathrm{d}V \tag{7.117}$$

基于 Leibniz 积分准则，可得

$$\left\langle\frac{\partial\psi_j}{\partial x_i}\right\rangle^{s} = \frac{\partial\langle\psi_j\rangle^{s}}{\partial x_i} + \frac{1}{V}\iint_{A_{\beta\sigma}}\psi_j n_i \mathrm{d}S \tag{7.118}$$

总体空间平均和内在空间平均的关系为

$$\langle\psi\rangle^{s} = \theta\langle\psi\rangle^{\beta} \tag{7.119}$$

变量ψ 可以表示为

$$\psi = \overline{\psi} + \psi' \tag{7.120}$$

式中，$\overline{\psi}$ 表示时间平均项；ψ' 表示时间脉动量。

假设植物区内的流体运动满足 RANS 方程：

$$\frac{\partial\overline{u}_i}{\partial x_i} = 0 \tag{7.121}$$

$$\frac{\partial\overline{u}_i}{\partial t} + \overline{u}_j\frac{\partial\overline{u}_i}{\partial x_j} = -\frac{1}{\rho}\frac{\partial\overline{p}}{\partial x_i} + \nu\frac{\partial^2\overline{u}_i}{\partial x_j\partial x_j} - \frac{\partial}{\partial x_j}\overline{u_i' u_j'} + g_i \tag{7.122}$$

对 RANS 方程每一项进行内在空间平均，平均后的连续性方程为

$$\left\langle\frac{\partial\overline{u}_i}{\partial x_i}\right\rangle^{s} = \frac{\partial\langle\overline{u}_i\rangle^{s}}{\partial x_i} + \frac{1}{V}\iint_{A_{\beta\sigma}}\overline{u}_i n_i \mathrm{d}S = 0 \tag{7.123}$$

刚性圆柱表面适用无滑移条件，即 $\overline{u}_i=0$。因此，连续性方程简化为

$$\frac{\partial \left\langle \overline{u}_i \right\rangle^{s}}{\partial x_i}=0 \tag{7.124}$$

将式（7.119）代入式（7.124）可得

$$\frac{\partial}{\partial x_i}\theta \left\langle \overline{u}_i \right\rangle^{\beta}=0 \tag{7.125}$$

假设植被边界是刚性的，控制体积内包含的流体体积及孔隙率与时间无关，则动量方程简化为

$$\left\langle \frac{\partial \overline{u}_i}{\partial t} \right\rangle^{s}=\frac{\partial \left\langle \overline{u}_i \right\rangle^{s}}{\partial t}=\frac{\partial}{\partial t}\theta \left\langle \overline{u}_i \right\rangle^{\beta}=\theta \frac{\partial}{\partial t}\left\langle \overline{u}_i \right\rangle^{\beta} \tag{7.126}$$

对流项可以表示为

$$\left\langle \overline{u}_j \frac{\partial \overline{u}_i}{\partial x_j} \right\rangle^{s}=\frac{\partial}{\partial x_j}\left\langle \overline{u}_i \overline{u}_j \right\rangle^{s}+\frac{1}{V}\iint_{A_{\beta\sigma}}\left(\overline{u}_i \overline{u}_j\right) n_i \mathrm{d}S \tag{7.127}$$

在下文中用两撇来表示时间平均项与其内在体积平均值的偏离，则 ψ 可以分解为

$$\overline{\psi}=\langle \overline{\psi} \rangle^{\beta}+\overline{\psi}'' \tag{7.128}$$

又有

$$\left\langle \overline{\psi}'' \right\rangle^{s}=0 \tag{7.129}$$

考虑式（7.119）和式（7.129），将式（7.128）代入可得

$$\begin{aligned}\left\langle \overline{u}_i \overline{u}_j \right\rangle^{s}&=\left\langle \left(\left\langle \overline{u}_i \right\rangle^{\beta}+\overline{u}_i''\right)\left(\left\langle \overline{u}_j \right\rangle^{\beta}+\overline{u}_j''\right) \right\rangle^{s}\\&=\theta \left\langle \overline{u}_i \right\rangle^{\beta}\left\langle \overline{u}_j \right\rangle^{\beta}+\left\langle \overline{u}_i'' \overline{u}_j'' \right\rangle^{s}\end{aligned} \tag{7.130}$$

所以，有

$$\begin{aligned}\left\langle \overline{u}_j \frac{\partial \overline{u}_i}{\partial x_j} \right\rangle^{s}&=\frac{\partial}{\partial x_j}\theta \left\langle \overline{u}_i \right\rangle^{\beta}\left\langle \overline{u}_j \right\rangle^{\beta}+\frac{\partial}{\partial x_j}\left\langle \overline{u}_i'' \overline{u}_j'' \right\rangle^{s}\\&=\theta \left\langle \overline{u}_j \right\rangle^{\beta}\frac{\partial}{\partial x_j}\left\langle \overline{u}_i \right\rangle^{\beta}+\frac{\partial}{\partial x_j}\left\langle \overline{u}_i'' \overline{u}_j'' \right\rangle^{s}\end{aligned} \tag{7.131}$$

类似地，动量方程的右端各项可以表示为

$$\left\langle -\frac{1}{\rho}\frac{\partial \overline{p}}{\partial x_i} \right\rangle^{s}=-\frac{1}{\rho}\frac{\partial}{\partial x_i}\left\langle \overline{p} \right\rangle^{s}-\frac{1}{\rho}\frac{1}{V}\iint_{A_{\beta\sigma}}\overline{p} n_i \mathrm{d}S=-\frac{1}{\rho}\theta \frac{\partial}{\partial x_i}\left\langle \overline{p} \right\rangle^{\beta}-\frac{1}{\rho}\frac{1}{V}\iint_{A_{\beta\sigma}}\overline{p}'' n_i \mathrm{d}S \tag{7.132}$$

$$\begin{aligned}\left\langle v\frac{\partial^2 \overline{u}_i}{\partial x_j \partial x_j} \right\rangle^{s}&=v\frac{\partial^2}{\partial x_j \partial x_j}\left\langle \overline{u}_i \right\rangle^{s}+v\frac{1}{V}\iint_{A_{\beta\sigma}}n_j \frac{\partial \overline{u}_i}{\partial x_j}\mathrm{d}S\\&=v\frac{\partial^2}{\partial x_j \partial x_j}\theta \left\langle \overline{u}_i \right\rangle^{\beta}-v\frac{\partial \theta}{\partial x_j}\frac{\partial \left\langle \overline{u}_i \right\rangle^{\beta}}{\partial x_j}+v\frac{1}{V}\iint_{A_{\beta\sigma}}n_j \frac{\partial \overline{u}_i''}{\partial x_j}\mathrm{d}S\\&=v\theta \frac{\partial^2}{\partial x_j \partial x_j}\left\langle \overline{u}_i \right\rangle^{\beta}+v\frac{\partial \theta}{\partial x_j}\frac{\partial \left\langle \overline{u}_i \right\rangle^{\beta}}{\partial x_j}+v\left\langle \overline{u}_i \right\rangle^{\beta}\frac{\partial^2}{\partial x_j \partial x_j}\theta+v\frac{1}{V}\iint_{A_{\beta\sigma}}n_j \frac{\partial \overline{u}_i''}{\partial x_j}\mathrm{d}S\end{aligned} \tag{7.133}$$

$$\left\langle -\frac{\partial}{\partial x_j}\overline{u_i'u_j'}\right\rangle^{\mathrm{s}} = -\frac{\partial}{\partial x_j}\left\langle \overline{u_i'u_j'}\right\rangle^{\mathrm{s}} - \frac{1}{V}\iint_{A_{\beta\sigma}} n_j \cdot \overline{u_i'u_j'}\mathrm{d}S \tag{7.134}$$

根据植物表面为无滑移边界条件，式（7.134）可以简化为

$$\left\langle -\frac{\partial}{\partial x_j}\overline{u_i'u_j'}\right\rangle^{\mathrm{s}} = -\frac{\partial}{\partial x_j}\left\langle \overline{u_i'u_j'}\right\rangle^{\mathrm{s}} \tag{7.135}$$

将上述表达式合并到控制方程中并除以孔隙率 θ 可得

$$\begin{aligned}
&\frac{\partial}{\partial t}\left\langle \overline{u}_i\right\rangle^{\beta} + \left\langle \overline{u}_j\right\rangle^{\beta}\frac{\partial}{\partial x_j}\left\langle \overline{u}_i\right\rangle^{\beta} + \underbrace{\frac{1}{\theta}\frac{\partial}{\partial x_j}\left(\left\langle \overline{u}_i''\overline{u}_j''\right\rangle^{\beta}\theta\right)}_{\mathrm{I}} = -\frac{1}{\rho}\frac{\partial}{\partial x_i}\left\langle \overline{p}\right\rangle^{\beta} \\
&+ v\frac{\partial^2}{\partial x_j \partial x_j}\left\langle \overline{u}_i\right\rangle^{\beta} + v\frac{1}{\theta}\frac{\partial \theta}{\partial x_j}\frac{\partial\left\langle \overline{u}_i\right\rangle^{\beta}}{\partial x_j} + v\frac{1}{\theta}\left\langle \overline{u}_i\right\rangle^{\beta}\frac{\partial^2}{\partial x_j \partial x_j}\theta + g_i \\
&\underbrace{-\frac{1}{\rho}\frac{1}{\theta}\frac{1}{V}\iint_{A_{\beta\sigma}}\overline{p}''n_i\mathrm{d}S}_{\mathrm{II}} + \underbrace{v\frac{1}{V}\frac{1}{\theta}\iint_{A_{\beta\sigma}} n_j\frac{\partial \overline{u}_i''}{\partial x_j}\mathrm{d}S}_{\mathrm{III}} \underbrace{-\frac{1}{\theta}\frac{\partial}{\partial x_j}\theta\left\langle \overline{u_i'u_j'}\right\rangle^{\beta}}_{\mathrm{IV}}
\end{aligned} \tag{7.136}$$

式中，I项代表双平均空间应力项，又称色散通量，在本书中忽略；II项代表压差所引起的植物杆附近的拖曳力与惯性力；III项代表摩擦阻力；IV项为双平均雷诺应力项，在本书中由多孔介质湍流模型进行求解。

进一步忽略所有孔隙率的空间导数项，则式（7.136）简化为

$$\begin{aligned}
&\frac{\partial}{\partial t}\left\langle \overline{u}_i\right\rangle^{\beta} + \left\langle \overline{u}_j\right\rangle^{\beta}\frac{\partial}{\partial x_j}\left\langle \overline{u}_i\right\rangle^{\beta} \\
&= -\frac{1}{\rho}\frac{\partial}{\partial x_i}\left\langle \overline{p}\right\rangle^{\beta} + v\frac{\partial^2}{\partial x_j \partial x_j}\left\langle \overline{u}_i\right\rangle^{\beta} + g_i \\
&\quad -\frac{1}{\rho}\frac{1}{\theta}\frac{1}{V}\iint_{A_{\beta\sigma}}\overline{p}''n_i\mathrm{d}S + v\frac{1}{V}\frac{1}{\theta}\iint_{A_{\beta\sigma}} n_j\frac{\partial \overline{u}_i''}{\partial x_j}\mathrm{d}S - \frac{\partial}{\partial x_j}\left\langle \overline{u_i'u_j'}\right\rangle^{\beta}
\end{aligned} \tag{7.137}$$

已知 $\langle \overline{u}_i\rangle^{\mathrm{s}} = \theta\langle \overline{u}_i\rangle^{\beta}$，根据式（7.137），可得在整个控制体上总体平均的控制方程：

$$\begin{aligned}
&\frac{1}{\theta}\frac{\partial}{\partial t}\left\langle \overline{u}_i\right\rangle^{\mathrm{s}} + \frac{\left\langle \overline{u}_j\right\rangle^{\mathrm{s}}}{\theta^2}\frac{\partial}{\partial x_j}\left\langle \overline{u}_i\right\rangle^{\mathrm{s}} \\
&= -\frac{1}{\rho}\frac{\partial}{\partial x_i}\left\langle \overline{p}\right\rangle^{\mathrm{s}} + \frac{v}{\theta}\frac{\partial^2}{\partial x_j \partial x_j}\left\langle \overline{u}_i\right\rangle^{\mathrm{s}} + g_i \\
&\quad -\frac{1}{\rho}\frac{1}{\theta}\frac{1}{V}\iint_{A_{\beta\sigma}}\overline{p}''n_i\mathrm{d}S + v\frac{1}{V}\frac{1}{\theta}\iint_{A_{\beta\sigma}} n_j\frac{\partial \overline{u}_i''}{\partial x_j}\mathrm{d}S - \frac{1}{\theta^2}\frac{\partial}{\partial x_j}\left\langle \overline{u_i'u_j'}\right\rangle^{\mathrm{s}}
\end{aligned} \tag{7.138}$$

为方便后文书写，后续所有总体空间平均符号将省略上标“s”。

对于植物与流体相互作用的问题，植物对流体的阻力作用主要由形阻力和摩阻力构成，其中形阻力来源于植物表面的流体前后压力差，摩阻力则是由植物表面的流体剪应力引起的，这两种力都对流体起阻滞作用，消耗流体能量。为方便模化，我们将两种力合并为拖曳力 $\left\langle f_i\right\rangle$。在非恒定流条件下，拖曳力包含来源于植物周边因流体变速运动而产生的

惯性力。采用该定义后，式（7.138）简化为

$$\begin{aligned}&\frac{1}{\theta}\frac{\partial}{\partial t}\langle\overline{u}_i\rangle+\frac{\langle\overline{u}_j\rangle}{\theta^2}\frac{\partial}{\partial x_j}\langle\overline{u}_i\rangle\\&=-\frac{1}{\rho}\frac{\partial}{\partial x_i}\langle\overline{p}\rangle+\frac{\nu}{\theta}\frac{\partial^2}{\partial x_j\partial x_j}\langle\overline{u}_i\rangle+g_i-\frac{1}{\theta^2}\frac{\partial}{\partial x_j}\left\langle\overline{u_i'u_j'}\right\rangle-\left\langle\overline{f_i}\right\rangle\end{aligned}\tag{7.139}$$

参照莫里森（Morison）方程，$\left\langle\overline{f_i}\right\rangle$ 由稳态拖曳力和惯性力两部分构成：

$$\begin{aligned}\left\langle\overline{f_i}\right\rangle&=\left\langle\overline{f_{\mathrm{D}i}}\right\rangle+\left\langle\overline{f_{\mathrm{M}i}}\right\rangle\\&=\frac{1}{\rho V_\beta}\left[\left(\frac{1}{2}\rho MAC_{\mathrm{D}i}\frac{\sqrt{(\langle\overline{u}\rangle)^2+(\langle\overline{v}\rangle)^2+(\langle\overline{w}\rangle)^2}\,\langle\overline{u}_i\rangle}{\theta^2}\right)+\left(\rho M\forall C_{\mathrm{M}i}\frac{1}{\theta}\frac{\partial\langle\overline{u_i}\rangle}{\partial t}\right)\right]\end{aligned}\tag{7.140}$$

式中，A 为单位高度植株在垂直于流体方向的平面投影，对于圆柱恒为直径 d；$C_{\mathrm{D}i}$为 i 方向拖曳力系数；$C_{\mathrm{M}i}$ 为 i 方向惯性力系数。假设各方向拖曳力与惯性力系数相同且在控制体积 V 中为常数，则拖曳力项$\left\langle\overline{f_{\mathrm{D}i}}\right\rangle$可以表示为

$$\begin{aligned}\left\langle\overline{f_{\mathrm{D}i}}\right\rangle&=\frac{1}{\rho V_\beta}\left(\frac{1}{2}\rho MAC_{\mathrm{D}i}\frac{\sqrt{(\langle\overline{u}\rangle)^2+(\langle\overline{v}\rangle)^2+(\langle\overline{w}\rangle)^2}\,\langle\overline{u}_i\rangle}{\theta^2}\right)\\&=\frac{\rho M\forall}{\rho V_\beta}\left(\frac{\frac{1}{2}dC_{\mathrm{D}i}\frac{\sqrt{(\langle\overline{u}\rangle)^2+(\langle\overline{v}\rangle)^2+(\langle\overline{w}\rangle)^2}\,\langle\overline{u}_i\rangle}{\theta^2}}{\forall}\right)\\&=\frac{(1-\theta)V}{\theta V}\left(\frac{\frac{1}{2}dC_{\mathrm{D}i}\frac{\sqrt{(\langle\overline{u}\rangle)^2+(\langle\overline{v}\rangle)^2+(\langle\overline{w}\rangle)^2}\,\langle\overline{u}_i\rangle}{\theta^2}}{\frac{\pi}{4}d^2}\right)\\&=\frac{2(1-\theta)}{\pi d\theta^3}C_{\mathrm{D}}\sqrt{(\langle\overline{u}\rangle)^2+(\langle\overline{v}\rangle)^2+(\langle\overline{w}\rangle)^2}\,\langle\overline{u}_i\rangle\end{aligned}\tag{7.141}$$

惯性力项$\left\langle\overline{f_{\mathrm{M}i}}\right\rangle$可以表示为

$$\left\langle\overline{f_{\mathrm{M}i}}\right\rangle=\frac{M\forall_{\mathrm{s}}}{\rho V_\beta}\left(\rho C_{\mathrm{M}i}\frac{1}{\theta}\frac{\partial\langle\overline{u}_i\rangle}{\partial t}\right)=\frac{1-\theta}{\theta}\left(C_{\mathrm{M}i}\frac{1}{\theta}\frac{\partial\langle\overline{u}_i\rangle}{\partial t}\right)=\frac{(1-\theta)C_{\mathrm{M}i}}{\theta^2}\frac{\partial\langle\overline{u}_i\rangle}{\partial t}\tag{7.142}$$

将式（7.141）、式（7.142）合并可得植物作用力表达式：

$$\left\langle\overline{f_i}\right\rangle=\frac{2(1-\theta)}{\pi d\theta^3}C_{\mathrm{D}}\sqrt{(\langle\overline{u}\rangle)^2+(\langle\overline{v}\rangle)^2+(\langle\overline{w}\rangle)^2}\,\langle\overline{u}_i\rangle+\frac{(1-\theta)}{\theta^2}C_{\mathrm{M}}\frac{\partial\langle\overline{u}_i\rangle}{\partial t}\tag{7.143}$$

拖曳力系数 C_{D} 的取值采用下式计算：

$$C_{\mathrm{D}}=\left(\frac{\alpha_0}{Re}+\frac{\alpha_{01}}{\sqrt{Re}}+\alpha_1\right)\times\left(1+\frac{\alpha_2}{\mathrm{KC}}\right)\tag{7.144}$$

式中，α_0、α_{01}、α_1 和 α_2 同样为经验系数；Re 为一个表征湍流强度的无量纲参数，其表达式为

$$Re = \frac{\langle \overline{u} \rangle d}{v} \tag{7.145}$$

式中，v 为运动粘滞系数。KC 为一个与不稳定流场对物体作用相关的无量纲参数，用来描述在振荡流体中物体受到的阻力与惯性力的相关关系，其表达式为

$$\mathrm{KC} = \frac{|\langle \overline{u} \rangle| T}{d} \tag{7.146}$$

式中，T 为周期。

惯性力系数 C_{M} 与植物附加质量和植物杆附近压力梯度导致的流体加速度相关，对于圆柱体植物杆，其取值一般为 2.0。

2. 多孔介质湍流模型

由于植物的存在产生了不可忽视的湍流影响，应用湍流模型求解计算域内的湍流是必要的。我们选用经典的 k-ε 湍流模型来求解植物区内外的湍流。在考虑植物群的作用后，我们可以对经典的 k-ε 湍流方程进行改进。对于淹没或倒悬植物工况，植物区内部可能存在两种特性截然不同的湍流：其一为植物群顶部由植物阻流作用产生的显著的剪切层制造的较大尺度的湍流（canopy-scale turbulence）；其二为植物杆尾部由涡旋脱落形成的尾流区制造的尺度稍小的湍流（stem-scale turbulence）。这两种湍流特性不一，难以用单一方程进行模拟。针对所存在的问题，改进的湍流模型如下（Tang et al.，2021）：

$$\frac{\partial \langle k \rangle}{\partial t} + \langle \overline{u}_j \rangle \frac{\partial \langle k \rangle}{\partial x_j} = \frac{\partial}{\partial x_j}\left[\left(v + \frac{v_{\mathrm{t}}}{\sigma_\varepsilon}\right)\frac{\partial \langle k \rangle}{\partial x_j}\right] + P_{\mathrm{s}} + P_{\mathrm{w}}^{\mathrm{C}} - \langle \varepsilon \rangle \tag{7.147}$$

$$\frac{\partial \langle \varepsilon \rangle}{\partial t} + \langle \overline{u}_j \rangle \frac{\partial \langle \varepsilon \rangle}{\partial x_j} = \frac{\partial}{\partial x_j}\left[\left(v + \frac{v_{\mathrm{t}}}{\sigma_\varepsilon}\right)\frac{\partial \langle \varepsilon \rangle}{\partial x_j}\right] + D_{\mathrm{s}} + D_{\mathrm{w}}^{\mathrm{C}} - C_{\varepsilon 2}\frac{\langle \varepsilon \rangle^2}{\langle k \rangle} \tag{7.148}$$

式中，P_{s}、$P_{\mathrm{w}}^{\mathrm{C}}$ 分别为湍动能剪切制造项和湍动能植物制造项；D_{s}、$D_{\mathrm{w}}^{\mathrm{C}}$ 分别为对应的耗散率剪切生成项与耗散率植物生成项：

$$P_{\mathrm{w}}^{\mathrm{C}} = \sqrt{f_2\left(\frac{P_{\mathrm{s}}}{P_{\mathrm{w}}}\right)}\eta_k \langle \overline{u}_i \rangle \langle \overline{f}_i \rangle \tag{7.149}$$

$$D_{\mathrm{w}}^{\mathrm{C}} = \frac{C_{\varepsilon 2}}{\gamma} f_2\left(\frac{P_{\mathrm{s}}}{P_{\mathrm{w}}}\right) P_{\mathrm{w}}^{\frac{4}{3}} d^{-\frac{2}{3}} \tag{7.150}$$

其中，有

$$f_2\left(\frac{P_{\mathrm{s}}}{P_{\mathrm{w}}}\right) = \min\left[\exp\left(-\frac{P_{\mathrm{s}}}{P_{\mathrm{w}}}\right), 1\right] \tag{7.151}$$

$$P_{\mathrm{w}} = \eta_k \langle \overline{u}_i \rangle \langle \overline{f}_i \rangle \tag{7.152}$$

式中，P_{w} 和 D_{w} 分别为紊动能植物尾流制造项和对应的耗散项；η_k 和 γ 为经验系数，在本模型中标订为 0.24 和 0.31。

在对式（7.147）和式（7.148）进行求解得到 $\langle k \rangle$ 和 $\langle \varepsilon \rangle$ 后，我们通过非线性涡粘模型对式（7.139）中的雷诺应力项进行求解：

$$
\begin{aligned}
-\left\langle \overline{u_i' u_j'} \right\rangle = & -\frac{2}{3}\langle k\rangle \delta_{ij} + C_{\mu\mathrm{non}} \frac{\langle k\rangle^2}{\langle \varepsilon\rangle}\left(\frac{\partial\langle \overline{u}_i\rangle}{\partial x_j} + \frac{\partial\langle \overline{u}_j\rangle}{\partial x_i}\right) \\
& + \frac{\langle k\rangle^3}{\langle \varepsilon\rangle^2}\left[C_1\left(\frac{\partial\langle \overline{u}_i\rangle}{\partial x_l}\frac{\partial\langle \overline{u}_l\rangle}{\partial x_j} + \frac{\partial\langle \overline{u}_j\rangle}{\partial x_l}\frac{\partial\langle \overline{u}_l\rangle}{\partial x_i} - \frac{2}{3}\frac{\partial\langle \overline{u}_l\rangle}{\partial x_k}\frac{\partial\langle \overline{u}_k\rangle}{\partial x_l}\delta_{ij}\right)\right] \\
& + \frac{\langle k\rangle^3}{\langle \varepsilon\rangle^2}\left[C_2\left(\frac{\partial\langle \overline{u}_i\rangle}{\partial x_k}\frac{\partial\langle \overline{u}_j\rangle}{\partial x_k} - \frac{1}{3}\frac{\partial\langle \overline{u}_l\rangle}{\partial x_k}\frac{\partial\langle \overline{u}_l\rangle}{\partial x_k}\delta_{ij}\right)\right] \\
& + \frac{\langle k\rangle^3}{\langle \varepsilon\rangle^2}\left[C_3\left(\frac{\partial\langle \overline{u}_k\rangle}{\partial x_i}\frac{\partial\langle \overline{u}_k\rangle}{\partial x_j} - \frac{1}{3}\frac{\partial\langle \overline{u}_l\rangle}{\partial x_k}\frac{\partial\langle \overline{u}_l\rangle}{\partial x_k}\delta_{ij}\right)\right]
\end{aligned} \tag{7.153}
$$

式中，$C_{\mu\mathrm{non}}$、C_1、C_2 和 C_3 为经验系数。当 $C_1=C_2=C_3=0$ 时，该模型退化为线性模型。Lin 和 Liu（1998a）将参数标定为

$$
\begin{cases}
C_{\mu\mathrm{non}} = \dfrac{2}{3}\left(\dfrac{1}{7.4+S_{\max}}\right), & C_1 = \dfrac{1}{185.2+D_{\max}{}^2} \\
C_2 = -\dfrac{1}{58.5+D_{\max}{}^2}, & C_3 = -\dfrac{1}{370.4+D_{\max}{}^2}
\end{cases} \tag{7.154}
$$

式中，有

$$
S_{\max} = \frac{\langle k\rangle}{\langle \varepsilon\rangle}\max\left(\frac{\partial\langle \overline{u}_i\rangle}{\partial x_i}\right),\ D_{\max} = \frac{\langle k\rangle}{\langle \varepsilon\rangle}\max\left(\frac{\partial\langle \overline{u}_i\rangle}{\partial x_j}\right) \tag{7.155}
$$

7.9.3 波浪与刚性植物群相互作用

在生态优先的背景下，近岸水生植物作为生态屏障，在消浪、护岸、改善环境等方面有显著的作用。水生植物广泛地分布于沿海区域。当沿海区域面临着诸如风暴潮、海啸等自然灾害时，水生植物可以影响水动力过程，有效耗散向岸波浪、潮流能量，从而保障沿海人民群众生命财产的安全。红树林是我国滨海典型植被，在海洋减灾及生态服务中发挥着重要作用。在绝大多数海况下，其枝干与根部可近似认为是刚性杆群，因此可以进一步模化为数模所采用的特殊孔隙介质。本小节主要内容是对比波浪在刚性植物区的衰减，以及流速与湍动能的分布特性。本研究的物理模型实验于浙江大学港工馆波浪水槽内进行，波浪水槽长 25m、宽 0.7m、高 0.7m，其首端安装有主动吸收式推板造波机，可以通过采集波高信息调整造波信号，消除波浪反射的影响。实验设置如图 7.93 所示。实验中采用 8 个精度为 0.001cm、采样频率为 200Hz 的 HR Wallingford 电阻型波高仪（WG）测量水面高程。WG1 和 WG2 放置在植物区前，用于分离入射波和反射波；WG3～WG6 位于植物区，间隔 1.0m，用于测量波浪衰减；WG7、WG8 布置在植被后面。在本书中，粒子图像测速（PIV）技术由 Phantom C110 高速相机捕获，分辨率为 1280 像素×1024 像素，每秒 200 帧。视野（FOV）如图 7.93 所示，用以获得植物区的流场信息。实验中采用透明的聚甲基丙烯酸甲酯（PMMA）棒固定在穿孔的假底上来构建长 5.0m、宽 0.7m 的模型植物区。圆柱的长度和直径分别为 0.29m 和 0.01m。植物区密度为 200 株/m^2。安装完成后的模型植物区如图 7.94 所示。

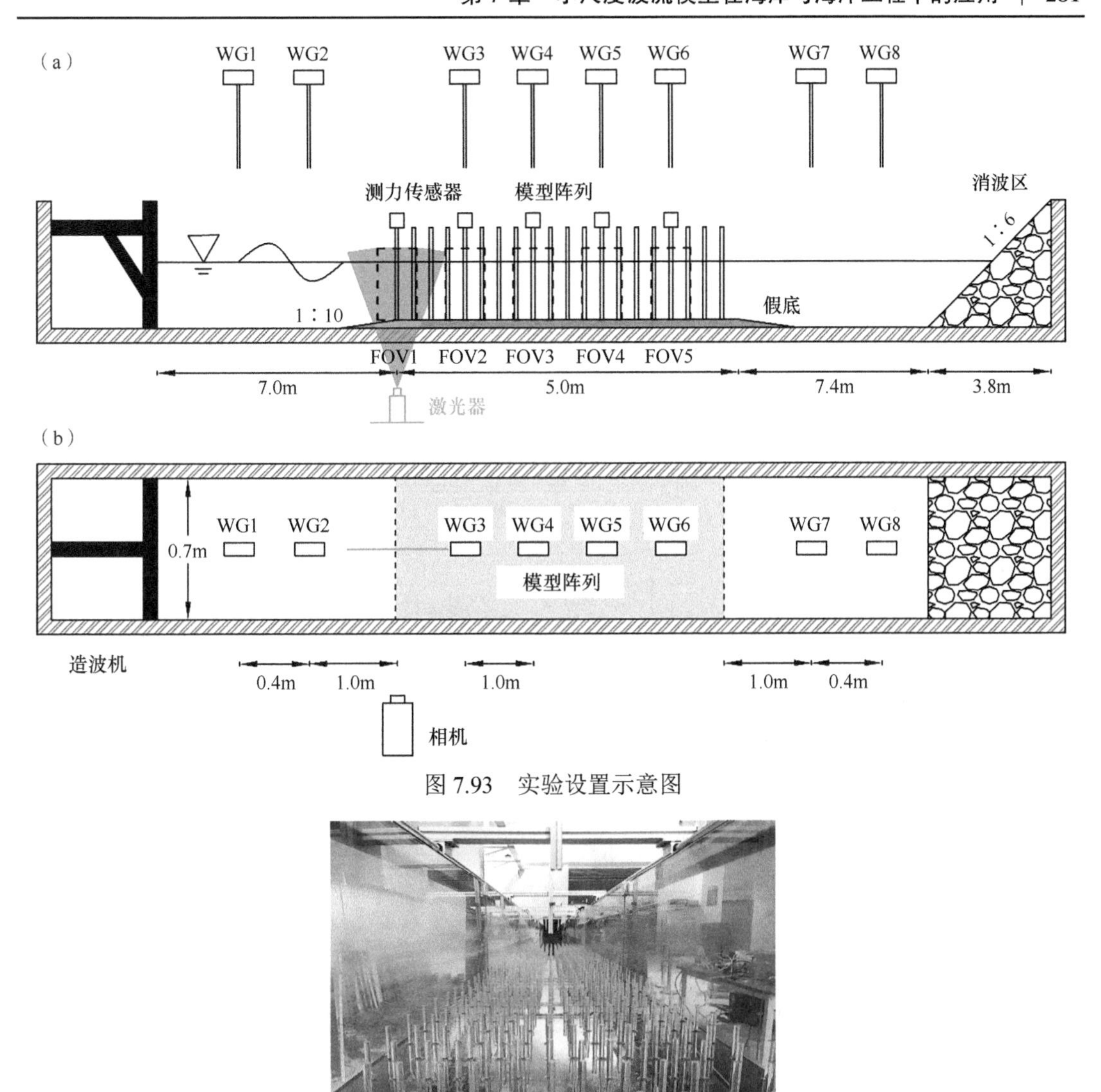

图 7.93　实验设置示意图

图 7.94　安装完成后的模型植物区（N=200）

我们对比了 6 组相同水深条件下，不同周期、不同波高条件的波浪衰减及流速与湍动能分布特性。实验参数设置如表 7.8 所示，其中 H4T10 工况代表入射波高为 4cm，波浪周期为 1.0s。

表 7.8　实验参数设置

工况	波高 H（m）	周期 T（s）	水深 h（m）	植物密度 N
H4T10	0.04	1.0	0.25	200
H4T12	0.04	1.2		
H4T14	0.04	1.4		
H5T10	0.05	1.0		
H5T12	0.05	1.2		
H5T14	0.05	1.4		

图 7.95 为波高衰减的数值结果与实验结果的对比，图中横纵坐标均分别采用植物区总长度（L_v）和入射波高（H_i）无量纲化。由图 7.95 可知，对于相同的水深和波浪周期，波高的增加会加剧波浪的衰减。模拟的植物区内沿程波高均与实测值吻合良好，数值模拟结果显示波高在植物区内沿程有一定的波动。

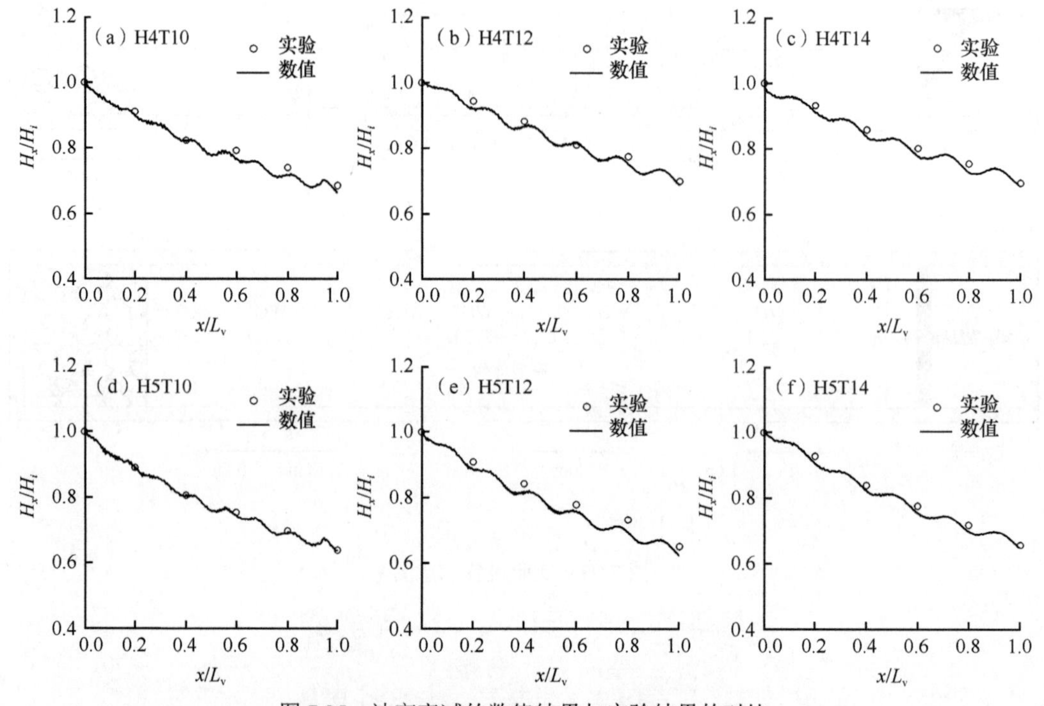

图 7.95　波高衰减的数值结果与实验结果的对比

H5T10 工况的波浪水质点运动速度幅值 U_w 与周期平均湍动能 TKE 垂向分布的对比如图 7.96 所示。模拟结果与实验结果吻合良好，证明该数值模型在准确模拟波高衰减的同时，还能精确模拟植物区内的流速、湍流分布。

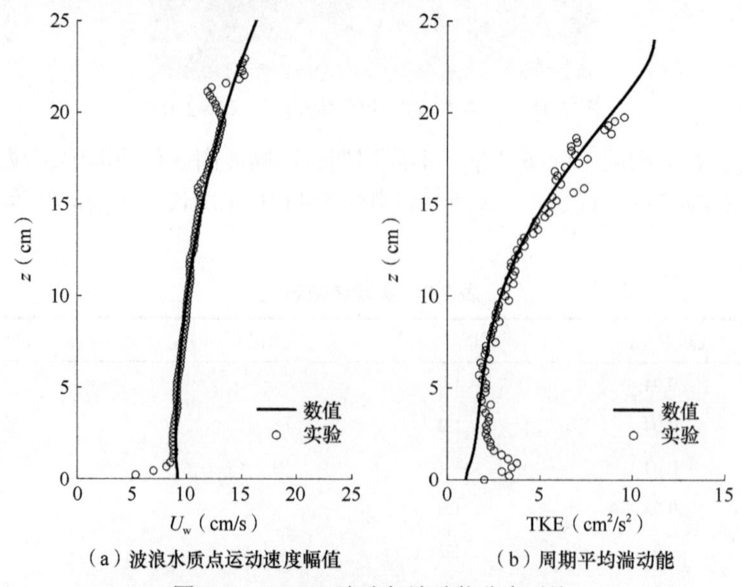

（a）波浪水质点运动速度幅值　　（b）周期平均湍动能

图 7.96　H5T10 流速与湍动能分布对比

模拟的植物区内湍动能分布如图 7.97 所示。可以看出，对于同一断面，湍动能从底部向上逐渐增加，并在自由面附近达到最大值；而随着波高的衰减，植物区内湍动能沿程减小。

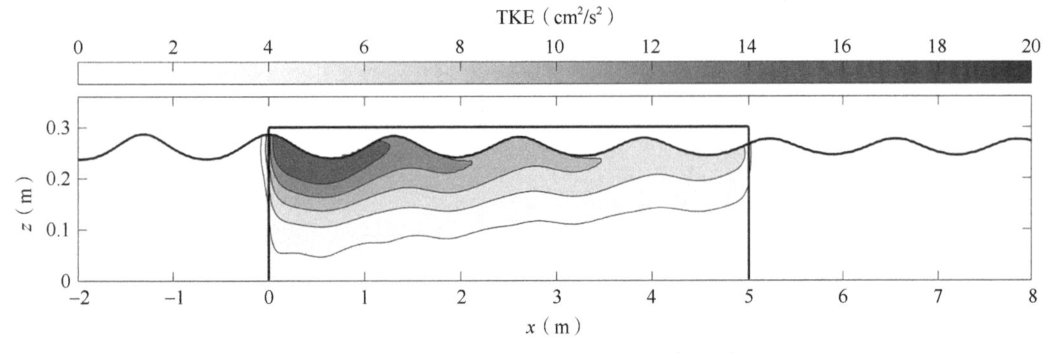

图 7.97　H5T10 工况下植物区湍动能分布

7.9.4　波流与刚性植物群相互作用

红树林、盐沼等水生植物在抵御风暴潮、海啸等海洋灾害时能提供有效的防灾、减灾价值。当波浪经过水生植物区时，由于植物的阻力作用，波浪的能量会被逐渐耗散，波高减小，从而减小波浪对海岸地区的破坏。通常情况下，更大的植物区密度、更小的淹没度（水深与植物区高度之比）、更大的入射波波高及更小的波浪周期会导致更大的相对波高衰减率。然而，在自然环境中，波浪往往是与海流同时存在的，在河口等区域则会出现波流反向的现象。由于波流与植物相互作用的复杂性，关于海流对波高衰减影响的研究目前较少。本小节主要介绍波流作用下植物区流速分布、湍流特性及波高衰减趋势。

1. 波流与植物相互作用研究现状

Li 和 Yan（2007）进行了同向波流与植物相互作用的水槽实验，并使用基于 RANS 方程的三维模型来模拟波流与植物的相互作用。实验及数值模拟发现，同向波流条件下，周期平均的流速、雷诺应力分布与明渠流类似；波高衰减会随着水流速度增加而增加。Paul 等（2012）通过现场观测发现，海流作用下波高衰减相较于纯波浪情况下显著减小，这与 Li 和 Yan（2007）的研究结果是矛盾的。Hu 等（2014）提出了一个理论模型来预测不同海流速度和波浪水质点速度比下的波浪衰减率，并进行了水槽实验，对该理论模型进行了修正及验证。他们发现，当海流速度小于波浪水质点速度时，海流的存在会抑制波高衰减；而当海流速度大于波浪水质点速度时，则会加剧波高的衰减，这也部分解释了上述矛盾。Losada 等（2016）提出了一种新的公式来预测波流条件下植被引起的波高衰减，并使用实验结果进行了参数校准。Chen 等（2020）使用刚性圆柱群模拟植被区，研究了单向流、波浪和波流条件下淹没植物区的流场结构和湍流特征。Yin 等（2020）研究了同向、反向波流条件下的出水植物区的波高衰减，发现同向水流可以增强或抑制波高衰减，而反向波流的波高衰减大于同向波流的波高衰减。Zhao 等（2021）通过水槽实验和 Boussinesq 方程模型研究了同向、反向波流条件下的波高衰减，发现水深的增加会抑制波高衰减。

2. 波流与植物相互作用的数值模拟研究

本部分将展示使用 NEWFLUME 模型模拟波流与植物的相互作用。在模拟中，首先模拟单向流与植物区的相互作用，等水流充分发展后使用内造波法在计算域中产生波浪，形成波流相互作用，在左右边界处采用海绵层法吸收波浪，从而避免波浪反射对模拟结果造成影响。如图 7.98 所示，NEWFLUME 模型可以同时模拟同向、反向波流相互作用。波浪向上游传播为反向波流情况，而波浪向下游传播则为同向波流。

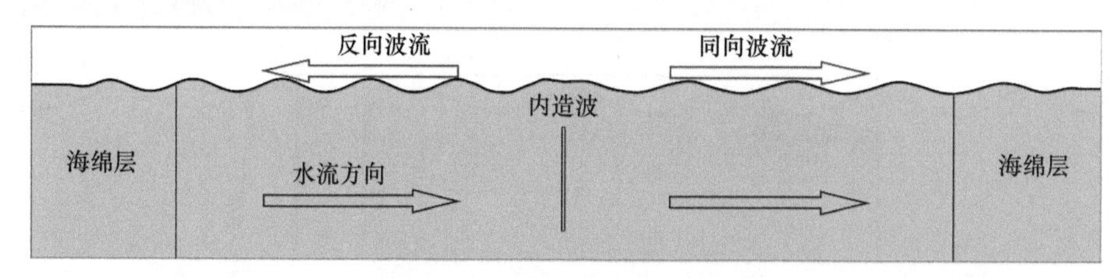

图 7.98　同向、反向波流示意图

接下来我们基于 Chen 等（2020）的水槽实验进行数值模拟。模拟水深 h=0.8m，波浪周期为 1.8s，水流速度为 0.4m/s，通过调整内造波位置实现同向、反向波流相互作用。由于波流作用下波高会发生变化，因此通过调整波高将植物区前端的入射波高固定为 0.1m。植物区长度为 6m，高度为 0.4m，植物直径为 0.01m，孔隙率为 0.983，植物区底部为一个 0.1m 高的假底。

模拟结果如图 7.99 所示，左列为同向波流与植物相互作用，右列为反向波流与植物相互作用。我们选择 0.3s 为间隔展示同向、反向波流与植物相互作用下湍流强度($\sqrt{2k}$)及流场的变化。

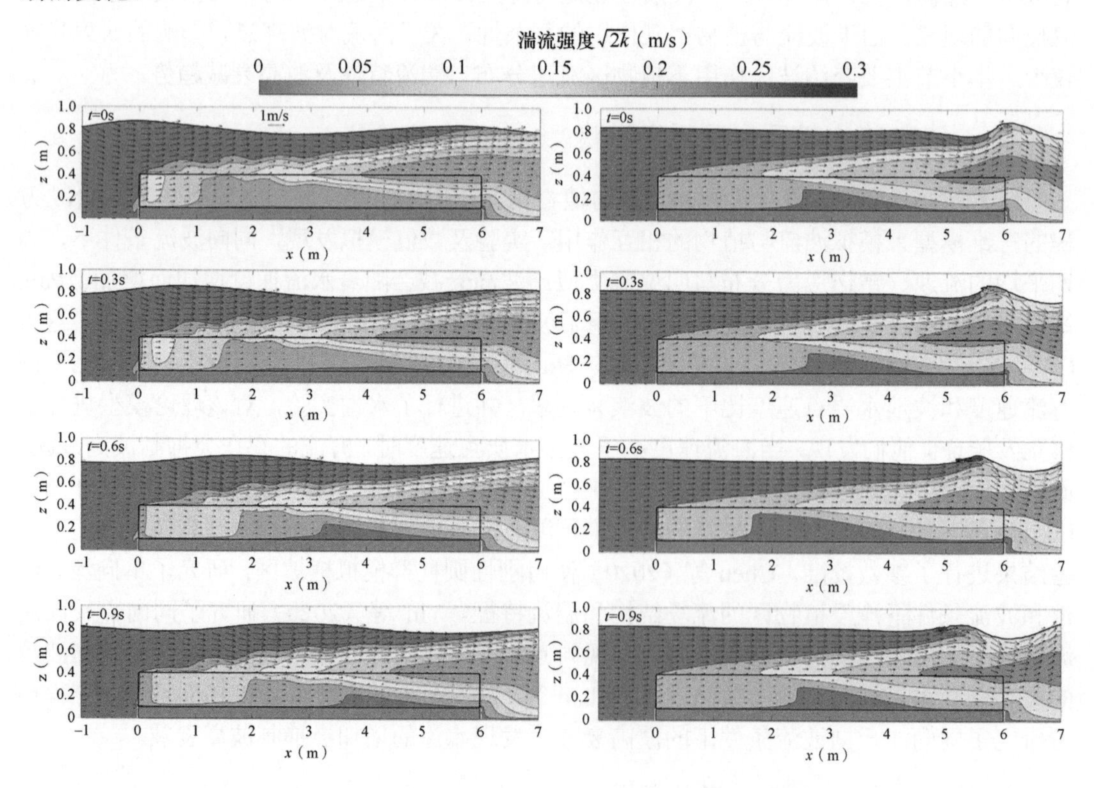

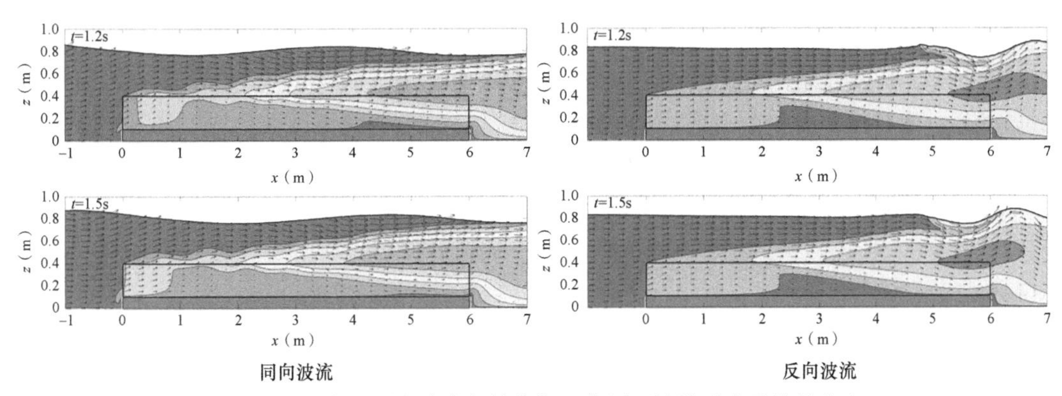

图 7.99　同向和反向波流与植物相互作用下湍流强度及流场分布

由于多普勒效应，同向波流的波长会增大，而反向波流的波长会显著减小。波浪在植物区内逐渐衰减并最终穿过植物区。而由于淹没植被的存在，植物区内的水流速度会沿程减小，而植物区上方的流速会相应地增大形成剪切流，最终在植物区的后半段达到充分发展的状态。在植物区前端 x=0m 至 x=1m 处，植物区内水流速度还未充分减小，因此在波谷相位的瞬时速度为正值；而在植物区的中后段，波谷相位的瞬时速度为负值。虽然波高在植物区会沿程衰减，从而导致波浪水质点流速减小，但由于剪切流的发展，植物区上方的水流速度会增加，因此植物区后半段瞬时速度的最大值大于植物区前端的瞬时速度最大值。植物区内湍流强度的整体分布与明渠流类似，但会随着波浪的运动发生变化。湍流强度在断面的最大值出现在植物区顶端，且会沿植物区发展并最终趋于稳定。在植物区前端 0～1m 处，植物区内湍流强度随着波峰的到来达到最大值后逐渐减小，并在波谷的相位达到最小值。随着波浪在植物区内的衰减及剪切流的发展，波浪对湍流强度分布的影响逐渐变小。

由于受反方向水流的影响，反向波流条件下波浪的传播速度远小于同向波流。与同向波流的结果相反，反向波流的瞬时速度的最大值出现在波谷处。在植物区的末端，剪切流已充分发展，流速达到了水深平均流速的 2 倍以上。由于剪切流的影响，当波峰到达植被区上方时，波浪将发生破碎。波浪的破碎会显著加大波高的衰减，并在水面附近产生强烈的湍动。由于波高的急剧衰减，波浪不能向上游传播，从而不能影响植物区前半部分的流场和湍流强度分布，因此植物区前半部分的流场和湍流强度分布与明渠流近乎相同。而由于反向水流的影响，波浪破碎产生的湍流难以向上游传递，只存在于波峰附近的较小区域内，并最终被耗散掉。

参 考 文 献

白玉川, 杨建民, 胡嵋, 等. 2005. 植物消浪护岸模型实验研究. 海洋工程, (3): 65-69.

程林. 2016. 波浪作用下锚泊浮体运动的数值模拟. 四川大学博士学位论文.

程友良, 薛伟朋, 郭飞, 等. 2013. 椭圆余弦内波及其对墩柱作用数值模拟. 海洋工程, 31(1): 61-66.

程禹平, 黄本胜, 赖冠文. 1995. 海堤外滩地种树效果及对行洪影响. 人民珠江, (3): 38-42.

范红霞. 2006. 斜坡式海堤越浪量及越浪流试验研究. 河海大学硕士学位论文.

付东明, 尤云祥, 李巍. 2009. 两层流体中内孤立波与潜体相互作用数值模拟. 海洋工程, 27(3): 38-44.

傅宗甫. 1997. 互花米草消浪效果试验研究. 水利水电科技进展, (5): 47-49.

桂洪斌, 金咸定, 肖熙. 2003. 海洋平台振动控制研究综述. 中国海洋平台, (5): 22-28.

韩迅. 2018. 丁坝周围水沙运动特性的三维数值模拟. 四川大学博士学位论文.

合田良实. 1984. 港工建筑物的防浪设计. 北京: 海洋出版社.

侯勇. 2008. 单方箱-锚链式浮防波堤水动力特性试验研究. 大连理工大学硕士学位论文.

吉红香, 黄本胜, 邱秀云, 等. 2008. 滩地植物对波浪变形及消浪效果影响试验研究. 广东水利水电, (8): 14-18.

贾影, 李宏男, 宋岩升. 2002. TLD 对海洋平台地震反应控制的简化计算方法. 地震工程与工程振动, (3): 160-164.

江洧, 张从联, 黄锦林, 等. 2010. 复杂断面海堤越浪量及其相关指标研究. 广州: 广东省水利水电科学研究院.

李宏男, 贾影, 李晓光, 等. 2000. 利用 TLD 减小高柔结构多振型地震反应的研究. 地震工程与工程振动, (2): 122-128.

李宏男, 马百存. 1996. 固定式海洋平台利用 TLD 的减震研究. 海洋工程, (3): 92-97.

李晓亮. 2007. 斜向和多向不规则波在斜坡堤上越浪量的研究. 大连理工大学博士学位论文.

李昕, 孙宁, 金峤, 等. 2009. 海上平台利用 TLD 的减震研究. 船舶力学, 13(4): 615-620.

李章锐. 2013. 水下爆炸气泡的边界积分法及气-液-固相互作用问题的研究. 大连理工大学博士学位论文.

梁启智, 熊俊明, 黄庆辉. 2002. 调谐液体阻尼器对高层建筑和高耸结构动力反应控制研究综述. 世界地震工程, (1): 123-128.

刘小惠. 2007. 海洋平台冰激振动控制装置——TLD 的研究. 大连理工大学硕士学位论文.

盛涛, 金红亮, 李京, 等. 2017. 液体质量双调谐阻尼器(TLMD)的设计方法研究. 振动与冲击, 36(8): 197-202.

孙宁. 2006. 滩海储油平台的 TLD 减震研究. 大连理工大学硕士学位论文.

王树青. 2003. 海洋平台结构的系统辨识与振动控制技术研究. 中国海洋大学博士学位论文.

王文全. 2008. 薄壁结构流固耦合数值模拟及计算方法研究. 昆明理工大学博士学位论文.

吴炳成. 2015. 格栅矩形水箱 TLD 振动特性及在结构减振中的应用. 湖南大学硕士学位论文.

徐鑫哲. 2012.内波生成机理及二维内波数值水槽模型研究. 哈尔滨工程大学硕士学位论文.

颜学恭, 曾祥培, 徐德新. 1997. 长江中游防浪林消能效益分析与研究. 武汉水利电力大学学报, (3): 52-54.

杨建民. 2008. 海岸带边坡防浪林消浪理论与实验研究. 海洋通报, (2): 16-21.

杨世伦, 陈吉余. 1994. 试论植物在潮滩发育演变中的作用. 海洋与湖沼, (6): 631-635.

章家昌. 1966. 防波林的消波性能. 水利学报, (2): 49-52.

Abbott M B, Basco D R. 1989. Computational Fluid Dynamics: An Introduction for Engineers. Harlow: Longman Scientific & Technical.

Abdel-Fattah S, Amin A, Van Rijn L C. 2004. Sand transport in Nile River, Egypt. Journal of Hydraulic Engineerin, 130(6): 488-500.

Abdelrhman M A. 2007. Modeling coupling between eelgrass *Zostera marina* and water flow. Marine Ecology Progress, 338(5): 81-96.

Akira W, Kohki M, Takao S, et al. 1986. Numerical prediction model of three-dimensional beach deformation around a structure. Coastal Engineering in Japan, 29(1): 179-194.

Alben S, Shelley M, Zhang J. 2004. How flexibility induces streamlining in a two-dimensional flow. Physics of

Fluids, 16(5): 1694-1713.

Altunişik A C, Yetişken A, Kahya V. 2018. Experimental study on control performance of tuned liquid column dampers considering different excitation directions. Mechanical Systems and Signal Processing, 102: 59-71.

Andersen O H, Hedegaard I B, Deigaard R. 1988. Model for morphological changes under waves and current. Proc. IAHR Symposium on Mathematical Modelling of Sediment Transport in the Coastal Zone, Copenhagen. DHI, Horsholm: 310-319.

Anderson M E, Smith J M. 2014. Wave attenuation by flexible, idealized salt marsh vegetation. Coastal Engineering, 83: 82-92.

Ariasramirez W, Olson B, Wolf W, et al. 2015. Combined immersed-boundary/high-order finite difference methods for simulations of acoustic scattering. Boston: APS Division of Fluid Dynamics Meeting.

Ashasi-Sorkhabi A, Malekghasemi H, Ghaemmaghami A, et al. 2017. Experimental investigations of tuned liquid damper-structure interactions in resonance considering multiple parameters. Journal of Sound and Vibration, 388: 141-153.

Augustin L N, Irish J L, Lynett P. 2008. Laboratory and numerical studies of wave damping by emergent and near-emergent wetland vegetation. Coastal Engineering, 56(3): 332-340.

Bakhtyar R, Barry D A, Li L, et al. 2009. Modeling sediment transport in the swash zone: a review. Ocean Engineering, 36(9): 767-783.

Balth V D P, Strutt M J O. 1928. II. On the stability of the solutions of Mathieu's equation. Philosophical Magazine Series 7, 5(27): 18-38.

Battjes J A. 1988. Surf-zone dynamics. Annual Review of Fluid Mechanics, 20(1): 257-291.

Bear J. 1972. Dynamics of Fluids in Porous Media. New York: American Elsevier Pub. Co.

Benjamin T B. 1966. Internal waves of finite amplitude and permanent form. Journal of Fluid Mechanics, 25: 97-116.

Benjamin T B, Ursell F. 1954. The stability of the plane free surface of a liquid in vertical periodic motion. Proceedings of the Royal Society of London. Series A, Mathematical and Physical Sciences (1934-1990), 225(1163): 505-515.

Bettess P, Zienkiewicz O C. 1977. Diffraction and refraction of surface waves using finite and infinite elements. International Journal for Numerical Methods in Engineering, 11(8): 1271-1290.

Binks D, Westra M T, Willem V. 1997. Effect of depth on the pattern formation of Faraday waves. Physical Review Letters, 79(25): 5010-5013.

Bouma T J, De Vries M B, Low E, et al. 2005. Trade-offs related to ecosystem engineering: a case study on stiffness of emerging macrophytes. Ecology, 86(8): 2187-2199.

Bradford S F. 2000. Numerical simulation of surf zone dynamics. Journal of Waterway, Port, Coastal, and Ocean Engineering, 126(1): 1-13.

Bradley K, Houser C. 2009. Relative velocity of seagrass blades: implications for wave attenuation in low-energy environments. John Wiley & Sons, Ltd., 114(F1): F1004.

Brøker I, Zyserman J A, Madsen E Ø, et al. 2007. Morphological modelling: a tool for optimisation of coastal structures. Journal of Coastal Research, 23(5): 1148-1158.

Buscaglia G C, Bombardelli F A, García M H. 2002. Numerical modeling of large-scale bubble plumes accounting for mass transfer effects. International Journal of Multiphase Flow, 28(11): 1763-1785.

Camassa R, Choi W, Michallet H, et al. 2006. On the realm of validity of strongly nonlinear asymptotic approximations for internal waves. Journal of Fluid Mechanics, 549: 1-23.

Casulli V. 1995. Recent developments in semi-implicit numerical methods for free surface hydrodynamics. Advances in Hydroscience and Engineering, 2: 2174-2181.

Chen H, Chen M. 1998. Chimera RANS simulation of a berthing DDG-51 ship in translational and rotational motions. International Journal of Offshore and Polar Engineering, 8(3): 182-191.

Chen M. 2020. Velocity and turbulence affected by submerged rigid vegetation under waves, currents and combined wave-current flows. Coastal Engineering, 159: 103727.

Chen P, Sanyal J, Dudukovic M P. 2004. CFD modeling of bubble columns flows: implementation of population balance. Chemical Engineering Science, 59(22-23): 5201-5207.

Chew C S, Yeo K S, Shu C. 2006. A generalized finite-difference (GFD) ALE scheme for incompressible flows around moving solid bodies on hybrid meshfree-Cartesian grids. Journal of Computational Physics, 218(2): 510-548.

Christensen E D. 2005. Large eddy simulation of spilling and plunging breakers. Coastal Engineering, 53(5): 463-485.

Cooper N J. 2005. Wave dissipation across intertidal surfaces in the Wash tidal inlet, eastern England. Journal of Coastal Research, 21(1): 28-40.

Cox D T, Shin S. 2003. Laboratory measurements of void fraction and turbulence in the bore region of surf zone waves. Journal of Engineering Mechanics, 129(10): 1197-1205.

Dalrymple R A, Kirby J T, Hwang P A. 1984. Wave diffraction due to areas of energy dissipation. Journal of Waterway, Port, Coastal, and Ocean Engineering, 110(1): 67-79.

Damián S M, Nigro N M. 2014. An extended mixture model for the simultaneous treatment of small-scale and large-scale interfaces. International Journal for Numerical Methods in Fluids, 75(8): 547-574.

De Vriend H J, Bakker W T, Bilse D P. 1994. A morphological behaviour model for the outer delta of mixed-energy tidal inlets. Elsevier, 23(3-4): 305-327.

Dean R G. 1991. Equilibrium beach profiles: characteristics and applications. Journal of Coastal Research, 7(1): 53-84.

Deane G B, Stokes M D. 2002. Scale dependence of bubble creation mechanisms in breaking waves. Nature, 418(6900): 839-844.

Denot T, Aelbrecht D. 2000. Numerical modelling of seabed evolution in the vicinity of a groin system. Proc. Coastal Structures'99, 2: 849-855.

Derakhti M, Kirby J T. 2014. Bubble entrainment and liquid-bubble interaction under unsteady breaking waves. Journal of Fluid Mechanics, 761: 464-506.

Dijkstra J T, Uittenbogaard R E. 2010. Modeling the interaction between flow and highly flexible aquatic vegetation. Water Resources Research, 46(12): W12547.

Ding Y, Wang S S Y. 2008. Development and application of a coastal and estuarine morphological process modeling system. Journal of Coastal Research, 52: 127-140.

Ding Y, Wang S S Y, Jia Y F. 2006. Development and validation of a quasi-three-dimensional coastal area morphological model. Journal of Waterway, Port, Coastal, and Ocean Engineering, 132(6): 462-476.

Dou P, Xue M A, Zheng J H, et al. 2020. Numerical and experimental study of tuned liquid damper effects on suppressing nonlinear vibration of elastic supporting structural platform. Nonlinear Dynamics, 99(4): 2675-2691.

Drønen N, Deigaard R. 2006. Quasi-three-dimensional modelling of the morphology of longshore bars. Coastal Engineering, 54(3): 197-215.

Dubi A, Tørum A. 1995. Wave damping by kelp vegetation. Kobe: Conference Information 24th International Conference on Coastal Engineering.

Dütsch H, Durst F, Becker S, et al. 1998. Low-Reynolds-number flow around an oscillating circular cylinder at low Keulegan-Carpenter numbers. Journal of Fluid Mechanics, 360: 249-271.

Edwards W S, Fauve S. 1994. Patterns and quasi-patterns in the Faraday experiment. Journal of Fluid Mechanics, 278: 123-148.

Engquist B, Majda A. 1977. Absorbing boundary conditions for the numerical simulation of waves. Mathematics of Computation, 31: 629-651.

Fadlun E A, Verzicco R, Orlandi P, et al. 2000. Combined immersed-boundary finite-difference methods for three-dimensional complex flow simulations. Journal of Computational Physics, 161(1): 35-60.

Faltinsen O M. 1978. A numerical nonlinear method of sloshing in tanks with two-dimensional flow. Journal of Ship Research, 22(3): 193-202.

Faraday M. 1831. On the forms and states assumed by fluids in contact with vibrating elastic surfaces. Philosophical Transactions, 121: 319-340.

Farmer D M, McNeil C L, Johnson B D, et al. 1993. Evidence for the importance of bubbles in increasing air-sea gas flux. Nature, 361(18): 620-623.

Fiedler J W, Smit P B, Brodie K L, et al. 2018. Numerical modeling of wave runup on steep and mildly sloping natural beaches. Coastal Engineering, 131: 106-113.

Frandsen J B, Peng W. 2006. Experimental sloshing studies in sway and heave base excited square tanks. Civil Engineering in the Oceans VI: 504-512.

Fredsøe J, Deigaard R. 1992. Mechanics of Coastal Sediment Transport: Advanced Series on Ocean Engineering—Volume 3. Singapore: World Scientific.

Gelfenbaum G, Roelvink J A, Meijs M, et al. 2003. Process-based morphological modeling of Grays Harbor inlet at decadal timescales. Clearwater: International Conference on Coastal Sediments 2003.

Gislason K, Fredsøe J, Deigaard R, et al. 2009a. Flow under standing waves: Part 1. Shear stress distribution, energy flux and standing waves. Coastal Engineering, 56(3): 341-362.

Gislason K, Fredsøe J, Sumer B M. 2009b. Flow under standing waves: Part 2. Scour and deposition in front of breakwaters. Coastal Engineering, 56(3): 363-370.

Givoli D. 1991. Nonreflecting boundary-conditions. Journal of Computational Physics, 94: 1-29.

Glowinski R, Pan T W, Hesla T I, et al. 2001. A fictitious domain approach to the direct numerical simulation of incompressible viscous flow past moving rigid bodies: application to particulate flow. Journal of Computational Physics, 169(2): 363-426.

Gosselin F P. 2019. Mechanics of a plant in fluid flow. Journal of Experimental Botany, 70(14): 3533-3548.

Gosselin F P, De Langre E. 2011. Drag reduction by reconfiguration of a poroelastic system. Journal of Fluids and Structures, 27(7): 1111-1123.

Gosselin F P, De Langre E, Machado-Almeida B A. 2010. Drag reduction of flexible plates by reconfiguration. Journal of Fluid Mechanics, 650: 319-341.

Gravens, M B. 1996. An approach to modeling inlet and beach evolution. Coastal Engineering Proceedings, 1(25). https://doi.org/10.9753/icce.v25.%p

Gravens M B. 2014. An approach to modeling inlet and beach evolution. Orlando: 25th International Conference on Coastal Engineering.

Greenhow M, Lin W M. 1983. Nonlinear-free surface effects: experiments and theory. MIT Internal Report No. 83-19.

Greenhow M, Moyo S. 1997. Water entry and exit of horizontal circular cylinders. Philosophical Transactions of the Royal Society A: Mathematical, Physical and Engineering Sciences, 355(1724): 551-563.

Grilli S T, Subramanya R. 1996. Numerical modeling of wave breaking induced by fixed or moving boundaries. Computational Mechanics, 17(6): 374-391.

Grue J, Jensen A, Rusas P O, et al. 1999. Properties of large-amplitude internal waves. Journal of Fluid Mechanics, 380: 257-278.

Guo X Y, Wang B L, Liu H, et al. 2013. Numerical simulation of two-dimensional regular wave overtopping flows over the crest of a trapezoidal smooth impermeable sea dike. Journal of Waterway, Port, Coastal, and Ocean Engineering, 140(3): 04014006.

Han X, Lin P Z, Parker G. 2018. The 3D numerical study on flow and sediment properties of a river with grouped spur dikes. E3S Web of Conferences, 40: 05056.

Han X., Lin P., Parker G., 2022. Numerical modelling of local scour around a spur dike with porous media method. Journal of Hydraulic Research, 60(6): 970-995.

Hanson H, Kraus N C, Army U S. 1989. GENESIS: generalized model for simulating shoreline change. Report 1. Technical Reference. Coastal Engineering Research Center Vicksburg MS.

Hanson H, Larson M. 1992. Overview of beach change numerical modeling//James W, Niemczynowicz J. Water, Development, and Environment. Ann Arbor: Lewis Publishers: 322-347.

Heinrich P. 1992. Nonlinear water waves generated by submarine and aerial landslides. Journal of Waterway, Port, Coastal, and Ocean Engineering, 118(3): 249-266.

Hieu P D, Katsutoshi T, Ca V T. 2004. Numerical simulation of breaking waves using a two-phase flow model. Applied Mathematical Modelling, 28(11): 983-1005.

Higuera P, Lara J L, Losada I J. 2014. Three-dimensional interaction of waves and porous coastal structures using OpenFOAM®. Part II: Application. Coastal Engineering, 83: 259-270.

Hokmabady H, Mohammadyzadeh S, Mojtahedi A. 2019. Suppressing structural vibration of a jacket-type platform employing a novel Magneto-Rheological Tuned Liquid Column Gas Damper (MR-TLCGD). Ocean Engineering, 180: 60-70.

Horsley D E, Forbes L K. 2013. A spectral method for Faraday waves in rectangular tanks. Journal of Engineering Mathematics, 79(1): 13-33.

Hu Z, Suzuki T, Zitman T, et al. 2014. Laboratory study on wave dissipation by vegetation in combined current-wave flow. Coastal Engineering, 88: 131-142.

Huang Z L, Lin P Z. 2012. Numerical simulation of wave overtopping of breakwater armored with porous layers and water-structure impaction. Applied Mechanics and Materials, 226: 1255-1259.

Iafrati A. 2011. Energy dissipation mechanisms in wave breaking processes: spilling and highly aerated plunging breaking events. Journal of Geophysical Research: Oceans, 116(C7): C07024.

Jacobsen N, Fuhrman D, Fredsøe J. 2012. A wave generation toolbox for the open-source CFD library: OpenFoam®. International Journal for Numerical Methods in Fluids, 70(9): 1073-1088.

Jadhav R S, Chen Q, Smith J M. 2013. Spectral distribution of wave energy dissipation by salt marsh vegetation. Coastal Engineering, 77: 99-107.

Jahne B, Haussecker H. 1998. Air-water gas exchange. Annual Review of Fluid Mechanics, 30(1): 1937-1949.

Ji C Y, Xue H Z, Shi X H, et al. 2016. Experimental and numerical study on collapse of aged jacket platforms caused by corrosion or fatigue cracking. Engineering Structures, 112: 14-22.

Jiang L, Ting C L, Perlin M, et al. 2006. Moderate and steep Faraday waves: instabilities, modulation and temporal asymmetries. Journal of Fluid Mechanics, 329: 275-307.

Jin Q, Li X, Sun N, et al. 2007. Experimental and numerical study on tuned liquid dampers for controlling earthquake response of jacket offshore platform. Marine Structures, 20(4): 238-254.

Jin X, Lin P Z. 2019. Viscous effects on liquid sloshing under external excitations. Ocean Engineering, 171: 695-707.

Jin X, Xue M A, Lin P Z. 2021. Experimental and numerical study of nonlinear modal characteristics of Faraday waves. Ocean Engineering, 221: 108554.

Johnson H, Brøker I, Zyserman J A. 1994. Identification of some relevant processes in coastal morphological modelling. ASCE: 2871-2885.

Johnson H K. 1994. A general 2DH coastal morphology modelling system—M21MORF. DHI Water and Environment, Denmark, Hørsholm.

Johnson, H.K., 2004. Coastal area morphological modelling in the vicinity of groins. 29th International Conference on Coastal Engineering, Lisbon, Portugal, 19-24 September 2004.

Johnson, H.K., Karambas, T.V., Avgeris, I., Zanuttigh, B., Gonzalez-Marco, D., Caceres, I., 2005. Modelling of waves and currents around submerged breakwaters. Coastal Engineering, 52: 949-969.

Kana T W, Hayter E J, Work P A. 1999. Mesoscale sediment transport at southeastern U.S. tidal inlets: conceptual model applicable to mixed energy settings. Journal of Coastal Research, 15(2): 303-313.

Kandasamy R, Cui F, Townsend N, et al. 2016. A review of vibration control methods for marine offshore structures. Ocean Engineering, 127: 279-297.

Kao T W, Pan F, Renouard D. 1985. Internal solitons on the pycnocline: generation, propagation, and shoaling and breaking over a slope. Journal of Fluid Mechanics, 159(1): 19-53.

Karunarathna S A S A, Lin P Z. 2006. Numerical simulation of wave damping over porous seabeds. Coastal Engineering, 53(10): 845-855.

Kityk A V, Embs J, Mekhonoshin V V, et al. 2005. Spatiotemporal characterization of interfacial Faraday waves by means of a light absorption technique. Physical Review E, 72: 029902.

Knutson P L, Brochu R A, Seelig W N, et al. 1982. Wave damping in *Spartina alterniflora* marshes. Wetlands, (2): 87-104.

Kochina P I, Wiest R D. 1962. Theory of Ground Water Movement. Princeton: Princeton University Press.

Kodaira T, Waseda T, Miyata M, et al. 2016. Internal solitary waves in a two-fluid system with a free surface.

Journal of Fluid Mechanics, 804: 201-223.

Kolukula S S, Sajish S D, Chellapandi P. 2015. Experimental investigation of slosh parametric instability in liquid filled vessel under seismic excitations. Annals of Nuclear Energy, 76: 218-225.

Kraus N C. 2000. Reservoir model of ebb-tidal shoal evolution and sand bypassing. Journal of Waterway, Port, Coastal, and Ocean Engineering, 126(6): 305-313.

Lai M, Peskin C S. 2000. An immersed boundary method with formal second-order accuracy and reduced numerical viscosity. Journal of Computational Physics, 160(2): 705-719.

Lara J L, Ruju A, Losada I J. 2011. Reynolds averaged Navier-Stokes modelling of long waves induced by a transient wave group on a beach. Proceedings of the Royal Society A: Mathematical, Physical and Engineering Sciences, 467(2129): 1215-1242.

Larson M, Kraus N C. 1989. SBEACH: Numerical model for simulating storm-induced beach change. Report 1. Empirical foundation and model development. Technical Report CERC-TR-89-9-RPT-1.

Larson M, Kraus N C, Byrnes M R. 1990. SBEACH: Numerical model for simulating storm-induced beach change. Report 2. Numerical formulation and model tests. Technical Report CERC-89-9.

Latteux B. 1980. Harbour design including sedimentological problems using mainly numerical technics. Sydney: 17th International Conference on Coastal Engineering.

Lee S C, Reddy D V. 1982. Frequency tuning of offshore platforms by liquid sloshing. Applied Ocean Research, 4(4): 226-231.

Leont'yev I O. 1999. Modelling of morphological changes due to coastal structures. Coastal Engineering, 38(3): 143-166.

Lesser G R, Roelvink J A, van Kester J A T M, et al. 2004. Development and validation of a three-dimensional morphological model. Coastal Engineering, 51(8): 883-915.

Leveque R J, Li Z. 1994. The immersed interface method for elliptic equations with discontinuous coefficients and singular sources. SIAM Journal on Numerical Analysis, 31(4): 1019-1044.

Li C, Yan K. 2007. Numerical investigation of wave-current-vegetation interaction. Journal of Hydraulic Engineering, 133(7): 794-803.

Li Y, Wang Z. 2016. Unstable characteristics of two-dimensional parametric sloshing in various shape tanks: Theoretical and experimental analyses. Journal of Vibration and Control, 22(19): 4025-4046.

Liang D, Cheng L. 2005. Numerical model for wave-induced scour below a submarine pipeline. Journal of Waterway, Port, Coastal, and Ocean Engineering, 131(5): 193-202.

Lim H, Chang K, Huang Z, et al. 2015. Experimental study on plunging breaking waves in deep water. Journal of Geophysical Research: Oceans, 120(3): 2007-2049.

Lin P Z. 1998. Numerical modeling of breaking waves. Ithaca: Cornell University.

Lin P Z. 2002. Discussion of vertical variation of the flow across the surf zone. Coastal Engineering, 50: 161-164.

Lin P Z. 2006. A fixed-grid model for simulation of a moving body in free surface flows. Computers and Fluids, 36(3): 549-561.

Lin P Z, Chang K A, Liu P L F. 1999. Runup and rundown of solitary waves on sloping beaches. Journal of Waterway, Port, Coastal, and Ocean Engineering, 125(5): 247-255.

Lin P Z, Karunarathna S A. 2007. Numerical study of solitary wave interaction with porous breakwaters. Journal of Waterway, Port, Coastal, and Ocean Engineering, 133(5): 352-363.

Lin P Z, Liu P L F. 1998a. A numerical study of breaking waves in the surf zone. Journal of Fluid Mechanics, 359: 239-264.

Lin P Z, Liu P L F. 1998b. Turbulence transport, vorticity dynamics, and solute mixing under plunging breaking waves in surf zone. Journal of Geophysical Research: Oceans, 103(C8): 15677-15694.

Lin P Z, Liu P L F. 1999. Internal wave-maker for Navier-Stokes equations models. Journal of Waterway, Port, Coastal, and Ocean Engineering, 125(4): 207-215.

Lin P Z, Liu P L F. 2004. Discussion of "vertical variation of the flow across the surf zone" [Coast. Eng. 45 (2002) 169-198]. Coastal Engineering, 50(4): 161-164.

Lin Z, Song J. 2012. Numerical studies of internal solitary wave generation and evolution by gravity collapse. Journal of Hydrodynamics, 24(4): 541-553.

Liu D M, Lin P Z. 2008. A numerical study of three-dimensional liquid sloshing in tanks. Journal of Computational physics, 227(8): 3921-3939.

Liu D M, Lin P Z. 2022. Interface instabilities in Faraday waves of two-layer liquids with free surface. Journal of Fluid Mechanics, 941: A33.

Liu D M, Lin P Z, Xue M A, et al. 2021. Numerical simulation of two-layered liquid sloshing in tanks under horizontal excitations. Ocean Engineering, 224: 108768.

Liu P L F, Lin P Z. 1997. A numerical model for breaking waves: the volume of fluid method. Journal of Fluid Mechanics, 359: 56.

Liu P L F, Lin P Z, Chang K A, et al. 1999. Numerical modeling of wave interaction with porous structures. Journal of Waterway, Port, Coastal, and Ocean Engineering, 125(6): 322-330.

Liu X, Liu Y, Lin P Z, et al. 2021. Numerical simulation of wave overtopping above perforated caisson breakwaters. Coastal Engineering (Amsterdam), 163: 103795.

Liu Z, Chen Y, Wu Y, et al. 2017. Simulation of exchange flow between open water and floating vegetation using a modified RNG k-ε turbulence model. Environmental Fluid Mechanics, 17(2): 355-372.

Longo S, Petti M, Losada I J. 2002. Turbulence in the swash and surf zones: A review. Coastal Engineering, 45(3): 129-147.

López F, García M H. 2001. Mean flow and turbulence structure of open-channel flow through non-emergent vegetation. Journal of Hydraulic Engineering, 127(5): 392-402.

Losada I J, Maza M, Lara J L. 2016. A new formulation for vegetation-induced damping under combined waves and currents. Coastal Engineering, 107: 1-13.

Love J S, Lee C S. 2019. Nonlinear series-type tuned mass damper-tuned sloshing damper for improved structural control. Journal of Vibration and Acoustics, 141(2): 021006.1-021006.9.

Love J S, Tait M J. 2010. Nonlinear simulation of a tuned liquid damper with damping screens using a modal expansion technique. Journal of Fluids and Structures, 26(7): 1058-1077.

Love J S, Tait M J. 2013. Parametric depth ratio study on tuned liquid dampers: fluid modelling and experimental work. Computers and Fluids, 79(6): 13-26.

Lowe R J, Koseff J R, Monismith S G. 2005. Oscillatory flow through submerged canopies: 1. velocity structure.

Journal of Geophysical Research, 10: C10016.

Luo M, Khayyer A, Lin P Z. 2021. Particle methods in ocean and coastal engineering. Applied Ocean Research, 114: 102734.

Lynett P J, Wu T, Liu P L F. 2002. Modeling wave runup with depth-integrated equations. Coastal Engineering, 46(2): 89-107.

Ma G, Kirby J T, Su S, et al. 2013. Numerical study of turbulence and wave damping induced by vegetation canopies. Coastal Engineering, 80: 68-78.

Ma G, Shi F, Kirby J T. 2011. A polydisperse two-fluid model for surf zone bubble simulation. Journal of Geophysical Research, 116: C05010.

Madsen O S. 1991. Mechanics of cohesionless sediment transport in coastal waters. Seattle: ASCE.

Madsen O S. 1994. Spectral wave-current bottom boundary layer flows. Kobe: ASCE.

Madsen P A, Sorensen O R, Schaffer H A. 1997. Surf zone dynamics simulated by a Boussinesq type model. Part I. Model description and cross-shore motion of regular waves. Coastal Engineering, 32: 225-287.

Malekghasemi H, Ashasi-Sorkhabi A, Ghaemmaghami A R, et al. 2015. Experimental and numerical investigations of the dynamic interaction of tuned liquid damper-structure systems. Journal of Vibration and Control, 21(14): 2707-2720.

Manninen M, Taivassalo V, Kallio S. 1996. On the Mixture Model for Multiphase Flow. Espoo: VTT Publications.

Marivani M, Hamed M S. 2009. Numerical simulation of structure response outfitted with a tuned liquid damper. Computers and Structures, 87(17): 1154-1165.

Maruyama K, Takagi T. 1988. A simulation system of near-shore sediment transport for the coupling of the sea-bottom topography, waves and currents. Copenhagen: IAHR Symposium on Mathematical Modelling of Sediment Transport in the Coastal Zone.

Mathieu E. 1868. Mémoire sur le mouvement vibratoire d'une membrane de forme elliptique. Journal de mathématiques pures et appliquées, 2(13): 137-203.

Maza M, Lara J L, Losada I J. 2013. A coupled model of submerged vegetation under oscillatory flow using Navier-Stokes equations. Coastal Engineering, 80(2013): 16-34.

Maza M, Lara J L, Losada I J. 2015. Tsunami wave interaction with mangrove forests: A 3-D numerical approach. Coastal Engineering, 98: 33-54.

Méndez F J, Losada I J, Losada M A. 1999. Hydrodynamics induced by wind waves in a vegetation field. John Wiley & Sons, Ltd., 104(C8): 18383-18396.

Méndez F J, Losada I J. 2003. An empirical model to estimate the propagation of random breaking and nonbreaking waves over vegetation fields. Coastal Engineering, 51(2): 103-118.

Meyer-Peter E, Mueller R. 1948. Formulas for bed load transport. Stockholm: IAHSR 2nd meeting.

Mohd-Yusof J. 1997. Combined immersed boundaries/B-splines methods for simulations of flows in complex geometries. CTR Annual Research Briefs, NASA Ames/Stanford University.

Monaghan J J, Kos A. 1999. Solitary waves on a Cretan beach. Journal of Waterway, Port, Coastal, and Ocean Engineering, 125(3): 145-155.

Moraga F J, Carrica P M, Drew D A, et al. 2007. A sub-grid air entrainment model for breaking bow waves and naval surface ships. Computers and Fluids, 37(3): 281-298.

Morison J R, Johnson J W, Schaaf S A. 1950. The force exerted by surface waves on piles. Journal of Petroleum Technology, 2(5): 149-154.

Mullarney J C, Henderson S M. 2010. Wave-forced motion of submerged single-stem vegetation. Journal of Geophysical Research, 115: C12061.

Nairn R B, Southgate H N. 1993. Deterministic profile modelling of nearshore processes. Part 2: Sediment transport and beach profile development. Elsevier, 19(1-2): 57-96.

Nguyen V K, Do T D, Nguyen T V H, et al. 2019. Optimal control of vibration by multiple tuned liquid dampers using Taguchi method. Journal of Mechanical Science and Technology, 33(4): 1563-1572.

Nicholson J, Broker I, Roelvink J A, et al. 1997. Intercomparison of coastal area morphodynamic models. Coastal Engineering, 31(1): 97-123.

Owen M W. 1982. Overtopping of sea defenses. Coventry: International Conf. the Hydraulic Modelling of Civil Eng. Structures.

Ozeren Y, Wren D G, Wu W. 2013. Experimental investigation of wave attenuation through model and live vegetation. Journal of Waterway, Port, Coastal, and Ocean Engineering, 140(5): 04014019.

Paul M, Bouma T J, Amos C L. 2012. Wave attenuation by submerged vegetation: Combining the effect of organism traits and tidal current. Marine Ecology Progress Series, 444: 31-41.

Pedrozo-Acuna A, Simmonds D J, Otta A K, et al. 2006. On the cross-shore profile change of gravel beaches. Coastal Engineering, 53(4): 335-347.

Peng Z, Zou Q P, Lin P Z. 2018. A partial cell technique for modeling the morphological change and scour. Coastal Engineering, 131: 88-105.

Peregrine D H. 1983. Breaking waves on beaches. Annual Review of Fluid Mechanics, 15(1): 149-178.

Pés V M. 2013. Applicability and limitations of the SWASH model to predict wave overtopping. Barcelona: Universitat Politècnica De Catalunya.

Peskin C S. 1972. Flow patterns around heart valves: A numerical method. Academic Press, 10(2): 252-271.

Phan K L, Stive M J F, Zijlema M, et al. 2019. The effects of wave non-linearity on wave attenuation by vegetation. Coastal Engineering, 147: 63-74.

Quartel S, Kroon A, Augustinus P, et al. 2007. Wave attenuation in coastal mangroves in the Red River Delta, Vietnam. Journal of Asian Earth Sciences, 29(4): 576-584.

Rai N K, Reddy G R, Venkatraj V. 2017. Tuned sloshing water dampers as displacement response reduction device: Experimental verification. International Journal of Structural Stability and Dynamics, 17(2): 1-37.

Ren B, Jin Z, Gao R, et al. 2013. SPH-DEM modeling of the hydraulic stability of 2D blocks on a slope. Journal of Waterway, Port, Coastal, and Ocean Engineering, 140(6): 1-12.

Richards J A. 1976. Stability diagram approximation for the lossy Mathieu equation. SIAM Journal on Applied Mathematics, 30(2): 240-247.

Ritwik B, Soumyabrata M, Dey G A, et al. 2017. Overhead water tank shapes with depth-independent sloshing frequencies for use as TLDs in buildings. Structural Control and Health Monitoring, 25(1): e2049.

Rodi W. 1980. Turbulence Models and Their Application in Hydraulics: A State-of-the-art Review. International Association for Hydraulic Research.

Rodi W. 1998. Turbulence Models and Their Application in Hydraulics: A State-of-the-art Review. International Association for Hydraulic Research, Delft, The Netherlands.

Roelvink D, Reniers A, van Dongeren A, et al. 2009. Modelling storm impacts on beaches, dunes and barrier islands. Coastal Engineering, 56(11): 1133-1152.

Roelvink J A, Banning G K F M. 1994. Design and development of DELFT3D and application to coastal morphodynamics. Oceanographic Literature Review, 11(42): 925.

Roelvink J A, Reniers A, van Dongeren A, et al. 2010. XBeach Model Description and Manual. Delft, The Netherlands.

Ruessink B G, Terwindt J H J. 2000. The behaviour of nearshore bars on the time scale of years: a conceptual model. Marine Geology, 163(1): 289-302.

Saville T. 1955. Laboratory Data on Wave Runup and Overtopping. Washington, D.C.: U.S. Army, Corps of Engineers, Beach Erosion Board.

Saville T. 1958. Large-scale Model Tests of Wave Runup and Overtopping on Shore Structures. Washington, D.C.: U.S. Army, Corps of Engineers, Beach Erosion Board.

Shi F, Kirby J T, Ma G. 2010. Modeling quiescent phase transport of air bubbles induced by breaking waves. Ocean Modelling, 35(1): 105-117.

Siddique M R, Hamed M S, Damatty A A E. 2005. A nonlinear numerical model for sloshing motion in tuned liquid dampers. International Journal for Numerical Methods in Heat & Fluid Flow, 15(3): 306-324.

Silas A, Michael S, Jun Z. 2002. Drag reduction through self-similar bending of a flexible body. Nature, 420(6915): 479-481.

Smyth C, Hay A E. 2003. Near-bed turbulence and bottom friction during SandyDuck 97. Journal of Geophysical Research: Oceans, 108(C6): 3197.

Sommerfeld A. 1964. Mechanics of Deformable Bodies, Vol. 2 of Lectures on Theoretical Physics. New York: Academic Press.

Sørensen O R, Schäffer H A, Madsen P A. 1998. Surf zone dynamics simulated by a Boussinesq type model. III. Wave-induced horizontal nearshore circulations. Coastal Engineering, 33(2): 289-319.

Sorokin V I. 1957. The effect of fountain formation at the surface of a vertically oscillating liquid. Sov. Phys. Acoust, 281(3).

Steetzel H J, de Vroeg H, van Rijn L C, et al. 2000. Long-term modelling of the Holland coast using a multi-layer model. Sydney: 27th International Conference on Coastal Engineering.

Steijn R, Roelvink D, Rakhorst D, et al. 1998. North-Coast of Texel: A comparison between reality and prediction. Copenhagen: 26th International Conference on Coastal Engineering.

Stratigaki V, Manca E, Prinos P, et al. 2011. Large-scale experiments on wave propagation over *Posidonia oceanica*. Journal of Hydraulic Research, 49(sup1): 31-43.

Sumer B M, Fredsøe J. 2000. Experimental study of 2D scour and its protection at a rubble-mound breakwater. Coastal Engineering, 40: 59-87.

Sutherland J, Obhrai C, Whitehouse R J S, et al. 2006. Laboratory tests of scour at a seawall. Gouda: 3rd International Conference on Scour and Erosion.

Suzuki T, Altomare C, Veale W, et al. 2017. Efficient and robust wave overtopping estimation for impermeable coastal structures in shallow foreshores using SWASH. Coastal Engineering, 122: 108-123.

Suzuki T, Verwaest T, Hassan W, et al. 2011. The applicability of SWASH model for wave transformation and wave overtopping: A case study for the Flemish Coast. Liège: 5th International Conference on Advanced

Computational Methods in Engineering (ACOMEN 2011).

Suzuki T, Verwaest T, Veale W, et al. 2012. A numerical study on the effect of beach nourishment on wave overtopping in shallow foreshores. Santander: 33rd International Conference on Coastal Engineering.

Tait M J. 2008. Modelling and preliminary design of a structure-TLD system. Engineering Structures, 30(10): 2644-2655.

Tait M J, Isyumov N, Damatty A A E. 2007. Effectiveness of a 2D TLD and its numerical modeling. Journal of Structural Engineering, 133(2): 251-263.

Tang J, Causon D, Mingham C, et al. 2013. Numerical study of vegetation damping effects on solitary wave run-up using the nonlinear shallow water equations. Coastal Engineering, 75: 21-28.

Tang L. 2019. Numerical and experimental studies of air entrainment and turbulent flow field under breaking waves in the surf zone. Hong Kong: The Hong Kong Polytechnic University.

Tang L, Wu Y T, Wai O W H, et al. 2020. Experimental study of turbulence and entrained air characteristics in a plunging breaking solitary wave. International Journal of Ocean and Coastal Engineering, 3(1n02): 2050001.

Tang X C, Lin P Z, Liu P L F, et al. 2021. Numerical and experimental studies of turbulence in vegetated open-channel flows. Environmental Fluid Mechanics, 21(5): 1137-1163.

Taylor J H, Narendra K S. 1969. Stability regions for the damped mathieu equation. SIAM Journal on Applied Mathematics, 17(2): 343-352.

Ting F, Kirby J T. 1996. Dynamics of surf-zone turbulence in a spilling breaker. Coastal Engineering, 27(3): 131-160.

Troch P, De Rouck J, Schüttrumpf H. 2002. Numerical simulation of wave overtopping over a smooth impermeable sea dike. Advances in Fluid Mechanics IV, 32: 715-724.

Tschirky P, Hall K, Turcke D. 2001. Wave attenuation by emergent wetland vegetation. Sydney: 27th International Conference on Coastal Engineering (ICCE).

Tsynkov S V. 1998. Numerical solution of problems on unbounded domains: A review. Applied Numerical Mathematics, 27(4): 465-532.

Tyvand P A, Miloh T. 1995. Free-surface flow due to impulsive motion of a submerged circular cylinder. Journal of Fluid Mechanics, 286: 67-101.

Umeyama M. 1998. Second-order internal wave theory by a perturbation method. Memoirs Tokyo Met. Univ., 48: 137-145.

van der Hoeven R. 2010. Morphological impact of coastal structures. Delft: Delft University of Technology.

van der Meer J W. 2002. Technical report wave run-up and wave overtopping at dikes. Technical Advisory Committee on Flood Defense.

Vandiver J K, Mitome S. 1979a. Effect of liquid storage tanks on the dynamic response of offshore platforms. Applied Ocean Research, 1(2): 67-74.

Vandiver J K, Mitone S. 1979b. The effect of liquid storage tanks on the dynamic response of offshore platforms. Journal of Petroleum Technology, 31(10): 1231-1240.

Veletsos A S, Shivakumar P. 1993. Sloshing response of layered liquids in rigid tanks. Earthquake Engineering and Structural Dynamics, 22(9): 801-821.

Watanabe A. 1987. 3-dimensional numerical model of beach evolution. A specialty conference on advances in understanding of coastal sediment processes, New Orleans, Louisiana, United States, May 12-14, 1987.

Watanabe A. 2010. 3-dimensional numerical model of beach evolution. Coastal Sediments: 801-817.

Watanabe A, Shiba K, Isobe M. 1994. A numerical model of beach change due to sheet-flow. Kobe: 24th International Conference on Coastal Engineering.

Weggel J R. 1978. Wave overtopping equation. Honolulu: 15th International Conference on Coastal Engineering.

Whitaker S. 1969. Advances in theory of fluid motion in porous media. Industrial & Engineering Chemistry, 61(12): 14-28.

Whitaker S. 1973. The transport equations for multi-phase systems. Chemical Engineering Science, 28(1): 139-147.

Wu G. 2011. The sloshing of stratified liquid in a two-dimensional rectangular tank. Science China Physics, Mechanics and Astronomy, 54(1): 2-9.

Wu G.X., Eatock Taylor R.,et al. 2001. The effect of viscosity on the transient free-surface waves in a two-dimensional tank, Journal of Engineering Mathematics, 40: 77-90.

Xiao F. 1999. A computational model for suspended large rigid bodies in 3D unsteady viscous flows. Journal of Computational Physics, 155(2): 348-379.

Yan D Y, Liu D M, Lian J J. 2022. Generation of internal waves in a two-layered stratified system with a free surface by coupled mass sources. Ocean Engineering, 243: 110234.

Yang S L, Shi B W, Bouma T J, et al. 2011. Wave attenuation at a salt marsh margin: A case study of an exposed coast on the Yangtze Estuary. Estuaries and Coasts, 35(1): 169-182.

Yin Z, Wang Y, Liu Y, et al. 2020. Wave attenuation by rigid emergent vegetation under combined wave and current flows. Ocean Engineering, 213: 107632.

Youngs D L. 1982. Time-dependent multi-material flow with large fluid distortion//Morton K W, Baines M J. Numerical Methods for Fluid Dynamics. London: Academic Press: 273-285.

Zeller R B, Weitzman J S, Abbett M E, et al. 2014. Improved parameterization of seagrass blade dynamics and wave attenuation based on numerical and laboratory experiments. Limnology and Oceanography, 59(1): 251-266.

Zelt J A. 1991. The Run-up of nonbreaking and breaking solitary waves. Elsevier, 15(3): 205-246.

Zhang C, Su P, Ning D. 2019. Hydrodynamic study of an anti-sloshing technique using floating foams. Ocean Engineering, 175: 62-70.

Zhao B, Wang Z, Duan W, et al. 2020. Experimental and numerical studies on internal solitary waves with a free surface. Journal of fluid mechanics, 899: A17.

Zhao C, Tang J, Shen Y, et al. 2021. Study on wave attenuation in following and opposing currents due to rigid vegetation. Ocean Engineering, 236: 109574.

Zou Q P. 2004. A simple model for random wave bottom friction and dissipation. Journal of Physical Oceanography, 34(6): 1459-1467.

Zyserman J A, Johnson H K. 2002. Modelling morphological processes in the vicinity of shore-parallel breakwaters. Coastal Engineering, 45(3): 261-284.

第 8 章　总结与展望

8.1　波流模型总结

本书介绍了不同的波流数值模型。基于不同的分类标准，存在两个大类的分类模型。根据模型应用的尺度进行分类，这些波流模型可以分为大尺度模型（$L>10\,000$m）、中尺度模型（$100\text{m}<L<10\,000\text{m}$）与小尺度模型（$L<100$m）。本书的写作主要是基于拟解决问题的空间尺度展开的，前面的第 4 章至第 6 章已有相当系统和详细的介绍。

根据模型模拟结果可以提供的水动力信息的完整性，又可以将这些模型分类为：①完整水动力垂向信息模型；②水动力信息深度平均模型；③水动力信息深度、相位双平均模型。这种分类方式是英文专著 *Numerical Modeling of Water Waves*（Lin，2008）采用的方式。以下简要总结该分类方式下每一种模型的理论假设和适用范围。

1. 完整水动力垂向信息模型

对于完整水动力垂向信息模型，模型输出结果包含完整的水动力学变量随水深的变化信息。该类模型可再细分为以下三种模型。①N-S 方程模型：N-S 方程是描述流体运动的通用方程，对该方程（或其雷诺平均的 RANS 方程或空间平均的 SANS 方程）进行数值求解，可以获得完整的三维流场信息，其中自然包含了垂向信息。该模型是理论假设最少的模型，但计算也最为耗时，在本书中被归类为小尺度波流模型。基于无网格粒子法的 SPH 模型也具有同样的模拟功能和归类。②基于静压假设的准三维模型：因为 N-S 方程模型的求解时间长，在模拟水平尺度远远大于垂直尺度的海洋水动力问题（如大洋环流、潮汐、海啸等）时，可以忽略流动过程中的动压变化，从而避免最为耗时的泊松方程迭代求解，大大提高计算效率。该模型主要用于求解大尺度洋流、潮流、风暴潮等问题，在本书中被归类为大尺度海流模型。③势流模型：对于波浪问题，因为边界层厚度一般较小，大部分水体可近似认为是无粘流动，因此可以采用势流理论来描述。因为速度势满足拉普拉斯方程，在数值求解时可以通过积分控制方程将求解域投射到计算域边界，从而达到问题降维的目的，减小计算量，该类数值模型称为边界元（BEM）模型。值得一提的是，虽然边界元模型只在边界进行求解，但域内的完整水动力信息均可以在计算结束后通过边界值重新投射到域内。该模型是船舶与海洋平台设计的主要工具，在本书中被归类为小尺度波浪模型。

2. 水动力信息深度平均模型

在解决某些问题时，水动力变量沿水深变化不大或者可以预估，在计算时则只需求解水深平均信息，从而达到计算降维的目的。该类模型同样可以细分为三种。①浅水方程模型：通过假设流速沿水深无明显变化，对 N-S 方程垂向积分变换后可获得浅水方程，通过求解该方程，可以获得水位和水深平均流速的时空变化规律。该模型可用于求解海洋中的各类长波，所以也称为长波模型，同时它也可用于求解河流、湖泊等陆地水流问题，是典型的大尺度波流模型。不难证明，浅水方程和水力学中常用的描述河流运动的圣维南方程是等效的。②Boussinesq 方程模型：对于海洋中的中短波，浅水方程模型不再适用，为了延伸浅水方程模型的适用范围，可在垂向积分时考虑波浪的色散特性，进而获得不同表达形式的 Boussinesq 方程，基于该方程的模型可以用于模拟波浪从深水向浅水传播过程中的浅化、破碎、爬高等现象，同时也可以用于模拟波生流和波流相互作用，是海岸水动力研究的重要工具，在本书中被归类为中尺度波流模型。③缓坡方程模型：基于线性波理论和海底坡度平缓的假设，将势流方程在垂向积分后可获得缓坡方程，该方程描述了波浪因地形变化发生的折射、绕射、浅化等物理现象，常被用于研究近岸波浪传播变形和港池内波浪共振问题。因为对波浪非线性的表达不够完整，该模型一般不用于模拟强非线性波和破碎波。和 Boussinesq 方程模型类似，缓坡方程模型在本书中也被归类为中尺度波浪模型。

3. 水动力信息深度、相位双平均模型

前面介绍的模型均可以描述波浪在一个周期内的变化特征，包含了波浪传播过程中的相位信息。但有时这种相位信息在工程应用中并不重要，如对海况的预报，主要关注的是有效波高、峰值周期和传播方向的大尺度时空变化规律，而对波浪相位信息的捕捉会大大增加计算时间，却非十分必要。为了提高计算效率，我们可以采用能谱方程模型。此类模型从能量守恒准则出发，描述了波浪传播过程中能量平衡机制。从本质上讲，这是一种水深平均和相位平均的双平均模型。除了不能描述受相位信息影响的波浪绕射现象，该模型可以很好地模拟波浪传播过程中的浅化、折射、破碎，以及不同频率波浪的非线性能量交换过程，是典型的大尺度波浪模型。表 8.1 对这 7 种模型的适用范围进行了总结。

8.2 水动力学模型在工程应用中的难点和挑战

波流数值模型在海岸与海洋工程中已有大量的应用，随着计算机能力的不断提升和计算方法的持续改进，这些模型在未来的应用范围必将继续扩大，解决更多的工程难题。在本书中，因为篇幅限制，我们在第 7 章介绍的算例主要集中在小尺度（$L<100$m）波流精细模拟技术在海岸与海洋工程中的应用，如斜坡上的波浪破碎与掺气、波浪与运动物体耦合作用、运动液舱内的液体晃荡特性、调谐液体阻尼器与平台减振、分层液体晃荡和海洋内波、泥沙运动与底床冲刷、波浪在斜坡上的爬高和结构物上的越浪、波浪在海岸植物带的衰减等。这些问题的选取一方面是基于它们涵盖了近岸计算水动力学的主要问题，另一方面是因为作者长期从事相关问题的数值模拟研究，积累了较为丰富的素材，可以帮助读者了解如何通过数值模拟技术解决相关的工程问题。

对于中尺度波流模型（$100<L<10\,000$m）和大尺度波流模型（$L>10\,000$m），本书只对相关模型的理论假设和适用范围进行了介绍，并未提供太多具体的算例，相关问题可以参考 Lin 的英文专著 *Numerical Modeling of Water Waves*，书中对这些模型的典型应用进行了较为详细的介绍。读者也可参考其他作者的专著以获取更多的应用算例（陶建华，2005；Mader，2004；余锡平，2017；王永学和任冰，2019）。一般来讲，中尺度波流模型主要用于较大尺度的波浪传播变形模拟，多见于港口设计、风暴潮导致的海岸淹没问题研究等，而大尺度波流模型则主要用于较大海域在风场影响下的海浪、海流预报。

表 8.1 波浪模型对不同物理过程的适用性总结

波浪模型	方程类别或数值方法	波浪衍射	波浪折射	波浪色散	波浪非线性	波浪破碎	波浪爬高	波浪翻越结构物	湍流	波浪与结构物相互作用	波流相互作用	数值效率	备注
N-S 方程模型（小尺度波流模型）	FVM	★★★★	★★★★	★★★★	★★★★	★★★★	★★★★	★★★★	★★★★	★★★★	★★★★	★	广泛适用于波浪与水流模拟
	FDM	★★★★	★★★★	★★★★	★★★★	★★★★	★★★★	★★★★	★★★★	★★★	★★★★	★☆	采用切割网格法或虚拟边界力法等类似方法模拟不规则结构物
	SPH	★★★★	★★★★	★★★★	★★★★	★★★★	★★★★	★★★★	★★★★	★★★★	★★★★	☆	计算效率相对较低
准三维模型（大尺度海流模型）	FDM 或 FVM	★★★★	★★★★		★★				★★★		★★	★★	主要用于σ坐标下的水流模拟
势流模型（小尺度波浪模型）	BEM	★★★★	★★★★	★★★★	★★★	★	★★★	★		★★★		★★☆	不能模拟破碎波与湍流涡旋
	FEM	★★★★	★★★★	★★★★	★★★		★★★	★		★★★		★★	
	FDM	★★★★	★★★★	★★★★	★★★		★★★			★★		★★	
浅水方程模型（大尺度波流模型）	FDM 或 FEM	★★★★	★★★★		★★★	★★	★★★	★☆	★☆	★☆	★☆	★★★☆	适用范围与准三维模型相似
Boussinesq 方程模型（中尺度波流模型）	标准型	★★★★	★★★★	★★	★★☆	★★☆	★★★	★☆	★☆	★☆	★★	★★☆	可模拟中短波长的水波与水流
	高阶型	★★★★	★★★★	★★★	★★★	★★★	★★★	★☆	★☆	★☆	★★	★★☆	
缓坡方程模型（中尺度波浪模型）	椭圆曲线型	★★★★	★★★★	★★★★	★	★			☆	★☆	★★	★★☆	仅适用于稳定波场
	双曲线型	★★★★	★★★★	★★★★	★	★			☆	★☆	★★	★★☆	适用于瞬态波场
	抛物线型	★★★	★★	★★★☆	★	★			☆	☆	★	★★★☆	适用于有主传播方向的波场

续表

波浪模型	方程类别或数值方法	波浪衍射	波浪折射	波浪色散	波浪非线性	波浪破碎	波浪爬高	波浪翻越结构物	湍流	波浪与结构物相互作用	波流相互作用	数值效率	备注
能谱方程模型（大尺度波浪模型）	波浪能谱	☆	★★★★	★★★★	★★	★★			★★			★★★★	可模拟大范围波浪传播变形
	波浪作用谱	☆	★★★★	★★★★	★★	★★☆			★★		★★★	★★★★	可模拟流场影响下的波浪传播

注：①“★”的数目表示特定模型对相应波浪现象的适用程度；“☆”代表半颗“★”。②表中“数值效率”有两个含义：一是模型可模拟的计算域的大小（如整体的、局部的或小范围的）；二是对于相同的计算域所耗费的 CPU 时间

需要指出的是，海岸与海洋工程中仍有大量其他与水动力学相关的问题并未在本书中详细介绍，这些问题一般涉及多物理过程，具有多学科交叉性质，因此其在理论公式描述和数值计算实现方面更具挑战性。为了让读者对这些问题有一个较为全面的认识，下面我们针对海岸与海洋工程在未来的发展趋势和前沿问题，结合部分研究案例，简要总结水动力学模型面临的新挑战。

8.2.1　海洋油气和矿产资源开发与利用

海底矿床中蕴含着丰富的油气和矿产资源。深海中的可燃冰（天然气水合物）大多储藏于深水浅层的未成岩泥沙沉积物中，是一种极具潜力的替代清洁能源。海洋油气资源的开采和生产需要依托适应海洋动力环境的海洋平台和装备，而水动力荷载模拟则是海洋油气和矿产资源开发中的共性关键技术。在恶劣的海洋动力环境下，用于海洋油气和矿产开采的海洋平台的波流动力响应特性和控制、立管涡激振动与控制、多浮体相互作用、管道内流输运特性及其与外流相互作用等都涉及复杂的水动力学问题。如何根据具体问题开发高效、精准的模拟分析方法，是水动力数值计算面临的主要挑战。

海洋平台作为海洋油气和矿产资源开采的承载主体吸引了众多研究人员的关注，尤其是其在极端风、浪、流环境下的动力响应直接影响结构的运维安全。Rueda-Bayona 等（2021）研究了极端水动力作用下的浮式基础水动力性能。分析浮体在波流作用下的动力响应特性可以帮助我们优化用于油气开采和生产的平台或船体的结构形式。例如，朱佳等（2022）指出，通过优化浮式生产储卸油装置（FPSO）的结构，不但可以抑制船体的运动响应，而且可以延长柔性立管的疲劳寿命周期。基于浮动平台的海上吊装作业除了波流动力荷载，还需考虑吊装过程中动态变化的重物对平台运动响应的影响；Chen 等（2022）采用数值模拟预测了吊装过程中的极端平台响应，用于指导浮式起重船进行导管架下降安装作业。为了进一步控制平台的运动幅值，还可使用动力定位系统来提供反向推力。在船舶停靠平台作业时，会产生多浮体运动响应问题，Lu 等（2021）采用新一代多体系统动力学仿真软件 Recursive Dynamic 开展了船舶与停靠平台之间的冲击载荷研究。

海洋立管作为海洋油气生产的“大动脉”，在油气生产中有举足轻重的地位（常学平等，2022）。海洋立管在波流作用下的涡激振动（VIV）问题影响立管的疲劳寿命，也会改变上部平台或船体的运动响应特性（图 8.1）。Zhang 等（2021）开展了平台升沉运动对深海立管涡激振动影响的数值与实验研究，结果表明由于平台起伏，立管底部的响应显著增大，平台起伏的振幅越大，立管响应的频率就越高。Zhang 等（2020）通过数值方法开展了水平激励下柔性立管的涡激振动研究，观察到了立管振动的典型特征，包括模态转换和“建立-叠加”过程。Wang 等（2018）开展了基于变升力系数模型的输水管涡激振动响应分析，利用分岔理论研究了立管系统解析解的奇异性。

柔性立管三维涡激振动的数值模拟因为涉及的计算量较大，一般会采用一些简化的方式减小模拟工作量。例如，Willden 和 Graham（2001）采用基于切片法的准三维（Q3D）方法模拟了低雷诺数剪切流作用下长细比为 L/D=100 的柔性圆柱的横向振动；Meneghini 等（2004）和 Yamamoto 等（2004）则采用二维离散涡法（DVM）对长立管（L/D>4600）进行了数值模拟。但准三维模拟一般不能准确地反映三维涡结构和立管变形。

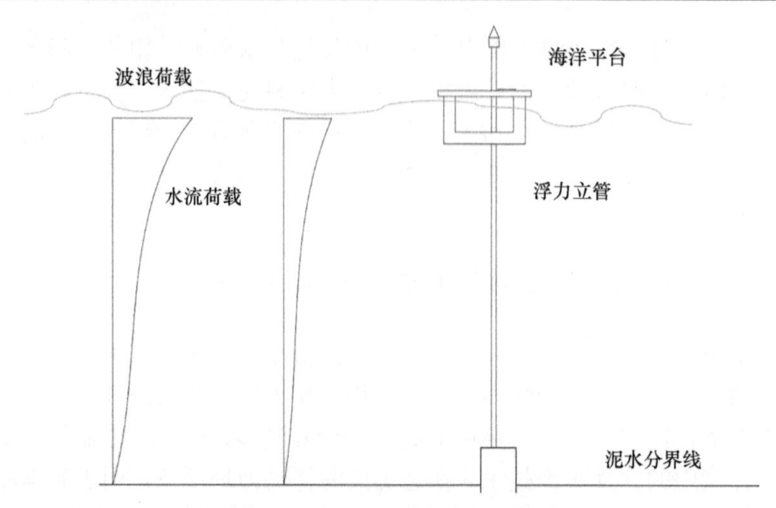

图 8.1 深海立管波流载荷示意图

近年来，有学者开展了柔性立管的全三维数值模拟。Newman 和 Karniadakis（1997）采用谱/hp 单元法模拟了 Re=100 和 Re=200 时无限长柔性电缆的涡激振动，捕捉到了电缆的驻波响应和行波响应。Wang 等（2022）基于 NEWTANK 水动力学模型与几何非线性梁结构动力学模型建立了细长柔性体的流固耦合数学模型，该模型被应用于 L/D=482 的立管涡激振动大涡模拟（LES），并将模拟结果与 Lehn（2003）在现场试验中获得的数据进行了比较，结果表明模拟结果与实验数据吻合较好，模拟的尾涡流场捕捉到了混合 2S-2P 脱落现象和涡旋交错现象，如图 8.2 所示。

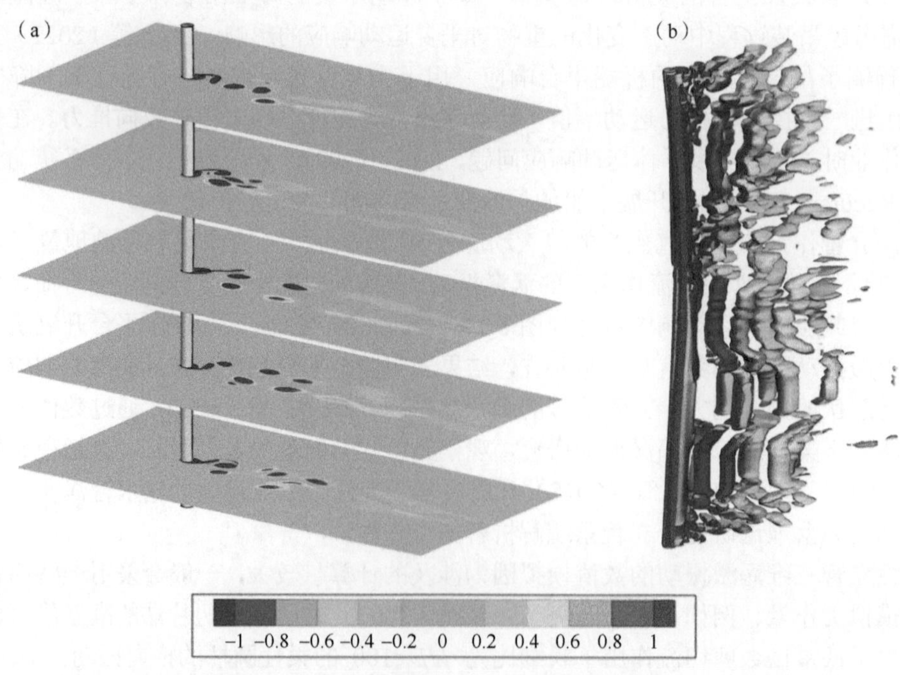

图 8.2 柔性立管不同 z/L 处 z 向涡量场（a）及立管后方的三维 Q 等值面（b）

在实际的工程问题中，细长管体具有更复杂的弯曲构型，如部分锚缆与立管采用了悬链线形式。Zhu 等（2016）、Zhu 和 Lin（2018）对 L/D=108 的弯曲柔性立管在剪切流动下的涡激振动响应进行了实验和数值模拟研究，详细讨论了模式竞争和涡旋脱落模式沿长度方向的切换。图 8.3 展示了弯曲柔性立管在实验和数值模拟中展向的三维流动特征，可以发现在大倾角区域涡旋脱落现象不明显，而在小倾角区域能观察到与管体几乎平行的脱落涡管。

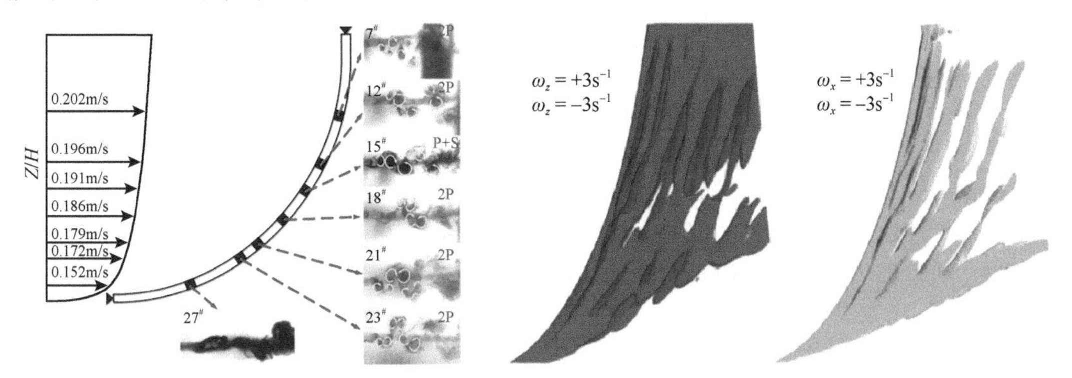

图 8.3　悬链线立管不同区域的涡旋脱落模式及三维涡量场

除了复杂的几何构型，柔性立管内部的石油和天然气混合物，也会呈现多种流动状态，如分层流、气泡流和段塞流等。其中，段塞流是一种比较常见的流型，会使立管受到内部波动流体力的作用，进而诱发振动。Zhu 等（2019，2022）开展了柔性悬链线立管在内部段塞流和外部剪切流作用下的面内和面外响应的实验研究，结果表明立管面内响应以基模为主，但随约化速度增大高模态权重会逐渐增加。相关的数值模拟因为需要解析不同尺度的内外流流动特征，难度较大，目前还未见太多报道。

除了油气资源，海底也蕴含着十分丰富的矿产资源，如今已探明的具有商业开采前景的矿产种类包括多金属结核、富钴结壳和多金属硫化物等，这些矿物内部富含远超陆地的钴、锰、镍等稀有金属资源（沈义俊等，2022）。随着技术进步，多金属结核最有可能实现商业开采；多金属硫化物是底床高热物质与低温海水反应形成的海底矿体，富含金、银等贵金属，最具商业开发价值；富钴结壳主要呈陡峭且厚度变换的结壳矿床形式，但是目前在回收率和贫化率的控制上还没有较大突破（邹丽等，2023）。

和流体形式的油气资源不同，矿产资源主要为固体形式，因而两者的开采方式是不同的。深海采矿的方法主要有拖斗式、连续绳斗式、自动穿梭艇式开采系统和集矿机与管道提升系统，现阶段公认集矿机与管道提升系统具有良好的应用前景（Cheng et al.，2023）。采矿平台的整个系统主要由海底采矿机、管道提升系统和水面采矿船组成。它们的工作原理是，首先在海床上通过海底采矿机开采矿物并进行破碎，然后以管道提升系统输送至水面上的采矿船。系统在风、浪、流作用下可能产生较大幅度的运动，从而影响采矿作业安全，因此要求对工作母船的升沉运动、柔性立管结构的涡激振动等进行准确的水动力分析（Chen et al.，2021b）。

水面工作母船在受到风和海浪载荷以及立管和海底采矿装置的耦合作用而产生动力响应后，需要依靠精确的动力定位系统来补偿多自由度的漂移运动。展勇等（2021）针对半主动升沉的补偿系统进行了非线性数值建模，通过模拟找到了一种提高补偿效率的方法。肖林京等（2020）认为被动补偿装置能有效地减小扬矿管顶端的激励位移，且能有效改善振荡现象。在海底复杂流动引起的载荷和采矿车的运动载荷共同作用下，柔性运输软管的空间形态也会产生变化，从而影响海底采矿车的运动和受力，只有保证采矿车的稳定性和机动性，才能维持采矿系统的稳定性和输送效率。刘金辉等（2018）通过斜坡越障的数值仿真研究，给出了海底采矿车的动力学特性曲线。Dai 等（2021）进一步研究了水下采矿车的直线、转向和下坡运动，通过采矿车的力学特性得出其行进阻力变化特性。苏强等（2022）在车辆地面力学的基础上，建立了深海底质力学模型及多体动力学模型，可为采矿车与软底质的相互作用力学研究提供借鉴。海洋中的柔性输运管道会受到复杂的波流作用，并且平台的升沉、横摇及横荡等运动也会促使柔性管发生动力学响应。Chen 等（2021b）进一步对柔性立管的轴向拉力、应力和曲率分布进行了研究，分析了浮力位置、浮力比和采矿车运动对立管空间构型和动力响应的影响。海洋采矿可能对海底生态环境和生物群落迁移演变产生较大的影响，海底扰动和尾矿排放容易形成羽状流，羽状流的监测和追踪及其长期生态效应是值得关注的问题。

8.2.2 海洋可再生能源开发与利用

海洋可再生能源一般包括海上风能（Pegalajar-Jurado et al.，2018；图 8.4）、潮流能（Touimi et al.，2020；图 8.5）、波浪能（丛东升，2020）、光能、温差能、盐差能等。水动力数值模拟可以为风、浪、流作用下的结构稳定和安全提供重要的技术支撑和设计依据，而建立复杂环境荷载与结构相互作用的全耦合模型是一项极具挑战的工作。海上风电开发是目前最为成熟的规模化海上可再生能源利用范例，风电机组从浅海的固定式结构到深海的浮式结构均有大量成功的应用案例。一般来讲，固定式风电机组主要考虑风、浪、流作用下的振动和疲劳问题，而浮式风机则需要考虑极端情况下搭载平台大幅值运动带来的安全问题。风能发电方面，为进一步提高数值模拟精度，Ishihara 和 Liu（2020）提出了改进的数值模型，并计算了波流联合作用下浮式风机的运动响应。为了提升海上风机平台的稳定性，Wakui 等（2021）基于扰动预测模型对风机运动响应进行了预报。Al-Solihat 等（2019）对 Spar 型浮式风机进行建模并考虑了转子陀螺力矩对系统动力学的影响。Park 等（2020）在浮式风机顶部设置了多个调谐液柱阻尼器（TLCD）用于抑制减晃，仿真结果证明正交 TLCD 在减小前后和侧向疲劳与极限载荷方面具有明显作用。

图 8.4　浮式风机示意图

图 8.5　潮流能发电装置示意图

潮流能开发一般是通过潮流能获取装置将潮流动能转化为机械能，再通过发电机转化为不稳定电能，最后通过电力变换系统转化为稳定的电能供用户使用。在潮流能发电系统中，潮流能获取装置可分为转子式和非转子式，其中转子式又分为水平轴式和垂直轴式。水平轴式主要有风车式、空心式和导流罩式。垂直轴式主要有直叶片式和螺旋式。此外，还有升力-阻力型潮流能装置和振荡式水翼潮流能装置（魏东泽等，2014）。能量传动系统有机械式和液压式。发电机有直驱式和半直驱式。海洋潮流能开发中，依据支撑平台结构不同可分为固定式和漂浮式。固定式一般在近海海域，又分为桩基式和座底式。漂浮式一般位于深远海，此时还需要考虑锚泊系统，主要有半潜式、Spar 式、张力腿式及船型。潮流能具有无水头、大流速的特点，水平轴三叶片水轮机设计因此成为主流设计形式。由于潮流能资源所处环境的特殊性，潮流流速、流向、流动边界极其复杂，由此也带来了许多新的水动力学问题。

世界上第一家商业化潮流能公司是英国的 Marine Current Turbine。该公司 2003 年成功研制了第一代水平轴风车式潮流能水轮机 SeaFlow，设计水深为 30m，叶轮直径为 11m，流速为 2.7m/s 时可以达到 300kW 的设计功率。5 年后，该公司推出了第二代 SeaGenS，设计水深大于 38m，叶轮直径为 16m，设计流速为 2.4m/s，并且在北爱尔兰斯特兰福德（Strangford）湾成功并网运行，成为世界上第一台兆瓦级潮流能发电装置。2005 年，意大利 Ponte di Archimede S.P.A.公司设计了第一个漂浮式潮流能海试样机 Kobold 水轮机。该水轮机直径为 6m，叶片长 5m，叶片弦长 0.4m，为变偏角式，电站载体呈圆形，载体直径为 10m，安装在意大利墨西拿海峡，该漂浮式电站装机容量为 120kW，是世界上第一个接入电网的垂直轴潮流能水轮机。中国海洋潮流能研究始于 1980 年，哈尔滨工程大学率先于 2002 年 4 月研制了中国第一座 70kW 漂浮式潮流实验电站“万向Ⅰ”，该装置位于浙江省岱山县龟山水道，主要采用了双转子摆线式水轮机技术。该装置的漂浮载体为双鸭首式船型。锚泊系统主要由 4 只重力锚、锚链和浮筒组成。水轮机采用立轴可调角直叶片摆线式双转子机型，可液压调速，具有稳频稳压和并网功能。2005 年 12 月，哈尔滨工程大学建成“万向Ⅱ”40kW 潮流能发电实验电站，采用弹簧控制叶片偏角 H 型双转子水轮机。该电站具有下潜和上浮功能，一般沉没于水下，坐在海底运行发电，因此具有抵抗台风侵袭和便于安装维护的优点（张亮等，2011）。2016 年 7 月 27 日，世界首台“3.4 兆瓦 LHD 林东模块化大型海洋潮流能发电机组”首期 1 兆瓦发电模块在舟山市岱山县秀山岛下海发电，2016 年 8 月 26 日并入国家电网。

波浪能的开发和利用在近十年发展迅速，尤其是在爱尔兰、丹麦、葡萄牙、英国和美国等沿海国家。波浪能具有高度的时空不确定性，这意味着针对不同的海域，最优的波能装置是不同的。依据捕获波浪能的原理和能量提取（power take-off，PTO）类型，波能转换装置（wave energy convertor，WEC）主要分为三类：振荡体型、振荡水柱型与越浪型。根据安装的位置与水深不同，振荡水柱型又可进一步分为浮式振荡水柱型和固定振荡水柱型；越浪型可分为浮式越浪型和固定越浪型。根据物体相对入射波方向的形状、大小和角度，振荡体型 WEC 可分为点吸式（point absorber）、衰减器式（attenuator）和摆锤式（pendulum）。

点吸式 WEC 的浮动幅值与涌浪的波长相比很小，浮子可以自由地跟随波浪运动，从各个方向获取能量；它可以系泊并浸没在水中，随着被动波压力而运动，也可以漂浮在水面上，随着海面的移动而移动或起伏。图 8.6 所示的 SeaBased 是点吸式装置的典型示例之一。衰减器式 WEC 通过与主导波方向平行的方式来收集波能，该类转换装置由几个自由浮动的筏体组成。在波浪波动的作用下，相邻筏体之间存在角位移，安装在筏体之间的液压系统驱动发电机发电。摆锤式 WEC 的尺寸一般更大，其主轴垂直于波浪方向，可以吸收更大波浪宽度的波浪能量。与其他两种 WEC 相比，它具有更高的发电效率。

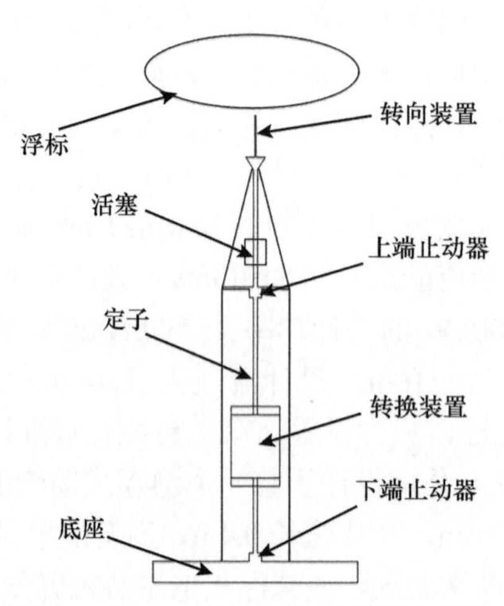

图 8.6　SeaBased 波能转换装置示意图

WEC 通常是一个包括能量采集、能量传递和能量转化系统的复杂装置。波能高效转换的核心技术是改善波能俘获装置的水动力学构型及能量提取装置的匹配特性。全耦合的 WEC 模拟包括波浪与结构相互作用、阵列多浮体动力响应、能量提取系统模拟、电气或控制模型及高性能计算等相互耦合，涉及多个学科的交叉融合。Clément 等（2002）阐述了 WEC 研究中面临的一些难点，其中主要的难点如下：①实际海浪波幅、相位和方向的不规则性导致很难在激励频率的整个范围内保持设备的最优效率；②极端天气条件下的结构荷载可能高达平均荷载的 100 倍；③波浪低频不规则运动（频率约 0.1Hz/周期约 10s）与比其频率高约 500 倍的作为传统电源（频率 50/60Hz）的发电机的耦合。

波能转换的整个过程通常由 3 个能量转换阶段组成：①从波浪能到机械能/气动能/势能；②使用特定能量提取（power take-off，PTO）将吸收的能量转换为有用的机械能；③通过将 PTO 连接到发电机，将有用的机械能进一步转换为电能。前两个阶段基本是强耦合的，因此也是水动力学建模的重点。WEC 的设计在很大程度上决定了 PTO 的选择，而 PTO 阻尼可能会影响 WEC 的水动力学特性。应该注意的是，发电机（第三次转换）可以通过调控发电机 PTO 阻尼影响水动力学特性，如通过控制发电机上的负载水平实现调节不同的阻尼。

Mohamed 等（2011）介绍了波浪能发电技术的发展现状，总结了当前的发电机控制技术，提出了鲁棒非线性和智能控制技术是未来发电机控制的发展方向。Haikonen 等（2013）研究了 WEC 的电磁效应、人工礁效应和水下噪声对海洋环境的影响。结果表明，瞬态噪声会影响几种鱼类和哺乳动物。Ambühl 等（2015）提出了 WEC 波浪载荷的疲劳设计因子，对 WEC 进行了可靠性分析，并通过实验验证了该方法的有效性。De Andres 等（2015）研究了 WEC 在不同气候条件下的适用性，并得出结论，WEC 设计的主要目标应该是具有合适尺寸和良好的适应波浪气候能力的结构。Aderinto 和 Li（2019）提出使用水动力效率作为 WEC 的功率性能参数，并讨论了能源成本问题。振荡体型 WEC 的单位特征宽度效率比被认为是最高的。Chandrasekaran 和 Sricharan（2020）进行了多浮体波能转换器的数值分析，通过优化得到了规则波的阻尼系数，研究了线性动力输出系统对平均功率输出的影响。Zhou 等（2021）研究了 Edinburgh Duck 波能转换器的波浪提取和衰减性能，其转换效果随着以波浪陡度为特征的波浪非线性的增强而显著下降。Quan 等（2022）通过数值模拟开展了变长度绳索驱动波浪能系统的瞬态动力学分析。对于离岛和岛礁建设与维护中的能源需求，海洋能利用装置的小型化及其在复杂海洋水动力环境中的长寿命运行将是主要挑战。

无论是哪种海洋能利用方式，都需要用适合海洋环境的电缆输送获取的电力。此外，海洋油气和矿产资源开发过程所需要的电力同样需要由电缆输送。铺设在海床上的电缆，由于海床表面的高低不平，或者是海流的长期冲刷、淘蚀，会形成不同长度的悬跨段。电缆悬跨段在海流作用下会发生涡激振动，导致海底电缆的导体、屏蔽/护套和铠装层的疲劳破坏，大大缩短了海底电缆的使用寿命（Rebuffat et al.，1984）。Balog 等（2006）界定了是否需要具体分析海底电力电缆的涡激振动响应的条件，并对跨长 L=10m、张力 T=11kN 海缆的疲劳寿命进行了评估。Lie 等（2007）研究了原型海缆的振动特性，结果表明高张力下海缆的振动特性与海底管线相似，不同振动模态间响应频率较离散，而低张力下海缆振动模态间较密集。对于从水面垂吊至海底的电缆一般称为动态缆，其运动模态还受到波浪与悬挂形态的影响，水动力分析更加复杂，需要更加准确高效的数值模型，目前这方面的数值模拟与分析工作还非常少见。

8.2.3　水产资源开发与利用

2023 年中央一号文件提出，建设现代海洋牧场，发展深水网箱、养殖工船等深远海养殖，海洋牧场的发展进入了一个崭新的时代。深水网箱所处的开敞海域一般暴露在恶劣的海况下，尤其对于占比较大的网衣结构，因其具有尺度小、柔性大等特点，在水动力载荷作用下易发生较大的位移和变形，直接影响养殖效益（Fan et al.，2023）。养殖工船采用游弋式舱养模式，可通过养殖舱内水体与自然海水进行不间断强制交换，获取最佳养殖水源，以提升养殖品质和单位水体生产力，开辟了与网箱养殖不同的新模式。然而，养殖工船同样会遭遇风、浪、流作用，导致舱内水体剧烈运动并伴随噪声辐射，影响游鱼的生长环境，直接影响养殖工船的经济效益。无论是深水网箱还是养殖工船的设计和运行，都涉及养殖设施、波流、系缆等多尺度耦合水动力学计算，而准确高效的水动力学分析已成为深水养殖工程装备安全保障领域亟待突破的技术瓶颈之一（李华军等，2022）。

针对海洋牧场所处海域的水动力特性问题，Kim 等（2021）使用粒子图像测速和计算流体动力学方法研究了人工礁尾流区域的湍流作用。Jiang 等（2020）提出了一种旋转形人工礁，研究结果表明，与均匀孔径相比，交错孔径的设计可以显著扩大上升流的范围。Jin 等（2021）针对海洋牧场开展了规则波浪和海流组合条件下的数值模拟，并与测量数据进行了比较。Sannasiraj 和 Sundar（2019）研究了淹没梯形人工礁单元的水动力特性，相对水深、相对坝顶宽度及结构表面性质对其水动力性能的影响显著。

针对深水网箱在波浪荷载下的安全运维，Yu 等（2023）基于势流理论研究了海洋水产养殖平台系泊设计及其动力性能，采用由钢链和纤维绳组成的混合系泊以增加轴向弹性，降低极限张力。Chen 和 Christensen（2017）基于 OpenFOAM 求解器建立了养殖网箱及其周围流动的流固耦合分析数值模型。Yao 等（2016）利用有限体积法建模，通过分离迭代得出了深水网箱的形状和流场的计算结果（图 8.7），误差在 5%以内。Liu 等（2020）研究了半潜式网箱在波浪作用下的水动力特性，将势流理论的边界元法与 Morison 方程相结合提升了计算效率，并发现适当增加吃水可避免巨浪导致的结构受损。

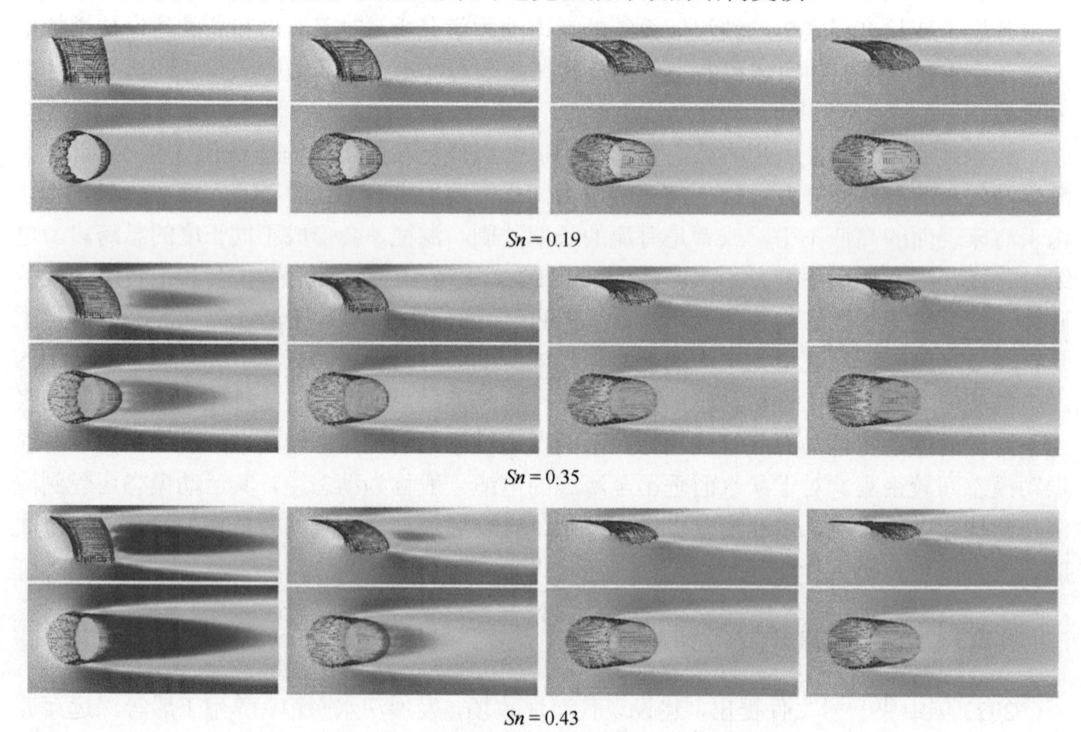

图 8.7　深水网箱变形下水动力特性数值模拟

Sn 指固体率

针对养殖工船内的水体流动特性和适渔性问题，Li 等（2022）对水产养殖船中养殖舱内的流动特性进行了数值研究，对六种鱼类的养殖船舶在滚动振荡中的流场进行了评估。高瑞等（2020）通过研究横摇激励对适渔性情况的影响，发现板式隔板能够有效抑制液体晃荡，但会对鱼类生长产生不利影响，圆柱隔板对液体的抑制作用不强，但对鱼类生长的影响比较小。目前的水动力分析较多针对水流特性和结构动力响应，对不同鱼类的游动特性及其对结构的影响关注相对较少，今后融合很多生物特性的生物流体力学分析方法会更多地应用于海洋牧场高质量发展。

8.2.4　海洋水环境与水生态

海洋环境问题与海洋水动力相关，一般来讲，对水质的模拟需要准确的水动力数据，后者可通过本书介绍的各类波流模型实现。但水质模型往往涉及大量的环境水质参数及其物理化学反应过程，是一个专门的学科领域，本书没有进行专题论述，但其工程调控一般需要对不同污染物（如表面油污、污水、重金属等）和营养物质（如磷、氮物质）输运降解过程进行计算，对其生态影响（如藻类滋生诱发的赤潮、海洋动植物的生长与死亡等）开展预测，读者可参考本书作者之一参与撰写的一部关于水环境模拟的专著（Liu et al., 2021）。

Zhang 等（2023）建立了渤海湾水动力水质耦合模型，研究了渤海湾的水动力特征和水质过程，以及填海造地对其影响，能够可靠地再现渤海湾的水动力学和水质过程。Xu 等（2018）分别开展了基于土地复垦和海水养殖复垦的数值实验，并进行了定量比较，结果表明，海水养殖复垦对水动力环境的影响比土地复垦小。Shen 等（2022）建立了珠江口水动力-沉积物-水质模型，该模型由有限体积沿海海洋模型和背景物理信息共同构成。Mrša-Haber 等（2020）在数值模型中考虑了底床摩擦、涡流粘度、风应力、大气压力、沉降、蒸发等因素，对里耶卡湾污水排放口的污染物扩散进行了模拟。油污可以从不同源头进入海洋，并对海洋环境造成污染。Ghorbani 和 Behzadan（2021）通过视觉数据和神经网络相结合，对海洋石油污染进行了检测。

8.2.5　可压缩流体水动力学

除了流体的可压缩性，我们还需考虑固体表面附近因压力陡降导致的空化现象，以及随后发生的空化泡溃灭及其导致的物体表面空蚀破坏问题，这些问题涉及更为复杂的流体相变和传热传质，对这些问题的理论描述和数值模拟均存在很大的挑战。工程应用中，空化也可以被调控与利用，如利用超空化泡减阻的原理可以显著提升水下航行器的速度。近年来，它们是海洋流体力学研究的热点问题（王献孚，2009；张阿漫，2007；张阿漫等，2011，2012）。

针对水下爆炸与破坏，Sun 等（2021）对单相弱可压缩 δ-SPH 模型进行了扩展以模拟多相和强可压缩流，并通过水下爆炸气泡的膨胀和溃灭实验对模型进行了验证。Wu 等（2022）发现，网格自适应技术能够在压力激波前锋处提高动态网格分辨率，进而提升水下爆炸冲击的模拟精度。Yu 等（2021）基于相变模型模拟研究了可压缩多组分流体水下爆炸空化特性（图 8.8）。Phan 等（2021）开展了水下爆炸热力学和流体动力学耦合机制的数值模拟研究。

针对空化与空蚀，Viitanen 等（2022）开展了船用螺旋桨斜流非定常空化的 CFD 预报，发现空化消失产生的压力脉冲比叶尖涡流空化坍缩大一个数量级，叶片上空腔的塌陷导致叶片上的压力波动显著增加。Chiron 等（2018）将 SPH 与 FVM 相结合，开发了一种用于创建/删除粒子的新技术，FVM 从 SPH 解算器中恢复信息以改进自由表面预测。Ganesh 等（2020）研究了压缩性对气泡空化流动的影响，探索了影响空化脱落动力学的主要因素。Arabnejad 等（2020）研究了由非定常前缘空化产生的瞬态空腔，分析了其空化侵蚀的原因，发现二次脱落产生的小尺度涡比大尺度涡更具影响力。

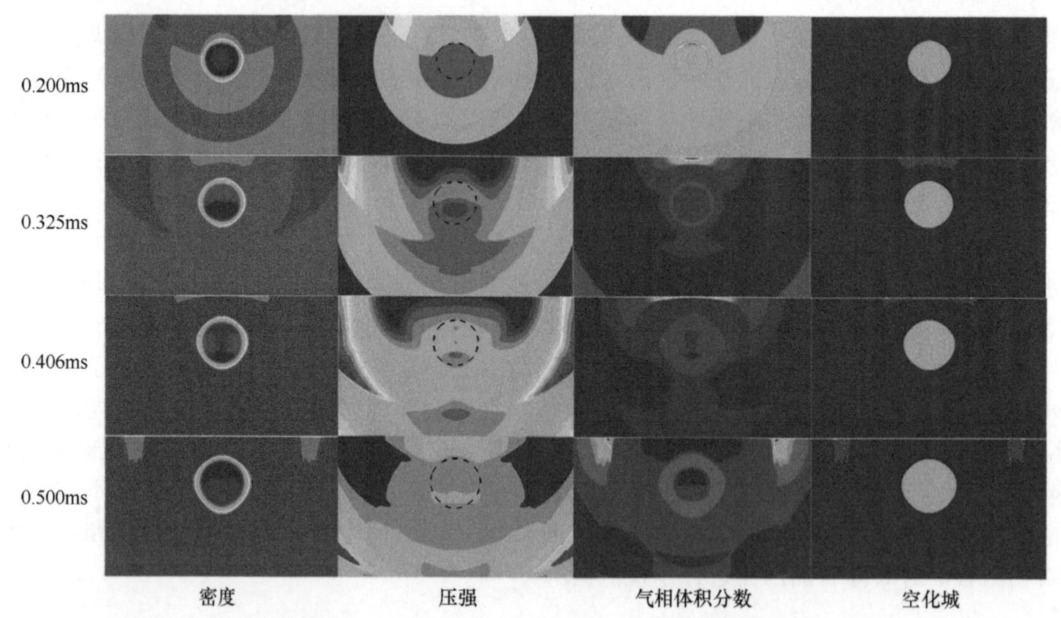

图 8.8 基于相变模型的自由表面附近水下爆炸空化的数值模拟（Yu et al.，2021）

8.2.6 无人船舶/潜器水动力学

无人船和无人潜器/自主水下航行器（Autonomous underwater vehicle，AUV）在复杂海洋动力环境和地形上的航行涉及多个学科门类，如水动力分析、高精密制造、长时间续航、水下通信、操控与避障等。航行器的水动力学参数可以通过半经验公式、流体动力学计算及物理模型测试等来获取。此外，系统识别器也可用于预测完整的参数集。近年来，随着人工智能在几乎所有学科领域的发展，支持向量机和神经网络算法等机器学习算法也被大量应用于降低 AUV 在航行过程中的计算成本、提高航行器的响应速度和避障能力。传统水动力学与人工智能及控制的交叉融合成为解决无人船/潜航器航行问题的主要手段。目前，这也是海洋工程与装备领域运用人工智能最密集的一个方向。

针对无人水面航行器，Xiao 等（2021）开展了多种因素影响下无人驾驶船舶停泊安全性的 CFD 模拟，为无人船航线规划、避障、安全设计等提供理论依据。Silva 和 Maki（2022）基于神经网络对六自由度船舶波浪运动数据驱动开展了系统识别，可以准确预测船舶对不同波浪序列的运动响应。Zou 等（2020）基于雷诺平均的 N-S 方程（RANS 方程）和剪切应力传输（SST）k-ω 湍流模型，开展了导管螺旋桨的数值模拟及其在半潜式航行器上的应用研究。

针对 AUV，Mirzaei 和 Taghvaei（2020）研究了全流体动力学系数对 AUV 执行器设计和控制系统性能的影响，建立了 AUV 的全参数控制方程。Liu 等（2021）研究了矢量推进器对 AUV 的深度强化学习，证明了深度强化学习（deep rein forcement learning，DRL）算法应用于 AUV 控制系统的可行性。Dong 等（2020）发现鲸鲨类滑翔机具有较小的阻力、较高的升阻比和较强的滑翔能力，并基于 CFD 对其仿生外形进行了优化。Luo 等（2019）采用改进的类形状变换参数化方法和遗传算法对仿生蝠鲼水下航行器翼型参数几何模型及形状进行了优化，重建了水下航行器的外观（图 8.9），并采用数值方法研究了潜水器的流体动力学性能。

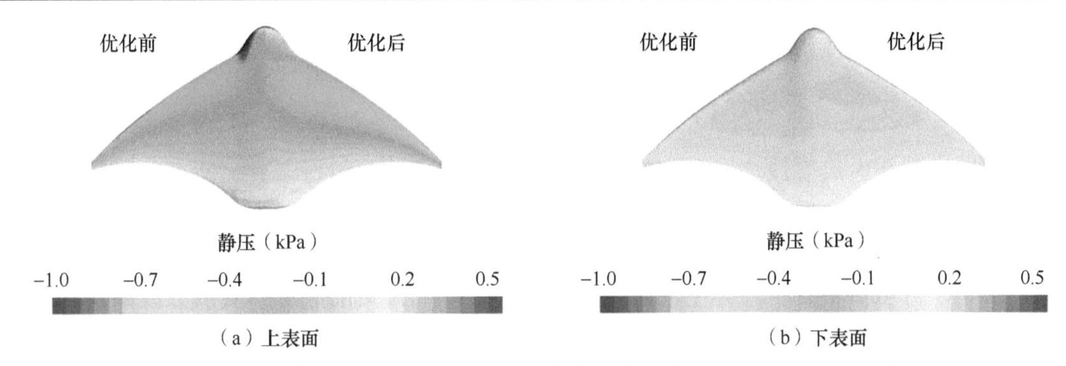

图 8.9 优化前后的仿生水下航行器的水动力性能对比（Luo et al.，2019）

8.3 计算水动力学研究展望

作为计算水动力学发展的主要推手，海洋波流数值模拟在今天仍然是一个非常活跃的研究领域，在改进波流理论、寻求更好的数值方法、系统集成各类模型等方面仍有许多工作需要开展。

8.3.1 波流理论的发展

1. NSE 求解器模型的继续深化

湍流模型：海洋波流是一种复杂的自然现象，和其他流体一样，它的运动特性可以通过 N-S 方程描述。在近岸区域和结构物周边，因为波浪破碎和湍流边界层发展，需要引入湍流模型来正确描述湍流的发生和演化及其对平均流场的影响。如何更好地模拟波流过程中的湍流，是复杂流动问题的共同挑战。除了本书重点介绍的雷诺应力法，大涡模拟（LES）是另一种有潜力的替代方法。波浪破碎中的湍流演化和不同粗糙床面上的边界层湍流特性仍是目前尚未完全解决的基础科学问题。

水面掺气：自由表面附近的湍流模拟与气体掺混的模型密切相关。尽管自由表面追踪方法如 MAC、VOF 和 LS 等已经相当成熟，但湍流导致的自由表面附近的掺混过程仍然很难被准确模拟。波浪破碎时的掺气将气泡带入水中，掺混后的两相流体的物理性质与单相流体的物理性质有显著的差异。未来，我们需要开展更深入的研究来了解自由表面水气掺混机制与湍流之间的关系及相互作用机制，其中气泡尺寸分布特征与湍流尺度分布特征的相关关系及其中的传质、传热、能量耗散机制将是研究的主要难点。

2. 统一的水深平均波浪模型

深度平均模型是海岸工程师和物理海洋学家研究中尺度近岸波流水动力特性的重要工具。在相同的计算资源下，水深平均模型可以覆盖比 NSE 模型更大的模拟区域，但不会损失波流的主要特征。尽管在过去的 30 年里，学者们在努力开发一个统一的深度平均波流模型，但结果仍不尽如人意。我们最终得到的是 Boussinesq 类的模型或缓坡方程模型，其中 Boussinesq 类的模型可用于模拟相对较浅水域的强非线性波浪，而缓坡方程模型虽然能适用于所有水深，但却只能模拟弱非线性波浪。可以预见，将来 Boussinesq 方程模型会向更深的水域扩展，缓坡方程模型会向更强的非线性拓展。然而，建立一个真正统一的适用于从超深海到超浅水的深度平均理论模型，仍然任重而道远。

3. 包含波浪绕射功能的波谱模型

波谱模型在大尺度波浪运动的模拟中非常成功。除波浪衍射之外，所有的物理现象都可以在波谱模型中实现。尽管学者们已经尝试开发能够模拟波浪衍射的波谱模型，但迄今为止，还没有一个被大家广泛接受的模型。在未来，有必要从理论角度进一步研究该问题，这方面也许可以借鉴量子力学中的薛定谔方程，采用包含相位信息的复函数波高谱来代替原来的波浪能谱。

8.3.2 数值计算方法的拓展

大多数波浪模型采用传统的基于网格的数值方法进行构建，如有限差分法、有限体积法、有限元法或边界元法。近年来，越来越多的学者开始用无网格的粒子法求解水波问题。此外，出现了可用于波浪模拟和波浪数据分析的其他非常规方法，这些方法将在下文简要介绍。

1. 半解析方法

随着计算数学的发展，学者们提出了一些新的方法来求解偏微分方程的半解析解。例如，Liao 和 Cheung（2003）在使用同伦分析和偏微分方程显式级数解的基础上，对深水中的非线性行进波进行了求解。

此外，一种名为“有限分析方法”的方法可以从每个局部单元的解析解中得到该方程的离散代数方程，该方法可用于解决一些扩散问题（Jin et al.，1996）。但是，这种方法仅限于特定类型的偏微分方程，不如有限差分法和有限元法通用。

小波方法目前主要用于数据分析，但该方法最近也被用于求解偏微分方程。Hong 和 Kennett（2002）采用小波分析方法解决了波浪传播的波动方程。

2. 基于直接问题求解的数值模拟

许多传统的数值方法是偏微分方程的数值求解工具，必须在物理假设的基础上先推导出偏微分方程。因此，这些数值方法是基于方程的，而不是直接基于问题的，偏微分方程是将数值方法与物理问题联系起来的桥梁。另一种方法是直接求解问题的数值方法，即数值方法如实地反映了待求解问题的基本物理性质。使用这种方法时，我们不需要偏微分方程形式的控制方程。这种方法的典型例子是 LBM。尽管 LBM 目前还没有被广泛用于模拟水波问题，但它具有很大的潜力，尤其是在求解偏微分方程不能准确描述的复杂物理过程时，如水气掺混、泥沙颗粒运动、水下滑坡与泥石流等。

8.3.3 多学科的交叉和融合

1. 多耦合模型的开发

海洋波流的模拟通常与其他物理过程相关联，这需要我们使用不同的数值模型来开展模拟工作。

气动力模型耦合：海上各种工程设施一方面受波流荷载的影响，另一方面还受到其他动力荷载的影响，如海上浮式风机，其基底平台受到波流荷载的影响，而上部塔架等结构则承受风力荷载。将气动力模型同波浪模型耦合将进一步优化海上浮式风机数值模拟结果。

气象模型耦合：大尺度的波流模型需要瞬时的风速和风向信息，以及不断变化的大气压力数据，这些信息可以从气象模型的模拟结果中获得。此外，从海洋水动力模型中获得的海洋波浪场、温度和蒸发率信息可以反馈给气象模型，更真实地反映风场经过不同海域时所受的影响。

流体-土壤-结构物耦合：我们已经在前文讨论了波浪-结构物耦合作用的模拟，但是在沿海和近海工程中，往往也涉及海床的动力响应，在极端海况下，海床甚至可能发生液化，导致基础失效和结构破坏。对这一问题的完整模拟必须包括流体、结构和土体的强耦合机制，这是未来研究的一个重要方向。

2. 软件包开发

我们已经讨论了每个波浪模型的优点和局限性。显然，没有一个模型能同时具有数值计算效率和完整物理属性的优势。在某些情况下，为了在有限的时间框架和计算资源下获得可靠的预测，必须同时使用多个波流模型，这些模型在耦合时有时在同一个时空框架下完成（如风暴潮模拟中的波流耦合），有时又需要采取接力的形式在不同的时空状态下进行（如海啸导致的海岸淹没模拟中从大尺度海啸传播到近场海岸淹没耦合）。所以，将不同的波浪模型集成打包，并在这些模型之间建立适当的接口以进行信息交换变得十分重要。在未来的研究中，软件包开发是将建模技术扩展到大尺度工程计算和管理的主要工作之一。

应该认识到，水动力模型只是海岸与海洋工程装备研发中的一个功能模块。在很多情况下，该模块还需要与结构分析、机电设计、传感控制等其他分析软件联合使用才能在工程应用与装备研发中发挥最大的作用。事实上，目前我国在海工领域的模拟分析工业软件研发几乎是空白，尚有很大的发展空间。随着海洋资源开发与利用向深远海拓展，对具有综合分析能力的软件包的需求必将更加迫切，包含多种功能的软件集成将是未来发展的重要方向。

3. 数据驱动模型与人工智能

我们在本书中讨论的所有数值模型都是确定性模型。这意味着，一组特定的初始条件和边界条件会生成唯一的结果。而在工程设计中，往往需要考虑许多波、流和结构的可能组合，当变量的数量变多时，由于可能的变量组合过多，模拟所有的组合就变成了一个不可能完成的任务。在这种情况下，一些基于数据驱动模拟的非线性优化算法可以有效地减少模拟工作量，如人工神经网络、遗传算法、粒子群算法、模拟退火算法、人工免疫系统、代理搜索优化模型等。近年来，随着人工智能的迅速发展，可以乐观地预期，机器学习将在未来桥接基于数据的模型和基于物理过程的模型，提高水动力分析的精度和效率，并应用到更多的海工结构与装备的设计优化、建造与运维中。

参 考 文 献

常学平, 屈从佳, 范谨铭. 2022. 海洋气-液两相输流复合材料立管双向耦合涡激振动特性分析. 中国海洋大学学报, 52: 146-160.

丛东升. 2020. 基于垂荡运动的波浪能发电装置水面浮体水动力学与能效特性研究. 国防科技大学博士学位论文.

高瑞, 崔铭超, 王庆伟, 等. 2020. 养殖水舱横摇适鱼性数值分析. 船舶工程, 42: 35-42.

李华军, 刘福顺, 杜君峰, 等. 2022. 海洋工程发展趋势与技术挑战. 海岸工程, 41(4): 283-300.

刘金辉, 谷炜, 孟兆磊, 等. 2018. 海底采矿车斜坡越障通过性分析与仿真研究. 机械制造, 56(11): 56-59.

苏强, 吕海宁, 杨建民, 等. 2022. 履带式深海采矿车软底质行走性能分析. 海洋工程, 40(2): 162-168.

沈义俊, 陈敏芳, 杜燕连, 等. 2022. 深海矿物资源开发系统关键力学问题及技术挑战. 力学与实践, 44(5): 1005-1020.

陶建华. 2005. 水波的数值模拟. 天津: 天津大学出版社.

王献孚. 2009. 空化泡和超空化泡流动理论及应用. 北京: 国防工业出版社.

王永学, 任冰. 2019. 海洋动力环境模拟数值算法及应用. 北京: 科学出版社.

魏东泽, 吴国荣, 郭欣, 等. 2014. 潮流能开发技术研究进展. 可再生能源, 32(7): 1067-1074.

肖林京, 范芳超, 陆继铭. 2020. 深海采矿扬矿管纵向振动及其升沉补偿研究. 矿业研究与开发, 40(12): 143-147.

余锡平. 2017. 近岸水波的数值方法. 北京: 科学出版社.

展勇, 吴少飞, 付钧升, 等. 2021. 半主动升沉补偿系统的非线性建模与仿真. 液压与气动, 45(11): 86-93.

张阿漫, 2007. 水下爆炸气泡三维动态特性研究. 哈尔滨工程大学博士学位论文

张阿漫, 王超, 王诗平, 等. 2012. 气泡与自由液面相互作用的实验研究. 物理学报, 61(8): 300-312.

张阿漫, 王诗平, 白兆宏, 等. 2011. 不同环境下气泡脉动特性实验研究. 力学学报, 43(1): 71-83.

张亮, 李志川, 张学伟, 等. 2011. 垂直轴潮流能水轮机研究与利用现状. 应用能源技术, 9: 1-7.

朱佳, 郝淑英, 张昆鹏, 等. 2022. 基于 FPSO 舭部优化的横摇运动及柔性立管疲劳寿命分析. 天津理工大学学报, 38: 1-5.

邹丽, 孙佳昭, 孙哲, 等. 2023. 我国深海矿产资源开发核心技术研究现状与展望. 哈尔滨工程大学学报, 5: 1-9.

Aderinto T, Li H. 2019. Review on power performance and efficiency of wave energy converters. Energies, 12(22): 4329.

Al-Solihat M K, Nahon M, Behdinan K. 2019. Dynamic modeling and simulation of a spar floating offshore wind turbine with consideration of the rotor speed variations. Journal of Dynamic Systems, Measurement, and Control, 141: 081014.

Ambühl S, Ferri F, Kofoed J P, et al. 2015. Fatigue reliability and calibration of fatigue design factors of wave energy converters. International Journal of Marine Energy, 10: 17-38.

Arabnejad M H, Amini A, Farhat M, et al. 2020. Hydrodynamic mechanisms of aggressive collapse events in leading edge cavitation. Journal of Hydrodynamics, 32(1): 6-19.

Balog G E, Bjorlow-Larsen K, Ericsson A, et al. 2006. Vortex induced vibration on submarine cables. CIGRE 2006: B1-208.

Chandrasekaran S, Sricharan V V S. 2020. Numerical analysis of a new multi-body floating wave energy converter with a linear power take-off system. Renewable Energy, 159: 250-271.

Chen H, Christensen E D. 2017. Development of a numerical model for fluid-structure interaction analysis of flow through and around an aquaculture net cage. Ocean Engineering, 142: 597-615.

Chen M, Yuan G, Li C B, et al. 2022. Dynamic analysis and extreme response evaluation of lifting operation of the offshore wind turbine jacket foundation using a floating crane vessel. JMSE, 10: 2023.

Chen W M, Guo S X, Li Y L, et al. 2021a. Impacts of mooring-lines hysteresis on dynamic response of spar floating wind turbine. Energies, 14(8): 2109.

Chen W M, Guo S X, Li Y L, et al. 2021b. Structural configurations and dynamic performances of flexible riser with distributed buoyancy modules based on FEM simulations. International Journal of Naval Architecture and Ocean Engineering, 13: 650-658.

Cheng Y, Dai Y, Zhang Y, et al. 2023. Status and prospects of the development of deep-sea polymetallic nodule-collecting technology. Sustainability, 15(5): 4572.

Chiron L, Marrone S, Mascio A D, et al. 2018. Coupled SPH-FV method with net vorticity and mass transfer. Journal of Computational Physics, 364: 111-136.

Clément A, McCullen P, Falcão A, et al. 2002. Wave energy in Europe: current status and perspectives. Renewable and Sustainable Energy Reviews, 6(5): 405-431.

Dai Y, Xue C, Su Q, et al. 2021. Numerical analysis on hydrodynamic characteristics of a deep-sea mining vehicle under three typical motions. Ocean Engineering, 235: 109446.

De Andres A, Guanche R, Vidal C, et al. 2015. Adaptability of a generic wave energy converter to different climate conditions. Renewable Energy, 78: 322-333.

Dong H, Wu Z, Tan M, et al. 2020. Hydrodynamic analysis and verification of an innovative whale shark-like underwater glider. Journal of Bionic Engineering, 17: 123-133.

Fan Z Q, Liang Y H, Zhao Y P. 2023. Review of the research on the hydrodynamics of fishing cage nets. Ocean Engineering, 276: 114192.

Ganesh H, Bhatt A, Wu J, et al. 2020. Effect of compressibility on bubbly cavitating flows. Journal of Hydrodynamics, 32(1): 1-5.

Ghorbani Z, Behzadan A H. 2021. Monitoring offshore oil pollution using multi-class convolutional neural networks. Environmental Pollution, 289: 117884.

Haikonen K, Sundberg J, Leijon M. 2013. Characteristics of the operational noise from full scale wave energy converters in the Lysekil project: estimation of potential environmental impacts. Energies, 6: 2562-2582.

Hong T K, Kennett B L N, 2002. On a wavelet-based method for the numerical simulation of wave propagation, Journal of Computational Physics, 183, 577-622.

Ishihara T, Liu Y. 2020. Dynamic response analysis of a semi-submersible floating wind turbine in combined wave and current conditions using advanced hydrodynamic models. Energies, 13(21): 5820.

Jiang Z, Liang Z, Zhu L, et al. 2020. Effect of hole diameter of rotary-shaped artificial reef on flow field. Ocean Engineering, 197: 106917.

Jin B K, Qian W J, Zhang Z X, et al., 1996. Finite analytic numerical method - a new numerical simulation method for electrochemical problems, Journal of Electroanalytical Chemistry, 411, 19-27. (期刊简称 J. Electroanal. Chem.)

Jin J, Su B, Dou R, et al. 2021. Numerical modelling of hydrodynamic responses of Ocean Farm 1 in waves and current and validation against model test measurements. Marine Structures, 78: 103017.

Kim D, Jung S, Na W B. 2021. Evaluation of turbulence models for estimating the wake region of artificial reefs using particle image velocimetry and computational fluid dynamics. Ocean Engineering, 223:108673.

Lehn, E., 2003. VIV suppression tests on high L/D flexible cylinders. Norwegian Marine Technology Research Institute, Trondheim, Norway.

Li Z, Guo X, Cui M. 2022. Numerical investigation of flow characteristics in a rearing tank aboard an aquaculture vessel. Aquacultural Engineering, 98: 102272.

Liao S, Cheung K F. 2003. Homotopy analysis of nonlinear progressive waves in deep water. Journal of Engineering Mathematics, 45(2): 105-116.

Lie H, Braaten H, Kristiansen T, et al. 2007. Free-span VIV testing of full-scale umbilical. Lisbon: The Seventeenth International Offshore and Polar Engineering Conference.

Lin P Z. 2008. Numerical Modeling of Water Waves. London: Taylor & Francis.

Liu C C K, Lin P Z, Xiao H. 2021. Water Environment Modeling. Boca Raton: CRC Press.

Liu H F, Bi C W, Zhao Y P. 2020. Experimental and numerical study of the hydrodynamic characteristics of a semisubmersible aquaculture facility in waves. Ocean Engineering, 214: 107714.

Lu K, Chen X, Yuan H, et al. 2021. A method based on multi-body dynamic analysis for a floating two-stage buffer collision-prevention system under ship collision loads. China Ocean Engineering, 35(6): 828-840.

Luo Y, Pan G, Huang Q, et al. 2019. Parametric geometric model and shape optimization of airfoils of a biomimetic manta ray underwater vehicle. Journal of Shanghai Jiaotong University (Science), 24: 402-408.

Mader C L. 2004. Numerical Modeling of Water Waves. Boca Raton: CRC press.

Meneghini J R, Saltara F, de Andrade Fregonesi, et al. 2004. Numerical simulation of VIV on long flexible cylinders immersed in complex flow fields. European Journal of Mechanics-B/Fluids, 23(1): 51-63.

Mirzaei M, Taghvaei H. 2020. A full hydrodynamic consideration in control system performance analysis for an autonomous underwater vehicle. Journal of Intelligent & Robotic Systems, 99: 129-145.

Mohamed K H, Sahoo N C, Ibrahim T B. 2011. A survey of technologies used in wave energy conversion systems. Bhubaneswar: 2011 International Conference on Energy, Automation and Signal.

Mrša-Haber I, Legović T, Kranjčević L, et al. 2020. Simulation of pollutants spreading from a sewage outfall in the Rijeka Bay. Mediterranean Marine Science, 21: 116.

Newman D J, Karniadakis G E. 1997. A direct numerical simulation study of flow past a freely vibrating cable. Journal of Fluid Mechanics, 344: 95-136.

Park S, Glade M, Lackner M A. 2020. Multi-objective optimization of orthogonal TLCDs for reducing fatigue and extreme loads of a floating offshore wind turbine. Engineering Structures, 209: 110260.

Pegalajar-Jurado A, Borg M, Bredmose H. 2018. An efficient frequency-domain model for quick load analysis of floating offshore wind turbines. Wind Energy Science, 3(2): 693-712.

Phan T H, Nguyen V T, Duy T N, et al. 2021. Numerical study on simultaneous thermodynamic and hydrodynamic mechanisms of underwater explosion. International Journal of Heat and Mass Transfer, 178: 121581.

Quan W, Ou D, Xu J, et al. 2022. Transient dynamic analysis of a variable-length rope-driven wave energy system. China Ocean Engineering, 36(3): 474-487.

Rebuffat L, et al. 1984. Installation of submarine power cables in difficult environmental conditions. The experience with 400kV Messina cables. CIGRE.

Rueda-Bayona J G, Gil L, Calderón J M. 2021. CFD-FEM modeling of a floating foundation under extreme hydrodynamic forces generated by low sea states. MMEP, 8: 888-896.

Sannasiraj L S, Sundar V. 2019. Hydrodynamic characteristics of a submerged trapezoidal artificial reef unit. Proceedings of the IMechE, 233(4): 1226-1239.

Shen Y, Zhang H, Tang J. 2022. Hydrodynamics and water quality impacts of large-scale reclamation projects in the Pearl River Estuary. Ocean Engineering, 257: 111432.

Silva K M, Maki K J. 2022. Data-driven system identification of 6-DoF ship motion in waves with neural networks. Applied Ocean Research, 125: 103222.

Sun P N, Le Touzé D, Oger G, et al. 2021. An accurate SPH volume adaptive scheme for modeling strongly-compressible multiphase flows. Part 1: Numerical scheme and validations with basic 1D and 2D benchmarks. Journal of Computational Physics, 426: 109937.

Touimi K, Benbouzid M, Chen Z. 2020. Optimal design of a multibrid permanent magnet generator for a tidal stream turbine. Energies, 13: 487.

Viitanen V, Sipilä T, Sánchez-Caja A, et al. 2022. CFD predictions of unsteady cavitation for a marine propeller in oblique inflow. Ocean Engineering, 266: 112596.

Wakui T, Nagamura A, Yokoyama R. 2021. Stabilization of power output and platform motion of a floating offshore wind turbine-generator system using model predictive control based on previewed disturbances. Renewable Energy, 173: 105-127.

Wang C, Ren B, Lin P Z. 2022. A coupled flow and beam model for fluid-slender body interaction. Journal of Fluids and Structures, 115: 103781.

Wang Y, Wu Z, Zhang X. 2018. Vortex-induced vibration response bifurcation analysis of top-tensioned riser based on the model of variable lift coefficient. Mathematical Problems in Engineering, 2018: 6491517.

Willden R H J, Graham J M R. 2001. Numerical prediction of VIV on long flexible circular cylinders. Journal of Fluids and Structures, 15: 659-669.

Wu W, Liu Y L, Zhang A M, et al. 2022. An *h*-adaptive local discontinuous Galerkin method for second order wave equation: Applications for the underwater explosion shock hydrodynamics. Ocean Engineering, 264: 112526.

Xiao G, Tong C, Wang Y, et al. 2021. CFD simulation of the safety of unmanned ship berthing under the influence of various factors. Applied Sciences, 11: 7102.

Xu X, He Q, Song D, et al. 2018. Comparison of hydrodynamic influence between different types of bay reclamations. Journal of Hydrodynamics, 30: 694-700.

Yamamoto C T, Meneghini J R, Saltara F, et al. 2004. Numerical simulations of vortex-induced vibration on flexible cylinders. Journal of Fluids and Structures, 19(4): 467-489.

Yao Y, Chen Y, Zhou H, et al. 2016. Numerical modeling of current loads on a net cage considering fluid-structure interaction. Journal of Fluids and Structures, 62: 350-366.

Yu J, Cheng X, Fan Y, et al. 2023. Mooring design of offshore aquaculture platform and its dynamic performance. Ocean Engineering, 275: 114146.

Yu J, Liu J, Wang H, et al. 2021. Numerical simulation of underwater explosion cavitation characteristics based on phase transition model in compressible multicomponent fluids. Ocean Engineering, 240: 109934.

Zhang H X, Shen Y M, Tang J. 2023. Numerical investigation of successive land reclamation effects on hydrodynamics and water quality in Bohai Bay. Ocean Engineering, 268: 113483.

Zhang J, Zeng Y, Tang Y, et al. 2021. Numerical and experimental research on the effect of platform heave motion on vortex-induced vibration of deep sea top-tensioned riser. Shock and Vibration: 8866051.

Zhang Y, Wan D, Hu C. 2020. Numerical study of vortex-induced vibration of a flexible riser under offshore platform horizontal motion. ISOPE: 2555-2562.

Zhou B, Li J, Zhang H, et al. 2021. Wave extraction and attenuation performance of an edinburgh duck wave energy converter. China Ocean Engineering, 35: 905-913.

Zhu H J, Gao Y, Hu J, et al. 2022. Temporal-spatial mode competition in slug-flow induced vibration of catenary flexible riser in both in plane and out of plane. Applied Ocean Research, 119: 103017.

Zhu H J, Gao Y, Zhao H L. 2019. Coupling vibration response of a curved flexible riser under the combination of internal slug flow and external shear current. Journal of Fluids and Structures, 91: 102724.

Zhu H J, Lin P Z. 2018. Numerical simulation of the vortex-induced vibration of a curved flexible riser in shear flow. China Ocean Engineering, 32: 301-311.

Zhu H J, Lin P Z, Yao J. 2016. An experimental investigation of vortex-induced vibration of a curved flexible pipe in shear flows. Ocean Engineering, 121: 62-75.

Zou J, Tan G, Sun H, et al. 2020. Numerical simulation of the ducted propeller and application to a semi-submerged vehicle. Polish Maritime Research, 27: 19-29.

附录Ⅰ　笛卡儿坐标、柱坐标和球极坐标中梯度、散度、旋度及拉普拉斯算子的定义

1. 笛卡儿坐标

$$\nabla f=\frac{1}{h_1}\frac{\partial f}{\partial u}\hat{i}_1+\frac{1}{h_2}\frac{\partial f}{\partial v}\hat{i}_2+\frac{1}{h_3}\frac{\partial f}{\partial w}\hat{i}_3 \tag{Ⅰ.1}$$

$$\nabla\cdot Q=\frac{1}{h_1h_2h_3}\left[\frac{\partial}{\partial u}\left(h_2h_3Q_1\right)+\frac{\partial}{\partial v}\left(h_3h_1Q_2\right)+\frac{\partial}{\partial w}\left(h_1h_2Q_3\right)\right] \tag{Ⅰ.2}$$

$$\begin{aligned}\nabla\times Q&=\frac{1}{h_1h_2h_3}\begin{vmatrix}h_1\hat{i}_1 & h_2\hat{i}_2 & h_3\hat{i}_3\\ \partial/\partial u & \partial/\partial v & \partial/\partial w\\ h_1Q_1 & h_2Q_2 & h_3Q_3\end{vmatrix}\\&=\frac{1}{h_2h_3}\left[\frac{\partial\left(h_3Q_3\right)}{\partial v}-\frac{\partial\left(h_2Q_2\right)}{\partial w}\right]\hat{i}_1+\frac{1}{h_1h_3}\left[\frac{\partial\left(h_1Q_1\right)}{\partial w}-\frac{\partial\left(h_3Q_3\right)}{\partial u}\right]\hat{i}_2\\&\quad+\frac{1}{h_1h_2}\left[\frac{\partial\left(h_2Q_2\right)}{\partial u}-\frac{\partial\left(h_1Q_1\right)}{\partial v}\right]\hat{i}_3\end{aligned} \tag{Ⅰ.3}$$

其中，
$$\begin{cases}h_1=\sqrt{U\cdot U}=\sqrt{x_u^2+y_u^2+z_u^2}\\h_2=\sqrt{V\cdot V}=\sqrt{x_v^2+y_v^2+z_v^2}\\h_3=\sqrt{W\cdot W}=\sqrt{x_w^2+y_w^2+z_w^2}\end{cases} \tag{Ⅰ.4}$$

$\hat{i}_1$、$\hat{i}_2$、$\hat{i}_3$是归一化的 U、V、W 基向量：

$$\hat{i}_1=\frac{U}{\|U\|}=\frac{U}{\sqrt{U\cdot U}}=\frac{U}{h_1},\ \hat{i}_2=\frac{V}{h_2},\ \hat{i}_3=\frac{W}{h_3} \tag{Ⅰ.5}$$

结合式（I.1）和式（I.2），可以得到拉普拉斯算子：

$$\nabla^2 f=\nabla\cdot\nabla f=\frac{1}{h_1h_2h_3}\left[\frac{\partial}{\partial u}\left(\frac{h_2h_3}{h_1}\frac{\partial f}{\partial u}\right)+\frac{\partial}{\partial v}\left(\frac{h_1h_3}{h_2}\frac{\partial f}{\partial v}\right)+\frac{\partial}{\partial w}\left(\frac{h_1h_2}{h_3}\frac{\partial f}{\partial w}\right)\right] \tag{Ⅰ.6}$$

2. 柱坐标

在柱坐标中，$u=r$、$v=\theta$ 且 $w=z$，有 $\hat{i}_1=\hat{e}_r$、$\hat{i}_2=\hat{e}_\theta$、$\hat{i}_3=\hat{e}_z$ 且

$$\begin{cases}h_1=\sqrt{x_r^2+y_r^2+z_r^2}=\sqrt{\cos^2\theta+\sin^2\theta+0}=1\\h_2=\sqrt{x_\theta^2+y_\theta^2+z_\theta^2}=\sqrt{r^2\sin^2\theta+r^2\cos^2\theta+0}=r\\h_3=\sqrt{x_z^2+y_z^2+z_z^2}=\sqrt{0+0+1}=1\end{cases} \tag{Ⅰ.7}$$

由此可以得到：

$$\nabla f=\frac{\partial f}{\partial r}\hat{e}_r+\frac{1}{r}\frac{\partial f}{\partial \theta}\hat{e}_\theta+\frac{\partial f}{\partial z}\hat{e}_z \tag{Ⅰ.8}$$

$$\nabla\cdot Q=\frac{1}{r}\frac{\partial}{\partial r}\left(rQ_r\right)+\frac{1}{r}\frac{\partial}{\partial \theta}Q_\theta+\frac{\partial}{\partial z}Q_z \tag{Ⅰ.9}$$

$$\nabla\times Q=\left[\frac{1}{r}\frac{\partial Q_z}{\partial \theta}-\frac{\partial Q_\theta}{\partial z}\right]\hat{e}_r+\left[\frac{\partial Q_r}{\partial z}-\frac{\partial Q_z}{\partial r}\right]\hat{e}_\theta+\frac{1}{r}\left[\frac{\partial\left(rQ_\theta\right)}{\partial r}-\frac{\partial Q_r}{\partial \theta}\right]\hat{e}_z \tag{Ⅰ.10}$$

$$\nabla^2 f=\frac{1}{r}\frac{\partial}{\partial r}\left(r\frac{\partial f}{\partial r}\right)+\frac{1}{r^2}\frac{\partial^2 f}{\partial \theta^2}+\frac{\partial^2 f}{\partial z^2}=\frac{\partial^2 f}{\partial r^2}+\frac{1}{r}\frac{\partial f}{\partial r}+\frac{1}{r^2}\frac{\partial^2 f}{\partial \theta^2}+\frac{\partial^2 f}{\partial z^2} \tag{Ⅰ.11}$$

其中，$Q=Q_r\hat{e}_r+Q_\theta\hat{e}_\theta+Q_z\hat{e}_z$。

3. 球极坐标

球极坐标中用ρ、θ及ϕ表示，有

$$\nabla f=\frac{\partial f}{\partial \rho}\hat{e}_\rho+\frac{1}{\rho}\frac{\partial f}{\partial \theta}\hat{e}_\theta+\frac{1}{\rho\sin\theta}\frac{\partial f}{\partial \phi}\hat{e}_\phi \tag{Ⅰ.12}$$

$$\nabla\cdot Q=\frac{1}{\rho^2}\frac{\partial}{\partial \rho}\left(\rho^2 Q_\rho\right)+\frac{1}{\rho\sin\theta}\frac{\partial}{\partial \theta}\left(\sin\theta Q_\theta\right)+\frac{1}{\rho\sin\theta}\frac{\partial Q_\phi}{\partial \phi} \tag{Ⅰ.13}$$

$$\begin{aligned}\nabla\times Q=&\frac{1}{\rho\sin\theta}\left[\frac{\partial Q_\theta}{\partial \phi}-\frac{\partial}{\partial \theta}\left(\sin\theta Q_\phi\right)\right]\hat{e}_\rho\\&+\frac{1}{\rho}\left[\frac{\partial\left(\rho Q_\phi\right)}{\partial \rho}-\frac{1}{\sin\theta}\frac{\partial Q_\rho}{\partial \phi}\right]\hat{e}_\theta+\frac{1}{\rho}\left[\frac{\partial Q_\rho}{\partial \theta}-\frac{\partial\left(\rho Q_\theta\right)}{\partial \rho}\right]\hat{e}_\phi\end{aligned} \tag{Ⅰ.14}$$

且

$$\nabla^2 f=\frac{1}{\rho^2}\left[\frac{\partial}{\partial \rho}\left(\rho^2\frac{\partial f}{\partial \rho}\right)+\frac{1}{\sin\theta}\frac{\partial}{\partial \theta}\left(\sin\theta\frac{\partial f}{\partial \theta}\right)+\frac{1}{\sin^2\theta}\frac{\partial^2 f}{\partial \phi^2}\right] \tag{Ⅰ.15}$$

其中，$Q=Q_\rho\hat{e}_\rho+Q_\theta\hat{e}_\theta+Q_\phi\hat{e}_\phi$。

附录Ⅱ　张量和向量操作

1. 单一运算符

散度：对于向量场 V，散度一般表示为

$$\nabla \cdot V = \mathrm{div}(V) \tag{Ⅱ.1}$$

这是一个标量场。

旋度：对于向量场 V，旋度一般表示为

$$\nabla \times V = \mathrm{curl}(V) \tag{Ⅱ.2}$$

这是一个矢量场。

梯度：对于向量场 V，梯度通常写成

$$\nabla V = \mathrm{grad}(V) \tag{Ⅱ.3}$$

这是一个张量。

2. 多个运算符组合

（1）梯度的旋度

任何标量场梯度的旋度始终为零：

$$\nabla \times (\nabla \psi) = 0 \tag{Ⅱ.4}$$

（2）旋度的散度

任何矢量场旋度的散度总为零：

$$\nabla \cdot (\nabla \times A) = 0 \tag{Ⅱ.5}$$

（3）梯度的散度

一个标量场的拉普拉斯算子被定义为梯度的散度：

$$\nabla \cdot (\nabla \psi) = \nabla^2 \psi \tag{Ⅱ.6}$$

需要注意的是，这个结果是一个标量。

（4）旋度的旋度

$$\nabla \times \nabla \times A = \nabla(\nabla \cdot A) - \nabla^2 A \tag{Ⅱ.7}$$

3. 性质

分配性：

$$\nabla \cdot (A + B) = \nabla \cdot A + \nabla \cdot B \tag{Ⅱ.8}$$

$$\nabla \times (A + B) = \nabla \times A + \nabla \times B \tag{Ⅱ.9}$$

向量点积：

$$\nabla(A\cdot B)=(A\cdot\nabla)B+(B\cdot\nabla)A+A\times(\nabla\times B)+B\times(\nabla\times A) \tag{II.10}$$

向量叉积：

$$\nabla\cdot(A\times B)=B\cdot\nabla\times A-A\cdot\nabla\times B \tag{II.11}$$

$$\nabla\times(A\times B)=A(\nabla\cdot B)-B(\nabla\cdot A)+(B\cdot\nabla)A-(A\cdot\nabla)B \tag{II.12}$$

标量和矢量的乘积：

$$\nabla\cdot(\psi A)=A\cdot\nabla\psi+\psi\nabla\cdot A \tag{II.13}$$

$$\nabla\times(\psi A)=\psi\nabla\times A-A\times\nabla\psi \tag{II.14}$$

4. 更多性质

$$\frac{1}{2}\nabla A^2=A\times(\nabla\times A)+(A\cdot\nabla)A \tag{II.15}$$

附录Ⅲ　势流伯努利方程的推导

从 NSE 动量方程开始：

$$\frac{\partial u_i}{\partial t}+u_j\frac{\partial u_i}{\partial x_j}=-\frac{1}{\rho}\frac{\partial p}{\partial x_i}+g_i+\nu\frac{\partial^2 u_i}{\partial {x_j}^2} \tag{Ⅲ.1}$$

对于理想流体的势流，上述方程可以改写为

$$-\frac{\partial^2\phi}{\partial t\partial x_i}+\frac{\partial\phi}{\partial x_j}\frac{\partial^2\phi}{\partial x_j\partial x_i}=-\frac{1}{\rho}\frac{\partial p}{\partial x_i}+\frac{\partial g_j x_j}{\partial x_i} \tag{Ⅲ.2}$$

上述方程可以写为

$$\frac{\partial}{\partial x_i}\left[-\frac{\partial\phi}{\partial t}+\frac{1}{2}\left(\frac{\partial\phi}{\partial x_j}\right)^2+\frac{p}{\rho}-g_j x_j\right]=0 \tag{Ⅲ.3}$$

在笛卡儿坐标中，垂直轴 z 与重力同向，就有 $g_j x_j=-gz$，对上述方程在空间 x_i 中积分，可以得到：

$$-\frac{\partial\phi}{\partial t}+\frac{1}{2}\left[\left(\frac{\partial\phi}{\partial x}\right)^2+\left(\frac{\partial\phi}{\partial y}\right)^2+\left(\frac{\partial\phi}{\partial z}\right)^2\right]+\frac{p}{\rho}+gz=C(t) \tag{Ⅲ.4}$$

显然，C 在三维空间中是一个常数，但随时间而变化。基于这个方程，三维空间中任意两点的压力和速度是相关的。对于恒定流，上述方程可以简化为伯努利方程的更常见形式：

$$\frac{1}{2}\left[u^2+v^2+w^2\right]+\frac{p}{\rho}+gz=C \tag{Ⅲ.5}$$